T0226131

A mia moglie, Emilia
Ai miei figli, Francesco e Gaia

Pietro Greco

Galileo
l'artista toscano

Springer

Pietro Greco

Collana *i blu – pagine di scienza* ideata e curata da Marina Forlizzi

ISSN 2239-7477   e-ISSN 2239-7663

MISTO
Carta da fonti gestite
in maniera responsabile
FSC
www.fsc.org
FSC® C105139

Springer nel rispetto dell'ambiente ha stampato questo libro su carta proveniente da foreste gestite in maniera responsabile secondo i criteri FSC® (Forest Stewardship Council®).

ISBN 978-88-470-5267-3   ISBN 978-88-470-5268-0 (eBook)
DOI 10.1007/978-88-470-5268-0

Coordinamento editoriale: Barbara Amorese
Progetto grafico e impaginazione: Ikona s.r.l., Milano
Stampa: Grafiche Porpora S.r.l., Segrate (MI)

Si ringrazia la Biblioteca dell'INAF - Osservatorio Astronomico di Brera, Milano, per aver dato l'autorizzazione alla pubblicazione delle immagini di pp. 233-235

Springer-Verlag Italia S.r.l., via Decembrio 28, I-20137 Milano
Springer-Verlag fa parte di Springer Science+Business Media (www.springer.com)

Indice

1. La nascita

Galileo Galilei nasce a Pisa il 16 febbraio 1564 da Giulia Ammannati di Pescia, nobildonna, e da Vincenzio Galilei di Santa Maria a Monte, musicista.

È un anno, quel 1564, denso di eventi che sembrano altrettanti simboli.

A Roma muore, il 18 febbraio, Michelangelo Buonarroti: un toscano riconosciuto tra i più grandi scultori, pittori, architetti e poeti di tutti i tempi. Uno spirito eclettico. Una figura tra quelle più rappresentative dell'uomo del Rinascimento.

A Stratford, sul fiume Avon, nel cuore dell'Inghilterra, nasce il 26 aprile William Shakespeare. Forse il più grande drammaturgo di ogni epoca. Un letterato "naturalista" che sa parlare al popolo e, nel medesimo tempo, proporre nelle sue tragedie e nelle sue commedie un discorso filosofico profondo e raffinato [McGinn, 2008].

A Ginevra, in Svizzera, si spegne Jehan Cauvin, più noto in Italia come Giovanni Calvino. Il "povero e timido studioso", come ama definirsi, ha scritto la *Institutio christianae religionis*, un libro sulla istituzione della religione in cui definisce i termini della libertà dei cristiani. Calvino è uno dei protagonisti di quella Riforma che, mezzo millennio dopo la scissione d'Oriente, sta di nuovo spaccando la cristianità. Muore il 27 maggio. Un mese prima, il 28 aprile, aveva appena terminato di scrivere il *Discours d'adieux aux ministres*, il discorso d'addio ai suoi pastori, dove ricorda di aver ricevuto spesso minacce e insulti, pur avendo speso l'intera sua vita nello studio della Bibbia e non avendo mai scritto nulla "per odio verso qualcuno", ma solo proposto "fedelmente ciò che ha creduto potesse servire alla gloria di Dio" [Campi, 2000].

A Roma, il 30 giugno, papa Pio IV emana la bolla *Benedictus Deus* e chiude virtualmente la terza sessione del XIX Concilio ecumenico, noto anche come Concilio di Trento, con cui la Chiesa cattolica intende rilanciare la sua egemonia sulla cristianità dopo la Riforma di Lutero e di Calvino. Sono passati più di vent'anni da quando papa Paolo III ha istituito la *Congregazione della sacra, romana ed universale Inquisizione del santo Offizio* (1542), meglio nota come *Sant'Uffizio* o *Inquisizione romana*. E sono passati sei anni da quando, con l'approvazione di papa Paolo IV, il Sant'Uffizio ha istituito l'*Index librorum prohibitorum*, l'indice dei libri proibiti (1558). E ora, con la nuova bolla, papa Paolo IV approva tutti i decreti del Concilio e inaugura definitivamente la stagione della Controriforma.

Il piccolo Galileo viene al mondo nella cattolica Toscana, in una città, Pisa, dal grande passato, che ha vissuto un lungo periodo di declino e che ora è ridotta alle dimensioni di un grosso borgo, con poco più di diecimila anime (10.069, per la precisione, secondo il censimento del 1558-1562).

Tuttavia, da una decina di anni, Pisa è in fase di ripresa. Infatti, nell'ambito di un ambizioso programma civile e militare che mira a unificare l'intera Toscana e a sottrarla dalla condizione di "un piccolo vaso di coccio tra enormi vasi di ferro", l'autoritario ma intraprendente duca di Firenze, Cosimo de' Medici, il figlio di Giovanni dalle Bande Nere, ordina di dragare i canali e di bonificare le paludi che da sempre circondano la città.

L'ordine non è abbastanza tempestivo. Erano state proprio quelle paludi a causare nel 1562, due anni prima della venuta al mondo di Galileo, la morte per malaria della moglie di Cosimo, la duchessa Eleonora di Toledo, e di due degli undici figli della nobile coppia, Giovanni e Garzia.

Il triplice e tragico evento segna profondamente il duca. Che, proprio nel 1564, affida in una sorta di reggenza al figlio Francesco una parte dell'onere di governo. Ma, sebbene provato, Cosimo I non deflette dal suo progetto: restituire alla sua famiglia, i Medici, una piena autorità politica. E per farlo non bada a spese. Quel duca venuto dal Mugello ha uno sguardo lungo, che supera ormai la città di Firenze e abbraccia l'intera territorio toscano su cui ha il controllo. Ovunque vuole che ci sia benessere e progresso, condizioni necessarie per la stabilità del governo dei Medici. Rinnova così l'amministrazione, centrale e periferica. Promuove le industrie. Rafforza le difese.

Ma Cosimo sa che la straordinaria autorevolezza di cui ha goduto il più famoso dei suoi avi, Lorenzo de' Medici, non a caso detto il Magnifico, deriva da una sua decisiva intuizione: la promozione della conoscenza.

Quella politica va ripresa. La Toscana deve ritornare a essere avanguardia nella e della cultura. Per questo Cosimo vuole che intorno alla sua corte, a Firenze, continuino a ruotare grandi artisti. Così, su suo impulso, nella città di Giotto, di Dante e di Lorenzo il Magnifico nascono a getto continuo nuove iniziative. Proprio nel 1563, per esempio, il duca, su suggerimento di Giorgio Vasari, crea l'Accademia e Compagnia dell'Arte del Disegno, destinata a un futuro, anche prossimo, di grande prestigio.

Cosimo non bada a spese neppure per rilanciare Pisa. Istituisce l'Ufficio dei Fossi, una sorta di ministero dei lavori pubblici, riedifica le mura merlate e costruisce nuove banchine per ospitare barche e navi al fine di rinnovare l'antica vocazione della città che è stata regina dei mari. Realizza canali per collegare sia Pisa con Livorno sia il Serchio all'Arno. Rende facilmente navigabile il grande fiume, fin su a Firenze, per migliorare i commerci. Fonda l'Ordine dei Cavalieri di Santo Stefano, cui affida il compito di proteggere il Tirreno dalle incursioni dei pirati.

Ma, per restituire il perduto rango all'antica regina, il duca non punta solo sui lavori pubblici e sull'economia. Vuole che Pisa, venuta meno ogni velleità di indipendenza da Firenze, si imponga anche come centro di cultura, anzi come il maggior centro culturale della Toscana. Per questo rilancia l'università, l'antico Studio Pisano – l'inaugurazione del nuovo corso data 1 novembre 1543 – e crea, con l'aiuto del suo medico personale, l'emiliano Luca Ghini, esperto di piante medicinali, un orto botanico, il primo in Europa e nel mondo.

Nel tentativo di trasmutare la natura del vaso toscano da coccio in ferro, Cosimo non si ferma davanti a nulla. Da ultimo un suo tentativo di accordo col papa di Roma che in qualche modo lo sottragga alla condizione di vassallaggio che, formalmente, il suo ducato ha nei confronti dell'Imperatore tedesco. In nome del riconoscimento della totale indipendenza politica della Toscana da parte del Vaticano, il duca di Firenze è disposto a vigilare in termini di libertà di pensiero, affinché il papa della Controriforma e il suo Sant'Uffizio non abbiano troppo a irritarsi a causa delle attività del sempre più nutrito gruppo di straordinari intellettuali che frequentano le città toscane e la sua stessa corte.

Galileo, fanciullo pisano

È dunque in questa particolare fase storica della cristianità, della cultura europea e della rinascita di una nobile città già marinara che viene al mondo il piccolo che i genitori battezzano con un nome così inusuale, Galileo. Il fatto è che le famiglie toscane più in vista usano dare al primo figlio un nome che rinnovi quello della casata. E papà Vincenzio, sebbene non possa certo definirsi una persona ricca, intende ben rinnovare il cognome glorioso di una famiglia che è stata, in passato, tra le più facoltose e influenti della opulenta e potente città di Firenze. Non aveva, forse, un suo antenato avuto nel 1210 l'onore supremo del consolato? Non aveva la sua casata donato ben 18 priori alla città di Firenze? E non aveva uno degli avi, Tommaso di Buonajuto, fatto parte di quel governo democratico succeduto alla disastrosa tirannide del duca d'Atene nel 1343? E circa un secolo più tardi un altro membro della famiglia, il *magister Galilaeus de Galilaesis*, al secolo Galileo Bonaiuti, non era forse diventato medico di gran fama, membro della Balia che nel 1434 aveva richiamato dall'esilio Cosimo il Vecchio e addirittura, nel 1466, il gonfaloniere di giustizia nella città di Firenze? Ah, che gran personaggio il *magister Galilaeus*! Tanto grande da indurre i parenti più prossimi a ribattezzarsi in suo onore *familia Galilei* e ad apporre sulla sua tomba una lapide con su scritto, per l'appunto, Galileo Galilei[1] (¹). Sicché quando Vincenzio battezza

---

¹ La tomba, diventata poi la tomba di famiglia, è tuttora presente in Santa Croce a Firenze e ospita le spoglie anche dell'omonimo e più celebre parente. Vale la pena ricordare che la

Galileo il suo primo figlio nella speranza che rinnovi le glorie dell'antico parente, il cognome torna finalmente a diventare nome.

Quanto a lui, Vincenzio, è nato intorno al 1520 in Santa Maria a Monte, cittadina del Valdarno distante una trentina di chilometri da Pisa e che tuttavia fa parte del distretto di Firenze. È lì che suo nonno, Giovanni Galilei, fratello del *magister*, si era trasferito intorno al 1470 per motivi economici. È lì che è nato anche suo padre, Michelangelo. Ed è lì che papà Michelangelo ha impalmato sua madre, Maddalena di Carlo di Bergo.

Ma, sebbene la famiglia Galilei viva con magre risorse da quasi un secolo nel piccolo borgo di Santa Maria a Monte, Vincenzio si sente e si definisce un "nobile fiorentino". D'altra parte a Firenze ha i suoi amici e tutti i suoi interessi intellettuali. Per la verità di Santa Maria a Monte conserva la cittadinanza e in paese ha tuttora una sorella, Lucrezia, alla quale sono rimaste alcune proprietà di poco valore. Tuttavia i legami tanto con Lucrezia quanto col paese natale sono ormai piuttosto labili. O forse si sono del tutto interrotti. Negli scritti di Vincenzio (e anche in quelli del figlio Galileo) non compariranno mai né il nome Lucrezia né un qualche riferimento al borgo avito. È probabile che prima di morire, intorno al 1540, il padre Michelangelo gli abbia conferito la sua parte di eredità e che Vincenzio abbia per sempre lasciato Santa Maria a Monte, chiudendo ogni porta alle sue spalle.

Giunto dunque a Firenze, grazie anche all'aiuto e all'acquisita amicizia di Giovanni Bardi dei conti di Vernio e del marchese Jacopo Corsi, valente musicista, il giovane si dedica anima e corpo alla musica, diventando qualcosa di più che un abile liutista, un valente compositore e un appassionato insegnante. Vincenzio è un musicista che, in età non più giovanissima, coltiva addirittura l'ambizione di rifon-

---

tesi dell'origine del cognome Galilei dal nome Galileo del medico Bonaiuti è controversa. Alcuni sostengono che la famiglia dei Galilei esistesse con cognome consolidato da tempo. E la prova sarebbe che il primo esponente noto, un Giovanni Galilei, è vissuto nella seconda metà del XIII secolo. Le due tesi non sono incompatibili. Probabilmente la spiegazione sta nel fatto che, come rileva Antonio Favaro: "tra il XII e il principio del XIV secolo il loro cognome, come quello di tante altre casate, non fosse ancora stabilmente formato, benché già fin d'allora apparisse nella forma in cui poscia si formò" [Favaro, 1911].

dare l'arte del suono. Gli studi di musica contrappuntistica, condotti tra il 1561 e il 1562 a Venezia presso il maestro Gioseffo Zarlino, lo hanno infatti iniziato alla teoria.

È in questo contesto che, grazie alla sua originalità accompagnata a una veemente *vis polemica*, coniugando pratica e teoria, ribellandosi al suo stesso maestro, il papà di Galileo realizzerà in musica "una rivoluzione comparabile a quella del figlio nella scienza" [Drake, 1980].

Ma stiamo correndo troppo. Per adesso, seconda metà di febbraio dell'anno 1564, Vincenzio non ha ancora compiuto alcuna rivoluzione; ha superato appena i quarant'anni; abita a Pisa, dove è giunto in un momento e per ragioni non ben precisate; cerca di guadagnarsi da vivere insegnando musica; da qualche mese ha dato alle stampe a Roma il suo primo *Libro d'intavolatura de lauto, madrigali e ricercate* e ora, con la sua giovane sposa, Giulia Ammannati, ascolta felice i primi vagiti del primo figlio.

Già, la madre di Galileo. Se la famiglia di papà Vincenzio è stata influente e facoltosa, quella di mamma Giulia lo è ancora. Originari di Pescia e Pistoia, gli Ammannati vantano un cardinale di quelli che contano a Roma. Trasferitisi a Pisa intorno al 1536, si sono ben inseriti, è il caso di dirlo, nel tessuto cittadino, commerciando con successo nel settore sia della lana e della seta sia del legname. Insomma la casata è ricca e Giulia non si stanca di ricordarlo continuamente al marito, povero in canna.

I due hanno contratto matrimonio il 5 luglio 1562 innanzi al notaio Benedetto Bellavita. Vincenzio ha concluso la cerimonia infilando al dito della sposa un bell'anello d'oro. Giulia ha portato una dote complessiva di cento scudi, parte in denaro sonante e parte in vestiario, oltre all'impegno del fratello Lione di sostenere per un anno le spese di vitto e di alloggio dei novelli sposi.

Gli Ammannati sono in affari, tra gli altri, con Iacopo del Setaiolo, cittadino pisano e canonico della Cattedrale. Ed è proprio Iacopo a favorire la stesura del contratto col quale, a partire dal primo agosto 1563, il colonnello Giuseppe Bocca concede casa in affitto per un anno al maestro di musica Vincenzio Galilei.

Passato un anno dalle nozze, mentre Giulia aspetta il primo figlio, Vincenzio non può più contare sull'ospitalità e sul sostegno del cognato. La famiglia Galilei ha bisogno di una casa tutta per sé. E così, pagando uno scudo al mese, il maestro di musica dà fondo a una parte rilevante del suo reddito per regalare alla sposa e al figlio che sta per nascere un'abitazione grande e dignitosa: quattro piani, un chiostro con pozzo e l'affaccio sul mercato.

In questa casa di via Mercanti, vicina a quella dei Bocca, al Borgo Stretto, a un passo dall'Arno e a un passo dalla piazza che ospita la Cattedrale di Santa Maria Assunta, con quel suo campanile già noto in tutto il mondo come Torre Pendente, Vincenzio insedia subito la sua scuola. Ma, sebbene il maestro insegni liuto e organo, arrangi preziose composizioni che accompagna con la sua solida voce tenorile, componga memorabili madrigali e fughe come nessun altro a Pisa, la scuola non ha gran successo. Non economico, almeno. Cosicché, pressato da Giulia e dalla necessità di pagare l'onerosa pigione, l'abile musicista è costretto controvoglia a occuparsi anche del commercio di lane e di sete.

Non sappiamo se, all'inizio del 1564, la famiglia Galilei abbia già lasciato il bel palazzo di via Mercanti. O se la gestante non vi sia mai neppure entrata. Fatto è che il bambino non nasce nella casa presa in affitto dai Bocca, ma in quella che gli Ammannati posseggono in via Giusti, nel quartiere di San Francesco. Una borgata di artigiani e bottegai, non molto distante dal palazzo che Cosimo de' Medici occupa quando è in città e dalla caserma che ospita la guarnigione, ma collocata fuori dalle mura e abbellita dalla sola chiesa di Sant'Andrea. Nella casa di via Giusti abitano sia la madre, Lucrezia, sia la sorella, Dorotea, della puerpera. È in quella casa che, probabilmente, Lione Ammannati ha assicurato a Giulia il vitto e l'alloggio promessi il giorno del matrimonio. Ed è in quella casa che, probabilmente, i coniugi Galilei hanno continuato ad abitare anche dopo il fitto della dimora di via Mercanti.

Galileo nasce, dunque, in via Giusti il giorno 15 del mese di febbraio dell'anno di grazia 1564. In realtà la data esatta della sua venuta al mondo è meno certa del luogo ed è tuttora controversa. Quello che c'è di sicuro, perché attestato da documenti, è che il nuovo venuto della famiglia Galilei viene battezzato nella chiesa periferica di Sant'Andrea, detta appunto Forisportam, il 19 febbraio 1564. Data se non propriamente storica, quanto meno tentatrice. Infatti, appena il giorno prima, il 18 febbraio, a Roma è morto, come abbiamo detto, Michelangelo Buonarroti. Il grande artista che ha onorato il nome della Toscana pressoché in ogni campo dell'arte: dalla pittura alla scultura, dall'architettura alla poesia.

Cosicché – affascinati e pressoché soggiogati dalla coincidenza tra il giorno della morte di Michelangelo e il giorno della nascita di Galileo, ovvero dal cambio di testimone di due grandi toscani – in passato molti biografi del nostro hanno ceduto alla tentazione, e hanno accreditato la tesi che il figlio di Vincenzio e di Giulia sia venuto alla luce il giorno prima del battesimo, il 18 febbraio. E tuttavia, benché suggestiva, la tesi non ha fondamento alcuno [Vergara, 1992].

Non è che possediamo documenti certi e inoppugnabili sulla reale data di nascita di Galileo. Ma utili indizi sì. Per esempio, gli indizi astrali. Non suoni come un paradosso, ma a suggerirci la data esatta di nascita del pioniere della scienza moderna è un residuo della scienza antica, l'astrologia. Esistono, infatti, vari documenti astrologici che riguardano Galileo e che indicano concordemente non nel 15 e neppure nel 18, ma nel 16 febbraio il giorno della sua venuta al mondo. Esiste, in realtà, anche un'annotazione autografa di Galileo che consente di svelare forse definitivamente il piccolo mistero.

Il rampollo di Giulia e Vincenzio scriverà, infatti, di aver visto per la prima volta la luce il 15 febbraio 1564 alle ore 22,30. Ma, in quei tempi, usa contare le ore a partire dal tramonto. E quel giorno il sole è tramontato, secondo precisi calcoli astronomici, alle ore 17,30 (del modo moderno di contare le ore). Poiché Galileo, per sua stessa ammissione, è nato 22,30 ore dopo quel tramonto, è facile dunque calcolare che è venuto al mondo alle ore 16,00 del 16 febbraio 1564 [Vergara, 1992].

L'inferenza è confermata da una postilla del futuro scienziato. Cosicché la *querelle* sembra definitivamente chiusa. E invece no. Perché in quegli anni è in vigore, ancora per poco, il calendario giuliano. Che ha dieci giorni in meno del nostro. In conclusione: oggi dovremmo festeggiare il compleanno di Galileo il 26 febbraio per tenere nel debito conto i dieci giorni aggiunti dalla riforma gregoriana del calendario. Ma, forse, la questione non è di così primaria importanza.

Ciò che conta davvero è che Galileo Galilei sia venuto al mondo in una città, Pisa, ricca di stimoli culturali in un periodo, la seconda parte del Cinquecento, che di fermenti culturali è addirittura ricchissimo. Tant'è che Galileo nasce proprio mentre, non senza tensioni creative, in Italia e in Europa il Rinascimento sta volgendo al termine (quasi un simbolo, la morte di Michelangelo) e nuovi stili e nuove visioni del mondo stanno emergendo (quasi un simbolo, la nascita di Shakespeare).

Vincenzio, il padre di Galileo, possiede ed è posseduto da questo "spirito dei tempi". È, infatti, un intellettuale inquieto, di gran temperamento, in età matura ma più che mai pronto a compiere la grande impresa.

La madre, invece, si contenterebbe di una normale vita borghese, che Vincenzio non è in grado, ma soprattutto non ha intenzione, di assicurarle. Le frustrazioni di Giulia si fanno (e si faranno a lungo) sentire sulla famiglia.

Sappiamo poco di come tutte queste variegate condizioni al contorno abbiano influito sui primi anni di vita di Galileo. Se non che il papà Vincenzio continua ad avere difficoltà nelle sue intraprese pisane. Per almeno due anni dopo la nascita di Galileo l'uomo vive a Pisa, ma ha la testa a Firenze, cuore pulsante dell'arte musicale toscana e italiana. Che abiti, almeno col corpo, nella città della torre pendente lo dimostra il fatto che, il 21 marzo 1566, viene accolto nella Compagnia di S. Guglielmo a cui possono iscriversi solo i fiorentini residenti nell'antica città marinara. Che abbia la testa a Firenze lo dimostra il fatto che, nei mesi successivi, lascia a Pisa la sua giovane famigliola e si trasferisce anche col corpo nel capoluogo toscano.

Vincenzio a Firenze

Ancora una volta non conosciamo i motivi esatti che inducono Vincenzio a traslocare. È probabile che a Firenze il maestro di musica trovi allievi devoti e soprattutto paganti molto più facilmente che non a Pisa. Ma è certo che nella "sua città" trova proprio gli stimoli intellettuali che cerca. E, in ogni caso, ritrova il suo amico Giovanni, conte de' Bardi. Che, come sempre, lo incoraggia e lo aiuta a riprendere con tenacia i suoi studi di pratica e di teoria della musica.

E, infatti, a Firenze il pensiero di Vincenzio, ormai prossimo ai cinquant'anni, si chiarisce definitivamente. E si chiarisce nella direzione di un rifiuto senza appello della riforma musicale veneziana con e in cui si è formato. Un rifiuto che riguarda, in particolare, quel contrappunto a quattro parti così amato da Gioseffo Zarlino e che, sostiene Vincenzio, si è potuto sviluppare a Venezia solo grazie alla perfetta acustica delle quattro cupole di San Marco, dove i diversi cori possono inseguirsi, rispondersi e intrecciarsi in una magica armonia. Ma lì dove l'acustica è meno perfetta, ovvero in ogni altro luogo al mondo, le voci dei quattro cori finiscono non per unirsi, ma per scontrarsi e ne viene fuori una musica esoterica, apprezzabile forse dai musicisti di professione, che sanno giudicare l'esecuzione a prescindere dall'effetto sonoro, ma non dal pubblico inesperto che ne può valutare solo il risultato complessivo. Insomma, conclude Vincenzio, la musica polifonica vocale può intrigare qualche esigente professore, ma non riesce a scaldare il cuore della gente comune.

Ma conviene andare con ordine. E cercare di capire che vento soffia sulle acque musicali in cui Vincenzio ha nuotato e che ora intende rimescolare. Ponendosi in rotta di collisione col suo maestro, Gioseffo Zarlino.

2. La musica, ai tempi di Vincenzio Galilei

Chi sia il maestro Gioseffo Zarlino, in quegli anni, lo sanno tutti in Italia e non solo in Italia. È un francescano nato a Chioggia nel 1517. Nella città natale ha coltivato il canto e ha imparato a suonare l'organo. Straordinariamente bene, a quanto pare. Ordinato sacerdote nel 1540, l'anno successivo Gioseffo si è trasferito a Venezia, alla scuola di Adrian Willaert, maestro di cappella della Basilica di San Marco. Il fiammingo è uno dei più grandi musicisti del continente. Invitato dal doge Andrea Gritti, giunge in laguna da Ferrara nel 1527 portando con sé uno stile musicale ormai abbastanza praticato nel nord d'Europa, ma pressoché sconosciuto in Italia: la polifonia. La nuova tendenza vuole che, in una composizione musicale, due o più voci accompagnate da strumenti cantino simultaneamente seguendo ritmi e melodie indipendenti. La grandezza del maestro sta nel conferire un'armonia all'eterogenea composizione. È su questo stile che Willaert fonda una scuola divenuta ben presto di gran rinomanza: la "scuola veneziana".

In tutta Europa solo la "scuola romana" di Giovanni Pierluigi da Palestrina regge il confronto. Entrambe sono pensate per e legate a una precisa architettura: quella della Basilica di San Marco a Venezia e quella della Basilica di San Pietro a Roma [Casini, 1994].

In realtà Adrian Willaert non si limita a portare a Venezia musica praticata altrove. Lui ama inventare modi nuovi di farla, la musica. Per esempio, il modo che gli esperti definiscono antifonale. In pratica, il fiammingo dispone due cori ai lati dell'altare di San Marco, ciascuno accompagnato da un proprio organo. Poi divide in due ciascun coro e ordina ai quattro gruppi di cantare simultaneamente, ma seguendo percorsi musicali diversi che magicamente si intersecano. Nessuno lo aveva mai fatto prima. Nessuno aveva mai osato farlo.

Vuoi per lo stile praticato e la capacità inventiva, vuoi per la riconosciuta bravura tanto nel canto quanto nella composizione, vuoi infine perché essere maestro di cappella a San Marco significa occupare una delle posizioni più in vista nel mondo musicale europeo, sta di fatto che Venezia diventa luogo di attrazione (anche) musicale e sono innumerevoli i giovani che da ogni parte del continente giungono in laguna, come il padre Gioseffo Zarlino, per frequentare la scuola di Adrian Willaert.

Con un siffatto insegnante il padre chioggiotto è in grado di sviluppare – e di mostrare – tutte le sue capacità. Non solo di organista, ma anche di compositore. Ben presto Gioseffo Zarlino, ragazzo di cultura vastissima, diventa il più bravo nel creare mottetti con la tecnica del contrappunto. Compone anche madrigali, rifiutando con convinzione l'omofonia, il canto a una voce, e insistendo sul dispiegamento sempre più sofisticato della polifonia, di quel canto a più voci così amato dal suo maestro.

Ora, poiché queste vicende hanno un grande peso nella nostra storia – la storia di Galileo, l'artista toscano – conviene dedicargli un po' di spazio. Iniziamo a definire qualche termine che può sfuggire a chi non è esperto di musica.

I madrigali sono composizioni poetiche nate intorno al XIII secolo, divenute poi testi musicati e cantati a due o più voci. Il madrigale, dunque, sposa poesia e musica. Alla metà del Cinquecento, come tante altre cose in quest'epoca di forte transizione, il vecchio madrigale cambia. O meglio, si diversifica. I testi non sono più necessariamente costituiti da poesia in strofe, ma anche da versi liberi. E, soprattutto, quelli del nuovo madrigale diventano i testi privilegiati dalla musica polifonica. Oggi noi possediamo, stampati e ben conservati, almeno 40.000 diversi madrigali del Cinquecento, in gran parte italiani. Il numero di questi testi è superiore alla somma dei testi di tutti gli altri generi non liturgici utilizzati dalla musica polifonica. In altri termini: nel Cinquecento il madrigale è lo stile non sacro più frequentato nella musica di tutta Europa.

Anche il mottetto è una composizione vocale, talvolta accompagnata da strumenti, usata nella musica polifonica. È stato inventato nel XIII secolo dalla Scuola di Notre Dame di Parigi. Il testo è una forma poetica breve e ritmata, che propone un proverbio, una sentenza o, appunto, un motto. All'inizio il contenuto è religioso, addirittura liturgico. Ma poi comincia a essere contaminato anche da parole, per così dire, profane, generando una commistione che, all'inizio del Trecento, fa arrabbiare non poco il pontefice di Roma, Giovanni XXII. La condanna papale arriva addirittura a mezzo bolla che proibisce i mottetti profani. Ma ciò non impedisce al genere di evolvere e persino di affrancarsi dai contenuti liturgici. Un quarto di millennio dopo, alla "scuola veneziana" di Willaert i mottetti vengono accompagnati in maniera sistematica da strumenti. E diventano i testi preferiti da Gioseffo Zarlino per la sua musica contrappuntistica.

A questo punto non ci resta che chiarire cosa sia mai il contrappunto. In parole povere altro non è che un insieme di linee melodiche – ovvero di ritmi, timbri, dinamiche e quant'altro – indipendenti che vengono proposte insieme in un'unica composizione. Ciò a cui mirano i contrappuntisti è il buon intreccio tra le melodie piuttosto che a una buona armonia. Il problema è – se problema c'è – che la bontà dell'intreccio tra le melodie è carpita solo da orecchie esperte e ben allenate, mentre la buona armonia viene captata, in genere, anche dai profani in maniera, per così dire, naturale. Tanto più che nel turbinio delle melodie che si inseguono e si incontrano nella musica contrappuntistica le parole si perdono, diventando un suono magari sofisticato ma difficilmente comprensibile. A Venezia si dice che Zarlino sia il più bravo nel comporre e proporre mottetti col contrappunto di tre e persino di quattro linee melodiche indipendenti.

Ma è tempo di tornare alla nostra storia. Quando Adrian Willaert muore, nel 1562, a succedergli nel ruolo di maestro di cappella della Basilica di San Marco, da lui mantenuto ininterrottamente per 35 anni, viene chiamato un altro fiammingo, Cristiano De Rore. Bravissimo nel comporre madrigali in cui, accanto a una sperimentazione raffinata del contrappunto, troviamo anche una certa attenzione all'armonia. Nel 1577 tutti i suoi madrigali, per la loro straordinaria portata didattica, verranno raccolti e stampati in un unico volume.

All'inizio degli anni '60 del XVI secolo, sebbene non sia stato ancora prescelto per l'ambita posizione di maestro di cappella, Gioseffo Zarlino è un musicista tra i più affermati. Dirige una propria scuola, a sua volta molto rinomata. Tuttavia padre Gioseffo non è solo musicista e maestro. È anche un raro esempio di teorico della musica. Ed è anche un teorico piuttosto ambizioso, addirittura rivoluzionario.

Nel 1558 Zarlino ha infatti pubblicato un libro, *Le Istitutioni Harmoniche*, che ha suscitato forte scalpore, perché contiene una sfida esplicita al millenario ordinamento di Boezio e, addirittura, osa "andare oltre Pitagora", per modificare le basi teoriche – le fondamenta stesse – della consonanza.

Anche qui – che i nostri 22 lettori ci perdonino – è necessaria una breve digressione. Ai tempi di Gioseffo e Vincenzio la teoria musicale poggia, almeno nella parte più occidentale dell'Eurasia, su fondamenta antiche. Risale, appunto, a Pitagora, vissuto in Grecia e a Crotone duemila anni prima, tra la fine del VI e l'inizio del V secolo a.C.

L'armonia della musica, secondo Pitagora

Il filosofo e matematico di Samo affronta da par suo i temi della musica, dell'armonia e dell'acustica.

Come molti intellettuali greci del suo tempo, Pitagora è convinto che le leggi dell'armonia dominino l'intero universo. Che non a caso i primi filosofi dell'antica Grecia chiamano "cosmo", ovvero il "tutto armoniosamente ordinato". Ma, anticipando tutti gli altri filosofi del suo tempo, Pitagora insiste su due temi [Zanarini, 2009].

Il primo tema teorizza che l'intima natura dell'armonia cosmica è matematica. "Tutto è numero", va sostenendo Pitagora. E tutto nell'universo, anzi nel cosmo, può essere espresso in termini di numeri interi – non a caso definiti naturali – o di rapporti tra numeri interi.

Il secondo afferma che la musica non solo è, a sua volta, governata da armoniose leggi matematiche, ma è in grado di catturare e di portare all'orecchio dell'uomo l'armonia cosmica. Anche la musica, ovviamente, può essere espressa in termini di numeri interi o di rapporto di numeri interi. In particolare, sostiene Pitagora, una successione di suoni è armonica solo se è espressa da numeri interi semplici o da un rapporto dei numeri interi più semplici (da 1 a 4).

L'armonia non sta dunque nell'orecchio dell'uomo che trova gradevole una successione di suoni, ma ha un valore molto più fondamentale perché trascende l'uomo e risiede nell'ordine matematico con cui i suoni vengono emessi.

Per dimostrare empiricamente la sua teoria, Pitagora utilizza uno strumento che, vuole la leggenda, avrebbe egli stesso inventato: il monocordo. Si tratta di uno strumento molto semplice: ha una sola corda, appunto. La corda è tesa tra due ponticelli fissi e passa sopra una cassa di risonanza. Lo strumento prevede un terzo ponticello, mobile, che scorre a piacimento tra i due fissi e consente di bloccare la corda in un punto desiderato. Il che, a sua volta, facendo vibrare la corda consente di ottenere suoni di diversa "altezza", cioè di diversa frequenza. In particolare, quando Pitagora fa vibrare la corda del tutto libera (bassa frequenza), ottiene un suono grave. Accorciando, col ponticello mobile, la lunghezza della corda vibrante, il suono diventa sempre più acuto (frequenza più alta).

Il fatto è che se Pitagora o chi per lui fa vibrare la corda regolando a caso l'altezza del ponticello mobile, il monocordo genera sì una successione di suoni, ma risulta evidente a tutti che si tratta di una successione piuttosto cacofonica. Lo strumento non esprime affatto l'armonia cosmica. Anzi, la sua successione è un rumore che genera fastidio e fa persino male all'orecchio. Il problema che Pitagora si pone, dunque, è la "consonanza dei suoni": come un insieme di note di diversa altezza, emesse all'unisono o in successione, diventa una melodia ed esprime l'armonia del mondo? Quali sono i suoni "consonanti" in grado di produrre armonia?

La risposta del filosofo di Samo a queste domande costituisce una prima mirabile associazione tra "sensate esperienze" e "certe dimostrazioni". I suoni diventano consonanti – teorizza Pitagora – se esprimono un ordine matematico: anzi, se esprimono l'intimo ordine matematico del mondo. In pratica, se il rapporto tra le lunghezze della corda che vibra è espresso da numeri interi semplici (compresi tra 1 e

4) o dai loro rapporti. Sono consonanti i suoni espressi da corde vibranti: della medesima lunghezza (in rapporto 1:1, che noi oggi chiamiamo *unisono*); in rapporto di 1:2 (che Pitagora chiama *diapason*, "attraverso tutti i suoni", a noi nota come *ottava*, ovvero un *do* a frequenza minore seguito da un *do* a frequenza maggiore); in rapporto di 2:3 (il *diapente* di Pitagora, la *quinta* per noi, che vede dopo il *do* un *sol*) e in rapporto di 3:4 (*diatesseron* per Pitagora, noto a noi come *quarta*, che dopo il *do* prevede un *fa*). Questi suoni, sostiene il filosofo e matematico, sono sempre consonanti. Nessun altro rapporto tra corde è e può essere consonante. È la regola del *quaternario* o *tetrakys*. Lo studio empirico col monocordo gli dà ragione. Ed è infatti con questi rapporti che si generano le consonanze conosciute ai Greci.

Il bello è che partendo da una nota di base, per esempio il *do*, e salendo progressivamente di una *quinta* 2:3, è possibile ottenere tutte le altre note della scala diatonica. Legate in rapporto tra numeri semplici e interi, dunque, sono tutte le nostre sette note (do, sol, re, la, mi, si, fa).

Davvero grande, Pitagora. Duemila anni prima della nascita della "nuova scienza" e, comunque, almeno tre secoli prima della nascita della "scienza ellenistica" – mentre la musica è trasmessa ancora solo per via orale e funge essenzialmente da ancella della poesia – elabora una teoria scientifica dell'acustica e dei suoni armonici di tipo assiomatico, ma falsificabile: capace di previsione sulla base di un processo ipotetico-deduttivo e di verifica su un apparato strumentale inventato *ad hoc*. Un esempio precoce di epistemologia o, se volete, di metodo scientifico moderno.

Come ogni buon fisico teorico, Pitagora cerca di generalizzare. Pensa, infatti, di aver catturato il segreto di una legge più generale ed elabora una nuova teoria, quella della "musica delle sfere": anche l'universo "suona in questo modo". Anche la distanza tra le sfere celesti, che incorporano gli oggetti cosmici e che ruotando emettono suoni che l'orecchio umano non può percepire, segue gli intervalli consonanti del *tetrakys*.

Della "musica delle sfere" diremo in seguito. Per ora limitiamoci alla teoria pitagorica della musica. Che diventa la teoria dominante.

E non solo nell'antica Grecia: oltre che da Platone, due secoli dopo la sua formulazione la teoria di Pitagora viene ripresa da Aristosseno in almeno tre diversi libri, di cui due – gli *Elementi di armonia* e gli *Elementi ritmici* – sono giunti parzialmente a noi, mentre il terzo, *Sull'ascoltare la musica*, è andato perduto. Oltre un millennio dopo, nel VI secolo dopo Cristo, la teoria di Pitagora è ripresa dal romano Anicio Manlio Torquato Severino Boezio, che la ripropone tal quale nel *De institutione musica*, il libro destinato a diventare il testo di riferimento in Europa nei secoli successivi.

L'idea che la musica abbia una natura matematica diventa a sua volta dominante. Tant'è che, insieme ad aritmetica, geometria e astronomia, è parte delle "arti del quadrivio", l'insieme delle discipline matematiche insegnate prima nelle scuole monacali e poi nelle università dell'Europa medievale.

Meno lineare è, nel corso di questi due millenni, il rapporto tra la musica teorica e quella effettivamente praticata, spesso da persone prive della minima cognizione dell'esistenza di una teoria assiomatica.

Ora, è vero che la teoria di Pitagora, la sistematizzazione di Aristosseno e la riproposizione di Boezio fino ai dubbi degli europei di questa prima parte del secondo millennio dopo Cristo esprimono "la tendenza della trattazione teorica ad arroccarsi nella torre d'avorio della speculazione, attuando così una separazione più o meno accentuata dalla prassi musicale" che dura all'incirca duemila anni [Baroni, 1999]. Ma è anche vero che la corrispondenza tra teoria pitagorica e pratica musicale funziona bene nell'antica Grecia, dove le arpe hanno poche note e la musica serve per "accompagnare" la parola, il canto. E per quanto riguarda il canto, la regola pitagorica funziona (ovvero spiega l'evidente armonia colta empiricamente dalle nostre orecchie) fino a quando una melodia è interpretata, come ai tempi del filosofo e matematico di Samo, da una voce o da più voci che cantano all'unisono o a distanza di un'ottava, di una quinta, di una quarta. Ma non funziona più bene quando, come avviene a partire dal XIII secolo, le melodie iniziano a essere interpretate da due o tre voci con l'utilizzo di terze e di seste.

La rivoluzione gentile di Zarlino

La teoria non spiega più l'evidenza empirica. E l'evidenza empirica è che l'armonia e, di conseguenza, la consonanza si ritrovano anche tra suoni che nei loro rapporti non rispettano affatto il rigido schema del *tetrakys* di Pitagora.

Per decenni, addirittura per secoli, la pratica musicale non avverte l'urgenza di una nuova teoria. D'altronde chi se la sentirebbe di sfidare Pitagora, Platone, Aristosseno, Boezio? Ma nel XVI secolo la "mancanza di teoria", di una spiegazione fondata dell'evidenza empirica, diventa più forte. Si avverte l'urgenza di stabilire nuove regole di consonanza. Nelle chiese risuonano madrigali sempre più complicati. Il canto ha cessato di essere monofonico ed è sempre più polifonico. Le note si rincorrono seguendo percorsi sempre più arditi e intrecciati. E dominanti. La musica, ormai, prevale sulla parola.

Proprio nella Basilica di San Marco, lì a Venezia, la dissonanza tra teoria e prassi raggiunge l'apice. Adrian Willaert e Cristiano De Rore inseguono e ottengono nove armonie, evidentemente sorrette da nuovi rapporti armonici. Quanto a Gioseffo Zarlino, sfida tutte le pratiche antiche e propone il contrappunto a quattro parti, polifonie in cui le voci indipendenti che si rincorrono sono addirittura quattro. Le parole del canto, come abbiamo detto, non si comprendono più. Ma l'intreccio delle melodie – per le orecchie di chi se ne intende – raggiunge un livello di sofisticazione inusitato. Anche per questo il maestro Gioseffo Zarlino è considerato il "Principe dei Musici".

Come continuare a spiegare quel rincorrersi sempre più ardito e tuttavia armonioso di suoni sulla base di una teoria, quella pitagorica, che è ormai evidentemente insufficiente? Si avverte una "mancanza di teoria" così evidente da non essere più tollerabile. Almeno non a San Marco, centro europeo della musica.

Così Gioseffo Zarlino da Chioggia, sacerdote e maestro a Venezia, città ove spira costante un certo vento di libertà, prende il coraggio a due mani e osa "andare oltre Pitagora" non solo sul piano della musica praticata, ma anche sul piano della teoria. E nel 1558 pubblica un libro, le *Istitutioni harmoniche*, dove propone un nuovo sistema: il *senario*.

Sia chiaro: Zarlino è e resta un pitagorico e platonico convinto. E per ribadirlo sostiene che tutte le cose create da Dio sono state da Lui ordinate col numero. Anzi, col Numero. Tuttavia, continua, non è detto che i soli numeri ordinatori in musica debbano essere quelli indicati dal sommo Pitagora. Possono ben essercene degli altri, ancora piccoli e semplici. Le consonanze, per esempio, possono essere ben espresse ricorrendo non all'insieme dei numeri che vanno dall'1 al 4, ma dall'insieme dei numeri che vanno dall'1 al 6.

L'estensione dell'insieme dei numeri consonanti ha effetti concreti. Si possono creare infatti nuovi rapporti che all'orecchio suonano bene: in particolare Zarlino propone il rapporto 4:5 per la terza maggiore (do-mi) e 5:6 per la terza minore (mi-sol) [Zanarini, 2009]. Sulla base di questi nuovi rapporti, sostiene il musicista chioggiotto, è possibile spiegare le consonanze introdotte dalla musica polifonica medievale e rinascimentale. Sulla base di questi rapporti è possibile recuperare la divergenza tra teoria e prassi.

Gioseffo Zarlino è davvero coraggioso. E con il suo tentativo di andare "oltre Pitagora" può a giusta ragione essere considerato il più importante teorico musicale del tempo. Ma Zarlino è un rivoluzionario gentile. Un riformatore che non rinnega la tradizione. Insomma: è un fatto che il famoso maestro, considerato il "Principe dei Musici", cerchi di formalizzare la prassi musicale sempre per deduzione logica dalla teoria. E la teoria ha fondamenta puramente matematiche. Il numero 4 di Pitagora e il numero 6 di Zarlino "sono concepiti come costituenti un confine oltre il quale [sta] in agguato il regno infinito delle dissonanze" [Fend, 2008]. Teoria e orecchie devono andare d'accordo. Ma quando non lo sono – questo è il pensiero implicito del maestro – sono i numeri non le orecchie che dettano la linea giusta.

La forza innovatrice di Zarlino non si esaurisce nella nuova teoria delle consonanze. Il maestro sostiene anche l'assoluta indipendenza della musica rispetto alle parole. È ovvio, va dicendo e praticando, che musica e parole nella polifonia contrappuntistica devono andare d'accordo: ma la musica non deve mai piegarsi alla parola. Deve seguire le sue proprie leggi.

Zarlino porta fino alle estreme conseguenze questa sua convinzione. Non solo, l'indipendenza della musica legittima pienamente la polifonia contrappuntistica, dove l'intreccio tra quattro cori e strumenti sacrifica la comprensione delle parole. Ma è addirittura possibile una musica strumentale senza parole. Autonoma. Capace di una sua propria narrazione [Baroni, 1999]. Capace di una sua vita indipendente.

Il futuro gli darà pienamente ragione.

Per questo Zarlino può essere considerato uno dei padri della musica strumentale. Ovvero di una musica che sta nascendo, tagliando ogni rapporto con la parola e splendendo unicamente di luce propria.

Vincenzio Galilei allievo di Gioseffo Zarlino

Quando giunge a Venezia, per affinare le conoscenze del liuto, Vincenzio Galilei frequenta una scuola dove incontra, tra gli altri e le altre, anche le figlie dei due pittori più *à la page* a Venezia, Tiziano e Tintoretto. Ma è Zarlino la persona che lo impressiona di più. Ed è la musica di Zarlino quella che abbraccia. Tanto che al termine dei suoi studi in laguna, nel 1563, pochi mesi prima della nascita di Galileo, fa pubblicare a Roma il *Libro d'intavolatura de lauto, madrigali e ricercate*.

L'intavolatura non è altro che un modo di scrivere la musica, diverso dal classico pentagramma. È utilizzato in particolare per gli spartiti destinati a chi suona strumenti a corda. Il libro di Vincenzio Galilei contiene sia una raccolta di 24 intavolature di madrigali suoi originali, sia un'antologia di madrigali di altri autori, tra cui Alessandro Romano, Giouan Nasco, Vincenzo Ruffo, Jacques Archadelt, Orlando di Lassus. Il libro contiene inoltre sei ricercari (pezzi esclusivamente strumentali) di Francesco da Milano. Il protagonista strumentale dei madrigali di Vincenzio è il liuto, ma lo stile di riferimento è quello della musica polifonica di Gioseffo Zarlino.

Negli anni pisani, Vincenzio è dunque un seguace fedele della "scuola veneziana". La sua stima per padre Gioseffo Zarlino, che nel 1665 verrà finalmente nominato maestro di cappella a San Marco in sostituzione del dimissionario Cristiano De Rore, è immutata. Anche se i primi dubbi, forse, iniziano a insinuarsi nella mente del nobile fiorentino proprio all'ombra della Torre Pendente.

Il fatto è che nella sua trasferta romana, nel 1563, Vincenzio Galilei incontra Girolamo Mei, un intellettuale fiorentino non propriamente ben visto da Cosimo de' Medici, ma noto in tutta Europa come uno tra i maggiori esperti di storia culturale dell'antica Grecia. Girolamo Mei, nell'ambito delle sue peregrinazioni tese a evitare le ire tremende e vendicative del duca di Firenze, trova finalmente lavoro nella città dei papi. E lì, nell'estate 1561, scopre anche alcuni trattati sulla musica di autori greci antichi. Si riaccende in lui la scintilla scoccata già venti anni prima e poi in apparenza spenta: l'interesse per la teoria musicale dei Greci. Girolamo Mei inizia così a studiare almeno una ventina di autori diversi, tra cui Aristosseno a Boezio. Ma, soprattutto, elabora un progetto di ricerca, volto da un lato a recuperare tutto quanto è possibile sulla teoria musicale degli antichi greci e a lasciarne memoria agli interessati, ovvero a scrivere un qualche trattato sull'argomento, sia a contrastare le idee e la prassi dei moderni, il cui unico obiettivo – sostiene – sembra quello di proporre ogni sorta di "cincistiatura", a patto che sia la più lontana possibile da quella antica. La musica antica è fondata sulla primazia della parola. E i moderni vogliono farne a meno.

L'accusa è rivolta anche e forse soprattutto a Gioseffo Zarlino, il cui libro Girolamo Mei ben conosce. Basta con la primazia dei suoni e con i contrappunti, predica il fiorentino. Torniamo alla parola.

Quanto a Vincenzio, per ora ascolta. Interessato.

Poi, dopo pochi anni trascorsi a Pisa, si trasferisce a Firenze.

3. Vincenzio a Firenze

Nella "sua" Firenze, per Vincenzio le cose cambiano radicalmente e rapidamente. Sul piano del successo personale, sul piano economico e soprattutto su quello intellettuale. Intanto a mutare è la situazione politica. Dopo anni di insistenza il duca di Firenze, Cosimo I, vince le residue resistenze del papa Pio V, e con la promessa di allestire una flotta da mettere al servizio della Lega Santa per contrastare l'espansionismo ottomano, il duca riesce finalmente nel suo intento: ridefinire il suo *status*. Lui vorrebbe essere nominato se non re, almeno arciduca. Ma soprattutto vorrebbe sottrarsi alla condizione di vassallo dell'imperatore.

La bolla papale è emanata sul finire del 1569. E nel successivo gennaio 1570, Cosimo I, giunto a Roma come duca di Firenze, ne riparte come granduca di Toscana. Incoronato direttamente dal papa.

Pio V, in realtà, non aveva titolo per emanare la bolla e incoronare Cosimo. Tuttavia, malgrado i mal di pancia dell'imperatore tedesco e dei governanti di molti stati europei – Austria e Spagna non riconoscono la nuova situazione – la Toscana non è più vassalla di alcuno, ma è finalmente uno stato indipendente, governato dalla dinastia dei Medici.

Due anni dopo il soddisfatto ma malinconico e malato Cosimo abdica definitivamente a favore del figlio, Francesco, che diventa il secondo granduca di Toscana.

Francesco, che nel 1565 aveva sposato Giovanna d'Austria, la figlia dell'imperatore Ferdinando I d'Asburgo, non è un governante all'altezza del padre. È attratto più dalla filosofia naturale, in primo luogo dall'alchimia e dagli alambicchi di laboratorio, che non dalla politica. Ma è un uomo molto colto che ha in gran pregio la cultura. La corte del granduca continua, così, a essere centro e motore dell'intensa vita intellettuale di Firenze. Prova ne sia che è Francesco a ordinare all'architetto Fernando Buontalenti la costruzione di una bellissima villa al Pratolino e a Giorgio Vasari la realizzazione del celeberrimo Studiolo di Palazzo Vecchio. Ed è lui che vuole la nascita dell'Accademia della Crusca (1583), la prima accademia linguistica al mondo.

È dunque in questi anni intensi e vivaci che Vincenzio Galilei diventa un personaggio molto noto. E non solo a Firenze. Suona frequentemente alla corte del granduca e qualcuno vocifera che sia tra i favoriti di Bianca Cavallo, che tanto scandalo sta suscitando tra Firenze, Venezia e Roma per essere divenuta prima l'amante e poi la moglie (1579) di Francesco I de' Medici. Le voci della *liaison* con Galilei sono infondate, ma è vero che Vincenzio scrive un intero libro di madrigali per la granduchessa. Un libro molto apprezzato da Bianca Cavallo.

Ma, a parte le frequentazioni a corte, snodo fondamentale del cambiamento economico e intellettuale nella vita di Vincenzio è certamente Giovanni de' Bardi, l'amico ricco di risorse finanziarie e di stimoli culturali che dispensa con larga generosità.

Quasi a dimostrare che tutto è davvero mutato nelle fortune di Vincenzio, ecco arrivare il secondo libro che il liutista scrive nell'autunno 1568 e pubblica, per motivi burocratici, all'inizio dell'anno 1569 a Venezia, a sue spese, presso l'editore Girolamo Scotto. È intitolato *Fronimo. Dialogo di Vincentio Galilei fiorentino. Nel quale si contengono le vere et necessarie regole del intavolare la musica nel liuto.* È dedicato al principe Guglielmo di Bavaria.

Il libro ha un chiaro intento didattico. Ma è certamente diverso dai tanti manuali sull'intavolatura del liuto che si vedono in circolazione. Intanto è il miglior libro di educazione all'intavolatura della musica vocale mai scritto per liutisti. Ed è il miglior trattato sul contrappunto dopo le *Istitutioni harmoniche* di Zarlino. Inoltre contiene molta musica: una corposa antologia di madrigali da quattro a sei voci. Il libro propone anche una serie di notazioni originali su come debbano essere strutturate le nuove composizioni per il liuto e su come debbano essere riscritte le antiche. *Fronimo* è, infine, di estremo interesse anche per lo stile letterario, il dialogo, che sarà molto frequentato anche dal figlio, Galileo. Protagonisti della conversazione sono due personaggi immaginari, ma non troppo: Fronimo che, interpretando il ruolo del maestro valente liutista ed esperto musicista, probabilmente lo stesso Vincenzio, risponde alle domande di un curiosissimo discepolo, Eumazio, che in greco vuol dire "colui che impara bene".

Non è ancora un libro di rottura, certo. Ma con *Fronimo* Vincenzio Galilei inizia a differenziarsi dalla "scuola veneziana" e da Gioseffo Zarlino. Lì nella Basilica di San Marco la principale parte strumentale è affidata, come abbiamo detto, all'organo, strumento a tastiera. Vincenzio scrive invece per i liutisti ed è egli stesso maestro virtuoso di liuto, lo strumento a corde che caratterizza l'età rinascimentale della storia della musica.

Non è una scelta casuale. Perché, sostiene Fronimo (Vincenzio Galilei), il liuto è uno strumento superiore all'organo. Intanto è più flessibile: può essere utilizzato come solista, come trascrittore e come accompagnatore. Inoltre è capace, a differenza dell'organo, di esprimere tutte le *humanae voces*, i suoni vocali emessi dagli umani. Ma è capace anche e soprattutto di esprimere "le sfumature, come la durezza e la delicatezza, l'asprezza e la dolcezza". Ancora: è capace, a differenza dell'organo, di riflettere la malinconia, i lamenti e i gemiti, il pianto. Insomma, il liuto sa esprimere non solo le voci ma anche i sentimenti più importanti dell'uomo. E, dunque, è il liuto e non l'organo il messaggero di una nuova musica capace di farsi sentire dai cuori e farli vibrare.

Mentre Vincenzio scrive queste note, a Zarlino cominciano a ronzare le orecchie. Non è forse lui, il maestro di cappella di San Marco, l'interprete più raffinato dell'organo? E non è l'organo lo strumento principe dei contrappunti che egli stesso compone? E quale sarebbe la musica nuova che non si fa sentire dai cuori e non li fa vibrare, se non quella polifonica eseguita in San Marco? L'allievo si sta forse smarcando dal suo maestro?

Non sappiamo se Zarlino si ponga davvero queste domande. Certo legge il libro dell'allievo. Anche perché ne sta preparando uno nuovo di suo, le *Dimonstrationi harmoniche*, che sarà pubblicato nel 1571. Libro nel quale il maestro di cappella di San Marco approfondisce alcuni dei temi trattati nelle precedenti e ormai celebri *Istitutioni*, proponendo, in particolare, una nuova riforma nell'ambito del modo musicale. Non è il caso di entrare nel merito della novità. Diciamo solo che Zarlino prosegue nell'"opera pitagorica" di razionalizzazione fondata sulla semplicità aritmetica e propone di ridurre il gran numero di modi usati nella musica medievale a due soli, basati sulla scala maggiore e sulla scala minore. Si tratta di un lavoro che oggi definiremmo seminale, perché è destinato a influenzare l'approccio alla tonalità che la musica occidentale farà proprio in futuro. Per questo molti gli riconoscono la primogenitura nell'invenzione dell'armonia tonale basata su due soli modi: il maggiore e il minore.

Mentre realizza tutto questo a maggior gloria della "scuola veneziana", a Zarlino deve rodere un po' quella presa di distanza – magari leggera, magari incomprensibile ai più, eppure evidente e in ogni caso pubblica – da parte uno dei suoi allievi. Naturalmente non può leggere la corrispondenza che Vincenzio intensifica, proprio in questi mesi, con Girolamo Mei. Altrimenti comprenderebbe che il *Fronimo* prelude a qualcosa d'altro e di più dirompente.

Girolamo Mei continua, infatti, a interessarsi della musica degli antichi greci. Anzi, dalla primavera 1566 e fino al 1572, si impegna nella stesura del *De modis musicis antiquorum*, un libro che non sarà mai pubblicato, ma che costituisce l'opera più completa sull'arte musicale greca mai composta dai tempi di Boezio.

Il letterato e, ormai, storico della musica fiorentino dedica il libro al tedesco Johannes Caselius, che lo ha aiutato nella ricerca delle fonti e nella loro interpretazione, e a Pier Vettori, il filologo che egli considera "padre e amico". E Vettori è figura influente a Firenze. Benché Vettori sia un suo avversario dichiarato, il lungimirante duca Cosimo I lo chiama fin dal 1538 a occupare la cattedra di greco e latino presso lo Studio fiorentino. Vettori condivide l'opera del suo "figlio e amico", Girolamo Mei, e dalla sua prestigiosa cattedra contribuisce a diffonderla nei circoli culturali della città.

Entrambi poi, Girolamo Mei e Pier Vettori, contribuiscono a chiarire le idee del gruppo di poeti e musicisti che ruotano intorno a Giovanni de' Bardi e che, il 14 gennaio 1573, fondano una Camerata, destinata a diventare famosa come Camerata Fiorentina o Camerata de' Bardi. Si tratta di un gruppo di nobili e intellettuali che si incontra regolarmente per discutere – in maniera del tutto informale, ma con passione e impegno – di letteratura, scienza, arti e soprattutto di musica.

La Camerata tiene la prima riunione, quella fondativa, e poi quasi tutte le altre a venire, in casa de' Bardi, ospiti del conte Giovanni. I nomi dei suoi membri non ci sono noti tutti. Ma è certo che, oltre al medesimo conte Giovanni e a Vincenzio Galilei, ne fanno parte il musicista Jacopo Peri, il poeta Ottavio Rinuccini, il cantante Giulio Caccini, il compositore (ma anche cantante, maestro di canto, coreografo e ballerino) Emilio de' Cavalieri e svariati altri tra musicisti, drammaturghi, letterati che hanno un progetto comune. Un progetto che si ispira largamente alle idee di Girolamo Mei con cui, peraltro, sono in contatto: riportare in auge la musica e il canto e il dramma degli antichi greci attraverso un nuovo stile, recitativo, che restituisca la centralità alla parola e susciti nuove emozioni cadenzando il canto o persino la parlata corrente.

Canto che, ovviamente, deve essere monodico: a una sola voce. Basta con le suggestioni incomprensibili della polifonia e con i virtuosismi fine a se stessi del contrappunto.

Detto e, soprattutto, fatto. Guidati da Vincenzio, teorico e maestro sperimentatore, la Camerata associa alle parole i fatti musicali.

L'approccio può sembrare nostalgico. Ma, a parte il fatto che in quel periodo gli europei ancora pensano che il meglio di sé l'umanità lo ha dato nel passato – nella Grecia classica, appunto – e che, di conseguenza, il massimo cui si possa aspirare è di rinverdirlo, quel favoloso passato, guardando indietro la Camerata de' Bardi finisce per sperimentare qualcosa di nuovo: una sorta di inedito "teatro in musica". Lo stile che nasce nella Camerata Fiorentina, infatti, non ha nulla a che vedere con il canto greco. È, piuttosto, uno stile originale: un "recitar cantando". È, infatti, un vocalizzo che tende a imitare "le inflessioni della parola recitata, stilizzando musicalmente gli accenti e le durate delle sillabe, la direzione ascendente o discendente dell'intonazione e, nell'emissione vocale, il dosaggio dell'intensità e del timbro" [Baroni, 1999]. Certo, all'inizio il nuovo stile è applicato a composizioni piuttosto semplici, come monodie e "intermedi", ma nel tempo le composizioni diventano più complesse. E il "teatro in musica" si dimostra davvero come un modo originale e innovativo di fare musica. Insomma, la Camerata de'Bardi non lo sa, ma col suo "recitativo" sta inventando il melodramma. Il genere, oggi più conosciuto come opera lirica, che caratterizzerà la storia musicale italiana.

All'inizio, il "recitar cantando" si alterna – anche per spezzare la monotonia – a un canto pieno ed elegante, spesso strofico, che mette in luce le potenzialità della voce di chi canta. Da questa nuova musica nascerà sia "la melodia accompagnata, nella quale, a confronto con il madrigale, è come se le voci inferiori si compattassero nell'accompagnamento, per lasciar libera la voce superiore" sia le "arie" che, con il loro canto a piena voce, caratterizzano il melodramma [Zanarini, 2009].

In tutte queste invenzioni Vincenzio Galilei ha la gran parte. Intanto perché inizia a mettere in pratica questa nuova e insieme antica filosofia musicale che lo pone ormai chiaramente agli antipodi della "scuola veneziana", di cui è stato membro di fatto e di cui ha condiviso la filosofia. È infatti nella casa di Giovanni de' Bardi che viene alla luce la prima composizione di Vincenzio Galilei nel nuovo stile. Il liutista sceglie, per dare plastica prova della restituita primazia alla parola, un testo di grande significato e importanza, i settanta versi del *Lamento del Conte Ugolino* del canto XXXIII dell'*Inferno* di Dante e alcune *Lamentationes* di Geremia, e li adatta in modo tale che siano cantati da un tenore solista accompagnato da un complesso di viole.

Questo primo esperimento "recitativo" della Camerata de' Bardi, per la verità, non viene bene accolto e ha scarso successo di pubblico e di critica. Ma la Camerata Fiorentina fa quadrato intorno a Vincenzio: continueremo lungo la strada dell'innovazione.

Impegno che viene mantenuto. Anche perché le idee e le musiche della Camerata, dopo quel primo esperimento, ricevono un largo, anche se non generale, consenso. Non è un caso che al matrimonio di Francesco con Bianca Cavallo, nel 1579, sia proprio un membro della Camerata de' Bardi, il noto tenore Giulio Caccini, a cantare nell'"intermedio". E a cantare un madrigale, *Fuor dell'humido Nido*, per tenore e basso accompagnato da uno stuolo di viole, scritto da un altro membro della Camerata de' Bardi, Pietro Strozzi, che con Vincenzio condivide amicizia e idee.

Gli "intermedi" sono dei brani musicali che nel Cinquecento si è soliti eseguire tra un atto e l'altro di una commedia. Hanno grande successo e vengono proposti nelle occasioni più importanti. Che due suoi membri siano chiamati a interpretare l'"intermedio" per le nozze del granduca è segno di un formidabile riconoscimento per la Camerata. Tanto più che il madrigale di Strozzi cantato da Caccini è scritto in quel nuovo stile "recitativo" teorizzato in casa de' Bardi.

Intanto Vincenzio si afferma non solo come musicista sul campo della nuova scuola, una scuola tutta fiorentina, ma anche come teorico. Lo testimonierà il figlio di Giovanni de' Bardi, Pietro, in una lettera a Monsignor Pietro Dini scritta settantacinque anni dopo, il 16 dicembre 1654.

Scrive il figlio del conte Giovanni:

> Mio padre veva sempre d'intorno i più celebri uomini della Città [...] Vincenzio Galilei [...] s'invaghì in modo di quell'insigne adunanza, che aggiungendo alla Musica pratica, nella quale valeva molto, lo studio ancora della Teorica, con l'aiuto di quei virtuosi, e ancora delle molte sue vigilie, cercò egli di cavare il sugo de' Greci scrittori, de' Latini, e de' più moderni, onde il Galilei divenne un buon maestro di Teorica d'ogni sorta di musica. [citato in Nelli, 1793]

Teorico, dunque, del melodramma. Ma teorico anche "d'ogni sorta di musica". La forza creativa di Vincenzio sta per raggiungere l'apice in simultanea al suo successo personale.

Il "nobile fiorentino" è, infatti, sempre più perplesso sui risvolti della musica polifonica e sempre più persuaso della superiorità della musica antica. Per questo inizia a studiare i classici in maniera sistematica. E per questo inizia un fitto dialogo epistolare con Girolamo Mei, che ha appena completato il suo *De modis musicis antiquorum* e che tutti a Firenze considerano il più grande tra gli esperti di musica greca.

La potenza di quella musica, sostiene Mei, deriva da una sua specifica caratteristica: è monodica. La musica degli antichi greci propone un canto con una e una sola melodia, il cui ritmo si fonda sul metro della poesia. Nella musica dei greci il testo viene prima del suono e la musica è al servizio del testo. Sono questi, conclude Mei, gli ideali che devono rivivere nella musica moderna, non quelli della polifonia vocale.

Vincenzio concorda. Con grande passione. E ribalta come un guanto il suo precedente modo di pensare e di agire. Inizia un lungo lavoro che lo porta, sul piano pratico, a comporre, come abbiamo visto, una serie di testi musicali improntati alla nuova filosofia e, sul piano teorico, a progettare la stesura di un libro dai risvolti clamorosi. Un libro di rottura.

Il libro vedrà la luce più tardi, nel 1581.

4. Galileo a Pisa

Mentre dunque Vincenzio è a Firenze a fomentare la rivoluzione prossima ventura in musica e a rimpinguare le finanze familiari, Giulia e il piccolo Galileo restano a Pisa, nella casa degli Ammannati.

Esistono versioni contrastanti sulle condizioni di vita all'ombra della Torre Pendente in questi anni. Secondo lo storico Jacopo Riguccio Galluzzi, che scriverà nel Settecento una *Istoria del granducato di Toscana sotto il governo della Casa Medici*, grazie alle cure di Cosimo I:

> Pisa già si ristorava delle sofferte calamità; le acque non dominavano più le sue pianure; né l'aere insalubre spaventava gli abitatori; la florida università, la presenza del duca e della sua corte per molti mesi l'anno, la mercatura già introdottavi dai Portoghesi e da altri forestieri venuti ad abitarla contribuivano concordemente alla sua prosperità. [Riguccio, 1781]d

Secondo un testimone diretto, il filosofo e politico francese Michel de Montaigne, che giunge in città nel 1581, Pisa è abitata da "uomini poverissimi":

> Tranne l'Arno, e questo sua attraversarlo con bellissimo modo, queste chiese, e vestigi antichi, e lavori, Pisa ha poco di nobile, e piacevole. Pare una solitudine. [Montaigne, 1895]

Probabilmente la città non è molto diversa dalla miriade di altri grossi borghi sparsi in Europa. Povertà e ricchezza, sia economica che culturale, vi convivono. La natalità è alta. Ma la mortalità infantile altissima. In ogni casa. Anche in quella del duca, poi granduca Cosimo, che sopravvive alla maggior parte dei suoi 11 figli. E in quella dei Galilei. In dieci anni Giulia Ammannati dà alla luce quattro figli: Galileo nel 1564, poi Benedetto (data di nascita sconosciuta), poi Virginia, venuta al mondo l'8 maggio 1573, poi ancora Anna (nata probabilmente nel 1574). Tra loro due bimbi, Benedetto e Anna, muoiono molto precocemente.

A seguire da presso la famiglia Galilei a Pisa c'è Muzio Tedaldi, un doganiere che di Giulia è parente acquisito e di Vincenzio è amico. È lui che, mandando periodici rendiconti al padre, si confermerà come una delle poche fonti dirette ancorché parziali sulla fanciullezza di Galileo che, a quanto ne sappiamo, trascorre serena. Serena secondo gli standard del Cinquecento, ovviamente.

Altra fonte, anche se indiretta e postuma, è Vincenzio Viviani, che molti decenni dopo, nel 1654, su incarico di Leopoldo de' Medici, scriverà il *Racconto istorico della vita del Sig. Galileo Galilei ...*, la prima biografia dello scienziato fiorentino (anche se nato a Pisa, Galileo come il padre si considererà sempre di Firenze). Viviani è stato ottimo discepolo di Galileo e, probabilmente, ha avuto direttamente dal maestro le informazioni sui suoi anni pisani. Sebbene il *Racconto istorico della vita del Sig. Galileo Galilei ...* non sempre sia attendibile, perché l'allievo devoto ha una malcelata tendenza all'agiografia (è lui, per esempio, che accredita la tesi della coincidenza tra la data di nascita di Galileo e quella di morte di Michelangelo), non c'è ragione di credere che Viviani abbia completamente distorto le vicende relative ai primi anni di vita del maestro. Ecco, dunque, come li ricostruisce:

Cominciò questi ne' primi anni della sua fanciullezza a dar saggio della vivacità del suo ingegno, poiché nell'ore di spasso esercitavasi per lo più in fabbricarsi di propria mano vari strumenti e machinette, con imitare e porre in piccol modello ciò che vedeva d'artifizioso, come di molini, galere, et anco d'ogni altra machina ben volgare. In difetto di qualche parte necessaria ad alcuno de' suoi fanciulleschi artifizii suppliva con l'invenzione, servendosi di stecche di balena in vece di molli di ferro, o d'altro in altra parte, secondo gli suggeriva il bisogno, adattando alla macchina nuovi pensieri e scherzi di moti, purché non restasse imperfetta e che vedesse operarla. [Viviani, 2001]

Il fanciullo pisano sembra possedere, dunque, una certa propensione per la manualità e per le macchine. Tuttavia non è certo questo l'*imprinting* culturale che Galileo riceve a Pisa, soprattutto quando raggiunge l'età adatta e inizia a frequentare la scuola. Anche di questa fase della sua vita abbiamo poche notizie dirette. Tuttavia, come rileva Roberto Vergara Caffarelli, è possibile cercare di ricostruire in maniera relativamente sicura il percorso formativo di Galileo [Vergara, 1992].

Sappiamo per certo, infatti, che il municipio della povera ma ambiziosa Pisa ha un'attenzione particolare per l'insegnamento. In primo luogo ha una scuola pubblica accessibile "a tutti egualmente tanto al povero quanto al ricco cittadino". Che per questa sua scuola sceglie maestri abili, quasi sempre provenienti da altre città, con contratti triennali. Rinnovabili. E che i maestri sono tre: il *magister grammaticae*, chiamato a insegnare le regole grammaticali; il *magister scribendi*, chiamato a insegnare l'arte dello scrivere; e il *magister abbaci*, chiamato a insegnare l'aritmetica e l'arte di far di conto. Per tutti la procedura di selezione è rigorosa: il maestro è "eletto per tre anni dai Priori, in seduta di consiglio nella sala priorale, con tre scrutini alla presenza delle altre magistrature cittadine e dei dottori" [Vergara, 1992].

Sappiamo per certo, inoltre, che tra il mese di ottobre 1569 e il mese di aprile 1571 a Pisa è maestro eletto Antonio Leonardi da Castiglione, con l'incarico di insegnare la grammatica e anche il greco. Ecco come Leonardi, con una nota datata 18 giugno 1569, comunica di voler organizzare le sue lezioni:

Sia obligato fuor de giorni festivi tener li scolari tre hore la mattina et tre hore doppo desinare almeno ed il lunedì, martedì, mercoledì et giovedì legger quattro lectioni per ogni giorno, dua la mattina et dua la sera et il venerdì leggere una lectione et il sabato far leggere una lectione ad uno scolaro con farli argumentare alli altri et insomma fare che ogni sabbato si legga una lectione per uno scolare del primo circolo tanto che tocchi una volta per ciascuno. Medesimamente sia obbligato fare tre circoli di scolari almeno uno di epi-

stolanti, laltro di latinanti per tutte le regole, terzo di principianti
cioè delle concordanze et di quelli della prima regola. Et a episto-
lanti sia obligato i soprascripti giorni quattro dare ogni giorno una
epistola, a latinanti dua latini et a principianti attenda il ripetitore te-
nendoci sopra lochio il maestro advertendo che il venerdì faccia a
tutti una examine generale et il sabbato oltre la lectione da leggersi
per lo scolare faccia ripetere i versi imparati a mente per lo adreto.
[citato in Vergara, 1992]

I ragazzi – e presumibilmente Galileo tra loro – vanno a scuola tutti
i giorni feriali, divisi in tre classi, anche se le lezioni sono in contemporanea e le classi alloggiate tutto il giorno nella medesima aula. Insomma, sono tutti insieme anche se svolgono compiti diversi. Il
sabato lo scolaro tiene una lezione e gli altri la criticano. Con questo
metodo tutti si abituano a discutere con tutti, a tenere in conto il giudizio degli altri, ad argomentare in maniera logica e convincente, a rispettare l'opinione altrui. Insomma, la scuola del maestro Leonardi è
una buona palestra di retorica e di filosofia. Non c'è ragione di credere che le cose cambino in maniera sostanziale quando, nell'aprile
1571, Antonio Leonardi da Castiglione lascia l'insegnamento e, il
mese dopo, giunge a sostituirlo Giacomo Marchesi da Piacenza, che
ricoprirà l'incarico fino al maggio 1574.

È verosimile che Galileo Galilei frequenti la scuola pubblica di Pisa
a partire dal 1569 e che lì studi non solo la grammatica, l'arte dello
scrivere e la matematica elementare, ma anche il greco, anch'esso a
livello elementare.

Mentre apprende in maniera così ampia e rigorosa, mentre gioca
in maniera così creativa, in questi anni Galileo riceve ben poco dal
padre. Ben poco, almeno, in relazione alla sua formazione. Vincenzio
vede il figlio a intermittenza, anche se spesso gli manda diversi e graditi
regali attraverso l'amico Tedaldi. Galileo riceve in dono, per esempio,
uno "schizzatoio", un pallone, una maschera. Anche se, con uno spic-
cato senso pratico, durante il carnevale del 1574 preferisce scambiare la
maschera "in un paro di pianelle, che così si è contento" [X, 14].

Ma proprio dopo quel carnevale, nel 1574, la famiglia Galilei decide finalmente di riunirsi. A Firenze. E così, a dieci anni di età, il bambino lascia la natia Pisa per andare a vivere nella "sua città"[1].

Lo accompagnano la madre, Giulia, la piccola sorella Virginia, e il ricordo di Benedetto e di Anna.

---

[1] In realtà Galileo non è, formalmente, né fiorentino né pisano. Non ha la cittadinanza di alcuna delle due città. Proprio come il padre. E, dunque, sempre formalmente dovrebbe essere considerato cittadino di Santa Maria a Monte.

5. Novizio in monastero

Il fatto che nel 1568 Vincenzio abbia pubblicato un libro a proprie spese a Venezia indica che la situazione economica in casa Galilei è migliorata. Forse perché insegnare musica a Firenze offre maggiori opportunità che a Pisa. O forse perché – come abbiamo già ricordato – nel capoluogo toscano c'è il generoso mecenate Giovanni de' Bardi, sempre pronto a tirar fuori quattrini e a creare occasioni di lavoro ogni volta che serve per rendere più confortevole la vita dell'amico, valente musicista e membro della sua Camerata.

Vanno bene, dunque, le cose a Vincenzio. Tanto che il liutista è ora persino in grado di concedere un prestito di 100 scudi all'amico Muzio Tedaldi, per due anni e a titolo gratuito. Prestito che allo scadere sarà rinnovato alle medesime condizioni per altri due anni.

Le cose vanno talmente bene che la famiglia Galilei può dunque riunirsi, tornando a vivere stabilmente insieme. A Firenze.

Quando Galileo con la madre e la sorella vi giungono, sul finire del 1574, trovano una città che da alcuni mesi è orfana di Cosimo de' Medici, venuto mancare il 21 aprile di quell'anno. Ma la perdita del grande duca non si avverte più di tanto. Vuoi perché Cosimo si era già ritirato a vita privata da qualche anno. Vuoi perché i fiorentini hanno reagito bene alla sua morte, facendo proprie le sue propensioni dinamiche e lo sguardo rivolto al futuro. Insomma, quella che Galileo trova passando da Pisa a Firenze è la "grande città". Grande non tanto per le sue dimensioni (in fondo conta appena 60.000 abitanti, meno di quanto ne avesse ai tempi di Dante), ma densa di fermenti culturali e ormai, da quattro anni, capitale del Granducato di Toscana.

Ma a Firenze Galileo trova soprattutto il suo papà, non più improbabile mercante di tessuti e squattrinato insegnante di liuto, ma ormai prestigioso musicista con entrature a corte, membro autorevole della Camerata de' Bardi e più che mai impegnato nella critica alla polifonia e nel restituire alla monodia greca il ruolo che le spetta.

Certo, non è che Vincenzio sia divenuto improvvisamente ricco e possa disporre delle risorse economiche cui ambirebbe l'insofferente Giulia. In definitiva, la famiglia finalmente riunita va ad abitare in una casa relativamente modesta, in quella che oggi si chiama Piazza de' Mozzi. È qui che Galileo – fuori dalla scuola o da qualche oneroso collegio e dunque in maniera strettamente privata – continua la sua formazione, "acquistando nella virtù e nelle lettere", come scrive ammirato Muzio Tedaldi nel 1575 [X, 14].

L'impronta educativa che riceve è sempre di tipo umanistico e Vincenzio la affida a un maestro di grammatica e di latino, forse quel Jacopo Borghini da Dicomano che sarà insegnante anche di Michelangelo Buonarroti, detto il Giovane. Vincenzio riserva a se stesso, naturalmente, il compito di educare il figliolo alla musica. Insegnamento, quest'ultimo, che Galileo apprezza moltissimo. Tanto che impara presto a suonare con perizia sia il flauto che l'organo, oltre che, naturalmente, il liuto.

Non altrettanto bene vano le cose nelle altre materie. Sia chiaro, il ragazzino è di intelligenza vivissima e ha voglia di apprendere. Il fatto è che il maestro di grammatica e di latino è "estremamente rozzo". Anzi, per dirla con Niccolò Gherardini, è "uomo assai dozzinale che insegnava in una casa di propria abitazione in Via de' Bardi" [citato in Vergara, 1992].

Galileo non frequenterà a lungo quella casa. Ecco come Vincenzio Viviani racconta questo periodo di formazione:

> Passò alcuni anni della sua gioventù nelli studi d'umanità appresso un maestro in Firenze, di vulgar fama, non potendo 'l padre suo, aggravato da numerosa famiglia e constituito in assai scarsa fortuna, dargli comodità migliori, com'avrebbe voluto, col mantenerlo fuori in qualche collegio, scorgendolo di tale spirito e di tanta accortezza che ne sperava progresso non ordinario in qualunque professione e' l'avesse indirizzato. Ma il giovane, conoscendo la tenuità del suo stato

e volendo pur sollevare, si propose di supplire alla povertà della sua sorte con la propria assiduità negli studi; che perciò datosi alla lettura delli autori latini di prima classe, giunse da per se stesso a quella erudizione nelle lettere umane [...]. In quel tempo si diede ancora ad apprendere la lingua greca, della quale fece acquisto non mediocre, conservandola e servendosene poi opportunamente nelli studi più gravi. [Viviani, 2001]

In realtà Galileo non vive affatto in una famiglia poverissima e, in ogni caso, non è certo un autodidatta. Non solo perché può contare sulle solide basi che si è costruito alle scuole pubbliche di Pisa. Ma anche perché Vincenzio vuole, fortissimamente vuole, che il figlio continui a studiare e, quindi, si assume il compito di istruirlo in prima persona – impartendogli regolari lezioni di greco, di latino e di letteratura classica – quando percepisce che il maestro prescelto non è all'altezza della situazione.

Sono mesi felici, questi, per Galileo. Mesi in cui il ragazzo cementa il rapporto col padre, che ammira senza condizioni. Per l'abilità artistica. Per le doti intellettuali. Per la ricerca indomita della verità. E, soprattutto, per quell'aperta insofferenza che nella sua ricerca della verità musicale Vincenzio dimostra nei riguardi dell'autorità costituita.

A me sembra – va sostenendo pubblicamente il nobile fiorentino – che chiunque si basi semplicemente sul peso dell'autorità per provare qualsiasi affermazione, senza cercare argomentazioni che la sostengano, si comporti in modo assurdo. Da parte mia, desidero porre liberamente domande e rispondere altrettanto liberamente, senza alcuna sorta di adulazione.

Il che ben si addice a chiunque sia sinceramente alla ricerca della verità.

Il papà non accetta l'*ipse dixit*. E Galileo ne è fiero.

Non sappiamo, invece, come nel 1575 Galileo, ormai un fanciullo robusto dai folti capelli rossi, apprenda la decisione del padre di mandarlo in convento. Il motivo è l'educazione del ragazzino. Le lezioni paterne, davvero intensive, sono efficaci. Galileo è bravo nell'apprendere. Sia in campo musicale – col liuto ha raggiunto una capacità che "per stile e delicatezza di tocco" sembra addirittura uguagliare quella del padre – che nelle lettere [Viviani, 2001].

Ma se con la musica Galileo non potrebbe aspirare a un insegnante migliore – proprio quell'anno Vincenzio ha pubblicato a Venezia un altro testo di composizioni, *Il primo libro de madrigali a 4 e 5 voci* – la situazione è diversa col greco e col latino. Vincenzio sa di aver trasmesso al figlio il massimo anche in queste materie e che il figlio ha assimilato tutto. Ma sa anche che Galileo ha ormai bisogno di un insegnamento formale. Inoltre – è il 1575 – in casa arriva un nuovo figlio, il terzo vivente: Michelangelo. È per tutto questo che, come peraltro è consuetudine tra le famiglie nobili toscane, Vincenzio pensa di mandare il primogenito in convento. Non si sa bene se tra i bravi monaci dell'abbazia di Santa Maria di Vallombrosa, venti miglia a est di Firenze, sull'Appennino tosco-romagnolo, a mille metri di quota e non lontano dalla confluenza del Sieve con l'Arno, oppure presso il monastero di Santa Trinita che l'ordine vallombrosano possiede appena fuori le mura di Firenze.

Giocano a favore dell'"ipotesi Vallombrosa" una nota dell'abate del Monastero di Santa Prassede, Diego Franchi da Genova, contemporaneo di Galileo, che lo cita tra le persone illustri ospiti dell'Abbazia di Santa Maria. Anche in alcuni atti giuridici relativi all'eredità contestata di un amico, Giambattista Ricasoli, Galileo sarà citato come "frate monaco di Valombrosa, figliuolo di un maestro di sonare di liuto".

Giocano invece a favore della tesi di Santa Trinita altri documenti e la nota del suo primo biografo, Vincenzo Viviani, secondo cui Galileo, dopo essere giunto a Firenze, "udì i precetti della logica da un Padre Maestro Vallombrosano di S. Trinita" [Viviani, 2001].

Ma sia quello di Santa Maria a Vallombrosa o quello di Santa Trinita a Firenze, è certo che quello conventuale è un ambiente severo e, tuttavia, sereno. I monaci dell'ordine di Vallombrosa, fondato all'inizio del millennio da San Giovanni Gualberto, vi menano una vita austera, tutta dedita all'insegnamento e allo studio. I ragazzi che ne sono ospiti fanno altrettanto. Si alzano presto per seguire le lezioni di greco e di latino, di logica, di filosofia e per accrescere la loro educazione religiosa.

Galileo trascorre quattro anni nel monastero vallombrosano, a quanto pare come novizio.

È qui che coltiva i suoi interessi principali, che sono la letteratura e il disegno. È qui che acquisisce i primi elementi di teologia. E di filosofia. A questo periodo risalgono i primi documenti scritti, in latino, da Galileo giunti fino a noi e pubblicati, di recente, da William A. Wallace. Si tratta di due trattati diversi che riguardano gli *Analitici secondi* di Aristotele. Il primo è un commento relativo al tema delle "precognizioni" proposto da Aristotele, il secondo si intrattiene sulla natura e sul valore del processo apodittico sviluppato dallo stagirita [Camerota, 2004]. Tuttavia ci sono molti motivi per ritenere che non si tratta di elaborati originali sulla logica aristotelica del giovanissimo Galileo, bensì di ricopiature o di riassunti. Insomma, di un lavoro didattico.

Sta di fatto, però, che Galileo, oltre agli *Analitici secondi*, di Aristotele legge la *Retorica* e l'*Etica*, e che studia anche i dialoghi platonici che, come ricorda Niccolò Gherardini, il ragazzo ammira ed esalta "sopra le stelle". Legge inoltre i maggiori autori latini e, secondo Gabriello Chiabrera, "ogni leggiadra letteratura". Traduce dal greco e dal latino. Si esercita sulla *Tractatio de dimostratione*. Conosce Isocrate e Plutarco [Peterson, 2011].

Ed è a Vallombrosa (o a Santa Trinita), infine, che oltre a studiare la logica, il latino e il greco, riceve i primi elementi di matematica e di scienze della natura.

Certo non sono queste ultime, le scienze della natura, al centro degli interessi culturali né dei monaci vallombrosani né del giovane figlio del musicista Vincenzio. Tuttavia esse non sono neppure trascurate né dagli uni né dall'altro. A mezzo secolo di distanza Galileo ricorderà la cometa apparsa nei cieli nell'anno 1577 e di come egli l'abbia scrutata "continuamente" perché "sempre si mantenne bassa e molto inclinata" e quindi "sempre si vide incurvata notabilmente" [VI, 314]. Se i ricordi, vivissimi, sono anche quelli giusti, allora è certo che il novizio non guarda in maniera distratta all'evento celeste. Il primo che, a quanto se ne sappia, abbia colpito la sua immaginazione.

Il ragazzo già mostra una certa capacità – per dirla con Andrea Battistini – di "tralasciare gli elementi decorativi o pittoreschi" e di cogliere le "qualità primarie" del fenomeno [Battistini, 1989]. Una capacità che non è ancora quella del fisico. Ma certo è quella dell'artista o, almeno, di un ragazzo che si muove a suo agio in campo artistico. A Santa Maria, infatti, Galileo continua a esercitare le sue capacità musicali e, come abbiamo già ricordato, apprende, mostrando anche in questo caso un vivo interesse e una certa abilità, l'arte del disegno.

E se in musica il padre va predicando il ritorno a un'arte, appunto, essenziale, nel disegno la capacità di espungere gli elementi decorativi e pittoreschi e di cogliere le "qualità primarie" è decisiva.

Certo non meno intensi e non meno appassionati sono gli interessi letterari. Anche se, parlando di questo periodo Viviani racconta che Galileo:

> Udì i precetti della logica da un padre Valombrosano; ma però que' termini dialettici, le tante definizioni e distinzioni, la molteplicità degli scritti, l'ordine et il progresso della dottrina, tutto riusciva tedioso, di poco frutto e di minor satisfazione al suo esquisito intelletto. [Viviani, 2001]

Viviani accredita l'idea del genio scientifico refrattario agli studi umanistici e impaziente di esercitare altrove la sua intelligenza. In realtà le cose nel monastero vanno diversamente. I monaci dell'abbazia con cura e sollecitudine gettano le basi di un rigore logico e di uno stile letterario, agile e brillante, destinati a diventare famosi. Difficilmente un ragazzo insofferente a quegli studi e a quel destino avrebbe assimilato tanto. Quanto al futuro del ragazzo, ormai a Vallombrosa (o a Santa Trinita) sembra essere chiaro a tutti, Galileo compreso: diventerà monaco tra i monaci.

Ma, ancora una volta, ecco intervenire a sorpresa il vigile papà Vincenzio. Scrive il solito Diego Franchi da Genova, abate del Monastero di Santa Prassede, in un manoscritto conservato nell'Archivio di Santa Maria di Vallombrosa realizzato dopo aver avuto l'incarico di scrivere un compendio sugli uomini illustri della religione di Vallombrosa:

> Non si deve tralasciare il celebrato nome di Galileo Galilei matematico insigne. Questi fu novizio Vallombrosano, e fece i suoi primi esercizi dell'ammirabile ingegno nella scuola di Vallombrosa. Il padre di lui, sotto pretesto di condurlo a Firenze per curarlo di una grave oftalmia, con trattenerlo assai, il traviò dalla religione in lontane parti. [XIX, 46]

È il 1578. Il novizio Galileo Galilei, colmo di pietà religiosa, dichiara solennemente la sua intenzione di farsi monaco. Ma il papà Vincenzio non glielo consente, interviene tempestivamente e lo ritira dal convento, prendendo a pretesto un'infiammazione agli occhi che richiede quelle cure mediche che i frati di Vallombrosa (o di Santa Trinita), accusa, non gli hanno saputo assicurare.

Nella mente del padre il futuro del ragazzo non può certo consumarsi in convento. Per lui Vincenzio ha ben altre prospettive. Qualcuno sostiene che il musicista ha intuito le grandi capacità del figlio e vuole che le indirizzi verso studi più laici. Altri propongono che nella determinazione paterna abbia un qualche ruolo anche il quadro economico. L'anno prima (1578) è arrivata, infatti, Livia, la seconda figlia femmina di casa Galilei. E Vincenzio ha difficoltà a mantenere una famiglia ormai numerosa, con il primo figlio in un convento cui bisogna pagare in anticipo l'onerosa retta, e in più la prospettiva di dover allestire due doti per altrettante figlie femmine (sia che andassero spose, sia che andassero in convento). Insomma, Vincenzio avrebbe bisogno che il primogenito, Galileo, trovasse presto un'occupazione ben remunerata per contribuire a sostenere la famiglia (composta, per ora, dai due genitori, dal fratello e dalle due sorelle).

Non abbiamo elementi per decidere quale delle due tesi – peraltro non alternative – sia la più vicina alla realtà. Potremmo ricordare che, in fondo, Vincenzio nella sua vita ha sempre anteposto la passione per la musica ai calcoli economici. E che sarebbe strano facesse il contrario nell'immaginare e progettare il futuro del figliolo. Perché non avanzare l'ipotesi, in fondo, più semplice? Vincenzio ha chiamato Galileo il suo primogenito in onore dell'illustre avo, medico e *magister*. Probabile, dunque, che dia fondo al massimo delle sue ambizioni e immagini che in futuro il figlio diventi medico e magari *magister* proprio come Galileo Bonaiuti e conferisca rinnovato onore e nuova fama alla famiglia. Ma siamo nel campo pericoloso del puramente speculativo. Meglio tornare ai fatti.

Ma, come già detto, il solo fatto che conosciamo è che Vincenzio, con una scusa, porta via il figlio dal monastero di Vallombrosa (o da Santa Trinita). Che Galileo ha ormai 15 anni, un fisico forte e una solida formazione non solo nelle materie scolastiche canoniche, ma anche in musica, letteratura e disegno. Che inoltre, tornato finalmente a casa, il ragazzo continua gli studi presso una scuola diretta dagli stessi monaci vallombrosani. Ma da laico, non più come candidato a entrare nell'ordine. Galileo stesso perde in breve ogni interesse alla vita del religioso. La sua prospettiva diventa tutt'una con quella del padre. Quale? Ce la lascia intendere Muzio Tedaldi in una lettera spedita a Vincenzio il 16 luglio 1578: "... mi è grato di saper che haviate rihavuto Galileo, et che siate di animo di mandarlo qua a studio" [X, 16].

Dove il qua è, di nuovo, Pisa.

6. Sfida a Zarlino

Nel futuro di Galileo c'è, dunque, il ritorno a Pisa. A fini di studio. Che papà Vincenzio pensa indirizzati alla medicina.

Non si tratta, però, di un futuro immediato. Per alcuni mesi il ragazzo resta, infatti, in famiglia. Una famiglia che tende ad allargarsi. Giulia Ammannati è di nuovo incinta e nel 1580 mette al mondo una bambina che viene chiamata Lena. Purtroppo la neonata morirà in breve tempo. Ma intanto casa Galilei, lì in Piazza de' Mozzi, è diventata davvero affollata. Forse è anche per questo che Vincenzio consolida l'intenzione di far seguire al primogenito le orme del *magister*. Prende pertanto accordi affinché Galileo torni a Pisa, ospite del vecchio amico Muzio Tedaldi, si iscriva all'università e frequenti i corsi di medicina.

In realtà Vincenzio spera che il ragazzo sia ammesso al Collegio della Sapienza, istituito nel 1543 da Cosimo I affinché:

> senza alcuna spesa sieno raccettati, e muniti tutti quelli buoni Ingegni, che oppressi dalla Povertà domestica, non potrebbero senza simile aiuto, attendendo alle lettere mostrare l'eccellenza, e la nobiltà degl'animi loro.

Ma il tentativo di farlo rientrare tra i quaranta allievi toscani che hanno diritto all'istruzione e al vitto gratuiti e, quindi, di farlo studiare senza oneri per la famiglia, non riesce. La domanda di iscrizione al Collegio della Sapienza è respinta.

Probabilmente perché l'età minima per essere ammessi al Collegio è 18 anni e Galileo di anni ne ha appena 15. O, forse, perché la famiglia Galilei non è così "oppressa dalla Povertà domestica" da poter ambire alla totale gratuità degli studi.

D'altra parte Muzio Tedaldi sta chiedendo la mano di una giovane di casa Ammannati. E non è conveniente che l'aspirante sposo ospiti in casa il cugino della ragazza che vuole impalmare, onde evitare che la cosa suoni come una indebita pressione sulla famiglia della ambita affinché acconsenta al matrimonio. In breve, Galileo deve attendere che la faccenda di cuore tra il suo ospite e sua cugina si concluda (positivamente) prima che, il 5 settembre 1581, possa iscriversi all'università della città natale ed essere regolarmente immatricolato presso la Facoltà di Arti quale scolaro di medicina, come risulta dal *liber matriculae* dello Studio pisano.

Per oltre un anno e mezzo, dunque, Galileo resta a casa. E intercetta il padre, tra un viaggio e l'altro. In questi anni – anni di grande successo personale – Vincenzio infatti viaggia molto. Tra il 1578 e il 1579 è a Monaco, alla corte di Alberto IV il Magnanimo, duca di Baviera. E prima del 1582 è per due volte a Roma, quindi nuovamente a Venezia, Pisa, Siena, Marsiglia, Messina. Con un tal maestro, sia pure itinerante, Galileo può non solo affinare le sue capacità, per così dire, di musica pratica, esercitandosi con il liuto e altri strumenti, ma anche seguire da vicino i successi della Camerata de' Bardi, le infinite discussioni sul rapporto tra poesia e musica e, soprattutto, la sfida aperta e pubblica che suo padre, Vincenzio Galilei, decide di lanciare all'antico maestro, Gioseffo Zarlino.

Sfida in cui fanno capolino dimensioni affatto nuove per il ragazzo: i fondamenti della musica, i rapporti tra matematica e fisica, l'equilibrio tra "sensate esperienze" e "certe dimostrazioni".

Dopo le discussioni in seno alla Camerata de' Bardi e anche in seguito all'intensificarsi degli scambi epistolari con Girolamo Mei – esistono almeno cinque lettere che lo storico indirizza al musicista tra il 1572 e il 1581 – Vincenzio, infatti, sta giungendo al culmine della sua elaborazione teorica e sta preparando un libro, *Dialogo della musica antica et della moderna*, in cui si propone di esporre in maniera sistematica il suo pensiero. Attaccando direttamente e al cuore quello di Gioseffo Zarlino.

Il libro di papà Vincenzio viene pubblicato nel 1581 ed è destinato, come abbiamo già detto, non solo a realizzare in musica una rivoluzione paragonabile a quella che il figlio Galileo realizzerà in fisica, ma ad avere una profonda influenza sul modo (sui modi) in cui il figlio la realizzerà, la sua rivoluzione in fisica.

Galileo, infatti, è sia spettatore di prima fila sia attore non del tutto marginale della rivoluzione paterna.

Ma, ancora una volta, è meglio procedere con ordine.

Il *Dialogo della musica antica et della moderna* si pone due obiettivi: uno riguarda la polifonia e il rapporto tra parola (poesia) e musica strumentale; l'altro la teoria della consonanza e, soprattutto, la natura della musica. Ma il libro ha almeno un'altra dimensione importante: lo stile letterario. Vincenzio, infatti, ripropone il genere del dialogo, ma questa volta innervato da fine ironia e indomita *vis polemica*.

L'uno e le altre caratterizzeranno gli scritti con cui il figlio, Galileo, si imporrà di lì a qualche anno come il "più grande scrittore nella storia della letteratura italiana", oltre che come il pioniere della *nuova scienza*. Giustamente Dava Sobel nota che Vincenzio ha il merito di aver fornito al figlio Galileo trasparenti lezioni di determinazione e di sfida all'autorità, introducendolo alla nobile arte della polemica [Sobel, 1999].

Protagonisti del dialogo immaginario sono due persone reali, che Vincenzio ben conosce e che frequenta nella sua vita quotidiana. Uno è un nobile fiorentino. L'altro, il principale, è Giovanni de' Bardi: l'amico e mentore, verso cui l'autore riconosce di avere molti debiti. Il più grande è quello di aver creato le premesse perché egli, Vincenzio Galilei, potesse finalmente liberare il suo pensiero. La dedica al conte Giovanni non poteva essere più chiara:

> Come potrei io pure in minima parte ricompensare le comodità che ella mi ha date di potere con quieto animo attendere a quelli studij a' quali da primi anni mi diedi, e che senza l'aiuto suo non haverei condotti in quel termine nel quale hora si ritrovano? A che si aggiugne la prontezza dell'animo suo in far venire ad instanza mia, dalle più lontane parti d'Europa varij libri e instrumenti, senza i quali impossi-

bile era potere della Musica quella notizia havere che mediante quelli habbiamo; e acciò questa scienza si mostrasse per me al mondo assai più chiara di quello che forse dopo la sua perdita non è ancora stato, non li è paruto grave darmi comodità di viatico, e prestarmi il suo favore in ogn'altra cosa opportuna per cercare molti luoghi, e indi ritrarre e da costumi degli habitatori, e dalle memorie antiche e da huomini della musicale scienza intelligenti, quelle maggiori e più vere notizie che possibile è stato. [Galilei, 1581]

C'era un modo migliore di ripagare un debito, enorme, di riconoscenza?

Ma veniamo ai contenuti. Nel *Dialogo* Vincenzio, attraverso la voce di Giovanni, mette a sistema le idee maturate in seno all'Accademia de' Bardi e negli scambi di opinione con Girolamo Mei contro la polifonia e a favore del "ritorno a Orfeo".

Orfeo è quel personaggio della mitologia greca che, con il suo canto, rigorosamente monodico e accompagnato dalla lira, era capace di incantare, letteralmente, i suoi ascoltatori, dando espressione con la sua musica ai sentimenti i più profondi, come il coraggio o l'amore. Orfeo, lui sì che con la semplicità della sua musica era capace di liberare la "potenza della parola".

Ebbene, sostiene Giovanni (alias Vincenzio): anche oggi la musica deve rispondere all'interesse dell'ascoltatore, che è quello di riflettersi nel testo, "specchio degli affetti". E deve abiurare il madrigale, che ormai con le sue quattro o cinque o più voci rompe lo specchio e tradisce l'interesse di chi ascolta.

Et ciò dicono essere ben fatto per l'imitazione de concetti, delle parole, et delle parti; strascicandone bene spesso una di esse sillabe, sotto venti e più note diverse, imitando talore in quel mentre il garrire degli uccelli, et altra volta il mugolare de' cani. La qual cosa di quanta imperfettione sia causa, et quanta forza si levi per ciò dall'espressione dell'affetto, nel quale naturalmente si commuove il simile in chi ode, non è mestiero altamente ragionare. [Galilei, 1581]

Il madrigale polifonico, fa sostenere Vincenzio ai suoi personaggi, non solo impedisce di esprimere i sentimenti, ma suscita il riso e il disprezzo di chi ascolta. E non solo con le parole che nel canto diventano incomprensibili, ma anche nella sua parte musicale, con quelle note sincopate che suonano come singulti. Nelle note basse il cantante moderno sembra voler spaventare i bambini, nelle note alte gridare per il troppo dolore. No, non c'è segno alcuno che la complicata musica contemporanea possa raggiungere i vertici della semplice musica antica.

Un attacco ancora più diretto è al contrappunto vocale e al suo araldo, Gioseffo Zarlino:

> Si consideri il ruolo dei contrappuntisti. Non si preoccupano che del piacere dell'orecchio, ammesso che di piacere si possa davvero parlare. L'ultima cosa di cui i moderni si preoccupano è pronunciare le parole con la passione che esse richiedono, se non in modo ridicolo. [Galilei, 1581]

Il contrappunto, continua Vincenzio, è un'"impudenza", una musica decadente e sterile.

Che fare, dunque?

> Hoggi è inteso per l'imitazione delle parole non l'imitar col canto il senso di esse et di tutta l'oratione come appresso gli antichi ma il significato del suono di una sola. [Galilei, 1581]

Chiaro: c'è bisogno di una nuova musica, che abiuri madrigali e contrappunti e riscopra la semplicità di quella di Orfeo. Che non si limiti a parlare alla mente di pochi esperti, ma punti a far vibrare i cuori di tutti. Che restituisca la centralità che i Greci attribuivano alla parola. Anzi, alla poesia e al ritmo scandito dalla metrica poetica. E per rafforzare questo concetto, Vincenzio pubblica nel suo *Dialogo* i tre inni che Mesomede, il poeta di Creta amico dell'imperatore Adriano, aveva dedicato, nel II secolo d.C., alla Musa, al Sole e a Nemesi.

Lo abbiamo già detto, da questo rivoluzionario ritorno al "recitar cantando" proposto da Vincenzio Galilei nasce il melodramma, che muta "dalle fondamenta l'estetica e la storia della musica e che ancora oggi 'regna incontrastato' al di sopra di tutti i generi musicali" [Perni, 2009]. Non è cosa da poco. E basterebbe questo a fare di Vincenzio uno dei grandi della storia della musica.

Ma ancora più importante – negli aspetti teorici e negli effetti a cascata – è l'altro obiettivo che Vincenzio si pone col *Dialogo*: la ricerca di nuova teoria delle consonanze.

Ed è un'altra rivoluzione. Che anticipa i tempi.

Vincenzio Galilei parte infatti all'attacco della teoria musicale pitagorica e, soprattutto, della variante introdotta da Zarlino. Non solo e non tanto perché l'estensione del maestro di cappella di San Marco è estranea alla pratica musicale degli antichi, ma anche e soprattutto perché non è la matematica, ma l'orecchio il giudice supremo – il "più ver[i]tiero" – della buona musica. Buona consonanza e accordatura comprese.

La teoria delle consonanze di Zarlino, sostiene Vincenzio, è succube del Numero. Di una matematica astratta, che non tiene conto della realtà fisica del suono. L'armonia della musica è invece il frutto di concreti fenomeni acustici e della percezione dell'orecchio umano – di fenomeni fisici, appunto – non la manifestazione di una trascendente *harmonia mundi*, di un'armonia cosmica fondata sull'astrazione dei numeri.

Sia chiaro, la matematica è essenziale in musica perché, ci mancherebbe altro, l'armonia della musica è anche un rapporto armonioso che può essere ricostruito in armonia di numeri. Ma non si può assumere l'armonia matematica dei numeri e traslarla nell'armonia musicale dei suoni in maniera rigida e automatica, astratta appunto, perché questo irrigidisce la teoria e impedisce l'innovazione. Occorre tener conto in primo luogo che il suono è ciò che si sente. Con l'orecchio. L'astrazione matematica viene dopo, per meglio comprendere quel suono e poterlo migliorare. Ma il suono è, prima di tutto, un fenomeno fisico che avviene nel tangibile mondo naturale.

E se modifichiamo in maniera così radicale l'idea che abbiamo della musica – da astrazione matematica a fenomeno fisico – come si ottiene una buona consonanza? Ma è chiaro: con l'esperienza, per prova ed errore. Sperimentando.

Molti storici sottolineano questa "enfasi empirica e sperimentale che pervade i lavori di Vincenzio Galilei" e giustamente rilevano come esso sia "singolarmente in sintonia con quel ricorso alle 'sensate esperienze' tante volte propugnato dal Galileo" [Camerota, 2004].

Ma non è l'attitudine sperimentale di Vincenzio a costituire una novità assoluta in musica. Non sono infatti mancati, in passato, i teorici di un approccio empirico. Aristosseno, per esempio, aveva "pesato" il rapporto tra ragione matematica e ragione empirica nella musica. E pur riconoscendo il valore della prima, assegnava alla seconda un ruolo decisivo. Più di recente, nel primo dizionario dei termini musicali apparso in Europa, il *Diffinitorium musicae*, scritto a scopo didattico intorno al 1472-1474 e stampato a Treviso nel 1495, il fiammingo Johannes Tinctoris, proprio come fa Vincenzio, definisce l'armonia non in termini matematici, ma "una certa piacevolezza prodotta da suoni appropriati", la consonanza come "una mescolanza di diversi suoni che porta dolcezza alle orecchie", e la dissonanza come "una mescolanza di diversi suoni che per loro natura offendono le orecchie". Definizioni empiriche, certo, ma puramente soggettive [Baroni, 1999].

La novità è che Vincenzio, che ben conosce Aristosseno, cerca leggi generali. Leggi fisiche. In questa ricerca viene prima l'orecchio, poi la regola matematica.

Per quanto riguarda l'accordatura, sulla base delle sentenze del giudice orecchio, Vincenzio riabilita la regola empirica di porre i tasti (o legacci) lungo il manico del liuto – a suo giudizio il migliore strumento musicale – in modo che le distanze tra di essi seguano la "regola del 18".

La costruzione pitagorica delle note musicali prevede che, presa una corda che, per esempio, suonata in tutta la sua lunghezza fornisce un do, si ottenga un sol quando la lunghezza è 2/3, un re in corrispondenza dei 2/3 di questa nuova lunghezza, e così via, con le opportune trasposizioni di ottava. Ma i liutisti sanno che, collocando i tasti secondo questa regola, e quindi disponendoli (come è inevitabile) allo stesso modo per tutte le corde, il loro strumento non suona bene, non produce armonie. Così, anticipando quello che molti anni dopo sarà il temperamento equabile, adottano una regola empirica, la "regola del 18", appunto. Essa consiste nel disporre i tasti lungo il manico del liuto in modo che ogni nuovo tasto venga posto a 1/18 del tratto di corda lasciato libero dal tasto precedente [Zanarini, 2009].

Il nobile fiorentino riconosce che questo rapporto è valido solo in maniera pragmatica e approssimata. Ma poiché l'orecchio dei liutisti sostiene che così le cose vanno molto meglio, è questa regola empirica e non l'astratta regola pitagorica che bisogna seguire.

Così facendo, Vincenzio ripropone un problema epistemologico decisivo, che riguarda il rapporto tra la matematica e il mondo fisico. La spiegazione di questo mondo e la costruzione di strumenti che su questa spiegazione si basano non possono essere ottenute per semplice deduzione da astratte basi matematiche, ma devono poggiare su solide evidenze empiriche. Non è l'esistenza (il rispetto) dei "numeri sonori" e dei loro rapporti a distinguere la buona dalla cattiva musica (e della buona consonanza/accordatura), ma l'orecchio.

Vincenzio non si limita a proporre il metodo sperimentale in musica, ma abbraccia un altro dei valori fondanti della scienza che sta per nascere: l'universalismo e lo scetticismo sistematico. In altri termini Vincenzio Galileo rifiuta l'*ipse dixit* ed esalta la prova empirica dei fatti:

Desidero che in quelle cose dove arriva il senso si lasci (come dice Arist.[otele] nell'ottavo della Fisica) sempre da parte non solo l'autorità, ma la colorata ragione che ci fusse in contrario con qual si voglia apparenza di verità. Perché mi pare che faccino cosa ridicolá (per non dire, insieme col filosofo, da stolti) quelli che, per prova di qual si sia conclusione loro, vogliono che si creda senz'altro alla semplice autorità, senza addurre di esse rationi che valide siano [...] Voglio [...] che mi concediate essermi lecito alla libera interrogarvi, e rispondervi senz'alcuna sorta d'adulazione, come veramente conviene tra quelli che cercano la verità delle cose. [Galilei, 1581]

Galileo mostrerà molto presto quanto apprezzi e condivida il pensiero del padre.

Vincenzio, dunque, non si limita a introdurre Galileo alla matematica di Pitagora e alle note regole dei rapporti musicali elaborate due millenni prima dal filosofo greco. Regole precise ed eleganti, che sono il fondamento della musica di Zarlino e del Rinascimento. Vincenzio insegna a Galileo che, per quanto grande siano il filosofo naturale greco e le sue regole, talvolta occorre saper andare "oltre Pitagora" se non si vuole piegare la realtà naturale a principi astratti, ancorché matematicamente convincenti.

Vincenzio – qui è la sua autentica novità epistemologica – non si limita, infatti, a studiare e ad applicare le regole musicali di Pitagora perché così è scritto. Ma, con veri e propri esperimenti, intende verificare se e come nella realtà fisica quelle regole funzionano. Insomma, Vincenzio cerca di elaborare una teoria musicale studiando la fisica del suono. Perché, certo, l'armonia dei suoni musicali sembra seguire le astratte leggi matematiche di Pitagora. Ma l'armonia deriva dalle fisiche vibrazioni dell'aria. E non è possibile, pertanto, elaborare una teoria della musica affidandosi all'autorità di Pitagora o di chiunque altro senza tener conto di come, in pratica, si sviluppano le fisiche vibrazioni dell'aria.

Se in matematica giudice ultimo sono le "certe dimostrazioni", in fisica giudice ultimo sono le "sensate esperienze".

7. Ritorno a Pisa

Alla fine dell'estate dell'anno, il 1581, in cui papà Vincenzio pone la sua pubblica sfida al maestro Zarlino, Galileo giunge a Pisa per iscriversi, il 5 settembre, al corso di medicina della Facoltà di Arti.

In città non si parla d'altro che della inaudita rissa tra monaci e preti scoppiata a luglio all'interno della chiesa di San Pietro a Grado, lì sul porto, a sette chilometri dal centro. Se ne sono date così tante e di così santa ragione quei ministri di Dio che lo scandalo ha acquistato fama persino fuori d'Italia. Anche perché descritta da un divertito Michel de Montaigne, giunto anche lui a Pisa proprio in quelle settimane.

Non sappiamo se e come Galileo abbia commentato l'episodio. Possiamo però immaginare il sarcasmo con cui centinaia di giovani studenti, provenienti da tutta la Toscana e anche da fuori, hanno "ricamato" la notizia non appena giunti, tra settembre e ottobre, per l'inizio delle lezioni del nuovo anno accademico, previsto come al solito per il primo giorno di novembre.

L'università di Pisa ha una lunga storia, vecchia di oltre due secoli. È stata fondata nel 1338 dal conte Fazio della Gherardesca, a capo del comune, col consenso di tutti gli Anziani e di tutto il Senato. Ma le università, in ogni parte d'Europa, sono sotto il controllo della Chiesa. Cosicché l'istituzione ufficiale dello *Studium generale* di Pisa, atto a rilasciare titoli riconosciuti ovunque nel continente cristiano, avviene solo cinque anni dopo, con la bolla *In supremae dignitatis* emessa il 3 settembre 1343 ad Avignone dal papa, Clemente VI. Tre mesi ancora e il giorno 2 dicembre il pontefice emana una nuova bolla, l'*Atendentes provide*, con cui autorizza anche gli ecclesiastici a frequentare l'ateneo. Da quel momento l'università di Pisa si propone come "luogo di studi aperto a tutti".

È un buon inizio. Ma negli anni e, anzi, nei decenni successivi l'ateneo pisano entra in una lunga fase di declino. Finché il fiorentino Lorenzo de' Medici, nella seconda parte del XV secolo, non decide di ridare alla città "uno degno et riputato Studio". L'inaugurazione, nella nuova e stabile sede della Sapienza, avviene l'1 novembre 1473.

È un buona ripartenza. Ma, poi, è di nuovo il declino. Finché, come abbiamo ricordato, è un altro illuminato membro della casata fiorentina de' Medici, Cosimo, a rilanciare l'università pisana. Il duca di Firenze finanzia generosamente lo Studio perché vuole che Pisa si affermi come il principale centro culturale della Toscana. E lì dove non bastano gli investimenti, interviene per legge. Vieta così a tutti i giovani del ducato di frequentare università straniere (oltre a Pisa, in Toscana, i centri di istruzione superiore sono a Siena e a Firenze), e nel contempo dispone porte aperte anche per gli altri italiani (sottomontani) e per gli stranieri (sopramontani). Attira, con lauti stipendi, illustri docenti: dall'anatomista Gabriele Falloppio al botanico Luca Ghini, dal filologo Francesco Robortello a Piero Angeli da Barga, grecista e latinista; dal filosofo Simone Porzio al medico e botanico Andrea Cesalpino e all'anatomista Realdo Colombo.

Cosimo avrebbe voluto avere come docente anche Andrea Vesalio, il grande medico e anatomista fiammingo che ha appena pubblicato il suo celeberrimo *De humani corporis fabrica* (1543). Vesalio, ormai medico di corte dell'imperatore Carlo V, tiene a Pisa (e a Bologna), nel 1544, applauditissime lezioni e inaugura, davanti allo stesso Cosimo, il "teatro anatomico" dello Studio. Ma declina l'invito del duca a trasferirsi definitivamente in Toscana e torna dalla sua bella, in Belgio.

In ogni caso, l'inaugurazione del nuovo Studio pisano avviene il primo novembre 1543, "con una memorabile orazione tenuta dal lettore di umanità, Francesco Robortello" [Camerota, 2004].

L'offerta didattica, come si direbbe oggi, riguarda le materie classiche: teologia, diritto civile e canonico, medicina e filosofia. Il corpo docente è costituito da 42 *dottori togati*. Il numero di lauree conferite tra il 1543 e il 1599 ci dà invece un'idea della domanda didattica. Su

3943 lauree complessive, 417 (10,6%) sono in teologia, 738 (pari al 18,7%) in medicina e filosofia e le restanti 2788 (il 70,7%) in diritto. E, infatti, l'ateneo pisano diventa famoso soprattutto per le sue competenze giuridiche.

Lo Studio voluto da Cosimo ha un rigido statuto. Prevede che l'anno accademico inizi l'1 novembre e termini il 22 giugno. La prima giornata si esaurisce in una solenne inaugurazione, spesso disertata o più spesso ravvivata dagli "strepitosi" studenti. Ma già il 2 novembre iniziano i corsi regolari. Per laurearsi e acquisire il titolo di dottore occorre seguire un corso di studi di 6 anni e un piano di studi, con relativi testi, stabilito sempre per statuto, che prevede in ogni caso almeno 110 giorni di lezione per ogni anno. La regola statutaria, in verità, prevedeva all'inizio che i giorni di lezione fossero 120 per anno. Nel 1554 erano stati portati addirittura a 150. Ma poi, pochi anni prima dell'arrivo di Galileo, nel 1576, prendendo atto della realtà – per un motivo o per l'altro i giorni effettivi di lezione non superavano il numero di 60 o 70; una situazione di fatto che nessuno a Pisa è mai riuscito a modificare – sono stati ridotti a 110.

I docenti si dividono in *ordinari* e *straordinari*. Ma tra loro non c'è differenza sostanziale, almeno fino al Seicento. Ciascun *dottore togato* legge opere o parti di opere diverse e ben definite. In medicina gli *ordinari* si dividono a loro volta in *teorici* e *pratici*.

Quanto agli studenti, in sei anni di corso devono superare un solo esame, quello finale di laurea.

Vincenzio, come abbiamo detto, iscrive il figlio a medicina. O meglio, alla Facoltà di Arti, che comprende gli studi di medicina e filosofia. Il corso di studi è organizzato in tre cicli triennali, due dei quali paralleli, e affidato alle tre tipologie di docenti cui abbiamo già fatto cenno: gli *ordinari teorici*, gli *straordinari teorici* e i *pratici ordinari*.

I primi cicli del corso di medicina sono dedicati agli studi di teoria. Galileo e i suoi colleghi devono seguire le lezioni sia degli *ordinari teorici*, che per statuto leggono i *Libri artis medicinalis* di Galeno e gli *Aforismi di Ippocrate*, sia degli *straordinari teorici*, che sempre per statuto leggono il *Canone* di Ibn Sina (Avicenna), i *Prognostica* di Ippocrate e il *De pulsibus* di Galeno. Quanto ai *pratici ordinari*, nel loro ciclo triennale, leggono il *De febribus* di Avicenna e il *De curis particolaribus* di al-Rhazi.

Tra i docenti vi sono Andrea Camuzio di Lugano, Andrea Cesalpino di Arezzo, Giuseppe Capannoli di Pisa. In quegli anni insegna anatomia Antonio Venturini di Sarzana.

Diciamo subito che il ragazzo non mostra molto interesse per questi corsi. Troppa, forse, è la differenza tra la cultura viva, innovatrice, di frontiera che ha incontrato a Firenze, addirittura dentro casa sua, e la cultura medica statica, *ex libris*, vecchia, che incontra in molte delle aule di medicina a Pisa.

Non è tanto il fatto che Ibn Sina (Avicenna) e al-Rhazi abbiano scritto di medicina oltre mezzo millennio prima, nell'XI secolo; Galeno nel II secolo, quasi millecinquecento anni prima, e Ippocrate addirittura tra il V e il IV secolo a.C., quasi duemila anni prima. In fondo anche il padre nel campo della musica vuole tornare agli antichi. Sta di fatto che mentre il padre rilegge i classici per riproporre nuova musica, con una marcata forza creatrice capace d'innovazione, lì a Pisa rileggono i classici per riproporre sostanzialmente immutata la medicina degli antichi. Non c'è quell'impeto innovativo che in quegli anni in ambito medico solo Andrea Vesalio ha dimostrato di possedere. Anche il movimento del confuso ma intellettualmente vivissimo Paracelso (morto nel 1541) sembra aver esaurito la sua forza propulsiva dopo la scomparsa del fondatore.

In realtà non è che a Pisa vi siano solo acque morte. Anche tra i medici dello Studio qualcosa si muove [Festa, 2007]. Andrea Cesalpino, per esempio, che è stato direttore dell'Orto Botanico tra il 1555 e il 1559 e che, dal 1569, è titolare della cattedra di medicina, non esita a rendere pubbliche le sue critiche nei confronti della cultura medica che pure è costretto a insegnare. Non condivide, soprattutto, il modello di circolazione del sangue proposto da Galeno. Lui, formatosi alla scuola anatomica di Padova, ha dimostrato con sapienti osservazioni su cadaveri che è il cuore, non il fegato, l'organo propulsore della circolazione del sangue. E che dal cuore si dipartono due sistemi di vasi, le arterie e le vene. E questi sistemi di vasi diversi mostrano che deve esistere un modello a doppia circolazione del sangue. Un modello che di lì a qualche anno (1628) proprio a Padova l'inglese William Harvey proverà essere quello reale.

Lo statuto dello Studio pisano prevede per la Facoltà di Arti anche corsi di matematica e, in particolare, la lettura degli *Elementi* di Euclide, dell'*Almagesto* di Tolomeo e della *Sphaera* di Giovanni Sacrobosco. I matematici non hanno molto peso accademico e, di conseguenza, neppure buoni stipendi, ma in compenso godono di una certa libertà, persino nei confronti del rigidissimo statuto. Per cui possono proporre in lettura anche altri testi. A partire dal 1582 torna a insegnare matematica a Pisa il monaco camaldolese Filippo Fantoni, impegnato negli studi sulla riforma del calendario. Fantoni succede a Giuliano Ristori e come Ristori legge, oltre a testi canonici già citati, il primo e secondo libro del *Quadripartitum* di Tolomeo.

Diverse sono le lezioni di logica, dominati naturalmente dalla figura del più grande logico di tutti i tempi, Aristotele, il cui pensiero è stato fatto proprio dalla Scolastica. Galileo è obbligato, come ogni altro studente della Facoltà di Arti, a studiare l'*Isagoge* o *Introduzione alle categorie* aristoteliche di Porfirio e gli stessi *Secondi analitici* dello Stagirita su cui si era esercitato a Vallombrosa.

Anche la filosofia naturale è completamente dominata dalla figura incombente di Aristotele. Il suo insegnamento è strutturato in due cicli, di tre anni ciascuno: il primo, tenuto da docenti *ordinari*, prevede al primo anno la lettura e lo studio della *Physica*, al secondo del *De caelo* e al terzo del *De anima*; il secondo ciclo, tenuto da docenti *straordinari*, prevede al primo anno lettura e studio del *De generazione et corruptione*, al secondo dei *Meteorologica* e al terzo dei *Parva naturalia*.

Ovviamente gli studenti seguono anche lezioni di latino e di greco per poter leggere e commentare in lingua i testi canonici.

Non abbiamo documenti che dimostrino come Galileo si muova in questo spazio di offerte culturali. Anche perché, non essendoci esami, non ci sono voti e dunque prove, nero su bianco, dei progressi compiuti nello studio.

Un luogo comune vuole che il giovane a Pisa sia uno studente svogliato. Da varie e non sempre concordanti fonti indirette, sappiamo che l'interesse di Galileo per le lezioni di medicina è effettivamente piuttosto scarso: ma non sempre nullo. Mentre quello per la filosofia è vivissimo. A Pisa, infatti, Galileo incontra filosofi di chiara fama, come Girolamo Borri di Arezzo, Francesco Verini e Giulio Libri di Firenze e il portoghese Rodrigo Fonseca. Si tratta di filosofi della scuola peripatetica. Aristotelici dotti e convinti, che da un lato rafforzano le capacità di argomentare di Galileo e dall'altro lo introducono ai temi della filosofia naturale.

Girolamo Borri, per esempio, è l'autore di un libro, *Del flusso e reflusso del mare*, che individua nella luce, nel calore e nel moto dei raggi lunari la causa delle maree. Sono i raggi emessi dalla Luna, sostiene l'aretino, che colpiscono le acque del mare e ne provocano l'innalzamento. La tesi, naturalistica ma puramente filosofica, non deve meravigliare. Borri è un aristotelico osservante. Michel de Montaigne, che lo incontra personalmente proprio nel 1581, lo descrive come:

> un uomo dabbene, ma tanto aristotelico che il più universale dei suoi dogmi è questo: che la pietra di paragone e la regola di ogni salda concezione e di ogni verità è la conformità alla dottrina di Aristotele. [in Camerota, 2004]

Malgrado questa posizione dogmatica, Borri ha scritto di recente (1575) un altro libro, il *De motu gravium et levium*, che cattura l'attenzione del giovane studente della famiglia dei Galilei.

Fermo nella sua convinzione che ogni verità deriva da Aristotele, Borri vi propone una "teoria dei moti elementari attraverso una minuta analisi delle principali nozioni della fisica e metafisica aristotelica" [Stabile, 1971]. Ma lo fa discutendo le tesi dei presocratici, analizzando in profondo Aristotele, ignorando del tutto la teoria dell'*impetus*, di moda a Parigi, riferendosi solo ai commentatori greci e arabi, primo tra tutti Ibn Rushd (Averroé), e rigettando "tutta intera la tradizione scolastica (non un filosofo cristiano è citato)" [Stabile,

1971]. Insomma, Aristotele sì, ma fuori da ogni ricercato e artificioso concordismo con la religione.

Galileo studia a fondo le tesi di Borri – lo dimostra il fatto che le ricorderà più tardi, sia nel *De Motu* sia addirittura nel *Dialogo sopra i due massimi sistemi del mondo* – facendole, ancora per poco, proprie. Ma ciò che è più importante è che, attraverso gli scritti e le discussioni con il docente aretino, il giovane studente viene a conoscenza e inizia ad approfondire alcune delle critiche più profonde che vengono mosse alla teoria del moto di Aristotele. In particolare delle obiezioni di Ibn Bajja, più noto in Occidente come Avempace, il quale sostiene che la caratteristica del movimento non dipende dalla natura dell'oggetto cui è applicata la forza motrice.

Queste conoscenze non sono importanti solo nel merito. Ma più in generale, in termini epistemici. Perché dimostrano che nella ricerca della verità con Aristotele, anche con il grande Aristotele, si può discutere – proprio come prova a fare il padre nel *Dialogo* – e non occorre accettarlo "tal quale". O meglio, così come è proposto dai suoi cattivi ma potenti interpreti ufficiali, scolastici e non.

Il manifesto interesse per i lavori di Girolamo Borri dovrebbe essere sufficiente a spazzare via il luogo comune dello studente svogliato. Al contrario, Galileo è uno studente selettivo. Che inizia a focalizzare la sua attenzione sulle questioni di filosofia naturale che ritiene fondamentali e non si lascia distrarre dalle questioni che ritiene più tecniche o comunque meno rilevanti. Per esempio quelle della medicina in senso stretto non lo appassionano né gli studi di anatomia né i primi rudimenti di chirurgia. Anche perché sono trasmessi in quel modo dogmatico che Galileo – ammirato dalla generosità di papà Vincenzio e, insieme, dalla sua orgogliosa rivendicazione di totale libertà intellettuale – ormai rifiuta.

A Pisa la filosofia naturale è insegnata anche da Francesco Buonamici, un fiorentino che forse troppo sbrigativamente Scipione Aquilani, qualche anno dopo, definirà "acerrimus Peripateticae doctrinae defensor" e che altrettanto sbrigativamente Fortunio Liceti definirà "acerrimus et Aristotelis et coelorum incorruptibilitatis defensor".

Ancora una volta non ci sono testimonianze documentali, ma è certo che Galileo segue i corsi di Buonamici, subendone l'influenza. La fisica che insegna il fiorentino è, naturalmente, la fisica di Aristotele. D'altra parte l'opera dello Stagirita costituisce il fondamento dell'insegnamento universitario in ogni campo e settore non solo a Pisa, ma in ogni parte d'Europa. Tanto che non è esagerato affermare che la cultura universitaria del tempo è una rilettura, più o meno critica, del grande filosofo vissuto in Grecia nel IV secolo a.C.

Francesco Buonamici è, per l'appunto, un dotto e raffinato aristotelico, certo "acerrimus defensor" del pensiero dello Stagirita. Ma è un laico, razionalista, e come Borri per nulla disposto ad accettare gli argomenti teologici in filosofia e nella filosofia naturale. È un aristotelico dotato di senso critico, dunque. Senso che traspare nell'opera in dieci volumi, il *De motu*, che ha scritto qualche anno prima e in cui il fiorentino non si limita a riassumere e commentare il pensiero dello Stagirita sul movimento dei corpi, ma, come rileva Enrico Bellone, affronta i temi scientifici che sono sul tappeto alla fine del XVI secolo [Bellone, 1998].

Un esempio è il tema non risolto della descrizione dei moti celesti aperto dal modello proposto quarant'anni prima da Niccolò Copernico con il *De revolutionibus* (1543) in alternativa al modello aristotelico-tolemaico. Dal punto di vista dei calcoli, sostiene Buonamici, il sistema di Copernico funziona. Tuttavia esso viola l'esperienza dei sensi. Se il modello fosse vero, infatti, quando lanciamo un oggetto verso l'alto, lungo una direzione perfettamente verticale, esso non potrebbe ricadere al suolo nel punto esatto del lancio – come invece avviene – perché secondo Copernico nel frattempo la Terra si è spostata. Proprio l'esperienza sensibile dei lanci verticali degli oggetti dimostra che è il sistema aristotelico-tolemaico, dove la Terra è fissa al centro dell'universo, quello vero. Va anche detto, continua Buonamici, che il modello di Copernico offre una buona spiegazione del fenomeno delle maree, che potrebbe essere attribuito al moto diurno della Terra. Il moto diurno è, ovviamente, il moto che la Terra compie, in un giorno appunto, intorno al proprio asse.

La posizione dell'aristotelico Buonamici sulle maree è dunque diversa da quella di Borri (e di Aristotele): la loro causa va trovata qui nella Terra, sembra sostenere, non certamente nella Luna e nei suoi ipotetici raggi.

Ma nelle sue constatazioni c'è di più. Molto di più. Il moto diurno è previsto dalla teoria di Copernico, ma è negato da quella di Aristotele e Tolomeo. Cosicché almeno le maree qualche dubbio nell'aristotelico Buonamici lo hanno insinuato. Con ciò dimostrando che quella mente non è poi così priva di autonomia e capacità critica e onestà intellettuale. I dubbi riguardano, infatti, aspetti fondamentali del pensiero di Aristotele: addirittura la sua cosmologia.

Questa chiara vena di spirito critico nel profondo oceano aristotelico di Buonamici viene certamente colta dal giovane Galileo, che dal professore fiorentino è molto interessato e anche molto influenzato.

Con Aristotele, sembra indicargli Buonamici, si può discutere anche intorno ai massimi sistemi e non solo su questioni marginali. Non si tratta di un approccio affatto originale. Come ricorda Michael Segre, l'aristotelismo ai tempi di Galileo non ha una faccia unica. Non c'è solo quello dei dogmatici (anche se loro, i dogmatici, chissà perché si ritrovano spesso in posizioni di potere). C'è anche quella degli spiriti liberi. Cosicché, la filosofia aristotelica è "tutt'altro che un'unica opinione, e [viene] interpretata diversamente da varie scuole di pensiero" [Segre, 1993].

Buonamici non è dunque un'eccezione. Ma è figlio del suo tempo. Sia come sia, è facile rilevare che il docente fiorentino di filosofia naturale esercita una chiara influenza su Galileo. Non solo i temi principali che Buonamici tratta nel suo enciclopedico *De motu* – il modello Copernicano e le maree – in un futuro non troppo lontano saranno al centro delle speculazioni del giovane studente, ma anche altri problemi di meccanica – per esempio, il moto del pendolo – susciteranno l'attenzione di Galileo che lo legge e lo ascolta sia a lezione sia nelle "ripetizioni alla colonna"', quando – come è uso a Pisa – il docente, terminata la lezione, si ferma nel cortile della Sapienza, nei pressi appunto di una colonna, e spiega, chiarisce e discorre finalmente in volgare (in italiano) con gli studenti interessati il contenuto della lezione appena proposta in latino.

Ma Buonamici contribuisce a formare Galileo anche e, forse, soprattutto in un'altra dimensione: quella della filosofia della conoscenza. Nel *De motu*, infatti, il filosofo fiorentino sottolinea più e più volte un concetto epistemologico che certo è contenuto nel pensiero di Aristotele, ma non sempre è fatto proprio dai suoi moderni e dogmatici interpreti. È il concetto che, in materia di filosofia naturale, conta l'esperienza. Sopra tutto. Anche sopra la ragione e la logica. E quando la ragione e la logica entrano in conflitto con le indicazioni fornite dai sensi, sono le sensate esperienze a dover prevalere.

Le idee di Francesco Buonamici, ancora una volta, non sono uniche. A parte la tradizione empirista in filosofia naturale che risale a Federico II e alla sua corte (XIII secolo), non è forse vero che proprio in quei mesi a Padova – ancora Padova! – Jacopo Zabarella non solo va riproponendo la primazia dell'esperienza empirica, ma cerca di allestire un metodo di ricerca, sia pure rudimentale, per le scienze naturali?

In ogni caso le idee non originali, ma neppure comunissime, sono – è il caso di dirlo – musica per le orecchie di Galileo. Sono infatti le medesime che va sostenendo suo padre in tema proprio di musica o, se volete, di filosofia naturale del suono.

Tuttavia, sostiene Buonamici, vi sono alcuni ambiti, come l'astronomia, in cui i sensi hanno poteri limitati. Certo è possibile seguire con l'occhio le orbite dei pianeti e magari effettuare misure con quadranti e astrolabi. Ma la sola vista non basta a consumare esperienze significative sul moto nei cieli. In questo caso a prevalere nella descrizione dei fenomeni deve, necessariamente, essere la ragione. E come, se non stabilendo regole precise per costruire una solida conoscenza? E cosa c'è di più preciso ed esatto della matematica? Cosa, meglio della matematica, può trasformare lo studio del mondo naturale in scienza esatta lì dove i sensi non possono arrivare?

Insomma, continua Buonamici, la matematica offre al filosofo naturale solide basi sia nello studio dei problemi geometrici (relativi anche allo spazio in cui gli oggetti si muovono) sia nei problemi tipici dell'ottica (problemi relativi al cammino che la luce compie nello spazio) e della meccanica (problemi relativi al cammino dei gravi, i corpi dotati di massa, nello spazio), oltre che nell'astronomia così lontana dalla possibilità di esperienze sensibili che vadano oltre la semplice osservazione con gli occhi. Matematica e filosofia naturale si trovano a esplorare terreni in parte comuni. La matematica può offrire un aiuto decisivo alla filosofia naturale e allo studio del mondo naturale mediante l'esperienza sensibile. Anche se sono e restano discipline diverse e autonome.

Ancora una volta non si tratta di un pensiero del tutto originale. Già Nicole Oresme, nel XIV secolo, aveva proposto di applicare la matematica allo studio della natura. Ipotesi che gode tuttora di grandi favori a Oxford come a Parigi. Ma, come sta mettendo in evidenza con forza papà Vincenzio nella filosofia naturale del suono, qual è – quale deve essere – il rapporto tra matematica e fisica? Quale il rapporto tra quelle che Galileo chiamerà le "certe dimostrazioni" e le "sensate esperienze"?

Francesco Buonamici non risolve il problema, ma solleva le questioni. Batte la lingua dove il dente dei naturalisti duole. E Galileo drizza le orecchie.

Buonamici si dimostra, infine, un aristotelico critico anche nella definizione dei rapporti che la filosofia, o meglio la metafisica, deve intrattenere con la matematica e la filosofia naturale. La metafisica, sostiene, non può proporsi come fondamento della matematica e della filosofia naturale. Che sono discipline autonome. D'altra parte è anche vero che, sebbene la matematica e la filosofia naturale possano essere strumenti utili per indicare il cammino verso la verità, non sono e non possono essere le dimostrazioni matematiche o le esperienze sensibili a farci raggiungere la verità, perché questa consiste nella conoscenza delle cause, delle sostanze universali e di Dio. E queste conoscenze le può fornire solo la metafisica. Che è e resta al vertice della piramide della conoscenza.

Già, qual è il rapporto tra matematica, filosofia naturale e metafisica? Galileo non smetterà mai, per tutta la sua vita, di cercare una risposta a questa domanda. Ora, studente a Pisa, inizia a porsela. Stimolato, ancora una volta, dagli scritti e dalla parola di Francesco Buonamici.

D'altra parte sarà Galileo stesso a darci le prove dell'influenza che l'aristotelico Buonamici esercita su di lui quando, nel 1584, butta giù il suo primo lavoro di filosofia naturale, noto come *Juvenilia*. Il manoscritto, che circola tra poche persone, contiene quattro diversi trattati. I primi due riguardano il *De caelo*, gli altri due il *De generazione* di Aristotele. Non sono elaborazioni del tutto originali. Antonio Favaro vi nota netta l'impronta del Buonamici. Studi più vicini a noi, come riferisce Michele Camerota, vi scorgono anche tracce di letture non affrettate di testi di filosofia naturale scritti di recente da almeno tre gesuiti: Francisco Toleto, Benito Pereira e Cristoforo Clavio (di cui torneremo presto a parlare). Ma secondo William Wallace, autore di un fondamentale testo sulle fonti di Galileo, il giovane è un avido lettore di un'intera serie di manoscritti che i gesuiti del Sacro Collegio, a Roma, stanno facendo circolare.

Quelle contenute nelle *Juvenilia* sono più che altro elaborazioni erudite. Con continui rimandi ai diversi autori che si sono espressi sulla questione, come è uso nelle opere scolastiche. Forse non contengono ancora quel sale critico che Galileo dimostrerà di possedere in abbondanza negli anni a venire. Ma è certo che questa prima opera giovanile, con così tante influenze e letture alle spalle, costituisce la prova provata che in questi anni spesi a studiare presso l'università di Pisa – mentre entra in vigore il nuovo calendario gregoriano (1582) e il granduca Francesco I a Firenze fonda l'Accademia della Crusca – Galileo è tutt'altro che un allievo distratto e fannullone. Dimostra, al contrario, di essere uno studente attivo, attento, critico e creativo. E dimostra che nella mente e nel cuore del giovane è ormai definitivamente scoccata la scintilla della filosofia naturale. Della fisica.

Certo Galileo si muove ancora nell'ambito di una filosofia naturale antica, aristotelica. Ma è anche vero che il giovane va chiarendo sempre più a se stesso quali debbano essere i rapporti tra le certe dimostrazioni e le sensate esperienze, tra la matematica e lo studio della natura che il padre ha posto in maniera così chiara in ambito musicale e che Buonamici ripropone in un ambito più generale.

Il fatto è che Galileo la matematica ancora non la conosce. Non fosse altro perché a Pisa non viene insegnata gran che bene. O, almeno, lui non se ne sente attratto. Cosicché il suo primo vero incontro ravvicinato con la scienza dei numeri avviene nel 1583. Ed è un colpo di fulmine. Ma diamo la parola ai fatti. E i fatti ci dicono che il 1583 è un anno davvero decisivo nella formazione del giovane Galileo.

In primo luogo perché all'università il giovane mostra chiaramente di non gradire gli studi di medicina. Ai corsi – a questi corsi – è sempre più distratto, assente. Se si aggiunge poi il dato che nei rapporti coi professori è schietto fino al limite della mancanza di rispetto – ormai lo chiamano l'"attaccabrighe" – ecco che diventa chiaro perché in facoltà non risulti particolarmente benvoluto. Certo non dai docenti delle materie che suscitano la sua profonda indifferenza.

Anche in questo caso non bisogna pensare necessariamente a un ragazzo maleducato o scostante. Il fatto è che le dispute – o meglio, le *disputationes circulares* – fanno parte delle esperienze didattiche obbligatorie nell'università pisana come in svariati altri atenei. Ogni anno accademico, al termine del primo ciclo trimestrale di lezioni, gli studenti sono chiamati a intervenire in dispute pubbliche tra due *dottori togati*, docenti della stessa materia, che difendono posizioni opposte. L'esercizio serve a migliorare le capacità argomentative. Ma anche a entrare con spirito critico nel merito delle questioni.

È probabile che Galileo, in queste *disputationes circulares*, non si tiri indietro, che non accetti gli *ipse dixit* impliciti e che dia sfoggio della logica tagliente e stringente di cui è ormai ben dotato.

Proprio nell'anno 1583 fornisce una pubblica, tangibile e niente affatto polemica dimostrazione delle sue capacità. Galileo infatti realizza la sua prima scoperta di fisica: l'isocronismo delle piccole oscillazioni del pendolo (tema su cui ritornerà nel 1638 con la sua maggiore opera scientifica). Osservando la lampada sospesa del Duomo di Pisa, il giovane studente di medicina si accorge che il tempo impiegato da quel pendolo per percorrere un arco completo è indipendente dalla lunghezza dell'arco stesso. Sia che l'oscillazione sia ampia e l'arco percorso lungo, sia che l'oscillazione sia stretta e l'arco breve, il tempo impiegato a percorrere dal lampadario del Duomo di Pisa un aveo è il medesimo. Le oscillazioni del lampadario e di qualsiasi pendolo, ne deduce Galileo, sono dunque perfettamente isocrone.

Certo, l'isocronismo del pendolo – come osserva Adolf Müller – era già stato scoperto dall'astronomo arabo Ibn Junis. Ma il fatto è poco noto in Europa e Galileo non ne ha mai sentito parlare. Certo, come scoprirà Christiaan Huygens qualche decennio dopo, l'isocronismo di un pendolo risulta perfetto solo se le sue oscillazioni sono di piccola ampiezza. Ma, anche al netto di queste considerazioni, la scoperta del giovane studente non è affatto banale. Anche e, forse, soprattutto perché Galileo non si limita a "vedere" il fatto e a registrarlo. Lo studia (misura il tempo di oscillazione in funzione del peso e della lunghezza di un pendolo), cerca di ricavare da questi studi regole generali e – caratteristica tipica di un atteggiamento scientifico maturo – di creare nuovi strumenti sulla base delle leggi elaborate. L'isocronismo del pendolo può essere utilizzato per costruire il migliore degli orologi, sostiene il giovane. Può, infatti, essere usato per misure precise del battito del polso e in ogni caso di brevi intervalli di tempo. Galileo ha già introiettato l'idea, che di lì a poco teorizzerà l'inglese Francis Bacon, che la conoscenza della natura può essere trasformata in tecnologia a vantaggio dell'intera umanità.

Detto, fatto.

Il giovane mette a punto il prototipo di un orologio per misurare con inusitata precisione il battito del polso e lo porta in facoltà. Ma è lo Studio pisano che si appropria dell'idea e i tecnici dell'ateneo realizzano un'apparecchiatura chiamata *pulsilogia* destinata a essere utilizzata per molto tempo in ambiente medico. Quanto a Galileo, il giovane non vede riconosciuta, per così dire, la proprietà intellettuale della sua scoperta e non ne trae beneficio alcuno. Non economico, almeno. Tuttavia, per un attimo, storna da sé lo sguardo severo dei suoi compassati professori di medicina.

8. L'incontro con Ostilio Ricci

Il 1583 è un anno decisivo per la formazione di Galileo soprattutto perché il giovane cerca e incontra la matematica. Non come astratta categoria platonica. Bensì come concretissimo studio. Ma, se la scienza dei numeri gli appare sempre più necessaria per coltivare i suoi interessi di filosofia naturale, sono i forti interessi per "pittura, prospettiva e musica" che, secondo Vincenzo Viviani, spingono il giovane studente di medicina ad avvertire l'esigenza di saperne di più in fatto di matematica e geometria [Viviani, 2001]. Certo non è escluso che a questo bisogno concorrano le discussioni anche di natura epistemologica sul rapporto tra matematica e fisica cui è stato introdotto da Buonamici, oltre che dal padre. La verità è che arte e filosofia naturale iniziano a intrecciarsi in maniera sempre più fitta e inestricabile nella vita intellettuale del giovane toscano, in questi anni in cui il Rinascimento sta venendo a termine, ma il suo spirito non è certo morto né si aggira ai margini del mondo culturale.

Sia come sia, è un fatto che, mentre trascorre un periodo di vacanze a Firenze, il giovane studente, pare all'insaputa di Vincenzio, chieda a un amico di famiglia, Ostilio Ricci, matematico di corte, di essere introdotto allo studio della scienza dei numeri. Galileo, che ha ormai 19 anni, viene così a contatto con la buona matematica e la buona geometria. E se ne innamora. Tanto da approfondire da solo lo studio degli *Elementi* di Euclide.

Ostilio Ricci da Fermo è un discepolo di Nicolò Tartaglia. Alla scuola del grande algebrista, che ha trovato la formula risolutiva per la soluzione delle equazioni di terzo grado, Ricci ha appreso la scienza dei numeri con approccio da ingegnere: come matematica applicata all'architettura, all'arte militare e ai lavori pratici in genere. La sua è una formazione, in qualche modo, da matematico sperimentale. D'altra parte era proprio l'approccio sperimentale alla matematica che aveva indotto Tartaglia a pubblicare in latino varie opere di Archimede.

Ricci, come il suo maestro, è uno studioso di tutta la matematica antica. Dei grandi geometri greci: *in primis* Euclide, ovviamente. Ma, proprio come il suo maestro, Ricci ha una spiccata predilezione per Archimede, in cui ritrova la più alta espressione di quella matematica sperimentale che egli stesso coltiva. E, dunque, è questa la matematica che propone ai suoi allievi a Firenze, presso l'Accademia delle Arti del Disegno: una scuola, appunto, per artisti di recente costituzione (1563) dove – oltre alla disciplina regina in quel momento, il disegno, e alle arti figurative in genere – si insegnano teoria della prospettiva, astronomia, meccanica, tecnica architettonica, anatomia.

Ricci è un pensatore dalle idee progressiste e piuttosto eclettico. Si interessa di ingegneria idraulica come di cosmologia. Per lui la matematica non è un esercizio astratto, ma un modo di vedere il mondo e di agire su di esso. I principi matematici, sostiene, possono benissimo sostituire la logica, fosse anche la logica di Aristotele, tanto nella spiegazione del cielo stellato e dei moti dei pianeti, quanto sui campi di battaglia.

Ricci insegna dunque matematica applicata e dà personale testimonianza della sua pubblica utilità. È particolarmente bravo nello studio delle fortificazioni militari ed è profumatamente pagato per fornire la sua consulenza sulla costruzione dei bastioni dell'isola di If, al largo di Marsiglia. Sì, proprio quella destinata a diventare famosa perché vi si svolge la vicenda narrata nel *Conte di Montecristo* di Dumas.

È questo, dunque, l'intellettuale che introduce Galileo allo studio di Euclide e di Archimede. Il giovane legge e apprezza oltremodo sia gli *Elementi* del matematico alessandrino sia il *De sphaera et cylindro* dello scienziato siracusano. Viene così in contatto sia col pensiero geometrico puro di Euclide che col pensiero matematico sperimentale di Archimede. Come rileva Ludovico Geymonat: "Questo amore per Archimede sarà una delle più preziose eredità trasmesse da Ricci a Galileo" [Geymonat, 1969]. Perché in Galileo la passione per la matematica non sarà mai fine a se stessa, ma sarà sempre accompagnata dall'interesse per le sensate esperienze, per la misura, per la raffigurazione precisa mediante il disegno. Cosicché:

> la matematica gli apparirà [...] fin dall'inizio, come un potentissimo strumento per conoscere la natura, per coglierne i segreti più intimi, per tradurre i processi naturali in discorsi precisi, coerenti, rigorosamente verificabili. [Geymonat, 1969]

Se dunque l'approccio allo studio della natura di Galileo non sarà platonico (come pure sostiene Alexandre Koyré), ma archimedeo (come invece sostiene Ludovico Geymonat), è anche in questo rapporto con Ostilio Ricci e la scuola archimedea di Tartaglia che bisogna cercarne le più chiare origini.

Tra l'altro Ricci alimenta la passione che Galileo ha già per il disegno, una forma di espressione che ha appreso e coltivato negli anni di Vallombrosa, e per l'ingegneria. Il testo base adottato da Ostilio Ricci per spiegare i fondamenti del disegno sono i *Ludi rerum mathematicarum* (i *Ludi matematici*) di Leon Battista Alberti.

Leon Battista Alberti è uno dei più classici (e brillanti) esempi dell'artista eclettico tipico del Rinascimento. Nato a Genova e vissuto nel XV secolo ha fatto, quasi sempre molto bene, un po' di tutto. È stato scrittore, linguista, musicologo, matematico, architetto e persino crittografo (ha inventato il *disco cifrante*).

Leon Battista Alberti è stato anche un teorico. Potremmo dire un teorico del rapporto tra arte e scienza. In particolare del rapporto tra arte e geometria. Ha infatti cercato, in opere scritte *ad hoc*, di definire le regole precise e i canoni della pittura (*De pictura*), della scultura (*De statua*) e dell'architettura (*De re aedificatoria*). In tutte queste opere c'è una costante: la presenza, appunto, della geometria. Le regole prospettiche sono proposte nel *De pictura* in maniera così rigorosa da poter essere considerate la prima opera scientifica sulla prospettiva.

Quanto ai *Ludi rerum mathematicarum*, si tratta di un testo con un chiaro intento didattico, scritto intorno al 1450, ma pubblicato per la prima volta a stampa a Venezia solo nel 1568 grazie a Cosimo Bartoli. Ostilio Ricci li ha eletti a testo didattico di base perché contengono, proposti in maniera dilettevole (ludica, appunto), una serie di problemi pratici da risolvere, come calcolare l'altezza di una torre o la profondità di un pozzo, la larghezza di un fiume o l'estensione di un terreno. La soluzione proposta è un esempio di utilizzo rigoroso della matematica (soprattutto della geometria) e del ragionamento ipotetico-deduttivo che molti considerano affatto originale in Europa.

Un ragionamento e un uso della matematica con cui Galileo – vedi la scoperta dell'isocronismo del pendolo – ha già iniziato a cimentarsi. Ma che ora acquisisce in maniera sistematica.

Ricci introduce i suoi allievi non solo alla prospettiva, ma anche ai fondamenti di ottica. Tra i libri che utilizza c'è il *Della prospettiva* attribuito a Giovanni Fontana, che è il testo più aggiornato esistente.

Con Ostilio Ricci il giovane apprende anche i rudimenti dell'ingegneria militare: dalla tecnica delle fortificazione al metodo per il calcolo della traiettoria dei proiettili.

E, infine, con Ricci il giovane affina l'arte pratica del disegno, sia mediante l'applicazione delle rigorose regole della prospettiva sia con una tecnica sempre più puntuale del chiaroscuro. Ci restano alcuni esempi di questa capacità geometriche e artistiche ormai acquisite da Galileo in alcuni manoscritti del giovane studente che risalgono al 1584. Ai margini di quegli scritti troviamo spesso veloci disegni a penna – dei veri e propri schizzi – che raffigurano emblemi, persone, piccoli paesaggi, figure di fantasia [Tongiorgi, 2009a]. Sono disegni buttati giù velocemente. Ma intrisi di sapienza. Sia nel senso del tratto artistico, sia nel senso della conoscenza della teoria del disegno e dei suoi interpreti.

Tra i tanti disegni elencati e analizzati in una monumentale opera con oltre 700 illustrazioni dedicata a Galileo disegnatore, lo storico dell'arte tedesco Horst Bredekamp segnala due figure di donne eseguite proprio nel 1584 e contenute in un manoscritto conservato presso la Biblioteca Nazionale di Firenze, in cui è possibile ravvisare una qualche consonanza con il pittore Luca Cambiaso e lo scultore Bartolomeo Ammannati, artisti piuttosto noti in città [Bredekamp, 2009].

Se lo storico tedesco ha ragione, abbiamo la prova che il giovane Galileo si confronta con i grandi temi teorici e pratici dell'arte figurativa contemporanea: il rapporto con la geometria, il manierismo fiorentino, il disegno scientifico.

In questo è aiutato oltre che dalla frequentazione dei libri e delle idee di Leon Battista Alberti, anche dalla frequentazione di un artista in carne e ossa, Ludovico Cardi detto "il Cigoli", che Galileo incontra proprio al corso di Ostilio Ricci e con cui stringe una solidissima amicizia, destinata a durare nel tempo.

L'incontro con Ludovico Cardi, detto il Cigoli

Ludovico ha cinque anni più di Galileo: è infatti nato nel 1559 a Cigoli presso San Miniato al Tedesco. È un pittore, ma anche – come è ancora uso in quel periodo in cui il Rinascimento è al crepuscolo, ma non è certo tramontato – molto altro ancora: disegnatore, scultore, architetto, coreografo, poeta, musicista. Cigoli è pure teorico d'arte: interessato sia al colore e alla prospettiva (argomenti su cui scriverà dei trattati) nelle arti figurative, sia, come vedremo, al rapporto tra scultura e pittura. È, infine, animatore di un movimento che propone, se non una vera e propria rivoluzione, almeno una profonda riforma dello stile imperante, a Firenze e non solo, nelle arti figurative.

Ludovico, giunto a Firenze ad appena nove anni per studiare "lettere umane", ha palesato immediatamente le sue doti artistiche. Cosicché nel 1572, a tredici anni e su raccomandazione del senatore Iacopo Salviati, entra nella scuola di Alessandro Allori, pittore non solo molto noto ma anche molto accreditato a corte. Tanto che, quando nel 1574 Cosimo I muore, è a lui che viene affidata la coreografia per le solenni celebrazioni funebri. Allestimento cui anche il Cigoli partecipa, quale collaboratore appunto di Allori. Il rapporto artistico tra i due dura nel tempo. Risulta infatti che Ludovico lavori col maestro Alessandro ancora all'inizio degli anni '80 nelle decorazioni della Galleria degli Uffizi. D'altra parte Allori è alla ricerca di uno stile "comprensibile". Un progetto che Cigoli condivide.

Firenze è, o almeno è stata, la capitale della "maniera moderna", lo stile che in questa parte finale del Cinquecento domina nella pittura dell'Europa intera. Tutto è nato all'inizio del secolo, quando la città toscana si trovò nella condizione, più unica che rara, di ospitare contemporaneamente tre geni assoluti delle arti figurative (e non solo): Leonardo da Vinci, Michelangelo Buonarroti e Raffaello Sanzio. La competizione fra i tre, che si esercita sui medesimi temi con interpretazioni affatto diverse, pone le basi per quella che Giorgio Vasari – nel suo celeberrimo *Le vite de' più eccellenti pittori, scultori, e architettori da Cimabue insino a' tempi nostri,* pubblicato nel 1550 e ristampato nel 1568 *con l'aggiunta delle vite de' vivi et de' morti dall'anno 1550 insino al 1567* – definisce appunto "terza maniera" o "maniera moderna".

A Partire da Cimabue e Giotto, sostiene Vasari, l'arte italiana ha sviluppato tre diverse "maniere" per rappresentare sempre più fedelmente la natura. Con l'ultima, la terza, Leonardo, Raffaello e soprattutto Michelangelo hanno superato sia ogni altra maniera antica sia la natura stessa, raggiungendo la perfezione assoluta.

Ora le arti figurative devono imboccare nuove strade. Che non sono quelle della mera rappresentazione della natura, perché lì la vetta è stata raggiunta da quei tre titani e non c'è null'altro da fare, ma dell'affinamento della forma. Le arti figurative devono diventare ricerca formale.

Per questo molti artisti, a metà Cinquecento, cercano e praticano uno stile eclettico che si sforza di conciliare la plasticità delle figure di Michelangelo con le sfumature di Leonardo secondo il mirabile equilibrio raggiunto da Raffaello nel tentativo di imitare i grandi, attraverso una ricerca formale che, secondo i critici, diventa sempre più virtuosismo fine a se stesso.

La proposta della nuova "maniera" a Firenze è accolta dagli inquieti – e a tratti inquietanti – Jacopo Carrucci, detto il Pontormo, e Giovanni Battista di Iacopo, detto il Rosso Fiorentino, disposti a fare la fronda e a rompere con il passato. Anche col recente passato. Ma la nuova "maniera" è rappresentata anche dallo stesso Vasari, dal pittore e scultore fiammingo Giambologna, al secolo Jean de Boulogne, da

Agnolo Bronzino, da Francesco Salviati. E ancora da Benvenuto Cellini, Giovanni Angelo Montorsoli, Baccio Bandinelli, Bartolomeo Ammannati, Bernardo Buontalenti. Tutta gente che ha accesso a corte.

Si tratta, è fuor di dubbio, di artisti valenti. Ma qualcuno sostiene che, nata come stile "di fronda", dopo il 1540 la nuova "maniera" a Firenze sia diventata un'arte "di regime", che con le sue esasperazioni formali esprime in realtà l'immagine immobile e inscalfibile del potere assoluto di Cosimo e dei suoi successori [Zuffi, 2005].

Forse è proprio per questa vicinanza al potere che la nuova "maniera" – che a partire nell'Ottocento sarà definita "manierismo" – ottiene consenso pieno anche presso la corte in Francia e da lì si diffonde in (presso le corti di) tutta Europa. Con il suo stile prezioso e aristocratico e per effetto dei suoi committenti, la nuova "maniera" è diventata un'arte colta per i colti.

Sia come sia, a partire dagli anni '70 è proprio un allievo del manierista Agnolo Bronzino, Alessandro Allori, il maestro del Cigoli, a rappresentare, anche a corte, il meglio della nuova "maniera".

Torniamo dunque a Ludovico Cardi, detto il Cigoli. Verso la fine degli anni '70 il giovane manifesta problemi di salute, ha contratto il "mal caduco", una forma di depressione, causato si vocifera dal prolungato contatto con i cadaveri che è uso sezionare nella bottega dell'Allori per migliorare le conoscenze di anatomia: la febbre empirica dell'osservazione diretta ferve nell'Italia del Cinquecento ed è diffusa non solo tra i filosofi naturali, ma anche tra gli artisti. Persino tra quelli della nuova "maniera", che non disdegnano affatto di imitare i grandi anche nel rappresentare la natura alla perfezione. Sta di fatto che Ludovico deve curarsi e, per farlo, lascia per due o forse tre anni la città di Firenze.

Quando ritorna, intorno al 1582, lo ritroviamo a bottega presso Bernardo Buontalenti, scultore, architetto ed esponente del "manierismo fiorentino" non meno famoso e influente di Allori. In realtà, Ludovico era già stato allievo di Buontalenti e, anzi, aveva con lui un lavoro incompiuto: il *S. Francesco di Paola*, nella chiesa di San Giuseppe. Ora, tornato a Firenze, il Cigoli può portarlo a termine.

All'Accademia delle Arti del Disegno, Ludovico Cardi è entrato nel 1578. Il quadro che ha dipinto come prova per l'ammissione, *Caino e Abele*, è stato giudicato il migliore tra tutti quelli che sono stati presentati. Il Cigoli è un pittore professionista e la sua produzione artistica non si arresta durante gli anni in cui frequenta l'Accademia. Tanto che, prima di incontrare Galileo, il giovane studente ha dipinto la *Vestizione di San Vincenzo Ferrer* e il *Cristo al Limbo*, che hanno trovato posto nel chiostro grande di Santa Maria Novella, e la *Nascita della Vergine*, collocato nella chiesa della SS. Concezione.

Ludovico, per la verità, si sta imponendo nel novero dei pittori "nuovi", quelli che contrastano la "maniera", ormai giudicata, a sua volta, antica e superata. Come gli altri del suo gruppo, il Cigoli propugna uno stile molto accurato ma sempre più naturalistico, fondato sullo studio del colore e del disegno: per questo Ludovico va a studio presso Santi di Tito, il rinomato pittore che critica la cultura manierista e, aderendo all'invito del Concilio di Trento per una ricerca del vero e dell'essenziale, propone uno stile, appunto, sempre più accurato, semplice e sobrio.

Nella ricerca del vero e dell'essenziale, Ludovico è interessato anche all'anatomia (studiata con Allori) e alla geometria. È per quest'ultima ragione che il Cigoli va a lezione da Ostilio Ricci, dove incontra Galileo Galilei.

Quella di Ludovico Cardi è una ricerca attiva. Pratica e teorica. Assorbente. Che lo porterà a diventare uno dei protagonisti assoluti della variegata transizione dalla "maniera" al "barocco". E che intanto lo porta a fondare, con il suo "amicissimo" Gregorio Pagani, una propria accademia indipendente presso lo studio di Girolamo Macchietti, dove si disegna "dal naturale" e si colora, per quanto possibile, al naturale.

Mille, dunque, sono le discussioni intorno al rapporto a tre fra arte, matematica e natura in cui Galileo, abile disegnatore e figlio del musicista Vincenzio, si trova coinvolto.

Come spesso accade le discussioni tra amici spaziano sull'universo mondo. In questo caso sull'universo mondo dell'arte. Ludovico Cardi, per esempio, sa di letteratura. È esperto di Dante, conosce bene altri autori. E sprona Galileo a seguirlo in questi percorsi intellettuali [Chappell, 2009]. Entrambi, ancorché dilettanti, sono abili musicisti. E certo non escludono dai loro discorsi la sfida che papà Vincenzio sta portando al maestro Zarlino, che non è poi molto diversa da quella che Ludovico sta portando ai suoi maestri: via i fronzoli e viva la semplicità. Via ciò che è artificioso e incomprensibile e viva la comprensibilità.

Entrambi, Ludovico e Galileo, sono interessati "al vero". Anzi, entrambi sono appassionati al "vero senza passione". Cioè alla ricerca ferma e senza condizioni della verità, oggettiva e universale, da perseguire sia nella filosofia naturale sia nell'arte.

Il disegno scientifico
Ma molte devono essere anche le discussioni tra Galileo e Ludovico sul disegno scientifico. Componente dell'arte figurativa che domina il periodo: il disegno, appunto. Meritevole, secondo Giorgio Vasari, della sua posizione di "primato" perché consente una ricerca formale precisa in termini di ordine, composizione, visione prospettica, equilibrio e chiaroscuro [Tongiorgi, 2009].

Il disegno, in quanto tecnica, esiste dalla notte dei tempi. Costituisce una forma artistica importante almeno dal XIII secolo, e non solo in architettura. Particolarmente famosi sono i progetti, espressione alta di disegno architettonico, delle facciate del duomo di Orvieto (1310) e del duomo di Siena (1339). Lo scultore fiorentino Vittorio Ghiberti sostiene, nel XV secolo, che "il disegno è il fondamento e teorica... di ciascuna arte". Tuttavia è solo nel Cinquecento che il disegno cessa di essere servo utilissimo e umilissimo per diventare padrone di tutte le arti.

Giorgio Vasari lo definisce, per la verità, "padre delle tre arti" e non padrone. Ma sta di fatto che, nel 1561, fonda a Firenze, con il beneplacito del Granduca, l'Accademia delle Arti del Disegno. Si tratta di un riconoscimento senza precedenti per il disegno e i disegnatori.

Gli artisti, nel Cinquecento, iniziano ormai a uscire dalle botteghe e a entrare appunto nelle Accademie, quasi a testimoniare il loro mutato *status* sociale oltre che intellettuale. E la fondazione di un'Accademia dedicata al disegno nella città che si ritiene (e per molti versi è) regina delle arti è la prova che il primato di questa forma artistica non è solo astratto.

Ha gran peso, nell'evoluzione del ruolo del disegno nello spazio delle arti, Leonardo da Vinci (1452-1519) che ne ha fatto un vero e proprio strumento di ricerca scientifica sull'uomo, sul mondo naturale, sulle macchine. Leonardo ha progettato un trattato illustrato di anatomia in cui, con i suoi disegni, ha mostrato il corpo umano così com'è e non come vorrebbero i canoni classici del "corpo ideale". Disegno e anatomia e ricerca scientifica si fondono anche in molti dei capolavori del tedesco Albrecht Dürer (1471-1528). E la fusione tocca il suo acme con il *De humani corporis fabrica* pubblicato, come abbiamo detto, da Andrea Vesalio nel 1543.

Il libro, che è illustrato dalle tavole del tedesco Johann Stephan Calcar, con cui ha probabilmente collaborato Tiziano, fornisce il definitivo contributo ad affermare, nell'ambito del primato del disegno, un ruolo niente affatto secondario al disegno scientifico. Che ormai ha per oggetto non solo l'anatomia, ma anche la botanica, la zoologia e, in Toscana, quell'ingegneria delle fortificazioni militari di cui è maestro Ostilio Ricci.

Dal 1577, poi, è a Firenze il veronese Jacopo Ligozzi, chiamato in città da Francesco I che gli ha commissionato, tra l'altro, la realizzazione di un atlante illustrato delle piante e degli animali. Il pittore risponde con una serie di disegni, pastelli e tempere di così inusitata bellezza da suscitare non solo la gratitudine del granduca, ma anche l'ammirazione di grandi esperti, come il cardinale Francesco Maria del Monte e lo studioso Ulisse Aldrovandi, che sta allestendo a Bologna un "teatro della natura" – una collezione naturalistica prototipo di un vero e proprio museo – con 18.000 "diversità di cose naturali", tra cui almeno 7000 piante. Entrambi, il cardinale e lo studioso, chiedono a Ligozzi copie fedeli delle tavole realizzate per il granduca.

Tutte queste vicende relative al disegno scientifico, con le loro implicazioni tecniche e teoriche, toccano da vicino Galileo e il Cigoli. E non solo perché se le ritrovano davanti frequentando Ostilio Ricci e l'Accademia delle Arti del Disegno. Galileo, infatti, se ne occupa anche a Pisa, frequentando, molto probabilmente, la "bottega artistica" presso il Giardino dei Semplici dove uno dei suoi docenti, Andrea Cesalpino, che è medico e botanico, tiene spesso lezione. Quanto a Ludovico Cardi, beh lui è allievo di Alessandro Allori che disseziona cadaveri anche per avere dei modelli realistici per i suoi disegni anatomici.

Ma ora lasciamo la parola a Vincenzo Viviani:

> Trattenevasi ancora con gran diletto e con mirabil profitto nel disegnare; in che ebbe così gran genio e talento, ch'egli medesimo poi dir soleva agl'amici, che se in quell'età fosse stato in poter suo l'eleggersi professione, avrebbe assolutamente fatto elezione della pittura. Ed in vero fu di poi in lui così naturale e propria l'inclinazione al disegno, et acquistovvi col tempo tale esquisitezza di gusto, che 'l giudizio ch'ei dava delle pitture e disegni veniva preferito a quello de' primi professori da' professori medesimi, come dal Cigoli, dal Bronzino, dal Passignano e dall'Empoli, e da altri famosi pittori de' suoi tempi, amicissimi suoi, i quali bene spesso lo richiedevano del parer suo nell'ordinazione dell'istorie, nella disposizione delle figure, nelle prospettive, nel colorito et in ogn'altra parte concorrente alla perfezione della pittura, riconoscendo nel Galileo intorno a sì nobil arte un gusto così perfetto e grazia sopranaturale, quale in alcun altro, benché professore, non seppero mai ritrovare a gran segno; onde 'l famosissimo Cigoli, reputato dal Galileo il primo pittore de' suoi tempi, attribuiva in gran parte quanto operava di buono alli ottimi documenti del medesimo Galileo, e particolarmente pregiavasi di poter dire che nelle prospettive egli solo era stato il maestro.

Galileo, dunque, non si cimenta solo con il disegno e il disegno scientifico, ma anche nella critica dell'arte [Viviani, 2001].

Come sosterrà in una lettera dell'agosto 1612 a Marco Welser, la buona pittura deve esprimersi mediante il "concetto", il "colore" e il "disegno", mentre è da condannare la "pittura intarsiata", la pittura che richiama le tarsie, cioè gli "accostamenti di legnetti di colori diversi [...] che rimangono crudamente distinti", come quelle pitture anamorfiche, dipinti "sforzati" di "capricciosi pittori" che offrono una "confusa e in ordinata mescolanza di linee e colori" [XI, 308]. In questo caso Galileo attacca i pittori come Giuseppe Arcimboldo, i cui quadri sono realizzati: "con l'accozzamento ora di soli stromenti dell'agricoltura, ora de' frutti solamente o dei fiori di questa o quella stagione" [XI, 308]. Riassumendo. Alla scuola di Ostilio Ricci, il giovane Galileo non solo studia il disegno, con un profitto mirabile di cui darà prova. Ma incontra Ludovico Cardi e una cerchia di "pittori nuovi", critici del formalismo della "maniera". Cercano, questi giovani, uno stile sobrio. Un calibrato equilibrio tra "idea" e "natura". Con loro Galileo discute d'arte, mostrando di possedere un gusto "così perfetto" e una così evidente "grazia sopranaturale" da diventare un loro punto di riferimento teorico: professore de' professori.

Uno di questi pittori, probabilmente Domenico Cresti detto il Passignano, dipinge, sia pure in maniera incompiuta, un ritratto del giovane Galileo. E un altro, Santi di Tito, lo dipingerà quarantenne "in posa dal piglio sicuro e autorevole" in un quadro andato perduto ma riproposto in una tarda incisione [Tongiorgi, 2009a].

In questi mesi, dunque, Galileo mostra un'ulteriore sfaccettatura del suo eclettismo tipicamente rinascimentale, quella di artista sul campo, sia pure dilettante, e di "critico d'arte", come con grande acume lo definirà Erwin Panofsky [Panofsky, 1956].

Questo eclettismo non impedirà a Galileo di diventare pioniere della "nuova scienza". Al contrario, come cercheremo di dimostrare, lo aiuterà a "dividere le acque" della storia, per usare una metafora di Ernst Cassirer [Cassirer, 1963].

Ritorno a Firenze

Ma ora non dimentichiamoci di Ostilio Ricci e del suo ruolo nella vicenda galileiana. Il matematico di corte, infatti, ha un'influenza non solo culturale e di lungo periodo su Galileo e sulla visione del mondo. Ma ha un'influenza immediata e concreta sulla sua vita a breve. Ostilio Ricci infatti resta così colpito dall'entusiasmo di Galileo per gli studi matematici che decide di parlarne con il padre affinché lo autorizzi a continuare le lezioni. Vincenzio acconsente, a patto che non siano così frequenti e intense da distrarre il giovane dagli studi universitari di medicina.

A Pisa intanto l'assenza dalle lezioni di Galileo viene notata. E anche i dirigenti dell'università, ma per motivi diametralmente opposti a quelli di Ricci, decidono di prendere contatto col padre. È questo, forse, uno dei momenti di maggior tensione tra Vincenzio e Galileo. È venuto il momento di decidere sul futuro del giovane. Problema su cui Galileo ha le idee più chiare di Vincenzio e, in ogni caso, una maggiore determinazione. Fatto è che il ragazzo riesce a convincere Ostilio Ricci perché a sua volta convinca papà Vincenzio affinché consenta al suo figliolo di lasciare gli studi di medicina a Pisa e di dedicarsi a tempo pieno, sotto la direzione del matematico di corte, allo studio della scienza dei numeri.

Corre l'anno 1584. Vincenzio sta pubblicando presso un editore fiorentino una nuova opera, il *Tenore de' contrappunti a due voci di Vincenzio Galilei nobile fiorentino*, e non ha voglia di contrastare la volontà del figlio o, forse, non ne ha intenzione alcuna.

I primi biografi di Galileo hanno accreditato l'idea della "vocazione avversata": del ragazzo con la vocazione della fisica costretto dal padre a seguire i noiosi studi di medicina. Ma questo è un classico delle biografie, alquanto romanzate, del tempo. Chi ci ha narrato la vita di Benvenuto Cellini ci ha descritto di un ragazzo costretto dal padre a studiare musica e i biografi di Carlo Goldoni ci hanno descritto di un ragazzo obbligato dal padre a studiare filosofia. Per Galileo le cose vanno un po' diversamente. Certo il padre lo ha spinto a iscriversi a medicina. Ma è altrettanto certo che non oppone granché resistenza quando il giovane decide di tornare a casa senza la laurea.

Fatto è che Vincenzio si lascia convincere piuttosto facilmente da Ricci, così come Ricci si è lasciato convincere molto facilmente da Galileo. Anche perché gli argomenti del giovane poggiano su progressi nell'apprendimento e nell'uso della matematica – e, in particolare, della geometria – che sono e appaiono tanto profondi quanto veloci.

La conseguenza è che, per circa un anno, il giovane resta a Firenze in una sorta di limbo: ufficialmente è ancora iscritto all'università di Pisa, di fatto segue solo le lezioni private di Ricci. Dagli antichi Euclide ad Archimede, al moderno Leon Battista Alberti. Dalla geometria pura alle teorie della prospettiva e alle tecniche della misurazione astratta, Galileo divora matematiche. Con grande intensità e passione. Con ottimi risultati. Dopo un po' è in grado di approfondire da solo gli argomenti. E, di fronte ai progressi conseguiti, anche il padre si arrende e gli concede di lasciare l'università senza aver conseguito la laurea per dedicarsi interamente agli studi più amati.

Nell'anno 1585, dunque, Galileo chiede definitivamente al padre di "non volerlo deviare donde sentivasi trasportare dalla propria inclinazione". E dunque Vincenzio Galilei, che nella sua vita non si è fatto deviare "donde sentivasi trasportare dalla propria inclinazione", constatato che il figlio è "nato per le matematiche", acconsente a che lasci anche ufficialmente Pisa senza aver terminato gli studi e aver conseguito il titolo di dottore [Viviani, 2001].

9. Un giovane matematico, disoccupato

A Firenze Galileo trascorre quattro anni: accolto in famiglia, senza una specifica posizione e studiando, studiando, studiando. Matematica, in primo luogo. Perché ormai è convinto che Platone avesse ragione: senza matematica non si può comprendere la filosofia. Non studia però solo matematica, ma anche filosofia, appunto. Naturale e non. E poi arte. E letteratura. E musica. "In fecondo contatto con il vivissimo ambiente culturale frequentato dal padre" [Geymonat, 1969].

Un ambiente che lo stimola. E che lo nota.

Per quanto riguarda la matematica, Galileo concentra la sua attenzione soprattutto sullo studio della geometria, in particolar modo quella di Archimede. Con una forte propensione ad applicarla nel campo della filosofia naturale. In questi mesi, infatti, effettua contemporaneamente sia alcune originali ricerche geometriche (puramente geometriche, ma con notevoli implicazioni per la fisica) sul baricentro dei corpi solidi, dettagliatamente enunciate nei *Theoremata circa centrum gravitatis solidorum* (1585), sia alcune ricerche di tipo squisitamente fisico, che lo portano a inventare la bilancetta idrostatica, uno strumento che migliora la bilancia idrostatica realizzata da Archimede per determinare il peso specifico dei corpi. In pratica Galileo studia attentamente l'invenzione di Archimede e cerca di migliorarla, mettendo a punto uno strumento di misura "esattissimo".

In realtà l'operazione di Galileo è molto più sofisticata, e chiama in causa una certa attitudine anche alla storia della scienza. Infatti il giovane, che si sente ormai matematico, legge e critica la ricostruzione che Marco Vitruvio Pollione, lo scrittore e architetto romano del primo secolo a.C., ha proposto dell'invenzione della bilancia di

Archimede per la determinazione del peso specifico dei corpi, realizzata dal siracusano due secoli prima.

Secondo la leggenda narrata da Vitruvio, Archimede avrebbe dimostrato a Gerone, tiranno di Siracusa, che era stato truffato dal suo orefice. La corona che gli ha ordinato e lautamente pagato non è d'oro purissimo, come afferma l'artigiano, bensì è una lega di oro e di argento, molto meno preziosa. La prova con cui Archimede smaschera l'orefice malandrino, secondo Vitruvio, consiste in un'analisi comparata. Lo scienziato siracusano immerge in acqua tre manufatti di egual massa: la corona di Gerone, un oggetto di oro puro e un oggetto di argento. Mostra così davanti all'arrabbiatissimo Gerone che la sua corona sposta una massa di acqua intermedia tra quelle spostate dagli oggetti di argento puro e di oro puro. E, dunque, è costituita da una miscela dei due metalli, non da oro puro.

Galileo sostiene che la ricostruzione di Vitruvio non regge, perché priva "di quella esattezza che si richiede nelle cose matematiche". Anzi è così "grossa e lontana dalla squisitezza" da essere addirittura indegna del genio del matematico e fisico. E propone un sistema alternativo che "oltre all'essere esattissimo, depende ancora da dimostrazioni ritrovate dal medesimo Archimede" [I, 379].

Ora si intuisce quanto ambizioso e articolato sia l'obiettivo di Galileo: dimostrare che Vitruvio scrive di un argomento, la fisica di Archimede, che non conosce; dimostrare che invece lui, Galileo, conosce così bene il matematico e fisico siracusano da poter ricostruire la maniera in cui, con "quella esattezza che si richiede alle cose matematiche", ha elaborato il sistema per la determinazione del peso specifico dei corpi; e, infine, che lui è in grado di salire sulle spalle del gigante siracusano e di guardare oltre, realizzando una bilancia idrostatica ancora più raffinata [I, 379].

La sfida che il giovane si pone richiede, dunque, sia le competenze di un raffinato storico della scienza, sia quelle del filosofo naturale creativo, sia quelle dell'abile tecnologo. Di più. Richiede una scelta di campo epistemologica definitiva. Lui non è né un platonico né un aristotelico. È e si dichiara un archimedeo. Come scrive, infatti, Michele Camerota:

Galileo oltre a fornire la prima prova provata della sua creatività scientifica, con questa operazione segnala l'importanza cruciale del deferente omaggio tributato ad Archimede: un richiamo per nulla celebrativo, ma che riveste, a tutti gli effetti, un significato programmatico in direzione di una sempre più stretta compenetrazione tra analisi matematica e indagine fisica. [Camerota, 2004]

Galileo realizza così un esperimento con una bilancia reale ed effettua misure sistematiche. Per renderle precise – anche più precise di quelle realizzate da Archimede – progetta e costruisce una bilancia *ad hoc*, avvolgendo strettamente un sottile filo d'acciaio intorno al braccio della bilancia al quale è agganciato il contrappeso e contando gli avvolgimenti. Per essere più sicuro nella conta delle spire adopera uno stiletto e usa l'orecchio (da musicista) oltre che il tatto [Drake, 2009].

Per descrivere questa sua complessa e ardita operazione, inclusa la sua invenzione, nel 1586 Galileo scrive, in volgare, la sua prima opera scientifica, *La bilancetta*, che non viene stampata anche se ne circolano alcune copie tra gli amici e i conoscenti. A chi la legge balza agli occhi la consapevolezza che ha ormai assunto in Galileo l'importanza della precisione della misura nello studio dei fenomeni fisici e, allo stesso tempo, la capacità acquisita dal giovane – una capacità destinata a diventare tipica dello scienziato fiorentino – di applicare le leggi astratte della fisica per realizzare nuovi strumenti tecnici. Insomma *La bilancetta* mostra ancora una volta gli interessi teorici e pratici del suo autore e mette in evidenza quanto influente sia diventato ormai Archimede per il giovane Galileo. E quanti frutti stia dando l'insegnamento di Ostilio Ricci.

D'altra parte la venerazione di Galileo per lo scienziato ellenistico è esplicita: leggendo le opere di Archimede, sostiene, si comprende "quanto tutti gli altri ingegni a quello di Archimede siano inferiori" e quanto poco probabile sia realizzare scoperte paragonabili alle sue [XIV, 26].

Una venerazione esplicita, ma non dogmatica. Galileo è cosciente dei propri mezzi. Come il padre critica severamente Zarlino e dialoga, senza falsa modestia, con Pitagora e Aristotele, così lui critica severamente Vitruvio e dialoga, senza falsa modestia, con Archimede. Anche se il giovane, ormai matematico, è consapevole che, a differenza del padre, non può farlo ancora pubblicamente.

Non è un caso, infatti, che eviti di stampare non solo *La bilancetta*, ma anche i *Theoremata* – ovvero i teoremi sui centri di gravità di alcuni solidi chiamati conoidi parabolici – che crede di aver dimostrato e che proporrà al pubblico solo mezzo secolo dopo, in appendice ai *Discorsi e dimostrazioni matematiche intorno a due nuove scienze*.

A proposito dei *Theoremata*, anche se meno noti, non sono certo meno ambiziosi e significativi dell'altro lavoro, *La bilancetta*. Sono il frutto di un lavoro coerente e sistematico che parte da Archimede, grande matematico e grande fisico. Il manoscritto del giovane Galileo riguarda, come abbiamo detto, la geometria: lo studio del centro di gravità di alcuni corpi solidi. Ma intanto lo studio del centro di gravità dei solidi con metodi puramente geometrici è un'estensione degli studi sul centro di gravità delle figure piane realizzati proprio da Archimede (e poi, nel tempo, da altri matematici). Uno studio geometrico che ha profonde implicazioni per la fisica: e non solo per la statica, ma anche, più in generale, per i corpi reali che si muovono. Ovvero, per la dinamica.

La scelta dell'argomento non è dunque né casuale né marginale. Al contrario, dimostra che Galileo vuole entrare nel vivo del dibattito allora dominante sulla scienza del moto. E che lo vuole fare attraverso l'uso rigoroso della matematica, come insegna Archimede, e non in maniera qualitativa, come vuole la cultura aristotelica dominante.

Tutto questo spiega perché, ancora una volta, la timidezza del giovane sia tutt'altro che assoluta. Galileo è prudente, ma anche ambizioso. Insomma, in analogia col metodo di comunicazione che usa con *La bilancetta*, fa circolare alcune copie scritte a mano dei *Theoremata*. E non solo tra gli amici. Ma, "con l'intraprendenza tipica dei giovani consapevoli del proprio talento", per dirla con Andrea Battistini, fa in modo che qualche copia giunga tra le mani dei più grandi e affermati matematici del tempo. In particolare tra le mani di Guidobaldo del Monte e di Cristoforo Clavio [Battistini, 1989].

Guidobaldo è un ricco e colto marchese che gode di grande influenza presso la corte dei Medici. Fratello di quel Francesco Maria che abbiamo già incontrato e che si accinge a essere nominato cardinale. Originario di Pesaro, amico di Torquato Tasso, Guidobaldo non è solo autore del *Liber mechanicorum* (1577), di cui si dice sia il miglior libro di statica mai scritto dal tempo dei greci, ma è interessato specificamente allo studio per via geometrica del centro di gravità dei solidi.

Cristoforo è un gesuita di origini tedesche – il suo nome alla nascita è Christoph Klaus, latinizzato in Christophorus Clavius e italianizzato in Cristoforo Clavio – considerato non solo il più grande matematico vivente, ma anche l'esponente più in vista del Collegio Romano, dove insegna, appunto, la scienza dei numeri. È lui, per intenderci, che ha portato a termine quella riforma gregoriana del calendario di cui abbiamo già parlato a proposito della data di nascita di Galileo.

Guidobaldo del Monte e Cristoforo Clavio sono due intellettuali famosi e molto noti. Ma sia l'uno che l'altro si interessano – e non poco – al lavoro proposto loro dal giovane e sconosciuto fiorentino. Tanto che Guidobaldo del Monte diventa, a detta dello stesso Galileo, la persona che più di ogni altra sospinge il giovane a continuare questo tipo di studi: un autentico paladino e mecenate. Anche Cristoforo Clavio, di cui si dice sia e che probabilmente si sente "l'Euclide dei tempi nostri", trova non solo il tempo e l'interesse per leggere i *Theoremata*, ricevuti nel 1588, ma anche di avviare con Galileo un carteggio scientifico e una collaborazione che induce il giovane fiorentino a dichiarare di "anteporre il parere" del gesuita "ad ogn'altro" [X, 17].

Entrambi, Guidobaldo e padre Clavio, non si fermano a una lettura affrettata del manoscritto, ma entrano nel merito dello studio di Galileo. Lo dimostra il fatto che ne criticano alcuni aspetti specifici, che riguardano soprattutto alcuni passaggi argomentativi. Ma entrambi riconoscono le capacità di chi lo ha scritto. Guidobaldo è molto esplicito al riguardo. E in particolare, in una lettera del 16 gennaio 1588, riconosce nei *Theoremata* "una esquisita et profonda scienza, et un modo di trattar molto bello et assai succinto et breve" [X, 19]. Manifestazione di uno stile, chiaro, asciutto ed essenziale, che

Galileo affinerà in futuro e che lo porterà a inaugurare un nuovo genere letterario, il report scientifico.

Non è solo lo stile, tuttavia. Anche i contenuti sono considerati eccellenti. E infatti, una volta che Galileo ha corretto il testo secondo le sue indicazioni, Guidobaldo è pronto a riconoscere, in una lettera del 17 giugno 1588, come "la dimostratione stia bene" [X, 19].

Le qualità del giovane, espresse nei *Theoremata*, vengono pubblicamente riconosciute con veri e propri attestati anche da altri matematici, come Giuseppe Moletti, docente dell'università di Padova, e Pietro Antonio Cataldi, docente dell'università di Bologna. Ma anche da noti intellettuali, impegnati in altri campi dello scibile: come i musicisti, Giovanni de' Bardi, l'amico fraterno del padre, e Giovanni Battista Strozzi; il poeta Luigi Alamanni; il vescovo e ambasciatore del granduca presso l'imperatore Carlo V, Giovanni Battista Ricasoli.

Questi attestati sono richiesti perché il giovane matematico sarà pure bravo e promettente, ma è senza lavoro. E vive in una famiglia numerosa, certo non povera, ma neppure agiatissima, dove gli unici introiti sono quelli di Vincenzio. Di lavoro, dunque, Galileo ha gran bisogno. E lo cerca presso qualche università. Come docente. Nel 1587, infatti, presenta la sua prima domanda d'insegnamento presso l'università di Bologna dove, dal 1583, dopo le dimissioni di Egnazio Danti, nominato vescovo di Alatri, è vacante la cattedra di matematica.

Nella sua domanda Galileo si aumenta l'età – barando, afferma di avere 26 anni e non 23 com'è in realtà, per non apparire troppo giovane e inadatto –, si dice allievo di Ostilio Ricci, di aver tenuto una lettura pubblica a Siena, di aver impartito lezioni private a "molti gentiluomini a Firenze e a Siena" e di poter vantare significative competenze, che peraltro ha davvero, "nell'Umanità e nella Filosofia" [Camerota, 2004].

La domanda va a vuoto. I titoli del richiedente devono essere giudicati insufficienti. Fatto è che la cattedra di matematica a Bologna non gli viene affidata e resta senza titolare.

Galileo tenta allora con Pisa, dove risulta momentaneamente vacante la cattedra di Filippo Fantoni, che è stato suo docente. Ma lo stesso Fantoni ritorna sui suoi passi e la possibilità, se mai è stata concreta, svanisce definitivamente.

La nuova sconfitta non lo demoralizza. Nel 1588 il giovane, ma non più giovanissimo, tenta nella sua Firenze. Chiede a Guidobaldo se può avere una lettera di raccomandazione da parte dell'influente fratello, Francesco Maria del Monte – segretario del cardinale Ferdinando de' Medici e in procinto di ricevere, a sua volta, la porpora – affinché gli sia concessa una "lettura pubblica" presso l'ateneo fiorentino. Ma, malgrado l'aiuto degli esponenti della nobile e autorevole famiglia, anche questo tentativo va a vuoto.

Ancora una volta Galileo non demorde. E, sempre nel 1588, torna alla carica presso l'università di Bologna. Forte dell'esperienza passata, il giovane sa che per concorrere con una qualche speranza di riuscita ha bisogno di appoggi. I più autorevoli possibili. E chi, in fatto di matematica, è più autorevole di Cristoforo Clavio?

Eccolo dunque mettersi in viaggio, recarsi per la prima volta a Roma con una lettera di raccomandazione di Ostilio Ricci, e chiedere di essere ricevuto dal padre Clavio per meglio illustrare al grande matematico i contributi originali che pensa di aver apportato alla soluzione del problema del centro di gravità dei corpi. La segreta speranza è che il gesuita spenda il suo prestigio e quello del Collegio Romano per favorire la sua candidatura alla cattedra di Bologna.

Clavio mostra sincero interesse per Galileo e per i suoi teoremi. Anche se, come abbiamo detto, le dimostrazioni addotte non gli sembrano del tutto stringenti. Invita comunque il giovane a frequentare le lezioni del Collegio Romano. Durante una di queste Galileo un gesuita esperto di astronomia babilonese calcola, sulla base della narrazione biblica, l'effettiva età dell'universo: il cosmo, sostiene il dotto astronomo, è nato esattamente 5748 anni fa.

Clavio deve aver ben intuito il valore del giovane e intraprendente fiorentino. Sia perché lo invita a restare in contatto epistolare, sia perché non trascura i motivi più prosaici della sua visita. Così, anche se non si spende in prima persona, lo presenta al cardinale Enrico Castani, Camerlengo di Santa Romana Chiesa e legato del papa a Bologna, affinché lo aiuti. Il cardinale tesoriere si dice lieto di perorare la causa del giovane e nel mese di febbraio 1588 invia una raccomandazione formale al Senato dell'università di Bologna.

Purtroppo per Galileo, l'autorevole sostegno non basta. Il 4 agosto 1588 lo Studio bolognese chiama a occupare la cattedra vacante il patavino Giovanni Antonio Mangini, che ha nove anni più di Galileo, una buona fama e molte più pubblicazioni sia in matematica che in astronomia. Fallisce così il secondo tentativo del giovane fiorentino di entrare nell'università bolognese.

L'ennesimo insuccesso non frustra più di tanto Galileo. Anzi, contribuisce ad accrescere la stima, e persino una certa fama, di cui il matematico ormai gode nei circoli dei dotti di Firenze. Galileo viene invitato sempre più spesso, infatti, a tenere conferenze e a impartire lezioni private. Che, come sostiene egli stesso, tiene sia a Firenze che a Siena.

Ed è forse per assolvere a questo compito divulgativo e didattico di mese in mese più pressante che il giovane, nel 1587, inizia a scrivere il *Trattato della sfera ovvero cosmografia* riprendendo l'omonima opera proposta nel XIV secolo dall'inglese John of Holywood, noto in Italia come Giovanni di Sacrobosco, ove si parla di astronomia, di geografia e di clima.

Lo stile del nuovo saggio di Galileo, infatti, è piuttosto convenzionale. Non c'è in quest'opera alcun richiamo alla matematica. Vi è citata la teoria copernicana, ma solo per rigettarla. E sebbene il giovane matematico seguace di Archimede abbia già iniziato a mettere in discussione alcune proposizioni di Aristotele, in questo lavoro – che oggi chiameremmo di *review* – non si distacca da uno stretto aristotelismo né mette mai in discussione i principi consacrati della filosofia della natura.

Sembra un ritorno indietro. Ma non lo è. Galileo sa che quest'opera didattica è destinata ai giovani, non a pochi intellettuali e amici. È, almeno potenzialmente, un'opera di ampia diffusione. E, soprattutto, deve rispettare i *curricula* di scuole e università. Dunque è a questi, per prudenza e necessità, che si adegua. In attesa di tempi migliori.

10. Galileo, critico letterario

Siamo alla fine del 1587. Il figlio di Vincenzio Galilei, che si accinge a compiere 24 anni, è un matematico di riconosciuto valore ma alla ricerca di un posto di lavoro. È impegnato, forte della raccomandazione del cardinale Camerlengo di Santa Romana Chiesa e dei giudizi positivi di Guidobaldo del Monte e di Cristoforo Clavio, nel concorso per il posto a cattedra all'università di Bologna. Spera, come scrive al marchese Guidobaldo, di ottenere in Firenze quella cattedra di matematica "instituita dal G. Cosimo, essendo hora vacante e, per quanto intendo, molto da' nobili desiderata" [X, 28].

I suoi interessi e le sua aspirazioni professionali sono ormai chiaramente orientati verso la scienza dei numeri e la filosofia della natura. Lui si vede matematico in cattedra. Ma non per questo diminuiscono gli interessi verso le discipline umanistiche e la letteratura. Oltre la musica e il disegno, Galileo continua a seguire la poesia. Quella classica e quella contemporanea.

Scrive Antonio Banfi:

> L'amore e la conoscenza dei classici – Virgilio, Ovidio, Orazio, Seneca erano i suoi preferiti – s'accorda con l'interesse per la letteratura volgare del tempo suo. Ciò che egli vi cerca – e che è proprio della poesia a differenza del sapere – è il gioco fresco della fantasia, sia ch'essa, esplodendo dalla composita e assestata realtà convenzionale, fiorisca di comicità satirica nei capitoli del Berni o nelle commedie del Ruzzante, liberando l'anima dal peso e dalla convenzione quotidiana, sia che, creando un proprio mondo come nel poema ariostesco, dia vita in esso alle immagini di sogno, ai miti innumerevoli in cui l'umanità si cerca e si riconosce. [Banfi, 1949]

Galileo legge naturalmente i classici latini, oltre che Dante, Petrarca, Boccaccio, ormai classici della letteratura in volgare. Ma partecipa anche alle discussioni, accese in quel tempo nei circoli letterari di Firenze, sulla poesia contemporanea. E si infervora quando la polemica esplode fino ad assumere toni agonistici sul tema più sentito del momento: chi è superiore tra il Tasso e l'Ariosto?

Il primo, Torquato Tasso, nato a Sorrento nel 1544, è un poeta contemporaneo proposto da alcuni come l'araldo della modernità. È alla corte degli Este a Ferrara. Spesso è costretto in ospedale per via di alcuni comportamenti in cui i duchi ravvedono gli estremi della pazzia. E ha da poco (1581) pubblicato la *Gerusalemme liberata*, poema capace di rompere gli schemi letterari dominanti. Tanto che alcuni lo giudicano un capolavoro e altri semplicemente troppo licenzioso.

Il secondo, Ludovico Ariosto, poeta del passato, ancorché di un passato recente (è morto nel 1533), è stato anch'egli alla corte degli Este a Ferrara e lì ha scritto il suo capolavoro, l'*Orlando furioso*. Anche Ariosto ha infranto i canoni letterari del suo tempo. Ed è tuttora considerato il migliore interprete della purezza della lingua. Il fatto è che lo stile rigoroso, essenziale e creativo di Ludovico Ariosto è l'opposto dello stile manieristico, ridondante e, sostengono i più critici, piuttosto noioso di Torquato Tasso.

Firenze – la Firenze letteraria – è dunque divisa su chi sia il più grande e chi sia il più moderno.

Galileo ha letto entrambi. E nello schierarsi, mostra di non avere davvero dubbio alcuno. Tra i due il più grande e il più moderno – anzi, l'unico vero poeta – è decisamente Ludovico Ariosto. Per la sua ineguagliabile fantasia, per la sua creatività, per il ritmo incalzante, per la spregiudicatezza dei versi che non turbano l'armonia delle immagini poetiche. Tutte doti che "fanno" il poeta. E che, sostiene Galileo, l'altro, Torquato Tasso, semplicemente non possiede.

Da dove originano questi giudizi così drastici? Molti critici non hanno dubbi: dal fatto che Galileo è un critico dilettante, con una tendenza ingenua al classicismo. Insomma, il giovane non sa – perché non possiede gli strumenti – riconoscere la modernità, che è nella poesia del Tasso e non in quella dell'Ariosto. Scrive, per esempio, Antonio Banfi: se Galileo

> ha del suo tempo il gusto del fantastico e del ghiribizzo bizzarro, se rimprovera al Tasso la scarsezza della fantasia e la monotonia lenta dell'immagine e del verso, ciò che ama nell'Ariosto non è solo lo svariare dei suoi bei sogni, il mutar rapido delle situazioni, la viva elasticità del ritmo, ma anche l'equilibrio armonico di questo, la coerenza dell'immagine, l'unità organica – pur nella varietà – del fantasma poetico. Il fondamento del suo gusto, nonostante i ricchi elementi barocchi, è e rimane classico: la limpidezza costruttiva, l'armonicità elegante e misurata, che senza sforzo risolve in sé il gioco dell'intuizione complessa, rimane il fondamentale criterio del suo giudizio estetico come della sua espressione letteraria. [Banfi, 1949]

Le considerazioni, ammirate, su Ludovico Ariosto e sulla "assai maggior leggiadria" della sua poesia e le considerazioni, sprezzanti, su Torquato Tasso e sulle "capriole" e "fanciullaggini" e "accozzamento" della sua poesia, Galileo le esprime in alcune notazioni, conosciute come *Postille all'Ariosto* e *Considerazioni al Tasso*, di incerta datazione ma che probabilmente inizia a scrivere proprio in questo periodo [I, 231].

Non sono affatto considerazioni superficiali, tipiche di chi non conosce l'argomento. Sono le considerazioni, condivisibili o meno, di chi ha una visione organica e coerente dell'arte come ricerca creativa del "vero", del "naturale", del "semplice", dell'"ordinato". Ricerca che può essere realizzata, come fa l'Ariosto, anche attraverso il genere fantastico [Greco, 2009b]. Qualità, pensa Galileo critico d'arte, che devono essere espresse tanto in musica, quanto nelle arti figurative e in poesia. Persino, a ben vedere, nella scienza e nella comunicazione della scienza: non ha forse un attento Guidobaldo del Monte riconosciuta l'essenzialità dell'argomentazione matematica del giovane fiorentino?

Ma su Galileo postillatore del Tasso e dell'Ariosto torneremo tra poco. Per ora prendiamo atto che l'interesse di Galileo per la letteratura non è affatto superficiale. Né i suoi studi sono privati. Né le discussioni si esauriscono nel circolo del Cigoli e dei "pittori nuovi" o nel salotto dove si riunisce la Camerata de' Bardi, dove fra l'altro fa circolare i suoi manoscritti sui conoidi e sulla bilancetta.

Spesso le critiche letterarie di Galileo assumono una dimensione pubblica e diventano occasione ulteriore per "farsi conoscere". È anche per questo che, fallito il primo e mentre è in corso il secondo tentativo di salire in cattedra a Bologna, Galileo accoglie con viva soddisfazione l'invito del Consolo dell'Accademia Fiorentina, Baccio Valori, a tenere due lezioni sull'*Inferno* di Dante Alighieri.

Il compito è davvero impegnativo. Quella diretta da Baccio Valori è un'Accademia di grande prestigio. Anzi, è la più prestigiosa in assoluto di Firenze. Fondata nel 1542 per espresso volere di Cosimo I, ha un compito fondamentale: promuovere la grande letteratura in volgare di Firenze, di cui Dante è la maggiore espressione. In Accademia considerano di primaria importanza il recupero e la valorizzazione del Sommo Poeta. E perseguono questo scopo primario con grande rigore e impegno.

Detto in altri termini, il giovane matematico è scelto per parlare in pubblico di Dante ai dantisti.

Non è una bizzarria. E men che meno una cattiveria. Quello che Baccio Valori gli chiede è di pronunciarsi, matematica alla mano, su un aspetto che potremmo dire di valenza geofisica: la struttura dell'inferno descritto da Dante. È altrettanto certo, tuttavia, che si tratta di un sfida intellettuale difficile. Con molte aspettative. E con una posta in gioco, in termini di immagine pubblica, molto alta. Il giovane potrebbe uscire distrutto dalla prova. O, al contrario, la prova potrebbe costituire il suo ingresso ufficiale nella *intellighenzia* di Firenze e dell'intero Granducato.

Il giovane e ambizioso figlio del noto musicista Vincenzio ha ben presente l'importanza della sfida. E non si tira certo indietro. Non si lascia punto intimorire. E decide di interpretarla con una pericolosa originalità.

Sono almeno cinquant'anni che in Accademia si discute di Dante e di Boccaccio. Il tema che il Consolo propone a Galileo riguarda l'universo dantesco. Come è noto, il Sommo Poeta aveva genialmente incorporato nella *Divina Commedia* la scienza del suo tempo. Dalla cosmologia alle conoscenze geofisiche. Cosicché per tutto il Cinquecento, secolo in cui Dante ritorna prepotentemente al centro dell'interesse dei letterati, i critici ne hanno vivacemente discusso, puntando l'attenzione anche sulla controversa topografia del luogo ove soffrono i dannati. Dove esattamente è collocato, che forma e che dimensioni ha l'inferno di Dante?

Il fondatore degli studi di cosmografia dantesca è stato certamente Antonio Manetti, umanista e matematico, biografo di Brunelleschi e curatore della pubblicazione delle opere di Dante, che sul finire del XV secolo ha tanto insistito con Lorenzo il Magnifico affinché riportasse a Firenze i resti del Sommo Poeta. Manetti, morto nel 1497, ha ricostruito per intero la visione scientifica di Dante. Si è, in particolare, soffermato sulla grandezza e la forma dell'inferno e del suo titolare, Lucifero. Tuttavia di tutto ciò non ha pubblicato nulla.

I suoi studi sono però stati molto commentati: per esempio da Cristoforo Landino che, già nel 1481, cita Manetti sul *Sito, forma et misura dell''nferno et statura de' giganti et di Lucifero*. E poi, all'inizio del Cinquecento, da Girolamo Benivieni e Filippo Giunti. Benivieni ha pubblicato nel 1506 il *Dialogo di Antonio Manetti, cittadino fiorentino, circa al sito, forma et misure dello "Inferno" di Dante Alighieri* in cui ha riportato, sotto la forma del dialogo, le teorie, le costruzioni, i calcoli matematici e ingegneristici (vere e proprie *misurazioni catastali*, commenta Horia-Roman Patapievici) con cui Manetti ha ricostruito la morfologia dell'inferno dantesco [Patapievici, 2006]. Filippo Giunti ha poi proposto in un suo libro, noto come "la *Giuntina*", una serie di xilografie con le immagini dell'universo di Dante e dell'inferno secondo l'interpretazione e i calcoli di Manetti.

I dibattiti sull'argomento si protraggono nel tempo. E a essi certo non si sottrae la polemica di campanile. A Lucca, per esempio, non se la sentono di riconoscere a un fiorentino, Manetti, l'onore di aver fornito le misure più precise del luogo del male così come sono state descritte dall'altro fiorentino, Dante. Fatto è che nel 1544 il lucchese

Alessandro Vellutello, noto esegeta del Petrarca, pubblica a Venezia un suo commento alla *Commedia* di Dante, in cui contesta i calcoli di Antonio Manetti e propone una sua immagine, anche grafica, dell'inferno.

La proposta inquieta non poco i fiorentini, preoccupati di perdere l'egemonia – la naturale egemonia – nell'esegesi del "loro" Sommo Poeta. L'ansia da affronto dura diversi lustri. E coinvolge diversi dotti. Nessuno è riuscito a placarla. E sì che vi si è cimentato uno dei fondatori dell'Accademia Fiorentina, di cui è stato Censore e Consolo, Pier Francesco Giambullari, sia nelle *Lezioni* tenute tra il 1541 e il 1548, sia soprattutto nel *Trattatello del sito, forma et misure dello Inferno di Dante*, scritto nel 1544. Vi si è cimentato anche un altro illustre dantista membro dell'Accademia, Benedetto Varchi, l'autore della *Storia fiorentina*, grande linguista, ma anche alchimista e botanico. Ma né loro due, né altri ne sono venuti davvero a capo.

È ora di dirimere definitivamente la questione. Anche perché proprio nel 1587 il filosofo cesenate Jacopo Mazzoni (che Galileo incontrerà molto presto a Pisa) ha rilanciato l'interesse sul Sommo Poeta, pubblicando nella sua città, a Cesena, l'erudita a monumentale *Difesa della Commedia di Dante*. Ma si può lasciare di nuovo ai romagnoli la difesa del Sommo Poeta? Si può dare l'impressione che Firenze ancora una volta non sappia valorizzare il più grande dei suoi figli?

Ecco perché, sul finire di quell'anno, Baccio Valori, Consolo dell'Accademia, propone una nuova idea per risolvere almeno la *vexata quaestio* della struttura dell'inferno: se i letterati non hanno raggiunto una conclusione accettabile e accettata sulla forma e misura dell'albergo dei dannati, vediamo cosa dicono i matematici. E il matematico prescelto è, appunto, il giovane Galileo. Che in due diverse lezioni nella sede dell'Accademia, alla via Larga, avrà la possibilità di dirimere finalmente il secolare groviglio.

La prova dunque è ardua. E Galileo, come abbiamo detto, lo sa. Così si prepara per bene, mettendo per iscritto le sue due *Lezioni circa la figura, sito e grandezza dell'Inferno di Dante*. E facendo tesoro delle sue conoscenze sulle sezioni coniche, che giocano un ruolo primario nella struttura dell'inferno di Dante. Come rileva Michele Camerota, l'impostazione metodologica con cui Galileo affronta la sfida è chiara [Camerota, 2004]: il "corografo ed architetto di più sublime ingegno, quale finalmente è stato il nostro Dante – scrive Galileo – ha pensato in termini rigorosamente geometrici". E, dunque, lo "spiegamento di questo infernal teatro" può e deve essere affidato "alle cose dimostrate da Archimede ne i libri *Della sfera e del cilindro*" [IX, 29].

La decisione è ardita: proviamo a fare dell'*Inferno* di Dante un campo di applicazione della matematica di Archimede e dei miei *Theoremata* sui solidi conici, propone il giovane Galileo.

L'ardire è duplice. In primo luogo perché interpreta il Sommo in maniera non del tutto usuale. Dante sarà riconosciuto piuttosto tardi e non sempre da tutti come il "poeta della scienza". Ovvero come un autore che non solo ha messo nella sua *Commedia* tutta la filosofia naturale, aggiornata, del suo tempo. Ma anche come il teorico dell'importanza sociale della comunicazione del sapere scientifico [Greco, 2009b]. Ma, dopo Manetti che probabilmente lo ha proposto ma non lo ha scritto (e fino ai nostri giorni), ben pochi hanno messo in luce che Dante ha pensato da geometra rigoroso nell'immaginare e nel descrivere l'universo e lo stesso inferno della *Commedia*.

L'altro motivo che rende ardita l'operazione è che il giovane propone un approccio non solo *á la Archimede*, autore celeberrimo *Della sfera e del cilindro* ma non propriamente popolarissimo in quei tempi aristotelici, ma *á la Galileo*, matematico alle prime armi e autore di un *Theoremata circa centrum gravitatis solidorum* che circola solo in forma di manoscritto. Un solo errore e il giovane sprofonderà nel ridicolo.

E sulla base di queste considerazioni da acuto critico letterario e da matematico seguace di Archimede, nonché sulla base di questi calcoli da giovane ambizioso e coraggioso, che Galileo nelle due pubbliche riunioni, affollatissime, nelle sede dell'Accademia Fiorentina alla Via Larga, con un eloquio deciso, una serie di lucide dimostrazioni geometriche e una padronanza perfetta del testo di Dante, propone la sua ipotesi, che corrobora quella di Antonio Manetti.

L'inferno descritto da Dante, spiega Galileo, ha forma conica, con una sezione pari a un dodicesimo della Terra. Al vertice il Sommo Poeta ha posto la dimora di Lucifero, conficcato nel ghiaccio fino a metà del petto. Il suo ombelico costituisce l'effettivo centro del nostro pianeta. Dal principe degli inferi si dipartono due linee settoriali: una raggiunge Gerusalemme a ovest e l'altra un punto ignoto a est. L'inferno è, dunque, simile a un anfiteatro strutturato in otto livelli.

Fin qui la forma. Quanto al punto cruciale della questione, le dimensioni, occorre considerare l'effettiva statura del sovrano dell'inferno, il gigantesco Lucifero. Ora esiste un preciso rapporto matematico, sostiene Galileo, tra l'altezza fisica di Dante e l'altezza di Nembrot, il gigante che il Sommo Poeta incontra in fondo all'inferno. E poiché esiste un rapporto matematico preciso anche tra le dimensioni di Nembrot e il braccio di Lucifero, se noi conosciamo con esattezza la statura di Dante in due semplici passaggi possiamo ricavare quella di Lucifero e, dunque, a seguire, la grandezza stessa dell'inferno.

Dante era un uomo di statura media, certo più basso di me, continua Galileo. Poteva avere un'altezza di circa tre braccia. Di Nembrot il Poeta ha scritto [*Inferno*, Canto XXXI, vv. 58-59]:

> La faccia sua mi parea lunga e grossa
> Come la pina di San Piero a Roma;
> Ed a sua proporzione eron l'altr'ossa.

Ma la pigna sulla basilica romana è misurabile e risulta, spiega Galileo, lunga cinque braccia e mezza. Poiché la statura di un uomo – come ha dimostrato Alberto Durero (Albrecht Dürer) nel suo testo sulle proporzioni del corpo umano (ah, come ritornano utili gli studi sul disegno e le arti figurative) – è circa otto volte la lunghezza della testa, la statua del gigante deve essere alta 44 braccia.

Il calcolo non è finito, ma il modo di procedere è ormai chiaro. Leggendo i versi di Dante sappiamo che l'uomo, Dante stesso, sta alla statua del gigante, Nembrot, come 3 sta a 44; ma sappiamo anche che l'altezza della statua del gigante sta al braccio di Lucifero proprio come l'uomo sta al gigante. Allora ecco l'equazione: 3 sta a 44 come 44 sta a x. Facile da calcolare, dunque, l'incognita, continua il giovane matematico: il braccio di Lucifero è poco più di 645 braccia umane. E poiché la statura di un essere ben proporzionato, come insegna il Dürer, è in genere tre volte quella del braccio, ecco che il Lucifero, il cui ombelico è posto da Dante al centro dell'inferno e dunque della Terra e dunque dell'universo, è alto 1936 braccia.

Arrotondiamo a duemila, continua sempre più sicuro di sé il giovane, e proseguiamo il ragionamento. Il petto di Lucifero, a detta di Dante, si eleva fino al quinto girone, quello degli eretici. Poiché la distanza tra l'ombelico e il petto è pari a un quarto circa dell'altezza di un uomo, la distanza tra l'ombelico (centro della Terra) e il petto di Lucifero deve essere circa 500 braccia.

È sulla base di questi calcoli che Galileo è in grado di collegare, con una serie di proporzioni, l'altezza di Lucifero e quello dell'inferno intero e di ciascuno dei suoi gironi. E, infine, è in grado di emettere il suo verdetto. Ha dunque ragione il fiorentino Manetti: il quinto girone si trova all'altezza di oltre 300 miglia dal centro della Terra. E l'inferno si estende per circa 500 miglia dal centro della Terra.

La dimostrazione è conclusa. Nessuno ha da obiettare, né in termini matematici né di interpretazione dei testi. In più l'onore del Manetti è salva.

Giocoforza le "esatte" dimostrazioni di Galileo sulla "reale" topografia dell'inferno di Dante hanno grande successo. Tanto che il Consolo dell'Accademia Fiorentina spenderà tutta la sua influenza, peraltro notevole, nel proporlo subito come candidato vincente prima per la cattedra di matematica che si libererà di lì a poco presso l'università di Pisa (e, qualche anno dopo, per una medesima cattedra che si libererà presso l'università di Padova).

Ma, prima di procedere ulteriormente nel nostro racconto, possiamo forse tentare di ricavare un qualche insegnamento generale utile per capire perché Galileo è diventato Galileo.

Cosa dimostra, dunque, questo episodio? Beh, in primo luogo quello che sosteneva Primo Levi. E, cioè, che se c'è davvero una "schisi" tra scienza e arte, è una "schisi innaturale", perché questa divisione non la conoscevano né Dante, né Galileo e neppure:

> Empedocle, Leonardo, Descartes, Goethe, Einstein, né gli anonimi costruttori delle cattedrali gotiche, né Michelangelo; né la conoscono i buoni artigiani d'oggi, né i fisici esitanti sull'orlo dell'inconoscibile. [Levi, 1997]

Dimostra che Galileo ha una profonda conoscenza di Dante e, in particolare, dei 33 Canti dell'Inferno. Conoscenza che gli ha consentito di metter fine a un problema irrisolto in una "materia che ha dato da fare a' dotti", dando "occasione al Galileo di salvare con buone ragioni il nostro Fiorentino, e ribattere i motivi del nobil Lucchese col disegno in mano e distinzione d'ogni debita misura", come commenterà Filippo Valori, figlio del Consolo Baccio [Viviani, 2001].

Ma, secondo Antonio Favaro, le *Lezioni circa la figura, sito e grandezza dell'Inferno di Dante* dimostrano non solo la bravura del giovane matematico di muoversi a suo agio nel mondo della poesia di Dante, ma costituiscono anche il punto più alto raggiunto da Galileo nelle sue prose letterarie o, come diremmo oggi, nei suoi scritti di critica della letteratura [Favara, 1911].

Come spesso succede per osmosi culturale, le *Lezioni* di Galileo avranno una ricaduta anche nelle arti figurative. È ispirandosi alle dissertazioni dell'amico, infatti, che Ludovico Cardi detto il Cigoli, che di Dante è grande esperto, realizza nel 1596 alcuni disegni che hanno per tema Lucifero all'inferno [Chappell, 2009].

Ma l'episodio del 1587-1588 dimostra qualcosa di più. Ci ricorda che il grande poeta e fondatore della letteratura italiana, Dante, conosceva profondamente la scienza del suo tempo. E che il futuro grande scienziato e fondatore della "nuova scienza", Galileo, fin da giovane conosce bene la letteratura e, in particolare, conosce profondamente e profondamente ama il suo concittadino, Dante Alighieri, oltre che il reggiano Ludovico Ariosto. È questa ibridazione di saperi che fa di Dante uno dei grandi divulgatori della scienza del suo tempo.

E che aiuterà Galileo a diventare uno dei più grandi, se non il più grande autore di prosa italiano (secondo gli autorevoli pareri di Giacomo Leopardi e Italo Calvino). Come riconoscerà Ugo Foscolo, la conoscenza della poesia che possiede Galileo sarà determinante per sviluppare "la purità e la luminosa evidenza della sua prosa". E l'abitudine, filologica, a misurarsi col testo, come sostiene Andrea Battistini, è una dimensione che gli tornerà utile anche nella stesura dei suoi testi letterari [Battistini, 1989].

Con le sue prime postille all'Ariosto, le sue prime stroncature del Tasso, la lettura attenta di Dante (e di Petrarca), Galileo comprende non solo che la scienza può aiutare la letteratura. Ma anche, come giustamente ricorda lo scrittore James Reston, che la letteratura può aiutare la scienza [Reston, 2005].

E di tutto ciò farà tesoro.

11. Il primo approccio, in note, a un nuovo metodo

In questi anni Galileo si muove molto. Va e ritorna, volentieri, da Pisa. Insegna a Siena. Si reca persino a Roma. Ma sta principalmente a Firenze. In famiglia, col padre. E non si tratta di una mera frequentazione parentale. È anche una frequentazione di lavoro. Che avrà profondi effetti in almeno due ambiti, la musica e la scienza.

Avevamo lasciato Vincenzio, nel 1581, che, con il suo *Dialogo della musica antica e della moderna* lancia la sfida pubblica alla musica polifonica e al suo grande maestro veneziano, Gioseffo Zarlino.

Ricordiamone uno dei passi salienti:

> Mi par che facciano cosa ridicola quelli che per prova di qual si sia conclusione loro, vogliono che si creda senz'altro alla semplice autorità, senza addurre di essa ragioni che valide siano. [...] Voglio [...] che mi concediate essermi lecito alla libera interrogarvi, e rispondervi senz'alcuna sorta d'adulazione, come veramente conviene tra quelli che cercano la verità delle cose. [Galilei, 1581]

Vincenzio continua senza sosta nella ricerca delle verità delle cose. Con l'obiettivo di riempire di contenuti definitivi – di un metodo – quel suo scetticismo sistematico e quel rifiuto dell'*ipse dixit*.

Intanto intensifica la sua attività editoriale. Nel 1584 propone addirittura due opere: la seconda edizione del *Fronimo*, stampata a Firenze presso l'editore Herede di G. Scotto, in forma ampliata e modificata anche nel titolo, *Fronimo. Dialogo sopra l'arte del bene intavolare et rettamente sonare la musica negli strumenti artificiali sì di corde come di fiato & in particulare nel liuto*; e il secondo *Libro d'intavolatura di liuto, nel quale si contengono i passemezzi, le romanesche, i salterelli et le gagliarde et altre cose ariose composte in diversi tempi da Vincentio Galilei*. Né deflette dalla

sua incessante attività di compositore, proponendo i Contrapunti a 2 voci.
Nel 1587 pubblica *Il secondo libro de madrigali a 4 et 5 voci.*

Di fronte a questo mare sempre più ampio e burrascoso di contestazioni che monta a Firenze contro la sua musica, Gioseffo Zarlino
decide di replicare. E nel 1588 a sua volta pubblica i *Sopplimenti musicali,* che già nel titolo completo dichiarano la loro intenzione: *Sopplimenti Musicali del Rev. M. Gioseffo Zarlino da Chioggia. Maestro di
Cappella della Sereniss. Signoria di Venezia: Ne i quali si dichiarano
molte cose contenute ne i Due primi Volumi, delle Istitutioni et Dimonstrationi; per essere state mal'intese da molti; et si risponde insieme alle
loro Calonnie.* Il libro non propone novità clamorose in termini di
contenuti. Ma solo la puntigliosa riaffermazione di quanto scritto
nelle *Istitutioni* e nelle *Dimonstrationi.*

Zarlino è ora così compreso nella sua difesa puntuale e orgogliosa
contro la "calonnie" dei fiorentini e di quel suo ingrato allievo, Vincenzio Galilei, che l'anno successivo pubblica, in un'unica edizione,
tutte le sue tre principali opere.

È a questo punto che la *vis polemica* di Vincenzio, stimolata, si
riaccende e tocca l'acme. L'ex allievo e principale esponente della fiorentina Accademia de' Bardi intende rispondere per le rime all'ex
maestro e principale esponente della "scuola veneziana".

Lo vuole fare pubblicamente, con un nuovo libro. E con una serie
di altre opere. Ma mantenendo fino in fondo quanto aveva promesso
nel *Dialogo* della musica antica e della moderna: interrogando non i
classici, interrogando non (solo) la matematica, ma direttamente la
natura. Con sensate esperienze. Anzi, attraverso un'esperienza sensibile controllata che non si limiti a osservare un fenomeno, ma cerchi
di ricavare leggi generali.

L'interrogatorio della natura avviene alla presenza, anzi con la partecipazione attiva, del figlio, il matematico Galileo.

Nell'anno della sortita pubblica di Zarlino, il 1588, e forse proprio
in risposta a quella sortita, Vincenzio esegue infatti una serie di esperimenti, in un rudimentale laboratorio che ha allestito in casa [Drake,
1992]. Vuole fornire, per esempio, una legge esatta sul ruolo che ha la

tensione di una corda vibrante nella produzione dei suoni. I musicisti sanno che più una corda è tesa, più acuto è il suono che emette quando è fatta vibrare. Ma in che relazione stanno la frequenza del suono e la tensione della corda? I classici (Pitagora) dicono che per raggiungere l'ottava il rapporto delle tensioni deve essere di 1:2. Ma Vincenzio, come abbiamo detto, non si accontenta di leggere i classici. Rivolge la domanda alla natura. E organizza degli esperimenti semplici, ma precisi. In un ambiente controllato. Facilmente ripetibili da chiunque. Prende delle corde del medesimo materiale e della medesima lunghezza e applica loro dei pesi, per variare in maniera ben misurata la tensione. Poi le fa vibrare. Libere, oppure disposte sul piano di un monocordo.

Gli esperimenti non riguardano solo il problema della tensione e sono i più svariati. Vincenzio mette a confronto corde di diversa natura, lunghezza, spessore, peso, tensione. E ascolta gli effetti con l'orecchio, perché in fatto di fenomeni sonori "non abbiamo giudice [...] più vertiero" [Galilei, 1584].

E l'orecchio gli dice, per esempio, che le consonanze, la buona successione di suoni, e le dissonanze, quelle che fanno male, appunto, alle orecchie, non dipendono solo da rapporti numerici – né di quelli di Pitagora né di quelli di Zarlino – ma dalle caratteristiche fisiche degli strumenti che utilizza e dall'ambiente in cui si trova.

In una delle sue opere didattiche di cui parleremo tra poco, *Discorso particolare intorno all'unisono*, Vincenzio ci fornisce una prova dei risultati ottenuti con una delle sue "sensate esperienze":

> Hoggi vengo appresso, che mettendo nel liuto una corda di minugia et una di acciaio, le quali si tirino dapoi unisone a modo loro quando per essempio io le tasterò a sette tasti, dico che toccandole di poi a vuoto, o a 12 tasti non sendo parimente unisone, ne seguirà necessariamente ch'elle non fussero unisone neanco quando io le udii à sette tasti. [Galilei, 1589]

Ritroveremo la descrizione di un esperimento del tutto simile da parte del figlio, Galileo, mezzo secolo dopo, in quel capolavoro assoluto di letteratura scientifica che è *Discorsi e dimostrazioni intorno a due nuove scienze* (1638). Così come troveremo, sempre nei *Discorsi e dimostrazioni*, la descrizione degli esperimenti coi bicchieri "canterini" che Vincenzio ha raccontato in un altro manoscritto a scopo didattico, *Discorso particolare intorno alle forme del diapason*.

Una prova questa, sia pure riflessa, che Galileo conosce per diretta esperienza quei temi perché ha partecipato agli esperimenti del padre.

Non sappiamo se c'è una rigida divisione dei compiti: con Vincenzio che manipola corde e pesi e Galileo che si limita al lavoro del matematico, registrando i numeri e calcolando le giuste proporzioni. È probabile che, in virtù delle conoscenze musicali e delle sue attitudini archimedee, il ragazzo contribuisca alla serie di esperimenti prendendo parte attiva a ciascuna fase del processo sperimentale: dalla sua progettazione alla sua esecuzione.

Sia come sia, almeno tre fatti sono certi.

Il primo è che Galileo partecipa agli esperimenti. E che quegli esperimenti controllati, di fisica del suono, sono tra i primi cui Galileo partecipa.

Il secondo è che i risultati sperimentali falsificano antichi paradigmi. E consentono l'elaborazione di nuove leggi matematiche. Per esempio dimostrano che per ottenere l'ottava, il peso che si deve aggiungere a una corda per variare la tensione non sta affatto nel rapporto di 1:2, come indicato da Pitagora, ma nel rapporto di 1:4, come verifica l'orecchio. La legge sonora della tensione delle corde per raggiungere l'ottava non è quella lineare del doppio ($2x$), ma quella del quadrato (x^2).

Il terzo fatto incontestabile è che Vincenzio Galilei è il primo nell'intera storia della musica a "interrogare la natura" e a ottenere una legge generale per via sperimentale, attraverso il miglior equilibrio tra "sensate esperienze" e "certe dimostrazioni". Vero è che anche Pitagora ha "interrogato la natura", ma imponendole in qualche modo la risposta (matematica). Vero è che anche Aristosseno ha indicato che il metodo in musica è "interrogare la natura", ma poi non lo ha applicato. Certo, più di recente, anche il matematico Giovambattista

Benedetti ha elaborato una legge fisica generale e l'ha pubblicata nel suo *Diversarum speculationum mathematicarum et physicarum liber* uscito da poco, nel 1585. L'autore veneziano vi sostiene che la frequenza con cui le corde vibrano è inversamente proporzionale alla loro lunghezza. Di conseguenza, la consonanza deriverebbe della "coincidenza" dei cicli delle vibrazioni sonore. Di fatto Benedetti propone la prima teoria della consonanza su base fisica [Barbacci, 2003]. Tuttavia il matematico non porta alcuna prova empirica a supporto della sua teoria.

Vincenzio è dunque il primo che "interroga la natura" lasciandola libera di rispondere e prendendo atto delle risposte. È il primo che elabora una teoria in grado di salvare i fenomeni e non mettendo insieme i fenomeni per salvare la teoria o elaborando una teoria che non tiene conto affatto dei fenomeni. Ma tutto questo altro non è che la ricerca di equilibrio tra teoria e fatti sperimentali tipico della scienza moderna. Non è dunque del tutto infondato sostenere che è il padre, Vincenzio, a fornire a Galileo l'*imprinting* epistemologico con cui il giovane si affermerà come pioniere della "nuova scienza". E non è infondato sostenere che la "nuova scienza" nasce, almeno un po', dalla musica.

Queste affermazioni, sottoscritte anche da autorevoli biografi di Galileo, primo fra tutti Stillman Drake, vanno tuttavia approfondite. Perché a ben vedere potrebbe essere successo anche il contrario. Potrebbe essere che sia il figlio, Galileo, a indicare al padre, Vincenzio, la via giusta – il metodo – per raggiungere la verità.

Riflettiamo. Nel 1588 Galileo è ormai un "matematico emergente" e un "fisico promettente". Ha infatti già effettuato alcune scoperte scientifiche per via empirica: attraverso l'osservazione del periodo del pendolo e con la bilancia per il calcolo del peso specifico dei corpi. Ha anche una buona consuetudine con la musica, pratica e teorica. Suona il liuto e altri strumenti. Anzi, secondo Vincenzo Viviani (che forse esagera un po'), ha un'abilità che eguaglia quella del padre e di altri professionisti che vanno per la maggiore, tanto che "più volte trovassi a gareggiare co' primi professori di quei tempi in Firenze et in Pisa"

[Viviani, 2001]. Conosce la matematica di Pitagora e le sue regole dei rapporti musicali. Ha letto i classici: gli *Elementa harmonica* di Aristosseno, i *Problemata* di Aristotele e gli *Harmonica* di Tolomeo. Conosce Zarlino, le idee di Girolamo Mei, i libri del padre. Ha, soprattutto, una conoscenza profonda, anche epistemologica, di Archimede: che, tra i matematici capaci di interrogare la natura attraverso esperimenti controllati, è stato forse il primo e certo il più grande in assoluto. È dunque probabile che sia Galileo a indicare al padre "come" trovare il giusto equilibrio tra matematica e fisica del suono, tra "certe dimostrazioni" e "sensate esperienze". Che sia Galileo, sentite le esigenze del padre, a progettare il metodo degli esperimenti.

Questa ipotesi è corroborata dal fatto che il metodo allo studio dei suoni messo a punto nel 1588 sarà ripreso tal quale da Galileo in età matura.

Siamo, tuttavia, nel campo delle mere ipotesi. Non abbiamo alcuna prova per decidere chi, tra padre e figlio, abbia influenzato chi. Non è affatto escluso – anzi, è molto probabile – che l'influenza sia stata reciproca.

Resta il fatto, tuttavia, che la motivazione agli esperimenti genera dal padre, Vincenzio. Che il padre, Vincenzio, realizza una vera rivoluzione epistemologica elaborando la prima teoria musicale sperimentale della storia. E che il figlio, matematico emergente e archimedeo ormai convinto, è l'unico che sia lì con lui in casa mentre sperimenta.

E resta il fatto che è Vincenzio a organizzare i risultati di questi esperimenti e li rende pubblici in almeno cinque diverse opere. La prima, per importanza, è il libro che porta a stampa a Firenze nel 1589 dal titolo *Discorso intorno alle opere di Gioseffo Zarlino et altri importanti particolari attenenti alla musica*.

Nel suo nuovo libro Vincenzio sublima le sue doti di polemista implacabile, ironico alle volte fino al sarcasmo, che il figlio erediterà per intero, insieme alla predilezione per la forma narrativa del dialogo. Nel *Discorso intorno all'opere di messer Gioseffo Zarlino* vi sono, infatti, passi che per *vis polemica*, ricchezza di paradossi, esempi, parabole, osservazioni penetranti, dimostrazioni matematiche e notizie storiche, pur tralasciando le discussioni di teoria musicale, non sono inferiori al meglio che produrrà Galileo, ventiquattro anni dopo, nel *Saggiatore*. Un solo esempio, davvero degno della prosa del figlio:

Secondo l'ordine promesso, verrò con quei pochi principi di matematica che da fanciullo apparai, a rispondere a quanto di essa il Zarlino mi riprende; e prima dico, che nel mio Dialogo, tutti i calcoli, e i computi che vi sono, son giustissimi. E con assai facilità spiegati. Ben è vero, che la più parte di essi son facili, perché il luogo non ricercava difficultà maggiore; la quale ho con ciascun mio sapere fuggita; e quello che si poteva fare con semplici parole, non ho voluto per predicar me stesso, adoperare difficili strumenti, o farne difficili dimostrazioni: prima per non esser queste da ciascuno intese; e quelli per non trovarsene in tutti i luoghi e non saper ciascuno adoperargli. E venendo al caso del Zarlino dico, ch'io non so vedere in quel suo libro che lui intitola Demostrazioni Harmoniche, quello c'abbia voluto dire, ne anco quello ch'abbino a fare quelle sue novelle di che è pieno, con le dimostrazioni da dovero.

E venendo al particolare si è compiaciuto ch'io contro mia voglia facci, lui scrive nel capo ottavo del primo dei suoi Supplimenti, questa bella sentenza in suo favore; dicendo che non può esser huomo di fama, di reputazione, o di valore, senz'esser versato nelle matematiche: laonde se dal saper matematica si ha da far giuditio del valore de gl'huomini, verrò a dimostrare quanto lui ne sappia.

E di qui cominciandomi dico; che nel primo ragionamento, pone la quarta domanda per notissima, la quale per la sua oscurità ha dato occasione di affaticarsi a huomini grandissimi per dimostrarla: com'è Eutochio, Pappo, e Teone; lasciando ch'ei la pone per domanda essendo da Euclide stata posta per diffinitione.

Ma questo fa in tutte le seguenti che lui nomina dignità, le quali sono proposizioni di Euclide; e per la difficoltà loro degne d'esser dimostrate; come è la prima, la quarta, la sesta, la settima, e altre. Hora questo è l'ordinario de comentatori dei luoghi facili, i quali comentatori passano con silentio le cose difficili per non esser da loro intese;

scusandosi poi come io ho detto, d'esser brevi e stringati. In quelle cose poi che sono note, vi fanno sopra; lunghissimi discorsi. Lascio stare il poco ordine che in esse osserva, ponendone alcune fisiche, com'è la seconda, tra le altre che sono matematiche; ponendole inoltre indifferentemente tolte dalle definizioni del primo e del settimo d'Euclide [...] lui per mala sua fortuna non dimostra mai alcuna cosa, e lascia sempre nella penna, tutto quello ch'è di buono nelle matematiche, che è il dimostrare necessariamente le sue conclusioni [...] Hor dicami di gratia Messer Gioseffo, appresso quali matematici ha imparato che si ponghino le diffinitioni e nel medesimo tempo si cerchino di dimostrare? Il che fare è appunto un voler litigare quello che d'accordo ci è conceduto. [Galilei, 1589b]

Chissà se Galileo non abbia letto le bozze e controllato i calcoli e le citazioni di quell'Euclide, per amore del quale aveva ottenuto dal padre di lasciar da parte la medicina? Chissà se non ci sia Galileo dietro questa sfida in punta di matematica che Vincenzio lancia a Zarlino?

Domande legittime. Ma che non ammettono alcuna risposta fondata su prove certe. Resta il fatto che la musica, dunque, costituisce per Galileo il primo – o uno dei primi – campi di sperimentazione. Quanto al liuto, gli sarà fedele compagno ad Arcetri, negli ultimi anni di vita.

La nuova fatica editoriale di Vincenzio si caratterizza non solo per lo stile, che vibra di veemente forza polemica, ma anche per l'apologia della sperimentalità come metodo per interrogare la natura e conoscere la verità: anch'io, sostiene Vincenzio, in passato ho sbagliato: "finché non accertai la verità con l'esperienza, maestra di tutte le cose" [Galilei, 1589b].

Vincenzio non è, tuttavia, apologeta di un empirismo assoluto. In un periodo che non conosciamo con precisione, ma compreso tra il 1588 e il 1591, il liutista e teorico della musica scrive, infatti, due opere a scopo didattico sulla consonanza: *Il primo libro della prattica del contrappunto intorno all'uso delle consonanze* e il *Discorso intorno all'uso delle dissonanze*. In quest'ultimo manoscritto spiega ai suoi studenti che i sensi possono cogliere le differenze tra forme, colori, odori e naturalmente suoni. Ma che per comprendere i caratteri profondi delle cose – per capire cosa dice la natura – i sensi non bastano. Occorre l'intelletto. Un intelletto, va da sé, "persuaso dall'esperienza".

Tra il 1589 e il 1590, infine, l'infaticabile Vincenzio, evidentemente consapevole di aver realizzato qualcosa di importante, riassume in altri due manoscritti gli esperimenti compiuti. Nel *Discorso particolare intorno alla diversità delle forme del diapason* racconta delle più svariate prove realizzate su corde di diversi materiali con pesi, monete e canne. Mentre nel *Discorso particolare intorno all'unisono* riporta i risultati degli esperimenti sull'unisono realizzati sempre su corde di vari materiali. E scrive di come il sommo giudice orecchio ha sentenziato che per produrre un autentico unisono due corde devono essere costituite non solo dello stesso materiale, ma anche avere uguale sezione e lunghezza ed essere sottoposte alla medesima tensione. Se anche una sola di queste variabili è differente, allora i suoni saranno diversi e l'unisono verrà meno. Attenzione, avverte. Perché il suono – potremmo dire in gergo moderno – è un fenomeno fisico estremamente sensibile alle condizioni iniziali. Se hai un liuto con due corde, una di ferro e una di minugia (realizzata con budella di ovini), e lo accordi in modo che produca l'unisono migliore, lo perderai, quell'unisono, non appena muoverai i tasti e cercherai un nuovo accordo. In pratica se una corda di ferro e quella di minugia di una data lunghezza vibrano all'unisono, non è detto che lo facciano se dimezzi la loro lunghezza.

Ancora, Vincenzio riporta di aver sentito con le proprie orecchie che per ottenere la medesima ottava da una corda di minugia e una di ottone, la seconda deve essere quadrupla e non doppia della prima. Ma non in grossezza (sezione), bensì in gravità (peso).

Potrà anche sembrare strano, ma nessuno lo aveva mai dimostrato. Nessuno, almeno, con la precisione delle proporzioni matematiche calcolate con l'aiuto del figlio, Galileo.

12. Professore a Pisa

Che anno, il 1588, per il nostro giovane matematico. Quante emozioni. Quante esperienze. Le lezioni all'Accademia Fiorentina. L'attacco di Gioseffo Zarlino al padre. La risposta che il padre organizza, con il suo aiuto e che gli consente – il lettore scuserà il facile gioco di parole – di sperimentare la sperimentalità. La bocciatura nel "concorso" per la cattedra di matematica a Bologna. La disillusione sulla possibilità di averne una, di cattedra matematica, a Firenze.

Tuttavia, che soddisfazione poter tornare, da laico e da docente, nel monastero dei frati vallombrosani per insegnare le leggi della prospettiva ai novizi. Anzi, dai registri contabili della Badia di Passignano risulta che dai primi di settembre alla fine di novembre, egli ha impartito lezioni a pagamento. E non solo ai novizi, ma persino a un monaco fatto, tal Epifanio Parrini.

Certo Firenze si è accorta di lui. E gli chiede di parlare sempre più spesso in pubbliche conferenze. Insomma, non è conosciuto solo dai matematici o nei circoli di letterati, pittori e musicisti. Il suo nome è noto a molti, se non a tutti in città.

Eppure il 1859 si apre che Galileo non ha ancora un lavoro stabile. E soprattutto non ha prospettive di lavoro stabile. Pare che, con l'amico Giambattista, della nobile famiglia dei Ricasoli, accarezzi l'idea di lasciar perdere tutto, lì, nella Firenze grata solo a parole, e tentare la fortuna fuori d'Italia, magari in Medio Oriente. Di certo c'è che in primavera i due, insieme ad altri, iniziano un viaggio senza meta tra la Toscana e la Liguria. E che in una delle tappe, nella villa che i Ricasoli hanno a Torricella nel Chianti, lungo l'antico confine tra i contadi di Firenze e Siena, Galileo rischi di brutto. Giambattista, che ha qualche problema di salute mentale, propone uno di quegli scherzi da giovinastri: all'improvviso inizia a gridare che sono arrivati i banditi. Un suo parente, Pier Battista, allarmato imbraccia l'archibugio e lascia partire un colpo che, per errore, punta in direzione di Galileo.

Per fortuna del giovane e della scienza il colpo lo sfiora appena. Tornato sano e salvo a Firenze, il nostro riparte alla carica con Guidobaldo del Monte e chiede di poter concorrere con qualche speranza alla libera lettura di matematica a Firenze.

Guidobaldo tenta e ritenta. Ma il giovane non è nella condizione ideale per la vittoria. Anche perché è ormai mutato il clima politico. A Firenze c'è un nuovo granduca, Ferdinando I, che è salito al trono nel 1587 a seguito della morte del fratello, Francesco I. Alcuni dicono sia stata una morte sospetta, quella del granduca, anche perché accompagnata quasi in sincrono da quella della moglie, Bianca Cavallo. Sta di fatto che Francesco non ha lasciato figli maschi. E che a succedergli sia il fratello Ferdinando, che si spoglia della sua veste cardinalizia per assumere quella di granduca di Toscana.

Ferdinando attenua e spesso taglia bruscamente i rapporti con la cerchia di intellettuali amici del fratello e della cognata. Anche Vincenzio Galilei non ha più accesso a corte. Anzi, il musicista non viene neppure invitato ai festeggiamenti per le nozze dello stesso Ferdinando con Cristina di Lorena.

Tutto questo pesa nel determinare le nuove frustrazioni alle speranze di carriera di Galileo: la lettura di matematica a Firenze, malgrado Guidobaldo, gli viene negata.

Ma questa volta alla brutta novella ne fa immediatamente seguito una bella. Filippo Fantoni ha lasciato definitivamente la cattedra di matematica a Pisa e il marchese Guidobaldo del Monte può convocare l'amico Galileo per annunciargli che gli viene finalmente offerto un contratto triennale per insegnare matematica presso lo studio pisano.

Le nomine all'università di Pisa sono, per Statuto, demandate alla volontà del granduca o di un suo delegato. Cosicché, spiega Guidobaldo al suo giovane amico, "l'offerta origina, naturalmente, dalla grazia di Ferdinando I. Non gli è estranea, tuttavia, la pressione che con delicatezza ma determinazione ho esercitato io stesso e soprattutto quella che ha esercitato mio fratello, Francesco Maria del Monte", che da dicembre 1588 è divenuto cardinale.

Il granduca deve aver chiesto vari altri pareri in giro. E quello molto positivo del letterato Baccio Valori, Consolo dell'Accademia Fiorentina, non deve essere stato del tutto ininfluente. Fatto è che Ferdinando I, attraverso i suoi legati, offre a Galileo per quell'impiego 60 scudi l'anno.

Non sono molti, in assoluto. Servono appena per vivere. Sono decisamente pochi in relazione agli stipendi concessi ai docenti di filosofia o di medicina. Basti pensare che il suo vecchio professore di filosofia, Francesco Buonamici, riceve dalla medesima università di Pisa uno stipendio di 330 scudi, cinque volte superiore a quello di Galileo. E Girolamo Borro di scudi ne prende 450. Al cesenate Jacopo Mazzoni l'anno precedente hanno invece offerto come salario d'ingresso ben 500 scudi d'oro, che ora – per volontà insindacabile del granduca, ma anche per essersi accollato un nuovo corso, *extra ordinem* – sono stati aumentati a 700. E che dire di quel medico, Girolamo Mercuriale da Forlì, di cui si parla molto bene ma che riceve uno stipendio annuo di 2000 scudi d'oro: trentatré volte il salario offerto al giovane matematico?

In realtà, nella micragnosa offerta al giovane Galileo non c'è nulla di personale. I salari sono stabiliti attraverso una contrattazione privata, sulla base della legge della domanda e dell'offerta. Le differenze di stipendio, dunque, riflettono semplicemente il peso relativo della matematica sulla bilancia delle materie insegnate all'università di Pisa. L'offerta è grande: sono tanti i preti e i frati che sanno di matematica e che sono disposti ad accettare l'incarico per pochi scudi. Ma, soprattutto, la domanda è debole. I corsi si tengono, infatti, a medicina. E i matematici in quei corsi hanno scarso ruolo: devono semplicemente fornire ai futuri medici un minimo di conoscenze sulla manipolazione dei numeri e un po' di conoscenze sui movimenti degli astri in cielo affinché sappiano calcolare i "giorni critici" nel decorso delle malattie che, nella medicina di Galeno, è influenzato dal movimento degli astri erranti. In definitiva, chi insegna queste materie a Pisa è chiamato, in maniera più o meno indifferente, matematico, astronomo o anche astrologo. E, in genere, il suo stipendio d'ingresso non supera i 45 scudi. Quello che riceveva Filippo Fantoni, dopo trent'anni di insegnamento, non superava i 125 scudi.

Dunque Galileo non ha nulla da lamentare.

Può invece ritornare a Pisa trionfalmente, a testa alta, da professore, dopo averla lasciata da studente con una certa ignominia, senza aver ottenuto la laurea. E poi, con quei 60 scudi, può iniziare a vivere la sua vita, senza più gravare sulle spalle della famiglia.

La proposta è accettata. Con quel contratto Galileo non ha più bisogno, non subito almeno, di alimentare la saga, già allora in auge, dei "cervelli in fuga".

In realtà sappiamo che non c'è alcuna ignominia nel suo passato da studente: il giovane ha mancato la laurea non per incapacità, ma per precisa scelta. E poi sappiamo anche che il suo ritorno come docente nella città natia è stato più lento e meno trionfale di come avrebbe voluto, ostacolato dallo straripamento di un fiume che ha imposto al nuovo docente di saltare addirittura le prime sei lezioni. Il che gli guadagna una multa da parte dello Studio pisano, piuttosto che il saluto ammirato.

In ogni caso è nello Studio pisano – che è frequentato da 600 studenti, 400 dei quali iscritti a legge, e che laurea ogni anno da 30 a 40 giovani – che il 12 novembre 1989 il matematico Galileo Galilei tiene finalmente la prolusione inaugurale del suo primo corso.

Lo Statuto prevede che il docente di matematica, nell'ambito del suo ciclo triennale, insegni la geometria di Euclide e l'astronomia di Aristotele e Tolomeo. Per quanto riguarda, in particolare, l'astronomia, lo Statuto prevede la lettura del *Tractatus de Sphaera* di Giovanni Sacrobosco e "qualcosa di Tolomeo". In genere i matematici pisani leggono i *Tetrabiblos*, l'opera in cui l'astronomo tardo-ellenistico parla dell'influenza degli astri sulla vita delle persone, ovvero di astrologia. E poiché i docenti che hanno preceduto Galileo in cattedra, Giulio Ristori e Filippo Fantoni, hanno scritto eruditi commenti ai *Tetrabiblos*, circola la voce che gli studi di matematica a Pisa siano "in buona misura, improntati a una vena occultistica e divinatoria" [Camerota, 2004].

Galileo si discosta affatto da questa tradizione. E prepara entrambi i cicli di insegnamento, quello di matematica e quello di astronomia, con grande scrupolo e, per quanto possibile, con marcati tratti di novità. Per quanto riguarda la matematica: nel primo anno (1589/90) legge il primo libro degli *Elementi* di Euclide, nel secondo anno (1590/91) legge il quinto libro e nel terzo anno (1591/92) riprende a leggere il primo. Per quanto riguarda l'astronomia i registri dell'università ci dicono che affronta non meglio precisate *coelestium motuum hypothesis*. Secondo Michele Camerota, dietro il vago termine si cela l'insegnamento dell'astronomia planetaria, sulla base ovviamente della teoria di Tolomeo [Camerota, 2004].

Dove l'"ovviamente" è relativo alle norme inderogabili dello Statuto. E non, forse, alle intime convinzioni del giovane docente. Infatti è almeno dubbio – sostiene Ludovico Geymonat – che tra il 1589 e il 1592 Galileo sia ancora un tolemaico convinto. In realtà i grandi biografi di Galileo sono divisi. Per Adolf Müller, in questo periodo, tolemaico e piuttosto convinto il giovane lo è ancora [Müller, 1911]. Per Emil Wohlwill [Wohlwill, 1884] e Sebastiano Timpanaro [Timpanaro, 1936], invece, il nostro è già un fiero seguace di Copernico. Per Alexandre Koyré, invece, il suo credo copernicano inizia proprio in questi anni, in concomitanza con i suoi nuovi studi sul moto [Koyré, 1966].

La ricostruzione puntuale del percorso scientifico di Galileo è fuori dagli scopi di questo libro (e dalle capacità del suo autore). Ma la ricostruzione della dimensione artistica della vicenda galileiana non può certo prescinderne completamente. Dobbiamo dunque ricordare che il matematico Galileo Galilei, fuori dagli obblighi didattici non particolarmente pesanti, è finalmente libero di lavorare su ciò che vuole. E ciò che vuole è portare a compimento il lavoro sui centri di gravità, concentrandosi sull'intero arco di studi della meccanica.

Galileo ricorderà di aver composto, in questi anni pisani, un commento all'*Almagesto* di Tolomeo, sulla meccanica celeste, con l'intenzione di pubblicarlo. Ma del testo non c'è traccia alcuna. Sono arrivati, invece, i risultati del suo lavoro sulla fisica del moto, esposti in vari manoscritti, poi riuniti in un libro, che Vincenzo Viviani battezza con il nome *De motu antiquiora* e in cui si vede che "fin da quel tempo non sapev'egli accomodare il libero intelletto suo all'obbligato filosofare della comune delle Scuole" [Viviani, 2001]. I manoscritti contengono una parziale ma ben consapevole sfida ad Aristotele.

L'obiettivo che si pone Galileo è ambizioso: ricostruire in maniera organica e completa la teoria del moto. I risultati, pur non essendo affatto banali, sono molto lontani dal conseguirlo, quell'obiettivo.

Per Aristotele il moto è tutto ciò che muta: ovvero, è il cambiamento. È moto il seme che diventa pianta. La pianta che nasce. E che muore. Il blocco di marmo che diventa statua. Gli astri che ruotano nei cieli. Ecco perché, sostiene, chi ignora il moto – ovvero, il cambiamento – ignora tutto ciò che avviene in natura.

Il moto così come lo intendiamo noi è, invece, il *moto locale*: il cambiamento della posizione di un oggetto nello spazio. Ebbene, sostiene lo Stagirita, per spiegare come gli oggetti si muovono da un posto all'altro in maniera spontanea – una pietra che cade da una torre, il fumo che sale in cielo – occorre tener presente due qualità: la *levitas* e la *gravitas*. Il fuoco è l'elemento che possiede solo ed esclusivamente la qualità della *levitas*, per cui, in virtù di una *causa finale*, si sposta sempre verso l'alto. La terra, invece, è dotata di *gravitas* assoluta, per cui in virtù di una *causa finale* cade sempre verso il basso. Gli altri due elementi fondamentali, aria e acqua, e ogni altro oggetto materiale hanno entrambe le qualità, sia pure in proporzioni diverse, e dunque si muovono talvolta verso il basso talaltra verso l'alto in virtù della loro *causa finale* e del mezzo in cui si muovono.

Il *milieu* delle due qualità e la *causa finale*, ovvero la tendenza a perseguire il fine per cui gli oggetti sono stati creati, sono in grado di spiegare il *moto naturale*.

Esistono, tuttavia, i *moti violenti*, impressi a un oggetto da una forza esterna e che hanno bisogno di una trattazione a parte.

Sulla dinamica dei *moti violenti* torneremo tra un istante. Per ora ricordiamo che Galileo riconosce l'assoluta centralità del problema del moto nella spiegazione dei fenomeni naturali. Un riconoscimento che è tipico di Aristotele e dei fisici aristotelici.

E, infatti, il *De motu* contiene due difetti strutturali. Il primo è che l'impianto, appunto, è ancora largamente aristotelico. E, con questa base di partenza, Galileo non può arrivare a una completa teoria del moto. Inoltre, anche nella sua seconda componente – potremmo dire, nel suo metodo – archimedeo, che consiste nel ragionare in termini geometrici e di legare la teoria all'esperienza sensibile, i punti deboli sono evidenti: i risultati sperimentali contraddicono spesso le acquisizioni teoriche.

Detto questo, occorre però riconoscere che il giovane professore inizia a battere subito strade diverse e inesplorate, che iniziano ad allontanarlo dalla filosofia naturale dello Stagirita.

A iniziare dal rifiuto di accettare la *causa finale* e dalla ricerca di una *causa efficiente* del moto dei corpi.

Forse a spingere Galileo per queste strade è, come ipotizza Ludovico Geymonat, la lettura del *Diversarum speculationum mathematicarum et physicarum liber*, il trattato pubblicato nel 1585 a Torino da Giovanni Battista Benedetti. Un libro in cui il matematico veneziano non ha solo proposto la prima teoria fisica della consonanza in musica, come abbiamo già ricordato, ma in cui si è pronunciato con entusiasmo a favore della *teoria dell'impeto*, elaborata da Giovanni Filòpono nel secolo VI e riscoperta nei secoli XIV e XV a Parigi, tanto da divenire nota come "fisica parigina". Nel Cinquecento la teoria ha raggiunto l'Italia ed è stata accettata, come Galileo sa, dallo stesso Tartaglia.

La teoria dell'impeto è una critica radicale alla filosofia del moto di Aristotele e, in particolare, alla spiegazione che il filosofo greco propone per i *moti violenti*, come il moto della feccia scoccata dall'arco. Per Aristotele la causa generale del moto va ricercata nella natura dell'oggetto che si muove e, in particolare, nella meta finale che quella sua natura gli impone di raggiungere. Lo Stagirita sostiene, in particolare, che la velocità con cui un oggetto si muove è direttamente proporzionale alla sua *gravitas* e inversamente proporzionale alla resistenza che offre il mezzo (aria, acqua, eccetera) in cui l'oggetto si muove. In realtà

Aristotele si riferisce alla densità del mezzo: l'acqua ha una densità maggiore dell'aria, quindi un oggetto che cade incontra maggiore resistenza e si muove più lentamente in acqua che non in aria.

Quanto alla persistenza della velocità di un oggetto che, come la freccia, si muove di un *moto violento*, essa è dovuta all'azione continua che il mezzo, l'aria, esercita sul proiettile. Detto in parole povere, nell'ipotesi aristotelica è come se l'aria con una serie continua di vortici invisibili – la cui esistenza è provata dal sibilo che l'arciere sente dopo che ha lasciato andare il proiettile – spingesse in continuazione la freccia dopo che ha lasciato l'arco.

Una simile spiegazione fisica nega, per logica conseguenza, che possa esistere il vuoto. Perché un mezzo che avesse densità nulla, il vuoto assoluto, non offrirebbe resistenza alcuna, e dunque la freccia scagliata vi si muoverebbe a velocità infinita, raggiungendo contemporaneamente una quantità infinita di luoghi diversi. Il che, spiega lo Stagirita, è assurdo.

Alla teleologia della causa finale e all'idea che il vuoto non esista si è opposto, fin dal VI secolo d.C., l'alessandrino Giovanni Filòpono, che ha cercato nuove leggi per spiegare il moto. Un proiettile, sostiene Filòpono, detto anche il Grammatico, quando viene lanciato non si muove per rispondere a una *causa finale*, ma per una *causa efficiente*: perché chi lo lancia gli comunica una forza incorporea (*vis impressa*). Oggi potremmo dire che quella forza incorporea è la quantità di moto. La direzione e la velocità con cui l'oggetto si muove, nell'ipotesi dell'alessandrino, dipendono solo dall'*impetus* iniziale. Nella tesi di Filòpono la densità del mezzo in cui si muove il proiettile, dunque, non è affatto una componente fondamentale del moto, anzi è una componente secondaria. Tanto che il proiettile si può muovere anche in un mezzo con densità nulla, cioè nel vuoto assoluto, e con velocità finita, determinata unicamente dalla *vis impressa* iniziale, che è appunto una quantità finita.

Il tema viene ripreso nell'XI secolo da Ibn Sina, Avicenna. Lo scienziato persiano concorda con Filòpono e fa notare che se il proiettile non trova ostacoli sulla sua strada – cioè se si muove nel vuoto –

la forza che gli è stata impressa non si consuma e il moto del proiettile può continuare a velocità costante all'infinito. Nella realtà terrestre i proiettili incontrano sempre degli ostacoli nel loro cammino – la freccia incontra la resistenza dell'aria – e ciò ne disturba il moto, rallentandolo e infine bloccandolo.

Avicenna viene criticato, due secoli dopo, dal più importante commentatore di Aristotele che il mondo arabo abbia mai avuto: Ibn Rushd, Averroé. Il filosofo nato a Cordoba rileva che è proprio l'esperienza sensibile a dimostrarci che il moto di un qualsiasi oggetto avviene sempre in un qualche mezzo. E ne deduce (sbagliando) che la forza incorporea di cui parla Avicenna è una mera astrazione, che non ha riscontro nella realtà.

Il dibattito ritorna in Europa dopo il XIII secolo, con la traduzione e la riscoperta dei classici greci. E uno dei suoi frutti è l'elaborazione della teoria dell'*impetus* a opera di Giovanni Buridano e più in generale della scuola occamistica parigina nel XIV e XV secolo. È una sfida alla fisica di Aristotele e alla sua interpretazione peripatetica che nel Quattrocento viene ripresa, tra gli altri, dal tedesco Nicola da Cusa.

Molti decenni dopo, alla fine del XVI secolo, è dunque Benedetti in Italia a riportare in auge la teoria dell'*impetus* e, quindi, a sfidare la fisica aristotelica. Il torinese sostiene, in particolare, che la velocità con cui procede un proiettile scagliato da qualcuno o da qualcosa non è determinata dalla sua *gravitas*, ma dalla sua *gravitas in specie*, ovvero dal suo peso specifico. A parità di forza iniziale impressa, un oggetto con un peso specifico maggiore viaggia con velocità inferiore.

A Pisa il giovane Galileo riprende, senza mai citarlo, il discorso di Benedetti. In primo luogo rifiuta la distinzione tra *moti naturali* e *moti violenti*. Inoltre non accetta la distinzione assoluta tra corpi leggeri e corpi pesanti: tutti i corpi, sostiene il giovane, sono soggetti alla gravità. Se alcuni tendono a salire verso l'alto, come il fumo della fiamma nell'aria o un pezzo di legno nell'acqua, è perché sono immersi in un mezzo più pesante. Quanto al rallentamento che il proiettile subisce (per esempio la freccia in aria), esso non è inversamente proporzionale alla densità del mezzo in cui procede (la densità dell'aria), ma è proporzionale al peso del corpo in movimento sottratto il peso del mezzo spostato. Ovvero alla differenza tra i pesi specifici del proiettile e del mezzo in cui il proiettile si muove. Questi risultati sono il frutto di un ragionamento geometrico. Ancora una volta, dunque, Galileo riprende la tradizione archimedea – che è di Commandino, Tartaglia, Ostilio Ricci e dello stesso Guidobaldo del Monte – e la arricchisce con contributi originali [Giusti, 1990].

In questi suoi manoscritti, Galileo propone anche i risultati dello studio sperimentale del moto lungo piani inclinati, che secondo alcuni sono solo risultati di esperimenti mentali e non di prove realmente effettuate, e sul moto rettilineo in assenza di attriti, prodromo delle analisi che lo porteranno, in seguito, a elaborare il principio del moto inerziale.

Il giovane tuttavia non prende ancora in considerazione l'accelerazione con cui cadono i gravi. E il *De motu* non può essere considerato un'opera compiuta e definitiva. D'altra parte egli stesso ne riconosce l'incompletezza, rilevando la discrepanza tra i suoi modelli teorici e i fatti empirici.

Tuttavia già queste prime affermazioni comportano un suo deciso allontanamento dai fondamenti della fisica di Aristotele, nella scia di Benedetti.

Ora si dà il caso che Benedetti sia copernicano. E dunque Galileo, in questo progressivo allontanamento da Aristotele, potrebbe essere stato indotto dalla lettura di Benedetti a diventare a sua volta simpatetico con Mikołaj Kopernik, l'astronomo polacco che nel 1543 ha pubblicato il *De revolutionibus orbium coelestium* in cui propone una descrizione, matematica del moto nei cieli affatto diversa rispetto a quella del modello dominante di Aristotele e Tolomeo.

È dunque già copernicano il giovane professore appena salito sulla cattedra di matematica a Pisa? Non lo sappiamo. Di certo Galileo diviene sempre più consapevole dell'importanza che nello studio dei fenomeni naturali ha un approccio *á la Archimede*: tenere insieme teoria e pratica, matematica e controllo empirico. Di qui l'esigenza di matematizzare la fisica, ovvero di elaborare leggi matematiche per la spiegazione dei fenomeni fisici. È grazie a questa impostazione epistemica che presto riconoscerà l'insostenibilità anche del concetto di *impetus* e maturerà l'idea di una nuova fisica del moto, libera dagli schemi sia di Aristotele sia dei "fisici parigini".

Tuttavia, in questi primi anni di docenza a Pisa e tra le righe del *De motu*, il cambiamento paradigmatico di Galileo muove solo i primi passi. Il processo è appena iniziato e i manoscritti non mostrano affatto il definitivo distacco da entrambi gli approcci. Il giovane è però consapevole di essere solo agli inizi e che il percorso non è né ultimato né tanto meno sufficientemente fondato.

Qualche pietra miliare, tuttavia, è stata posata. E non di poco conto. Alcune hanno una chiara origine.

Prendiamo, per esempio, l'idea del rapporto tra matematica e fenomeni fisici che Galileo va affinando. Il giovane è sempre più convinto del ruolo decisivo che ha la matematica nella descrizione dei fenomeni fisici. Tuttavia Galileo non ha e non avrà mai un'immagine platonica di questo rapporto. Il padre gli ha insegnato che l'essenza della musica (di quel fenomeno fisico che è il suono) non è nei numeri. Che la spiegazione del fenomeno musicale è di natura fisica. E che la matematica fornisce un contributo determinante per la precisione e il rigore con cui si definiscono i concetti e si elaborano le deduzioni. Tutto ciò, generalizza Galileo, vale non solo per la musica, ma per ogni fenomeno naturale. Come gli hanno peraltro insegnato Ricci e Buonamici.

Altra pietra miliare: la sperimentazione. Il padre gli ha insegnato anche che concetti, deduzioni, spiegazioni vanno empiricamente verificati. Non basta che siano logicamente fondati e coerenti. D'altra parte insieme, padre e figlio, hanno realizzato esperimenti di fisica del suono. Ebbene, a Pisa lo studente Galileo ha incontrato Francesco Buonamici e il docente Galileo incontra il filosofo Girolamo Borro, due studiosi che corroborano in maniera importante questa sua convinzione.

Girolamo Borro ha scritto, in volgare, un trattato *Sul flusso e sul riflusso del mare* (titolo che Galileo riprenderà 25 anni dopo per proporre la sua spiegazione del fenomeno delle maree) e, in latino, un trattato sul moto, *De motu gravium et levium*. Le idee di Borro sul moto sono rigorosamente aristoteliche, ma il filosofo va sostenendo che le ipotesi vanno confermate dagli esperimenti, "maestri di tutte le cose".

Galileo non ama affatto Borro. Tuttavia condivide in pieno quelle sue specifiche e forti dichiarazioni sulla necessità di dare all'esperienza l'ultima parola.

Il giovane è molto più affascinato dal pensiero di un altro filosofo, Jacopo Mazzoni, giunto a Pisa un anno prima di lui. Con Mazzoni il giovane professore ha in comune non solo la conoscenza e la passione per Dante. Galileo trova in Jacopo un amico e un maestro. Con lui discorre di tutto, di poesia, ma anche di quella stella nova apparsa nei cieli nel 1589 e del moto dei gravi. E da cui, scrive al padre, apprende molto. Ebbene, nel campo della dinamica, sostiene Mazzoni, Aristotele sbaglia in pieno: quando cadono, corpi grandi e corpi piccoli dello stesso materiale non cadono con velocità diverse, bensì uguali.

L'ipotesi non lascia affatto indifferente il suo giovane amico.

Come abbiamo visto già durante il suo primo anno a Pisa, Galileo inizia a interessarsi di fisica e a scrivere, sia pure a mo' di manoscritto, il suo *De motu*. Tuttavia il giovane che ormai guarda agli esperimenti come "maestri di tutte le cose" non intende solo scrivere. Le sue affermazioni – e quelle degli altri – le vuole verificare con l'esperienza diretta. Un'esperienza sensibile. Che tutti possano ripetere. Ed è così che, narra Vincenzo Viviani, sale sulla Torre di Pisa per cercare di dimostrare, fatti alla mano, che ciò che afferma Jacopo Mazzoni è la verità. Aristotele ha detto che "una palla del peso di cento libbre che cade da un'altezza di cento cubiti tocca il suolo prima che una palla da una libbra sia discesa da una distanza di un cubito"? Bene lui intende verificare, con un'esperienza sensibile inconfutabile, l'affermazione di Aristotele. E dimostrare, al di là di ogni legittimo dubbio, che lo Stagirita ha sbagliato e Mazzoni ha ragione.

Cento cubiti sono pari a 58,4 metri. E la Torre di Pisa è alta proprio 54 metri. Quale miglior postazione della centralissima costruzione per dimostrare che Aristotele ha torto! Galileo ne parla in giro con tono di annuncio e di sfida. Sale, dunque, sulla Torre con una serie di sfere di diverso peso e di diverso materiale (piombo, ebano, forse anche oro, rame e porfido). E realizza un pubblico esperimento. Un esperimento spettacolo. C'è molta gente, giù, che aspetta di vedere come il giovane sfrontato sfiderà Aristotele. Galileo lascia cadere simultaneamente le sfere di diverso peso e di uguale materiale. E la folla può verificare coi propri occhi che effettivamente le palle cadono a velocità molto simile, come preannunciato dal giovane professore. Aristotele è stato pubblicamente confutato. È nato un (il) nuovo fisico. Sta nascendo un (il) nuovo modo di fare fisica. Peccato che dell'episodio – narrato da Vincenzo Viviani – non ci siano ulteriori riscontri documentali.

È una leggenda. Appartiene al mito di Galileo (e della Torre di Pisa).

Ma, come sostiene Michele Camerota, sbagliano quegli storici che ritengono l'episodio inverosimile [Camerota, 2004]. Al contrario – per lo spirito di Galileo, per il contesto culturale nel quale si muove, per la precisione dei numeri e per la stessa credibilità di Viviani, che non sarà assoluta, ma non è neppure nulla – è molto probabile che l'esperimento sulla caduta dei gravi, dalla Torre Pendente o da altro luogo, sia realmente avvenuto.

Roberto Vergara Caffarelli è ancora più perentorio: sulla realtà dell'esperimento dal Campanile del Duomo o comunque *ex alta turri* non ci sono dubbi [Vergara, 1992].

Non sarebbe stato né il primo a progettarlo, né l'unico a realizzarlo. Due docenti di Galileo, Girolamo Borro e Francesco Buonamici, per esempio, sostengono entrambi, nei loro libri sul moto, di aver realizzato esperimenti di caduta dei gravi. Per dimostrare, tra l'altro, tesi diverse, se non opposte.

L'olandese Simone Stevin ha appena scritto un libro, pubblicato nel 1585, in cui afferma di aver effettuato esperimenti di caduta dei gravi da un'altezza di 9 metri e di aver verificato che pesi anche molto diversi tra loro cadono con la medesima velocità.

L'amico e collega Jacopo Mazzoni in un suo libro, *In universam Platonis et Aristotelis philosophiam praeludia*, che sarà pubblicato solo nel 1597, sostiene proprio quello che va affermando Galileo: che due corpi della medesima materia, anche se di peso diverso, lasciati cadere da una medesima altezza toccano il suolo con la medesima velocità.

Mentre il collega Giorgio Coresio, lettore di greco, sostiene che proprio per smentire Mazzoni è salito in "cima del campanile del Duomo di Pisa" e ha lasciato cadere giù oggetti del medesimo materiale ma di peso diverso "esperimentando vero il detto d'Aristotele, che 'l tutto della medesima materia in figura proporzionata alla parte discendeva più velocemente di essa". Insomma Coresio sostiene di aver effettuato un esperimento simile a quello che Viviani attribuisce a Galileo. Ed "esperimentando" – eh, sì, dice proprio esperimentando, a dimostrazione che la necessità dell'esperienza sensibile sta diventando diffusa – ha dimostrato l'esatto contrario di quanto afferma Mazzoni. Lo stesso Galileo scrive, nel suo *De motu*, di esperimenti sul moto dei gravi condotti *ex alta turris*.

Non è dunque inverosimile, conoscendo il carattere di Galileo, che possa essere vero anche quel contorno che Michele Camerota ritiene non impossibile ma improbabile: che abbia realizzato l'esperimento dalla Torre Pendente o da un'altra *alta turris* convocando molti studenti e qualche docente (magari Mazzoni) in polemica con quegli aristotelici che o non vogliono credere ai propri occhi o non sanno realizzare esperimenti rigorosi.

Siamo ancora una volta nel campo delle ipotesi. Eppure un'altra cosa è certa. Il professor Galileo risulta ben poco gradito alla maggioranza dei docenti dello Studio pisano (peraltro ricambiati dal nostro) esattamente come lo studente Galileo. E lui, il giovane docente, lo sa. Annota, infatti, ai margini del *De motu*: ci saranno molti che dopo aver letto i miei scritti non cercheranno di vedere se quanto ho detto corrisponde a verità, ma soltanto di trovare il mezzo di contestare le mie tesi, sia giustamente che ingiustamente.

Non è che sia isolato, il professor Galilei a Pisa. Anzi gode della frequentazione e dell'amicizia, oltre che del filosofo Jacopo Mazzoni, anche del medico Girolamo Mercuriale: forse il docente più famoso che vanta lo Studio pisano.

Dieci anni dopo quegli incontri, in una lettera del 1597 Galileo ricorderà all'amico Jacopo "le questioni che nei primi anni della nostra amicizia disputavamo con tanta giocondità insieme". E anche con Mercuriale i rapporti epistolari si conserveranno a lungo.

Ma, proprio come a Firenze, Galileo frequenta tutti gli ambienti culturali. Conosce, molto probabilmente, Aurelio Lomi, il più importante pittore della città, che in futuro sarà autore di un bel ritratto di Jacopo Mazzoni. E interviene nella polemica artistica. Ricorderà, in particolare, di aver visto "rimuover in Pisa, da una chiesa principale, una tavola, entrovi dipinto S. Michele col demonio sotto, pur in atto disonestissimo". È molto probabile che si tratti di una pala di Benedetto Pagni. Galileo approva l'atto di censura, perché – come nota Lucia Tongiorgi Tomasi – ravvede nel dipinto una licenziosità che contravviene a quel "decoro" che lui, il Cigoli e gli altri "pittori nuovi", considerano elemento

> di grandissimo momento [perché] richiede che le attitudini e le disposizioni delle figure non vengano, contro quello che ricerca l'istoria, a rappresentare atti osceni e disonesti. [citato in Tongiorgi, 2009a]

Malgrado – o, forse, anche a causa di – queste autorevoli amicizie, resta la freddezza con una parte del corpo docente dello Studio, soprattutto con gli aristotelici più ortodossi. Il motivo di queste incomprensioni non è solo di natura caratteriale. Galileo li sfida sul piano dei contenuti, ormai cristallizzati, del loro sapere. Rispetta Aristotele. Ma, come già il padre, intende dialogare con lui alla pari. Sostenendo, tra le altre cose, che il grande filosofo greco non conosceva "i principi minimi della sua stessa scienza", perché dimostrava di avere formidabili lacune in geometria.

Pane al pane e vino al vino, dunque. Fosse anche con Aristotele.

13. Galileo, critico letterario e scrittore

Scrive Ludovico Geymonat:

> Malgrado i notevoli progressi compiuti da Galileo nei campi scientifici ora analizzati, non è da credere che egli dedicasse per intero il proprio tempo alle ricerche astronomiche e meccaniche. Ciò non accadde in pressoché nessun periodo della sua vita, e tanto meno in quello pisano, in cui l'esuberanza giovanile delle sue forze lo incoraggiava ad espandere in ogni sorta di iniziative la propria ricca personalità. [Geymonat, 1969]

E, infatti, l'attività letteraria del professor Galilei a Pisa non solo non scema, ma addirittura aumenta. Ed è un'attività sia da scrittore e poeta, sia da critico di letteratura.

Il futuro più grande scrittore della letteratura italiana non dovrà affatto pentirsi per quest'attività senza sosta. Come noterà Ugo Foscolo, infatti: "Galileo dovette la copia, la purità e la luminosa evidenza della sua prosa ad uno studio costante della poesia".

Le prove di questo intenso lavoro nei tre anni che il giovane professore trascorre a Pisa sono almeno cinque: la struttura letteraria del *De motu*; le note critiche rispettivamente su Ludovico Ariosto, Torquato Tasso e Francesco Petrarca; la scrittura di una poesia irreverente, ma non irrilevante, *Il Capitolo contro il portar la toga*.

Ma andiamo con ordine, iniziando dal *De motu*. Galileo elabora almeno quattro diverse versioni di quel suo incompiuto. Infine l'opera risulta composta da tre parti distinte: il *Trattato*, a sua volta diviso in due libri e 23 capitoli; il *Saggio*, diviso in 12 capitoli; il *Dialogo* tra due personaggi immaginari, Alexander e Dominicus.

Nel primo libro del *Trattato* Galileo espone la sua nuova teoria del moto. Nel secondo libro esordisce con una sorte di "discorso sul metodo": ragionamento rigorosamente ipotetico-deduttivo e aggancio ai fatti:

> Il metodo che seguiremo in questo trattato sarà che sempre ciò che ho da dire dipende da quanto già detto e, se possibile, mai assumerò come vero ciò che richiede una prova. I miei matematici mi insegnarono questo. [II, 259]

I suoi matematici sono, ovviamente, Euclide, Archimede, Tolomeo, ma anche Copernico, Tartaglia e Ricci. Nel prosieguo il libro continua con le risposte a tutte le possibili obiezioni che possono essergli mosse da un filosofo naturale aristotelico.

Sia nel *Trattato* sia nel *Saggio*, Galileo fa menzione di una serie di esperimenti che ha realizzato, molti dei quali riprendono gli studi di idrostatica di Archimede e sono condotti in acqua.

Quanto al *Dialogo*, nelle bozze del libro che avrebbe voluto pubblicare, ma che non pubblica, c'è la riproposizione di un genere caro a papà Vincenzio: il dialogo, appunto. Questo del figlio è più sullo stile del *Fronimo*, la pacata conversazione tra il saggio maestro e l'allievo desideroso di imparare, che su quello della sferzante polemica che caratterizza il *Dialogo della musica antica et della moderna*. Ma poiché riguarda la scienza, la terza componente del *De motu* può essere considerata il prototipo (forse non particolarmente riuscito) di un nuovo genere che sarà reso grande dallo scienziato Galileo e che renderà grande il Galileo letterato: il dialogo scientifico.

Per la verità anche il dialogo scientifico, nel tardo Cinquecento, non costituisce un'assoluta novità. Lo ha già frequentato, proponendo pacate conversazioni tra maestro e allievo, proprio Niccolò Tartaglia, sia nei commentari sulla statica medievale, pubblicati nel 1546, sia nei commentari sull'idrostatica di Archimede, pubblicati nel 1551. Libri che, come ricorda Stillman Drake, Galileo conosce molto bene [Drake, 2009].

Per cui possiamo considerare il *Dialogo* del *De motu*, se non come un prototipo in assoluto, almeno come la prima prova di un genere che Galileo trasformerà in un classico sia della comunicazione della scienza sia della letteratura.

Tuttavia, a differenza del *Fronimo* e del libro di Tartaglia, quello che Galileo propone nel *De motu* non è il dialogo tra un maestro e un allievo, bensì tra due vecchi amici, il sapiente Alexandrus (una maschera dietro cui si nasconde lo stesso Galileo, proprio come dietro Fronimo papà Vincenzio nascondeva se stesso) e l'ingenuo Dominicus. La scena si svolge in una mattina d'inverno, quando i due passeggiano, seguendo l'Arno, dal centro di Pisa per sei o sette miglia fino al mare. Seguendo il corso del fiume, il loro sguardo cade su un barcaiolo che rema controcorrente. Evento banale, ma sufficiente a stimolare una fitta discussione sulle leggi del moto tra l'acuto Alexandrus e il semplice Dominicus, che nella discussione pone, di volta in volta, il punto di vista del senso comune e di un aristotelismo scolastico.

Nel corso del *Dialogo* Alexander trova il modo di fare riferimento esplicito a *La bilancetta*. Dimostrando, come rileva Roberto Vergara Caffarelli, che quella giovanile non deve essere considerata "una ricerca a sé stante, ma è [...] costruita in funzione degli esperimenti del moto in acqua" [Vergara, 2009]. Segno che è già da tempo che Galileo va maturando un progetto ambizioso: affrontare e risolvere la questione fisica del moto. Progetto su cui lavorerà con gran profitto anche in avvenire.

Ma più che il progetto, a noi interessa, in questa sede, la dimensione letteraria del *De Motu*. Da questo punto di vista il genere è, come abbiamo detto, relativamente nuovo. Perché se la forma dialogo è molto usata nella letteratura, anche saggistica, del tempo, non è affatto frequentata, Tartaglia (ma anche papà Vincenzio) a parte, per comunicare la filosofia della natura.

L'intuizione letteraria dunque ha un qualche carattere di originalità. Anche alcune delle nuove idee di fisica proposte da Alexandrus non sono per nulla banali. Ma il risultato complessivo non è affatto esaltante: il latino del *De Motu*, anche nella sua ultima versione, è ampolloso. Il dialogo pesante. Stride, come vedremo tra poco, con quanto lo stesso Galileo pensa e scrive in termini di critica. Insomma, il Galileo scrittore, come il Galileo scienziato, è ancora nel bozzolo. Ha bisogno ancora di tempo per esprimersi al meglio e svolazzare libero e leggiadro come una farfalla.

Ciò che pensa sia buona letteratura, Galileo lo scrive nelle *Postille all'Ariosto*, composte, se non tutte, per la gran parte in questi mesi pisani, talvolta come semplici annotazioni a margine dell'*Orlando furioso*. Poema di cui il giovane professore è in grado di recitare a memoria lunghi brani, come molti hanno modo di constatare in città.

Nelle sue *Postille* Galileo spiega perché ama oltre ogni limite – senza mai rinunciare, però, a muovere rilievi critici – la poesia di Ludovico Ariosto, definito di volta in volta "divino poeta" e persino "divinissimo" e ancora "magnifico, ricco e mirabile".

> Quando entro nel Furioso, veggo aprirsi una guardaroba, una tribuna, una galleria regia ornata di cento statue antiche de' più celebri scultori, con infinite storie intere, e le migliori, di pittori illustri, con un numero grande di vasi, di cristalli, d'agate, di lapislazzari e d'altre gioie, e finalmente ripiena di cose rare, preziose, meravigliose, e di tutta eccellenza. [I, 231]

Queste parole di elogio senza confini per Ariosto appartengono, in realtà, alle *Considerazioni sul Tasso*, elaborate anch'esse per la parte maggiore in questi mesi pisani. "Si tratta di note di lettura al testo scritte su di una edizione interfogliata del poema, spesso umorali ed eccessive, ma non prive di spunti geniali", spiega Lina Bolzoni [Bolzoni, 2009].

Anche l'allievo e primo biografo di Galileo, Vincenzo Viviani, definisce le *Considerazioni* opera piuttosto *tranchant*: un vero e proprio *pamphlet* che – sebbene circoli a mo' di manoscritto – ha un grande successo nell'ambiente pisano.

In effetti le *Considerazioni sul Tasso* vanno lette insieme alle *Postille sull'Ariosto*. Non solo e non tanto perché sono scritte nei medesimi mesi, ma anche e soprattutto perché Galileo propone un'originale (e partigiana) analisi comparata tra i due poeti e i loro rispettivi stili, inau-

gurando – come scrive Sergio Zatti, non senza una vena a sua volta polemica – un genere inusitato nella critica letteraria [Zatti, 1999].

E, in effetti, quello che Galileo propone nei suoi due manoscritti è
una comparazione tanto stringente quanto impietosa tra il poeta da
tempo scomparso, Ludovico Ariosto, e il poeta vivente, Torquato Tasso.
Analisi che gli è stata espressamente richiesta dal filosofo e collega Jacopo Mazzoni: a riprova che il "critico letterario" Galileo non è un dilettante che si diverte nel chiuso del suo studio, ma si propone in
pubblico e, soprattutto, è tenuto in gran considerazione dai critici
esperti e professionali. Mazzoni, certo, gli è amico, ma è anche, come
ormai sappiamo, un grande esperto di poesia. Ha letto le lezioni di
Galileo sull'*Inferno* di Dante. E non avanzerebbe quella richiesta se
non pensasse che il giovane matematico può dargli risposte sufficientemente acute e profonde anche sul rapporto tra l'Ariosto e il Tasso.

Tema, peraltro, più che mai attuale. I due, Mazzoni e Galileo,
stanno, per dirla nel gergo moderno dei giornalisti, "sulla notizia". Da
qualche anno, infatti, è in corso una polemica che accende gli animi
a Firenze, in Toscana e non solo. La *querelle* è stata innescata da Camillo Pellegrino, che nel 1584 ha pubblicato un'opera, *Dell'epica poetica*, in cui attacca Ariosto, poeta del passato, ed esalta Torquato Tasso,
poeta moderno. L'Accademia della Crusca, nata per tutelare una lingua che Ariosto ha interpretato in forma purissima, giudica l'intervento un'autentica provocazione e affida a Lionardo Salviati la
meritata risposta. Che giunge puntuale con la pubblicazione di
un'esplicita *Difesa dell'"Orlando furioso"* in cui, senza pelo alcuno
sulla lingua, Salviati risponde per le rime, è il caso di dirlo, all'impu-
dente Pellegrino. Gli animi si scaldano. Tanto che lo stesso Torquato
Tasso ritiene di dover intervenire a stretto giro in difesa sua e del suo
poema. Così il sorrentino approdato alla corte degli Estensi pubblica,
nel 1585, l'*Apologia della "Gerusalemme Liberata"*. La temperatura
dello scontro raggiunge il calor bianco. In gioco non è solo la posizione in un'improbabile classifica – la classifica della grandezza assoluta – tra due poeti. Sono in gioco la purezza della lingua e l'idea stessa
di poesia. Ed è per questo che Jacopo Mazzoni chiede un intervento

più strutturato a Galileo, ben sapendo che il nostro segue da vicino, con competenza e non senza passione, la gran questione.

Il giovane matematico sistema quanto già annotato negli anni precedenti e getta nuove fascine sul fuoco, peraltro vivacissimo, della polemica. Nelle due opere informali il critico letterario Galileo riafferma che a lui piacciono la serenità e la gioia di vivere di Ludovico Ariosto. E che, invece, non gli piace per nulla la malinconia di Torquato Tasso. Che gli piacciono la fantasia e la spregiudicatezza di Ariosto. E che non gli piacciono la prevedibilità e la monotonia del Tasso. Ma la critica verso l'amico dell'amico Guidobaldo del Monte assume toni davvero feroci. Galileo descrive il più noto (secondo alcuni, il più grande) poeta italiano vivente come "un uomo di poco conto [...] un gambero pietrificato, un camaleonte essiccato, una mosca o un ragno intrappolati in frammento d'ambra" [I, 231]. Di più: leggere Tasso dopo aver letto Ariosto, sostiene, è come mangiare un cocomero dopo aver gustato un delizioso melone.

L'attacco al manierismo di Torquato Tasso richiama non solo per veemenza, ma anche per visione della funzione artistica, quello del padre Vincenzio alla ricerca estetica fine a se stessa di Gioseffo Zarlino.

E come quello del padre al maestro veneziano, gli attacchi al Tasso sono tanto aspri quanto analitici. Entrano, con furor polemico, nel merito di ogni dettaglio della *Gerusalemme Liberata*. Il giovane professore definisce il poema un "ciarpame di parole ammassate", un insieme di "scioccherie fredde, insipide e pedantesche", un'opera senza forma definita; i versi di cui è composto "scambietti" e "capriole intrecciate"; l'autore un "pedantone".

In questa sua critica analitica, Galileo non risparmia neppure i personaggi della *Gerusalemme*, definendo Clorinda "un poco troppo manesca" e Tancredi un "fagiolaccio, scimunito" che farebbe meglio a "giocar alle comarucce", visto che è del tutto incapace nelle faccende d'amore.

Ma, per avere un'idea più precisa della veemenza con cui Galileo si scaglia contro il povero Torquato Tasso, è meglio lasciargli direttamente la parola:

Uno tra gli altri difetti è molto familiare al Tasso [...]; ed è, che man-
candogli ben spesso la materia, è costretto andar rappezzando insieme concetti spezzati e senza dependenza e connessione tra loro,
onde la sua narrazione ne riesce più presto una pittura intarsiata, che
colorita a olio: perché, essendo le tarsìe un accozamento di legnetti di
diversi colori, con i quali non possono mai accoppiarsi e unirsi così
dolcemente che non restino i loro confini taglienti e dalla diversità
de' colori crudamente distinti, rendono per necessità le lor figure secche, crude, senza tondezza e rilievo; dove che nel colorito ad olio, sfu-
mandosi dolcemente i confini, si passa senza crudeza dall'una all'altra
tinta, onde la pittura riesce morbida, tonda, con forza e con rilievo.
Sfuma e tondeggia Ariosto, come quelli che è abbondantissimo di parole, frasi, locuzioni e concetti; rottamente, seccamente, e crudamente
conduce le sue opere il Tasso, per la povertà di tutti i requisiti al ben
oprare. [I, 231]

Il giudizio sul Tasso è davvero netto, sferzante: non ha sostanza poetica. Non ha organicità. La sua poesia è come una pittura intarsiata:
fatta di frammenti che non si legano bene insieme. A differenza di
quella di Ariosto, che è armonica e organica come un quadro a olio.
Da notare come il critico letterario faccia ricorso alle sue competenze
di critico delle arti figurative nel proporre le sue metafore e la sua veemente analisi. Più volte, peraltro. Come, per esempio, in quest'altro
passaggio, in cui si rivolge direttamente al poeta di Sorrento:

Sig. Tasso, vorrei pur che voi sapessi che le favole e le finzioni poetiche devono servire in maniera al senso allegorico, che in esse non apparisca una minima ombra d'obligo: altrimenti si darà nello stentato,
nel sforzato, nello stiracchiato e nello sproposito; e farassi mia di
quelle pitture, le quali, perché riguardate in scorcio da un luogo determinato mostrino una figura umana, sono con tal regola di prospettiva delineate, che, vedute in faccia e come naturalmente e
comunemente si guardano le altre pitture, altro non rappresentano
che una confusa e inordinata mescolanza di linee e di colori, dalla

quale anco si potriano malamente raccapezare imagini di fiumi o sentier tortuosi, ignude spiagge, nugoli o stranissime chimere. Ma quanto di questa sorte di pitture che principalmente son fatte per esser rimirate in scorcio, è sconcia cosa rimirarle in faccia, non rappresentando altro che un mescuglio di stinchi di gru, di rostri di cicogne, e di altre sregolate figure, tanto nella poetica finzione è più degno di biasimo che la favola corrente, scoperta e prima dirittamente veduta, sia per accomodarsi alla allegoria, obliquamente vista e sottointesa, stravagantemente ingombrata di chimere e fantastiche e superflue imaginazioni. [I, 231]

Potremmo continuare. Ma ci fermiamo qui. Tornando al merito della critica, la domanda è: perché queste considerazioni sprezzanti su Torquato Tasso e sulla sua poesia "acida come i cetrioli"? Dove origina tanto disprezzo?

Queste critiche nascono, sostengono alcuni, dalla "insofferenza epistemologica verso il linguaggio ambiguo, elusivo, animistico e illusorio della terminologia aristotelica" che muove Galileo [Battistini, 1989]. Mentre, al contrario, la passione per Ariosto nascerebbe dalla simpatia epistemica, di colui che si accinge a diventare il pioniere di una nuova filosofia naturale, per "l'esattezza e la forza del lessico ariostesco", in qualche modo equivalente all'esigenza "della scienza moderna di una comunicazione precisa, stabile, netta, sorvegliata" [Battistini, 1989].

Altri sostengono che la coerenza tra il Galileo giovane "critico letterario" e il Galileo che si accinge a divenire pioniere della nuova scienza è un'immagine che appare solo a chi indossa gli occhiali dell'analisi a posteriori. Anche perché se come uomo che si sta avvicinando alla scienza Galileo inizia ad assumere una posizione, per così dire, nuova e avanzata, "in sede letteraria le sue preferenze rispecchiano la tradizione, il passato, l'amore toscano per il sorvegliato classicismo, sordo alle soluzioni patetiche del più moderno" [Battistini, 1989].

In poesia, sostiene Andrea Battistini, è Torquato Tasso l'innovatore che propone la rottura "rispetto ai canoni aurei del primo Cinquecento". E Galileo sta dalla parte del vecchio.

Molto si è detto e molto si è scritto su "Galileo, critico d'arte". C'è chi, come Erwin Panofsky, giudica niente affatto banali la sua attitudine estetica e la sua capacità di analisi in ambito umanistico, e chi invece, come Andrea Battistini, lo giudica sostanzialmente incapace di cogliere il nuovo che c'è nell'arte e nella letteratura del suo tempo. Altri lo considerano semplicemente un dilettante. Altri ancora un ragazzo che non è ancora uno scienziato, ma già manifesta lo sciovinismo antiumanistico degli uomini di scienza.

In realtà, nel sottoporre a giudizio il "Galileo, critico d'arte" e, in particolare, critico di Torquato Tasso, dovremmo tenere in conto anche quanto sostiene Lanfranco Caretti, che del poeta pescarese è un grande esperto: "se i suoi [di Galileo, *ndr*] giudizi sul Tasso possono oggi sembrarci oggettivamente ingiusti, ciò che conta notare è piuttosto l'ostilità che essi esprimono verso ogni forma di arte improntata ad una mera concettosità, a curiosa peregrina, a sottile lambiccatura o virtuosistico artificio, cioè verso un'arte stentatamente riflessa o troppo calcolata e priva d'impetuosa forma intuitiva" [Caretti, 2001].

Ecco il punto. Galileo non ha nulla di personale verso il Tasso, che peraltro è amico dell'amico Guidobaldo. Né la sua polemica è contingente: una presa di posizione partigiana, a sostegno dell'Accademia della Crusca. Al contrario: è espressione di una coerente e meditata visione dell'arte e della sua funzione.

Lo dimostra il fatto che Galileo "postilla" anche Petrarca – in particolare le *Rime* e i *Trionfi*, pubblicati di recente, nel 1582, a Basilea, con il commento di Ludovico Castelvetro – che non è parte in causa della polemica. E la gran parte delle *Postille al Petrarca* di Galileo sono proprio di questi anni pisani. Si tratta di note che, come per l'*Orlando furioso*, anche se in maniera meno sistematica, tendono a mettere in risalto la bellezza poetica attraverso l'analisi rigorosa del testo. Galileo celebra soprattutto le descrizioni del cielo, dei paesaggi, dalla natura – la poesia visiva – che nelle due opere propone il Petrarca. Ebbene, i commenti entusiasti sulla poesia chiara e semplice e piana di Petrarca, che Galileo ama quasi quanto Ariosto, rientrano nello schema generale della sua visione complessiva dell'arte e del suo ruolo culturale, alla luce dell'evidente crisi della "maniera" fiorentina.

Per Galileo, lo abbiamo detto, l'arte deve essere ricerca del naturale e della semplicità. Perché questa è la migliore descrizione del mondo. Questa è la modernità. Ariosto, sebbene morto e sepolto, esprime questa tensione, trovando una sintesi sublime tra ragione e fantasia. Petrarca anche. Torquato Tasso no. Il poeta contemporaneo esprime una tensione che è fuori, che è addirittura opposta alla ricerca del "vero" attraverso il "semplice" e l'"ordinato" e il "razionale".

Una ricerca che, invece, deve coinvolgere e accomunare tutte le arti. La ricerca artistica è e deve essere la medesima in pittura come in letteratura. Cambiano i mezzi – nelle arti figurative il disegno e il colore, nella comunicazione scritta la sentenza e la locuzione – ma l'obiettivo deve essere il medesimo.

E, infatti, scrive:

> Abbiamo in pittura il disegno e 'l colorito, alli quali molto acconciamente risponde in poesia la sentenza e la locuzione: le quali due parti, quando siano aggiunte col decoro, rendono la imitazione e rappresentazione perfetta, che è l'anima e la essenzial forma di queste due arti; e quello si dirà più eccellente pittore o io poeta, il quale con questi due mezzi più vivamente ci porrà innanzi a gli occhi le sue figure. [I, 231]

Il problema che si pone Galileo – ma anche il papà Vincenzio o l'amico Ludovico Cardi, detto il Cigoli – non è espressione dello sciovinismo di un aspirante scienziato. È un problema che attraversa la storia dell'arte. Verrà infatti presto riproposto, in maniera geniale, dal Caravaggio. E, tutto sommato, è un problema a tutt'oggi aperto.

Sia come sia, è certo che la ricerca estetica in letteratura e nelle arti figurative improntata alla semplicità, all'essenzialità, alla descrizione asciutta avranno effetti sullo stile letterario di Galileo e gli consentiranno di diventare il più grande scrittore della letteratura italiana.

C'è inoltre una dote che anche i critici dei "critico d'arte" Galileo riconoscono al nostro: quell'"abitudine, per così dire filologica, di misurarsi sempre con la concretezza di un testo e di dedurne un giudizio fondato sulla realtà dei fatti, entro una dimensione tutta sperimentale, pur rientrando nelle consuetudini diffuse tra Cinquecento e Seicento, è il connotato comune agli scritti letterari e scientifici" [Battistini, 1989].

La vitalità poliedrica ed esplosiva del giovane professore nei suoi anni pisani si esprime, infine, in un'ulteriore dimensione. Quella del poeta sul campo. Dello scrittore di versi in prima persona. Ed è una dimensione che, manco a dirlo, fa discutere. I pisani del suo tempo e i critici di ogni tempo.

Poeta irriverente

Galileo, infatti, scrive nel 1590 una poesia persino più graffiante delle righe spese contro il Tasso. Ci riferiamo al poemetto – trecento versi – che ha per titolo *Capitolo contro il portar la toga* [IX, 212]. Una critica feroce dei costumi e della società del tempo. Una critica sarcastica dei suoi colleghi, professori. Costretti, per Statuto, a "portar la toga". A nascondersi dietro la toga.

Una toga che nasconde la verità

> Ma ch'io sia per voler portar la toga,
> Come s'io fussi qualche Fariseo
> O qualche scriba o archi sinagoga
> …
> Non lo pensar.

Che crea conformismo. Un conformismo ridicolo e oneroso:

> Un che vada in toga non conviene
> Il portar un vestito che sia frusto
> A voler che la toga vadia bene …
> …

E così viene a raddoppiar la spesa;
E questo a chi non ha molti quattrini
È una dura e faticosa impresa
...

Che sacrifica il merito:

Sappi che questi tratti tutti quanti
Furon trovati da qualcuno astuto
Per dar canzone e pasto agli ignoranti,

Che tengon più valente e più saputo
Questo di quel, secondo ch'egli arà
Una toga di rascia o di velluto

Dio sa poi lui come la cosa sta!

I trecento versi, divertenti e per lunghi tratti al limite del licenzioso, hanno notevole diffusione e successo in città. Troppo spesso la toga viene usata per nascondere il reale valore degli uomini. Anche a Pisa.

E gli uomini che a Pisa usano la toga per coprire il loro reale valore se la legano al dito. Quel giovane, alto e bello, è davvero troppo sfrontato e sicuro di sé. Va ridimensionato.

I trecento versi mostrano come la poesia sia uno dei grandi interessi di Galileo. Un interesse ben coltivato. E molto aggiornato. *Il capitolo contro il portar la toga* è infatti influenzato dalla lettura di Francesco Berni: poeta vissuto a inizio secolo (nato nel 1497 è morto giovane nel 1535), che Anton Francesco Grazzini sul finire del XVI secolo va definendo come il "vero trovatore, maestro e padre del burlesco stile" e che sul suo irriverente sarcasmo, rivolto anche verso i poeti e persino i papi, espresso soprattutto nei 32 *Capitoli*, ha fondato un genere, definito appunto "capitolo bernesco" [Berni, 1806].

Galileo, con il *Capitolo contro il portar la toga*, può ben essere annoverato tra i seguaci del "capitolo bernesco". Il sarcasmo irriverente di Francesco Berni gli è infatti ben noto. Anzi è Galileo stesso che annota divertito come l'elogio aulico del Sole o della giustizia non abbiano mai sfiorato la poesia del Berni e come i suoi personaggi siano, piuttosto, la peste, le zanzare, i debiti e … Aristotele [Festa, 2007].

E tuttavia, in Berni come in Galileo, il sarcasmo non è fine a se stesso. Non è burla. È piuttosto un modo di raccontare il dolore e la malinconia. Quel dolore struggente che, come acutamente noterà Luigi Pirandello, in Berni sta "oltre alla facezia, oltre alla burla, oltre al comico" [Mutini, 2004]. Quella malinconia che il giovane Galileo evidentemente avverte in quegli anni a Pisa.

Una malinconia che non è affatto in contraddizione con l'esuberanza e la spavalderia del giovane professore. E che, in ogni caso, non lo distrae, anzi in qualche modo lo sprona a frequentare la letteratura con assiduità e in ogni forma. Una frequentazione gli è utile nell'argomentazione scientifica. Anzi, consente allo scienziato di avviare quel processo che lo porterà più tardi a inventare nuovi generi letterari.

Nei tre anni che Galileo trascorre a Pisa sia lo scienziato (uno dei più grandi di ogni tempo) sia lo scrittore di scienza (il più grande di ogni tempo) sia lo scrittore *tout court* (il più grande nella storia della letteratura italiana) iniziano dunque a manifestarsi. La crisalide sta per diventare farfalla. Ed è dunque giunto il tempo, per noi, di lasciare il bozzolo e di seguire la farfalla in volo.

Non prima, però, di accennare ai due fatti salienti che segnano la definitiva cesura tra il Galileo giovane e il Galileo adulto. Oltre che tra Galileo e la sua città natale.

Ciao, papà. Addio, Pisa

Nel 1591 muore Vincenzio Galilei. Il padre di Galileo è al culmine della carriera e della popolarità. Due anni prima, nel 1589, ha portato in scena gli intermedi di *La pellegrina*, con grande successo sia di critica che di pubblico. Gli intermedi sono spettacoli di musica, vocale e strumentale, di balli e pantomime, in genere a tema mitologico e pastorale, che vengono proposti, nelle occasioni importanti, tra i vari atti delle commedia. Sono spettacoli a sé, realizzati senza badare a mezzi e con coreografie spettacolari.

Intanto il "recitar cantando" teorizzato e praticato da Vincenzio si è definitivamente imposto. Tanto che, anche dopo la sua morte, la Camerata de' Bardi continua non solo a riunirsi per riproporlo, ma anche a elaborare "nuova musica". Il "recitar cantando" otterrà un'importante consacrazione internazionale il 6 ottobre 1600, quando l'*Euridice*, realizzata da Ottaviano Rinuccini e Jacopo Peri, viene scelta per celebrare le nozze tra Maria de' Medici ed Enrico IV, re di Francia.

Galileo verifica con soddisfazione come la teoria e la pratica musicale del padre si affermino a Firenze, a Roma, a Napoli, nella stessa Venezia di Zarlino. E che sia gli uomini di lettere sia i musicisti, compreso Claudio Monteverdi, le apprezzino e le facciano proprie.

Ma queste gratificazioni non leniscono certo il dolore, enorme, che Galileo prova alla morte di Vincenzio. Per il giovane la perdita è incommensurabile. Sia sul piano umano, come è ovvio, sia sul piano formativo. Vincenzio, infatti, non è solo suo padre, ma anche uno dei suoi punti di riferimento culturali più importanti. Se non il più importante.

La morte del padre rappresenta per Galileo l'improvvisa apertura anche di una serie di problemi pratici. Di problemi economici. È su di lui che ora ricade il peso del sostegno della numerosa famiglia. Il giovane si ritrova subito nella necessità di cercare nuove fonti di reddito. Le occasioni di spesa davvero non mancano. La sorella maggiore, Virginia, va in sposa a Benedetto Landucci: ed è Galileo che deve provvedere alla dote, in ragione decisamente superiore alle sue attuali possibilità. Il giovane risolve proponendo un pagamento a rate che lo impegnerà per molti anni in avvenire. Intanto deve mantenere anche la madre e il fratello Michelangelo, che ha 16 anni. E deve provvedere alla sorella Livia, che è in convento a San Giuliano in attesa di contrarre a sua volta matrimonio.

Tutti questi bisogni, insieme alle tensioni crescenti con il mondo accademico, lo convincono che non è a Pisa e non è presso quell'università che potrà soddisfarli. Tanto più che si è alienato il favore del granduca criticando pubblicamente, secondo Vincenzo Viviani, l'efficienza di una macchina per lo svuotamento della darsena di Livorno realizzata da un "soggetto eminente".

Un altro biografo di Galileo, Niccolò Gherardini, ci offre una versione più dettagliata della vicenda. Giovanni de' Medici, il figlio naturale del granduca Cosimo I e di Leonora degli Albizi, avrebbe ideato un tipo di macchine da usare in alcune opere edili, dalla fortificazione delle mura allo svuotamento della darsena, che devono essere realizzate a Pisa. L'invenzione è da tutti esaltata, tranne che dal matematico Galileo Galilei, che si oppone al suo uso e "con ragioni forse troppo vive" come scrive Gherardini, ma, certo, con dimostrazioni solide ed efficaci. Tanto solide ed efficaci da ottenere che la macchina del principe non venga impiegata.

Giovanni de' Medici se la lega al dito.

È per tutto questo che nel 1592 Galileo si rivolge nuovamente all'amico e mentore Guidobaldo del Monte affinché gli trovi un nuovo impiego, visto che in autunno scade il contratto con l'università di Pisa, che difficilmente gli sarà rinnovato e che, comunque, lo stipendio è troppo basso per i suoi nuovi bisogni.

Guidobaldo, ancora una volta, si rivela amico e mentore prezioso. Lo raccomanda caldamente allo Studio di Padova, dove risulta vacante la cattedra di matematica dopo la morte, avvenuta nel 1588, del titolare Giuseppe Moletti.

Con in tasca la raccomandazione di Guidobaldo e grazie anche ai buoni uffici del genovese Giovanni Vincenzio Pinelli, ai primi di settembre Galileo si reca a Venezia per incontrare le autorità della Serenissima, finanziatrici dell'università di Padova. L'incontro si risolve per il meglio. Il giovane ottiene un contratto immediato di quattro anni, prolungabile di altri due a beneplacito del Doge. Gli offrono 180 fiorini l'anno: al cambio, poco più che a Pisa. Ma la speranza è che gli emolumenti possano in futuro aumentare, come peraltro era successo a Moletti.

Galileo accetta. E, chiesta e ottenuta licenza dal granduca, si trasferisce immediatamente a Padova. Il 7 dicembre 1592, all'età di 28 anni, pronuncia la prolusione inaugurale del suo corso. "Splendida e tenuta alla presenza di un folto pubblico", secondo la testimonianza diretta del danese Gellio Sasceride, discepolo di Tycho Brahe, l'astronomo di riferimento del re Cristiano IV di Danimarca. Il successivo 13 dicembre Galileo inizia il suo corso, leggendo e commentando la *Sfera* di Giovanni Sacrobosco e gli *Elementi* di Euclide.

Padova è una città culturalmente molto viva, l'ambiente accademico è amichevole, la Repubblica di Venezia fa della protezione della libertà di pensiero uno dei suoi caratteri irrinunciabili. Nella città veneta Galileo trascorrerà 18 anni. E non è difficile credere che, come riconoscerà in una lettera a Fortunio Liceti del 1640, saranno i più belli della sua vita.

Nel corso di questi 18 anni la farfalla si staccherà definitivamente dalla crisalide e Galileo maturerà buona parte delle esperienze che lo porteranno a divenire sia l'autore di una delle più grandi rivoluzioni culturali di ogni tempo – il pioniere di una "nuova scienza" – sia, per dirla con Italo Calvino, "il più grande scrittore della letteratura italiana".

14. Li diciotto anni migliori della sua età

Non senza invidia sento il suo ritorno a Padova, dove consumai li diciotto anni migliori di tutta la mia età. Goda di cotesta libertà e delle tante amicizie che ha contratte costì e nell'alma città di Venezia. [XVIII, 165]

È a conclusione di una lettera scritta al filosofo e medico Fortunio Liceti, il 23 giugno 1640, che in Galileo Galilei affiora la nostalgia per gli anni che trascorre a Padova – i diciotto anni migliori della sua vita – e per i tre doni principali che la città gli ha offerto: la libertà, le innumerevoli amicizie e la prossimità con l'alma città di Venezia.

Non che nel nuovo inizio a Padova il giovane non abbia, come vedremo, problemi seri e numerosi ad assillarlo. Ma è certo che nei diciotto anni, dal 1582 al 1610, vissuti a nella città veneta, il matematico fiorentino trascorre le ore non solo con grande intensità, ma con una gioia di vivere che manifesta, non senza una certa esuberanza, in ogni dimensione della sua eclettica vita.

Già, perché a Padova il professor Galileo non si interessa solo di scienza. Ma è mille volte curioso di mille cose. E mille volte distratto da mille incombenze. Anche se, come capita ai grandi, i mille interessi e le mille distrazioni non gli fanno perdere né la concentrazione né la curiosità per il suo principale e ambiziosissimo obiettivo, che continua a essere il medesimo di Pisa: riscrivere da capo a fondo la teoria del moto.

Certo, in questi anni patavini Galileo non pubblica nulla di davvero importante, tranne un libretto che, come vedremo, mette a stampa il 12 marzo 1610 e che, come scriverà Ernst Cassirer, farà da spartiacque della storia [Cassirer, 1963]. Però getta le premesse per una serie di lavori che scriverà e renderà pubblici anni, persino decenni più tardi. E con cui si affermerà come il più grande scienziato e il più grande scrittore che l'Italia abbia mai avuto.

Giordano Bruno, estradato

E sì che, a dar retta alla cronaca, l'anno in cui Galileo giunge a Padova non promette nulla di buono per quello spirito libero. Tre mesi prima del suo arrivo in città, il 23 maggio 1592, la serenissima Repubblica di Venezia deroga proprio a quei principi di libertà che la caratterizzano e compie un atto – diciamolo pure chiaramente, un errore – di una gravità che non ha precedenti nella sua storia: concede l'estradizione di Giordano Bruno, come richiesto dall'Inquisitore romano.

Come sia andata la vicenda è fatto noto, per quanto inatteso. Alla fine di un lungo peregrinare che lo ha portato da Napoli a Roma e poi a Ginevra, Parigi, Londra, Praga, Heidelberg e in un'infinità di altre città di ogni parte d'Europa, il Nolano accetta l'invito del nobile veneziano Giovanni Mocenigo e viene ospite a casa sua per insegnarli "li secreti della memoria e li altri che egli professa" [citato in Verrecchia, 2002].

In questo suo peregrinare Giordano Bruno si è conquistato gran fama come filosofo e scrittore, libero e intelligente sì, ma perennemente in bilico sul burrone dell'eresia, rischiando frequentemente di caderci dentro. Forse è anche per questo che nell'agosto 1591 Giordano Bruno dice sì al ricco patrizio veneziano e decide di venirsene in Laguna. Non ha la Serenissima fama di repubblica libera e tollerante? Non vi dimorano senza vincoli e in pieno accordo cattolici, protestanti ed ebrei? Non ha il Senato della Repubblica più volte saputo dire no senza indugio alle pretese del papa di Roma?

Sì, Venezia è un luogo sicuro.

Giunto in laguna, Bruno non si reca in casa del Mocenigo. Non subito, almeno. Gira per Venezia. Fa una capatina a Padova, cercando il modo di salire proprio su quella cattedra vacante di matematica su cui si assiderà, di lì a un anno, Galileo. Il tentativo del Nolano di trovar posto e stipendio nello Studio patavino non va in porto. Infine, nel mese di marzo dell'anno 1592 l'ex frate domenicano entra in casa del serpente. Per due mesi Mocenigo pende dalle sue labbra. Poi, quando il 21 maggio 1592, Bruno manifesta l'intenzione di tornare momentaneamente in Germania, la vipera sente come gli calpestassero la coda e scatta. Mocenigo ordina ai suoi servitori di tenere sotto sequestro l'illustre ospite e il 23 maggio si reca dall'Inquisitore veneziano. Le accuse, almeno alle orecchie del legato del Santo Uffizio, risultano pesantissime.

Giordano Bruno, sostiene Mocenigo, è un eretico e un blasfemo. L'ho sentito con queste mie orecchie attaccare Santa Romana Chiesa, i suoi dogmi e ogni altra religione. Certo, ha detto di parlare da filosofo e non da teologo. Che filosofia e teologia hanno verità diverse. E che lui ha diritto di perseguire la verità filosofica. Di pensare liberamente. Ma intanto ha negato la Trinità, l'Inferno, la Verginità di Maria, la transustanziazione. Crede nella metempsicosi e pratica arti magiche.

Pensate che ha detto la sua anche sul mondo naturale. E anche se ha sostenuto di farlo in punta di filosofia e non da matematico, ha mostrato di avere idee chiare. E tutte contrarie all'insegnamento della Chiesa. Ha detto che il sistema solare funziona alla maniera descritta da Copernico. E che è asino dei maggiori quel tal teologo, Andrea Osiander, che ha pubblicato il *De revolutionibus* cercando di spacciare il modello eliocentrico per un mero artifizio matematico, utile a facilitare i conti agli astronomi, privo di ogni significato di realtà. No, ha sostenuto Bruno Giordano da Nola, il modello di Copernico descrive la realtà così com'è: è un modello fisico. Inoltre ha chiamato ciuchi anche tutti coloro, peripatetici e non, che dividono il cosmo in due: da una parte il mondo imperfetto e corruttibile sotto la Luna e dall'altra il mondo perfetto e incorruttibile, eternamente uguale a se stesso, sopra la Luna. Nulla di più falso, ha detto: la Luna e tutti gli altri pianeti sono "della stessa specie della Terra". E ancor più ciuchi, ha ribadito, sono coloro che non si avvedono che l'universo è infinito e popolato da infiniti mondi della stessa specie della Terra che ruotano intorno alle loro stelle, proprio come fa la Terra intorno al Sole, perché loro, le stelle, in numero infinito, altro non sono che lontani soli.

Probabilmente non sono queste ultime le accuse che l'Inquisitore ritiene più gravi. Ma è certo che per questo e per tutto il resto ordina l'immediata carcerazione di Giordano Bruno.

Il Nolano è un intellettuale noto in tutta Europa. E la Chiesa di Roma vuole dare proprio un esempio chiaro all'Europa intera. Vuole che quell'ex frate che ostenta il suo libero pensiero le venga consegnato per processarlo e poter lanciare così il suo ammonimento *urbi et orbi*: la Chiesa cattolica non tollera di essere contraddetta. Soprattutto in materia teologica.

Nove mesi si prende la libera Repubblica di Venezia per decidere. E alla fine, dopo mille dubbi, il serenissimo Senato assume una decisione inusitata: acconsente alla richiesta.

Il Nolano viene estradato e mandato in catene a Roma. Lì inizia una lunga partita, al termine della quale il filosofo perde la vita e la Chiesa la faccia. In realtà la gerarchia cattolica più che a mettere al rogo il Nolano è interessata alla pubblica abiura delle tesi eretiche. Questo sì che sarebbe un messaggio chiaro agli europei. L'ex frate tra un interrogatorio e l'altro e, forse, tra una tortura e l'altra, sembra acconsentire a trovare una soluzione di compromesso. Ma poi le cose precipitano contro la volontà di tutti. Alla fine, posto alle strette, Giordano Bruno rifiuta di abiurare le sue idee. Il 17 febbraio nudo e con la *lingua in giova* sale sulla pira, a Campo de' Fiori.

Le sue ceneri sono sparse sul Tevere.

La Serenissima Repubblica

Brutta storia, questa del Nolano, deve pensare Galileo quando giunge a Padova nell'agosto 1592, tre mesi dopo la pronuncia del Senato di Venezia. Bruttissima storia, questa di Bruno, deve pensare Galileo quando a dicembre si ritrova a preparare la prolusione inaugurale del suo corso. Capitata proprio a un filosofo che ambiva e avrebbe potuto ottenere la cattedra su cui ora sono seduto io. Brutta storia, perché quel filosofo è un copernicano come me. Come me e come mio padre rifiuta l'*ipse dixit* e pretende di pensare liberamente.

Perciò, anche se sei ospite della libera Repubblica di Venezia: prudenza, Galileo. Prudenza.

Già, ma perché questa bruttissima storia? In che luogo e in che momento Galileo sta entrando, mentre si lascia alle spalle la sua cattolicissima Toscana?

La serenissima Repubblica di Venezia vanta un grande passato. Non tanto per le terre che pure ha conquistato, ma per l'egemonia che esercita da secoli lungo le coste di tutto il Mediterraneo e sulle porte che spalancano a Oriente. Un'egemonia che ha fatto leva sulla potente marina militare, ma soprattutto su quella, vivacissima, civile. Venezia è madre di ogni commercio. Ma è anche gelosa custode della sua indipendenza. Da molti decenni, tuttavia, soffre un'altra egemonia, quella dei Turchi. E pian pianino sta arretrando sia nel controllo politico e militare del Mediterraneo orientale sia nei traffici e nei commerci, insomma in economia.

Il declino della città non è né continuo né assoluto. Intanto l'arrivo dei Turchi ha portato a Venezia molti intellettuali, soprattutto greci, profughi dalle terre conquistate da quei popoli di origine orientale. Questo ha contribuito a fare della città lagunare uno dei maggiori centri culturali dell'Occidente cristiano. C'è stato un tempo, non molto lontano, nel corso del Cinquecento, in cui a Venezia si pubblicava la metà dei libri stampati alla moda di Gutenberg di tutta l'Europa.

La proposta culturale di Venezia si è avvalsa (e si avvale ancora, alla fine del XVI secolo) di altri due fattori, oltre che del dinamismo dei suoi tipografi: la libertà di pensiero e lo Studio di Padova.

La libertà di pensiero è il frutto, a sua volta, del particolare sistema di governo della Serenissima. In pratica a governare la città è un'oligarchia di circa 200 famiglie – ricche, nobili e con notevoli interessi culturali – che esprime il suo potere in maniera collettiva, in Senato. Al vertice del sistema di governo c'è certo il Doge, che è piuttosto un *primus inter pares* che non un duca, come invece suggerirebbe il nome. Il che fa di Venezia, appunto, una Repubblica. Il sistema liberale attira in città persone di cultura, religione ed etnia diverse. Il che contribuisce non poco a incrementare il tasso di libertà. Inoltre la Repubblica è gelosa custode della propria indipendenza e dei propri interessi. È l'unica terra cattolica, negli anni della Riforma e della Controriforma, che sa dire no al papa. Come dimostra il fatto che consultore della Repubblica per i fatti teologici è quel frate Paolo Sarpi, storico del Concilio di Trento, che è stato oggetto di almeno due tentativi di omicidio da parte di sicari probabilmente al soldo di Roma per aver teorizzato che prima vengono le leggi di Venezia poi la volontà del Santo Uffizio.

Negli anni '90 del XVI secolo Venezia è in una fase di declino economico. Anche di libri se ne stampano meno. Ciò non toglie che l'aria e l'aura di libertà si abbinino alla bontà dell'offerta culturale e facciano dello Studio di Padova un centro di studi capace di attrarre giovani studenti da ogni parte d'Europa. Alla metà del Cinquecento gli iscritti erano oltre mille. Saliranno a 1550 nel 1609 e a 2000 nel 1617.

Il professore di matematica

È dunque in questi luoghi e in questi tempi che, all'età di 28 anni, Galileo Galilei giunge. Il suo unico problema, per ora, è di tipo economico. È vero che lo stipendio è aumentato di un buon 25%: i 180 fiorini annui che gli offre Padova al cambio equivalgono a circa 75 scudi toscani (lo stipendio a Pisa era di 60 scudi). Ma le esigenze della famiglia – di cui lui è ora il capo – sono aumentate molto di più. L'anno precedente, come abbiamo detto, la sorella Virginia, ormai giunta ai 18 anni, si era sposata con Benedetto Landucci. E Galileo, come la madre non smette di ricordargli, deve provvedere alla sua dote, sia pure a rate. Non sappiamo, esattamente, a quanto ammonti l'onere per le finanze del giovane professore. Sappiamo però che Landucci vuole che l'impegno sia onorato: va minacciando, sostiene Giulia Ammannati in una preoccupata lettera al figlio, di denunciarti e farti arrestare, ove mai tornassi a Firenze senza il dovuto per pagarlo. Galileo deve così ricorrere a un prestito di 200 scudi, contratto nel 1593 presso Jacopo e Bardo Corsi. Duecento scudi sono più dello stipendio di un anno. Sono lo stipendio di quasi tre anni. Cosicché le rate del rimborso al cognato Landucci si mangiano una parte consistente del salario del giovane professore.

Il problema economico sarà un tarlo, se non l'unico certo il principale, che attraverserà per intero "li diciotto anni migliori della sua età", lì a Padova. Perché è vero che lo stipendio cresce a ogni "ricondotta", ovvero alla stipula di ogni nuovo contratto: dai 180 fiorini del 1592, passa ai 320 nel 1598 e a 520 del 1606. Ma è anche vero che quella finanziaria per il nostro è una corsa della regina rossa: più lo stipendio aumenta, più aumentano le spese.

Quasi tutte hanno origine nella famiglia. Quando, nel 1601 si sposa anche l'altra sorella, Livia, con tale Taddeo Galletti, è ancora Galileo che deve pagare la dote di 1800 ducati. Con soldi che non ha. Ecco, dunque, che deve chiedere alla Serenissima Repubblica l'anticipo di due anni di stipendio.

Certo, anche il fratello Michelangelo, ormai grandicello, si è impegnato per il suo. Ma il fatto è che Michelangelo non mantiene gli impegni. Perché non può o non vuole. Anzi, il giovane chiede a sua volta aiuto al fratello maggiore. E Galileo, in qualche modo, provvede.

Michelangelo è un ottimo musicista. Gran liutista. Un professionista. Ma è piuttosto incapace di badare a se stesso. Quando raggiunge i 18 anni, nel 1593, va a cercare fortuna in Polonia, dove i liutisti stranieri sono molto ricercati. Il giovane trova probabilmente lavoro come maestro di musica presso i Radziwiłł, una famiglia nobile di origine lituano-polacche. Ma poi, stanco, nel 1599 ritorna a casa. Inutilmente Galileo, con l'aiuto dell'amico Girolamo Mercuriale, cerca di trovargli una sistemazione presso la corte del granduca, Ferdinando. Così, l'anno successivo, il 1600, Michelangelo riprende la strada verso la Polonia. Spillando soldi al fratello: "tra 'l viatico e le dette robe non posso far di manco di non l'accomodare al meno di 200 scudi", si lamenta Galileo in una lettera alla madre Giulia datata 25 agosto 1600.

Michelangelo resta in Polonia un po' di anni, fino al 1606, poi ritorna in Italia e si accomoda direttamente a casa del fratello, a Padova. Finché nel 1608 non viene assunto presso la Hofkapelle di Monaco di Baviera. Lì resterà per il resto della sua vita (o quasi).

Perennemente squattrinato, è sempre Galileo a dover finanziare i suoi spostamenti e non solo. Dopo la nuova posizione in Germania, Michelangelo dovrebbe ricordarsi dei debiti pregressi e iniziare a rimborsarli al suo generoso fratello. Ma se ne dimentica. Anche quando si sposa, con Anna Chiara Bandinelli, non mette, come usa dire, testa a partito. Anzi fin dal lussuoso banchetto nuziale, per il quale spende tutti i suoi averi, lascia intendere che nulla è cambiato. E che nulla cambierà. Negli anni a venire Michelangelo avrà, con Anna Chiara, otto figli. E per tutta la vita non cesserà mai di bussare alla porta del fratello e di attingere alle sua borsa.

Anche Galileo, a Padova, mette su famiglia. Sia pure in maniera, per così dire, non istituzionale. In pratica ha una relazione stabile con una donna, ma non la sposa. La donna è Marina Gamba, una veneziana, pare di umili origini, che si trasferisce a Padova per stare vicino al nostro non sappiamo a partire, esattamente, da quando. Sappiamo invece che Marina è una ragazza molto affettuosa e anche molto paziente. Tanto da accettare, almeno fino al 1606, di vivere in una casa diversa da quella del suo compagno. Sappiamo inoltre che dalla relazione tra Marina e Galileo nascono tre figli: la prima è Virginia, "nata di fornicazione", come annota l'anagrafe della repubblica, nell'agosto 1600; la seconda è Livia, venuta al mondo l'anno dopo, nel 1601, e infine ecco Vincenzio nato e iscritto a registro come figlio di "padre incerto" nel 1606.

Le due figlie non saranno mai riconosciute ufficialmente da Galileo. E il figlio, Vincenzio, lo sarà solo nel 1619, quando Galileo lo chiederà al granduca di Toscana. E però tutti sanno a Padova che quei tre sono figli suoi – d'altra parte ha rinnovato i nomi delle sue sorelle e di suo padre – e che lui si comporta da padre, sia pure in maniera anomala. Solo a partire dal 1606, dopo la nascita di Vincenzio, la famiglia intera si riunisce e inizia ad abitare la medesima casa.

Perché Galileo non sposi Marina Gamba è un mistero. Forse per sentirsi libero in un'attività che persegue con continuità e determinazione: correre dietro alle gonnelle.

La compagna e i figli gli creano molti meno problemi e gli danno molta più serenità della madre, delle sorelle e del fratello. Ciò non toglie che, da un punto di vista economico e sia pure in maniera progressiva, nei suoi anni a Padova il professore deve produrre reddito per mantenere un bel po' di persone.

La sua vita per così dire professionale è organizzata di conseguenza. È piuttosto intensa e prevede: l'insegnamento all'università, le consulenze tecniche, le lezioni private a casa e l'allestimento di un laboratorio per così dire "rinascimentale", dove realizza sia prototipi di strumenti necessari alla sua ricerca di scienziato, sia strumenti di precisione da vendere sul mercato.

Galileo, come abbiamo detto, tiene la sua lezione inaugurale all'università il 7 dicembre 1592. Non abbiamo il testo della sua lettura. Tuttavia ci è pervenuto, anche questo lo abbiamo detto, il racconto di un testimone diretto, lo studente danese Gellio Sasceride: "l'esordio è splendido e avviene alla presenza di un folto pubblico". La testimonianza è ripresa in un libro, *Astronomiae instauratae mechanica*, pubblicato nel 1598 dal più grande e noto astronomo del tempo, Tycho Brahe.

La citazione di Gellio ci fornisce almeno due indicazioni. Se il pubblico è folto, come sostiene il danese, significa che Galileo gode già di una certa popolarità a Padova. Acquisita, evidentemente, mediante le sue attività in Toscana. Il fatto, poi, che la citazione sia ripresa in un libro da Tycho Brahe significa che il giovane professore fiorentino è ormai conosciuto nell'ambiente dei matematici, degli astronomi e dei filosofi naturali di tutta Europa.

Sia come sia, il 13 dicembre Galileo inizia i corsi regolari. L'università di Padova non pone troppi vincoli ai docenti. E il giovane, come ogni altro professore, può insegnare *ad libitum*, con libertà pressoché totale. Non conosciamo tutte le sue scelte. Ma dai documenti frammentari che ci restano, sappiamo che cambiano di anno in anno e non si discostano troppo da quelle pisane. Dai *rotuli* incompleti dell'università, emerge che Galileo legge gli *Elementi* e le *Theoricae planetarum* di Euclide, la *Sfera* di Giovanni Sacrobosco, le *Questiones mechanicae* di (oggi sappiamo di dover dire: attribuite ad) Aristotele, l'*Almagesto* di Tolomeo.

Tra le mura dello Studio patavino Galileo usa prudenza: il suo insegnamento rientra nei canoni della peripatetica più ortodossa. Ma è anche brillante, se è vero che molti sono gli studenti che seguono i suoi corsi e tutti soddisfatti, se vogliamo dar retta alle testimonianze giunte fino a noi. E che giungono all'orecchio del suo mentore, Guidobaldo del Monte.

Ci sono poi le lezioni private, tenute prima a domicilio, presso le case dei ricchi rampolli delle famiglie che contano a Padova, poi a casa propria, dove, a quanto pare, sono piuttosto affollate. Spesso Galileo ospita in casa sua persino venti studenti che lo seguono in contemporanea. Tra loro ci sono anche studenti stranieri, sottomontani e sopramontani, spesso nobili e persino membri di case regnanti. Antonio Favaro cita la provenienza di alcuni: oltre agli italiani ci sono tedeschi, francesi, inglesi, scozzesi, fiamminghi, boemi, polacchi.

È uso, a Padova e non solo, che gli studenti universitari non frequentino solo i corsi istituzionali. Ma anche i corsi, privati appunto, tenuti da lettori che godono di buona fama. La specializzazione non è ancora un valore assoluto. Ed è interesse diffuso apprendere sul più vasto campo possibile.

Ciò non toglie che molte delle lezioni private di Galileo non siano teoriche, ma tecniche, per applicazioni concrete, come: l'architettura militare, il disegno e la prospettiva, la meccanica, la cosmografia, l'uso degli strumenti che Galileo stesso crea e mette in vendita, come il compasso geometrico e militare [Camerota, 2004].

Gli insegnamenti privati sono un'attività non solo intensa, ma anche piuttosto complessa. A partire dal 1601, infatti, Galileo inizia a ospitare in casa propria alcuni studenti, offrendo loro anche il vitto e l'alloggio, oltre che il proprio insegnamento. È anche per questo che molti di questi legami si saldano, diventano strettissimi e durano nel tempo. Tra gli studenti che continueranno a seguire Galileo ci sono nomi che ritornano nella sua vicenda umana e culturale, come Gianfrancesco Sagredo, Filippo Salviati, Benedetto Castelli e tanti altri. Ci sono anche personaggi già illustri e influenti: come il futuro cardinale Guido Bentivoglio, che definisce Galileo "l'Archimede toscano de' nostri tempi". O addirittura principi, come il tedesco Filippo d'Assia e l'erede al trono di Svezia, Gustavo Adolfo.

L'insegnamento privato è di tale impegnativa portata, che nel 1602 il professore decide di assumere tal Silvestro Pagnoni per copiare le dispense che vende ai suoi studenti in numero ormai ingestibile. La decisione, come vedremo, si rivelerà piuttosto pericolosa.

Galileo, nel solco di Ostilio Ricci e di Niccolò Tartaglia, non è solo un buon matematico (anche se non è un matematico creativo) e un fisico geniale. È anche (ed è conosciuto come) un ingegnere. Che sa applicare le sue conoscenze alle "cose pratiche". In breve, offre le sue consulenze in svariati campi. A iniziare, proprio come Ricci, da quello delle fortificazioni militari.

Da questo punto di vista è davvero fortunato. Perché i veneziani, in una fase di declino dei commerci sui mari, stanno investendo molto sui fondi a terra e hanno bisogno di infrastrutture come dimore fortificate, bonifiche di zone paludose, sistemi di irrigazione. È una vera e propria corsa: tanto che alcuni storici parlano, per questo periodo veneziano, di nuova feudalizzazione. A questo si aggiunga l'attività dello Stato. Proprio nel 1593 si conclude la costruzione della imponente Fortezza che il Senato di Venezia ha voluto realizzare a Palmanova per proteggere le spalle della Repubblica.

Questa fermento ingegneristico spinge Galileo a scrivere e a vendere a ingegneri e architetti due piccoli lavori – la *Breve instruzione all'architettura militare* e il *Trattato di fortificazione* – scritti in uno stile che, come nota Andrea Battistini, è semplice e chiaro, essenziale, matematicamente rigoroso [Battistini, 1989].

Ma Galileo è ingegnere egli stesso. Che effettua perizie e risponde a domande tecniche. Talvolta molto specifiche. Nel marzo 1593, per esempio, risponde alla richiesta di Giacomo Contarini, che si accinge a diventare provveditore del celeberrimo Arsenale di Venezia: dimmi dove conviene mettere lo scalmo su una barca, fuori o dentro il bordo dello scafo. Il problema non riguarderà i massimi sistemi del mondo, ma è molto dibattuto tra marinai, pescatori e gondolieri. Galileo, forte dei suoi studi sui centri di gravità e sulle leve, lo affronta in maniera,

come al solito, spiazzante. È indifferente, risponde. L'importante è
che il sostegno del remo sia collocato in prossimità del rematore.

A gennaio 1594 risponde al nobile Alvise Mocenigo che chiede
come deve essere costruita la lanterna (il faro) descritta da Erone negli
Spiritalia in una maniera che a tutti risulta incomprensibile. Galileo
spiega come fare. E si aiuta con uno dei suoi precisi disegni.

Ancora, nel 1594 mette a punto una macchina che nella richiesta
di licenza (un brevetto) avanzata presso la Serenissima Repubblica di
Venezia descrive come:

> un edifficio da alzar acque et adacquar terreni facilissimo, di poca
> spesa et molto comodo, che col moto di un sol cavallo vinti botte di
> acqua che si ritrovano in esso getteranno tutte continuamente. [XIX,
> XII, 41]

I Provveditori di Commun, una specie di ufficio brevetti, riconoscono
a Galileo la proprietà intellettuale dell'invenzione per una durata di
venti anni. Abbiamo prova che la macchina viene realmente costruita
e utilizzata almeno nei giardini di casa Contarini.

Niente affatto pago, Galileo organizza, infine, un suo proprio laboratorio in un locale adiacente alla casa dove abita. Nel 1598 chiama
ad aiutarlo un artigiano, Marcantonio Mazzoleni, che è un vero por-
tento nella costruzione di strumenti di precisione.

Alcuni, come abbiamo detto, sono prototipi di strumenti costruiti
ad hoc che servono a Galileo per i suoi esperimenti. Altri sono, per
dirla nei nostri termini, strumenti scientifici a uso commerciale. I
prodotti che escono da quella officina – dove Galileo progetta e Mazzoleni, con creatività e rigore, esegue – acquistano in breve grande rinomanza e un certo valore. Si tratta di righe, squadre, bilancieri,
quadranti, bussole e di un particolare compasso di cui parleremo tra
poco. E la loro vendita a Padova e fuori costituisce un'attività pro-
duttiva remunerativa. In un solo anno, tra il luglio 1599 e l'agosto
1600, la ditta Galileo & Mazzoleni vende 29 diversi strumenti per un
ricavo di complessive 1060 lire, equivalenti a oltre 160 scudi. Dunque

Galileo con la sua officina incassa la metà dello stipendio che gli paga lo Studio di Padova (salito, intanto, a 320 scudi).

A questi vanno sottratti sia le spese di vitto e alloggio di Mazzoleni e della sua famiglia (moglie e figlia) sia lo stipendio dell'artigiano, che ammonta a 6 ducati d'oro (circa 40 lire) l'anno.

La casa di Galileo, a via dei Vignali, è dunque piuttosto frequentata. Ci sono gli studenti e i Mazzoleni. Non c'è di norma Marina e non ci sono di norma le figlie, Virginia e Livia. Ma quando, nel 1606, arriva Vincenzio, la casa accoglierà anche loro. Per tenerla in ordine l'affaccendato professore paga alcune domestiche e un servitore, Alessandro Piersanti, con cui stringe legami di forte e sincera amicizia. Tanto che sarà proprio Alessandro a far da padrino al battesimo di Vincenzio.

Il professore scienziato

Tutto questo riguarda la vita intensa del professor Galileo Galilei. Ma lo scienziato, in questi anni, cosa fa?

Beh, porta avanti il suo ambizioso progetto: l'elaborazione di una nuova teoria del moto. Senza giungere all'approdo definitivo. Tuttavia si porta, per così dire, molto avanti nel lavoro. Intanto tra il 1593 e il 1594 elabora la prima stesura di un trattato, *Le meccaniche*, che sarà pubblicato per la prima volta nel 1634, tradotto in francese, a Parigi da padre Marin Mersenne. Galileo rivede e aggiorna la sua opera tra il 1598 e il 1602, ma il risultato probabilmente non lo entusiasma. Forse *Le meccaniche* sono state scritte più per ragioni didattiche e sotto la pressione del far quadrare l'articolato bilancio che non come testo in grado di esprimere in maniera compiuta il suo pensiero scientifico.

Tuttavia contiene molte note degne di rilievo anche dal punto di vista fisico. In primo luogo Galileo spiega, anche e soprattutto a qualche ingegnere o troppo ingenuo o troppo furbo, che non "è possibile ingannare la natura" [II, 149]. Non esistono macchine in grado di produrre un moto perpetuo o anche "di potere con poca forza muovere ed alzare grandissimi pesi" [II, 149].

È possibile, invece, costruire macchine che scompongono il peso da sollevare in tante parti minori e riuscire a portarlo in alto con una serie di piccoli movimenti. Ma è chiaro che la forza complessiva utilizzata è sempre superiore alla resistenza complessiva opposta dall'oggetto.

Ciò detto, Galileo passa a definire tre concetti che saranno fondamentali nel suo pensiero scientifico, sempre più lontano da quello aristotelico: *gravità, momento* e *centro di gravità*.

Anzi, Galileo enuncia dapprima la necessità della definizione in filosofia naturale:

> Quello che in tutte le scienze demostrative è necessario di osservarsi, doviamo noi ancora in questo trattato seguitare: che è di proporre le diffinizioni dei termini proprii di questa facultà, e le prime supposizioni, delle quali, come da fecondissimi semi, pullulano e scaturiscono consequentemente le cause e le vere demonstrazioni delle proprietà di tutti gl'instrumenti mecanici. I quali servono per lo più intorno ai moti delle cose gravi; però determineremo primamente quello che sia gravità. [II, 149]

Queste frasi costituiscono una sorta di preambolo al rigoroso ragionamento ipotetico-deduttivo che è tipico degli scienziati ellenistici (Archimede compreso) e che si affermerà nella nuova scienza.

Poi ecco la prima definizione, quella di *gravità*:

> Adimandiamo adunque gravità quella propensione di muoversi naturalmente al basso, la quale, nei corpi solidi, si ritrova cagionata dalla maggiore o minore copia di materia, dalla quale vengono constituiti. [II, 149]

È una frase che afferma il distacco totale dalla fisica aristotelica. Galileo sostiene che c'è un solo moto naturale, quello verso il basso, e non due, verso l'alto e verso il basso, come sosteneva il grande Stagirita.

C'è poi una definizione più tecnica, quella di *momento*:

Momento è la propensione di andare al basso, cagionata non tanto dalla gravità del mobile, quanto dalla disposizione che abbino tra di loro diversi corpi gravi; mediante il qual momento si vedrà molte volte un corpo men grave contrapesare un altro di maggior gravità: come nella stadera si vede un picciolo contrapeso alzare un altro peso grandissimo, non per eccesso di gravità, ma sì bene per la lontananza dal punto donde viene sostenuta la stadera; la quale, congiunta con la gravità del minor peso, gli accresce momento ed impeto di andare al basso, col quale può eccedere il momento dell'altro maggior grave. È dunque il momento quell'impeto di andare al basso, composto di gravità, posizione e di altro, dal che possa essere tal propensione cagionata. [II, 149]

Il momento è dunque un fattore composto: dalla gravità e dalla distanza dal centro di gravità. Galileo lo spiega con l'esempio della bilancia. Un grande peso posto a poco distanza dal fulcro può essere bilanciato da un peso più piccolo posto a una distanza proporzionalmente maggiore.

A questo punto è necessario introdurre la terza definizione, quella di *centro di gravità*:

Centro della gravità si diffinisce essere in ogni corpo grave quel punto, intorno al quale consistono parti di eguali momenti: sì che, imaginandoci tale grave essere dal detto punto sospeso e sostenuto, le parti destre equilibreranno le sinistre, le anteriori le posteriori, e quelle di sopra quelle di sotto; sì che il detto grave, così sostenuto, non inclinerà da parte alcuna, ma, collocato in qual si voglia sito e disposizione, purché sospeso dal detto centro, rimarrà saldo. E questo è quel punto, il quale anderebbe ad unirsi col centro universale delle cose gravi, ciò è con quello della terra, quando in qualche mezzo libero potesse descendervi. [II, 149]

Una riga

Sulla base di queste tre definizioni è possibile proporre tre "supposizioni". La prima è:

> Qualunque grave muoversi al basso così, che il centro della sua gravità non esca mai fuori di quella linea retta, che da esso centro, posto nel primo termine del moto, si produce insino al centro universale delle cose gravi. Il che è molto ragionevolmente supposto: perché, dovendo esso solo centro andarsi ad unire col centro comune, è necessario, non essendo impedito, che vadia a trovarlo per la brevissima linea, che è la sola retta. [II, 149]

Il che significa che un corpo cade verso il centro di gravità seguendo la via più breve, la via della retta.

> E di più possiamo, secondariamente, supporre: ciascheduno corpo grave gravitare massimamente sopra il centro della sua gravità, ed in esso, come in proprio seggio, raccòrsi ogni impeto, ogni gravezza, ed in somma ogni momento. [II, 149]

Il *centro di gravità* è dunque il luogo ove tendono a spostarsi naturalmente tutte le componenti di un grave. Questa semplice ipotesi spazza via il postulato di Aristotele, secondo cui solo la Terra ha un centro verso cui tendono a cadere i gravi. Tutti i corpi hanno un centro di gravità.

> Suppongasi finalmente: il centro della gravità di due corpi egualmente gravi essere nel mezzo di quella linea retta, la quale li detti due centri congiunge; o veramente, due pesi eguali sospesi in distanze eguali avere il punto dell'equilibrio nel commune congiungimento di esse uguali distanze. [II, 149]

Due corpi qualsiasi hanno un unico centro di gravità. Se i corpi hanno peso uguale, il centro di gravità comune è a metà strada tra i loro rispettivi centri di gravità. Se hanno peso diverso, il centro di gravità comune è più vicino all'oggetto che ha maggior peso. E la distanza è inversamente proporzionale al peso.

Dalle tre definizioni e dalle tre ipotesi Galileo ne deduce un principio valido per tutte le macchine:

> Determinate e supposte queste cose, verremo all'esplicazione di un comunissimo e principalissimo principio di buona parte delli strumenti mecanici, dimostrando come pesi diseguali pendenti da distanze diseguali peseranno egualmente, ogni volta che dette distanze abbino contraria proporzione di quella che hanno i pesi. [II, 149]

È evidente che in questo ragionamento ci sono i presupposti per una teoria generale della gravitazione. Una teoria con profonde implicazioni, colte da Ludovico Geymonat. La prima delle quali è: l'esistenza di un solo moto naturale, quello verso il centro di gravità che riguarda tutti i corpi, si propone, appunto, come legge universale.

Se vediamo la fiamma salire verso l'alto o il legno emergere dal fondo del mare e galleggiare non è perché questi corpi sono dotati di *levitas*, ma semplicemente perché sono immersi in mezzi (l'aria fredda; l'acqua) che hanno un peso specifico maggiore e rispettano il principio di Archimede.

Geymonat rileva come Galileo non si limita a porsi nel solco del matematico e fisico siracusano, applicando la matematica ai fenomeni statici della natura. Il toscano "va oltre Archimede": applica la matematica allo studio dei fenomeni dinamici.

Giungendo, infine, attraverso la trattazione teorica della caduta dei gravi lungo un piano inclinato, a definire un prototipo del principio di inerzia: basta una lievissima forza in assenza di attrito per spostare in maniera indefinita un corpo (una sfera perfetta) lungo il piano dell'orizzonte (inclinazione zero) a velocità costante in linea retta.

In pratica Galileo giunge prima per via teorica alla conclusione – del tutto astratta, perché nel mondo naturale non esistono sfere perfette e piani privi di attriti – che il moto non è un processo teleologico, ma uno stato. E che non c'è differenza qualitativa tra lo stato di moto e lo stato quiete. Anzi, la quiete non è altro che un forma di moto che, rispetto a un osservatore, ha velocità nulla e costante. Ne consegue, come rileva Enrico Bellone, una novità niente affatto facile da accettare e che rivoluziona la fisica aristotelica: un oggetto può benissimo muoversi nello spazio senza bisogno che ci sia una forza a spingerlo e a mantenerlo in movimento [Bellone, 1998].

A partire dal 1598 Galileo si rende conto che deve corroborare per via sperimentale le idee maturate in via teorica: ed è anche per realizzare gli strumenti di precisione di cui ha bisogno che nel 1599 ingaggia Mazzoleni.

Un secondo risultato è stabilire con buona approssimazione la legge della velocità uniformemente accelerata nella caduta dei gravi. Nel *De motu* Galileo aveva sostenuto che un corpo è accelerato solo nelle fasi iniziali della caduta, quando da zero raggiunge la sua velocità per così dire di crociera. Ora nelle *Meccaniche* afferma che la velocità aumenta in maniera uniforme lungo l'intero percorso di caduta. Come scrive in una lettera al suo amico, fra' Paolo Sarpi, del 16 ottobre 1604:

> Ripensando circa le cose del moto, nelle quali, per dimostrare li accidenti da me osservati, mi mancava principio totalmente indubitabile da poter porlo per assioma, mi son ridotto ad una proposizione la quale ha molto del naturale et dell'evidente; et questa supposta, dimostro poi il resto, cioè gli spazii passati dal moto naturale esser in proporzione doppia dei tempi, e per conseguenza gli spazii passati in tempi eguali esser come i numeri impari ab unitate, et le altre cose. Et il principio è questo: che il mobile naturale vadia crescendo di velocità con quella proportione che si discosta dal principio del suo moto. [X, 93]

Non è la legge definitiva sulla caduta dei gravi. Perché, Galileo sostiene che la velocità aumenta in proporzione allo spazio percorso, mentre la velocità aumenta in maniera proporzionale al tempo, come chiarirà più tardi. Ma è evidente che a Padova lo scienziato ha imboccato e quasi percorso per intero la strada giusta per raggiungere il suo obiettivo e definire una nuova teoria del moto. Sebbene la premessa sia sbagliata, infatti, il risultato è esatto: quando un grave è in caduta libera gli spazi percorsi sono proporzionali al quadrato del tempo.

Il bello è che è un errore concettuale a far sì che, dalla premessa sbagliata, Galileo giunge al risultato esatto.

Questo lavoro di Galileo sul moto ha anche una forte implicazione cosmologica.

Il professore astronomo

Asserire che tutti i corpi si muovono naturalmente verso il basso, verso il centro di gravità, significa ammettere implicitamente che non c'è un solo centro di gravità che coincide con il centro della Terra. Che l'universo è popolato di corpi di cui ciascuno ha un proprio centro di gravità. Ma questa è la linea teorica entro cui si era già mosso Copernico.

Gli studi di meccanica dunque portano inevitabilmente ad approfondire i problemi dell'astronomia. E ad approfondirli al modo di Copernico. Un modo che Giordano Bruno ha predicato essere espressione della realtà fisica e non una mera ipotesi matematica.

I temi dell'astronomia non sono affatto estranei al professore che, ai suoi studenti in università, legge Tolomeo. La novità è che, nel 1597, Galileo non si limita più a leggere, ma inizia anche a scrivere di astronomia. Butta giù, infatti, il *Trattato della sfera ovvero Cosmografia*. Un trattato invero strano.

Per carità, è ben scritto. Certo, ha scopi puramente didattici (sarà pubblicato per la prima volta postumo nel 1656). Ma il fatto è che è totalmente aristotelico-tolemaico. Non vi si affacciano in alcun modo dubbi copernicani. Si usa a dimostrazione dell'impossibilità che la Terra si muova "verso oriente con tanta velocità" l'argomento che

tutte le altre cose, dalla terra disgiunte e separate apparissero muoversi con altrettanta velocità verso occidente; e così gli uccelli e le nubi pendenti in aria, non potendo seguitare il moto della terra, restariano verso la parte occidentale. [II, 205]

Non è l'unica frase, per così dire, incriminata. Potremmo continuare. Ma la verità è che nella sua prima opera astronomica, la *Cosmografia*, Galileo non trae le conseguenze delle idee fondamentali che va sviluppando nelle *Meccaniche*. Né lo farà in pubblico negli anni immediatamente successivi. Perché?

Una prima risposta è: perché non se ne avvede. Non comprende che lui si sta muovendo lungo la linea teorica entro cui si era mosso Copernico. Non ne deduce che deve trasferire anche nel cosmo i risultati acquisiti qui sulla Terra.

Questa ipotesi è del tutto infondata.

Galileo comprende perfettamente le implicazioni cosmologiche dei suoi studi sul moto. È e si dice copernicano. Ma è, per dirla con Andrea Battistini, un "copernicano circospetto".

Esistono almeno due prove inoppugnabili sul fatto che, a Padova, Galileo aderisca alle idee di Copernico e abbia piena consapevolezza che le sue riflessioni sul moto hanno implicazioni necessariamente copernicane.

Entrambe le prove risalgono al 1597, l'anno della *Cosmografia*. La prima è una lettera che il 30 maggio spedisce a Jacopo Mazzoni. L'amico cesenate ha appena scritto un libro, *In universam Platonis et Aristotelis philosophia praeludia*, in cui propone un argomento anticopernicano: se il Sole fosse immobile al centro dell'universo e la Terra facesse un giro completo su sé stessa a mezzanotte, dovremmo vedere molto meno della metà della sfera celeste, mentre a mezzogiorno ne dovremmo osservare una porzione maggiore. Galileo ricorda le appassionate discussioni pisane e gli ribadisce, chiaro e tondo, che le sue affermazioni non sono fondate e che a suo avviso "l'opinione de i Pitagorici e di Copernico" è "assai più probabile dell'altra di Aristotile e di Tolomeo" [X, 56].

Non sarà un'adesione definitiva all'eliocentrismo, ma poco ci manca. Quel poco che manca Galileo lo recupera in una lettera del successivo 4 agosto indirizzata a Johannes Kepler, matematico, musicista e, soprattutto, astronomo emergente. Il tedesco ha appena pubblicato il *Mysterium cosmographicum*, il primo testo di uno studioso di astronomia che faccia propria l'ipotesi eliocentrica apparso in Europa dopo il 1543. Kepler ne ha spedito una copia a Galileo, di cui tiene gran conto. Il toscano risponde con una lettera di ringraziamento in cui sostiene non solo di essere da molti anni un convinto sostenitore del modello eliocentrico, ma anche di avere le prove che molti degli argomenti usati contro Copernico sono sbagliati e che molti fenomeni naturali possono essere spiegati solo in un'ottica copernicana. Finora, scrive, non ho pubblicato questi risultati per timore di cadere nel ridicolo.

È difficile dire a quali prove faccia riferimento Galileo. Se sulle sue congetture sulle maree o, invece, sui risultati provvisori sul moto. Certo è che il copernicano Kepler, incuriosito, gli chiede, con una lettera del successivo 13 ottobre, di inviargliele quelle prove. Il tedesco gli chiede anche un commento sul suo libro.

Galileo, semplicemente, non risponde. Mantenendo un silenzio, piuttosto imbarazzante, che durerà svariati anni, fino al 1610.

Galileo non risponde neppure a Tycho Brahe, il danese che è ormai divenuto astronomo di corte a Vienna e studioso di primissima grandezza nella scienza dei cieli. Il più grande astronomo vivente. Brahe chiede a Galileo, in una lettera del 1600, di esprimere un parere sul suo modello cosmologico, che è a metà strada tra quello di Tolomeo e quello di Copernico. Nel modello di Brahe il Sole gira intorno alla Terra, ma tutti i pianeti girano intorno al Sole. Cosa pensi di questo modello, chiede l'illustre danese allo sconosciuto professore di Padova?

Galileo tace.

Alcuni hanno sostenuto in passato che lo scienziato toscano non avesse risposto a Kepler e Brahe perché non conosceva abbastanza bene Copernico e non aveva alcuna prova da portare a suo favore. Oggi gli storici convengono sul fatto che, invece, Galileo conosceva a fondo l'opera dell'astronomo polacco. E noi abbiamo appena visto che ha accumulato argomenti – non prove empiriche verificabili – che gli avrebbero consentito di discutere senza cadere nel ridicolo almeno con gli esperti.

Perché, dunque, non lo fa? Perché Galileo si mostra "copernicano circospetto"?

Più che il ridicolo, forse, poté il tragico. Galileo ha ben presente quale sorte stia toccando al filosofo che ambiva alla sua stessa cattedra, Giordano Bruno, per essere stato un copernicano non abbastanza circospetto. E quale sorte stia toccando a un altro frate meridionale, il calabrese Tommaso Campanella, che Galileo ha frequentato e che, come Bruno, è stato arrestato proprio a Padova, torturato e tradotto in carcere a Roma, sotto l'accusa di eresia e intelligenza col nemico protestante.

Non abbiamo alcuna prova a sostegno di questa ipotesi.

Certo è che, scrive a Kepler, ci sono molti fenomeni naturali che non trovano spiegazione alcuna fuori dal modello copernicano. Non dice quali sono questi fenomeni, ma probabilmente pensa al flusso e riflusso del mare. Sì, insomma, alle maree. Anche in questo caso non abbiamo prove. Ma qualche indizio, sì. Intanto Paolo Sarpi, che tra le sue varie attività annovera anche quella di filosofo naturale, in una nota del 1595 sostiene che le maree possono essere causate solo dal moto della Terra. E Paolo Sarpi, come vedremo, non è solo amico di Galileo, ma uno dei suoi interlocutori privilegiati in fatto di filosofia naturale. Inoltre Galileo ha avuto per maestro a Pisa Andrea Cisalpino, che nel 1571 ha pubblicato un libro, *Quaestiones peripateticae*, dove afferma che le maree sono oscillazione simili a quelle subìte dall'acqua in un vaso in seguito a una brusca scossa. La Terra come un vaso? Anzi, come un vaso che si muove e subisce brusche accelerazioni? Cisalpino è un aristotelico osservante. E si limita a parlare di piccoli movimenti della Terra. Ma Galileo è uno scienziato e non ammette soluzioni che non abbiano un fondamento. Gli unici movimenti possibili della Terra sono quelli definiti da Copernico. Dunque le maree sono la prova che Copernico ha ragione?

Stillman Drake sostiene che è proprio intorno al 1595 che Galileo inizia a porsi questa domanda e che Paolo Sarpi, nei suoi taccuini, non fa che riprendere l'ipotesi. Lo scenario è possibile, ma non abbiamo prove in grado di confermarlo. Per cui, seguiamo il consiglio di Michele Camerota e sospendiamo il giudizio e il discorso.

Passeranno vent'anni prima che Galileo renda pubblico il suo argomento delle maree. E noi, la discussione sull'argomento, la riprenderemo a tempo debito.

Per ora registriamo che a chiedersi – se per Galileo non siano le maree la prova inconfutabile del moto della Terra e, dunque, della veridicità del modello copernicano – sia, molto prima di noi, Johannes Kepler in una lettera del 26 marzo 1598 a Herwart von Hohenburg. L'astronomo tedesco è un copernicano convinto: l'unico che abbia espresso pubblicamente questa sua convinzione. Ma sulle maree ha un'idea diversa. Secondo Kepler le maree sono dovute all'attrazione lunare. Galileo, come vedremo, rifiuterà sempre l'ipotesi dell'attrazione da parte della Luna. La trova una spiegazione mistica.

Il rifiuto deve essere frutto di una riflessione approfondita e non pregiudiziale. Una riflessione che sviluppa nel corso degli anni patavini, nel corso dei quali studia i fenomeni di attrazione. In particolare il fenomeno, in apparenza misterioso, di attrazione dei metalli da parte delle calamite. Tanto che divora il *De magnete* quando William Gilbert, nell'anno 1600, lo pubblica in Inghilterra.

E il rifiuto, probabilmente, è dovuto al fatto che Galileo non ha né una "sensata esperienza" né "certa dimostrazione" dell'eventuale attrazione che la Luna eserciterebbe sulle acque della Terra. Ma ancora una volta siamo nel campo della pura ipotesi.

15. Un artista toscano a Padova

Galileo a Padova ha, dunque, una densa e articolata vita professionale. Eppure non è da meno l'intensità della vita, culturale e ludica, fuori dalla stretta dimensione di professore e di scienziato. La sua cerchia di amicizie è enorme. E ha due baricentri: uno a Padova, l'altro a Venezia.

Intanto, quando giunge in Veneto, nella tarda estate del 1592, non ha ancora un contratto e, per i primi mesi, non ha neppure una propria dimora. All'inizio di settembre è ospite di Giovanni Uguccione, il "residente" (l'ambasciatore) del Granducato di Toscana presso la Repubblica di Venezia. Poi è ospite a Padova di Giovanni Vincenzo Pinelli, il nobile, amico di Guidobaldo del Monte, che si sta impegnando in prima persona per ottenere il trasferimento del giovane matematico dallo Studio di Pisa a quello, piuttosto ambito, di Padova.

Casa Pinelli e l'ambiente culturale patavino
Casa Pinelli è molto grande e molto ricca: la biblioteca di Giovanni Vincenzo vanta un'invidiabile collezione di libri e di strumenti scientifici, che il nobile mette a disposizione di persone amiche e curiose. La dimora di Pinelli è un autentico crocevia sia di personaggi illustri sia di grandi intellettuali, alcuni dei quali niente affatto conformisti. Passano di lì, per esempio, il cardinale Roberto Bellarmino, nominato proprio nel 1592 rettore del Collegio Romano, e il cardinale Cesare Baronio, noto anche per aver sostenuto che intento dello Spirito Santo nell'ispirare le Sacre Scritture è "d'insegnarci come si vadia in cielo e non come vadia il cielo".

È lì, a casa Pinelli, che il giovane Galileo può incontrare ed entrare in amicizia, tra gli altri, con due frati serviti, Paolo Sarpi, consultore teologico della Repubblica di Venezia e storico, futuro autore di una celeberrima *Istoria del Concilio tridentino*, e Fulgenzio Micanzio, suo successore come consultore. Entrambi al grande spessore culturale e a un marcato interesse per le scienze naturali, abbinano un forte amore per la libertà di pensiero. È in casa Pinelli che Galileo incontra un altro grande intellettuale, quel Giovanni Battista Della Porta che ama l'alchimia e la filosofia naturale almeno quanto il teatro (ha scritto 14 commedie). Della Porta ha appena pubblicato un libro, il *De refractione optices*, in cui, col tratto del grande fisico teorico, affronta i problemi dell'ottica.

Basta questo breve elenco per comprendere come mai il giurista vicentino Paolo Gualdo parli di casa Pinelli come del "museo di dottrina e di erudizione". Mentre l'astronomo francese Nicolas-Claude Fabri de Peiresc ricorderà le "bellissime conversazioni che vi si godevano" [Battistini, 1989]. Ecco, a quelle conversazioni inizia a partecipare anche Galileo. Riguardano l'intero scibile umano. Si parla di politica e di cultura. Delle ultime novità in fatto di arte e di letteratura. Degli ultimi lavori di Tycho Brahe, di Johannes Kepler, di William Gilbert. Quando, nel 1601, Giovanni Vincenzo Pinelli muore, il circolo culturale non si scioglie. Si trasferisce in casa del letterato Antonio Querengo che, come scriverà Giuseppe Vedova nel 1836 nella sua *Biografia degli scrittori padovani*, "ebbe fama in ogni tempo d'essere stato uno dei primi letterati del secol suo per le greche e latine" [Vedova, 1836].

Tra i tanti personaggi che Galileo incontra in casa Pinelli ce n'è uno meno noto, ma di notevole importanza nel ricostruzione della vita dell'artista toscano: il poeta scozzese Thomas Segeth (o Seget o, latinizzato, Segetus). Il giovane straniero entra nella casa di Pinelli nel 1599 e, in breve, ne diventa il segretario. È qui e in questa veste che conosce e frequenta Galileo. Dopo la morte del nobile proprietario, sopraggiunta nel 1601, Segeth fa in modo che casa Pinelli continui a essere un importante punto di riferimento culturale della città. Sarà Segeth a portare una copia del *Sidereus nuncius* a Johannes Kepler a Praga nel 1610, a scrivere la prima poesia in lode del sidereo annuncio – *Keplerus, Galilaee, tuus tua siderit vidit* – che contiene una nota esclamazione destinata a diventare ancora più famosa: *Vicisti Galilaee!*

Ma a Padova non c'è solo Pinelli con il suo cenacolo. In realtà è l'intera vita culturale della città a essere oltremodo vivace. Galileo vi si ritrova in pieno. Ed è richiesto da molti, come dimostra il fatto che il suo nome figura in diversi circoli, tra cui l'*Accademia dei Ricovatri*, fondata nel novembre 1599, di cui il toscano è uno dei promotori e di cui diventerà nel 1602 "censore sopra le stampe". Non solo la sapienza matematica, ma anche le capacità artistiche di Galileo devono essere pur apprezzate dai Ricovatri se gli chiedono di disegnare di sua propria mano la cornice che ospita l'emblema dell'Accademia.

Più tardi Galileo diventa membro anche dell'*Academia Delia*, fondata nel 1608 dal capitano Pietro Duodo per promuovere lo studio delle arti militari. Duodo chiede e ottiene da Galileo la stesura di un piccolo trattato in cui è esposta la matematica necessaria alla formazione di un "perfetto cavaliero et soldato".

Come sostiene Girolamo Mercuriale, che conosce bene entrambi, lo scienziato toscano e la città veneta, è l'ambiente culturale di Padova il miglior "domicilio del suo ingegno".

A questo ambiente non è affatto estranea l'università. Anzi, ne è parte piena. A differenza che a Pisa, qui Galileo instaura rapporti ottimi con i suoi colleghi. Sia chiaro, lo Studio di Padova è, per dirla con Andrea Battistini, una "munitissima roccaforte dell'aristotelismo". Ma si tratta, in genere, di aristotelici non dogmatici. O, anche se dogmatici, molto aperti e persino amanti della discussione franca e ben argomentata. Ne è esempio Cesare Cremonini, aristotelico averroista, con cui Galileo stringe una salda amicizia, nel corso della quale i due si aiutano reciprocamente e generosamente in caso di bisogno, economico e non. Anche se, in fatto di filosofia naturale, si ritroveranno spesso e clamorosamente su posizioni opposte.

Cremonini è giunto a Padova appena un anno prima di Galileo. Ma si è già fatto notare, a causa di una significativa *querelle* nata tra lo Studio di Padova e il Collegio Padovano, istituito nel 1542 dai gesuiti. Il Collegio privato dei religiosi è in concorrenza oggettiva con lo Studio, pubblico, sia perché entrambi svolgono la funzione dell'alta formazione sia perché in entrambi i docenti sono di altissimo livello. Il grande matematico Francesco Maurolico, per esempio, insegna al Collegio non allo Studio.

Per un lungo periodo di tempo le due scuole di alta formazione convivono senza problemi. Ma da ultimo si sono creati non pochi motivi di tensione. Perché il Collegio si è ampliato, perché attira sempre più studenti, perchè, in pratica, i suoi corsi si sovrappongono a quelli dello Studio. C'è, dunque, diretta concorrenza. I docenti dello Studio, in particolare, entrano in sofferenza. La Repubblica di Venezia ha assicurato loro il monopolio dell'insegnamento superiore e la piena libertà didattica. Ora quel monopolio viene messo in discussione da un centro privato dove la libertà d'insegnamento non è certo il primo valore.

La situazione precipita quando la direzione del Collegio proibisce ai suoi studenti e ai suoi docenti di avere incontri e discussioni con i colleghi dello Studio. I professori della pubblica università si rivolgono al Senato perché venga posta fine a quella assoluta sconcezza, impensabile nella libera Repubblica di Venezia. E così affidano all'illustre collega Cesare Cremonini il compito di difendere le posizioni dello Studio davanti al Senato. Il filosofo ha buon gioco nel sostenere che l'atteggiamento del Collegio rischia di trasformare Padova da città della tolleranza in città divisa e probabilmente dilaniata da fazioni rivali in lotta tra loro, come è già successo nella Firenze dei guelfi e dei ghibellini [Festa, 2007]. Il Senato deve intervenire, sostiene Cremonini, prima che la situazione degeneri. E naturalmente deve intervenire a favore dello Studio, istituzione pubblica e laica, finanziata dalla Repubblica nell'interesse generale dei suoi cittadini.

Il Senato interviene: e proprio mentre si accinge a concedere l'autorizzazione all'estradizione di Giordano Bruno, con un decreto emanato il 23 dicembre 1591 proibisce al Collegio Padovano dei gesuiti di insegnare le stesse materie dello Studio di Padova.

Questa è la prima, ma non sarà certo l'ultima volta, come vedremo tra poco, che Cesare Cremonini scende pubblicamente in campo per difendere posizioni diverse e persino avverse a quelle della Chiesa. Di questo spirito laico Galileo diventa sincero amico, sebbene sul piano filosofico, come abbiamo detto, le loro visioni siano, molto spesso, agli antipodi. Ma il sodalizio è l'ennesima prova di quel clima culturale aperto e tollerante che domina a Padova e per il quale Cremonini si è battuto con successo.

Il "ridotto Morosini" e l'ambiente culturale veneziano

Non c'è solo Padova, tuttavia, nell'universo culturale di Galileo. C'è anche l'alma Venezia. Città, vitale appunto, che a sua volta offre mille e mille stimoli. A iniziare da quell'Arsenale, dove Galileo si reca spesso come a una sorta di palestra della meccanica applicata e dove trae ispirazione per realizzare nuovi strumenti e risolvere vecchi problemi.

A Venezia non manca di frequentare anche amici illustri e influenti. Ha, per esempio, buoni rapporti con Benedetto Zorzi e Giacomo Contarini, i cui rispettivi genitori – Alvise Zorzi e Zaccaria Contarini – sono i due Riformatori dello Studio di Padova che lo hanno eletto professore, preferendolo ad altri.

Ma il toscano frequenta, in particolare, il "ridotto Morosini". Si tratta di un altro gruppo di intellettuali che si ritrova nella grande e ricca casa che i fratelli Andrea e Niccolò Morosini posseggono sul Canal Grande. Niccolò è il bibliotecario della Libreria di San Marco. E Andrea è un politico attento ai problemi di storia e, come usa dire, cultore delle belle arti. Entrambi sono espressione di quella nobiltà ricca e colta che contribuisce non poco a rendere unica nel panorama europeo la Repubblica di Venezia.

Il "ridotto" dei due fratelli – noto anche come "mezato Morosini" – ospita in maniera sistematica giovani veneziani e intellettuali di ogni parte del Veneto, oltre che in maniera più occasionale le figure di grande prestigio che passano in laguna.

Gli argomenti di discussione, come in casa Pinelli, sono i più vari. Ma il fuoco è concentrato sulla filosofia naturale, sull'etica e sulle questioni religiose. Sebbene Andrea e Niccolò siano sostenitori della "riforma cattolica", prevale tra i loro ospiti uno spirito critico della Controriforma, se non addirittura contrario. Non a caso il "ridotto" ha tra i suoi ospiti Tommaso Campanella, Gerolamo Fabrizio da Acquapendente, lo stesso Paolo Sarpi, l'ambasciatore inglese Henry Wotton, amante della scienza così come delle arti, oltre a due personaggi le cui vicende si concluderanno a Campo de' Fiori a Roma in maniera abbastanza inquietante. I due sono Giordano Bruno, che come abbiamo detto finirà sul rogo della piazza romana nell'anno 1600, e quel Marco Antonio de Dominis, il matematico dalmata che propugna una sua teoria sul fenomeno delle maree, che diventerà Arcivescovo di Spalato, prima di essere accusato di eresia e trascinato a Roma presso il tribunale dell'Inquisizione [Russo, 2003]. Ma di questo parleremo tra poco.

Ora torniamo a Venezia, dove si respira ben altra aria. Così descrive il "ridotto Morosini" uno dei suoi frequentatori, il già citato fra' Fulgenzio Micanzio:

> In questo congresso d'uomini di virtù eccellenti non aveva ingresso la cerimonia, a' nostri tempi cosa affettata e superflua, che stanca il cervello de' più perspicaci e consuma vanamente tanto tempo in un mentir artifizioso e non significante per troppo significare; ma s'usava una civile e libera creanza. Era lecito a ciascuno introdurre ragionamenti di qualunque cosa più gl'aggradisse, senza restrizioni di non passare d'un proposito nell'altro; sempre però di cosa pelegrina; e le diputazioni avevano per fine la cognizione della verità. [citato in Camerota, 2004]

Impegnato in questa ricerca informale e a tutto campo della verità, Galileo deve aver speso non poco tempo a discutere con tutti, ma in primo luogo con Gerolamo Fabrizio d'Acquapendente, il medico che oltre ai (e a supporto dei) suoi studi di anatomia, anatomia comparata ed embriologia, ha redatto quelle *Tabulae anatomicae* colorate e ben fatte che a Padova tengono alta la tradizione di Andrea Vesalio. La consuetudine con Galileo è tale che Gerolamo diventa il medico personale dell'artista toscano, a sua volta gran disegnatore.

In realtà, l'attenzione, teorica e pratica, per le arti figurative e per la musica non è mai scemata in Galileo. Intanto perché può discutere con Guidobaldo del Monte, che frequenta tanto Venezia quanto Padova, del libro sulla prospettiva, il *Perspectivae libri sex*, che l'aristocratico ha pubblicato nell'anno 1600 a Pesaro, su cui torneremo tra poco. Ma anche e soprattutto perché egli stesso scrive di disegno, pittura a musica. Come testimonia il 7 maggio 1610 in una famosa lettera indirizzata a Belisario Vinta, segretario di stato del Granducato di Toscana, e dove fa cenno a una serie di "diversi opuscoli di soggetti naturali" da lui redatti e oggi andati perduti, tra cui il *De visu et coloribus* e il *De sono et voce*.

Come sempre il nostro non si limita alla teoria. È, come dire, un artista sul campo. O meglio, *en plein air*. Galileo coltiva infatti la sua personale "sensibilità paesistica" tornando di tanto in tanto a Firenze e frequentando, tra il 1599 e il 1600, alcuni vecchi amici, come Michelangelo Buonarroti il Giovane e Giulio Parigi, un valente incisore di "lontananze" [Tongiorgi, 2009a]. Con loro il matematico raggiunge la villa che Piero de' Bardi, figlio di Giovanni, possiede ad Antella dove si riuniscono i "Pastori antellesi": "una conversazione di gentiluomini" che amano "ritrovarsi nella villa dell'Antella, la quale fu adunata per la prima volta circa all'anno 1599 al '600, dove intervenivano quelli che avevan le ville quivi intorno, e furono al più sette o otto, i quali erano di più e di meno" [citato in Lombardi, 2011].

Galileo diventa egli stesso oggetto d'attenzione dei pittori. Risale, infatti, ai primi anni del XVII secolo il ritratto dello scienziato toscano, ormai uomo maturo, attribuito a Domenico Tintoretto, che ha ereditato la bottega ma non lo stile del padre, Jacopo. Domenico, infatti, è in sintonia con il critico d'arte Galileo e "privilegia un'interpretazione accentuatamente realistica rispetto all'"alone di fantasia" caratteristico delle opere del padre" [Tongiorgi, 2009a].

Ma torniamo, ancora una volta, al "ridotto Morosini". Galileo vi incontra altre persone, con cui stabilisce legami culturali significativi, come Domenico Molin o Antonio Quirini. Molto stretto è infine il sodalizio che stringe con Francesco Morosini, Agostino da Mula e Sebastiano Venier: sodalizio che ha anche un nome, non molto originale, la "Compagnia".

Di questo cenacolo nel cenacolo è parte integrante anche Gianfrancesco Sagredo. Si tratta del giovane rampollo, nato nel 1571, di una delle famiglie "nobili e ricche" di Venezia: città di cui ama rimarcarne l'esistenza e la differenza con le altre, che sono "nobili e povere", o semplicemente povere, o "ricche ma non nobili". Le famiglie "nobili e ricche" non si dividono solo il potere politico ed economico senza cercare di prevalere l'una sull'altra, ma hanno anche in cura particolare la cultura. Gianfrancesco, per esempio, è molto interessato alle novità che riguardano l'ottica, il magnetismo e la termometria. Novità di cui discute soprattutto con Paolo Sarpi, oltre che con Galileo.

Il giovane, come vedremo, avrà un ruolo per nulla marginale nella vita di Galileo. E non solo nella vita di relazione, ma anche in quella letteraria. Intanto, tra il 1597 e il 1600, si reca spesso a Padova per seguire con attenzione le lezioni private del suo amico. Il suo non è un mero interesse culturale. Sagredo intende fare scienza. O, almeno, innovazione tecnologica: per questo, proprio nell'anno 1600, lo troviamo mentre si getta da un albero inforcando delle ali modellate sull'esempio di quelle dei falconi. Atterra, incolume, a molti metri dal punto di partenza.

Sagredo ama costruire strumenti scientifici con le proprie mani. Proprio come Galileo, per il quale ha una sorta di venerazione. Che non disdegna di dimostrare anche in fatti estremamente pratici. Sapendo di appartenere a una famiglia influente, non esita a spendere il suo nome e a profondere il suo impegno per cercare di sollevare l'amico e maestro dall'unico ma non banale cruccio che lo assilla: quello economico. Sagredo sa che Galileo ha ottenuto da tempo uno stipendio dallo Studio di Padova che ammonta a 320 scudi d'oro l'anno. E sa che quello stipendio non basta. Così cerca di intercedere presso i Riformatori dello Studio perché lo aumentino, almeno di un po': che si raggiungano almeno i 350 scudi d'oro. Ma la raccomandazione non ottiene il risultato sperato. Sagredo se ne scusa, in una lettera scritta il primo settembre 1599:

> Io sento grandissimo discontento, vedendomi imbarazzato in un negozio nel quale, avendo a trattare con persone di grandissima auto-

rità, vedo che ogni mio uffizio si può quasi assolutamente dir inutile ed infruttuoso. Tre volte mi son trovato col Contarini, dal quale mai ho potuto trare pur una parola cortese onde io vedo che con questo soggetto ogni uffizio è anzi dannoso che giovevole. [X, 62]

In realtà i Riformatori rigirano la frittata. E cercano a loro volta di fare pressioni su Sagredo perché dica a Galileo:

> che si aquetasse, e conoscesse che con lei si è fatto quello che con altri non s'averebbe fatto; e che quando con lei si volesse passar più avanti, questo sarebbe un chiamare tutti i dottori a Venezia e nutrirli in speranze indebbite, alle quali non saria possibile dar alcuna satisfazione".

La conclusione è che

> avendomi io cosi ardentemente adoperato per V. S. Ecc., si persuadevano che io fossi molto suo amico, e che per conseqoenza stimavano che, e per l'auttorità dell'amicizia e per le molte ragioni che io averci potuto addurle, l'averei senza dubbio fatta contentare; che le scrivessi, che averiano attesa la risposta. [X, 62]

Sagredo è visibilmente imbarazzato. Partito lancia in resta come messaggero di Galileo in grado di convincere i Riformatori, si ritrova nel ruolo di messaggero dei Riformatori in grado di convincere Galileo.

Anche le lettere immediatamente successive di Sagredo – il carteggio durerà fino al 1619 e le missive del nobile veneziano saranno in totale 99; mentre sono andate tutte perdute quelle che gli invia Galileo – hanno un analogo tema: le finanze del professore toscano.

Ma non si deve credere che questo sia l'unico e neppure il principale argomento di dialogo tra i due. Nelle lettere successive, del 1602, Sagredo parla di argomenti tecnologici (come migliorare alcuni strumenti) e informa Galileo di aver inviato una lettera a William Gilbert nel tentativo di stabilire contatti regolari con lo studioso dei fenomeni del magnetismo.

Nel 1603 Galileo e Sagredo sono associati in una lettera che il genero di Tycho Brahe, Francesco Tengnagel, invia ad Antonio Magini, il matematico di Bologna, lamentandosi che "i due", per imperizia e per invidia, vanno insultando, in pubblico e in privato, l'illustre suocero. Nella lettera "i due" non sono esplicitamente nominati, anche se il riferimento è chiaro: essendo uno indicato come il professore di matematica a Padova e l'altro come il suo seguace veneziano e fratello di ignoranza.

Probabilmente Tengnagel – e, chissà, anche Brahe – è piccato per il fatto che Galileo non ha mai risposto alla lettera che il grande astronomo danese gli ha inviato tre anni prima.

Ma, al di là di questi problemi, Sagredo e l'intera "Compagnia" veneziana sono uno dei gruppi preferiti da Galileo per condividere, come si dice, la "gioie della vita". Lo testimonia una lettera proprio del 1600 in cui il Sagredo invita l'amico e maestro a organizzare per ottobre insieme a Sebastiano Venier: "un viaggietto in Cadore, ma perché senza la compagnia di V. S. Ecc. riuscirebbe questo nostro viaggio per luoghi fantastichi molto insipido, ho voluto darlene aviso per tempo, acciò, per favorire l'uno e l'altro di noi, si disponga a farci questa grazia" [X, 73].

I Sagredo e i Venier hanno, come usa dire, interessi in Cadore: boschi, miniere, case. Ma la gita non si farà, perche Sagredo si ammala. Sta di fatto però che "i due" non sono legati solo da "confidenza philosophica", ma, come scrive Mariapiera Marenzana:

> da un giro di amicizie comuni, prima fra tutte quella di Paolo Sarpi, una mondana disinvoltura circa le faccende religiose, il gusto per l'ironia ora affettuosa ora pungente, una scarsa simpatia per i gesuiti, una visione della vita amabile e disincantata, l'amore per l'arte, le lettere, la musica, la pittura la conversazione. E il vino. [Marenzana, 2010]

In conclusione, le dotte e allegre compagnie di Padova e Venezia contano molto sulla formazione di Galileo. Come nota Andrea Battistini:

La frequentazione di quel mondo animato da uno spirito tollerante
e critico, antidogmatico e libero, mosso da curiosità e memore in ogni
istante delle buone maniere e di uno stile raffinato, incise in modo
non superficiale addirittura sui destini di Galileo scrittore. [Battistini,
1989]

Per primo, in termini generali, perché:

Quel ceto ricco e colto, al tempo stesso capace di finanziare la ricerca
scientifica e tanto illuminato da ascoltare le nuove istanze, diventò a
poco a poco il destinatario privilegiato se non proprio esclusivo di
Galileo, destandogli la coscienza di una missione culturale che lo gui-
derà fino alla condanna del 1633. [Battistini, 1989]

Ma incise anche nei suoi aspetti peculiari. Nello stile, perché quei

nobili progressisti, magistrati laici, ecclesiastici di larghe vedute, militari, artisti e architetti, richiedevano una prosa elegante e sorvegliata,
aliena dalla terminologia troppo ispida dei "meccanici" e viceversa
incline a un decoro letterario consono ai gusti di un pubblico cercato
fuori dalle aule universitarie. Senza affatto abdicare al rigore proprio
del discorso scientifico, l'opera di proselitismo attuata dalla nuova
scienza esigeva un argomentare franco e affabile, attento alla dimensione estetica. [Battistini, 1989]

16. La stella nova

Io, per scarico della cosciencia mia et comandamento del mio padre confessore, io son venuto a denonciare al S. Officio el signore Galileo Galilei matematico publico nel Studio di Padova, per chè io gli ho veduto in camera sua fare diverse natività per diverse persone, sopra le quali gli fece el suo giudicio. Et gliene fece una a uno, che gli disse che haveva da viver ancora 20 anni, et el suo giudicio lo teneva per fermo et indubitato che dovesse seguire.

[...] Io so anco questo, che io son stato 18 mesi in casa sua et non l'ho mai visto andare alla messa altro che una volta, con occasione che lui andò per accidente, per parlare a monsignore Querengo, che io fui con lui; et non so che lui si sia confessato et comunicato mentre sono stato in casa sua. Ho ben inteso da sua madre che lui mai si confessa e si comunica, la qual me lo faceva delle volte osservar le feste se andava alla messa, et io osservandolo, in cambio de andare alla messa andava da quella sua [...] Marina veneziana: sta al Canton de ponte corbo.

Il 21 aprile 1604 il signor Silvestro Pagnoni si reca presso il tribunale dell'Inquisitore, a Padova, e firma questa denuncia contro Galileo Galilei [Bertola, 2008]. Silvestro Pagnoni è stato per qualche tempo, per 18 mesi appunto, il copista del prolifico professore toscano. Ma tre mesi prima, a gennaio, il rapporto si è interrotto. Non sappiamo perché. Ma, certo, non in maniera amichevole.

Ironia della sorte, la prima accusa che il vendicativo Pagnoni muove al pioniere della nuova scienza è quella di praticare l'astrologia divinatoria. Lo accusa poi di non essere un buon cattolico praticante e di non frequentare la messa: anche se, aggiunge, "nelle cose della fede credo che lui creda". E, infine, lo accusa di fornicazione perché frequenta una donna, Marina Gamba, senza averla in sposa.

Non si tratta davvero di accuse gravi. Tuttavia colpiscono un professore dello Studio di Padova e con l'Inquisitore per lo mezzo è meglio essere cauti. Il giorno dopo i Riformatori informano il Senato di Venezia che esamina la faccenda e, a stretto giro, il 5 maggio, risponde pregando loro di muoversi con la solita prudenza e destrezza per "procurare che non si proceda più oltre nelle dette denunce". A difesa di Galileo interviene, informalmente ma decisamente, anche il Doge. Il governo di Venezia non vuole in alcun modo che la denuncia sia trasmessa a Roma. E infatti non viene trasmessa. La prima esperienza di Galileo con l'Inquisizione si chiude così.

È chiaro che, dopo la vicenda di Giordano Bruno, estradato da Venezia e finito sul rogo a Campo de' Fiori, il governo della Serenissima vuole riprendersi tutta la sua libertà. La riprova viene da un'altra denuncia che, per singolare coincidenza, giunge al tribunale dell'Inquisitore di Padova pochi giorni prima di quella di Silvestro Pagnoni. Riguarda il filosofo amico di Galileo, Cesare Cremonini. Ed è una denuncia ben più pericolosa, mossa da un collega dello Studio di Padova, Camillo Belloni, e ha una natura teologica. Cremonini, si dice, sostiene davanti ai suoi studenti che l'anima è mortale. La denuncia, questa volta, viene inviata a Roma.

Il Concilio Lateranense del 1513 aveva affermato il contrario: l'anima è immortale. A difesa di Cremonini si schiera, ancora una volta, il Senato di Venezia. Il Sant'Uffizio da Roma si limita a esprimere le sue riserve sull'insegnamento del filosofo. Ma le autorità veneziane dispongono che Cremonini possa continuare a parlare di mortalità dell'anima, spiegando però ai suoi studenti che l'insegna Aristotele. Che nel *De anima* lo Stagirita discute, per l'appunto, della mortalità dell'anima. E che lui non può mica censurare Aristotele, visto che la Chiesa non si è espressa ufficialmente in proposito.

L'atteggiamento della Repubblica è ora risoluto. Esso rappresenta una difesa, la migliore possibile in Italia, contro gli attacchi al libero pensiero. Tuttavia quegli attacchi ci sono. Molti campanelli di allarme li annunciano. Ma evidentemente a Padova il loro suono non risulta, ancora, abbastanza forte e chiaro. Il cruccio principale di Galileo resta, infatti, quello economico. Il toscano avverte la precarietà della sua posizione di "professore a contratto", come diremmo oggi. E ritiene che la cosa migliore sarebbe trovare un lavoro stabile e ben remunerato presso un principe. Sì, la cosa migliore sarebbe diventare matematico di corte. Per questo, in quel medesimo 1604, sonda in gran segreto Vincenzo Gonzaga, il duca di Mantova, che è stato suo allievo. Il duca è interessato. Ma l'offerta economica è inferiore a quanto Galileo si aspetta e di cui ha bisogno. Non se ne fa nulla.

Verso la fine del 1604 ecco un altro scampanellio che dovrebbe mettere sull'avviso il copernicano Galileo: ormai non è più possibile nascondersi. E sarebbe bene che, per uscire allo scoperto, il luogo sia il più lontano possibile da Roma. E non solo metaforicamente.

Succede, infatti, che il 10 ottobre compare anche nei cieli di Padova una *stella nova*. E l'astro, luminosissimo, chiede a Galileo di uscire, appunto, allo scoperto. La vicenda, grosso modo, è andata così. A ottobre inoltrato, il giorno 10 appunto, un giovane conte milanese, Baldassarre Capra, venuto a Padova per studiare medicina, osserva in cielo una "stella nuova", brillante come Venere, apparsa nella costellazione di Ofiuco (Serpentario), appena tre gradi a ovest di Giove e Marte, che in quei giorni sono in congiunzione, e circa quattro gradi a est di Saturno. Il fenomeno è osservato da molti astrologi e da ogni persona che alzi gli occhi al cielo. Suscitando nei più allarmi e inquietudini, come succede sempre in presenza di un fatto nuovo e inatteso. Ma il giovane Capra, che studia matematica ed effettua osservazioni astronomiche con Simon Mayr, il consigliere dello Studio di Padova che è stato allievo di Galileo, mostra un interesse scientifico e comunque ne dà notizia nella Padova universitaria. È proprio a Mayr e a Camillo Sasso che fa osservare immediatamente l'evento.

Baldassarre Capra sa anche che la notizia è giunta alle orecchie di Galileo, che conosce personalmente e di cui il padre, il conte Marco Aurelio, è persino amico.

Il milanese, come abbiamo detto, non è certo l'unico a vedere la stella. E non è da lui, né direttamente né indirettamente, che Galileo ne apprende la prima notizia. Già il 30 settembre un frate, Ilario Altobelli, gli aveva inviato una lettera annunciandogli la scoperta di una novità nei cieli. La stella è vista in tutta Europa: a Tubinga, in particolare, la osservano con attenzione Johannes Kepler e il suo maestro, Michael Maestlin. L'allievo scrive le sue considerazioni sull'evento e da quel momento la stella del 1604 diventa nota come "Nova di Kepler".

La devono vedere anche a Roma, al Collegio Romano, se padre Cristoforo Clavio, in un'altra lettera a Galileo, scrive che dalla Germania alla Calabria "è un gran bisbiglio della stella nova". Insomma, tutti ne parlano. Perché, scrive Altobelli in una nuova lettera del 3 novembre, indirizzata sempre a Galileo: la novità di "quel nuovo mostro del cielo" è tale "da far impazzire i Peripatetici".

D'altra parte non è la prima volta che si osserva un fenomeno simile. A parte le testimonianze degli antichi astronomi cinesi, c'è stata di recente, nel 1572, un'altra apparizione, che molto ha fatto discutere l'Europa. Sulla questione è intervenuto Tycho Brahe con due libri: il primo, *De nova stella*, pubblicato a tambur battente; il secondo, *Astronomiae instauratae Progymnasmata*, pubblicato postumo, nel 1602. Il grande astronomo danese propone che la *nova stella* debba essere collocata lontana nel cielo, tra le stelle fisse. E che sia costituita da materia eterea imperfetta e corruttibile. Di qui la sua rapida dissoluzione.

Galileo osserva il fenomeno a iniziare dal 28 ottobre. Nei primi giorni la luce della stella, accanto a Marte e Giove e non distante da Saturno, è debole, ma col passare dei giorni diventa sempre più intensa e la massa della stella, osservata a occhio nudo, sembra crescere. Brilla di una luce che tende al rosso.

Il matematico toscano scrive:

A un certo punto i suoi raggi si ridussero con un'improvvisa diminuzione, impallidendo accanto al fulgore rossastro di Marte. Poi di colpo brillava ancora più luminosa, come se fosse tornata a vivere, irradiando il suo splendore con un'intensità degna di Giove. Del tutto a ragione chiunque potrebbe credere che questa nuova stella sia figlia di Giove e di Marte, soprattutto perché sembra nata nella stessa posizione e nello stesso momento in cui era prevista la congiunzione planetaria.

Un oggetto cosmico figlio di Giove e di Marte?

Molti padovani gli chiedono lumi: di che si tratta? Quel punto luminosissimo apparso all'improvviso nel cielo che va lentamente ma chiaramente spegnendosi è davvero una nuova stella o è un'illusione, generata da qualche diavoleria lassù in atmosfera? La questione non è di "lana caprina". Ma ha profonde implicazioni. Teologiche, filosofiche, cosmologiche.

Perché se si tratta di una nuova stella – oggi sappiamo che si tratta appunto di una stella che nella fase terminale della sua vita gode di alcuni momenti di estrema brillantezza – allora viene meno l'assioma aristotelico dell'immutabilità dei cieli.

Anche gli astrologi, la cui attività è ufficialmente vietata, sono in ambasce: se è una stella, ne dobbiamo tener conto nell'elaborare gli oroscopi?

Chi può rispondere meglio a queste e ad altre domande dell'insigne professore che insegna la matematica e la sfera presso la facoltà di Arti dello Studio di Padova?

Galileo non si sottrae e nel mese di dicembre presso l'Aula Magna de "Il Bo" dello Studio di Padova tiene tre "lunghe lezioni a più di mille uditori" in cui risponde proprio alla domanda: dove si trova la *nova*?

Le tre lezioni costituiscono l'esordio di Galileo come astronomo.

Finora ha insegnato la sfera, ovvero come gli autori antichi e moderni descrivono il cosmo. Ora è lui che spiega come a suo modo di vedere "vadia il cielo". Il testo delle lezioni non ci è pervenuto, se non in qualche frammento. Ma è possibile dedurne il succo leggendo il libro, scritto in stretto dialetto pavano, *Dialogo di Cecco de' Ronchitti da Brugine in perpuosito de la Stella Nuova*, pubblicato a Verona nel 1605 anche per rispondere alle contestazioni che Galileo, col suo intervento, ha suscitato.

Il dialogo avviene tra due contadini, Matteo e Natale, che discutono tra loro, tornando dai campi, in maniera scherzosa e insieme acuta, del dibattito che ha interessato un filosofo e un matematico. Inutile dire che le posizioni del filosofo sono messe in ridicolo: "Filosofo, gli è? Che ha che fare la sua filosofia col misurare?". E quelle del matematico, al contrario, ritenute sensate. Loro, i filosofi, discutono se il cielo sia corruttibile e generabile o no:

> Dove i matematici ragionàn eglino in questo modo? Se loro si occupano solamente del misurare, che gli fa a loro s'è sia generabile o no? S'è fosse anche di polenta, non potrebbero essi né più né meno prenderlo di mira?

Il contadino Natale mostra di avere piena consapevolezza della posta in gioco:

> Egli dice che se questa stella fosse in Cielo tutta la filosofia naturale sarebbe una baia; e che Aristotele tiene, che aggiungendosi una stella in Cielo, questo non potrebbe muoversi.

E Matteo, sarcastico:

> Cànchero, l'ha avuto torto questa stella a rovinare così la filosofia di costoro. S'io fossi in loro, i' la farei citare davanti al Podestà, la farei, e le darei una bella querela di turbato possesso, e spiccherei una cedola reale e personale contro d'essa, perché l'è cagione che il Cielo non si muove.

Si dice che il *Dialogo di Cecco de' Ronchitti*, pubblicato anonimo, sia solo ispirato da Galileo, e che debba essere attribuito al padovano Girolamo Spinelli, un frate benedettino, forse in collaborazione con un altro frate benedettino, Benedetto Castelli, allievo e amico di Galileo. In realtà, come sostiene Enrico Bellone, c'è ragione di credere che lo abbia scritto direttamente lo scienziato toscano [Bellone, 2009].

Tesi autorevole. D'altra parte il libro è dedicato proprio a un grande amico di Galileo, il già citato Antonio Querengo. I suoi elementi costitutivi – il dialogo, l'ironia, il modo di argomentare e gli argomenti stessi – saranno più volte ripresi dal toscano in futuro. È noto che Galileo ormai conosce molto bene il dialetto pavano. Che frequenta sia il genere letterario del dialogo sia la poesia sarcastica del Berni. Che proprio a Padova il genere sarcastico, anche se in prosa, vanta la grande tradizione di Angelo Beolco detto *Ruzzante* (o Ruzante), autore che Galileo non solo conosce, ma addirittura ama e divulga [Marenzana, 2010]. Non a caso quando Filippo Salviati cercherà, otto anni dopo, nell'aprile 1612, di sollecitare Galileo a lasciare Firenze per raggiungere gli amici alle Selve, dopo vari argomenti, conclude: "e per lo meno questo gli serva, che qui non si può pigliare ricreazione del piacevolissimo Ruzzante senza la sua esposizione".

Come osserva Andrea Battistini, il *Dialogo di Cecco de' Ronchitti* non è solo un esercizio letterario. Perché è molto chiaro l'impegno scientifico e metodologico. Tuttavia è anche un esercizio letterario. Che dimostra come Galileo ormai frequenti per intero tutte le forme della letteratura: la poesia e la prosa. Scrivendo in latino, italiano e dialetti vari.

Me c'è di più. C'è una prova della tensione, che presto diverrà prepotente, di Galileo a comunicare la scienza anche ai non esperti, perché sa che è sul fronte dell'opinione pubblica che si combatte una delle battaglie principali – se non la principale – sulla nuova visione del mondo.

Nel *Dialogo di Cecco de' Ronchitti* Galileo non si esprime sull'ipotesi copernicana. Ma certo attacca un caposaldo della cosmologia aristotelica. La sua dimostrazione, come scrive Andrea Battistini, mira

> già ad abbattere l'antica petizione di principio che separava radicalmente il mondo terreno, imperfetto, irregolare, corruttibile, precario, contingente e mutevole, dal mondo celeste, perfetto, regolare, incorruttibile, immutabile. La demolizione di queste credenze radicate [implica] poi una consapevole politica culturale di proselitismo che [investe] anche il piano dello stile, del porgere gli enunciati nel modo più adeguato ai destinatari delle conferenze. [Battistini, 1989]

Stile letterario, comunicazione della scienza, visione del mondo e progetto socioculturale in Galileo si tengono e si fondono. Egli sa sempre come scrivere in rapporto al destinatario del suo messaggio. E poiché i destinatari del messaggio antiaristotelico a Padova non sono certo esperti, ma studenti e cittadini comuni:

> bisognò [...] che io ne trattassi in grazia de i giovani scolari et della moltitudine bisognosa di intendere le dimostrazioni geometriche, ben che apresso li esercitati nelli studi di astronomia trite et domestichissime.

Ma il libro è, anche, la risposta ad Antonio Lorenzini, che proprio all'inizio del 1605 ha pubblicato a Padova il *Discorso intorno alla nuova stella*. Lorenzini, secondo Antonio Favaro, è a sua volta fortemente ispirato da Cesare Cremonini. In ogni caso il giovane parla di un dibattito tra filosofi e matematici: riferendosi, evidentemente, alle mille discussioni – che immaginiamo accese – tra Cremonini e Galileo. E, dunque, la disputa sarebbe tra amici, che tuttavia mettono in tavola senza remore tutti i loro argomenti.

Stillman Drake dà per certo che almeno un capitolo del *Discorso intorno alla nuova stella* sia scritto direttamente da Cremonini, non fosse altro perché in quel capitolo il termine "parallasse" è scritto in maniera corretta, mentre nel testo dell'allievo si ripete un errore: paralpse.

Lorenzini e Cremonini hanno probabilmente assistito alle tre lezioni di Galileo. Sanno che il professore di matematica e della sfera che ha esordito come astronomo ha utilizzato argomenti geometrici per sostenere che la *nova* apparsa nei cieli e che si è andata spegnendo è una vera stella, che si trova ben oltre la linea della Luna.

Cremonini, attraverso il suo seguace, Lorenzini, mostra di non accettare questo livello di discussione, fondato sulla matematica e sulle "sensate esperienze". Chi pensa di poter applicare al mondo supralunare le regole matematiche che valgono qui, nel mondo sublunare, mostra di non conoscere le differenze sostanziali tra la Terra e il Cielo. L'argomento è molto sottile, anche se assiomatico. Noi sappiamo che la matematica nel nostro mondo funziona. E, infatti, essa spiega molti fatti di cui abbiamo esperienza sensibile. Tuttavia nessuno può dimostrare che nel mondo oltre la Luna, lontano da ogni nostra possibilità di verifica empirica, la matematica funzioni allo stesso modo. L'unico strumento che abbiamo per spiegare in maniera razionale quel mondo è il rigoroso ragionamento logico. E attraverso la logica Aristotele sostiene che lì, nel mondo oltre la Luna, vale un'altra fisica. Una fisica che la nostra matematica non può spiegare.

Quanto alla *nova*, la spiegazione più economica e che sia una meteora prodottasi nell'atmosfera terrestre.

Nel *Dialogo di Cecco de' Ronchitti* Galileo invece ribadisce i suoi argomenti geometrici ed empirici: anche le questioni del cielo e non solo quelle della Terra possono e devono essere risolte misurando. Non è importante sapere quale sia la natura della *nova*, se è costituita di materia eterea o altro. L'importante è che risulta priva di parallasse. Nel corso di diversi giorni, infatti, non cambia la sua posizione nel cielo rispetto alle stelle fisse, come invece fanno gli astri erranti, ovvero i pianeti. Questo fenomeno di cui tutti possono avere esperienza sensibile ha una sola spiegazione: "Il sito della nuova stella essere et essere sempre stato molto superiore all'orbe lunare".

La *nova* si trova necessariamente a grandissima distanza. Una distanza molto superiore a quella della Luna.

In realtà Galileo spiega anche perché la sua eccezionale luminosità diminuisce nel tempo e in meno di 12 mesi cessa del tutto. È chiaro che la *nova* si sta allontanando rispetto alla Terra. E poiché continua a non avere parallasse, significa che si sta allontanando in linea retta. Oggi sappiamo che questa spiegazione non è esatta: la *nova* perde luminosità in assoluto perché la stella chiude la sua fase esplosiva e muore (almeno in brillantezza). Ma allora era l'unica spiegazione possibile.

Infine sostiene che la *nova* non è una vera stella, ma probabilmente è una massa di gas infuocati generatasi nel mondo sublunare, anzi già qui sulla Terra, che ha raggiunto la profondità del cosmo. La sua luminosità non è altro che luce solare riflessa. Questa affermazione è del tutto errata.

Il dibattito indiretto ma serrato con Cremonini rende evidente che Galileo ha ben presente le implicazioni dell'evento. Molto si è discusso, in tempi recenti, se la *nova* indebolisca (ipotesi proposta da Stillman Drake) o rafforzi (ipotesi ribadita da Camerota) le convinzioni copernicane di Galileo. Probabilmente le convinzioni sono ormai ben solide, come dimostrano i due disegni "copernicani" con cui Galileo correda i suoi appunti. Il problema è, semmai, se la *nova* rafforzi o indebolisca la presa di posizione pubblica in favore dell'ipotesi di Copernico. Sia come sia, pare che dopo le impegnative lezioni a Padova, Galileo si rechi a Mantova, dove incontra un giovane e promettente pittore, Pieter Paul Rubens. Ne sortisce un dipinto, opera del fiammingo, in cui appaiono Justus Lipsius, filologo e pensatore neostoico molto noto, lo stesso Rubens e, più defilato, il fratello Philip. Di fronte a loro c'è Galileo in quello che Frances Huemer ha definito il più bel ritratto che sia mai stato realizzato dello scienziato fiorentino [Huemer, 2009].

L'episodio non sortisce solo un capolavoro della pittura, ma dimostra come Galileo sia sempre in strette relazioni con il mondo delle arti figurative.

Ma la storia della *nova* non è conclusa. Che la stella susciti non solo grande e diffuso interesse, ma anche umane gelosie lo dimostra il fatto che nel 1605 viene pubblicato un altro libro sull'argomento, *Consideratione astronomica circa la nuova e portentosa stella*, a opera di Baldassarre Capra. Il giovane è piccato per il fatto di non essere stato neppure nominato da Galileo nel corso delle tre famose lezioni. E scrive il libro per rivendicare la (presunta) priorità della scoperta. Ma ne approfitta per attaccare il professore toscano. La *nova*, scrive Baldassarre Capra, è effettivamente una stella. Galileo ha ragione, anche se "come per li suoi scritti si vede, non troppo cura le cose matematiche".

Il giovane conte milanese accusa il titolare della cattedra di matematica presso lo Studio patavino, uno dei più importanti d'Europa, di non conoscere la sua materia. L'impudenza è grande. Ma Galileo decide di non cogliere la provocazione. Non subito, almeno.

Nel 1606 nasce il terzo figlio di Marina Gamba e Galileo Galilei. Questa volta è un maschio e il toscano decide di battezzarlo rinno-

vando il nome del padre, Vincenzio. Sarà perché Galileo vuole tenersi vicino il suo maschietto, sarà perché Marina ormai da sola non
può farcela, l'intera famiglia naturale finalmente si ritrova tutta a
casa del professore, in via dei Vignali. Marina può ora godere del suo
compagno e vedere alleviate le sue fatiche grazie alle collaboratrici
domestiche stipendiate da Galileo. È evidente che il professore dello
Studio di Padova non teme nuove denunce da parte di gelosi ben-
pensanti. O, almeno, è certo che le autorità veneziane non vi daranno
seguito.

Passa ancora un anno e, questa volta, è Galileo ad adire le vie le-
gali. Oggetto dell'azione giudiziaria è proprio Baldassarre Capra, il
figlio dell'amico conte Aurelio, che si è prodotto in una nuova provocazione.

Per capire di che si tratta occorre rifare un passo indietro e risalire, più o meno, al 1597 o giù di lì, quando Galileo mette a punto un
nuovo strumento: il "compasso geometrico e militare". Non è che
l'idea sia nuova. Di compassi geometrici anche per uso militare ce ne
sono parecchi, e da parecchio, in giro. Galileo, tuttavia, lo migliora e
lo rende più funzionale e facile da usare, anche per operazioni complesse. Oggi diremmo che Galileo mette a punto un compasso più
avanzato e amichevole di ogni altro precedente. Perché consente,
come spiega soddisfatto lo stesso Galileo, a "qualsivoglia persona di risolvere in un istante le più difficili operazioni di aritmetica".

Il compasso ha due facce: la prima, chiamata *recto*, ha quattro coppie di scale, la seconda, chiamata *verso*, ne ha tre.

Sul *recto* le "linee aritmetiche" consentono di effettuare rapidamente tutte le quattro operazioni e ogni altro calcolo fondato sulle
proporzioni. Molto utile ad artigiani, tecnici e militari, perché consente di dividere una linea in parti uguali così come di ridurre in scala
una qualsiasi figura. Ci sono poi le "linee geometriche", che consentono il calcolo rapido delle aree e l'estrazione di radici quadrate. Le
"linee stereometriche" servono per il calcolo del volume di un solido
e, infine, le "linee metalliche" consentono di stabilire i pesi specifici di
materiali metallici.

Sul *verso*, invece, ci sono le "linee poligrafiche" che consentono di calcolare la circonferenza di un cerchio circoscritto a un qualsiasi poligono regolare. Le "linee tetragoni" che consentono di trovare il lato di un quadrato o di un qualsiasi poligono di area equivalente a quella di un cerchio di un dato raggio; consentono anche l'operazione inversa: dato un quadrato o un esagono è possibile calcolare il raggio di un cerchio di area equivalente. Ci sono, infine, le "linee aggiunte", che consentono di trovare il quadrato equivalente a un segmento circolare del quale sono note lunghezza della corda e altezza.

Chi volesse saperne di più non ha che da consultare le pagine dedicate al compasso nel Museo Virtuale Galileo [Museo Galileo, 2012] o il saggio che vi ha dedicato Stillman Drake [Drake, 1977].

Inutile dire che, sulla scorta dei temi svolti da Niccolò Tartaglia, maestro del suo maestro Ostilio Ricci, e delle novità prodotte dal suo amico e mentore, Guidobaldo del Monte che sull'argomento ha scritto nel 1570, Galileo progetta il suo compasso sulla base di solida matematica. E che, con il fedele Marcantonio Mazzoleni, ne produce, nel suo laboratorio di strumenti di precisione, svariate copie: almeno un centinaio. Che vanno a ruba. Acquistate a un prezzo piuttosto alto da tecnici, civili e militari, oltre che "da Principi e Signori", come scrive lo stesso Galileo in una sorta di libretto di istruzioni, *Le operazioni del compasso geometrico e militare*, che pubblica nel 1606 dedicandolo a Cosimo II, il nuovo granduca di Toscana.

L'opera ha una tiratura minima, appena 60 copie, perché, spiega Galileo nell'introduzione, è inutile leggerla se non si ha un compasso.

Grande deve, dunque, essere il suo disappunto, come scrive Michele Camerota, "quando, nella primavera dell'anno successivo, si [trova] di fronte uno scritto dal titolo *Usus et fabrica circini cuisdam proportionis*, il quale [volge] malamente in latino, e con molti e cospicui errori, quanto da lui edito appena qualche mese prima" [Camerota, 2004].

Giacomo Alvise Cornaro riceve una copia del libro, fresca di stampa, dal padre di Baldassarre, Aurelio, e si insospettisce. Il veneziano pensa di essere stato plagiato dal giovane Baldassarre, che avrebbe copiato il suo trattato di logica, il *Dissertationes duae. Una*

de logica et eius partibus, altera de enthymemate e avverte subito il suo
amico Galileo. Non è che il Capra ha fatto qualcosa di analogo con te?

Galileo sfoglia il libro del giovane che già una volta lo ha provocato
e resta "soprapreso da stupore, da sdegno e da travaglio insieme". Baldassarre Capra non si è limitato a plagiare *Le operazioni del compasso
geometrico e militare*, ma addirittura ha rivendicato a sé l'invenzione
dello strumento. Ora è davvero troppo. Il 7 aprile il professore toscano
si reca a Venezia per rendere nota ai Riformatori dello Studio la scor-
rettezza di cui è stato oggetto e due giorni dopo, il 9 aprile, denuncia
formalmente per plagio il conte Capra, allegando i due libri e chiedendo che venga preso "di questo usurpatore e calunniatore quel ca-
stigo che alla somma lor prudenza porrà esser condegno delle opere di
quello". Il dibattimento inizia il 19 aprile. Il giorno dopo Paolo Sarpi
espone la sua perizia, confermando sia che il libro di Capra traduce in
latino larga parte di quanto scritto da Galileo in italiano, sia che il professore fiorentino gli ha mostrato il compasso già dieci anni prima.
Galileo, infine, da un lato indica uno per uno gli svarioni contenuti
nel libro di Capra e dall'altra sfida il giovane a dare pubblica dimostrazione di saper effettuare le operazioni matematiche descritte.

A questo punto Baldassarre Capra cede e si dice pronto a dare a Galileo ogni soddisfazione, compresa la pubblica ammissione del suo errore. Ma Galileo vuole arrivare fino in fondo. Chiede la distruzione di
tutte le copie del libro di Capra. Il 4 maggio i Riformatori emettono la
sentenza: riconoscendo che Galileo ha completamente ragione, e disponendo che il plagiario sia espulso dall'università e che siano acquisite e distrutte tutte le 483 copie dell'*Usus et fabrica circini cuisdam
proportionis*. La sentenza viene immediatamente letta, a suon di trombe,
nello Studio di Padova, nell'ora di maggior frequenza degli studenti.

I Riformatori, tuttavia, non riescono ad acquisire tutte le copie del
libro di Capra. Il giovane è riuscito a venderne almeno una trentina
all'estero. Il che irrita ancora di più Galileo, che decide a spron battuto di scrivere a sua volta un libro, stampato nel successivo mese di
agosto: *Difesa contro alle calunnie ed imposture de Baldassar Capra*.
L'opera è una puntuale ricostruzione della vicenda. Ma anche la di-

mostrazione di quando sdegno riesca a trasmettere con la penna il professore di matematica e sfera dello Studio di Padova:

> Dirà forse alcuno, acerbissimo essere il duolo della perdita della vita: anzi pur, dirò io, questo esser minor de gli altri; poi che colui che della vita ci spoglia, ci priva nell'istesso punto del poterci noi più né di questa, né di altra perdita lamentare. Solamente in estremo grado di dolore ci riduce colui che dell'onore, della fama e della meritata gloria, bene non ereditato, non dalla natura, non dalla sorte, o dal caso, ma da i nostri studii, dalle proprie fatiche, dalle lunghe vigilie contribuitoci, con false imposture, con fraudolenti inganni e con temerarii usurpamenti ci spoglia; poi che restando noi in vita, ogni virtuosa persona, non pur come tronchi infruttuosi, non solo come mendici, ma più che fetenti cadaveri ci sprezza, ci sfugge, ci aborrisce.

Baldassarre, sostiene Galileo in questa sorta di apologia della difesa della proprietà intellettuale, è più che un assassino [Caso, 2011]. Perché produce un dolore dell'animo che almeno la morte per mano di un omicida evita. Per questo il plagiario merita maggiore ripugna di un cadavere in decomposizione.

Quest'opera è scritta in uno stile sferzante, con quella *vis polemica* che ormai appartiene al canone di Galileo. Il tono, come scrive Andrea Battistini, è "acre e tagliente", tuttavia il libro è privo, forse per la prima e ultima volta, "di ogni bagliore ironico" perché su tutto prevale un "rancore esasperato" [Battistini, 1989].

Galileo esprime il suo sdegno verso l'autore di un plagio. Ma non esprime sentimento alcuno nei confronti di chi ha ispirato l'autore materiale del plagio. Secondo alcuni c'è, infatti, un'eminenza grigia dietro la sprovveduta operazione del giovane [Favaro, 1911; Camerota, 2004]. E questa eminenza che lavora nell'oscurità altri non è che il maestro di Baldassarre: Simon Mayr.

L'astronomo ha lasciato Padova nel 1605, ma è rimasto in contatto con l'allievo. D'altra parte, sostiene Antonio Favaro, è lo stesso Capra ad affermare, mentre ancora difende il suo libro, che il compasso non è una sua invenzione, ma lo ha avuto da Mayr e che lo stesso libro non è tutta farina del suo sacco ma è "frutto della cultura del suo prestantissimo maestro" [Favaro, 1911].

La *stella nova*, la cause in tribunale, i libri di vario genere e forma, i cenacoli frequentati con gran soddisfazione, i quarant'anni superati di slancio. Non bisogna pensare che Galileo in questi anni perda di vista il suo obiettivo principale. Pubblicare un trattato generale sul moto, naturale e violento. Di cui, ne è convinto, ha carpito ogni segreto.

Il libro sul moto

Il trattato che ha in mente Galileo è composto di tre libri. E nei manoscritti che si riferiscono al secondo libro, intitolato *Liber secundus in quo agitur de motu accelerato*, si può leggere:

> Chiamo moto uniformemente o equabilmente accelerato, quel moto i cui momenti o gradi di velocità aumentano, dall'abbandono della quiete, secondo l'incremento del tempo a partire dal primo istante del movimento.

Le parole sono del tutto analoghe a quelle che proporrà nei *Discorsi* del 1638. Ma quando, esattamente, Galileo ha elaborato queste note? E sulla base di che cosa ha corretto l'errore contenuto nella lettera a Paolo Sarpi del 1604, quando aveva scritto che la velocità di caduta dei gravi è proporzionale allo spazio percorso?

Lasciamo che a rispondere a questa domanda siano gli storici di professione. Secondo alcuni Galileo si accorge che nella caduta dei gravi la velocità aumenta non con lo spazio ma con il tempo solo intorno agli anni '30 del XVII secolo. Noi segnaliamo, però, che Alexandre Koyré anticipa la scoperta al 1609, quando Galileo studia il moto lungo il piano inclinato. Tesi ripresa da Michele Camerota: il toscano elabora (ma non pubblica) la sua teoria del moto uniformemente accelerato negli ultimi anni a Padova, tra il 1607 e il 1609 [Camerota, 2004].

Si tratta di una rivoluzione di così ampia portata, non solo fisica ma anche filosofica, che farebbe di Galileo il più grande fisico della prima parte del XVII secolo e il pioniere della nuova scienza anche senza tutto quello che accadrà dopo il 1609.

Questa rivoluzione si basa sulla capacità di "immaginare il tempo". Ma lasciamo la parola ad Alexandre Koyré. Galileo si accorge che: "Il movimento è, prima di tutto, un fenomeno temporale. Avviene *nel tempo*. È in funzione del tempo dunque che Galileo cercherà di definire l'essenza del moto accelerato e non più in funzione dello spazio percorso: lo spazio non è che una risultante, non è che un accidente, non è che un sintomo di una realtà essenzialmente temporale. Non si può, è verò, *immaginare* il tempo. E ogni rappresentazione grafica rasenterà sempre il pericolo di cadere nella geometrizzazione ad oltranza. Ma lo sforzo sostenuto dall'intelletto, dal pensiero *concependo e comprendendo* il carattere continuo del tempo, potrà senza pericolo simbolizzarlo con lo spazio. Il moto uniformemente accelerato sarà dunque quello che lo sarà in rapporto *al tempo*" [Koyré, 1966].

Per formulare la sua nuova concezione del moto in rapporto *al tempo*, Galileo deve superare quell'ostacolo niente affatto banale rappresentato dalla dimensione che può essere più facilmente immaginata e più facilmente geometrizzata: lo spazio [Camerota, 2004].

Non abbiamo elementi per sostenere fino in fondo questa tesi. Ma la domanda è legittima: chi può superare l'ostacolo della percezione dello spazio e riuscire a immaginare il tempo e la continuità del tempo se non un musicista, che può creare la sua composizione di suoni anche a occhi chiusi. Quanto delle capacità di Galileo di andare oltre lo spazio deriva dalla sua cultura musicale e dagli insegnamenti ricevuti dal padre?

Ma, nel portare a compimento la sua elaborazione teorica sulle leggi generali del moto, Galileo paga, probabilmente, un altro grande pegno alla musica e a suo padre: quello delle esperienze sensibili [Bellone, 1998].

Camerota aggiunge infatti un dettaglio non da poco nella cronologia di Koyré. Il francese di origine russa esclude che Galileo abbia effettivamente realizzato gli esperimenti con i piani inclinati: i risultati, sostiene, sono troppo precisi per essere veri. Camerota si rifà, invece, alle scoperte di un altro storico della scienza ed esperto di questioni galileiane, Stillman Drake, il quale sostiene, invece, che Galileo li ha davvero effettuati, quegli esperimenti [Drake, 1978; Drake, 2009]. Intanto perché nella costruzione di strumenti di precisione può confidare sull'aiuto di quel formidabile artigiano che è Marcantonio Mazzoleni. Con lui Galileo costruisce piani inclinati e orologi ad acqua, oltre a regoli e compassi. E poi perché alcuni studiosi in epoca recente hanno ripetuto gli esperimenti con il piano inclinato di Galileo, dimostrando che il toscano poteva ottenere i risultati con la precisione di cui ha dato dimostrazione nei *Discorsi*.

C'è, infine, un altro elemento. Galileo ha sperimentato più volte e con ottimi risultati la "misura del tempo": sia a Pisa, con l'esperienza del pendolo, sia a Firenze, con suo padre. Suonando il liuto, leggendo i libri di Vincenzio, dei suoi amici e dei suoi avversari, sperimentando con lui in casa, Galileo ha acquisito una consuetudine teorica e pratica con la "misura del tempo". Ha imparato a "immaginare il tempo".

Ecco perché Galileo e Mazzoleni, già prima del 1604, costruiscono un piano di legno lungo dieci metri e inclinato di dieci gradi rispetto al suolo e si dotano di alcune biglie di acciaio. Ecco come Enrico Bellone descrive gli esperimenti: "Il collaboratore [Mazzoleni] tiene la pallina ferma nel punto più alto del piano inclinato, e quando Galileo gli dà il via lascia scendere la pallina. Mentre la pallina percorre il piano inclinato, Galileo, che è un abile musicista, batte alcune note musicali (non ha bisogno del metronomo, le batte interiormente): un numero molto piccolo, un intervallo di tempo molto breve. Quando le ha battute tutte, avverte il collaboratore, che segna sul piano inclinato il punto dove la pallina era nel momento in cui sono finite le battute. Chiamiamo questa distanza 1, per semplificare i conti.

Poi si ricomincia da capo: si riporta la pallina in cima, e Galileo batte due gruppi di battute, cioè due intervalli di tempo tra loro eguali. Perché lo fa? Perché, se la velocità con cui la pallina rotola lungo il piano inclinato è una costante, ed essa ha percorso uno spazio 1 in un gruppo di battute, in un gruppo doppio di battute dovrebbe percorrere uno spazio 2, in un gruppo triplo uno spazio 3, e via dicendo. Galileo sta quindi controllando la validità di una legge nella quale egli crede, secondo la quale la velocità di rotolamento è una costante.

Ci è rimasto il manoscritto in cui è riportato il risultato dell'esperimento, che è sconcertante. Gli spazi non crescono come 1, 2, 3, 4, ma come 1, 3, 5, 7: cioè come la sequenza dei numeri dispari. È un segno indubitabile che c'è accelerazione: la pallina, mentre scende, acquista velocità. È un passo decisivo, perché cade una delle leggi fondamentali della fisica del suo tempo e deve essere sostituita. [Bellone, 1998].

Negli anni successivi Galileo, col fedele Mazzoleni, affina sia le sue speculazioni teoriche sia le tecniche sperimentali. E tra il 1607 e il 1608 raggiunge alcuni risultati che è oltremodo riduttivo definire importanti. In primo luogo, riprendendo i lavori e le idee di Guidobaldo del Monte, dimostra, con il suo piano inclinato e la misura del tempo, che la traiettoria di un proiettile descrive una semiparabola. Questa figura geometrica, sostiene Galileo, è il frutto di due moti composti. Uno verticale, con moto uniformemente accelerato tipico della caduta libera dei gravi; l'altro orizzontale, con velocità costante (al netto dell'attrito dell'aria).

Poi dimostra che non c'è differenza concettuale tra moto naturale e moto violento. E, infine, dimostra che l'accelerazione di un grave in caduta libera è proporzionale al tempo e non allo spazio.

Come scrive Stillman Drake: "il lavoro fondamentale di Galilei sul movimento era essenzialmente completato prima dell'avvento del telescopio" [Drake, 1988].

La musica non è del tutto estranea all'elaborazione delle leggi generali sul moto che Galileo ha elaborato negli ultimi anni del suo soggiorno a Padova e che ora intende pubblicare, come annuncia al matematico romano Luca Valerio e come scrive in una lettera a Belisario Vinta del 1610.

Quei dati li pubblicherà solo trent'anni dopo. Perché intanto giunge qualcosa a distrarlo…

17. Un annuncio sidereo

AVVISO ASTRONOMICO CHE CONTIENE E CHIARISCE RE-
CENTI OSSERVAZIONI FATTE PER MEZZO DI UN NUOVO OC-
CHIALE NELLA FACCIA DELLA LUNA, NELLA VIA LATTEA E
NELLE STELLE NEBULOSE, IN INNUMEREVOLI FISSE, NON-
CHÉ IN QUATTRO PIANETI NON MAI FINORA VEDUTI, CHIA-
MATI COL NOME DI ASTRI MEDICEI.

Grandi invero sono le cose che in questo breve trattato io propongo alla
visione e alla contemplazione degli studiosi della natura. Grandi, dico,
sia per l'eccellenza della materia per se stessa, sia per la novità loro non
mai udita in tutti i tempi trascorsi, sia anche per lo strumento, in virtù
del quale quelle cose medesime si sono rese manifeste al senso nostro.

Gran cosa è certo l'aggiungere, sopra la numerosa moltitudine delle
Stelle fisse che fino ai nostri giorni si son potute scorgere con la naturale facoltà visiva, altre innumerevoli Stelle non mai scorte prima
d'ora, ed esporle apertamente alla vista in numero più che dieci volte
maggiore di quelle antiche e già note.

Bellissima cosa e oltremodo a vedersi attraente è il poter rimirare il
corpo lunare, da noi remoto per quasi sessanta semidiametri terrestri,
così da vicino, come se distasse di due soltanto di dette misure; sicché il
suo diametro apparisca quasi trenta volte maggiore, la superficie quasi
novecento, il volume poi approssimativamente ventisettemila volte più
grande di quando sia veduto ad occhio nudo; e quindi, con la certezza
che è data dall'esperienza sensibile, si possa apprendere non essere affatto la Luna rivestita di superficie liscia e levigata, ma scabra e ineguale,
e allo stesso modo della faccia della Terra, presentarsi ricoperta in ogni
parte di grandi prominenze, di profonde valli e di anfratti.

Di più ... [III, II, 9]

Ha ragione Paolo Rossi: "Non c'è, in Europa, un "luogo di nascita" di quella complicata realtà storica che chiamiamo oggi *scienza moderna*. [Perché] quel luogo è l'Europa" stessa [Rossi, 1997].

C'è però, probabilmente, una "data di nascita" di quella complicata realtà storica che chiamiamo scienza moderna. Quella data è il 12 marzo 1610, giorno in cui Galileo Galilei lancia il suo *Sidereus Nuncius* e pubblica, presso la modesta tipografia di Tommaso Baglioni a Venezia, con una tiratura di 550 copie, un libro *in folio* di 56 pagine in cui comunica "agli studiosi della natura" ma anche a chiunque, come scriverà in una lettera a Monsignor Dini il 21 maggio 1611, abbia "occhi nella fronte e nel cervello", le osservazioni dal lui effettuate in cielo nei mesi precedenti per mezzo di un nuovo occhiale [XI, 82].

Galileo sa perfettamente – e lo scrive esplicitamente – che quelle osservazioni sono davvero "grandi" per almeno tre motivi; il primo dei quali è "l'eccellenza della materia per se stessa". Che a sua volta, come scrive in quel prototipo di *abstract* con cui apre il *Sidereus*, si compone di tre serie di osservazioni dirompenti.

Quella realizzata "nella faccia" del satellite naturale terrestre è dirompente perché gli ha consentito di vedere, con grande definizione di dettaglio, che:

> Non essere affatto la Luna rivestita di superficie liscia e levigata, ma scabra e ineguale, e allo stesso modo della faccia della Terra, presentarsi ricoperta in ogni parte di grandi prominenze, di profonde valli e di anfratti. [III, II, 9]

La seconda serie di osservazioni ha riguardato la Via Lattea e i confini del cosmo. Ed è dirompente perché gli ha consentito di verificare con i propri occhi che "sopra la numerosa moltitudine delle Stelle [vi sono] altre innumerevoli Stelle" [III, II, 9].

Il che, semplicemente ma drammaticamente, abbatte per sempre le pareti dell'universo chiuso e spalanca allo spazio infinito.

Ma una terza serie di osservazioni è, forse, ancora più dirompente perché riguarda "quattro pianeti" che orbitano intorno a Giove e che costituiscono il segno tangibile che non tutto nel cosmo ruota intorno alla Terra. Il che non si limita ad abbattere, per sempre, l'idea di un centro gravitazionale assoluto, ma anche l'idea che l'Uomo sia al (sia il) centro dell'universo.

Il secondo motivo che rende "grandi" le cose descritte nel "breve trattato" è per la novità "non mai udita in tutti i tempi trascorsi" e per le cose "non mai scorte prima d'ora". Lui, Galileo Galilei, ha provato "sensate esperienze" mai provate da altri. Ha visto cose letteralmente mai viste prima. Racconta cose mai udite prima.

Il terzo motivo che rende "grande" il "breve trattato" è che la magnificenza delle cose viste e raccontate da Galileo è dovuta (anche) a un'innovazione tecnologica che secondo alcuni inaugura l'epoca della "scienza strumentale": il cannocchiale. "Lo strumento, in virtù del quale quelle cose medesime si sono rese manifeste al senso nostro" [III, II, 9].

È dunque per tutto questo che il *Sidereus Nuncius* segna, come sostiene Ernst Cassirer, "una svolta in cui le epoche si dividono" [Cassirer, 1963].

Galileo, lo abbiamo già detto, ha perfetta cognizione dell'importanza epocale del suo "breve trattato". Compreso, probabilmente, il fatto che a dividere la storia dell'umanità in prima e dopo il *Sidereus Nuncius* non sono solo i suoi contenti dirompenti, le "grandi cose" mai viste prima, e neppure solo lo strumento, il nuovo occhiale che gli ha consentito di avere quelle "sensate esperienze", ma anche il modo che lui, Galileo Galilei, l'artista toscano, ha scelto per comunicare tutto ciò "agli studiosi della natura" e a tutti coloro che "hanno occhi nella testa e nel cervello".

La forma e lo stile del "breve trattato" costituiscono il prototipo, infatti, di quello che Andrea Battistini definisce "un genere letterario nuovo che in seguito avrebbe goduto di una fortuna ininterrotta, il rendiconto scientifico con cui si comunicava (trasparente il significato di *Nuncius*) il riassunto di fenomeni fino allora ignoti, esposti con quella prosa incisiva, agile nel ragionamento ed economica nell'argomentazione, che tanto è piaciuta al Calvino delle *Lezioni americane*" [Battistini, 1993].

Ma ricostruiamo, per sommi capi, la vicenda che ha portato all'opera che divide in due la storia dell'uomo.

E iniziamo sfatando, per l'ennesima volta, un mito. Galileo non ha inventato il cannocchiale. Lo ha semmai perfezionato e, soprattutto, ben utilizzato. Le lenti per migliorare la vista sono tutt'altro che una novità. Esistono da molto tempo, in Europa ve ne è traccia da almeno tre secoli, e all'inizio del XVII secolo in tutto il continente vi sono abili artigiani che lavorano vetri concavi per la miopia e convessi per la presbiopia. È ben risaputo che più di qualcuno, nella seconda metà del Cinquecento, ha provato a mettere insieme una lente convessa e una concava per ingrandire oggetti distanti. E che, all'inizio del Seicento, di quegli oggetti se ne vendono a decine per strada.

Esiste anche una teoria dell'ottica che sostiene come la cosa sia possibile. Questa teoria affonda le sue radici nella scienza antica, ellenistica e islamica. Ma è stata di recente aggiornata. In primo luogo da Giovan Battista della Porta, il napoletano che frequenta Venezia e il "ridotto Morosini" e che, nel 1589, ha scritto il *Magia naturalis*, un libro di grande successo, tradotto in molte lingue, che circola in tutta Europa e in cui è spiegato come, mettendo insieme lenti concave e convesse, sarebbe possibile ottenere uno strumento capace di ingrandire diverse volte gli oggetti distanti.

Dunque il cannocchiale già esiste. E da molto tempo. Ed esiste una teoria del cannocchiale che, a saperla leggere, spiega come costruirlo. Il guaio è che lo strumento così come è stato finora realizzato non funziona bene. Nessuno, in pratica, è riuscito a costruire un sistema di lenti che non solo offra immagini ingrandite, ma anche sufficientemente nitide. In definitiva: il cannocchiale c'è, ma non è di alcuna concreta utilità. È un giocattolo.

Nell'autunno del 1608 giunge tuttavia a Padova, proveniente dai Paesi Bassi, la notizia che un artigiano olandese di Middelburg, Hans Lipperhey, ha messo a punto e presentato a Maurizio di Nassau, principe d'Orange e Statolder delle province di Olanda e Zelanda, un *occhiale* che finalmente funziona, perché, come scriverà Galileo: "le cose lontane si vedono così perfettamente come se fussero state molto vicine" [VI, 199].

Il cannocchiale, dunque, non è più un giocattolo.

Ed essendo ben cosciente di ciò che ha realizzato, nell'ottobre 1608 Hans Lipperhey rivendica la scoperta e chiede agli Stati generali delle Provincie Unite, di brevettare il nuovo *occhiale* che funziona.

Ma anche in questo caso non si tratta affatto di una novità.

Dopo quasi tre mesi, il 15 dicembre 1608, la richiesta di Lipperhey viene respinta con la motivazione che l'invenzione è già di pubblico dominio e di occhiali che fanno vedere più vicine le cose lontane ne circolano ormai parecchi e in diverse parti d'Europa. La complessa vicenda del cannocchiale è stata ricostruita di recente in gran dettaglio ed è stata definita, giustamente, una "storia europea" [Bucciantini, 2012]. Riassumiamola. Perché riguarda da vicino l'artista toscano, Galileo.

L'artigiano Hans Lipperhey decide di recarsi da Middelburg a L'Aja nel settembre del 1608 nella speranza di incontrare il conte Maurizio di Nassau e mostrargli "un certo dispositivo grazie al quale tutte le cose a grande distanza possono essere viste come se fossero vicine" [citato in Bucciantini, 2012].

Maurizio di Nassau è lo *statolder*, ovvero ha la guida politica e militare, delle Sette Provincie Unite dei Paesi Bassi e di Zelanda. Ed è impegnato in una dura trattativa con il generale genovese Ambrogio Spinola, comandante militare al servizio dell'arciduca Alberto d'Asburgo, governatore delle Fiandre per volontà del re di Spagna. La posta in gioco è il riconoscimento ufficiale dell'indipendenza di fatto di cui godono le Sette Provincie, il loro diritto a continuare i traffici con l'Estremo Oriente e la fine di trent'anni di conflitti con la stessa Spagna. Al tavolo della trattativa siedono, garanti interessati, i rappresentanti del re di Francia, Enrico IV di Borbone, e del re d'Inghilterra, Giacomo I della famiglia degli Stuart.

Il Seicento è il secolo in cui nascono la cultura di massa e l'opinione pubblica, alimentata anche dai primi giornali a stampa le cui pagine sono riempite anche dalle corrispondenze dei primi inviati speciali. E, infatti, un "avviso", un foglio a stampa, "copre", per mezzo di un cronista, la trattativa dell'Aja. L'"avviso" cui ci riferiamo è davvero un prototipo di giornale: non ha neppure una data. Ma propone, sulla prima

delle sue dodici pagine, due notizie che, manco a dirlo, bucano il muro
dell'attenzione. La prima è che il 10 settembre 1608 Maurizio di Nassau ha ricevuto l'ambasciatore del re del Siam. La seconda è che il medesimo statolder ha ricevuto, probabilmente in quei medesimi giorni, la visita di un "costruttore di occhiali di Middelburg, un pover'uomo".

Con la notizia della visita dell'ambasciatore del Siam il cronista rende conto che Maurizio intende affermare il diritto delle Sette Provincie ad avere rapporti autonomi anche con l'Estremo Oriente. Insomma, ad avere una politica estera indipendente e a largo raggio.

Con la notizia della visita del pover'uomo di Middelburg, il cronista rende noto che l'artigiano ha presentato allo Statolder "certi occhiali tramite i quali si possono scoprire e vedere distintamente le cose lontane tre o quattro leghe come se fossero vicino a noi cento passi". Un cannocchiale che funziona. La dimostrazione pratica delle capacità del nuovo occhiale è avvenuta pubblicamente, dalla torre dell'Aja, da cui Maurizio e altri hanno potuto vedere "l'orologio di Delft e le finestre della chiesa di Leida, nonostante queste città distino dall'Aja l'una un'ora e mezza e l'altra tre ore e mezza di cammino" [citato in Bucciantini, 2012].

Il cronista sarà stato pure un principiante, ma certo ha stoffa. Perché riporta un particolare cui pochi prestano attenzione: il nuovo strumento è stato puntato verso il cielo e molti hanno potuto vedere "anche le stelle che di solito non appaiono ai nostri occhi per la loro piccolezza e per la debolezza della nostra vista" [citato in Bucciantini, 2012].

Maurizio di Nassau riconosce la novità e l'apprezza. Non tanto per il suo possibile uso in astronomia – non eclatante invero, perché lo strumento non ingrandisce più di tre o quattro volte – ma per le possibili applicazioni militari. L'occhiale offre, infatti, la possibilità di vedere prima e meglio il nemico distante.

Lo strumento è visto e molto apprezzato, probabilmente per lo stesso motivo, anche dal generale Ambrogio Spinola, che ne dà immediatamente conto sia all'arcivescovo Guido Bentivoglio sia all'arciduca Alberto d'Asburgo, appassionato di scienza. Alberto sarà presto immortalato, con un telescopio tra le mani e l'occhio sulla lente, da Jan Brueghel il Vecchio in un famoso quadro del 1611, il *Paesaggio con vista del castello di Mariemont*. Il nuovo occhiale, infine, è visto e suscita l'interesse anche dell'ambasciatore francese Pierre Jeannin, che a sua volta ne dà conto al proprio re, Enrico IV.

Insomma, grazie alle voci sparse dai testimoni diretti e dal giornale, la notizia si diffonde rapida in tutta Europa.

Intanto il 2 ottobre la commissione delle Provincie Unite si riunisce per discutere la richiesta di brevetto avanzata da Lipperhey. Ma rimanda la decisione, limitandosi e suggerire ulteriori miglioramenti – perché non lo rende binoculare? – e a confezionarne di nuovi, dando all'artigiano un anticipo di 300 fiorini. Solo dopo che lo strumento avesse dimostrato la sua effettiva utilità e praticità, la commissione avrebbe deciso se fosse o meno meritevole di brevetto e, nel caso, avrebbe conferito all'artigiano altri 600 fiorini.

Ma ben presto la vicenda s'ingarbuglia. All'Aja giungono notizie di persone che qui e là sostengono di avere realizzato oggetti analoghi. Uno in particolare, Jacob Metius, da Alkmaar, si presenta alla commissione delle Provincie Unite ed è talmente sicuro di aver messo a punto qualcosa di nuovo da avanzare a sua volta una richiesta di brevetto. Anche a lui la commissione conferisce 100 fiorini, con l'invito a perfezionare l'occhiale. Intanto da Francoforte un altro fabbricante di lenti giura di aver realizzato un cannocchiale che funziona.

Non portiamola per le lunghe: all'inizio di dicembre 1608 ci sono già tre artigiani in Europa che rivendicano il merito di aver messo a punto un occhiale che fa davvero vedere vicine le cose lontane. Cosicché, quando il 15 dicembre la commissione delle Provincie Unite si riunisce per decidere sulla richiesta di brevetto da parte di Lipperhey e, pur constatando che l'artigiano ha realizzato come gli era stato ordinato un occhiale per vedere con entrambi gli occhi e adempiuto a tutti gli altri obblighi, non può che respingerne la richiesta di brevetto: ormai l'invenzione non è più un segreto. Molti possono costruire cannocchiali che funzionano.

E molte persone che contano possono iniziare a constatare che il cannocchiale funziona davvero.

Il 13 febbraio 1609, per esempio, uno degli strumenti realizzati da Lipperhey è nelle mani di Enrico IV, in riconoscimento del ruolo avuto dalla Francia nei negoziati che hanno portato la pace nella regione.

Alla fine di marzo anche l'arciduca Alberto d'Austria, grazie a Spinola, possiede il suo cannocchiale. Ma a questo punto il nuovo strumento è diffuso un po' in tutta Europa. A l'Aja, gli Stati generali delle Provincie Unite ne possiedono diversi, a Parigi Enrico IV ne ha due, a Bruxelles l'arciduca Alberto e il generale Spinola ne hanno di propri; alcuni sono nella disponibilità di Rodolfo II a Praga e del re di Spagna a Madrid. Anche il papa, a Roma, ne ha uno.

Ancora poche settimane ed ecco che, alla fine di maggio 1609, abbiamo la dimostrazione che il cannocchiale è ormai un oggetto diffuso a livello di massa: a Parigi, racconta Pierre de L'Estoile, c'è un artigiano che li produce addirittura in serie e li vende su un ponte sulla Senna.

Proprio a Parigi la notizia del cannocchiale che funziona raggiunge l'italiano Francesco Castrino, che la trasmette immediatamente a Paolo Sarpi, a Venezia. Il frate non è colto di sorpresa e, anzi, risponde di averlo saputo già nel novembre precedente, direttamente dall'Aja. In ogni caso a luglio il cannocchiale compare fisicamente anche nella città lagunare e poi a Padova. Sarpi ne è perfettamente informato: un "oltremontano", infatti, lo vuole vendere al doge, chiedendo un bel po' di quattrini. Richiesto di un parere, Sarpi sconsiglia dall'acquistarlo. Non a quelle condizioni, almeno.

Certo, lo strumento continua a diffondersi: raggiunge, per esempio, Napoli. E Della Porta si affretta a rivendicarne la spiegazione – anzi, l'ideazione – teorica, sebbene in una lettera del 28 agosto a Federico Cesi definisca quella pratica applicazione delle sue idee una pura "coglionaria": funziona sì, ma mica tanto bene. Non come io prevedo possa funzionare.

Certo, lo strumento inizia a spazzare anche i cieli per finalità di studio. Il 26 luglio 1609 l'astronomo e matematico inglese Thomas Harriot, che si trova a Syon House, nei pressi di Londra, punta un cannocchiale da sei ingrandimenti verso la Luna e inizia a mappare la superficie del satellite naturale.

Ma è ormai tra Padova e Venezia che si giocano le sorti del nuovo occhiale. Ed è lì che le epoche iniziano a dividersi.

Un ruolo decisivo in questa partita lo ha Paolo Sarpi, il frate scomodo. A gennaio è scampato a un nuovo attentato, dopo quello che lo aveva gravemente ferito due anni prima. Nell'uno e nell'altro caso i mandanti risalgono a Roma. Il frate servita è stato il principale consulente del doge e del Senato della Serenissima nella drammatica partita che tra il 1605 e il 1606 ha portato al calor bianco la disputa su chi comanda a Venezia. La vicenda si è conclusa, come è noto, con l'interdetto del papa e con la fuga dei gesuiti dalla Repubblica. Quanto a Paolo, ha osato sfidare in punta di dottrina il cardinale Roberto Bellarmino, affermando l'illegalità dell'interdetto. Per tutta risposta il papa lo ha scomunicato. E agenti di Roma sono giunti due volte a Venezia per ucciderlo. La prima, nel 1607, sono andati molto vicino all'obiettivo: il frate, gravemente ferito, si è salvato per miracolo. La seconda volta, all'inizio del 1609, l'attentato è stato sventato prima che potesse sortire danni.

In Vaticano non possono tollerare una nuova riforma e una nuova perdita di influenza, dopo quelle di Lutero e Calvino. Non possono tollerare che a Venezia ci sia un altro centro teologico capace di confrontarsi con Roma. Non possono tollerare un'autonomia religiosa, preludio della perdita di altri territori e di altri fedeli cattolici.

In realtà il duro scontro con il papa sta lacerando la stessa Venezia, non più, propriamente, serenissima. I partiti sono due. Da un lato gli intransigenti, che non vogliono alcun compromesso con Roma e che considerano Paolo Sarpi il loro eroe. Dall'altro i moderati che, pur rivendicando la piena autonomia di Venezia, preferirebbero risolvere la partita con un accomodamento.

In tutto questo tre sono i fatti certi che ci interessano.

Primo: tra un attentato e una scomunica, Paolo Sarpi, oltre che di teologia e di politica, trova il tempo di interessarsi attivamente di filosofia naturale.

Secondo: Galileo non prende pubblicamente posizione alcuna in fatto di politica. Anche se pare sia su posizioni piuttosto moderate.

Tant'è che nel 1608 ha intensificato la relazioni con la moderata Accademia Duodo, cominciando a organizzarne le attività didattiche. Quel tenersi in disparte, quel non prendere chiaramente posizione crea qualche problema tra Galileo e alcuni suoi amici. Persino in Sagredo si registra una leggera freddezza. Il nobile veneziano forse si aspetta che Galileo si schieri in maniera più netta ed esplicita a favore di Venezia.

Terzo: lo scomunicato Paolo Sarpi e il cattolico (poco praticante) Galileo Galilei erano e restano grandi amici e continuano a frequentarsi come prima.

È in questo contesto che si registrano i fatti che ci accingiamo a narrare.

Tra il 7 e il 21 luglio 1609 il frate servita Paolo Sarpi vede per la prima volta il cannocchiale e scrive di getto a Francesco Castrino: certo l'invenzione è cosa, potenzialmente, meravigliosa, ma allo stato lo strumento serve a poco. Non è più un giocattolo. Ma non è molto più di un giocattolo. Non ha alcuna possibilità di essere impiegato a fini militari. È questo, alla fin fine, quanto Sarpi dice al doge.

Non sappiamo esattamente quando, ma è proprio in questi stessi giorni che il frate servita informa, tra gli altri, il suo amico Galileo dell'arrivo in laguna del nuovo occhiale. E che Galileo entra in scena, con tutte le sue capacità artigiane e scientifiche, iniziando a lavorare per migliorarlo. Per trasformarlo da giocattolo o poco più in uno strumento utile per i militari. E non solo.

È probabile che Galileo lavori in prima persona, con il fedele Marcantonio Mazzoleni, per raggiungere l'obiettivo. Ma è anche probabile che resti in contatto stretto con Sarpi e gli altri studiosi mobilitati dal frate, scambiandosi idee, progetti e consigli su chi contattare tra i tanti raffinati artigiani che a Venezia confezionano lenti. La collaborazione dura almeno fino a quando, tra il 22 e il 29 agosto, Galileo non riesce a centrare il suo obiettivo, confezionando un nuovo occhiale che, con la sua capacità di ingrandire 8 volte gli oggetti lontani senza perdere nitidezza, costituisce un netto miglioramento rispetto a tutti quelli che circolano ormai diffusamente nel continente.

È bastato meno di un mese a Galileo per diventare il più abile costruttore di cannocchiali di tutta Europa. Resta un mistero se siano state solo le sue capacità di costruttore di strumenti scientifici a consentirgli di molare lenti migliori o se, in qualche modo, lo abbia aiutato anche la sua preparazione teorica, tesi che egli stesso tende ad accreditare.

Certo, come abbiamo detto, Galileo è un tecnologo così valente da essere molto richiesto, sia dalle pubbliche autorità sia da privati cittadini. La sua abilità è tale che, nei diciotto anni passati a Padova, è venuto assumendo un doppio ruolo istituzionale, raro in Italia (ma frequente in Germania): quello di docente universitario e di consulente tecnico e scientifico della Repubblica [Bucciantini, 2003].

Insomma, come abbiamo già visto, le autorità politiche veneziane e singoli privati più o meno facoltosi della serenissima città lo conoscono, lo consultano, gli commissionano la costruzione di strumenti. Forse Galileo è fin troppo conosciuto e consultato se, alla fine, sbotta per quel dover:

dispensare [...] talento [...] a minuto alle richieste di ogn'uno [e dover] consumar diverse hore del giorno, et bene spesso le migliori, [...] a richiesta di questo e di quello. [X, 185]

La sua sensazione è che tutte queste minute distrazioni, nel corso di diciotto anni, lo hanno sì reso famoso tra Padova e Venezia, gli hanno sì consentito di aumentare le entrate, ma lo hanno anche distolto dagli studi seri e approfonditi cui vorrebbe dedicarsi a tempo pieno. Ora quest'ultimo sforzo può liberarlo per sempre dai suoi petulanti committenti.

Sta di fatto che in pochi giorni Galileo, con l'aiuto di Mazzoleni, riproduce e migliora il cannocchiale olandese. Così il 21 agosto del 1909 annuncia, con una lettera al doge, di essere pronto a mettere al servizio della Serenissima Repubblica la nuova meraviglia della tecnica, soprattutto per lo "straordinario benefizio" che a Venezia può derivarne qualora la utilizzasse, quella meraviglia, a fini militari.

Tre giorni dopo, il 24 agosto, il doge, Leonardo Donato, e l'intero Serenissimo Senato possono verificare, "con infinito stupore" dai "più alti campanili" della città, la capacità di quello strumento – lungo poco più di 30 centimetri e con un diametro di 5 centimetri – che da San Marco, come ricorda estasiato un testimone, consentiva di discernere "quelli che entravano et uscivano di chiesa di San Giacomo di Muran".

A fine agosto Galileo può scrivere soddisfatto al cognato, Benedetto Landucci:

Dovete dunque sapere, come sono circa a 2 mesi che qua fu sparsa fama che in Fiandra era stato presentato al Conte Mauritio un occhiale, fabbricato con tale artifitio, che le cose molto lontane le faceva vedere come vicinissime, sì che un huomo per la distantia di 2 miglia si poteva distintamente vedere. Questo mi parve affetto tanto maraviglioso, che mi dette occasione di pensarvi sopra; e parendomi che dovessi havere fondamento su la scientia di prospettiva, mi messi a pensare sopra la sua fabbrica: la quale finalmente ritrovai, e così perfettamente, che uno che ne ho fabbricato, supera di assai la fama di quello di Fiandra. Et essendo arrivato a Venetia voce che ne havevo fabbricato uno, sono 6 giorni che sono stato chiama[to] dalla Ser. ma Signioria, alla quale mi è convenuto mostrarlo et [in]sieme a tutto il Senato, con infinito stupore di tutti; e sono stati moltissimi i gentil'huomini e senatori, li quali, benché vecchi, hanno più d'una volta fatte le scale de' più alti campanili di Vene[tia] per scoprire in mare vele e vasselli tanto lontani, che venendo a tutte vele verso il porto, passavano 2 hore e più di tempo avanti che, senza il mio occhiale, potessero essere veduti: perché in somma l'effetto di questo strumento è il rappresentare quell'oggetto che è, ver[bi] gratia, lontano 50 miglia, così grande e vicino come se fussi lontano miglia 5. [X, 202]

Galileo, dunque, proprio come Hans Lipperhey a l'Aja, offre una pratica dimostrazione delle capacità del suo occhiale al Doge e ai Senatori della Repubblica, "i quali, benché vecchi, hanno più d'una volta fatte le scale de' più alti campanili di Venetia" [X, 202].

Pare di vederli, il doge, quei vecchi senatori e quei compassati signori dal sangue blu, arrancare per le strette scale dei campanili più alti di Venezia, più di una volta, per porre l'occhio dietro le lenti del cannocchiale e partecipare dello spettacolo della novità. C'è un misto di infantile curiosità e di orgoglio repubblicano – Venezia possiede la versione più avanzata di una straordinaria innovazione tecnologica – in questo salire e scendere di doge, vecchi senatori e nobili signori per le scale dei campanili di Venezia. Curiosità e orgoglio che Galileo cerca, con successo, di capitalizzare.

L'ammirata riconoscenza delle autorità politiche di Venezia, corroborata dalla consulenza esperta di Paolo Sarpi, si trasforma nel giro di ventiquattro ore in un nuovo rapporto economico tra la Serenissima e il professore toscano. Il 25 agosto 1609, Galileo riceve la proposta di un incarico a vita all'università di Padova, con aumento dello stipendio da 520 a 1000 fiorini. Anche se solo alla scadenza del contratto in corso e senza possibilità di ulteriori aumenti. Da parte sua, Galileo dovrà assumersi due soli impegni: costruire 12 cannocchiali per Venezia e non insegnare il suo segreto ad altri.

Un gran successo. Ed è per questo che Galileo gongola con il cognato. Pur essendo solo un professore di matematica è riuscito a raggiungere il medesimo riconoscimento economico di un filosofo, come l'amico Cremonini. Chi altri ha ottenuto tanto?

E, tuttavia, vale la pena ricordare che fino a questo momento lo strumento tecnologico perfezionato da Galileo non ha fornito nulla alla scienza. Né lui, Galileo, gode di una particolare fama di grande uomo di scienza fuori dalla ristretta cerchia degli esperti. Anche perché, finora, non ha scritto, o meglio non ha reso pubblico, molto di quanto ha fatto e di quanto ha intuito. Finora, figlio di Vincenzio e di Giulia Ammannati, docente di matematica presso l'università di Padova, copernicano, 45 anni ben portati, Galileo non è ancora Galileo.

In ogni caso, sarà stato l'annuncio dell'aumento di stipendio che libera dalle preoccupazioni la mente più che le effettive "hore del giorno", sarà stata l'ennesima intuizione geniale, fatto è che nel successivo autunno 1609 e poi nell'inverno 1610 il professore di matematica decide di passare "la maggior parte delle notti [...] più al sereno et al discoperto, che in camera o al fuoco" [X, 242].

Insomma, decide di fare quello che nessun altro prima di lui ha fatto. Non con discernimento, almeno. Puntare l'occhiale verso il cielo.

Tuttavia, prima di portare a termine questa azione che divide le epoche come Mosè le acque del Mar Rosso, Galileo ne ha altre due da compiere. La prima è quella di recarsi a Firenze e mostrare anche a Cosimo de' Medici le meraviglie del nuovo occhiale. In vista di un possibile e, si spera, definitivo ritorno nella sua città al riparo da pericoli e fatiche inutili.

La consuetudine di Galileo con il giovane Cosimo dura da tempo. Fin da quando, nel 1605, Cristina di Lorena, madre del principe futuro granduca di Toscana ha chiesto al professore fiorentino traslocato a Padova di impartire lezioni al ragazzo. Nelle sue frequenti visite a Firenze Galileo ha introdotto Cosimo alla matematica e alla filosofia della natura, ma gli ha anche impartito lezioni pratiche. Gli ha insegnato, per esempio, come si usa il compasso militare. La verità è che anche come docente Galileo sa il fatto suo, se è vero che Cristina gli chiede di fare da precettore del giovane e malaticcio virgulto della famiglia de' Medici per un'intera estate.

Galileo accetta. E, come fa spesso, usa la sua posizione di amico sapiente dei potenti per avanzare richieste di natura economica. Per ora si limita a chiedere alla granduchessa di intercedere presso le autorità veneziane affinché gli concedano un aumento di stipendio. Ma, mentre a Venezia cresce la tensione politica e il suo amico Sarpi ne paga fisicamente le conseguenze, mentre a Padova le prospettiva di carriera sono ormai limitate, mentre scorre implacabile il tempo e lui non ha ancora trascritto su carta quella grande opera sul moto che ha già scritto e stampato lì, nella sua mente, il progetto inizia a delinearsi: tornare a Firenze, alla corte del granduca, libero da impegni didattici e da altre distrazioni, per portare a termine l'opera. È anche per questo che ha dedicato il manoscritto sul compasso al suo illustre allievo, Cosimo.

Nel febbraio 1609, intanto, muore il papà di Cosimo, Ferdinando I, e il ragazzo a 19 anni diventa granduca di Toscana. Ecco dunque che Galileo a settembre si affretta a partire per Firenze: deve rendere partecipe anche il suo potente allievo delle meraviglie tecnologiche mostrate e offerte al doge e ai Serenissimi Senatori.

Qualcuno a Venezia non apprezza. E tra questi c'è probabilmente Paolo Sarpi. Non ha Galileo un contratto di esclusiva e un debito di riconoscenza con la Repubblica? Perché tanta fretta di portare l'occhiale più potente del mondo nella guelfa Toscana?

Sarà l'occhiale più potente del mondo, pensa intanto Galileo, ma le sue prestazioni sono ancora inadeguate. Occorre una seconda azione, prima di puntare il telescopio verso il cielo: migliorarlo ancora. Perché anche con otto ingrandimenti non si va molto lontano nello studio dell'universo. Naturalmente Galileo il cannocchiale verso il cielo lo ha già puntato. E ha già notato che la superficie della Luna non è affatto eterea e levigata come la descrivono gli aristotelici. Ma scabra e bitorzoluta come quella della Terra. Ormai questa "sensata esperienza" già a settembre è così solida da poterla condividere con altri. Compreso il granduca, Cosimo II, da cui, anche per questo, si aspetta una qualche riconoscenza. E in effetti il giovane regnante ha modo di vedere e di notare, tra i primi al mondo, che la faccia della Luna è "scabra e ineguale, e allo stesso modo della faccia della Terra" e si presenta "ricoperta in ogni parte di grandi prominenze, di profonde valli e di anfratti" [II, I, 9].

Ma con quel cannocchiale l'osservazione è ancora incerta, i dettagli sfuggono. Occorre un ulteriore scatto per vedere e far vedere "cose mai viste prima" che si annunciano, ormai è chiaro, clamorose.

Così, nei mesi di settembre e ottobre, Galileo passa tutte le sue ore a lavorare in gran segreto a un ulteriore e definitivo miglioramento del cannocchiale. A passare in rassegna centinaia e centinaia di lenti. A molare, lucidare, mettere a punto. Quando avrà terminato il suo lavoro, a fine novembre, avrà per le mani uno strumento capace di 20 e poi persino 30 ingrandimenti.

Certo, quell'attività, svolta da solo e in gran segreto, inizia a metterlo in urto con le persone con cui ha lavorato nei mesi precedenti, Sarpi in testa. Certo, la tecnica non è perfezionata. Non sempre tanto lavoro viene ripagato col successo. Anzi, spesso il risultato finale non è soddisfacente. Come scriverà a Belisario Vinta, influente primo ministro di Cosimo II, il 19 marzo 1610: "gl'occhiali squisitissimi et atti a mostrar tutte le osservazioni sono molto rari, et io, tra più di 60 fatti con grande spesa et fatica, non ne ha potuti elegger se non piccolissimo numero" [X, 238]. C'è ancora un margine di casualità nella realizzazione di un buon telescopio.

Ma è anche certo che alcuni cannocchiali messi a punto da Galileo hanno una capacità di ingrandimento e una nitidezza senza precedenti. Costituiscono un autentico salto di qualità. Nulla di paragonabile a quanto hanno fatto e continuano a fare tutti gli altri. In quattro mesi Galileo ha trasformato un giocattolo o poco più in uno strumento tecnologico innovativo. E poi uno strumento tecnologico innovativo in uno strumento scientifico.

Non c'è dubbio che in questi rapidissimi passaggi Galileo utilizzi le sue capacità di abile artigiano, anzi di vero e proprio tecnologo. Ma, nel *Sidereus*, il nobile fiorentino cercherà di accreditare l'idea che il successo del suo lavoro sia avvenuto prima di tutto sul piano della teoria. Sono riuscito, sostiene, a migliorare nettamente l'occhiale per ingrandire di 20 e persino 30 volte le cose lontane non perché ho utilizzato le mie capacità di abile artigiano, ma perché ho utilizzato le mie conoscenze di filosofo naturale che sa di ottica.

Il guaio è che Galileo non fornisce alcuna prova per suffragare questa affermazione, rimandandola probabilmente alla seconda e più ampia edizione del "breve trattato". La mancanza di prove ha indotto molti storici ad avanzare dubbi sulla reale consistenza dell'affermazione di Galileo. Lo stesso Kepler, che in breve giungerà a definire e pubblicare una teoria completa del telescopio, mostra di avere dubbi.

Tuttavia ci sono almeno due indizi che corroborano la tesi secondo cui Galileo non dice il falso. La prima è che, sulla base di un mero lavoro artigiano, nessuno in tutta Europa riesce a migliorare di molto le prestazioni del cannocchiale di Lipperhey. E sì che sono in tanti abilissimi artigiani a tentarci. Solo Galileo riesce.

Il secondo indizio è che, contrariamente a quanto affermato da alcuni, l'ormai maturo toscano l'ottica la conosce davvero. L'ha studiata, come abbiamo visto, in gioventù, con Ostilio Ricci. E ha continuato a farlo. A Padova ha trascritto il *Theorica speculi concavi sphaerici* di Ettore Ausonio. A casa nella sua biblioteca c'è una copia dell'*Opticae thesaurus* di Friedrich Risner. Conosce e ha studiato il *De refractione*, il grande trattato di ottica scritto da Giovan Battista della Porta nel 1593. In definitiva, se si esclude un libro, recentissimo, di Kepler, *Ad vitellionem paralipomena*, che pure ha cercato ma non ha mai trovato a Venezia, Galileo conosce tutta la letteratura scientifica sull'ottica.

Ed è dunque probabile che questa conoscenza, sia pure *in libris*, abbia svolto un ruolo non secondario nel drastico miglioramento del cannocchiale. Sia come sia, alla fine di novembre il toscano può disporre, unico al mondo, di uno "strumento eccellente", ovvero di uno strumento scientifico con cui indagare il cielo e, dunque, ha già conseguito il primo di una serie incredibile di successi. Ora può iniziare a indagare sistematicamente l'universo. Senza cessare, ovviamente, di migliorare ancora le prestazioni del suo occhiale.

Quell'autunno a Padova c'è molta nebbia. Le giornate si susseguono grigie e di rado si vede il sole. Ma infine le brume si diradano. E il 30 novembre 1609 Galileo può iniziare a puntare il cannocchiale verso il cielo. Lo farà sistematicamente per 55 notti.

Primo obiettivo resta la Luna. Il matematico, ormai astronomo, inizia a studiarne in maniera sistematica la superficie. E, come vedremo, a disegnarla con accuratezza. Poi, evidentemente soddisfatto, tra il 18 dicembre 1609 e il 6 gennaio 1610, passa a studiare le costellazioni, le nebulose, la Via Lattea: insomma le stelle. Infine il 7 gennaio 1610 punta il cannocchiale su Giove e scopre tre punti luminosi nei pressi del grande pianeta. Dapprima pensa che siano stelle mai osservate prima. Poi comprende, anzi vede, che non si tratta di stelle, ma di "rotondissimi" pianetini. Piuttosto simili alla Luna. Comprende immediatamente la portata di quella scoperta.

Lo stesso 7 gennaio, con una lettera, ragguaglia Antonio de' Medici, fratello del granduca Cosimo, a Firenze. Gli parla della Luna.

Per satisfare a Vostra Signoria molto Illustrissima ed Eccellentissima, racconterò brevemente quello che ho osservato con uno de' miei occhiali guardando nella faccia della luna; con strumento eccellente, si può con gran distintione scorgere quello che vi è; et in effetto si vede apertissimamente, la luna non essere altramente di superficie uguale, liscia e tersa, come da gran moltitudine di gente vien creduto esser. [X, 219]

Questa parte della lettera non è che una prima bozza, in italiano, della versione più estesa e in latino, della seconda e terza parte del *Sidereus* [Bucciantini, 2012]. Ma, subito dopo, ecco che Galileo parla ad Antonio de' Medici di tre pianetini.

Et oltre all'osservationi della Luna, ho nell'altre stelle osservato questo. Prima, che molte stelle fisse si veggono con l'occhiale, che senza non si discernono; et pur questa sera ho veduto Giove accompagnato da 3 stelle fisse, totalmente invisibili per la lor picciolezza, et era la lor configurazione in questa forma né occupava non più d'un grado in circa per longitudine. I pianeti si veggono rotondissimi, in guisa di piccole lune piene, et di una rotondità terminata et senza irradiatione; ma le stelle fisse non appariscono così, anzi si veggono folgoranti et tremanti assai più con l'occhiale che senza, et irradiate in modo che non si scuopre qual figura posseghino. [X, 222]

Nei giorni immediatamente successivi – il 9, il 10 e l'11 gennaio, per la precisione – si accorge che quei "rotondissimi" pianetini, "in guisa di piccole lune piene", si muovono e, incredibile a dirsi, descrivono un'orbita intorno a Giove. Sono davvero delle lune [X, 223]. Sono lune di Giove.

Mentre effettua queste osservazioni scrive, annota, riporta. Vuole rendere pubbliche quelle cose, letteralmente, mai viste prima. Pensa a un "breve trattato". Anzi, lo compone in tempo reale. Tant'è che il 30 gennaio il *Sidereus Nuncius* è già pronto e affidato allo stampatore. Intanto nei giorni e nelle settimane successive continua ad affinare le

osservazioni – si accorge che intorno a Giove ruota una quarta luna
– e di conseguenza provvede ad aggiornare il "breve trattato". Il 13
febbraio rende noto a Belisario Vinta che ha deciso di dedicare al
granduca, Cosimo II de' Medici, quelle lune di Giove, ormai diventate
quattro. E chiede consiglio: è meglio battezzarli *Cosmici* quegli astri
oppure *Medicea Sydera*?

Belisario Vinta risponde che quest'ultima dizione appare la più
gradita a corte.

Il lavoro nella piccola tipografia Baglioni va per le lunghe. Galileo
ne approfitta per inserire nel testo le ultime osservazioni: le Pleiadi osservate il 31 gennaio, la costellazione di Orione osservata il 7 febbraio,
le ultimissime sui satelliti di Giove, effettuate il 2 marzo.

Solo dieci giorni dopo, il 12 marzo, Galileo può finalmente licenziare il libro, pagandolo di tasca propria e dedicandolo a Cosimo. E il
giorno successivo, nella tarda serata del 13 marzo, dalla libreria Baglioni iniziano a uscire le prime di 550 copie del *Sidereus Nuncius*.

Ma cosa dice quel libro per riuscire a dividere le epoche?

Certo annuncia al mondo che c'è un'innovazione capace di far
provare all'uomo "sensate esperienze" finora inedite. Dimostra che il
cannocchiale messo a punto da Galileo è uno strumento che consente
di "potenziare gli occhi". Tuttavia quel libro ci dice che non basta avere
gli occhi e un buon cannocchiale per leggere più in profondità il
"grandissimo libro, che essa natura continuamente tiene aperto". Occorre anche sapere guardare. E interpretare. Come sosterrà lo stesso
Galileo, in una lettera dell'anno successivo a monsignor Dini:

> I primi inventori trovarono et acquistarono le cognizioni più eccel-
> lenti delle cose naturali e divine con gli studi e le contemplazioni fatte
> sopra questo grandissimo libro che essa natura continuamente tiene
> aperto innanzi a quelli che hanno occhi nella fronte e nel cervello.
> [XI, 87]

La natura è come un libro, ma per leggerlo quel poderoso volume occorre avere "occhi nella fronte e nel cervello". Lui, quegli occhi nella

fronte e, soprattutto, nel cervello, li ha. E grazie a loro, alzando il cannocchiale verso il cielo, vede almeno tre novità clamorose.

La prima è che:

> apertissimamente, la luna non essere altramente di superficie uguale, liscia e tersa, come da gran moltitudine di gente vien creduto esser lei et li altri corpi celesti, ma all'incontro essere aspra et ineguale, et insomma dimostrarsi tale, che altro da sano discorso concluder non si può, se non che quella è ripiena di eminenze et di cavità, simili, ma assai maggiori, ai monti et alle valli, che nella terrestre superficie sono sparse. [X, 219]

Insomma, con gli occhi nel cervello oltre che con gli occhi nella fronte, Galileo vede che non c'è differenza qualitativa tra cielo e Terra, come sosteneva la cosmologia aristotelica. E scopre la simmetria cosmica. La sostanziale unità della fisica.

Non è davvero poca cosa.

Perché quella semplice osservazione esperita con il senso della vista spazza una visione del cosmo, quella di Aristotele, vecchia di secoli.

Sulla Terra, sosteneva lo Stagirita, tutto è costituito da quattro essenze (acqua, terra, aria e fuoco). In cielo tutto è costituito da una *quinta essentia* (l'etere): solida, cristallina, trasparente, imponderabile e inalterabile. Sulla Terra tutto è imperfetto, greve, mutevole e corruttibile. E la fisica terrestre è la fisica di questo mondo imperfetto, greve, mutevole, caotico e corruttibile. Nei cieli vige un'altra fisica. Lì tutto è perfetto, inalterabile, ordinato e incorruttibile. E la fisica è quella della perfezione dei moti, della incorruttibilità, della eternità. Con la loro eterea natura e con i loro moti regolari e circolari, il Sole, i pianeti, la Luna che errano nel cielo di Aristotele sono una manifestazione di quest'altra fisica, della fisica perfetta dei cieli.

E invece Galileo vede coi propri occhi che il paesaggio lunare è affatto simile al paesaggio terrestre. La Luna non è una sfera cristallina perfetta, dalla superficie "uguale, liscia e tersa". Con l'occhiale si vedono chiaramente che sulla Luna ci sono monti e valli, "protuberanze" e "cavità". La Luna è un oggetto bitorzoluto, aspro e ineguale, del tutto simile al nostro pianeta. Le macchie che scorgiamo anche a occhio nudo non sono dovute a una variazione di densità di una materia esotica, ma, spiega, con il mio "eccellente strumento" è possibile verificare che si tratta di impasti del tutto simili a quelli che acqua, terra, aria e fuoco caoticamente generano qui sul nostro corruttibile pianeta. Le ombre sulla Luna si formano e si dissolvono durante le ore del giorno proprio come accade qui, sulla Terra.

I corpi celesti, quindi, non hanno quella natura assolutamente perfetta ipotizzata da Aristotele. Ma hanno la medesima, imperfetta natura del nostro pianeta. Sono, per dirla con Giordano Bruno (nome che Galileo si guarda bene dal citare), della stessa specie della Terra [Greco, 2009b].

La Terra, sostiene Galileo, riflette la sua luce sulla superficie lunare, proprio come la Luna riflette la sua luce sulla Terra. C'è una profonda simmetria tra il nostro pianeta e il suo satellite. La Luna non è il regno della perfezione, così come la Terra non è il regno dell'imperfezione. E annuncia: "In un nostro Systemate Mundi [dimostrerò che il nostro pianeta è] errante e superante in splendore la Luna, e non già sentina di sordidezze e terrene brutture" [III, I, 9]. Pubblicherò presto un libro, di cui vi dico anche il titolo, *Systemate Mundi*, che sulla base delle "sensate esperienze" descritte nel *Sidereus* riscriverà la cosmologia di Aristotele e darà una nuova visione sia dell'universo sia della Terra stessa. Questa trattazione approfondita vedrà la luce solo venti anni dopo e avrà un altro titolo: *Dialogo sopra i due massimi sistemi del mondo*.

Tuttavia già dalle novità del *Sidereus* – dall'osservazione che la Terra brilla come tutte le *stelle erranti* (i pianeti) perché riflette sulla Luna una parte della luce che riceve dal Sole, proprio come la Luna riflette sulla Terra una parte della luce che riceve dal Sole; dalle osservazioni che poi farà studiando, alcuni mesi dopo, le fasi di Venere e le macchie solari – discende che l'asimmetria della fisica di Aristotele deve essere ricomposta. C'è un'unica, identica fisica per spiegare i fenomeni che avvengono in ogni parte del cosmo.

Da notare quell'aggettivo, errante, con cui Galileo definisce la Terra. È un aggettivo pienamente copernicano. Così come copernicana è l'interpretazione che il toscano dà della scoperta delle lune di Giove.

Con l'unità e l'omogeneità dell'universo che scopre mediante l'osservazione della natura "terrestre" della Luna, Galileo non solo inizia a distruggere la cosmologia aristotelica (e quella tychoniana), ma inizia a proporre un principio di mediocrità (non ci sono luoghi speciali nel cosmo), con cui rilancia e corrobora l'indigesta cosmologia del Nolano (Giordano Bruno), che evidentemente a torto il grande astronomo olandese Tycho Brahe definiva il "Nullano", fondata sull'idea di un universo, appunto, omogeneo e infinito [Greco, 2009b].

Ma Galileo scopre e comunica anche che: "una moltitudine di stelle fisse non mai più vedute, che sono più di dieci volte tante, quante quelle che naturalmente son visibili" [III, I, 9]. Aprendo, così, la prospettiva alla scoperta di nuovi mondi. Aprendo il passaggio, per dirla con Alexandre Koyré, dal mondo chiuso all'universo infinito [Koyré, 1970]. Già, perché le stelle, anche quando le guardi al cannocchiale, restano "mai terminate da un contorno circolare", insomma restano puntini sia pure "molto scintillanti", mentre i pianeti "presentano i loro globi perfettamente rotondi e definiti", simili a piccole e rotonde lune. E tutto ciò indica che la distanza che separa la Terra dalle stelle fisse è immensamente più grande di quella che la separa dai pianeti. Tra il sistema planetario e le stelle fisse c'è, dunque, uno spazio così grande da apparire infinito. Infinito proprio come, ancora una volta, aveva sostenuto Giordano Bruno, il monaco arso vivo dieci anni prima, il 17 febbraio 1600, in Campo de' Fiori a Roma.

Infine, meraviglia "che eccede tutte le meraviglie", Galileo scopre che intorno a Giove si muovono quattro lune. È questo "l'evento più importante riportato nel suo *Sidereus Nuncius*" [Drake, 1992]. Non tutto in cielo ruota, dunque, intorno alla Terra. E quindi il pianeta che ospita l'uomo perde *ipso facto* ogni possibilità di essere considerato il centro assoluto dell'universo fisico.

Certo, è possibile con ulteriori arzigogoli rendere compatibili le lune di Giove con il modello di Aristotele e Tolomeo. Certo, tecnicamente (matematicamente) potrebbe restare in piedi il modello multicentrico di Tycho Brahe: con alcuni pianeti che ruotano intorno al Sole, ma con il Sole che continua a girare intorno alla Terra. Tuttavia non c'è dubbio che la scoperta delle lune di Giove comporta un cambiamento di statuto dell'ipotesi eliocentrica di Copernico. Che non può più essere considerata un mero artificio matematico per far quadrare i conti, ma si candida prepotentemente e diventare un modello che rappresenta la realtà naturale. Una realtà in cui l'umanità non è più, fisicamente, nel centro (e, dunque "il" centro?) del Creato.

Il gesto di puntare il suo cannocchiale verso il cielo compiuto da Galileo nell'autunno 1609 – un gesto semplice, ma che Paolo Rossi acutamente definisce di grande coraggio intellettuale [Rossi, 1997] – ha dunque conseguenze davvero sconvolgenti: "i monti e le valli della luna, la moltiplicazione impressionante del numero delle stelle, l'individuazione del tutto inattesa dei satelliti di Giove si [rivelano] subito a Galileo la dimostrazione sperimentale risolutiva per abbattere il paradigma aristotelico-tolemaico" [Battistini, 1993].

> Abbiamo inoltre un ottimo ed eccellente argomento per togliere di scrupolo coloro che, pur accettando con animo tranquillo nel sistema Copernicano la rivoluzione dei Pianeti intorno al Sole, sono però così turbati dalla rotazione della Luna intorno alla Terra, mentre intanto ambedue compiono l'annuo giro attorno al Sole, bensì quattro stelle l'esperienza sensibile ci mostra erranti intorno a Giove, a somiglianza della Luna intorno alla Terra, mentre tutte insieme con Giove, nello spazio di 12 anni, tracciano un gran giro intorno al Sole. [III, I, 9]

Non sono, dunque, l'invenzione del cannocchiale a opera degli artigiani olandesi e neppure il suo indubbio perfezionamento a opera di Galileo a dividere le epoche. Non è quell'innovazione, come sostiene Vasco Ronchi, a essere degna della maggiore ammirazione [Ronchi, 1958]. La grandezza di tutta la vicenda che si svolge tra Padova e Venezia nell'autunno e nell'inverno a cavallo tra il 1609 e il 1610 sta, come sostiene Ludovico Geymonat, nella fiducia che Galileo concede al nuovo strumento tecnologico e, soprattutto, nella sua capacità di diffondere tale fiducia tra i suoi contemporanei [Geymonat, 1969].

Galileo ha infatti chiara la portata delle osservazioni effettuate. E delle loro enormi implicazioni. Così non solo rende "infinitamente" grazie a Dio perché si è "compiaciuto di far me solo primo osservatore di cosa così ammiranda, e tenuta a tutti i secoli occulta" [X, 225], come scrive già il 30 gennaio 1610 in una lettera all'ormai abituale corrispondente, Belisario Vinta, ma comprende immediatamente di poter costruire una nuova cosmologia, non più fondata su prove logiche, ma sulla "certezza che è data dagli occhi", che consente di risolvere "tutte le dispute che per tanti secoli tormentarono i filosofi", liberandoci una volta e per sempre "da verbose discussioni" [III, I, 9].

18. L'avviso di un artista

Il più grande scrittore della letteratura italiana di ogni secolo, Galileo, appena si mette a parlare della luna innalza la sua prosa ad un grado di precisione e di evidenza ed insieme di rarefazione lirica prodigiose. E la lingua di Galileo fu uno dei modelli della lingua di Leopardi, gran poeta lunare...

La nota di Italo Calvino ci dice che sebbene lo abbia scritto in latino – e in un latino non molto apprezzato dai puristi della lingua – con il *Sidereus* inizia a manifestare tutte le sue capacità il più grande scrittore nella storia della letteratura italiana [Calvino, 1967]. E della letteratura scientifica di ogni tempo.

L'avviso astronomico è, anche, l'avviso di un artista.

Di più. La pubblicazione del *Sidereus Nuncius* costituisce, come sostiene Andrea Battistini, l'atto fondativo di un nuovo genere letterario: il rendiconto scientifico.

Il 12 marzo 1610, dunque, il più grande scrittore della storia della letteratura italiana, la cui lingua sarà capace di ispirare un poeta come Giacomo Leopardi, inaugura un nuovo genere letterario. Non capita a tutti. E non capita tutti i giorni.

Ma andiamo con ordine. E ritorniamo ai quei famosi 55 giorni, tra la fine del 1609 e l'inizio del 1610, in cui Galileo punta il cannocchiale verso il cielo e vede "cose mai viste prima". Ma, poiché il toscano ha occhi nel cervello oltre che nella fronte, comprende che ora – e solo ora – tutto cambia. Che ora e solo ora la visione copernicana dell'universo cessa di essere una speculazione come le altre e diventa una teoria scientifica. Che ora e solo ora c'è la prova provata, "la sensata esperienza", che Copernico e Kepler hanno "creduto e filosofato bene", come scriverà in una lettera a Giuliano de' Medici il primo gennaio

1611 [XI, 8]. Che ora e solo ora lui, Galileo Galilei, non è più solo un matematico ma è diventato un filosofo. Un filosofo in senso affatto nuovo, però. Perché, come rileva Eugenio Garin, lui "vede" che il cosmo non è quello di Aristotele [Garin, 1993]. Lui "vede" che i cieli non sono quelli di Tolomeo.

È a questo punto che Galileo morde il freno. Sta osservando "cose mai viste prima". Ha piena cognizione che quelle sue "sensate esperienze" modificano il "sistema mondo" e, ancor di più, la maniera stessa di vedere il mondo. Attraverso le lenti ben molate del suo occhiale non vede solo la Luna e Giove e infinite stelle, ma vede anche le epoche dividersi. Comprende che nella storia dell'umanità ci sarà un prima e un dopo le osservazioni di Galileo Galilei, nobile fiorentino. E, dunque, ha fretta. "La fretta di battere tutti sul tempo" [Battistini, 1993]. Di comunicare tutto a tutti, perché tutti sappiano, prima che "qualcun altro non havesse incontrato l'istesso e preoccupatomi" [III, I, 9].

Galileo insiste molto sulla percezione del "pericolo et risico" di essere battuto sul tempo. Ne parla, per esempio, nella lettera che il 19 marzo 1610 invia a Belisario Vinta per accompagnare la prima copia del *Sidereus* spedita a Firenze ancora *in folio* e senza copertina:

> Sarà ancora necessario che io sia scusato se l'opera non esce fuori stampata con quella magnificenza che alla grandezza del soggetto si saria richiesto, essendo che l'angustia del tempo non l'ha permesso, et l'indugiare et differire la publicazione era con mio troppo pericolo et risico che forse qualche altro non mi havesse preoccupato; onde mi sono resoluto mandare innanzi questo avviso, insieme con la denominazion delle stelle, per publicar poi in breve molte altre particolari osservazioni, le quali vo continuando di fare intorno a queste medesime cose. [XI, 54]

La fretta di battere tutti sul tempo e di rivendicare a sé la primazia di quelle scoperte così clamorose prevale, dunque, sul desiderio di stampare un'opera adeguata alla "magnificenza" e "alla grandezza del soggetto". Opera "proporzionata alla materia" che viene annunciata, ma che non verrà mai pubblicata. Cosicché il *Sidereus* è scritto, come rileva Andrea Battistini, con "penna trafelata" [Battistini, 1993].

Ed è proprio il vincolo della fretta che spinge l'artista toscano a inaugurare con penna trafelata un nuovo genere letterario.

Di più. Il fiorentino è immediatamente consapevole del rischio che quelle osservazioni avrebbero corso se sottoposte a una gruppo ristretto di iniziati: essere fagocitate da "verbose discussioni" capaci di sommergerne e annichilirne, con la loro capziosa viscosità, l'autentica novità. Ma quelle da lui compiute non sono elucubrazioni su un mondo di carta. Sono osservazioni "sensate" e ripetibili da chiunque possieda il senso della vista. Sono, dunque, osservazioni oggettive e inconfutabili. Fatti, che mostrano una realtà oggettiva e inconfutabile (con un ragionamento sano). Cosicché la strategia che Galileo decide di adottare per sottrarsi al rischio di "verbose discussioni" con dotti che usano parlare *ex cathedra*, è precisa e ben definita: andare oltre la cerchia degli iniziati (i dotti, i religiosi) e anche dei filosofi e degli astronomi esperti, per "far vedere tutto a tutti". A cominciare dai principi e dagli intellettuali colti (e potenti) che frequentano le corti d'Europa. Ecco cosa scrive a Belisario Vinta nella già citata lettera del 19 marzo, sei giorni dopo la pubblicazione del *Sidereus Nuncius*:

Parmi necessario, oltre a le altre circuspezioni, per mantenere et augumentare il grido di questi scoprimenti, il fare che con l'effetto stesso sia veduta et riconosciuta la verità da più persone che sia possibile: il che ho fatto et vo facendo in Venezia et in Padova. Ma perché gl'occhiali esquisitissimi et atti a mostrar tutte le osservazioni sono molto rari, et io, tra più di 60 fatti con grande spesa et fatica, non ne ho potuti elegger se non piccolissimo numero, però questi pochi havevo disegnato di mandargli a gran principi, et in particolare a i parenti del S. G. D.: et di già me ne hanno fatti domandare i Ser.mi D. di Baviera et Elettore di Colonia, et anco l'Ill.mo et Rev.mo S. Card. Dal Monte; a i quali quanto prima gli manderò, insieme col trattato. Il mio desiderio sarebbe di mandarne ancora in Francia, Spagna, Pollonia, Au-

stria, Mantova, Modena, Urbino, et dove più piacesse a S. A. S.; ma
senza un poco di appoggio et favore di costà non saprei come incaminarli. [XI, 54]

Battere tutti sul tempo e comunicare tutto a tutti. Ecco, dunque, cosa
spinge Galileo a scrivere furiosamente di giorno, mentre di notte continua a scrutare il cielo. L'osservazione e la sua narrazione si rincorrono per quasi due mesi a un ritmo insospettato. Ma quando il 30
gennaio 1610 tutto è pronto, le osservazioni ormai sufficienti e il manoscritto ultimato, il fiorentino ha difficoltà a trovare qualcuno disposto a pubblicarglielo. Le osservazioni del cielo non sono tra le
priorità culturali degli intellettuali e degli editori veneti. Deve, così, ri-
volgersi a quello che noi oggi chiameremmo un piccolo editore: Tommaso Baglioni, tipografo in Venezia, che ha iniziato da poco la sua
attività e vanta, ancora, un modesto catalogo.

Licenziato il 12 marzo, il libro, con una veste editoriale essenziale
"per le angustie del tempo", "sciolta" da rilegatura "et ancora bagnata"
d'inchiostro, esce dalla tipografia Baglioni, come abbiamo detto, il 13
marzo 1610 con una tiratura di 550 copie. Dopo una settimana risulta già introvabile.

Mai successo fu più meritato.

Perché quel "libro di poche pagine – rileva Enrico Bellone – [de-
stinato a esercitare] nella cultura del Seicento, un ruolo imponente
[...] può essere a ragion veduta considerato come uno dei libri più
importanti che mai siano stati scritti" [Bellone, 1998]. Perché, conferma Charles Singer: "Non esistono in tutta la letteratura scientifica
ventiquattro pagine che più di quelle siano ricche di rivelazioni" [Sin-
ger, 1961].

Ma poniamoci un'altra domanda. Qual è l'idea veramente nuova
distillata in quelle ventiquattro (in realtà 56) pagine "ricche di rivelazioni" che si propongono come una delle opere più importanti mai
realizzate dall'uomo? L'intuizione che ha avuto Galileo di puntare
verso il cielo il suo cannocchiale e a vedere con gli occhi nella fronte
cose mai viste prima? Non esattamente. Perché, come scrive Enrico

Bellone, l'idea "di usare il telescopio per compiere ricerche astronomiche non [è] merito esclusivo dell'autore del *Sidereus Nuncius*" [Bel-
lone, 1998]. Il francese Pierre de l'Estoile ha già esaminato, nel 1608,
la possibilità di studiare il cielo col telescopio. L'inglese Thomas Harriot sta già lavorando, fin dall'estate del 1609, al progetto di redigere
una mappa della Luna. E anche il tedesco Simon Mayr pretenderà di
aver preceduto Galileo nella scoperta del sistema di Giove.

Galileo non è neppure il primo ad aver utilizzato gli occhi nel cervello. L'idea dell'imperfezione della superficie della Luna, per esempio, non è nuova. Ne parlavano già, al tempo dei Greci, Eraclito e
Plutarco. Lo stesso Galileo nel descrivere ciò che vede della Luna mostra di conservare memoria delle immagini che della superficie della
Luna ha proposto Plutarco nel suo *De facie* molti secoli prima.

E più di recente, pur non possedendo il cannocchiale, non erano
forse rimasti colpiti Michael Maestlin e lo stesso Johannes Kepler dalla
profonda somiglianza tra alcune regioni della Luna e alcune regioni
della Terra? E non aveva forse Bruno definito la Luna un oggetto cosmico della "stessa specie" della Terra?

E, allora, qual è il carattere che rende straordinario il *Sidereus*?
L'atto in sé di osservare il cielo, sia pure con "gli occhi nella fronte e nel
cervello", costituisce certamente un gesto di "grande coraggio intellettuale", come sostiene Paolo Rossi [Rossi, 1998]. Ma l'autentica grandezza di Galileo sta nel puntare il cannocchiale verso il cielo *e* "giungere
per primo a un insieme di grandi scoperte" *e* decidere di "pubblicarne
un resoconto nel volgere di poche settimane" [Bellone, 1998].

Osservare. Interpretare. Comunicare. E tutto in tempo reale. Il *Sidereus* è, per dirla ancora con Andrea Battistini, un autentico *instant book*.

È con questo combinato disposto di osservazione originale *e* di
coraggiosa interpretazione *e* di pronta pubblicazione che Galileo imprime alla storia dell'umanità "una svolta in cui le epoche si dividono". È questo combinato disposto di intuizione, osservazione
sensata *e* pronta *e* trasparente comunicazione che consente a tutti noi
– e a ragion veduta – di dividere la storia dell'uomo in prima e dopo
Galileo. In prima e dopo il *Sidereus Nuncius*.

È il vincolo della fretta che porta, dunque, alla nascita di un genere letterario nuovo: il resoconto scientifico. Ma questo genere non sarebbe davvero nuovo e non si sarebbe imposto se non fosse caratterizzato da uno stile letterario anch'esso inusitato: senza fronzoli, aneddoti, dotti riferimenti letterari com'è tipico di tanti autori del suo tempo inclusi matematici o astronomi, tra cui lo stesso Kepler.

La clamorosa novità dell'espressione è colta sedutastante (e criticata) dall'ambasciatore dell'imperatore asburgico a Venezia, Georg Fugger, che in una lettera inviata proprio a Johannes Kepler un mese dopo la pubblicazione del *Sidereus*, il 16 aprile 1610, definisce *aridus* lo stile di quel breve trattato. Tanto più se confrontato con il modo di scrivere dell'astronomo tedesco, ricco di riferimenti e di incisi e di eleganza barocca.

Mai stroncatura fu meno meritata. Perché, al contrario, il *Sidereus* è "modernissimo nella scrittura limpidamente effettuale, facile a leggersi, sobrio e asciutto ancorché ardente di un fervore sotterraneo che qua e là fa trasparire un'emozione vibratile e commossa" e che tuttavia impiega "nella descrizione una frugalità inedita" che lascia "cadere subito ogni accessorio per badare all'essenziale e a un'esposizione governata da una chiara *dispositio* geometrica, scandita su una successione di argomenti che, per quanto continua, [induce] subito i primi lettori a partire da Kepler a dividere agevolmente lo spartito della trattazione in tanti capitoli: l'indice generale delle scoperte, la tecnica costruttiva del cannocchiale, i risultati delle indagini sulla superficie lunare (le macchie, il perché della circonferenza non irregolare, il supposto alone di vapore, l'altezza dei monti, la luce cinerea), sulle stelle fisse, sulla Via Lattea, sui satelliti di Giove, con la storia dell'occasione della loro scoperta, delle loro posizioni rispetto a Giove e della posizione di questo pianeta rispetto a una stella fissa, e con i risultati dedotti da tutte queste osservazioni" [Battistini, 1993].

Le novità letterarie sono evidenti. Il *Sidereus* è aperto da un sommario in cui sono enumerate in estrema sintesi sia le "grandi cose" viste sia lo strumento "mediante il quale queste cose stesse si sono palesate al nostro senso". Poi segue una descrizione più analitica, ma sempre molto asciutta e (in apparenza) distaccata, delle osservazioni. La forma editoriale del libro costituisce una vera e propria lezione su un nuovo metodo di comunicare la scienza: con l'enunciazione della scoperta, la ricerca delle cause e delle costanti, la verifica, la misura, le deduzioni epistemologiche.

La lingua scelta, come abbiamo detto, è il latino. Per due motivi. Il primo è che Galileo intende portare il suo *Nuncius* in "special modo" (ma non solo) a un pubblico di esperti, "filosofi e astronomi": e il latino è la lingua dei matematici e degli astronomi. Non meno di quanto sia oggi l'inglese per l'intera comunità scientifica mondiale. Ma il secondo e forse principale motivo è che Galileo vuole scrivere un libro che sia immediatamente comprensibile non solo in Italia, ma in tutta Europa. E dunque usa la lingua internazionale del tempo.

Molti sostengono che l'eleganza del latino di Galileo non è poi così alta e che in ogni caso è decisamente inferiore a quella cui il toscano attinge quando scrive in italiano. Probabilmente è vero: la padronanza che Galileo ha del latino è inferiore a quella che ha dell'italiano. Tuttavia il giudizio sull'eleganza linguistica del testo deriva dallo stile che Galileo ha lucidamente scelto e che a Georg Fugger appare un *discursus aridus*.

In altri termini, Fugger coglie la novità dello stile, ma non si accorge che è intenzionale. Uno stile funzionale a un progetto culturale. Quella prosa che a lui appare arida, è affatto originale, perché, per dirla con Italo Calvino, è volutamente rapida e incisiva, agile nel ragionamento ed economica nell'argomentazione. È una prosa scelta per esaltare il contenuto. Galileo, infatti, usa il linguaggio "non come uno strumento neutro, ma con una coscienza letteraria, con una continua partecipazione espressiva, immaginativa, addirittura lirica" [Calvino, 1993].

È, appunto, la nuova prosa di un nuovo genere letterario. Infatti il *Sidereus* non è un testo scritto alla moda della comunicazione della vecchia filosofia, ma è e intende apparire, per dirla con Tommaso Campanella, come "un'opera storica", che descrive fatti precisi avvenuti nel tempo, secondo una precisa dinamica. Ben sapendo che quei fatti parlano da soli e non hanno bisogno di interpretazioni. "Infatti [Galileo] non spiega perché attorno a Giove rotino quattro pianeti e due intorno a Saturno, ma riferisce quanto è stato constatato" [Campanella, 2002].

Ma c'è di più. Massimo Bucciantini ha giustamente messo in luce come lo stile letterario scelto da Galileo per il *Sidereus Nuncius* – con la presentazione secca ed efficace di dati osservativi "separati dalla loro *storia* e dalla loro *tradizione*", senza la discussione e l'approfondimento (rimandati ad altre opere successive), senza riferimento ad alcun altro libro e autore, moderno o antico, se non a Copernico – non è dovuta solo alla volontà di evitare, per quanto possibile, dispute sulla paternità della scoperta. È dovuto anche e soprattutto al progetto culturale di Galileo. Il *Sidereus Nuncius* non è un nuovo libro che si aggiunge ai tanti. E Galileo lo sa. È "bensì il *primo* lavoro di una nuova *philosophia coelestis* che [segna] una cesura nel modo di indagare la natura e l'universo". Cosicché "nelle intenzioni dello scienziato italiano quell'"aridità" che caratterizza lo stile narrativo del *Sidereus* "non [è] da considerarsi come un limite, come un'assenza o una privazione di qualcosa: esso [corrisponde] invece all'esigenza di dare al testo un significato di rottura e di originalità rispetto a qualunque ricerca precedente" [Bucciantini, 2003].

La necessità avvertita da Galileo di rendere pubbliche e in fretta le "cose mai viste" prima e lo stile letterario del *Sidereus Nuncius*, dunque, fanno tutt'uno con la nuova *philosophia coelestis* e, insieme, determinano quel nuovo modo di indagare la natura e l'universo evocato da Bucciantini e quella svolta epocale indicata da Cassirer.

Galileo avverte tutto questo con estrema lucidità. È pienamente consapevole della sensazione di clamorosa novità che avrebbero avuto sulla scena internazionale, nel mondo degli scienziati e in quello dei religiosi, le sue osservazioni e la *philosophia coelestis* che contengono. Sa di aver inaugurato una stagione culturale nuova. Quella in cui si può dimostrare "con la certezza data dagli occhi" chi "crede e filosofa bene" e chi no.

Galileo, poeta della conoscenza

Per tutto questo Paul Valéry parla di una vera e propria "poesia della conoscenza" [Valéry, 1990]. Ponendo Galileo accanto a Dante e ad Ariosto.

Non a caso. Come abbiamo visto, Galileo conosce quei due poeti. E ne è influenzato. Di più, Galileo conosce bene sia la letteratura contemporanea, sia quella recente, sia quella antica. E ne è influenzato. La descrizione che fa della superficie lunare, per esempio, riprende, talvolta alla lettera, alcuni passi della traduzione latina del *De facie in orbe lunae* di Plutarco, opera di cui il toscano possiede copia.

Secondo alcuni biografi, addirittura, i fatti descritti da Galileo sono "intrisi di teoria". Dietro lo pseudonimo di Alimberto Mauri, infatti, il toscano avrebbe scritto già nel 1606 un'opera, *Considerazioni sopra alcuni luoghi del Discorso di Lodovico delle Colombe intorno alla stella apparita nel 1604,* in cui mette in ridicolo alcune posizioni dell'aristotelico e scrive, tra l'altro:

> direi che, per esser la luna, secondo Possidonio e altri antichi Filosofi, come riferisce Macrobio, cotanto simile alla terra che un'altra terra è da loro nominata, non è sconvenevole il pensare ch'ella non sia per tutto egual nello stesso modo, ma, sì come nella terra, ancora in lei si ritrovino monti di smisurata grandezza, anzi tanto maggiori quanto a noi son sensibili. [Mauri, 1606]

Il che dimostra che Galileo ha già da tempo un'immagine mentale della superficie della Luna, che gli deriva dalla letteratura, e che con il cannocchiale vede ciò che già immaginava [Camerota, 2004].

Ma non è solo l'immagine della Luna che tiene insieme lo scienziato, il critico d'arte e il letterato. Contrariamente a quanto pensa Fugger, il *Sidereus* contiene e trasmette anche *pathos*. Meraviglia e capacità di meravigliare. L'influenza dell'Ariosto e del suo realismo magico è evidente.

Lo stile, la capacità di sintesi, l'economia della lingua sono il frutto del Galileo che è nel medesimo tempo scrittore, poeta e critico letterario oltre che, naturalmente, uomo di scienza. Sostiene, per esempio, Stillman Drake: "La necessità di tener ferme le menti dei lettori sulle loro proprie esperienze visuali [... è] ben presente a Galileo, ed egli vi [fa] fronte con espedienti appresi dai poeti". Galileo, continua Drake, si serve delle figure poetiche come uno strumento per comunicare a tutti, proprio come si serve della matematica per comunicare le sue scoperte ai colleghi [Drake, 1980]. Dove trae la sua ispirazione poetica? Beh, proprio dai poeti che ha frequentato da giovane e che continua a frequentare. Come nota Natalino Sapegno: "Il suo culto per l'Alighieri, l'ammirazione sempre in lui vivissima per l'Ariosto, la scarsa simpatia per le novità stilistiche e per la poesia della *Gerusalemme* giovano a orientarci fin d'ora sull'indirizzo del suo gusto, strettamente vincolato alle tendenze della tradizione fiorentina" [Sapegno, 1973]. Ed è proprio allo stile fiorentino del Cinquecento, di cui tanto ha discusso col Cigoli e con gli altri amici che hanno in spregio il manierismo, che si ispira il modo di scrivere di Galileo: "Caratteristiche della sua prosa sono un'eleganza, non ricercata e studiata, bensì naturale e schietta; una chiarezza cristallina di esposizione e di ragionamento, aliena per lo più da ogni schematismo e da ogni freddezza, e sorretta dovunque dal calmo fervore di chi sa di esser nel vero e perciò non sente il bisogno di forzare e esagerare la virtù dei propri argomenti; un vigore combattivo infine, misurato e dignitoso, che non trascende mai all'invettiva, alla beffa o al sarcasmo, ma si effonde in sottile ironia e in una garbata canzonatura dell'avversario" [Sapegno, 1973]. Questo stile, per lui naturale, ben si adatta, come rileva ancora Sapegno, al "vivo processo dialettico del suo pensiero". E ai risultati cui quel vivo pensiero giunge.

Possiamo, dunque, affermare che l'originale prosa di Galileo, destinata a fare scuola nella storia della comunicazione della scienza, è il frutto di almeno tre componenti particolari: la tradizione letteraria fiorentina e la particolare vocazione italiana alla "letteratura come filosofia naturale"; il particolare modo di ragionare di Galileo; i contenuti particolari che intende comunicare.

Galileo, disegnatore dei cieli

Eppure non sono solo lo scrittore, il poeta e il critico letterario a fare la fortuna del *Sidereus*. Vi concorrono – e non certo in un ruolo marginale – il disegnatore e il critico delle arti figurative.

Luna, 1.
Biblioteca INAF - Osservatorio
Astronomico di Brera, Milano

Luna, 2 e 3.
Biblioteca INAF - Osservatorio
Astronomico di Brera, Milano

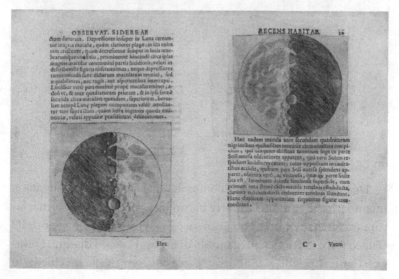

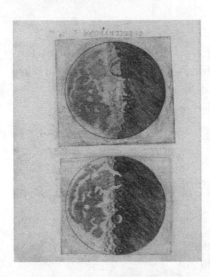

Luna, 4 e 5.
Biblioteca INAF - Osservatorio
Astronomico di Brera, Milano

Costellazione di Orione e delle Pleiadi.
Biblioteca INAF - Osservatorio
Astronomico di Brera, Milano

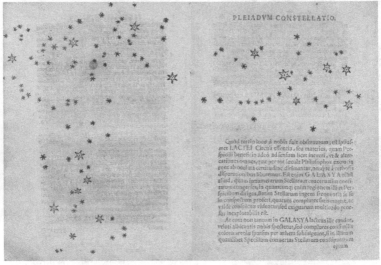

Due dimensioni che Galileo non ha mai smesso di frequentare. Intanto perché continua a essere in contatto col Cigoli, che ormai lavora tra Firenze e Roma con gran successo. Proprio nel maggio 1609 Galileo scrive all'amico pregandolo di inviargli alcuni disegni. Ludovico Cardi risponde, scusandosi: "Circa i disegni ch'ella mi chiede, io

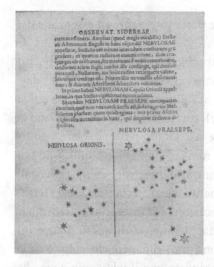

Nebulose di Orione e del Presepe.
Biblioteca INAF - Osservatorio
Astronomico di Brera, Milano

Alcune delle "fotografie"
delle lune di Giove.
Biblioteca INAF - Osservatorio
Astronomico di Brera, Milano

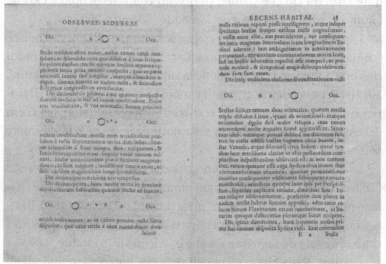

non ò pronto cosa alcuna, ma andrò facendo qual cosa per poternela servire" [X, 194].

Inoltre egli stesso continua a disegnare e a rendere pubblici i suoi disegni. Cosicché non desta eccessiva meraviglia se decide di disegnare, in tempo reale, ciò che vede al cannocchiale. E di rendere pubblici quei disegni, facendone parte integrante ed essenziale del *Sidereus*.

È difficile sopravvalutare la capacità comunicativa del combinato disposto tra figure e testo. Nel *Sidereus* Galileo non pubblica i diagrammi geometrici che parlano ai soli matematici, ma aggiunge le immagini (nove disegni originali), comprese quelle che mostrano la superficie della Luna nelle diverse fasi d'illuminazione solare, per dimostrare che la superficie lunare non è: "affatto liscia, uniforme e di sfericità esattissima [...], ma al contrario diseguale, scabra, ripiena di cavità e di sporgenze, non altrimenti che la faccia stessa della terra" [III, I, 9]. L'efficacia della comunicazione per immagini è straordinaria. Come ricorda Marco Beretta: "L'impatto di queste figure [è] enorme e il lettore secentesco non [può] rimanere che colpito dalla differenza tra ciò che Galileo [ha] visto con il telescopio e ciò che l'uomo aveva finora visto a occhio nudo" [Beretta, 2002].

Durante i 55 giorni Galileo esegue sette acquerelli delle fasi lunari, "che colpiscono sia per il loro aspetto realistico, sia per il modo in cui riescono a rendere la plasticità della superficie lunare" [Bucciantini, 2012]. I sette acquerelli giunti fino a noi non sono datati. Ma gli storici ritengono che siano stati realizzati in "presa diretta", nel corso delle osservazioni realizzate in sette notti diverse, tra il 18 dicembre 1609 e il 19 gennaio 1610.

Quando poi inizia a osservare qualcosa che, per dirla con lo stesso Galileo, supera "di gran lunga ogni immaginazione", i pianeti che ruotano intorno a Giove, sempre in "presa diretta", il 7 gennaio 1610, li raffigura sul primo pezzo di carta a portata di mano: la busta di una lettera che ha ricevuto da Sagredo e spedita da Aleppo il 28 ottobre 1609.

Quattro di quei sette acquerelli sulle fasi lunari sono tradotti all'acquaforte (non senza qualche errore che denuncia l'inesperienza dell'autore in questa particolare tecnica di trasposizione) e riprodotti a stampa nel *Sidereus*. Ma non in tutte le copie. Per la fretta di pubblicare, molti dei libri che escono dal torchio della tipografia Baglioni sono senza immagini. In alcune mancano, in particolare, proprio le stampe delle acqueforti della Luna. Mentre in una copia del *Sidereus* in possesso di Federico Cesi al posto delle figure stampate ci sono veri e propri disegni della superficie lunare, che sono stati attribuiti allo stesso Galileo.

È proprio la tecnica delle acqueforti, usata per riprodurre a stampa l'originale, che consente a Galileo di esercitare la sua capacità di disegnatore. Se il tipografo Baglioni avesse imposto per la stampa la tecnica delle incisioni, Galileo non avrebbe potuto utilizzare gli acquerelli con cui ci ha restituito le immagini della Luna.

Horst Bredekamp ha di recente recuperato una copia del *Sidereus*, con il timbro a secco della biblioteca di Federico Cesi, che reca negli spazi dedicati alle tavole cinque acquerelli che non coincidono con gli originali (conservati presso la Biblioteca Nazionale di Firenze). Secondo Bredekamp sono proprio queste a essere state usate da Galileo, perché presentano una profonda cavità lunare (il cratere boemo) giudicata frutto di immaginazione.

Galileo, come abbiamo detto, pensa a una nuova edizione del *Sidereus*, forse in volgare, ma con disegni e incisioni più accurati delle lunazioni. Disegni e incisioni già approntate – non sappiamo da quale artista, forse un fiorentino – e di cui è pienamente soddisfatto. Galileo spera che la nuova edizione venga finanziata da Cosimo II.

Si discute dunque ancora oggi se le immagini della superficie lunare debbano essere considerate rappresentazioni pienamente scientifiche (ovvero esatte) oppure se siano il frutto anche di una "immaginazione visiva". Il "cratere boemo" viene giudicato, in particolare, frutto di questa immaginazione.

Ma, almeno in questa sede, ciò che conta è che essi abbiano una valenza sia scientifica sia artistica. Galileo deve essere considerato un buon disegnatore. Capace di realizzare in modo "intelligente e innovativo [...] sette tavole "dal vero" della fasi lunari concepite come veri e propri "quadri" risolti con una resa sapiente del rapporto "luce e ombra"" [Tongiorgi, 2009]. Non è impresa semplice. Anche perché a creare difficoltà non è solo la visuale limitata del cannocchiale, ma anche la rapida evoluzione dell'oggetto rappresentato. I fenomeni celesti hanno una loro dinamica. E Galileo riesce ad afferrarla. È anche in questo che: "Gli straordinari acquerelli della fasi lunari denunciano una piena maestria nell'uso del disegno e del chiaroscuro" [Tongiorgi, 2009].

Ma conta, soprattutto, che essi assolvano a una precisa funzione comunicativa. Le immagini sono parte integrante del nuovo genere letterario inaugurato da Galileo e assolvono al compito di rendere visualizzabile *a tutti* l'esperienza sensibile dell'autore. C'è un continuo rimando tra testo scritto e immagine. E l'uno perderebbe molto del suo senso e tutta la sua capacità comunicativa senza l'altro. Galileo non solo riesce "sempre, grazie a un linguaggio appropriato, a rappresentare le sue osservazioni in brillanti descrizioni che gli valsero la fama di raffinato stilista" [Bredekamp, 2009b]. Ma conferisce all'immagine un ruolo primario. Come rileva Andrea Battistini: "Il contenuto [del *Sidereus*] è dominato dal principio alla fine dalla semantica della vista" [Battistini, 1993]. E per questo il "breve trattato" ha un innegabile gusto barocco.

Le immagini che Galileo propone, immediatamente comprensibili a ognuno (e, infatti, contribuiscono non poco alla "meraviglia" che in Europa accompagna la lettura del *Sidereus*), assolvono a una funzione retorica precisa. Con esse Galileo prepara "i suoi contemporanei a un'idea diversa dell'universo e [inaugura] un metodo completamente nuovo di rappresentare i fenomeni naturali" [Beretta, 2002].

Il *Sidereus*, dunque, è un dispositivo letterario in cui agiscono la penna e l'occhio. Quell'occhio che si è allenato con il disegno e che è diventato critico nel confronto con il Cigoli e gli altri pittori fiorentini. Tanto da farne, per dirla con Benedetto Castelli "il più nobil occhio che abbia mai fabbricato la natura" [Castelli, 1669].

Non solo c'è una perfetta integrazione tra scrittura e immagine, possibile solo a chi domina entrambi i linguaggi. Ma, come rileva Battistini, nel *Sidereus* "la scrittura è ancella delle figure, è l'esegesi del loro rigore geometrico, il supporto analitico dell'"occhio della mente"" [Battistini, 1993].

In definitiva, nel *Sidereus* c'è una combinazione davvero unica tra arte e scienza. E questa combinazione non ha solo un valore estetico.

Perché è questa "combinazione di dati, testo e immagini, a offrire una nuova cornice per la cosmologia, che [finisce] per incidere anche sul metodo" [Bredekamp, 2009b].

È con questo dispositivo, sostiene Alexsandre Koyré, che Galileo inaugura la stagione della scienza strumentale [Koyré, 1957].

Nel *Sidereus* lo scrittore – il più grande della letteratura italiana – il poeta e il disegnatore si fondono. Mettendo l'arte al servizio della scienza. Ma anche la scienza a sevizio dell'arte. Non solo con reciproco beneficio. Ma anche con la possibilità di ampliare gli spazi della relativa epistemologia. Ovvero della capacità di produrre nuova conoscenza.

19. Nuovi progetti

Galileo lo sa bene, il *Sidereus* non è solo uno spartiacque per la storia generale dell'umanità. Lo è anche per la sua privatissima vita. Nella sua vicenda umana c'è stato un prima e ci sarà un dopo quel "piccolo trattato". Il toscano, tuttavia, non aspetta in maniera passiva che il corso della sua personale esistenza cambi. Anzi, ha tre idee molto chiare per costruire il proprio futuro dopo il *Sidereus*. Tre impegnativi progetti: di vita, appunto, e culturali. Li comunica tutti e chiaramente al Segretario di Stato del Granducato di Toscana, Belisario Vinta.

Il primo, con la già menzionata lettera del 19 marzo 1610: aumentare la risonanza delle scoperte per fare in modo che la verità sia riconosciuta da più persone possibile. Colleghi autorevoli, come Kepler, Magini e magari Clavio.

Sovrani, principi e religiosi influenti: a iniziare dal granduca Cosimo e dall'amico cardinale Dal Monte. Ma anche studenti, dotti, curiosi, persone comuni.

Con questo progetto Galileo delinea il quadrilatero dell'interazione necessaria tra la nuova scienza e la nuova società di massa che, malgrado le tensioni e i sanguinosi conflitti, viene emergendo nell'Europa del Seicento. Un quadrilatero ai cui vertici, Galileo lo ha chiaro, ci sono: la scienza, la politica, la religione, l'opinione pubblica.

Anche il secondo progetto è di tipo culturale. Portare a termine il suo antico programma di lavoro che prevede non solo la definizione di una nuova meccanica celeste, ma anche e forse soprattutto una nuova meccanica terrestre: una nuova fisica del moto, che lo ponga definitivamente accanto ad Archimede e ai più grandi di ogni tempo. Perché, scrive senza falsa modestia, sebbene:

altri abbino scritto questa medesima materia tutta via quello che ne
è stato scritto sin qui, né in quantità né in altro è il quarto di quello
che ne scrivo io [X, 280].

È parte di questo secondo progetto culturale quello di scrivere in "lingua toscana" una seconda versione, estesa, del *Sidereus*. Il tutto arric-
chito da un'intera costellazione di idee magari meno clamorose, ma
già maturate e da proporre finalmente al grande pubblico.

Il terzo progetto che Galileo rende noto a Belisario Vinta è in apparenza – ma solo in apparenza – il più semplice e banale: tornare a
Firenze. Lasciare Padova e la Repubblica di Venezia, dove – ricorderà
– ha passato gli anni più belli della sua vita.

Se i primi due progetti sono del tutto normali, nel senso che
hanno una logica chiara, il terzo suscita qualche domanda e, anche nei
suoi amici più stretti, qualche perplessità: perché vuole lasciare la Repubblica dove ha passato anni meravigliosi, ha una famiglia, ha compagni splendidi e fidati, è diventato una star internazionale e ha piena
garanzia di poter coltivare in libertà il suo pensiero? Perché vuole lasciare tutto ciò e tornare in Toscana, terra pericolosamente vicina a
Roma, e non solo in senso geografico, per mettersi al servizio del cattolicissimo granduca, che oggi è l'allievo Cosimo, ma domani chissà?
Decide di compiere il gran passo per nostalgia o per bisogno di un
maggiore tranquillità e benessere economico? O c'è dell'altro?

Ma, prima di rispondere, è bene lasciargli per intero la parola.
Ecco quanto scrive a Belisario Vinta, primo segretario del Granducato di Toscana, il 7 maggio 1610:

Io de i secreti particolari, tanto di utile quanto di curiosità e admira-
zione, ne ho tanta copia, che la sola troppa abbondanza mi nuoce e mi
ha sempre nociuto; perché se io ne avessi auto un solo, l'averei stimato
molto, e con quello facendomi innanzi, potrei a presso qualche principe
grande avere incontrata quella ventura, che sin ora non ho né incontrata né ricercata. Magna longeque admirabilia apud me habeo: ma
non possono servire, o, per dir meglio, essere messe in opera, se non da

principi, perché loro fanno e sostengono guerre, fabricano e difendono fortezze, e per loro regii diporti fanno superbissime spese, e non io o gentil'uomini privati. Le opere che ho da condurre a fine sono principalmente due libri De sistemate seu constitutione universi, concetto immenso e pieno di Filosofia, astronomia e geometria: tre libri De motu locali, scienza interamente nuova, non avendo alcun altro, né antico né moderno, scoperto alcuno de i moltissimi sintomi ammirandi che io dimostro essere ne i movimenti naturali e ne i violenti, onde io la posso ragionevolissimamente chiamare scienza nuova e ritrovata da me sin da i suoi primi principi: tre libri delle mecaniche, due attenenti alle demostrazioni de i principii e fondamenti, e uno de i problemi; e benché altri abbino scritto questa medesima materia, tutta via quello che ne è stato scritto sin qui, né in quantità né in altro è il quarto di quello che ne scrivo io. Ho anco diversi opuscoli di soggetti naturali, come De sono et voce, De visu et coloribus, De maris estu, De compositione continui, De animalium motibus, e altri ancora. Ho anco in pensiero di scrivere alcuni libri attenenti al soldato, formandolo non solamente in idea, ma insegnando con regole molto esquisite tutto quello che si appartiene di sapere e che depende dalle matematiche, come la cognizione delle castrametazioni, ordinanze, fortificazioni, espugnazioni, levar piante, misurar con la vista, cognizioni attenenti alle artiglierie, usi di varii strumenti, etc. Mi abbisogna di più ristampare l'Uso del mio Compasso Geometrico, dedicato a Sua Altezza, non se ne trovando più copie; il quale strumento è stato talmente abbracciato dal mondo, che veramente adesso non si fanno altri strumenti di questo genere, e io so che sin ora ne sono stati fabbricati alcune migliaia. Io non dirò a Vostra Signoria Illustrissima quale occupazione mi sia per apportare il seguir di osservare e investigare i periodi esquisiti de i quattro nuovi pianeti; materia, quanto più vi penso, tanto più laboriosa, per il si disseparar mai, se non per brevi intervalli l'uno dall'altro, e per esser loro e di colore e di grandezza molto simili. [X, 279]

Il programma di Galileo per il futuro è, dunque, vasto e articolato. È il programma di uno scienziato che sta spalancando nuove e diverse finestre sull'universo. È il programma di un ingegnere che vuol mettere a frutto le sue invenzioni. Ma è anche il programma di un artista rinascimentale.

I due obiettivi maggiori che si è dato per il futuro sono tutti centrati sulla filosofia naturale: pubblicare un nuovo libro, più approfondito del *Sidereus*, sul "sistema mondo", che lo consacri come il nuovo Tolomeo o il nuovo Copernico; pubblicare il *De motu* e, dunque, portare a termine il più vecchio e il più ambizioso dei suoi progetti, proporre una nuova teoria del moto, che lo consacri come il nuovo Archimede. Naturalmente Galileo ha intenzione di continuare a scrutare il cielo con il suo occhiale.

Ha, inoltre, intenzione di ripubblicare il suo libro sul *Compasso geometrico* e di scrivere altri libri tecnici, da ingegnere di genio.

Ma ha anche l'intenzione, non certo minore, di scrivere alcuni libri tipici di un artista rinascimentale. Libri in cui filosofia naturale e arte si fondono, in maniera inestricabile: uno coinvolge la fisica del suono e la musica (*De sono et voce*), altri l'ottica e le arti figurative (*De visu et coloribus, De compositione continui*).

È da tempo che, per realizzare questo vasto e articolato programma da filosofo naturale, ingegnere e artista rinascimentale, Galileo manifesta l'intenzione di tornare a Firenze, dove in tranquillità possa: "condurre a fine, prima che la vita, 3 opere grandi che ho alle mani" [X, 185]. È da tempo che cerca un luogo tranquillo, sicuro e senza distrazioni, per dedicare tutto il suo tempo alla scienza e alla sua comunicazione. Senza dover perderne tanto per insegnare e per rimpinguare quelle entrate che non bastano mai, rincorrendo i voleri e persino i capricci di questo e di quello. È da tempo che Galileo cerca una condizione di vita – che oggi definiremmo dello scienziato senza obblighi didattici – che solo un mecenate, un principe assoluto, può concedergli non potendo pretendere di "ottenere da una Repubblica, benché splendida et generosa, stipendii senza servire il pubblico" [X, 185].

Non è che non sia grato a Venezia per tutto quanto ha avuto. È che sa che in termini di reddito e di tempo la libera Repubblica di Venezia non può concedergli – e lo ha messo per iscritto – più di quanto gli ha già dato.

Ma, sebbene il problema reddito sia una costante nella vita di Galileo, non è solo per questo che decide di lasciare la Serenissima per tornare nella sua Firenze. C'è dell'altro. C'è di più. C'è un progetto nuovo e ardito. Che non ha annunciato neppure a Belisario Vinta. Un progetto che è insieme filosofico, teologico e politico. Coniugare scienza e fede. Far accettare alla Chiesa di Roma la nuova visione dell'universo. E, di conseguenza, il nuovo ruolo che ha la scienza nella società moderna.

Venezia è in conflitto – in un conflitto sempre meno latente e sempre più sul punto di esplodere – con Roma. È una Repubblica che rivendica a ogni piè sospinto la totale indipendenza dal papa, suscitando di continuo l'ira del capo della Chiesa e della sua Curia. Ne sa qualcosa l'amico Paolo Sarpi. No, Venezia non è il luogo adatto per realizzare quello che è il suo progetto più ambizioso: non solo evitare ogni conflitto tra scienza e fede, ma consegnare al mondo cattolico la nuova visione dell'universo, prima che se ne impossessino i protestanti. Ciò valeva prima delle osservazioni col cannocchiale. Ma vale tanto più oggi, dopo la pubblicazione del *Sidereus*.

Il progetto di fare del mondo cattolico l'area leader della "scienza nuova" è ambizioso, ma anche – Galileo lo sa – pericoloso. Un simile progetto proposto da Venezia verrebbe considerato una sfida a Roma e sarebbe destinato a fallimento sicuro. No, non c'è nulla di meglio per minimizzare il rischio e aumentare le possibilità di successo che porsi sotto le ali protettrici della cattolicissima Toscana e del sovrano italiano più fedele al Papa: Cosimo de' Medici.

È da tempo che Galileo coltiva i rapporti con Caterina di Lorena e il figlio Cosimo, oltre che con il primo segretario, Belisario Vinta. È al granduca di Toscana che ha portato direttamente uno dei suoi primi cannocchiali. È a Cosimo che concede, tra i primi al mondo, di poter constatare, già nell'autunno 1609, che la superficie della Luna è della stessa specie di quella terrestre. È con Belisario Vinta che intrattiene un fitto carteggio e annuncia puntualmente le sue intenzioni.

Ma gli ottimi rapporti con Caterina, Cosimo e Belisario non si sono finora concretizzati in nulla di interessante. Non c'è stata nessun'offerta per il definitivo trasferimento di Galileo a Firenze.

Ma ora che ha pubblicato il *Sidereus* e ha dedicato ai Medici la più grande novità proposta in cosmologia da molti secoli a questa parte, le quattro lune di Giove, ora che tutta l'Europa e il mondo intero si accingono a conoscerlo e a celebrarlo, ora che detiene il *know-how* del cannocchiale che ha dimostrato di essere il più avanzato, ora il granduca sarà costretto a rompere gli indugi e ad assumerlo a corte. Anzi, ora è lui, Galileo, che può persino dettare le condizioni a Cosimo: con la dovuta grazia, s'intende. Ma anche con la dovuta determinazione.

E le condizioni sono due. Una riguarda il reddito, l'altra lo *status*. Entrambe le condizioni le esplicita – anzi, le detta, in maniera gentile ma puntuale – nella già menzionata lettera a Vinta del 7 maggio. Al primo segretario del granduca Galileo rende noto i dettagli dei suoi attuali redditi – 1000 fiorini come stipendio dal governo di Venezia e altrettanti come libera professione – col sottinteso che a Firenze non si può certo scendere al di sotto di questa cifra.

Ma a un reddito almeno pari a quello patavino, occorrerà che Firenze gli conceda un nuovo *status*: una condizione totale di: "otio et comodità di poter tirare a fine le mie opere, senza occuparmi in legere" [X, 280]. Ovvero di dover perdere tempo a insegnare. E, finalmente...

Finalmente, quanto al titolo et pretesto del mio servizio, io desidererei, oltre al nome di Matematico, che S. A. ci aggiugnesse quello di Filosofo, professando io di havere studiato più anni in filosofia, che mesi in matematica pura. [X, 280]

Perché Galileo tiene al titolo di Filosofo, oltre che a quello di Matematico? Beh, ci sono evidenti ragioni di vanità. Egli si sente un filosofo naturale pari e addirittura superiore non solo a tutti i filosofi contemporanei, ma anche ai grandi del passato. A iniziare da Aristotele. E vuole che tutto questo gli venga riconosciuto. Ma il titolo di filosofo è funzionale anche al suo "ardito progetto": evitare il conflitto tra scienza e fede.

Che Belisario Vinta e Cosimo II accettino senza batter ciglia le richieste di Galileo non desta meraviglia. Che il più avanzato costruttore di cannocchiali e l'ormai più famoso astronomo d'Europa chieda di diventare matematico e filosofo di corte a Firenze e non a Praga, Parigi, Madrid o Londra è un investimento di immagine davvero impagabile per il piccolo granducato.

Meno scontato è il fatto che la Serenissima Repubblica di Venezia lasci andare senza profferir parola l'uomo che da quasi vent'anni occupa la cattedra di matematica a Padova, che ha potenziato il cannocchiale, che ha realizzato scoperte epocali e che ha appena firmato un contratto a vita con lo Studio di Padova. Il doge e il Senato potrebbero trattenerlo e Cosimo II certo non oserebbe interferire.

Ma, altrettanto certamente, a Venezia non sono l'orgoglio, la dignità e il *fair play* che mancano. Se il fiorentino vuole andare, per quanto grande e famoso sia, non saremo certo noi né a trattenerlo né a biasimarlo, pensano e soprattutto dicono nel palazzo del doge.

Tutto procede in maniera così lineare e senza intoppi che Galileo già in aprile si reca a Firenze con un nuovo cannocchiale per mostrare a Cosimo le ultime novità osservate nei cieli – ricevendo in segno di riconoscimento una medaglia e una catena d'oro da 400 scudi – e che già il 15 giugno 1610 annuncia le proprie dimissioni dallo Studio di Padova, prima ancora che Cosimo II lo abbia ufficialmente nominato suo "Primario Matematico et Filosofo". L'atto ufficiale verrà firmato dal granduca solo il 10 luglio. Prevede uno stipendio di 1000 scudi l'anno, da mettere in carico allo Studio di Pisa senza, tuttavia, che Galileo abbia il minimo obbligo di "legere" (di insegnare) o anche solo di passare per l'ateneo della sua città natale.

È così che Galileo accetta ben volentieri di ritornare a Firenze.

Come ricorda Michele Camerota, il suo stipendio è tra i più alti a corte. Supera di due o tre volte quello dei funzionari meglio pagati e, addirittura, del 50 per cento quello di Belisario Vinta, primo segretario del Granducato. Una condizione davvero inedita per il nostro.

Ma la sua evidente soddisfazione non assume le forme dell'impazienza. Passeranno due mesi prima che, il 12 settembre 1610, Galileo metta piede, accompagnato dalla figlia Livia, a Firenze.

Preferisce prima impegnarsi ad "augumentare il grido" dei sui "scoprimenti", facendo sì che "con l'effetto stesso sia veduta et riconosciuta la verità da più persone che sia possibile".

Mentre in tutta Europa montano altissime le onde di reazione, di diverso tipo e natura, al suo sidereo annuncio.

20. Galileo superstar

Galileo ha, dunque, anche un progetto di comunicazione, come ha spiegato a Belisario Vinta [Greco, 2009a]. E come conferma, il 24 maggio, con una lettera a Matteo Carosi, che a sua volta gli ha dato notizia di un certo scetticismo che a Parigi vanno manifestando alcuni matematici a proposito del suo sidereo annuncio. Il cannocchiale, insinuano, è uno strumento che può ingannare, che non dice la verità.

Il progetto di Galileo è semplice: comunicare tutto a tutti e "far vedere tutto" a più persone che sia possibile. Perché "l'occhiale è arciveridico" e l'osservazione diretta è in grado di rimuovere "ogni dubitazione". Egli vuole spazzare via ogni verbosa discussione *ex libris*.

Quella del toscano è una strategia di comunicazione molto articolata, rivolta agli esperti (astronomi e matematici), alle persone influenti (politici e religiosi), intellettuali (filosofi), grande pubblico e, anche, artisti (poeti, letterati, pittori).

Diciamo subito che il progetto di Galileo, in capo a pochi mesi, diviene realtà anche grazie all' enorme successo il *Sidereus*. Il 19 marzo, ad appena sei giorni dalla pubblicazione, tutte le copie del "breve trattato" risultano vendute: Galileo stesso ottiene da Baglioni solo 6 delle 30 copie spettantegli. Ma, al di là delle 550 copie rapidamente diffuse, è l'eco del libro ad assumere un'immediata e inedita dimensione europea. Anzi, mondiale. Giustamente notano Bucciantini, Camerota e Giudice: "Non c'è nella storia intellettuale dell'età moderna un'altra opera che abbia avuto una così ampia e immediata diffusione" [Bucciantini, 2012].

Nelle settimane successive alla sua pubblicazione, infatti, l'annuncio sidereo giunge ovunque in Europa. Nell'autunno 1610 escono addirittura le prime copie pirata del *Sidereus*, duplicate senza autorizzazione, ed esposte alla fiera del libro di Francoforte. Pare che il pirata sia un libraio della stessa Francoforte, Zacharias Palthenius. Le immagini sono rozze. In una delle copie apocrife alcune xilografie della Luna appaiono addirittura rovesciate. Segno che gli artigiani hanno ben compreso l'importanza del libro, ma non ancora il significato dei suoi contenuti.

Ma il *Sidereus* supera presto anche i confini d'Europa. Abbiamo testimonianza che il 2 novembre 1612 la notizia relativa al cannocchiale e alle scoperte sideree giunge in India e che nel 1614 a Pechino circola in cinese un *Compendio di questioni sul cielo*, scritto dal gesuita portoghese Manuel Dias, noto in città come Yang Manuo, in cui sono descritte con buona definizione di dettaglio le scoperte di Galileo.

Notizie che suscitano, ovunque e comunque, clamore. Talvolta scalpore.

Un nuovo dado – il nuovo dado – è tratto. Quella che il toscano propone è una rivoluzione culturale atipica, perché verificabile. Una vera e propria scienza democratica che abbatte alla fonte tutti i paradigmi della segretezza: tutti in linea di principio possono conoscere le sideree novità perché le possono vedere con i propri occhi [Battistini, 1993]. E, infatti, la nuova visione dell'universo viene rapidamente verificata e confermata. In primo luogo dai più grandi astronomi europei: dall'entusiasta Johannes Kepler, protestante e copernicano, al più prudente Christoph Clau (Cristoforo Clavio), gesuita e fiero avversario del sistema copernicano, che tuttavia nel 1611, di fronte alla verità che "si può vedere", si convince e afferma che, ormai, gli astronomi devono elaborare un sistema che si accordi alle nuove scoperte, "poiché l'antico non sarebbe loro più servito" [Dreyer, 1980]. Vedremo in seguito quale sarà il modo scelto dai gesuiti del Collegio Romano per adattarsi alla novità.

Ma la novità viene rapidamente verificata e confermata anche da principi e sovrani, filosofi e teologi. Cittadini comuni.

Il libro uscito dalla tipografia Baglioni cambia dunque le carte in tavola della filosofia naturale. Le osservazioni proposte a tutti dal *Sidereus Nuncius* non possono più essere ignorate da nessuno.

Tuttavia non tutto procede in maniera così lineare. Prima che i

fatti si impongano in virtù della propria forza intrinseca devono superare molti ostacoli. Le reazioni al *Sidereus* sono tutt'altro che scontate. Vediamole, più in dettaglio.

Le reazioni degli amici, in laguna

Tra i primi a reagire alla pubblicazione del *Sidereus*, senza mai dubitare della sua veridicità, ci sono certamente gli amici più fedeli. Benedetto Castelli non sta nella pelle e il 3 aprile scrive a Galileo da S.
Faustino di Brescia:

> Quanto mi sia stato caro l'Aviso Astronomico mandatomi da V. S.,
> lo giudichi prima dal desiderio grande che havevo di veder opere e
> parti del suo ingegno, quale più volte ho significato a V. S.; lo giudi-
> chi, secondo, da quello che meglio di me conosce, dall'eccellenza,
> dico, dell'opera stessa, quale, havendo di già letta e riletta più di dieci
> volte con somma meraviglia e dolzezza grande d'animo, e benissimo
> intesa la dottrina profonda, gli alti pensieri, dotte speculationi, e,
> quello che in ogni cosa sua ho sempre notato, la consonanza et
> unione meravigliosa del tutto, havendola, dico, letta prima che mi ca-
> pitasse la sua, era preparatissimo a ricever il dono con quella stima
> che merita: e così l'ho riceuto e conserverò carissimo, ringratiandola
> che mi habbia fatto degno d'un tal dono e tesoro. [X, 248]

Molti amici di Galileo mostrano il medesimo entusiasmo di Castelli
nel leggere il *Sidereus Nuncius*. Ma non tutti. Certo, non gli amici veneziani. La prima reazione in laguna alla pubblicazione del libro che
divide le epoche è, anzi, piuttosto negativa e niente affatto bene au-
gurante, anche se largamente prevedibile: si consuma spesso nella rottura dei rapporti. Clamorosa e molto significativa è quella con Paolo
Sarpi [Bucciantini, 2012].

Il frate servita reagisce infatti molto male alla pubblicazione del *Sidereus*, non solo e non tanto perché nel "breve trattato" non c'è menzione alcuna delle osservazioni che pure, nella prima parte dell'estate
1609, erano state comuni. Ma anche e soprattutto per via di quella

dedica ai Medici delle quattro lune di Giove che gli appare come un atto di profonda ingratitudine: Galileo ha tradito la Repubblica di Venezia, che pure gli ha dato ospitalità e gli ha garantito piena libertà.

L'immagine della Serenissima ne esce davvero male se il matematico che occupa la cattedra all'università di Padova dedica la più straordinaria scoperta nella storia dell'astronomia non alla ghibellina repubblica che lo ospita da 18 anni, ma alla guelfa Firenze. E Dio solo sa se, in questo momento in cui il conflitto con Roma si va intensificando, Venezia non abbia bisogno sia di irrobustire la sua immagine di centro dell'innovazione culturale e tecnologica sia del contributo fattivo dei suoi migliori cervelli.

Devono essere questi i pensieri che frullano nella mente di Paolo Sarpi tra il mese di marzo e di settembre del 1610. Pensieri che lo inducono, appunto, a rompere di fatto un'amicizia e una complicità intellettuale durata quasi vent'anni, reagendo con il silenzio assoluto e persino ostentato sia alla pubblicazione del *Sidereus* – il 27 aprile, a un mese e mezzo dalla pubblicazione del libro che separa le epoche, il coltissimo Paolo Sarpi scrive sprezzante a Jacques Leschassier di non averlo letto – sia alla decisione di Galileo di tornare a Firenze.

Il rapporto epistolare tra Sarpi e Galileo riprenderà solo a settembre. Ma ormai è un rapporto raffreddato. L'antico e solido filo che legava i due si è rotto, anche se non per sempre. Ma, intanto, la rottura ferisce il toscano. Anche perché Paolo Sarpi non è certo l'unico, tra gli amici di Padova e di Venezia, a reagire in quel modo.

Tra loro è solo Gianfrancesco Sagredo che gli resta vicino. Che gli manifesta rinnovata ammirazione per quanto ha fatto e immutato affetto. Ma, proprio Sagredo, in una lettera scrittagli molto tempo dopo, il 13 agosto 1611, gli rivela:

> Gli altri amici di V. S. Ecc.ma parlano molto diversamente; anzi uno, che già era de' suoi più cari, mi ha protestato di rinonciare alla mia amicitia, quando io havessi voluto continuare in quella di V. S.: la quale, sicome non può ricuperare il perduto, così mi persuado che sapia conservare l'aquistato. [XI, 149]

La persona che invita così perentoriamente Sagredo a scegliere – o me o Galileo – è Sebastiano Venier, grandissimo amico di entrambi.

Certo, non tutte le reazioni degli antichi compagni veneti sono così drastiche. Ma tutte fanno male. Paolo Gualdo, per esempio, non rompe i rapporti con Galileo, ma gli manifesta, tutto il suo disagio. In autunno gli scrive da Vicenza, rimproverandolo di non aver pensato ai suoi amici: "Serbi di gratia anco un occhiale per mirare noi altri suoi servitori" [X, 382]. E poi, nel novembre 1611, gli scrive da Padova: "Onde tanto silenzio? è possibile che V. S. si sia affatto scordata di questi paesi?" [XI, 193].

Sono ancora le frasi di un amico. Ma sono venate di amarezza, frasi di un amico che si sente tradito. Anche se non ha perso le speranze che Galileo ritorni sui suoi passi:

Qui s'era divulgato che V. S. pensava di ritornare all'antica quiete e libertà Patavina, che mi era di grandissima consolatione, quando fusse stato di suo gusto; ma poi questa voce s'è svanita. Per un tempo habbiamo pensato che almeno venisse a vederci, e forsi anco a stampare le sue osservationi; ma questo ancora ci è andato fallito. [XI, 193]

Unico tra gli amici veneziani a non sentirsi tradito e a mostrargli, nella già menzionata lettera dell'agosto 1611, tutto il suo affetto, è, come abbiamo detto, Gianfrancesco Sagredo:

Orsù, io mi posso ben imaginare di essere con il mio Sig.ʳ Galileo, posso volgermi nella memoria molti de' suoi dolcissimi ragionamenti; ma come è possibile che l'imaginatione mi serva per rapresentarmi et indovinar tante giocondissime novità che nella sua gentilissima conversatione io soleva trarre dalla sua viva voce? Possono forse queste essere compensate da una letteruccia alla settimana, letta da me sì con molto gusto, ma scritta forsi da lui con troppo incommodo? In questo capo adunque, che è fondato sopra l'interesse mio, mi riesce la partenza di V. S. Ecc.ma di inconsolabile et incompensabile dispiacere. [XI, 149]

E tuttavia anche il fedele Sagredo manifesta a Galileo tutte le sue perplessità per la decisione di tornare a Firenze: la tua partenza è una perdita irreparabile per Venezia ed è una scelta pericolosa per te, gli dice. Dove mai potresti essere più libero e sicuro che a Venezia? Non è Firenze toppo vicina, non solo fisicamente, a Roma e alla sede centrale della Santa Inquisizione?

In primo luogo Sagredo gli ricorda cos'è Venezia:

> Veramente parmi che Iddio mi habbia concessa molta gratia, facendomi nascere in questo luoco tanto bello et così dissimile da tutti gli altri, che, per mio giudicio, chi havesse veduto tutto il mondo, trasferendosi poi qui, potrebbe esser certo di vedere molte cose degne e non più vedute. Qui la libertà et la maniera del vivere in ogni stato di persona parmi cosa ammiranda, et forse unica al mondo. Perciò, mentre che io consumo il tempo in pensare a queste cose, creda pure V. S. Ecc.ma che io son corso con l'animo subito alla sua persona, considerando che si sia partita di qua; et le mie considerationi sono tutte fondate sopra il suo et mio interesse. [XI, 149]

E poi gli ricorda quali pericoli corre lontano da Venezia. Vale la pena concedergli un po' più a lungo la parola. Sia perché Sagredo svolgerà un ruolo importante nelle creazioni future dell'artista toscano. Sia perché questa sua parola è quasi una premonizione:

> Quanto poi a' suoi interessi, io mi riporto al suo giudicio, anci al suo senso. Qui lo stipendio et qualche altro suo utile non era, per mio credere, in tutto sprezzabile; l'occasione della spesa credo molta poca con assai gusto, et il suo bisogno certo non tanto che dovesse meterla in pensiero di cose nuove, per aventura incerte et dubbiose. La libertà et la monarchia di sè stessa dove potrà trovarla come in Venetia? principalmente havendo li appoggi che haveva V. S. Ecc.ma, i quali ogni giorno, con l'accrescimento della età et auttorità de' suoi amici, si faceva più considerabile. V. S. al presente è nella sua nobilissima patria; ma è anco vero che è partita dal luogo dove haveva il suo bene. Serve

al presente Prencipe suo naturale, grande, pieno di virtù, giovane di singolar aspettatione; ma qui ella haveva il commando sopra quelli che comandano et governano gli altri, et non haveva a servire se non a sé stessa, quasi monarca dell'universo. La virtù et la magnanimità di quel Prencipe dà molto buona speranza che la devotione et il merito di V. S. sia agradito et premiato; ma chi può nel tempestoso mare della Corte promettersi di non esser dalli furiosi venti della emulatione, non dico sommerso, ma almeno travagliato et inquietato? Io non considero la età del Prencipe, la quale par che necessariamente con gli anni habbia da mutare ancora il temperamento et la inclinatione col resto di gusti, poi che già sono informato che la sua virtù ha così buone radici, che si deve anci sempre sperarne migliori et più abondanti frutti; ma chi sa ciò che possino fare gli infiniti et imcomprensibili accidenti del mondo, agiutati dalle imposture de gli huomeni cattivi et invidiosi, i quali, seminando et alevando nell'animo del Prencipe qualche falso et calunnioso concetto, possono valersi appunto della giustitia et virtù di lui per rovinare un galantuomo? Prendono per un pezzo li Prencipi gusto di alcune curiosità; ma chiamati spesso dall'interesse di cose maggiori, volgono l'animo ad altro. Poi credo che il Gran Duca possi compiacersi di andar mirando con uno de gli occhiali di V. S. la città di Firenze et qualche altro luoco circonvicino; ma se per qualche suo bisogno importante gli farà di mestiere vedere quello che si fa per tutta Italia, in Francia, in Spagna, in Allemagna et in Levante, egli ponerà da un canto l'occhiale di V. S.: la quale seben con il suo valore troverà alcun altro stromento utile per questo nuovo accidente, chi sarà colui che possi inventare un occhiale per distinguere i pazzi da i savii, il buono dal cattivo consiglio, l'architetto intelligente da un proto ostinato et ingnorante? Chi non sa che giudice di questo doverà esser la rota di un infinito numero de millioni di sciochi, i voti de' quali sono stimati secondo il numero, e non a peso? [XI, 149]

Sagredo non solo è dispiaciuto che Galileo abbia lasciato la liberale Venezia, ma è anche preoccupato che ora risieda proprio a Firenze, dove gli amici del Berlinzone (i gesuiti) hanno grande influenza: "Ma quell'essere in luogo dove l'auttorità degli amici del Berlinzone, come si ragiona, val molto, molto ancora mi travaglia" [XI, 149].

Galileo, dunque, deve fare subito i conti con l'incomprensione dei suoi amici veneti più cari. Nessuno comprende qual è il suo progetto: evitare che la Chiesa cattolica si metta di traverso sulla strada della ricerca della verità in fatto di filosofia naturale. Nessuno comprende che, per realizzare questo ambiziosissimo progetto, deve correre dei rischi personali: lasciare la libera ma ribelle Venezia e avvicinarsi, non solo fisicamente, a Roma. Mostrare la sua totale e indiscutibile cattolicità.

Ma prima che la verità sia accettata a Roma, occorre che sia riconosciuta da chi sa ben filosofare in materia di universo: dagli astronomi e dai matematici più autorevoli del continente.

Le reazioni degli astronomi e dei matematici

Il 27 marzo 1610, appena due settimane dopo la pubblicazione del *Sidereus*, lo scrittore fiorentino Alessandro Sertini, nel ringraziarlo per la copia ricevuta, gli comunica che Giovanni Antonio Magini a Bologna sta già commentando le novità sideree [X, 245]. Pare che il matematico e astronomo che detiene la cattedra presso l'università felsinea sia rimasto molto impressionato da quelle novità e abbia definito "cosa di meraviglia e stupore" in particolare la scoperta delle quattro lune di Giove. Anche se, ha poi aggiunto Magini, io non ho avuto modo di puntare un cannocchiale verso il cielo e, dunque, quella "cosa di meraviglia e stupore" occorre che sia verificata "nella sperienza". Ovvero con un'osservazione empirica. Insomma, bisogna vedere se quello che racconta Galileo è vero o no.

Quello stesso 27 marzo Enea Piccolomini avvisa Galileo: nella tua città natale, a Pisa, ci sono molti "che stanno ostinati in non voler credere quelle cose che V. S. afferma di haver viste e di voler far vedere a qualsivoglia" [X, 244].

Tempo una settimana e, il 3 aprile successivo, Ottavio Brenzoni gli scrive da Verona:

Dicono che l'occhiale è cagione di quelle apparenze nella luna et di quelle stelle et pianeti non più veduti: prima, con qualche punto o inegualità del vetro; poi che vedendosi alcun grosso vapore da vista affaticata per mezzo di lucido vetro, può facilmente apparir corpo lucido. [X, 248]

Anche Castelli lo avvisa da San Faustino di Brescia che qualcuno sta per scrivere un libello con l'intenzione di confutare le sue scoperte. Il fedele amico di Galileo aggiunge: "Quando uscirà quella bell'opera ingegnosa e piena di curiosità, vedrò haverne impresto una copia per ridere, o l'andarò a leggere in qualche libraria, senza spenderci un quattrino" [X, 249].

Ma tutti questi segnali e altri ancora mettono Galileo sull'avviso. Se Sarpi e gli amici più esperti di astronomia di Padova e Venezia sono freddi per le omissioni e le dediche, ma credono a quello che ha raccontato, a Bologna e a Pisa si mostrano scettici sui contenuti del *Sidereus*. Occorre reagire, perché la verità sia accettata da tutti e in special modo in terra cattolica. E occorre reagire prontamente e in due modi. Da un lato cercando di acquisire l'autorevole avallo di Johannes Kepler, che è il più grande astronomo vivente, ma ha il difetto di essere protestante. Dall'altro mettendo a tacere al più presto gli scettici dando a tutti – e in special modo ai politici e agli astronomi che abitano in terre cattoliche – la possibilità di vedere al cannocchiale le cose che ha visto lui.

Per questo decide di effettuare subito un grande viaggio dimostrativo che, nel corso del mese di aprile, lo porta prima a Firenze e a Pisa, poi a Bologna per concludersi a Padova, in tre affollate conferenze.

A Firenze non mancano, come vedremo, gli scettici. Ma Galileo ha la possibilità di mostrare le ultime novità a Cosimo e veder rinnovato il favore del giovane granduca, oltre che della madre, Cristina di Lorena, del principe Antonio de' Medici e del primo segretario, Belisario Vinta. Le autorità politiche di uno stato cattolicissimo sono tutte con lui. È un bel colpo. Ma non basta.

Se ne accorge nella sua Pisa. Dove, malgrado la disponibilità mostrata da Galileo a confrontarsi e a effettuare pubbliche osservazioni, molti universitari restano su posizioni prudenti se non apertamente scettiche.

Ma non è la sua città natale la tappa principale del viaggio dimostrativo. La tappa principale è Bologna. Perché se a confermare le sue scoperte fosse l'uomo che, quasi vent'anni prima, gli ha portato via la cattedra di matematica presso l'antica università felsinea e che ora non fa mistero di volersi trasferire sulla cattedra che lui ha a Padova, se fosse quel Magini che è matematico ma anche astronomo noto in tutti gli ambienti colti europei, allora lui, Galileo Galilei, potrebbe incassare un altro punto pesante a suo favore.

Ed è così che, tornando dalla Toscana a fine aprile, pensa di fermarsi col suo nuovo occhiale a Bologna per consentire all'autorevole amico/nemico, Antonio Magini, di verificare in pubblico con una "sensata esperienza" le sideree novità.

Magini accetta di buon grado, almeno in apparenza, l'invito. E anzi si dice ben lieto e onorato di ospitare a casa sua Galileo e il suo occhiale. Le buone maniere vanno salvate. Con cura. Tutta Bologna deve sapere che lui, Antonio Magini, accoglie Galileo Galilei nel miglior modo possibile. Organizza così un'osservazione pubblica, con una ventina di noti intellettuali bolognesi, sulla terrazza di casa sua nella serata di sabato 24 aprile, facendola precedere da un "banchetto sontuoso e delicato", come annota il copista di Magini, un giovane medico e naturalista boemo di nome Martin Horky, in una lettera a Johannes Kepler scritta appena tre giorni dopo [X, 273].

La "sperienza" sulla terrazza di casa di Antonio Magini diventa così un vero e proprio evento. Seguito a distanza dall'intera città. E da altre due serie di osservazioni che si ripetono nei due giorni successivi, domenica 25 e lunedì 26. In quelle tre diverse serate Galileo ha modo di offrire più volte al matematico e a decine di esperti e intellettuali bolognesi la possibilità di osservare con il suo cannocchiale la Luna, la Via Lattea, le infinite stelle e soprattutto i satelliti di Giove.

Tutti i testimoni concordano sulle modalità con cui si sono svolte le tre serate di osservazioni. Ma sui risultati le ricostruzioni divergono. Le maggiori differenze riguardano la novità più importante e dirimente: l'osservazione delle quattro lune di Giove. Galileo sostiene che l'osservazione ha pieno successo. Perché, annota, il 24 aprile i convenuti hanno potuto osservare due degli astri medicei e la notte successiva, quella di domenica 25 aprile, Magini e gli altri hanno potuto osservare tutti e quattro gli "astri medicei".

Martin Horky sosterrà, invece, che l'osservazione è completamente fallita. Nessuno ha visto i satelliti, qualcuno ha visto delle macchie. Lo stesso Magini tenderà ad accreditare questa tesi in una lettera che invia a Johannes Kepler – vero punto di riferimento per tutti – il 26 maggio e in cui sostiene che: "Nam magis quam 20 viri doctissimi aderant, nemo tamen *planetas novos perfecte vidit*" [X, 286]. Sebbene ci fossero 20 persone a osservare, nessuno ha visto perfettamente quei nuovi pianeti.

Decisivo, nella ricostruzione del professore di Bologna, è quell'avverbio: *perfecte*. Perfettamente. Antonio Magini non nega affatto che qualcosa si sia visto. Dice però che nessuno ha visto i quattro astri in maniera chiara e inequivocabile.

È una ricostruzione diversa, ma non incompatibile con quella di Galileo. Il toscano ha dimestichezza con lo strumento e sa "come" vedere. Magini e i 20 (+ 20 + 20) dotti bolognesi, invece non hanno alcuna passata esperienza al cannocchiale: è dunque probabile che trovino difficoltà a osservare con sufficiente chiarezza e definizione di dettaglio le piccole porzioni di spazio che il telescopio riesce a inquadrare. Anche perché la scena è dinamica: Giove e i suoi satelliti naturali si muovono. E non è semplice agganciarli e seguirli.

Non è inverosimile, dunque, pensare che la percezione dell'esperto Galileo – certo di aver rivisto una scena ormai nota – sia diversa da quella degli inesperti ospiti bolognesi, che non riescono a osservare perfettamente una scena che è per loro inedita.

Tuttavia è anche probabile che la diversità della percezione diventi vera e propria divergenza di giudizio su quanto osservato in quelle tre serate a causa di quella che Michele Camerota definisce la "cattiva coscienza" sia di Horky sia di Magini, scettici per mera gelosia.

Sta di fatto che Magini invia una lettera a Kepler in cui manifesta un prudente scetticismo. Mentre il giovane Horky parte a testa bassa contro Galileo e già nel mese di giugno pubblica un libello intitolato *Brevissima peregrinatio contra Nuncium Sidereum*, in cui propone per iscritto la sua interpretazione dei fatti: il 24 aprile abbiamo effettivamente osservato al cannocchiale due minutissime macchie accanto a Giove e la sera seguente ne abbiamo viste quattro, proprio come sostenuto da Galileo. Peccato che quelle minutissime macchie – scrive il boemo – non siano affatto oggetti reali e, men che meno, satelliti che ruotano intorno a Giove. Sono, appunto, macchie generate dall'imperfezione del cannocchiale.

Sono passati appena due mesi dalla pubblicazione del *Sidereus* e già circola un libro, a firma di un giovane naturalista allievo di un noto astronomo e matematico, che dopo aver guardato nel medesimo cannocchiale di Galileo afferma, nero su bianco, che quella che racconta il toscano non è verità, ma mera fantasia.

L'attacco subìto potrebbe affondare la sua strategia di comunicazione di Galileo. Eppure lui non si cura della cosa. Non apertamente almeno. Certo non profferisce una parola contro Horky. Semplicemente lo ignora.

Quanto ad Antonio Magini, dimostra di non approvare la messa in stampa della *Brevissima peregrinatio* di Horky. Non in pubblico, almeno. Probabilmente teme lo scontro frontale con Galileo. Eppure anche lui, con più prudenza ma ben altra autorevolezza, va sostenendo che quelle viste e raccontate da Galileo sono illusioni ottiche. In una lettera che circola a Praga fin dal mese di aprile, il professore di matematica a Bologna fornisce anche una spiegazione dell'origine di quelle illusioni. Egli stesso, sostiene, ha realizzato delle lenti colorate per osservare un'eclissi solare e ha visto tre soli. Quei tre soli ovviamente non sono reali, ma aberrazioni ottiche, frutto di un "inganno" da parte di lenti imperfette. Ecco, qualcosa di analogo deve succedere anche a Galileo. Le lenti del suo cannocchiale gli giocano brutti scherzi. Lo ingannano. Gli fanno vedere un universo che in realtà non esiste.

Ma non sono solo Horky e Magini a dimostrarsi scettici. In tre diverse lettere inviate a Praga ben 24 tra matematici, astronomi e intellettuali sostengono di non aver visto nulla di rilevante col cannocchiale di Galileo nelle tre famose serate felsinee.

La dimostrazione pubblica a Bologna sembra rivelarsi un boomerang. Molti in Europa hanno la sensazione che l'annuncio sidereo possa risolversi in un clamoroso *flop*.

Eppure Galileo tace.

Tornato finalmente a Padova, nel mese di maggio il toscano tiene tre pubbliche e affollate conferenze aperte a tutto lo Studio. Proprio come aveva fatto nel 1604, quando nei cieli era apparsa la "stella nova". Ancora una volta Galileo ritiene di essere stato più che convincente. Tanto che, annota, persino i più scettici dei miei colleghi non solo si sono ricreduti, ma si sono addirittura impegnati "a difendere et sostener la mia dottrina contro a qualunque filosofo che ardisse impugnarla" [X, 278].

E tutto questo mentre anche a Venezia e a Padova monta e si manifesta pubblicamente lo scetticismo di molte persone influenti e di molti esperti, tra cui quello del matematico Giovanni Camillo Gloriosi. Tutti a Padova sanno che il napoletano gli è amico. Che fa parte del gruppo di Sarpi. Che è stato raccomandato da Galileo affinché l'università gli conceda una "lettura" di matematica. Tra l'altro sarà proprio Gloriosi a succedergli in cattedra quando, di lì a un mese, Galileo annuncerà le sue dimissioni. E ora, proprio mentre il toscano si dice convinto che tutti a Padova sono pronti "a difendere et sostener la mia dottrina contro a qualunque filosofo che ardisse impugnarla", l'amico e accreditato matematico rende pubblico il proprio scetticismo.

È Galileo che sta perdendo i contatti con la realtà, a scambiare fischi per applausi, a non accorgersi che va intessendosi a Padova, in Italia, in tutta Europa un ordito di persone interessate ad attaccarlo, o c'è qualcos'altro, oltre la propria incrollabile convinzione di essere nel giusto, che lo induce a essere e a mostrarsi sereno?

C'è qualcosa d'altro. C'è qualcosa che gli altri non sanno. Quando, reduce dal controverso incontro di Bologna, torna a Padova ed entra in casa trova una lettera inviata da Praga il 19 aprile. Mittente: Johannes Kepler.

La lettera di Johannes Kepler

È una lunghissima lettera, in latino, che è stata sollecitata anche da Cosimo II e che Galileo probabilmente divora. E col cuore che batte vi legge proprio quanto avrebbe voluto leggere:

> Per concessione dell'imperatore ho avuto la fortuna di dare un'occhiata alla prima copia [del *Sidereus*, ndr] e di scorrerla rapidamente. [...] Fin da allora mi ha preso un gran desiderio di occuparmi di tali cose [...]. Ecco perciò, o Galileo, che io mi accingo a parlare con te di cose di cui sono certissimo e che, come spero vivamente, vedrò coi miei occhi. [X, 256]

L'astronomo di corte dell'imperatore Rodolfo, il più autorevole astronomo di tutta Europa, dunque, concede pieno credito a quanto ha scritto nel *Sidereus*, anche se non ha ancora visto con i suoi occhi gli spettacoli di cui parla.

> Io forse potrei sembrare temerario a credere tanto facilmente alle tue affermazioni, senza essere sorretto da alcuna mia personale esperienza. Ma come non credere a un matematico così profondo, di cui persino lo stile palesa chiaramente la rettitudine di giudizio?

È un'apertura di credito enorme. Verso lo scienziato. Ma anche verso lo scrittore, il cui stile, giudicato *aridus* da Fugger, l'ambasciatore tedesco a Venezia, mostra "rettitudine di giudizio" all'astronomo della corte imperiale. La novità della comunicazione è perfettamente presente a Kepler:

> Che dire poi del fatto che scrive pubblicamente e che se qualche inganno fosse stato da lui commesso egli non potrebbe minimamente nasconderlo? [...] Io non crederò a lui quando invita tutti alle medesime osservazioni e, ciò che è più importante, offre persino il suo stesso strumento, perché si creda ai propri occhi? [X, 256]

Questa lettera, pensa Galileo dopo averla letta e riletta, sancisce il mio definitivo trionfo. Cosa vuoi che contino, ora, quei cacadubbi che vanno cianciando a Bologna e a Pisa e a Firenze sugli errori degli occhiali?

E in effetti la bilancia della credibilità pende tutta dalla sua parte quando Johannes Kepler, all'inizio di maggio, pubblica la sua lettera, col titolo *Dissertatio cum Nuncio Sidereo*, dedicandola a Giuliano de' Medici, l'ambasciatore a Praga del Granducato di Toscana.

È il possesso di questo credito inestimabile che consente a Galileo di organizzare con serenità le sue tre conferenze a Padova e di ignorare del tutto la peregrina *Peregrinatio* di Horky.

In realtà la *Dissertatio* non è una totale apologia dell'azione di Galileo. Nella sua lettera Kepler ricorda con eleganza, ma con puntualità, i debiti di riconoscenza che il toscano deve a chi ha filosofato bene prima di lui – da Copernico a Giordano Bruno, allo stesso Kepler – e che Galileo non ha ripagato con le necessarie citazioni. E sottolinea come siano del tutto insufficienti sia le informazioni sul cannocchiale sia la teoria dell'ottica. Quei rilievi saranno fraintesi dai molti. Giovanni Antonio Magini, considera la *Dissertatio* come una presa di distanza dal contenuto del *Sidereus*. Anche Martin Horky e Michael Maestiln, l'astronomo che di Kepler è stato maestro e che è citato più volte nella *Dissertatio*, interpretano i rilievi contenuti nella lettera come una contestazione radicale del *Sidereus*.

Invece quelle critiche sono ben comprese e ben accette da Galileo, perché dimostrano che Kepler non lo accredita né per leggerezza né per opportunismo. L'astronomo tedesco lo accredita a ragion veduta, tant'è che non rinuncia al suo spirito critico. E lo esercita, quello spirito critico, quando scrive che Galileo ha commesso un peccato di omissione nella sua comunicazione della scienza. Ma è con il medesimo spirito critico che l'astronomo di corte dell'imperatore riconosce che ciò che Galileo vede e racconta non è frutto di un errore, non è un'illusione ottica, ma è la verità fisica.

D'altra parte lo stesso Kepler mette subito a tacere ogni possibile fraintendimento. Il 10 maggio scrive una lettera anche a Magini, in cui ribadisce di ritenere autentiche le scoperte di Galileo. Anche se non sono tutte, sostiene, delle autentiche novità. In particolare che la Luna abbia una superficie simile a quella della Terra l'ho detto io stesso, il mio maestro Maestlin e ancor prima Plutarco. Il cannocchiale è il frutto di una solida teoria, elaborata da Giovanbattista della Porta. E anche la scoperta di una quantità di stelle superiore a quelle che si vedono comunemente a occhio nudo, non è una novità. Altri le hanno osservate. La vera grande scoperta, sostiene Kepler, sono i quattro pianeti che ruotano intorno a Giove.

Magini continua a fraintendere. O a non voler capire. E risponde a Kepler: "Non credo che [la tua lettera] piacerà a Galileo" [X, 286]. E aggiunge, rivelando la sua reconditia intenzione, ora che tu gli hai smontato gran parte del contenuto: "Resta solo da eliminare e distruggere i quattro nuovi pianeti" [X, 286].

Ma Kepler è tutto schierato dalla parte di Galileo. Tanto che il 9 agosto prende di nuovo carta e penna per invitare il toscano a non rispondere ai suoi oppositori e in particolare a Horky, che ha scritto "pagine indegne su cui perdi solo tempo" [X, 330].

E per esser chiaro, in quel medesimo giorno Kepler scrive anche a Horky, sostenendo che non lo può considerare più un suo amico e informandolo di quanto ha comunicato a Galileo. La lettera non giungerà mai al boemo, che continuerà a credere di avere l'appoggio di Kepler almeno fino a ottobre. Quando, finalmente Martin Horky incontra di persona l'astronomo di corte, che lo redarguisce bruscamente. Dapprima il boemo cerca di resistere alle argomentazioni di Kepler, ma poi si arrende e accetta di ammettere pubblicamente i suoi errori.

In realtà Galileo non perde affatto tempo a rintuzzare i suoi oppositori e i loro modesti argomenti. La pubblicazione della *Dissertatio* basta a far tacere la bocca degli stolti. Ma la sua indifferenza è più ostentata che sentita. Tant'è che proprio con Kepler si lamenta della ostilità mostrata dagli ambienti universitari.

A Pisa, a Firenze a Bologna, a Venezia, a Padova, molti, mio caro Kepler, hanno visto, ma tutti tacciono ed esitano. Almeno lei riesce a far vedere a molte persone le sue scoperte col cannocchiale, ma qualcuno dice: "La lente è sporca ... il cannocchiale travisa la visione dell'occhio. Io mi fido di più dei miei occhi. Il cannocchiale inganna" [...] Che cosa fare? Si deve ridere come Democrito o piangere come Eraclito? Sono disposto, caro Kepler, a ridere della straordinaria stoltezza del volgo. Ma che mi dici dei filosofi primari di questa università, i quali, con l'ostinazione del serpente, mai, per quanto mille volte mi mettessi a loro disposizione, vollero osservare i pianeti, la Luna e il cannocchiale? [...] Questo genere di uomini ritiene che la filosofia sia un libro come l'Eneide o l'Odissea e che la verità debba cercarsi non nel mondo reale o nella natura, ma (uso le loro parole) nel confronto dei testi. [X, 336]

Ma sulle reazioni dei filosofi che si rifiutano di cercare la verità "nel mondo reale o nella natura" e la cercano "nel confronto dei testi" torneremo fra poco. Restiamo, per ora, nell'ambito degli astronomi, per registrare come il riconoscimento da parte di Johannes Kepler si confermi uno dei pilastri su cui muove il successo del *Sidereus*.

L'astronomo tedesco chiede più volte a Galileo di inviargli un buon cannocchiale, perché egli possa finalmente confermare con la propria "sensata esperienza" le novità sideree. Galileo non lo accontenta, adducendo mille scuse. Probabilmente non vuole consegnare a un protestante esperto – e che esperto – uno strumento che dovrà rivelarsi utile per far accettare la verità a Roma. Ma Kepler non demorde. Vuole vedere con i propri occhi. Ottiene l'accesso a un cannocchiale e, tra il 30 agosto e il 9 settembre, insieme ai suoi collaboratori, tra cui Thomas Segeth, passato da Padova a Praga, lo punta verso il cielo. Trovando puntuale riscontro a tutto quanto visto e raccontato da Galileo.

A ottobre Kepler, forte finalmente della conferma avuta dall'osservazione diretta, pubblica la *Narratio de observatis a se quatuor Jovis satellitibus erronibus, quos Galilaeus Mathematicus Florentinus pure inventionis Medicea Sidera nuncupavit.* Poche pagine, molto simili a quelle del *Sidereus*, in cui riporta i risultati delle osservazioni effettuate. La *Narratio* di Johannes Kepler è la prima conferma delle osservazioni di Galileo fondata su sensate esperienze che sia stata pubblicata.

Thomas Segeth può chiudere il libro del maestro con un'esclamazione già attribuita a Giuliano l'Apostata e destinata a ridiventare famosa: "Vicisti, Galilaee!".

Hai vinto, Galileo.

E la palma della vittoria ti è consegnata dall'altro grande dell'astronomia europea, Johannes Kepler.

In realtà altri astronomi in queste convulse settimane intervengono a favore di Galileo in ogni parte d'Europa. Proprio in quel mese di ottobre lo scozzese John Wedderburn scrive una *Confutatio* contro il libello di Horky. Mentre, già nel mese di agosto, l'astronomo e rettore della scuola luterana di Torgau, Paul Nagel, aveva inserito i quattro nuovi pianeti scoperti da Galileo nel suo annuale almanacco.

Da Napoli interviene anche Giovan Battista della Porta, chiamato in causa dalla *Dissertatio* di Johannes Kepler in quanto noto autore di una solida teoria dell'ottica in grado di spiegare come funziona un cannocchiale. Già nel 1609, alla fine di agosto, nella già citata lettera a Federico Cesi aveva definito quello strumento che gira in Europa "una coglionaria", anche se ne rivendicava la paternità, per così, dire teorica, perché: "presa dal mio libro 9 *De rifractione*" [X, 201]. L'anno dopo, in una lettera inviata sempre a Federico Cesi, scrive:

> mi doglio che l'inventione dell'occhiale in quel tubo, è stata mia inventione e Galileo lettore di Padua l'have accomidato, con il quale ha trovato 4 altri pianeti in cielo, e numero di migliaia di stelle fisse et nel rivolo latteo altrettante non viste anchora, e gran cose nel globo della luna, ch'empiono il mondo di stupore. [X, 405]

Il napoletano rivendica ancora l'invenzione teorica del cannocchiale, ma riconosce che Galileo ha realizzato, con quel "suo" strumento scoperte "ch'empiono il mondo di stupore".

Ecco, dunque, che da Napoli Galileo ottiene il più autorevole riconoscimento che le sue osservazioni non sono illusioni dell'ottica, ma la verità fisica.

Anche gli astronomi che gli sono avversi riconoscono la realtà di quelle osservazioni. Simon Mayr, per esempio, lo studioso che ha in cagnesco Galileo e che abbiamo già incontrato all'epoca della *querelle* con Baldassarre Capra, va sostenendo di aver effettuato nei primi giorni del 1610 osservazioni del cielo con un cannocchiale e di aver visto per primo quei meravigliosi spettacoli. Mayr, dunque, mette in discussione la priorità, ma non la realtà della scoperta.

Ancora. L'astronomo inglese, copernicano convinto, Thomas Harriot, ha preceduto Galileo nel puntare il cannocchiale verso la Luna, ne ha osservato la natura, ma ha utilizzato uno strumento poco potente per risultare davvero utile. Certo non si meraviglia quando a maggio legge la *Dissertatio* di Kepler e apprende dei risultati di Galileo. Harriot riceve a Londra e legge il *Sidereus* solo ai primi di luglio e, procuratosi un buon cannocchiale, decide di seguirne le indicazioni per studiare il cielo. In particolare si impegna in un lungo programma di analisi del moto dei satelliti di Giove, che porterà a termine nel 1612. Ma non pubblicherà mai nulla.

A Parigi Nicola Fabri de Peiresc, scienziato dilettante, legge il *Sidereus* già in aprile e a novembre, quando entra in possesso di un cannocchiale soddisfacente, inizia a ripetere le osservazioni di Galileo, convinto di poter ottenere risultati più precisi. Si concentra soprattutto sui quattro "astri medicei", studiandoli con attenzione e allestendo così "il più grande archivio dell'età moderna che ci sia rimasto su Giove e i suoi satelliti" [citato in Bucciantini, 2012]. Neanche Peiresc riuscirà a pubblicare qualcosa di significativo. Ma a questo punto molti, anche fuori dalla cerchia degli addetti ai lavori, sanno che a Praga, Londra, Parigi e in tante altre città d'Europa molti autorevoli astronomi stanno utilizzando il cannocchiale ed effettuando osservazioni che confermano quelle di Galileo.

Era proprio quanto il toscano si prefiggeva come primo obiettivo della sua strategia di comunicazione.

Ma la ciliegina sulla torta arriva all'inizio del 1611, quando a Bologna appare una *Epistola apologetica contra peregrinationem Martini Horkii* firmata a quattro mani da Giovanni Antonio Roffeni e, udite! udite!, da Giovanni Antonio Magini. Il matematico dello studio felsineo non vuole restare isolato e rischiare il ridicolo.

Galileo gongola.

A meno di un anno dalla pubblicazione del *Sidereus* non c'è un solo astronomo laico in Europa che metta più in discussione il "nuovo cielo" scoperto dal toscano. Chi ha osato farlo, ha dovuto ritornare sui suoi passi con la coda tra le gambe.

Anche astronomi cattolici si mostrano entusiasti delle novità. È il caso del monaco e, appunto, astronomo Ilario Altobelli, che da Ancona scrive una lettera a Galileo il 17 aprile 1610:

> Il Nuncio Sidereo di V. S. Ecc.ma fa tanto strepito, ch'ha potuto destarmi da un profondissimo letargo a cui soggiaccio per un lustro continuo. L'Ill.mo S.r Card. Conti, mio signor, m'ha fatto vedere il libro; che se non havesse saputo la nuova se non per fama, et non havesse veduto la verità, con tanta diligenza dimostrata da V. S., io me ne sarei burlato. E chi l'havesse mai creduto? e pur è vero. Impazzirebono, se fusser vivi, gli Hipparchi, i Tolomei, i Copernici, i Ticoni, e gli Egittii et i Caldei antichi, che non hanno veduto la metà di quello che si credevano di vedere, e la gloria di V. S. Ecc.ma con sì poca fatica offusca tutta la gloria loro; del che io ne godo tanto, che niente più. Ma vorei pur partecipar del gusto in pratica, et cooperar con V. S. Ecc.ma per testificare il medesimo al mondo, acciò non ci fusse persona alcuna che queste cose le reputasse vanitade e sogni; e lei anco, acciò questa verità fusse ben promulgata e ben dechiarata, doverà usar ogni studio che altri vedano il medesimo oculata fide. Per tanto la supplico a farmi gratia di mandarmi qui in Ancona, per mezzo dell'Ill.mo S.r Card. Conti, i vetri congrui, com'ella appunto gli descrive nell'libro, e mandarmene diversi, ch'io ci farò il tubo, e con diligenza e patienza le prometto di giustificare il tutto e servir sempre V. S. in ragguagliarla delle conformità, essendo mia particolar inclinatione di osservare; et m'ingegnerò d'adattare il tubo in forma della fiducia nel dorso dell'astro-

labio, per osservar anco i periodi; e scriverò a V. S. il tutto in lingua latina, acciò lo possi poi annettere nelle sue osservationi. [X, 254]

E a Roma?

A Roma seguono con attenzione e prudenza il corso degli eventi.
Cristoforo Clavio è avvisato addirittura in anticipo della pubblicazione del *Sidereus Nuncius.* Il 12 marzo, il giorno prima che il *"breve
trattato"* esca dai torchi di Baglioni, un banchiere bavarese, Mark Welser, gli invia una lettera da Venezia annunciandogli che il signor Galileo Galilei sostiene di aver scoperto, con il suo *visorio,* quattro pianeti
"novi", mai visti, per quanto se ne abbia notizia, da uomo mortale, e
con loro innumerevoli stelle fisse.

Il grande matematico al Sacro Collegio per ora tace. Ma è un silenzio attivo. Clavio è in cerca di solide dimostrazioni. Pronto a trarne
tutte le debite conseguenze. Quello di Clavio non è un silenzio mi-
naccioso. Galileo ne conclude che la partita decisiva, a Roma, non
solo è aperta, ma può volgere completamente a suo favore.

Le reazioni dei potenti. I politici

La autorità politiche e le autorità religiose sono il secondo fronte individuato da Galileo per far accettare la verità, in vista di Roma. E infatti la strategia di comunicazione nei riguardi delle persone influenti,
in particolare dei politici, non è meno serrata di quella rivolta agli
astronomi. La sera stessa del 13 marzo, Galileo invia copia del *Sidereus,* con i fogli sciolti e ancora bagnati, al primo segretario del Granduca di Toscana, Belisario Vinta. Riservandosi di inviare in capo a una
settimana una copia rilegata e un nuovo cannocchiale a Cosimo II.

Appena ne ha una a disposizione, il 19 marzo, Galileo invia la
copia rilegata a Cosimo II con un buon cannocchiale e una nuova
lettera a Belisario Vinta in cui enumera tutte le personalità cui intende inviare il suo *kit,* libro e cannocchiale:

Ma perché gl'occhiali esquisitissimi et atti a mostrar tutte le osservazioni sono molto rari, et io, tra più di 60 fatti con grande spesa et fa-

tica, non ne ho potuti elegger se non piccolissimo numero, però questi pochi havevo disegnato di mandargli a gran principi, et in particolare a i parenti del S. G. D.: et di già me ne hanno fatti domandare i Ser.mi D. di Baviera et Elettore di Colonia, et anco l'Ill.mo et Rev.mo S. Card. Dal Monte; a i quali quanto prima gli manderò, insieme col trattato. Il mio desiderio sarebbe di mandarne ancora in Francia, Spagna, Pollonia, Austria, Mantova, Modena, Urbino, et dove più piacesse a S. A. S.; ma senza un poco di appoggio et favore di costà non saprei come incaminarli. [X, 239]

Caro Vinta, dice in altri termini, io sto molando lenti e costruendo a più non posso cannocchiali da inviare in giro per l'Europa insieme al libro perché tutti possano vedere e riconoscere la verità. Ma l'impresa è così grande che ho bisogno dell'aiuto di uno stato. Che ho bisogno dell'aiuto dello stato.

Vinta non si fa pregare. Consapevole della ricaduta d'immagine che se ne ricava per il granducato, ordinerà di inviare agli ambasciatori toscani a Praga e a Londra altrettanti cannocchiali, non appena Galileo glieli fornirà.

Intanto le diplomazie europee si muovono di propria iniziativa. Quello stesso 13 marzo in cui il *Sidereus* viene pubblicato, l'attento ambasciatore inglese a Venezia, sir Henry Wotton, legge il libro e invia un dettagliato rapporto a sir Robert Cecil, conte di Salisbury, cugino di Francis Bacon e consigliere del re, Giacomo I. L'ambasciatore comprende immediatamente che il contenuto di quel libro "non era argomento che potesse essere circoscritto agli specialisti, ai professionisti della cultura, ma riguardava la sfera più generale della politica" [Bucciantini, 2012].

Non meno pronta, ma di segno affatto opposto è la reazione di un altro influente diplomatico, Georg Fugger, ambasciatore presso la Repubblica di Venezia di Rodolfo II d'Asburgo, arciduca d'Austria, re di Boemia, re d'Ungheria e imperatore del Sacro Romano Impero. Fugger, come abbiamo già ricordato, invia una serie di missive alla corte di Rodolfo, nel tentativo di screditare Galileo. Di più: diventa una specie di collettore delle opposizioni a Galileo. Ma vuoi per la presenza a Praga di Johannes Kepler, vuoi per la sua irrefrenabile curiosità, per mesi e mesi Rodolfo freme al pensiero di vedere con i propri occhi il "nuovo cielo" descritto da Galileo.

Attesa che alla corte del re di Francia non è meno spasmodica. Anche a Parigi sono rimasti colpiti dalla scoperta, in particolare, di quei nuovi pianeti che ruotano intorno a Giove. La regina, Maria de' Medici, è orgogliosa che i quattro astri portino il nome della sua famiglia. Il re Enrico IV deve essere un po' geloso. Fatto è che il 20 aprile un collaboratore del sovrano invia una lettera a Galileo consigliandogli "scoprendo qualche altro bello astro, di denominarlo dal nome del grande Astro della Francia", Enrico IV di Borbone. In attesa che appaia nei cieli un "astro borbonico", il re avrebbe gran desiderio di osservare direttamente il cielo con un cannocchiale forgiato da Galileo.

Enrico IV non farà in tempo a soddisfare quel suo desiderio, perché il 14 maggio viene assassinato. Ma alla corte, affranta, di Parigi non si attenua l'attesa per il cannocchiale. La regina, Maria de' Medici, cerca inutilmente di farli forgiare dai suoi maestri vetrai. Finalmente il 23 agosto un cannocchiale costruito da Galileo parte dalla Toscana. Il 13 settembre giunge a corte e di lì a qualche giorno la regina può iniziare a osservare, con sommo compiacimento, il cielo descritto dal suo compatriota.

Il cannocchiale giunge anche alla corte di Madrid. Preceduto da una lettera davvero significativa che Belisario Vinta invia all'ambasciatore del Granducato in Spagna, Orso Pannocchieschi d'Elci, per annunciargli due novità straordinarie che riguardano il Granducato [Bucciantini, 2012]. La prima è la morte del re di Francia, sposo di una Medici:

> Di occorrenze del mondo le invio nelli aggiunti fogli gli avvisi comuni, ma una grande, et atroce nuova si è sparsa con la passata d'un corriere di Parigi per Roma, che il Re di Francia [Henri IV] da uno che finse di porgerli un memoriale, fusse stato, andando in carroza per Parigi, mortalmente ferito, o con coltello, o con pugnale da un

vallone [Ravaillac], ma noi sin ad hora non ne habbiamo non solo corriere, ma neanche un minimo avviso da Parigi, se non che i Gondi di Lione, scrivano a me, che per più corrieri fusse arrivata quivi tal nuova, et Iddio benedetto tenga nella sua protettione, et gratia, la M.tà della Regina [Maria de' Medici-de Bourbon], et quei Principi suoi figliuoli, et conservi la pace publica. [X, 283]

La seconda novità riguarda Galileo e il suo cannocchiale:

Se un Sig.re Galileo Galilei, nobil fiorentino, primario matematico dello Studio di Padova, et che ha ritrovato et osservato in cielo nuove stelle, et l'ha nominate Medicea Sidera, mandasse a V.S. Ill.ma alcune sue dimostrationi, et compositioni in stampa sopra tali stelle e pianeti, et anche certi occhiali di sua inventione per rimirarle, et osservarle più facilmente affinché ella le faccia presentare costì o a Sua M.tà o a cotesti S.ri letterati, et in particolare al Sig. Contestabile, ella gli accetti, et lo favorisca in esseguire la sua volontà, perchè è matematico, et filosofo di gran merito, et di gran fama, et è anche amicissimo mio, et tutto anche ha a resultare in honore et gloria del Ser.mo nostro Padrone. [X, 283]

Un cannocchiale arriverà presto anche a Madrid. In pochi mesi i capi di tutti i principali stati europei entrano in possesso del telescopio. Da notare che Galileo si fa carico di inviare il cannocchiale il più direttamente possibile ai sovrani cattolici (Firenze, Parigi, Madrid). Ma tende a rinviare, per quanto possibile, la spedizione ai sovrani di stati non cattolici.

L'imperatore Rodolfo II a Praga, per esempio, chiede insistentemente di avere un cannocchiale per ripetere le osservazioni di Galileo. Frustrato dall'attesa, con il suo astronomo di corte, Johannes Kepler, a luglio si adatta a fare osservazioni con i cannocchiali di bassa qualità fornitigli da Fugger. Ma "nonostante le ripetute promesse, Galileo non [invia] a Praga nessun occhiale" [Bucciantini, 2012].

Certo, fabbricare cannocchiali non è cosa semplice e veloce. Ma

Galileo ne ha costruiti e spediti molti in giro. Solo a Roma ne sono arrivati quattro: ai cardinali Borghese, Farnese, Montalto e Dal Monte. Ne ha spedito uno anche a Massimiliano, che è sì duca (cattolico) di Baviera, ma non è certo l'imperatore. E sì che Rodolfo crede senza tentennamenti a quanto è scritto nel *Sidereus* e Johannes Kepler è l'astronomo che ha sancito il suo successo. E allora perché questa reticenza con due figure così amiche e così importanti?

Galileo non darà mai una spiegazione convincente. Né esistono documenti in grado di sciogliere l'enigma. Uno dei motivi potrebbe essere la competizione scientifica. Sa che Kepler col suo cannocchiale potrebbe ottenere risultati che Galileo vuole riservare a se stesso. Ma il motivo principale va cercato nel dato religioso. Kepler è un protestante. E Rodolfo regna su terre che non sono cattolicissime. Probabilmente Galileo nega a Praga quella possibilità di usare il suo cannocchiale a fini scientifici per la stessa ragione per cui l'ha negata a Venezia: lui vuole consegnare a Roma il possesso della verità.

Vuole sì conquistarsi il favore dei principi. Ma soprattutto il favore dei principi cattolici. In grado di esercitare pressione e di non suscitare diffidenza a Roma. Ecco perché tra gli obiettivi principali della sua campagna di promozione ci sono vescovi e cardinali della Chiesa di Roma.

Le reazioni delle autorità religiose

Ma se gli astronomi e i principali sovrani d'Europa sono tutti convinti al suo fianco, sul fronte religioso – anzi, sul fronte delle autorità cattoliche – la situazione si complica.

C'è chi accetta la novità e chi la rifiuta, arrivando subito al nocciolo del problema: la compatibilità tra la verità rilevata dalla scienza e la verità rivelata dalle Sacre Scritture.

A Milano il cardinale Federico Borromeo è certamente tra i primi. Non solo si mostra "curiosissimo" delle sideree novità e vuole osservarle direttamente con il cannocchiale, ma si mostra anche consapevole della sfida inedita che pone la scienza alla visione teologica del mondo:

sa bene che non si tratta di una sfida come le altre, tutta giocata dietro i confini tradizionali di un sapere libresco […] Questa volta la
battaglia si sposta su un altro terreno, più insidioso e meno collau-
dato, dove la prima cosa da fare non è rinchiudersi in biblioteca ma
munirsi di un occhiale potente. [Bucciantini, 2012]

Borromeo non solo accetta la novità dei cieli galileiani, ma accetta la
sfida che pone la nuova scienza. Una sfida epistemologica e teologica.

In questo, forse, convinto dalle argomentazioni di un copernicano,
Curzio Casati, professore di matematica presso le Scuole Piattine che,
in una discussione, anche epistolare, tenuta nell'estate del 1610, pone
il problema: il modello copernicano del mondo è "talmente congruente con i fenomeni celesti che non si potrebbe addurre niente di
più verosimile in materia". Ma il modello copernicano non si limita
a spiegare meglio di ogni altro come vanno le cose in cielo, è "del tutto
conforme a quanto proferito dalla divinità" [citato in Bucciantini,
2012]. Casati, dunque, propone a Borromeo la strada da seguire nei
rapporti tra scienza e religione. È la strada del "concordiamo": prendere atto delle verità documentate della scienza e accettare la sfida,
cercando nei sacri testi, che sono testi da interpretare, gli elementi
che le corroborano.

Casati non cita le novità del *Sidereus*, ma è chiaro che queste rientrano nel suo schema metodologico. Occorre cercare nelle Sacre Scritture gli elementi che corroborano le nuove scoperte, per quanto
straordinarie siano.

Di parere diverso è Cristoforo Borri, professore di matematica al
Collegio di Brera. In un libro, il *Tractatus astrologiae*, che scrive come
testo per l'anno accademico 1611/1612, sostiene: il modello copernicano non è accettabile perché in chiaro contrasto con le Scritture. Ciò
non significa rigettare le scoperte di Galileo: sono verificabili e, dunque, non c'è che da prenderne atto. Esse possono essere inquadrate,
tuttavia, in un modello, come quello di Tycho Brahe, che non è incompatibile con le Scritture.

Questo dibattito milanese dimostra come la questione teologica emerga subito e in maniera spontanea in seguito alla pubblicazione del *Sidereus Nuncius*. Come ponga immediatamente il tema del rapporto tra verità rilevata e verità rivelata. E che è nell'ordine delle cose che Galileo consideri questo il nodo più importante da sciogliere.

Una conferma di tutt'altro segno giunge peraltro proprio dalla sua Firenze, dove intorno all'arcivescovo Alessandro Marzimedici e a un membro della famiglia del granduca, Giovanni de' Medici, suo antico nemico, si va coagulando un vero e proprio gruppo di negazionisti, su cui torneremo. Ma intanto ne citiamo uno, che affronta il tema teologico, supera le posizioni di Casati e di Borri e giunge rapidamente lì dove approderà il cardinal Bellarmino. Ci riferiamo a Bonifacio Vannozzi da Pistoia, protonotario papale, che in una lettera da poco scoperta al magistrato e letterato Gerolamo Baldinotti scrive:

> Io son con il V. Sig. nel fatto del Galileo, e ogni buon teologo si riderà di chi dica da vero che la Terra si muove, che *Non inclinabitur in speculum* e che il Sole stia fermo, che *motu suo agit*. Son cose dette altre volte per via di suppositione, non di verità. Che la Luna sia terrea, con valli e colline, è tanto bene dire che vi son degli armenti che vi pascano e de' bifolchi che la coltivano. Stiacene con la Chiesa, nemica delle novità da sfuggirsi, secondo l'ammaestramento di S. Paolo. Son pensieri da belli ingegni, ma pericoloso e io voglio esser anzi teosofo, che filosofo, come mi par che sia anco V. S. a cui bacio le mani. [citato in Bucciantini, 2012]

Vannozzi è uno sconosciuto, ma frequenta il papa e la curia. Ed esprime le posizioni di quella parte della Chiesa "nemica delle novità" che già vede, nella pubblicazione del *Sidereus*, irrompere il grande tema: chi possiede la verità in fatto di conoscenza della natura? E già propone una soluzione: la verità la possiede la Chiesa, interprete unica delle Sacre Scritture. Che astronomi e matematici e filosofi parlino pure di modelli più o meno utili, ma mai di verità. Cosa sia la verità, anche quando si parla di realtà fisica, lo decide la Chiesa, non la scienza.

È proprio la questione che Galileo vuole porre. Risolvendola in maniera specularmente opposta. La Chiesa cattolica accetti che, in fatto di filosofia naturale, la scienza è in grado di raggiungere una conoscenza diretta e piena della realtà. E quando tale conoscenza è diversa da quella apparente proposta dalle Sacre Scritture, è questa che deve prevalere. Perché quella scientifica è una conoscenza diretta – che si può vedere, toccare, esperire – mentre quella delle Sacre Scritture va interpretata.

Le reazioni dei filosofi

Naturalmente, la verità "che si può vedere" proposta da Galileo non viene accettata da tutti. Anzi, viene spesso confutata. Per esempio da Cesare Cremonini, l'amico e collega dell'università di Padova, aristotelico convinto, che si rifiuta di "mirar per quegli occhiali [che] m'imbalordiscono la testa" [citato in Fiorentino, 1997]. Per Cremonini le "sensate esperienze" valgono poco o nulla. I sensi ingannano. La logica rigorosa no. Quel che vale, dunque, è solo la logica. E non c'è logica migliore di quella di Aristotele.

Cremonini non è, come sappiamo, un conformista. Tutt'altro. In nome della logica, che lo porta a negare l'immortalità dell'anima, pone a rischio la sua stessa vita. E solo la protezione della Repubblica di Venezia impedisce che venga tratto a Roma, processato e probabilmente giustiziato come Giordano Bruno. Ma proprio per questo il suo categorico rifiuto di "guardar per quegli occhiali" fa comprendere a Galileo che la strada della "nuova filosofia" non è affatto spianata. E che se persino l'amico Cesare, in perfetta buona fede, mette in dubbio la "veridicità" dell'occhiale, altri – filosofi gelosi e teologi tetragoni – useranno lo stesso argomento con intenzione, per impedire che la verità sia conosciuta da tutti e in special modo a Roma.

Tra i primi filosofi a manifestare queste intenzioni c'è Giulio Libri, docente dell'università di Pisa che proprio in cospetto del granduca cerca in ogni modo di "strappare e rimuovere dal cielo" le lune di Giove. Galileo ne parla divertito a Kepler, in una lettera del 19 agosto 1610.

Mio caro Kepler, come mi piacerebbe poterne ridere con te! Se ti trovassi qui! Che gran fortuna sarebbe per te questa gloriosa pazzia!
Come sarebbe divertente vedere questo professore agitarsi in Pisa con
molti ragionamenti di logica, davanti al granduca, per scongiurare i
nuovi pianeti e farli sparire come per magia! [X, 336]

Ma il suo è un riso amaro. In nome della filosofia quel Giulio Libri
vuol far intendere al capo dei Medici che i quattro "astri medicei"
sono un inganno. E, dunque, quella dedica può rivelarsi un boomerang per la famiglia e per il granducato.

L'attacco di Giulio Libri è tanto più pericoloso perché non è affatto
isolato. Anche un altro docente a Pisa, Antonio Santucci, titolare della
cattedra di matematica e cosmografo di corte, mostra il suo scetticismo. Inoltre a Firenze inizia a far sentire la sua voce tal Ludovico delle
Colombe, un aristotelico talmente convinto da sostenere che la Luna,
malgrado le scabrosità che si vedono al cannocchiale di Galileo, è perfettamente sferica e la sua superficie perfettamente liscia e levigata,
perché tutte le valli del satellite sono coperte da materiale etereo e così
perfettamente trasparente da non poter essere visto col telescopio.

Gli argomenti di Ludovico non sono un granché. Ma il pericolo
viene dal fatto che l'aristotelico, a fine anno, inizia a scrivere un libro,
Contro il moto della Terra, in cui attacca la nuova visione dei cieli e
l'interpretazione copernicana non solo con argomenti filosofici, ma
anche teologici. La verità di Galileo si potrà anche vedere con gli occhi
– sostiene – ma è in contraddizione con la verità rivelata della Bibbia.

Galileo, è il caso di dirlo, ha la sensata esperienza che va montando
una forte opposizione ad accettare le sideree novità tra i filosofi aristotelici. Anzi è la sola opposizione che vede. Tant'è che ancora nel
febbraio 1611 scrive a Paolo Sarpi, con cui ha ormai ripreso i contatti: "al presente non provo altri contrari che i Peripatetici, più parziali di Aristotele che egli medesimo non sarebbe" [XI, 35]. Galileo
non sembra accorgersi, invece, che l'opposizione dei filosofi aristotelici inizia pericolosamente a saldarsi con l'opposizione dei teologi.

In realtà a Firenze si va condensando un vero e proprio nucleo di oppositori, per così dire, teosofi. Oltre a Ludovico delle Colombe ne fanno parte un monaco vallombrosano, Orazio Morandi, che non è affatto un aristotelico, ma si occupa di scienze occulte ed ermetiche, e Francesco Sizzi, un intellettuale eclettico di buona famiglia, che all'inizio del 1611 scrive un'operetta, *Dianoia astronomica, optica, physica*, in cui sostiene che la presenza nel cielo di quattro nuovi pianeti è impossibile, sia perché ciò comporterebbe l'esistenza di nuove sfere, sia perché viola la sacra regola del 7, per la quale la nostra testa ha sette finestre (due occhi, due orecchie, due narici e una bocca), proprio come il cielo ha sette pianeti e i sette pianeti sono abbinati ai sette metalli presenti sulla Terra e così via.

I tre sono pericolosi non solo perché saldano argomenti filosofici, religiosi e magici in un'opposizione a tutto campo contro Galileo. Ma anche e soprattutto perché fanno riferimento, come abbiamo detto, a Giovanni, l'influente esponente della famiglia de' Medici che con Galileo ha una partita aperta da venti anni. Da quando l'allora giovane matematico aveva osato mettere in ridicolo le capacità di ingegnere del figlio di Cosimo I e aveva impedito che le macchine da lui progettate venissero utilizzate nei lavori per la costruzione di nuove fortificazioni a Pisa.

In questi venti anni Giovanni ha continuato a coltivare la sua passione non solo per l'ingegneria e l'architettura (sue sono sia la facciata della chiesa di Santo Stefano dei Cavalieri a Pisa sia la Cappella dei Principi di San Lorenzo a Firenze), ma anche per l'alchimia e l'astrologia, oltre che per la filosofia ebraica. Ambasciatore del Granducato a Praga, è stato a lungo compagno dell'imperatore Rodolfo nelle sue ricerche alchemiche, astrologiche e magiche.

È proprio a questo gruppo di persone si rivolge Martin Horky, nel tentativo di creare una rete di opposizione a Galileo, per così dire, internazionale e interdisciplinare.

Non tutti gli intellettuali, ovviamente, sono in opposizione. C'è chi, come il francese Pierre de l'Estoile, legge il *Sidereus* – la copia che Paolo Sarpi ha inviato a Christophe Justel il 16 marzo – e, il 18 aprile, scrive che si tratta di un libro curioso, ma di cui, francamente, non ha capito nulla.

E c'è chi lo esalta. Primo fra tutti Tommaso Campanella.

Galileo ha superato "ciò che si vede con gli occhi del volgo" e consente ormai di "panetrare", con l'aiuto di Dio, "ad invisibilia" [XI, 16]. Insomma, ha spalancato una porta in un nuovo mondo, innalzando l'uomo a demiurgo della natura spronandolo non solo a esplorare terre incognite, ma a farlo con metodo razionale.

Campanella sostiene, dal carcere, che Galileo ha "purificato" gli occhi degli uomini. Il nuovo cielo ha implicazioni che trascendono il solo interesse astronomico. Le scoperte del matematico toscano sanciscono la fine di una visione dell'universo centrata sull'uomo.

Le reazioni degli astrologi

Le reazioni al *Sidereus Nuncius* lo dimostrano: gli astronomi europei stanno iniziando a fare comunità. Si riconoscono, si cercano, hanno letture e valori comuni [Greco, 2009a]. Hanno gli stessi occhi nella mente oltre che nella fronte. Tuttavia sono una piccola comunità. Molto maggiore e ancora molto influente è la comunità degli astrologi, di coloro che "leggono" i movimenti degli astri nell'alto dei cieli ed elaborano oroscopi, nella convinzione che influenzino i comportamenti degli uomini qui sulla Terra. È questa una comunità molto forte, che ha accesso alle corti e ai circoli intellettuali. Che ha una forte contiguità con i medici. Spesso c'è una contiguità anche con gli astronomi e i matematici. D'altra parte Galileo stesso non disdegna da fare qualche oroscopo per arrotondare.

Ebbene, com'è facilmente comprensibile, la comunità degli astrologi e dei medici che fondano parte della loro arte sull'astrologia non prende affatto bene le novità sideree annunciate da Galileo. Pochi giorni dopo l'uscita del *Sidereus*, il marchese Giovanni Battista Manso, scrittore e biografo di Torquato Tasso, scrive da Napoli a Paolo Beni, ex gesuita e docente di lettere classiche a Padova, che:

> intentendo che s'aggiungano tanti nuovi pianeti a' primi già conosciuti, par loro che necessariamente ne venga rovinata l'astrologia e diroccata gran parte della medicina, perchioché la distribuzione delle

case dello zodiaco, le dignità esistenziali ne' segni, le qualità delle nature delle stelle fisse, l'ordine de' cronica tori, il governo dell'età de gli huomini, i mesi della formatione dell'embrione, le ragioni de' giorni critici, e cento e mill'altre cose, che dipendono dal numero settenario de' pianeti, sarebbero tutte sin da' fondamenti distrutte. [X, 234]

L'opinione pubblica

José Antonio Maravall sostiene che il Seicento è il secolo – il primo secolo – a sperimentare la cultura di massa [Maravall, 1980]. È il primo secolo che inizia a essere segnato da un'opinione pubblica. E, infatti, il *Sidereus* ottiene un successo di massa e le sideree novità sono conosciute dalle masse, in tutta Europa. Suscitando accese reazioni, in genere di curiosità e persino di entusiasmo.

La prima prova di queste reazioni la si ha pochi giorni dopo l'uscita del *Sidereus*, il 26 marzo. Ecco cosa scrive (il 27 marzo) Alessandro Sertini a Galileo:

Iermattina, arrivando in Mercato Nuovo, mi si fece innanzi il Sig.r Filippo Mannelli, dicendomi che 'l Sig.r Piero, suo fratello, gli scriveva, che 'l procaccio di Venezia mi recava uno scatolino da parte di V. S. Questa cosa si divulgò in maniera, che io non mi poteva difendere dalle persone, che volevan sapere che cosa era, pensando che fosse un occhiale; e quando si è saputo ch'egl'era il libro, non è cessata la curiosità, massime negl'huomini di lettere, e credo che 'l Sig.r D. Antonio harà che fare a mostrarlo. Iersera in casa il Sig.r Nori ne leggemmo un pezo, quella parte che tratta de' pianeti nuovi; e finalmente è tenuta gran cosa e maravigliosa. [X, 245]

Firenze è catturata dalle novità. E attende il suo astronomo. Così anche Pisa. Cosicché, quando in aprile giunge in Toscana, Galileo tocca con mano la curiosità contagiosa che il suo libro ha scatenato.

La nuova cosmologia eccita l'immaginario perché incontra lo "spirito dei tempi" e come scrive Andrea Battistini, si concilia con un metodo che persegue la democratizzazione del sapere, ormai alla portata di tutti. "Di qui l'agitazione, la frenesia, la smania quasi parossistica con cui in tutta Europa si [cerca] di procurarsi gli esemplari migliori di cannocchiali" [Battistini, 1993].

Galileo è ormai una star. Anzi, una superstar. La prima grande star dell'età moderna.

21. Vicisti Galilaee!

Il 19 marzo 1610, a meno di una settimana dalla pubblicazione del *Sidereus Nuncius*, Galileo invia una nuova lettera, come abbiamo visto, a Belisario Vinta per annunciargli una seconda edizione del libro, ben più ricca, con i risultati di nuove osservazioni, scritta in volgare perché davvero tutti, almeno nella penisola italiana, lo possano leggere.

Spera che Cosimo II finanzi la nuova operazione editoriale. Poi aggiunge: la nuova versione del *Sidereus* dovrà essere corredata anche di nuove immagini e di "molti componimenti di tutti i poeti toscani" [X, 239].

Galileo, dunque, chiama a sostegno l'arte e gli artisti. Certo, perché crede di aver realizzato una scoperta epocale e di meritarsi un'adeguata celebrazione. Ma c'è di più, in quella richiesta. Galileo sa che il *Sidereus* non potrà diventare lo spartiacque che divide le epoche, come merita, e che egli stesso non diventerà una persona molto nota – la prima superstar dell'età moderna – se il mondo dell'arte e della letteratura non farà proprie le sideree novità. Se il suo cielo non diventerà il cielo della cultura europea. Se pittori, architetti, scrittori e poeti non riconosceranno e diffonderanno, rendendo senso comune, la grandezza delle scoperte effettuate e quella sua personale.

Per questo pensa che la seconda edizione del *Sidereus* debba vedere la luce al più presto. Possibilmente già in autunno. In realtà il progetto non sarà mai realizzato. Tuttavia l'arte e gli artisti gli daranno una mano. Forse decisiva. Perché saranno davvero innumerevoli "i componimenti" con cui i poeti, toscani e non, gli scrittori, i pittori, gli architetti saluteranno la prima edizione del *Sidereus*, contribuendo a diffondere con straordinaria rapidità la nuova visione dell'universo in tutta l'Europa.

E in tutto ciò non è parte secondaria la frequentazione che Galileo ha dell'arte e degli artisti. Egli stesso, non dimenticandosi di essere esperto di musica, equipara la sua nuova visione del cosmo al canto. E in particolare il fatto di aver dimostrato che non tutto, in cielo, ruota intorno alla Terra, scrive nelle *Postille* alla *Disputatio* del *De phœnomenis in orbe Lunæ* pubblicato da Giulio Cesare Lagalla nel 1612: "è tanto più bella cosa che i movimenti celesti siano fatti circa diversi centri, altri tardi, altri veloci etc., quanto è più artifizioso e leggiadro il canto figurato che 'l canto fermo" [III, I, 311]. Ma vediamo in dettaglio come il mondo dell'arte e della letteratura reagisce al *Sidereus Nuncius*.

I pittori

L'amico Ludovico Cardi è tra i primi pittori a offrire, nell'ambito delle arti figurative, un riflesso delle scoperte annunciate nel *Sidereus*. Il Cigoli apprende subito della pubblicazione del libro. È Giovanni Battista Amadori a dargliene notizia, in tempo reale. Tanto che il 18 marzo, appena cinque giorni dopo l'uscita del "breve trattato", Ludovico Cardi da Roma scrive una lettera a Galileo pregandolo di inviargliene al più presto una copia.

L'entusiasmo del pittore per la straordinaria scoperta dell'amico trova subito il modo di manifestarsi. Il Cigoli inizia a lavorare nel mese di settembre del 1610 a un affresco della cupola di Santa Maria Maggiore a Roma dedicata alla Vergine Assunta. E ai piedi della Madonna adagia la Luna così come Galileo l'ha osservata e disegnata nel *Sidereus*. L'opera sarà terminata alla fine del 1612. Il 23 dicembre di quell'anno Federico Cesi, il fondatore dell'Accademia dei Lincei, si incarica di informare Galileo che:

> Il S. Cigoli s'è portato divinamente nella cupola della capella di S. S.tà a S. Maria Maggiore, e come buon amico e leale, ha, sotto l'imagine della Beata Vergine, pinto la luna nel modo che da V. S. è stata scoperta, con la divisione merlata e le sue isolette. Spesso siamo insieme, consultando contro l'invidi della gloria di V. S. [XI, 367]

È possibile che la Luna, lì a Santa Maria Maggiore, sia stata dipinta nella primavera del 1611, addirittura con l'aiuto diretto di Galileo,

giunto nel frattempo in città [Chappell, 2009]. Ma Ludovico Cardi
non si limita a manifestare una sola volta la sua "leale devozione" per
l'amico.

Immagini molto simili della Luna galileiana appaiono nella *Madonna* della *Pentecoste* dipinta in quello stesso 1611 (oggi il dipinto si
trova agli Uffizi di Firenze). Allo stesso periodo dovrebbero risalire
anche due disegni della Luna galileiana realizzati dall'artista di San
Miniato.

E tuttavia il Cigoli non è il primo pittore a diffondere le sideree
novità. Più pronto di Ludovico Cardi, se non a coglierle certo a rap-
presentarle, è un artista fiammingo, Adam Elsheimer, che sempre a
Roma frequenta, come il Cigoli, il giro di Federico Cesi e dell'Accademia dei Lincei.

L'Accademia è stata fondata il 17 agosto 1603 da quattro giovani
amici, di età compresa tra i 18 e i 26 anni: Federico Cesi, primogenito
dei duchi di Acquasparta e marchese di Monticelli; Anastasio de Filiis, appassionato di storia e cugino di Cesi; l'eclettico conte Francesco Stelluti, giurista, naturalista, pittore e poeta; il medico olandese
Johannes van Heeck [Caredda, 2008]. Scopo dell'Accademia è occuparsi di tutto lo scibile umano, ma soprattutto di matematica e filosofia naturale, che tra le discipline – sostiene Federico Cesi – sono le
"più abbandonate e derelitte". L'intenzione è fare ricerca, in maniera
empirica e rigorosa, con un approccio che ha venature ermetiche,
anche se – e non sembri contraddittorio – con una forte propensione
alla divulgazione. Emblema dell'Accademia è la lince che, come rileva ancora Cesi, è "animal oculatissimum".

L'attività del gruppo suscita sospetto nella Roma Pontificia e l'Accademia è ben presto costretta a una vera e propria diaspora. Via dalla
città. L'attività nell'Urbe potrà riprendere in pieno solo nel 1609,
anche con l'aiuto di nuovi soci lincei: tre tedeschi – il medico Joannes Faber, professore alla "Sapienza"; il medico e naturalista Terren-
tius Johann Schreck; il medico paracelsiano e naturalista Teophilus
Müller – e un napoletano, il filosofo e "mago", grande esperto di ottica, Giovan Battista della Porta.

L'Accademia in generale e Federico Cesi in particolare riconoscono immediatamente il valore del *Sidereus* e diventano il centro di
diffusione a Roma della nuova visione, galileiana, del cielo.

I lincei in senso stretto sono pochi, ma intorno a loro si forma una
piccola comunità intellettuale, di cui sono parte anche alcuni dei moltissimi artisti che, in questo periodo, frequentano Roma. Tra la fine
del Cinquecento e l'inizio del Seicento, infatti, la città sede del papato
si va proponendo come uno dei centri dinamici dell'evoluzione del
pensiero artistico. Ed è proprio a Roma, divenuta cuore dell'arte continentale, che sul finire del XVI secolo un gruppo di giovani provenienti da ogni parte d'Europa comincia a discutere sulla natura dei
vari movimenti artistici allora in voga, a iniziare dal manierismo, e
propone una sorta di analisi comparata tra i movimenti artistici contemporanei e del passato. La discussione costituisce, di per sé, un fatto
nuovo nel mondo dell'arte [Gombrich, 2003]. E si sviluppa intorno
ad alcune domande astratte: la pittura è meglio della scultura? Il disegno è più importante del colore?

In questo dibattito si inseriranno, ben presto, anche Ludovico
Cardi e Galileo Galilei. Ma all'inizio del Seicento tutto si riduce intorno a un solo e semplice interrogativo: è meglio Annibale Carracci
o Michelangelo Merisi, detto il Caravaggio?

Il primo appartiene alla scuola di Raffaello e, sebbene con realismo – col realismo del barocco – intende coltivare la bellezza classica.
Carracci, si dice, vuole abbellire la natura. E con questo progetto, insieme al fratello Agostino e al cugino Ludovico, dà vita a una scuola
da cui nasce la moderna "arte sacra".

Il barocco *á la Carracci* è così potente sul piano della comunicazione che, a Roma e in tutta l'Europa cattolica, diventa ben presto
strumento di propaganda della fede. Dopo la rivoluzione luterana,
infatti, il papa e le autorità della Chiesa cattolica stanno chiamando
a Roma architetti, pittori e scultori perché diano una mano a realizzare un'opera di convincimento per persuadere e convertire. L'opera
di convincimento della Controriforma segue una strada specularmente opposta a quella della Riforma. Se i protestanti privilegiano

un approccio dimesso e frugale, i cattolici vogliono mostrare tutta la potenza e tutto lo splendore di Santa Romana Chiesa. Per questo gli architetti, gli scultori e i pittori sono chiamati a trasformare i templi cattolici nel teatro di un grande spettacolo [Gombrich, 2003]. La suprema arte dell'architettura teatrale troverà nello svizzero Francesco Borromini e, soprattutto, nel napoletano Gian Lorenzo Bernini la sua massima espressione. La suprema arte della pittura a servizio della fede cattolica raggiunge l'acme con Annibale Carracci.

Caravaggio, invece, segue tutt'altra strada. Lui vuole raccontare la verità. Non ama affatto sentir parlare di "bellezza ideale". Vuole rompere del tutto con le convenzioni e raccontare la natura per quella che è. Per come si presenta all'esperienza dei sensi. Senza compromessi. Senza aggiustamenti. Per questo i suoi critici lo accusano, con disprezzo, di essere un "naturalista".

Il "naturalismo" è l'altro grande percorso che all'inizio del XVII secolo il barocco si accinge a esplorare. Un percorso lungo il quale l'arte (non solo l'arte figurativa) incontra la nuova scienza empirica.

Certo, il barocco *á la Caravaggio* non diventa il contraltare laico del barocco *á la Carracci*: non si propone come strumento di propaganda della scienza. Quello che tuttavia realizza Michelangelo Merisi è cogliere un più generale "spirito dei tempi". Uno spirito che anima i nuovi artisti così come i nuovi filosofi naturali. Cos'è l'*Incredulità di San Tommaso*, che il Caravaggio dipinge tra il 1601 e il 1602, se non il realistico invito a toccare con mano la realtà della natura, a verificare con i propri sensi senza accontentarsi dell'*ipse dixit*, a mettere il dito nella verità delle cose, a raccontarla con un'onestà senza compromessi proprio come iniziano a fare i protagonisti della rivoluzione scientifica?

Non c'è, in quel dipinto del Caravaggio, alcun riferimento alla nuova scienza, alcun esplicito richiamo a una qualche particolare scoperta. C'è tuttavia uno dei grandi temi che informano il dibattito epistemologico del tempo: l'importanza cruciale dell'osservazione diretta. Delle sensate esperienze, appunto. Di quelle che Galileo chiama "le chiavi dei sensi" [Tongiorgi, 2009].

Lo scienziato e il pittore non si sono mai incontrati. Forse. Qualcuno insinua che il maturo personaggio che indica l'*Ecce Homo*, un dipinto del 1605 ora conservato a Palazzo Bianco a Genova, ha una straordinaria somiglianza con Galileo [Tongiorgi, 2009]. Se fosse davvero lui, allora Caravaggio deve averlo incontrato. E deve essere stato colpito dallo scienziato.

Fatto è che tra Michelangelo Merisi e Galileo Galilei ci sono molti tratti in comune. In primo luogo entrambi hanno come protettori e mecenati i fratelli del Monte. Il cardinale Francesco è amante delle arti e delle scienze. Mentre il saggista Guidobaldo, oltre alla passione per l'arte, è buon matematico, esperto di ottica e ha realizzato studi sulla prospettiva. Caravaggio è ospite di Francesco del Monte per tre anni, dal 1595 al 1598. E proprio in questo periodo il cardinale chiede al giovane pittore (è nato nel 1571, sette anni dopo Galileo) di decorare il proprio studio, il Casino di Villa Boncompagni Ludovisi. Nel 1597 Caravaggio dipinge un olio su intonaco sul soffitto dello studio, proponendo tre figure considerate centrali nel pensiero alchemico: Giove, Nettuno e Plutone. Nel dipinto, l'unico olio su muro di Caravaggio, Giove è rappresentato mentre muove la sfera del Sole intorno alla Terra, in un impianto astronomico strettamente tolemaico. Con il suo dipinto Caravaggio risponde, alla grande, a chi sostiene che non sa usare la prospettiva. E dietro questa sua rigorosa risposta c'è, forse, l'insegnamento di Guidobaldo.

L'altro tratto in comune è l'idea realista di pittura. Ovvero la necessità di rappresentare in maniera puntuale l'ambiente in cui tutti noi consumiamo "sensate esperienze". Una pittura – e più in generale un'arte – che condivide la medesima visione del mondo con la "scienza nuova". E, infatti, il carattere "scientifico" di molti dipinti di Caravaggio, specie le nature morte che realizzerà negli anni a venire, è riconosciuto da molti critici d'arte.

Ma è con l'*Incredulità di San Tommaso* che Caravaggio propone un vero e proprio manifesto del nuovo clima che va montando a favore della filosofia naturale e contro la *filosofia in libris*.

Un manifesto che a Roma fa proseliti. E che proseliti.

È proprio nella città dei papi, dove soggiorna due volte, tra il 1601 e il 1608, che il fiammingo Peter Paul Rubens apprende le tecniche della nuova pittura e rafforza l'idea che un artista debba rappresentare ciò che vedono i suoi occhi. Idea alquanto diversa da quella di Caravaggio, ma niente affatto in contrasto. E comunque interna alla tensione realista del tempo. Quanto allo spagnolo Diego Velázquez non occorre neppure che giunga a Roma e incontri *de visu* la pittura di Michelangelo Merisi, per restare così profondamente impressionato dal progetto artistico del Caravaggio da lasciarsi completamente assorbire dal suo "naturalismo".

L'espressione artistica inizia dunque a essere interpretata, almeno in una delle due grandi correnti del barocco, come specchio della natura. Non perché i grandi pittori del Seicento riproducano "la" realtà. Ma perché trovano degno di essere rappresentata la realtà quotidiana, convinti che si possa fare buona pittura anche rappresentando soggetti in apparenza poco importanti.

Il naturalismo barocco non è un'intuizione che coinvolge solo il Caravaggio e gli artisti che il milanese riesce a contagiare. Non è neppure un fenomeno solo italiano, come peraltro dimostrano Rubens e Velàzquez. È un fenomeno a scala europea. A quella stessa scala continentale cui si manifesta l'emergenza della "scienza nuova".

Anche nell'Olanda protestante, per esempio, viene scoperta la bellezza in sé della natura, la sua estetica intrinseca. Anzi, come sostiene Ernst Gombrich, sono gli Olandesi "i primi nella storia dell'arte a scoprire la bellezza del cielo" [Gombrich, 2003]. E così anche Rembrandt Harmenszoon van Rijn, considerato il principale esponente del barocco dell'Europa settentrionale, ripropone nei suoi quadri e nei suoi disegni i medesimi messaggi lanciati dal Caravaggio: realismo, verità, onestà.

Stiamo facendo riferimento alle arti figurative. Ma in realtà è tutta l'arte barocca a diventare un mezzo molto efficace di diffusione della nuova immagine del mondo – del nuovo modo di vedere il mondo – proposta dai filosofi naturali, contribuendo a creare – anzi, a rimodellare – l'immagine pubblica della scienza.

Ma torniamo a Roma. In questa temperie culturale, fin dall'anno 1600, si ritrova anche un giovane pittore tedesco, Adam Elsheimer, nato a Francoforte sul Meno nel 1578. Di fede protestante, nella città dei papi Elsheimer si converte al cattolicesimo (nell'anno 1606) e studia con attenzione la filosofia figurativa sia del Carracci che del Caravaggio. Elsheimer è più vicino a quest'ultimo e al suo naturalismo, anche se ne propone un'interpretazione originale, che è stata definita del "paesaggio tragico". Il realismo, i chiaroscuri sono quelli di Michelangelo Merisi. Ma il giovane tedesco attraverso quei drastici giochi di luce intende trasmettere la sua interpretazione psicologica, il suo stato d'animo.

Elsheimer frequenta anche gli intellettuali lincei e, proprio come Cesi e i suoi amici, è attento alle ultime novità in fatto di filosofia naturale e di astronomia. Non è improbabile che il pittore, dopo la primavera del 1610, abbia avuto modo di guardare il cielo con il cannocchiale che Galileo si è premurato di inviare a Federico Cesi.

Intanto, pochi mesi prima, al principio dell'estate 1609, mentre Galileo a Padova è ancora impegnato a potenziare il suo occhiale, Elsheimer ha iniziato a dipingere il suo capolavoro: la *Fuga in Egitto*. Un "quadretto di rame lungo un palmo e mezzo, largo uno", per usare le parole del linceo Johann Faber di Bamberg, dove protagonisti non sono solo Maria, Giuseppe e Gesù, ma anche e per certi versi soprattutto, il paesaggio e le sue luci. Nell'opera di Elsheimer domina la natura e nella natura domina un cielo e nel cielo domina la Luna. Non è un caso: in quei giorni d'inizio estate Roma offre alla sua vista lo spettacolo di un meraviglioso plenilunio.

Il capolavoro viene ultimato già nel 1610, poco prima che, l'11 dicembre, Adam Elsheimer muoia, a soli 32 anni. Rubens rileverà come "quel rame della Fuga di Nostra Donna in Egitto" sia la "reliquia" più preziosa di un artista che "al giuditio mio in figurette et in paesi et in quals si voglia circostanza non hebbe mai pari" [citato in Tosi, 2009]. Non solo Rubens, ma tutti notano il valore di quel quadretto di rame e tutti notano, anche, che quello che il giovane ha proposto nella *Fuga in Egitto* è il cielo di Galileo dipinto con il tratto del Caravaggio, perché ci sono le macchie lunari, la Via Lattea formata da numerose stelle, le Pleiadi e altre costellazioni, tutte dipinte con il naturalismo, fino allora inedito in pittura, dello sperimentatore avvezzo a scrutare il firmamento attraverso il cannocchiale. [Battistini, 1993]

Adam Elsheimer batte dunque persino il Cigoli e dipinge quasi in tempo reale il cielo di Galileo. E la sua *Fuga in Egitto* si propone "come consapevole e suprema sintesi di un percorso di profondi intrecci tra arte e scienza" [Tosi, 2009]. Il giovane contribuisce così non solo a corroborare il filone naturalistico del barocco, ma anche a diffondere le sideree novità. Come nota Alessandro Tosi, infatti, la *Fuga in Egitto*

diventa subito leggenda, un'icona in grado di tradurre quanto i "cannoni" galileiani puntati verso il cielo vanno svelando agli occhi dei curiosi e conoscitori: insomma, un "quadretto" che propone grandi cose "alla visione e alla contemplazione degli studiosi della natura", esattamente come la *exigua tractatione* del *Sidereus*. [Tosi, 2009]

Il rame di Elsheimer sarà inciso, postumo, da Hendrik Goudt nel 1613. E avrà non poca influenza sul naturalismo barocco. Rubens stesso esordisce nella rappresentazione del paesaggio dipingendo proprio una *Fuga in Egitto* nel 1614 che riprende i temi di Elsheimer. Temi che restano nella sua mente: ancora un quarto di secolo dopo, nel 1638, il fiammingo dipingerà un *Paesaggio al chiaro di luna*. Mentre i notturni alla Elsheimer inizieranno a riempire le *Wunderkammer* di mezza Europa a partire dal 1617.

Ma torniamo a Roma, nei mesi e negli anni successivi al marzo 1610. Nella città dei papi l'intreccio tra l'arte e la scienza sta diventando strettissimo. D'altra parte Galileo ha mandato alcuni dei suoi cannocchiali a personaggi – come Federico Cesi o il cardinale Francesco Maria del Monte – interessata tanto alla scienza quanto alle arti figurative. Non è un caso che il cardinale, fratello di Guidobaldo, sia, come abbiamo detto, il grande protettore del Caravaggio (a proposito, il pittore muore proprio nel 1610, nel mese di luglio per la precisione).

E non è un caso, dunque, che il primo a raffigurare il cannocchiale in un quadro sia uno dei pittori che transitano per Roma, Jusepe de Ribera, in *Il senso della vista*, dipinto tra il 1613 e il 1616.

Da questo momento il cannocchiale entra nella storia della pittura europea. Jan Bruegel, per esempio, lo propone nei quadri dipinti su ordinazione del cardinale di Milano, Federico Borromeo. Ma ancor prima, tra il 1616 e il 1618, Bruegel dipinge a sua volta un'allegoria del senso della vista, inserendo il cannocchiale tra i vari e più antichi strumenti astronomici. E lo stesso fa nell'*Allegoria dell'aria*, un olio su rame realizzato nel 1621. Nel luglio 1619 Jacques Callot incide a Firenze *Il ventaglio*, in occasione delle regate e dei giochi sull'Arno del 25 luglio 1619, giorno della festa di San Giacomo. E il cannocchiale è lì, in bella mostra e a maggior gloria della città di Galileo (e di Cosimo II). Non ha forse, il granduca, ordinato immediatamente a Jacopo Ligozzi, responsabile del Guardaroba di corte, di miniare l'occhiale che gli ha regalato Galileo per renderlo un oggetto artistico? Un vero e proprio scettro che tanti principi e re gli invidiano in Europa.

Anche la Luna galileiana entra nella storia della pittura. A raffigurarla, dopo il Cigoli, sono innumerevoli artisti. Ma nel 1636 Claude Mellan, incisore e pittore francese di riconosciuta bravura, realizzerà in rame le *Tavole della luna*, proprio l'opera che, con assoluta precisione scientifica, il Cigoli avrebbe voluto realizzare per Galileo.

In realtà le scoperte rese note nel *Sidereus* attraversano la storia dell'arte dell'intero XVII secolo. E certo toccano un picco di interesse quando il marchese Francesco Riccardi incarica il pittore Luca Giordano di dipingere, tra il 1682 e il 1685, un ciclo di dodici storie, che culmini nel *Trionfo dei Riccardi*, mettendogli a disposizione un ampio locale al primo piano del palazzo che a Firenze lo zio Gabriello aveva acquistato dai Medici nel 1659. A suggerire la trama di quelle storie che portano al trionfo dei Riccardi è Alessandro Segni, letterato tra i più noti in città e già segretario dell'Accademia del Cimento. E il suo consiglio è di porre il trionfo della famiglia Riccardi sotto l'ala protettrice della storia dei Medici. Il risultato è che Luca Giordano dedica la storia X a *Giove e l'Apoteosi dei Medici*. Nel dipinto vengono raffigurati il pianeta Giove e quattro membri riconoscibili della grande famiglia. Ciascuno ha sulla fronte una stella che allude ai *Siderea medici*, gli astri scoperti da Galileo. In maniera più cifrata, Luca Giordano rinvia ancora a Galileo ponendo un'iscrizione che può essere letta in uno degli stucchi che orna le lunghe pareti della galleria:

Sapiens dominatur
et astris

Il sapiente domina anche gli astri. L'affermazione è attribuita a Tolomeo ed è citata anche da Tommaso d'Aquino. Ma è chiaro a chi, in quel contesto, si riferisce.

Poco prima, nel 1677, Vittorio Crosten aveva inciso una cornice in avorio in cui è scritto: "il cielo aperto dalla mente lincea di Galileo con questa prima lente di vetro mostrò stelle mai viste prima, a buon diritto chiamate medicee dallo scopritore. Il sapiente invero domina anche gli astri".

Gli architetti

Certo, "la cultura artistica non cerca, se non occasionalmente, di rappresentare i risultati di quella scientifica" [Benevolo, 1991]. Non c'è da parte degli artisti in alcuna epoca – e, quindi, neppure nel Seicento – un travaso sistematico e completo e organico delle nuove conoscenze scientifiche nelle loro opere. Inevitabilmente però l'arte coglie il portato culturale delle nuove conoscenze scientifiche e, quindi, "corre dietro al dibattito in corso" pur "restando nel suo campo" [Benevolo, 1991]. Prendiamo, a esempio, l'architettura. È evidente l'impatto che sulla sua evoluzione ha avuto l'annuncio sidereo di Galileo.

Alexandre Koyré ha efficacemente dimostrato come quella "crisi della coscienza europea" che è stata la "rivoluzione scientifica" del Seicento, e in particolare la nuova proposizione dei cieli contenuta nel *Sidereus*, abbia prodotto sia la "distruzione del Cosmo" – come idea di un luogo finito, chiuso e gerarchicamente ordinato – sia la "geometrizzazione dello spazio". Cosicché con Galileo e con gli altri protagonisti della rivoluzione scientifica si verifica, in sintesi, il passaggio "dal mondo chiuso all'universo infinito" [Koyré, 1970].

Ebbene questo passaggio culturale epocale ha profondi effetti non solo sulle arti figurative, ma anche sull'architettura. Sia perché mette in crisi l'idea rinascimentale dello spazio e, quindi, della prospettiva [Benevolo, 1991]. Sia perché mette in crisi l'idea della centralità cosmica dell'uomo. E sono crisi che lasciano il segno. Non solo metaforicamente.

I segnali del passaggio dal mondo chiuso all'universo infinito, infatti, sono immediatamente evidenti nei palazzi, nelle chiese, nei giardini e nelle piazze d'Europa. Il parco di Versailles, realizzato fuori Parigi per volontà di Luigi XIV a partire dal 1663, ne è la più plastica e immediata dimostrazione. In quel parco "architettura e natura si intrecciano finalmente alla medesima scala", perché l'architettura ha ritrovato "la capacità di cogliere e padroneggiare un quadro geografico esteso, dimenticato dopo il neolitico" [Benevolo, 1991].

Non è solo Versailles, ma già prima col castello di Vaux (1656), e poi con i giardini di Chantilly (1662), di Saint-Germain (1663), e fuori dalla Francia anche nei giardini di Kassel (1700) o di Torino (1712) e ancora nella reggia di Caserta (1752) che il paesaggio dell'intero continente viene trasformato alla luce dalla nuova idea di spazio mutuato dal *Sidereus*.

Le strade, le città, i giardini d'Europa con le loro forme, con le loro prospettive, con le loro geometrie, rilanciano e rendono, dunque, senso comune l'idea di un universo infinito che ha preso il posto dell'antico spazio chiuso. Il messaggio non è esplicito, ma è efficace. Prima del *Sidereus* in Europa ben pochi potevano anche solo immaginare un cosmo diverso da quello aristotelico-tolemaico. Dopo *il Sidereus* ben pochi, anche tra il grandissimo pubblico dei non esperti, riescono ancora a immaginare di poter racchiudere l'universo nell'angusto spazio cui lo avevano confinato Aristotele e Tolomeo.

Non è solo "la distruzione del Cosmo" a travasare dal mondo della nuova scienza proposta così plasticamente dal *Sidereus* a quello dell'arte. La letteratura del Seicento è pervasa da una costellazione di problematiche, di suggestioni, di immagini scientifiche.

A teatro

Il cielo galileiano e in particolare i pianeti medicei entrano anche a teatro. Forse la rappresentazione più significativa e spettacolare è proprio quella che si tiene, nel 1612, a Palazzo Pitti in occasione del Carnevale. I quattro astri dedicati alla famiglia del Granduca entrano trionfalmente sulla scena della "barriera" ove di parla di Amore e Anteros.

La macchina teatrale è progettata dall'architetto di corte, Giulio Parigi. I costumi sono disegnati da Jacopo Ligozzi [Tosi, 2009]. Ecco come, in presa diretta, la descrive Giovanni Villafranchi:

> Comparse Giove sopra una altissima nube et appresso di lui sedeva Inganno amoroso, et più a basso tra le nuvole apparivano le quattro stelle erranti intorno a Giove ritrovate dal sig. Galileo Galilei fiorentino, matematico di S. A., per opera del maravillioso ochiale da vedere di lontano, e cosi come li antichi tralatarono in cielo gli eroi meritevoli delle azioni loro et a quelli assegniarono una stella, cosi egli avendo ritrovato queste stelle l'ha nominate Medicee, assegniando la prima a S. A. S., la seconda al sig. principe don Francesco, la terza al sig. principe don Carlo, la quarta al sig. principe don Lorenzo Quando Giove finì il suo canto, si sentì alcuni tuoni per l'aria; scopertosi la nugola apparsero le quattro stelle che presto si tra smutorono in quattro cavalieri che si levorno in piede" [citato in Solerti, 1905].

Due anni dopo, nel 1614 gli astri medicei fanno la loro apparizione a Roma, nella "veglia o festino scenico" che Jacopo Cicognini ha preparato a Palazzo della Cancelleria per le nozze della principessa Anna Maria Cesi con Michele Peretti, principe di Venafro. Pare che, a vedere lo spettacolo, ci siano molti di quegli artisti e di quei pittori che ruotano intorno all'Accademia dei Lincei e di cui parlavamo prima. La sposa è, infatti, cugina di Federico Cesi.

E così Federico descrive l'evento a Galileo, in una lettera datata 1 marzo 1614:

Mi soddisfece il Cicognini, poiché, trovandomi alla veglia o festino scenico nelle nozze della Principessa Peretti, mia cugina, vidi che fra l'altri
pianeti haveva con molto garbo, posti i Medici in choro intorno a Giove.
Piacque lo spettacolo a tutti, e la novità inserita al suo luogo. [XII, 21]

Poeti e letterati

Il sidereo annuncio trova un'eco potentissima e immediata anche e
soprattutto in letteratura: i poeti, in particolare, producono in gran
quantità versi quasi sempre (ma non sempre) encomiastici. D'altra
parte, come scrive Andrea Battistini:

> L'argomento era di quelli fatti apposta per colpire l'immaginario, sia
> nel senso dell'entusiasmo per i nuovi mondi che si aprono e per la
> prove delle smisurate capacità dell'ingegno umano, sia nel senso dello
> sgomento dinanzi alla repentina dilatazione del cosmo, con la Terra ri-
> dotta a minuscolo frammento nell'universo infinito. [Battistini, 1989]

Ecco, la prima immagine di Galileo rilanciata da poeti e scrittori è
quella del grande navigatore che ha scoperto "nuovi mondi". Di un
navigatore come Colombo, Vespucci, Magellano. Anzi, più grande di
quei grandi: perché le sue scoperte Galileo le ha realizzate senza mettere in pericolo la vita né dei suoi marinai né delle popolazioni in-
contrate. Ma non anticipiamo il tema.

Tra i primi a celebrare Galileo e a usare la metafora del navigatore
è Giambattista Manso, poeta amico e biografo di Torquato Tasso. Appena cinque giorni dopo la pubblicazione del *Sidereus*, il 18 marzo
1610, Giambattista Manso saluta da Napoli il "quasi novello Colombo" che ha percorso "vie non più calcate da intelletto humano"
[X, 237]. Il poeta napoletano è forse il primo in assoluto a parago-
nare Galileo a Colombo. Ma non è un apologeta acritico. Rileva, infatti, che quelle "sensate" scoperte mancano ancora di una filosofia,
ovvero di un quadro cosmologico nel quale collocarle.

Ma altrettanto tempestivo si rivela, da Venezia, Girolamo Magagnati
che a tambur battente, pochi giorni dopo l'uscita del *Sidereus*, dedica

un'intera opera all'amico Galileo: la *Meditazione poetica sopra i pianeti medicei*. Magagnati, futuro accademico della Crusca, è un poeta che in quegli anni vive tra Venezia e Murano, dove possiede una fornace per la produzione, a quanto pare molto raffinata, di vetri soffiati e colorati. Magagnati accosta Galileo non solo a Cristoforo Colombo e ad Amerigo Vespucci, ma anche agli Argonauti [Magagnati, 1610]:

> Solcar l'Egeo, trasser di Colco il Velio
> d'Argo gli Eroi, ne riportar che d'oro
> preda volgare a le Tessale arene.
> Audace spinse le superbe antenne
> il Ligure fulgor che Tifi oscura
> per le campagne lubriche e spumanti
> de l'ampie fauci d'Anfitrite ingorda
> de' regni ondosi a l'ultime latebre;
> ne riporto più ch'altro mondo al mondo;
> Ma tu solcasti, o Galileo de l'Etra
> Gli smisurati inaccessibili campi,
> E profondato il curioso aratro
> Di spirto vago entro i zaffiri eterni;
> Rivolvendo del Ciel l'aurate zolle
> Ritrovasti nov'Orbi, e novi Lumi.

Galileo, che auspicava i canti dei poeti toscani, si ritrova tra le mani un inno sperticato di un poeta veneziano. Coglie tutta l'importanza di quella poesia scritta a tambur battente. E così, con gran soddisfazione, già il 21 maggio invia una copia della *Meditazione poetica* a Belisario Vinta. Anche perché Magagnati, un po' a sorpresa, ha apposto sul frontespizio uno stemma dei Medici ridisegnato, con in primo piano Giove e i suoi quattro "astri medicei", e ha dedicato il suo poemetto a Don Cosimo II, Gran Duca di Toscana che:

> vedrà stampata ne' celesti annali
> fra gli astri fiammeggiar lucente, e pura

del tuo ceppo la gloria, e del tuo nome
l'ampia dell'Universo immensa mole.

Quale miglior dimostrazione che Firenze e i Medici avranno tanto da guadagnare accogliendo Galileo nel granducato, assicurandogli un congruo stipendio e nominandolo filosofo oltre che matematico di corte?

L'analogia con Vespucci e Colombo è utilizzata anche a Roma, da Johannes Faber, medico e poeta, accolto di recente da Federico Cesi nell'Accademia dei Lincei. Faber scrive, senza mezzi termini [VI, 199]:

Si faccia da parte Vespucci e si faccia da parte anche Colombo,
Ciascuno di loro si è aperto la strada per ignoti mari, è vero.
Ma tu, Galileo, da solo hai dato alla razza umana
una collana di stelle,
nuove costellazioni in cielo.

E l'amico Paolo Gualdi scrive da Padova il 25 novembre a Galileo [X, 381]: "Sinhora tutti questi fanno i loro miracoli a terra a terra; ma V. S. va sopra i cieli, onde può cantare con 'l Petrarca "E volo sopra 'l ciel, e giacio in terra". Anche Thomas Segeth, l'allievo scozzese di Galileo che è andato a lavorare a Praga con Johannes Kepler, paragona il toscano a Colombo. Le rime di Segeth, poeta provetto, trovano spazio in appendice a quella *Dissertatio cum Nuncio Sidereo* che, come abbiamo detto, Kepler pubblica nel settembre 1610, riconoscendo l'autenticità e la grandezza delle scoperte di Galileo. Con i suoi versi Segeth non solo dichiara il *Vicisti, Galilaee!*, ma celebra colui che "per primo osò percorrere vie inesplorate", congiungendo "le stelle alla Terra" e insegnando "a fondo i moti sconosciuti agli astri", al punto da "rendere i mortali simili agli dèi" [Kepler, 1610]. L'astronomo e poeta scozzese paragona infine Galileo a Colombo, sostenendo che il navigatore fiorentino è più grande del navigatore genovese, perché:

Colombo ha dato all'umanità terra da conquistare con spargimento di sangue,

Galileo nuovi mondi senza danno per nessuno.
Chi è il più grande?

L'analogia tra Galileo e Colombo (ma anche tra Galileo e gli Argonauti) verrà ripresa esplicitamente dallo stesso Johannes Kepler, l'anno dopo, il 1611, nel *Diottrica*. Libro nel quale Kepler definisce il cannocchiale realizzato da Galileo "più prezioso di uno scettro" [Kepler, 1962].

Non è da meno Francis Bacon, da Londra. Nella *Descriptio globi intellectualis* scritta tra il 1610 e il 1612, il filosofo e politico inglese paragona Galileo a Colombo quando si complimenta con

l'industria dei meccanici [e] con lo zelo e l'energia di certi uomini dotti, che poco tempo addietro, con l'aiuto di nuovi strumenti ottici, hanno cominciato a tentare nuovi commerci con i fenomeni del cielo. [citato in Battistini, 1989]

Anche i poeti toscani evocati da Galileo intervengono prontamente. È il caso dell'amico Michelangelo Buonarroti, che già nel 1610 scrive l'ode *Per li quattro Pianeti rigirantisi*, con cui celebra la scoperta e lo scopritore [citato in Cropper, 2009]:

quattro a noi non più vedute stelle,
che 'l linceo sguardo sol dell'alto ingegno
tuo, Galileo, si scuopre

Galileo ringrazia sentitamente.

Sempre a Firenze Alessandro Sertini, il poeta membro dell'Accademia Fiorentina, è, con Belisario Vinta e il principe alchimista Antonio de' Medici, tra i grandi sostenitori dello scienziato. E che dire del ligure Gabriello Chiabrera, che prescrive agli uomini di lettere di fare come Galileo, scoprire nuovi mondi, oppure affogare? No, davvero non manca, tra i poeti italiani, il sostegno al *Sidereus* evocato da Galileo.

Ma anche fuori d'Italia gli uomini di lettere sono almeno altrettanto pronti degli astronomi a cogliere l'importanza delle sideree novità.

Succede in Francia. Il 6 giugno 1611 in un centro di formazione che i gesuiti hanno stabilito a La Flèche, nella regione della Loira, si celebra l'anniversario della morte, per mano assassina, di Enrico IV. Le celebrazioni durano tre giorni, nel corso delle quali tra le svariate manifestazioni ci sono le esposizioni di "tesi filosofiche ed esercitazioni letterarie". Molte le poesie scritte e recitate dagli allievi, tra cui ce n'è una intitolata *Sulla morte del Re Enrico il Grande e sulla scoperta di alcuni nuovi pianeti o stelle erranti attorno a Giove, fatta in quell'anno da Galileo, celebre matematico del duca di Firenze*. Ecco una parte il testo [riportato in Bucciantini, 2012]:

> La Francia ha già sparso così tante lacrime
> Per la morte del suo re, che il Reame dell'onda,
> Rigonfia di marosi, ha divelto i suoi fiori dalla Terra,
> Minacciando il mondo intero con un secondo Diluvio.
> ...
> Perché Dio lo ha innalzato sopra la Terra,
> E ora lui brilla nel Cielo di Giove
> Per servire ai mortali come una torcia celeste.

Forse ha ragione Camille de Rochemonteix, il gesuita che li ha riscoperti: questi versi non attingono alle vette più alte della poesia. Tuttavia dimostra che quel giovane studente riconosce e accosta i due grandi avvenimenti che hanno segnato l'anno1610: l'assassinio di Enrico e la scoperta di Galileo. Quel giovane studente è, probabilmente, l'allievo del centro di La Flèche che maggiormente farà parlare di sé in futuro: René Descartes.

Ma è oltre la Manica, in Gran Bretagna, che la poesia si propone come lo strumento di diffusione e di critica di gran lunga maggiore delle novità contenute nel *Sidereus*. Infatti:

> Per quanto sorprendente possa sembrare, a rendere note in Inghilterra quelle scoperte non [è] né un astronomo né un filosofo, bensì un poeta: John Donne, nei versi ormai celebri dell'*Anatomy of the*

World, composta nella prima metà del 1611 e di lì a poco pubblicata. [Bucciantini, 2012]

John Donne è un poeta molto influente, anche a corte, e piuttosto esperto di astronomia. Non si entusiasma affatto, nel leggere il *Sidereus* poco dopo la sua pubblicazione. Non è che John Donne contesti la veridicità delle scoperte che Galileo annuncia col suo breve trattato. Anzi, non la mette mai in dubbio. Si pone, però, il problema degli effetti culturali e sociali dell'annuncio sidereo. Se l'antico ordine celeste viene meno, sostiene allarmato, allora viene meno ogni ordine sociale.

In preda all'angoscia, nei primi mesi del 1611, il poeta inglese scrive nel suo *Anatomy of the world* [Donne, 1611]:

La nuova filosofia pone tutto in dubbio [...]
Si sono persi il sole e la terra, né ingegno d'uomo
Può bene indirizzare dove cercarli [...]
Tutto è in pezzi, ogni coerenza se n'è andata
Ogni supporto e ogni relazione.

Ma ancor prima di affidare il suo disperato messaggio all'*Anatomy of the World*, tra il maggio 1610 e il gennaio 1611, John Donne scrive un'opera dal forte contenuto sarcastico, *Conclave ignati*, dove si riferisce a Galileo, a Kepler e a Copernico e li definisce, senza mezzi termini, sovvertitori dell'ordine celeste. Causa della "decadenza della natura" e della perduta armonia del mondo.

John Donne non è una persona qualsiasi. E neppure solo un grande poeta. Di lì a poco, nel 1615, diventerà cappellano reale e poi decano della cattedrale di Saint Paul: una delle cariche più importanti della Chiesa d'Inghilterra.

I suoi versi esprimono non incredulità, ma al contrario lo smarrimento di chi è costretto a prendere atto di una verità inattesa e sgradita.

Lo stesso stato d'animo che rileva Giovanbattista Manso, già nel marzo 1610 quando si accorge che mentre lui ha letto con "diletto grandissimo" il *Sidereus*, "la maggior parte" degli amici e dei conoscenti a Napoli si sente: "atterrita dalla novità e dalla difficoltà delle cose".

La stesso stato d'animo che indurrà molti anni dopo Blaise Pascal a scrivere nei suoi *Les Pensées*, pubblicati postumi, nel 1670: "Il silenzio eterno di quegli spazi infiniti mi sgomenta" [Pascal, 1996].

Lo stesso stato d'animo degli Oggidiani, un gruppo di intellettuali che va denunciando la profonda decadenza del mondo, il cui cupo pessimismo trova alimento nel nuovo cielo descritto da Galileo. Se prima, infatti, la Terra poteva essere considerata il mondo della corruzione, sentina di ogni male, mentre l'universo dalla Luna in su poteva conoscere il bene della perfezione, l'incorruttibilità, ora tutto è della stessa specie. Tutto è decadenza. Tutto è male. Tutto è come sulla Terra.

Anche solo mappare l'impronta diretta e indiretta che il *Sidereus* imprime nella letteratura europea del Seicento e in quella delle epoche successive, è impresa ardita. In cui non ci cimenteremo.

Conviene, però, richiamare alcune delle immagini galileiane più frequentate. Alcuni autori – l'amico Benedetto Castelli, il naturalista francese Nicolas-Claude Fabri de Peiresc, il giurista svizzero Elia Diodati – paragonano Galileo a Socrate [Battistini, 1993]. Ma l'immagine più diffusa è, come abbiamo detto, quella del grande navigatore.

In una lettera inviata a Galileo l'8 luglio 1610, Bartolomeo Schroeter lo paragona appunto a un navigatore o a un esploratore che "si spinge nei più intimi penetrali degli astri, scrutando fenomeni nascosti e invisibili" [X, 313].

Tra i tanti navigatori del passato, vengono evocati spesso gli Argonauti. Lorenzo Pignoria, un intellettuale e collezionista padovano, paragona invece Galileo ai grandi navigatori di epoche recenti: Colombo e a Vespucci. In una lettera che gli invia il 4 marzo 1611: " Credami V. S. che la memoria de' Colombi et de' Vespucci si rinovarà in lei, et ciò tanto più nobilmente, quant'è più degno il cielo che la terra" [XI, 50].

Giovanni Battista Marino riprende sia l'immagine di Colombo sia quella degli Argonauti in un sonetto della *Galeria* che scrive, probabilmente, nel 1610, ma pubblica solo nel 1619 e poi infine nel canto X dell'*Adone*, pubblicato per la prima volta a Parigi nel 1623.

William Lower, scienziato in Inghilterra, lo paragona invece a Magellano e ai navigatori olandesi in una lettera dell'11 giugno 1610 indirizzata all'astronomo Thomas Harriot:

> Penso che il grande Galileo abbia fatto di più con la sua invenzione che non Magellano quando aprì lo stretto per il Mare Meridionale o i marinai olandesi che furono divorati dagli orsi in Nuova Zemlja. Sono certo che avvenne con maggior soddisfazione e sicurezza per lei e maggior piacere per me. [citato in Reston, 2005]

Non mancano i cantori dello strumento che ha consentito a Galileo di navigare per il cielo e di scoprire fenomeni altrimenti "nascosti e invisibili". Come rileva Andrea Battistini:

> Contrariamente alla norma, in cui tra scienza e letteratura l'osmosi o non si verifica o avviene molto lentamente, allo strumento galileiano bastò meno di una generazione non solo per influenzare l'immaginazione dei poeti, ma per cambiarla dalle fondamenta, nonostante che tanti continuassero a credere all'immobilità della Terra e a seguire Aristotele. [Battistini, 1993]

Abbiamo già detto di Johannes Kepler, che nel *Dioptrice* (1611) paragona il cannocchiale allo scettro, simbolo di un nuovo potere: "O sapientissimo telescopio, più prezioso di qualsiasi scettro, se qualcuno ti tiene nella mano destra non diventa forse un re, un padrone delle opere divine?" [Kepler, 1962].

Abbiamo già detto anche del ruolo dell'Accademia dei Lincei, che non solo darà il nome di telescopio all'occhiale di Galileo, ma lo individua come la concreta realizzazione della propria metafora fondante: il cannocchiale come l'occhio della lince dalla vista acutissima.

Il poeta e monaco benedettino Angelo Grillo individua il ruolo che ha il cannocchiale nel nuovo rapporto tra la scienza e la società. Così scrive, in una lettera di cui non conosciamo bene la data, ma che risale a quegli anni:

Né si può negare che non possa chiamarsi temerario vetro quello ch'ardisce di penetrar sin nelle viscere del cielo e delle stelle, e spiar se la luna ha il mal di pietra, cioè se dentro di lei sono valli e montagne; e in somma, togliendole il velo della lontananza, discoprirne le imperfettioni, come a dire che la sua superficie non sia così pulita, così liscia, così piana, come appare, ma più tanto scabrosa, cavernosa e diseguale, e mille sì fatte magagne; e con mentir per la gola l'astrologia antica, manifestarne nuove stelle e nuovi aspetti non solamente all'intelletto, ma al senso medesimo. E farne al fine concludere che questo occhiale sia fatto scuola e maestro dell'occhio, e acutissima spia della terra e del cielo. [citato in Bucciantini, 2012]

Grillo giunge al cuore della nuova condizione creata dal "temerario vetro": la democratizzazione del sapere, perché: "ogni uomo in questo senso si può chiamar cannonista".

La verità non appartiene più solo ad alcune élite, ma tutti la possono vedere con gli occhi della fronte, se hanno anche gli occhi nel cervello. Siamo tutti cannonisti.

Ma il cannocchiale sarà presente, come oggetto o come metafora, nella letteratura di tutto il Seicento. A iniziare da Marino, che nell'*Adone* del 1623 [Marino, 1975] saluta colui che scoprirà "novo cielo e nova terra" richiamando la frase che Shakespeare, con notevole premonizione, inserisce in *Antonio e Cleopatra* [Shakespeare, 2000]: "then must thou needs find out two new heaven, new earth", allora occorrerà che tu trovi un nuovo cielo, una nuova terra.

Anche Marino nell'*Adone* celebra il cannocchiale. E la celebrazione merita una lunga citazione [Marino 1975]:

Altri vi fu ch'esser quel globo disse
quasi opaco cristal che 'l piombo ha dietro
e che col suo reverbero venisse
l'ombra dele montagne a farlo tetro.
Ma qual sì terso mai fu che ferisse
per cotanta distanza acciaio o vetro?

e qual vista cerviera in specchio giunge
l'imagini a mirar così da lunge?

Egli è dunque da dir che più secreta
colà s'asconda ed esplorata invano
altra cagion, che penetrar si vieta
al'ardimento del'ingegno umano.
Or io ti fo saver che quel pianeta
non è, com'altri vuol, polito e piano,
ma ne' recessi suoi profondi e cupi
ha, non men che la terra, e valli e rupi.

La superficie sua mal conosciuta
dico ch'è pur come la terra istessa,
 aspra , ineguale e tumida e scrignuta,
concava in parte, in parte ancor convessa.
Quivi veder potrai, ma la veduta
nol può raffigurar se non s'appressa,
altri mari, altri fiumi ed altri fonti
città, regni, province e piani e monti.

Tempo verrà che senza impedimento
queste sue note ancor fien note e chiare
mercè d'un ammirabile strumento
per cui ciò ch'è lontan vicino appare
e, con un occhio chiuso e l'altro intento
specolando ciascun l'orbe lunare,
scorciar potrà lunghissimi intervalli
per un picciol cannone e duo cristalli.

Del telescopio, a questa etate ignoto,
per te fia, Galileo, l'opra composta,
l'opra ch'al senso altrui, benché remoto,
fatto molto maggior l'oggetto accosta.

Tu, solo osservator d'ogni suo moto
e di qualunque ha in lei parte nascosta,
potrai, senza che vel nulla ne chiuda,
novello Endimion, mirarla ignuda.

E col medesimo occhial, non solo in lei
vedrai dappresso ogni atomo distinto,
ma Giove ancor, sotto gli auspici miei,
scorgerai d'altri lumi intorno cinto,
onde lassù del'Arno i semidei
il nome lascerai sculto e dipinto.
Che Giulio a Cosmo ceda allor fia giusto
e dal Medici tuo sia vinto Augusto.

Aprendo il sen del'oceano profondo,
ma non senza periglio e senza guerra,
il ligure argonauta al basso mondo
scoprirà novo cielo e nova terra.
Tu del ciel, non del mar Tifi secondo,
quanto gira spiando e quanto serra
senza alcun rischio, ad ogni gente ascose
scoprirai nuovi luci nuove cose.

Marino apre una vera e propria sagra poetica del cannocchiale. Nel 1627, infatti, Tommaso Stigliani pubblica a Venezia *Dell'Occhiale*, per stroncare proprio l'*Adone* di Marino. Il titolo indica in modo chiaro di cosa intende parlare. Gli risponde a spron battuto Agostino Lampugnani, che in quel medesimo 1627 pubblica l'*Antiocchiale* per difendere Marino e contrattaccare Stigliani. Nel 1629 scende in campo anche Scipione Errico, pubblicando l'*Occhiale appannato* per stroncare, a sua volta, Stigliani. Obiettivo che si pone anche Angelico Aprosio con l'*Occhiale stritolato* del 1641.

Il cannocchiale diventa così strumento di una delle più accese controversie che caratterizzano la storia della letteratura italiana del Seicento.

Ma ormai i riferimenti alla nuova tecnologia sono utilizzati a tutto campo. Il gesuita Giambattista Riccioli, astronomo di cultura fieramente geocentrica, illustra il frontespizio del suo *Almagestum novum* (1651) con Argo che, per vedere bene, non usa solo cento occhi, ma anche un cannocchiale.

Ed Emanuele Tesauro scrive nel 1654 un'opera che, non a caso, è intitolata *Il cannocchiale aristotelico*, con un frontespizio allegorico dove Poesia, avvalendosi dell'aiuto di Aristotele, osserva le macchie solari, manco a dirlo con il cannocchiale. Tesauro sostiene che, come Galileo con le sensate esperienze ha distrutto il modello geocentrico dei cieli, così egli intende distruggere il vecchio modo di fare arte, proponendo un nuovo modello che si richiama alle esperienze dei sensi. Realizzando così nuove "imprese optiche" che "con certe proporzioni di prospettiva, con strane et ingegnose apparenze ti fan vedere ciò che non vedi" [Tesauro, 1654].

È ormai chiaro: il cannocchiale è diventato senso comune. Ed è presente anche fuori della letteratura strettamente scientifica. Giambattista Basile, lo scrittore campano considerato pioniere del genere fiabesco, utilizza nel suo celebre *Lo cunto de li cunti* (1634) la metafora dell'"acchiaro de lo Galileo" per rimarcare le possibilità che offre l'iperbole nella narrazione per i bambini di proporre l'eccezionale e il magnifico.

Per le possibilità, non solo metaforiche, che offre di esplorare da lontano la bellezza femminile, il cannocchiale entra di prepotenza anche nella letteratura erotica che si diffonde nel Seicento. Così come nella saggistica politica, per esempio, con lo scrittore e diplomatico spagnolo Diego de Saavedra Fajardo, nel suo *Empresas políticas* (1640). E persino nella saggistica teologica, per esempio con Filippo Picinelli, nel suo *Mondo simbolico* (1635).

Il cannocchiale troneggia, soprattutto, nei versi con cui Francesco Stelluti introduce *Il saggiatore* di Galileo che, come vedremo, sarà pubblicato nel 1623 a cura dell'Accademia dei Lincei [III, I, 9]:

Né sol del la tua fronte
I fortunati rai

Quelle virtù sì conte,
Han, ch'a lor tu co' tuoi christalli dai:
Ma quel bel lume, c'hai
Dentro la mente accolto,
Quell'anco vince ogni veder di molto.

Non tutti i poeti che lo cantano sono sinceri amici o sinceri nemici di Galileo. Alcuni sono cantori ambigui. Il più illustre e tragico è Maffeo Barberini: da cardinale dedica un componimento poetico in onore di Galileo, la *Adulatio perniciosa*, pubblicata nel 1620 e dedicata al filosofo e matematico fiorentino quale "piccola dimostrazione della volontà grande che le porto" [Barberini, 1640]. E poi, quasi a voler dare corpo al titolo del poema, da papa, col nome di Urbano VIII, diventa uno dei persecutori di Galileo. In capo a una dozzina d'anni la *Adulatio* del 1620, come vedremo, si dimostrerà davvero *perniciosa*.

Ma su questa vicenda torneremo di qui a qualche pagina.

Diciamo per ora che, tra i tanti poeti che, in un modo o nell'altro, dedicano i loro versi al cannocchiale, ce n'è uno, il fiorentino Raffaello Gualterotti, autore tra l'altro dalla ricostruzione delle *Feste nelle nozze del serenissimo Don Francesco Medici Gran Duca di Toscana; et della sereniss. Sua consorte la sig. Bianca Cappello*, che non cerca affatto di esaltare o condannare con la propria opera le nuove scoperte di Galileo, ma con veemenza rivendica – prima con una lettera a Cosimo II nell'aprile 1610, poi qualche giorno dopo in una lettera allo stesso Galileo – di averlo realizzato lui, e ben dodici anni prima, quel formidabile strumento.

22. Galileo, matematico e filosofo a Firenze

Nei giorni e nei mesi successivi alla pubblicazione del *Sidereus* Galileo continua a osservare il cielo. Che, ai suoi occhi sempre più sapienti, si rivela un pozzo di novità senza fine. Le osservazioni lo portano infatti a nuove, decisive scoperte.

Quando, infatti, punta con le opportune cautele il cannocchiale verso il Sole, scopre che ha una superficie maculata. Le macchie solari erano già note nell'antichità. Ma nessuno – non vale neppure la pena ricordarlo – le aveva mai potute osservare con così tanta, nitida chiarezza. Galileo coglie appieno l'importanza della scoperta, che mostra a Paolo Sarpi, con cui cerca di tornare agli antichi rapporti di amicizia, e a Fulgenzio Micanzio.

Ma ecco che il 25 luglio – secondo quanto comunica a Belisario Vinta a tambur battente, appena cinque giorni dopo – negli obiettivi del suo occhiale appare un'altra "stravagantissima meraviglia".

Ho cominciato il dì 25 stante a rivedere Giove orientale mattutino, con la sua schiera de' Pianeti Medicei, et più ho scoperto un'altra stravagantissima meraviglia, la quale desidero che sia saputa da loro A.ze et da V. S., tenendola però occulta, sin che nell'opera che ristamperò sia da me publicata: ma ne ho voluto dar conto a loro A.ze Ser.me, acciò se altri l'incontrasse, sappine che niuno la ha osservata avanti di me; se ben tengo per fermo che niuno la vedrà se non dopo che ne l'haverò fatto avvertito. Questo è, che la stella di Saturno non è una sola, ma un composto di 3, le quali quasi si toccano, nè mai tra di loro si muovono o mutano; et sono poste in fila secondo la lunghezza del zodiaco, essendo quella di mezzo circa 3 volte maggiore delle altre 2 laterali: et stanno situate in questa forma, sì come quanto prima farò vedere a loro A.ze, essendo in questo autunno per haver bellissima comodità di osservare le cose celesti con i pianeti tutti sopra l'orizzonte. [X, 326]

Galileo scrive al primo ministro del granduca di Toscana sia per confermare che il combinato disposto del suo cannocchiale e della sua abilità hanno una immutata e straordinaria capacità di generare nuova conoscenza astronomica, sia per affermare la priorità della nuova, clamorosa scoperta, riservandosi di renderla pubblica in seguito e con maggiori dettagli.

La nuova e clamorosa scoperta che il toscano sente di dover tutelare è quella delle "orecchie di Saturno". Si tratta degli anelli di polvere che circondano il pianeta, ma che a Galileo, causa la bassa risoluzione del suo occhiale, appaiono come una composizione davvero singolare: disposti su una medesima linea vede tre pianeti, il più grande al centro, che non si toccano ma neppure si muovono l'uno rispetto all'altro. Al contrario dei satelliti di Giove, quei pianetini a destra e a sinistra di Saturno se ne stanno incredibilmente fermi rispetto al pianeta principale.

La scoperta è, per usare la definizione di Enrico Bellone, sconcertante [Bellone, 1990]. Difficile da spiegare. Occorre indagare ancora. Ma bisogna anche stare attenti a che altri non abbiano, in futuro, ad avanzare pretese sulla primazia della scoperta. È per questo – per continuare in pace i suoi studi siderei e nel contempo rivendicare la priorità della scoperta senza doverne rivelare i dettagli – che nel mese di agosto Galileo fa ricorso alla sua abilità letteraria e invia per lettera a Giuliano de' Medici, a Praga, un anagramma di 37 lettere:

SMAISMRMILMEPOETALEUMIBUNENUGTTAURIAS

Il toscano vuole che anche Kepler veda quell'anagramma e che, incuriosito, si lambicchi il cervello spendendo un po' di tempo per decifrarlo. Non è importante che risolva il rovello, anzi è auspicabile che non ci riesca. Non subito, almeno. L'importante è che l'astronomo di corte dell'imperatore possa testimoniare che Galileo gli ha inviato un messaggio che annuncia l'ennesima novità astronomica.

Galileo coglie nel segno. L'astronomo tedesco – che è un vero appassionato di anagrammi – si incuriosisce e cerca di sciogliere l'enigma. Tanto che a settembre, quando pubblica la *Narratio* con cui riconosce l'importanza del *Sidereus*, propone anche un'interpretazione del rovello di Galileo. Secondo Kepler, il toscano ha scoperto dei satelliti anche intorno a Marte. L'interpretazione è sbagliata. Il tedesco possiede un telescopio imperfetto, che ha scarsa definizione e trasforma in ovali tutti i pianeti. Saturno come Marte o Giove.

L'interpretazione corretta del messaggio contenuto in quelle lettere messe lì alla rinfusa verrà rivelata da Galileo il 30 novembre successivo, con una nuova lettera a Giuliano de' Medici, in cui di nuovo fa ricorso al disegno:

Ma passando ad altro, già che il S. Keplero ha in questa sua ultima Narrazione stampate le lettere che io mandai a V. S. Ill.ma trasposte, venendomi anco significato come S. M.a ne desidera il senso, ecco che io lo mando a V. S. Ill.ma, per participarlo con S. M.a, col S. Keplero, et con chi piacerà a V. S. Ill.ma, bramando io che lo sappi ogn'uno. Le lettere dunque, combinate nel loro vero senso, dicono cosi:

Altissimum planetam tergeminum observavi.

Questo è, che Saturno, con mia grandissima ammiratione, ho osservato essere non una stella sola, ma tre insieme, le quali quasi si toccano; sono tra di loro totalmente immobili, et costituite in questa guisa ; quella di mezzo e assai più grande delle laterali; sono situate una da oriente et l'altra da occidente, nella medesima linea retta a capello; non sono giustamente secondo la drittura del zodiaco, ma la occidentale si eleva alquanto verso borea; forse sono parallele all'equinotiale. Se si riguarderanno con un occhiale che non sia di grandissima multiplicazione, non appariranno 3 stelle ben distinte, ma parra che Saturno sia una stella lunghetta in forma di una uliva, così; ma servendosi di un occhiale che multiplichi più di mille volte in superficie, si vedranno li 3 globi distintissimi, et che quasi si toccano, non apparendo tra essi maggior divisione di un sottil filo oscuro. Hor ecco trovata la corte a Giove, et due servi a questo vecchio, che l'aiutano a camminare ne mai se gli staccano dal fianco. Intorno a gl'altri pianeti non ci e novità alcuna. [X, 379]

È la rivelazione di un'altra siderea novità.

Ma ritorniamo al settembre 1610, al giorno 7 per la precisione, quando Galileo, finalmente, trasloca. E da Padova, insieme alla figlia Livia, si sposta a Firenze, per assumere l'incarico di "Primario Matematico" dello Studio di Pisa e soprattutto di "Primario Matematico et Filosofo" del granduca di Toscana.

Non metterà più piede nella città veneta.

A Padova restano il figlio, Vincenzo, e la compagna, Marina Gamba. Vincenzo raggiungerà il padre a Firenze in capo a un anno, verso la fine del 1611. La madre, Marina, resterà invece a Padova. A partire da quel momento di lei si perdono quasi completamente le tracce. Probabilmente è lei la Marina, donna veneziana di 42 anni, di cui si registra la morte in data 21 agosto 1612. Per la verità molti biografi di Galileo hanno pensato a lungo che Marina fosse andata sposa, col beneplacito dello scienziato, a tal Giovanni Bartoluzzi. Ma oggi sappiamo che si è trattato di un mero equivoco. Giovanni, insieme a una signora di nome Marina, ha avuto l'incarico di seguire da vicino il piccolo Vincenzo Galilei. Ma quella signora di nome Marina era la moglie di vecchia data di Bartoluzzi. Non era Marina Gamba.

Torniamo, dunque, al trasloco di Galileo. Nel corso del viaggio verso Firenze, l'ormai "primario matematico e filosofo" del granduca di Toscana si ferma a Bologna, ospite ancora una volta di Antonio Magini. Non senza una certa soddisfazione, con le venature della rivalsa, Galileo vuole illustrare al celebre e un po' scettico collega bolognese i "molti particolari scrittimi da diverse parti d'Europa sopra li nuovi pianeti". D'altra parte anche Magini non è interessato solo e unicamente all'affermazione dell'aulica verità astronomica, ma anche a discutere più pragmaticamente della successione sulla cattedra di matematica presso lo Studio di Padova. Un posto cui ambisce.

Sta di fatto che Magini ospita il collega, un po' amico e un po' rivale, e con lui discute amabilmente.

Il 12 settembre Galileo giunge finalmente a Firenze e in pochi giorni si sistema. Il primo di ottobre comunica a Giuliano de' Medici di aver trovato casa, con un "terrazzo eminente et che scuopre il cielo da tutte le parti, et vi haverò gran comodità di continuare le osservazioni" [X, 351].

Non sono parole di circostanza. Arrivato nella "sua" città, Galileo non si riposa affatto, ma, in coerenza con il programma annunciato a Belisario Vinta, inizia immediatamente a lavorare su due ambiziosi progetti. Uno è squisitamente scientifico: continuare a studiare il cielo con le "sensate esperienze", ma anche continuare a elaborare "certe dimostrazioni" intorno alla fisica del moto. In breve, come annuncia direttamente anche a Cosimo II, ha intenzione di scrivere almeno tre libri: un *De systemate seu constitutione universi*, un *De motu locali* e un *De maris estu*.

Il secondo progetto lo potremmo definire di diplomazia scientifica e teologica: assicurarsi che a Roma accertino e accettino le sue rivoluzionarie scoperte. Appena cinque giorni dopo essere giunto a Firenze, il 17 settembre, Galileo prende carta e penna e scrive a padre Cristoforo Clavio, il grande matematico del Collegio Romano:

> È tempo ch'io rompa un lungo silenzio, che la penna, più che 'l pensiero, ha usato con V. S. M. R. Rompolo hora, che mi trovo ripatriato in Firenze per favore del Serenissimo G. Duca, il quale si e compiaciuto richiamarmi per suo matematico et filosofo. [X, 343]

Galileo spiega in dettaglio all'illustre e influente gesuita le novità intorno agli astri medicei intervenute dopo la pubblicazione del *Sidereus*. Poi spiega:

> Ho voluto dar conto a V. S. M. R. di tutti questi particolari, acciò in lei cessi il dubbio, se però ve n'ha mai hauto, circa la verità del fatto; della quale, se non prima, li succederà accertarsi alla mia venuta costa,

sendo io in speranza di dover venire in breve a trattenermi costà qualche giorno. [X, 343]

È questa una missiva strategica. Clavio non solo è l'unico astronomo che, con Kepler, Galileo ritiene decisivo nella partita degli esperti. Essendo gesuita e membro del Collegio Romano, padre Cristoforo è anche la persona che più di ogni altra può accreditare la "nuova filosofia celeste" presso la Chiesa.

Dunque, occorre fugare ogni dubbio, se ancora Clavio ne ha. Occorre "andare a Roma", perché l'illustre matematico e tutti coloro che contano nella città del Papa, possano vedere con i propri occhi le sideree novità.

La necessità di andare a Roma Galileo l'ha maturata da tempo. È anche per recarsi – non solo fisicamente – nella città eterna che ha lasciato Venezia e si è trasferito nella guelfa Firenze. Ma quell'esigenza diventa ancora più forte quando l'amico pittore, Ludovico Cardi, gli scrive, il primo di ottobre 1610:

> Intanto, s'ella può dare una volta di qua, non credo che sia fuori di proposito, perché questi Clavisi, che sono tutti, non credono nulla; et il Clavio fra gli altri, capo di tutti, disse a un mio amico, delle quattro stelle, che se ne rideva, et che bisognerà fare uno ochiale che le faccia e poi le mostri, et che il Galileo tengha la sua oppinione et egli terrà la sua. [X, 352].

È chiaro: per quanto tentino, forse perché in possesso di un cannocchiale poco adatto, Clavio e gli altri gesuiti esperti di astronomia al Collegio Romano proprio non riescono a vedere le lune di Giove. E allora rafforzano la convinzione che quella di Galileo sia un'illusione ottica, se non una vera e propria *hallucinatio*: un'allucinazione.

La posizione di Clavio cambia presto. Il 17 dicembre il padre gesuita scrive a Galileo:

> Si maraviglierà V. S. che alla sua lettera, scritta alli 17 di Settembre, non habbia fin qui risposto; ma la causa e, che io aspettai di dì in dì la

sua venuta a Roma, et anco perché volevo prima tentare di vedere i
novi Pianeti Medicei: et cosi l'habbiamo qua in Roma più volte veduti
distintissimamente. Al fine della lettera metterò alcune osservationi,
delle quali chiarissimamente si cava che non sono stelle fisse, ma er-
ratiche, poi che mutano sito tra sé et tra Giove. Veramente V. S. merita
gran lode, essendo il primo che habbi osservato questo. Già molto
prima havevamo vedute moltissime stelle nelle Pleiadi, Cancro, Orione
et Via Lactea, che senza l'instromento non si veggono. [X, 388]

Finalmente ci sono riuscito. E ho visto con i miei occhi.

Questa dichiarazione di Clavio è, insieme a quelle di Kepler, risolutiva. I maggiori filosofi naturali d'Europa riconoscono la veridicità
e l'importanza delle scoperte di Galileo.

Galileo scrive a Clavio il 30 dicembre:

La lettera di V. R. mi e stata tanto più grata, quanto più desiderata et
meno aspettata; et havendomi ella trovato assai indisposto e quasi
fermo a letto, mi ha in gran parte sollevato dal male, portandomi il
guadagno di un tanto testimonio alla verità delle mie nuove osservazioni: il quale, prodotto, ha guadagnato alcuno degl'increduli; ma
però i più ostinati persistono, et reputano la lettera di V.R. o finta o
scrittami a compiacenza, et in somma aspettano che io trovi modo di
far venire almeno uno dei quattro Pianeti Medicei di cielo in terra a
dar conto dell'esser loro et a chiarir questi dubbii; altramente, non
bisogna che io speri il loro assenso. Io credevo, a quest'hora dovere essere a Roma, havendo non piccolo bisogno di venirvi; ma il male mi
ha trattenuto: tuttavia spero in breve di venirvi, dove con strumento
eccellente vedremo il tutto. In tanto non voglio celare a V. R. quello
che ho osservato in Venere da 3 mesi in qua. [X, 399]

In realtà, non tutto è risolto con il Collegio Romano.

I tuoi astri medicei dovresti chiamarli piuttosto "vitrei", frutto di
riflessi delle lenti, invece che "medicei", scrive da Roma il gesuita Christoph Grienberger a Galileo il 22 gennaio 1611. Io stesso – sostiene il

padre astronomo, stretto collaboratore di Clavio – ho compiuto degli esperimenti ponendo un lume tra due lastre di vetro e osservando spesso quattro diverse immagini.

E tuttavia, sostiene il gesuita, ultimamente tutti qui al Collegio Romano abbiamo potuto osservare il cielo con un cannocchiale molto potente inviato da Antonio Santini a padre Clavio e con un altro strumento costruito da padre Paolo Lembo. Ebbene, abbiamo tutti potuto riscontrare che tutte le affermazioni contenute nel *Sidereus* sono veritiere, chiare e verificabili. Dopo di che mi risulta strano – sostiene Grienberger – che qualcuno ancora possa dubitare delle verità che tu hai raccontato.

Deve esserci un po' di confusione al Collegio Romano, fuori della ristretta cerchia di Clavio e dei suoi stretti collaboratori, se ancora il 13 febbraio 1611, il gesuita svizzero Paul Guldin scrive a Johann Lanz, docente del Collegio che i gesuiti hanno a Monaco di Baviera – che quelli che vede Galileo sono i riflessi di Giove nel cannocchiale.

Ma Galileo, dopo la clamorosa lettera di Clavio, non teme questi "ritardatari". Perché, come scrive il 12 febbraio 1611 a Paolo Sarpi:

> i matematici di maggior grido di diversi paesi, e di Roma in particolare, dopo essersi risi, ed in scrittura ed in voce, per lungo tempo e in tutte le occasioni e in tutti i luoghi, delle cose da me scritte, ed in particolare intorno alla luna ed ai Pianeti Medicei, finalmente, forzati dalla verità, mi hanno spontaneamente scritto, confessando ed ammettendo il tutto; talché al presente non provo altri contrari che i Peripatetici, più parziali di Aristotele che egli medesimo non sarebbe, e sopra gli altri quelli di Padova, sopra i quali io veramente non spero vittoria. [XI, 35]

Ma allora perché Galileo vuole realizzare il viaggio a Roma, anche dopo che Clavio ha riconosciuto che lui ha detto il vero? Non può essere solo il bisogno di saldare in maniera raffinatissima, con una solenne acclamazione, i conti con chi, non vedendo i satelliti di Giove, in una rappresentazione "da me abominatissima", lo ha "reputato bugiardo" invece che "veridico, ma difettoso nell'arte", come scrive in una lettera di quel medesimo febbraio 1611 a Mark Welser, un uomo d'affari legato ai gesuiti.

Ci deve essere dell'altro. E tra poco lo scopriremo. Per ora diciamo che Galileo è costretto a rinviare di mese in mese il progettato viaggio a causa di malanni che così descrive a Paolo Sarpi:

> le doglie per le mie freddure, il profluvio del sangue, con una grandissima languidezza di stomaco, mi tengono da tre mesi in qua debole, disgustatissimo, melanconico, quasi continuamente in casa, anzi in letto, ma però senza sonno e quiete. [XI, 35]

Il primo progetto è rinviato.

Intanto l'amico Cigoli lo invita anche ad accelerare la pubblicazione del *Sidereus* in volgare, come hanno fatto Dante, Petrarca e Boccaccio:

> Gli ò da dire anche, che alcuni anno tassato il titolo del libro che l'a messo fuori, et che ora, avendo volontà di farlo vulgare, pure agli amici vostri vorrebbono che fusse più semplice et positivo. Io non l'ò visto, e quando lo avesse visto, per essere latino, non lo arei inteso: però ella sa che il Petrarcha, Dante e 'l Boccaccio quanto semplicemente l'anno posto. Io non so, ne chi me lo disse mel seppe bene dire: basta; V. S. vi avertischa, se lo fa vulgare. Et anche da lor noia e gran fondamento fanno sopra lo avere inventato altri l'ochiale, et che ella se ne fa bello. Tutto dico a V. S., acciò si armi et che i nimici non la trovino sprovista alla difesa. [X, 352]

Mentre Ludovico Cardi lo invita ad attrezzarsi, perché i nemici che presto appariranno sulla scena non lo trovino senza difesa, Galileo continua a scrutare il cielo. Intanto vuole elaborare le tavole precise degli "astri medicei" – progetto che porterà a termine e i cui risultati, di straordinaria precisione, pubblicherà per la prima volta nel 1612, quale introduzione al libro *Discorso intorno alle cose che stanno in su l'acqua o che in quella si muovono.* Nell'elaborarli Galileo migliora il metodo di osservazione con il cannocchiale, mettendo a punto un dispositivo micrometrico (un reticolo graduato) a fianco dell'obiettivo, in modo da poter sovrapporvi l'immagine di Giove; utilizza un calcolatore grafico di sua invenzione che chiama *giovilabio* e tiene conto del moto annuo della Terra che lo costringe a inventare un sistema di correzione dei dati cui dà il nome di *prostaferesi* [Camerota, 2004].

Nuova conoscenza scientifica e innovazione tecnologica in Galileo si intrecciano sempre. Il "primario matematico et filosofo" del Granduca pensa bene che le tavole del moto dei satelliti di Giove possono essere applicate dai marinai per fare "il punto nave" e, in particolare, per calcolare con esattezza la longitudine.

Nel 1612 Galileo cerca di vendere il suo metodo alla Spagna. Lo scienziato mette a punto uno strumento sofisticato, il *celatone*, che prevede anche un elmo con su montato un telescopio. Durante una verifica dell'apparato in mare tra Livorno e Civitavecchia, il suo discepolo Benedetto Castelli rischia la morte. Le trattative col governo iberico andranno avanti fino al 1618, ma non avranno esito. Allo stesso modo naufragheranno nuovi tentativi di vendere lo strumento agli olandesi molti anni dopo, nel 1636.

Con questo metodo, tuttavia, Galileo scruta il cielo con una precisione crescente. Il 28 gennaio 1613, per esempio, ricorrerà ancora una volta alle sue arti di disegnatore per riportare su carta, con accuratezza, due oggetti celesti collocati non distanti da Giove che contrassegna con le lettere *a* e *b*. Ancorché né lui né altri li abbia mai visti prima, il toscano li classifica come "stelle fisse". Uno dei più grandi biografi di Galileo, Stillman Drake, dimostrerà che uno di quegli oggetti – quello *b*, per la precisione – non è affatto una stella fissa. Galileo ha visto Nettuno, il pianeta che sarà scoperto ufficialmente solo due secoli dopo, nel 1846.

Ma torniamo indietro, all'inverno di quello straordinario 1610. Il 5 dicembre Benedetto Castelli, l'abate benedettino che gli è amico e discepolo, scrive da Brescia: caro maestro, ti chiedo se hai notato qualcosa sulla forma di Venere, perché ho pensato che se, "come io credo", il sistema copernicano è esatto, e il pianeta gira intorno al Sole, allora dovrebbe comportarsi come la Luna, presentandosi a volte con i corni e a volte no. Dovremmo vedere, per così dire, una Venere nascente, una Venere piena, e una Venere calante. A meno che i corni non siano troppo piccoli. Anche Marte, sostiene Castelli, dovrebbe comportarsi così.

Galileo gli risponde il 30 dicembre: sto osservando Venere da tre mesi, prima era troppo vicina al Sole per essere studiata, e a partire da novembre ho effettivamente constatato il cambiamento delle fasi. Al contrario, Marte sembra mostrare sempre la medesima forma piena, anche se "non ardirei dire nulla di certo".

Ma prima di rispondere al fidato Castelli, l'11 dicembre Galileo invia a Giuliano de' Medici un'altra lettera con un altro anagramma:

> Ill.mo Sig.re et Pad.ne Col.mo, Sto con desiderio attendendo la risposta a due mie scritte ultimamente a V. S. Ill.ma et Rev.ma, per sentire quello che haverà detto il S. Keplero della stravaganza di Saturno. In tanto gli mando la cifera di un altro particolare osservato da me nuovamente, il quale si tira dietro la decisione di grandissime controversie in astronomia, et in particolare contiene in sé un gagliardo argomento per la constituzione Pythagorea et Copernicana; et a suo tempo publicherò la deciferatione, et altri particolari. [X, 386]

Galileo avvisa [X, 386]:

> Le parole trasposte sono queste:
> Haec immatura a me iam frustra leguntur o y

La frase anagrammata significa: "Queste cose ancora immature si leggono invano da me".

Galileo propone il medesimo anagramma anche ad Antonio Santini, Paolo Gualdo e Giovanni Antonio Roffeni.

Difficile dire se il toscano invii la lettera a Praga dopo aver letto quella di Castelli. Stillman Drake ritiene che a spingere Galileo a scrivere di "cose ancora immature" sia piuttosto una lettera che viene da Venezia: gli annuncia che i gesuiti a Roma da novembre hanno finalmente un buon cannocchiale e che con quel cannocchiale hanno osservato i satelliti di Giove. Sono loro, i gesuiti del Collegio Romano – e non certo l'amico Castelli, che non possiede un cannocchiale – a mettere in pericolo la priorità della scoperta delle fasi di Venere [Drake, 2009]. In ogni caso è del tutto improbabile che Galileo abbia iniziato a osservare Venere dopo la lettera dell'abate benedettino. Sta di fatto che, come nel precedente, anche in questo caso Kepler tenta di risolvere l'anagramma. E, ancora una volta, non ci riesce. È sempre Galileo a svelare il gioco, in una nuova lettera che spedisce a Giuliano de' Medici il primo gennaio 1611:

> È tempo che io deciferi a V. S. Ill.ma et R.ma, et per lei al S. Keplero, le lettere trasposte, le quali alcune settimane sono gli inviai: è tempo, dico, già che sono interissimamente chiaro della verità del fatto, sì che non ci resta un minimo scrupolo o dubbio. Sapranno dunque come, circa 3 mesi fa, vedendosi Venere vespertina, la cominciai ad osservare diligentemente con l'occhiale, per veder col senso stesso quello di che non dubitava l'intelletto. [...] dalla quale mirabile esperienza haviamo sensata et certa dimostrazione di due gran questioni, state sin qui dubbie tra' maggiori ingegni del mondo. L'una è, che i pianeti tutti sono di loro natura tenebrosi (accadendo anco a Mercurio l'istesso che a Venere): l'altra, che Venere necessariissimamente si volge intorno al sole, come anco Mercurio et tutti li altri pianeti, cosa ben creduta da i Pittagorici, Copernico, Keplero et me, ma non sensatamente provata, come hora in Venere et in Mercurio. Haveranno dunque il Sig. Keplero et gli altri Copernicani da gloriarsi di havere creduto et filosofato bene, se bene ci è toccato, et ci è per toccare ancora, ad esser reputati dall'universalità de i filosofi in libris per poco intendenti et poco meno che stolti. Le parole dunque che mandai trasposte, et che dicevano Haec immatura a me iam frustra leguntur o y, ordinate Cynthiae figuras aemulatur mater amorum, ciò è che Venere imita le figure della luna. [XI, 8]

È, dunque, con un gioco di parole – l'anagramma sciolto dice "La madre degli amori (Venere) imita emulando le figure di Cinzia (la Luna)" – che Galileo annuncia di aver dimostrato, oltre ogni dubbio e con una sensata esperienza, che Copernico e Kepler hanno filosofato bene: Venere e Mercurio e tutti gli altri pianeti ruotano intorno al Sole e non intorno alla Terra.

È la prima volta che Galileo scrive di avere le prove che il sistema proposto da Copernico è quello che descrive come vadia il cielo.

Se infatti Venere ruotasse intorno alla Terra, come vuole il modello tolemaico, e fosse sotto l'orbita del Sole, si mostrerebbe sempre in forma falciforme; se invece fosse posizionata sopra l'orbita solare, si mostrerebbe sempre in forma perfettamente rotonda. Ma poiché Venere ha le fasi, proprio come la Luna, allora non è possibile altra spiegazione che il cielo va come vuole il modello copernicano.

In realtà anche il modello di Tycho Brahe avrebbe "salvato il fenomeno". Ma ormai Galileo non ha più alcun dubbio, come traspare chiaramente dalla lettera a Giuliano de' Medici: quello copernicano è il sistema "vero". Quello di Brahe non è un modello verosimile.

Vale la pena ricordare che il medesimo giorno in cui scrive a Castelli, il 30 dicembre, Galileo annuncia la scoperta delle fasi di Venere anche a padre Clavio. E che il mese successivo lo stesso Galileo riceve una lettera da padre Christoph Grienberger, con la quale il gesuita sostiene che lì, al Collegio Romano, hanno puntato il cannocchiale anche su Venere e che hanno effettivamente notato una variazione di luminosità, ma che hanno attribuito l'anomalia allo strumento invece che al pianeta. La lettera di Grienberger dimostra che Galileo era nel giusto pensando che i gesuiti a Roma potessero puntare il cannocchiale su Venere, che in quel periodo è l'oggetto più luminoso in cielo, dopo il Sole e la Luna naturalmente. Ma dimostra persino che spesso anche gli uomini di scienza più preparati vedono solo le cose che vogliono vedere e non vedono le cose che non vogliono vedere.

23. Il trionfo romano

Il progetto di andare a Roma riprende all'inizio del 1611. Quando, a gennaio, Galileo chiede e ottiene l'autorizzazione del granduca. In realtà il viaggio è ancora rimandato, per via di quei malanni che persistono e non passano. Ma quando, all'inizio di marzo, Galileo si sente finalmente meglio, ecco che il suo "programma romano" può finalmente concretizzarsi.

Ma perché, la trasferta? Il primario filosofo e matematico del granduca lo spiega con una lettera del 15 gennaio a Belisario Vinta:

> Quanto all'altro negozio della mia anda[ta] a Roma, starò attendendo l'ordine di loro Alt.ze Ser.me, ricordando però in tanto a V. S. Ill.ma come il tempo, prolungandolo molto, non saria così oportuno come di presente, nè accomodato a far toccar con mano ad ogn'uno tutte le novità delle mie osservazioni; le quali sono tante et di sì gran consequenze, che tra qu[ello] che aggiungano et quello che rimutano per necessità nella scie[nza] de i moti celesti, posso dire che in gran parte sia rinovata et tratta fuori delle tenebre, come finalmente sono per confessare tutti gl'intendenti. Però se io, come professore di essa, me ne mostro a[n]sioso, devo non solo trovare scusa, ma aiuto in far vive et pales[i] le cose che, per il favor di Dio, ho scoperte. [XI, 20]

Galileo dunque mira non solo a legittimare le sue scoperte, ma si pone anche il problema delle conseguenze, che non possono che portare alla totale rifondazione della scienza astronomica. Ormai ineluttabile dopo la scoperta della fasi di Venere.

Il passaggio è così denso di implicazioni filosofiche e teologiche che non può avvenire senza il consenso di Roma, pena un conflitto insanabile tra la nuova scienza e la religione cattolica. Il progetto di Galileo, dunque, è chiaro: far accettare alla Chiesa di Roma non solo i nuovi fatti, ma la nuova immagine del mondo che da quei fatti scaturisce. Un'immagine che non può essere più quella di Aristotele e Tolomeo, ma deve essere quella di Copernico.

Il viaggio a Roma serve, dunque, a verificare se c'è nel Sacro Collegio e nelle gerarchie vaticane la percezione di un contrasto tra le sue scoperte, la loro interpretazione copernicana e le Scritture. Ed, eventualmente, studiare, magari insieme, come superarlo. Ecco, dunque, che il 23 marzo, in lettiga e in compagnia di due servitori, Galileo lascia Firenze. Sei giorni dopo, il 29 marzo, è finalmente a Roma. Alloggia, per esplicita volontà di Cosimo II, a villa Medici, nelle stanze dell'ambasciata del Granducato di Toscana messe a disposizione dall'ambasciatore, Giovanni Niccolini.

Il giorno stesso del suo arrivo vede il cardinale Francesco Maria del Monte, a cui consegna un messaggio del granduca e da cui riceve conforto e sprone. Il giorno dopo, il 30 marzo, è già in visita al vecchio padre Clavio. Il quale lo accoglie insieme ai suoi più stretti collaboratori, Christoph Grienberger e Odo van Maelcote. Galileo annota che i tre sono intenti a ridersela di quel libello, il *Dianoioa astronomica*, in cui Francesco Sizzi sostiene che la presenza in cielo degli astri medicei è impossibile perché non è prevista dalla cosmologia aristotelica. Cristoforo Clavio conferma non solo che lui, quegli astri, li ha visti con i propri occhi e con un buon cannocchiale, ma ne ha rilevato la mutevole posizione nel tempo e che i dati relativi al loro spostamento coincidono perfettamente con quelli di Galileo.

Non poteva esserci esordio migliore. E, infatti, il giorno dopo, primo aprile, Galileo si affretta a scrivere a Belisario Vinta per annunciargli che i gesuiti del Collegio Romano hanno osservato il cielo con un buon cannocchiale e con risultati identici ai suoi. In quella medesima giornata si fa ricevere dal cardinale Maffeo Barberini, da cui viene molto bene accolto.

Il 6 aprile Galileo interviene a un convegno dell'Accademia degli Umoristi, patrocinato dal cardinale Giovanni Battista Deti, dove, alla presenza di molti alti prelati, Giambattista Strozzi, un letterato fiorentino, tiene una dotta dissertazione sulla superbia.

Le giornate romane passano un po' tutte così, quasi trionfalmente.

Il 14 aprile, per esempio, il matematico toscano partecipa a un banchetto nella vigna che monsignor Giovanni Battista Malvasia possiede lì sulla collina del Gianicolo. Tra gli altri – informa un *avviso romano* pubblicato due giorni dopo – ci sono Federico Cesi, Johannes Schreck, Giulio Cesare Lagalla, i matematici Giovanni Demisiani e Francesco Pifferi, il filosofo Antonio Persio. La gazzetta racconta che Galileo ha fatto osservare con il suo cannocchiale il cielo a tutta la scelta platea. E tuttavia la percezione dell'anonimo cronista deve essere alquanto diversa da quella del toscano, se riporta: "ancorché vi stessero fino a sette ore di notte peranco non s'accordano insieme nelle opinioni".

Ma non è sulle osservazioni, legittimate da Clavio, che Galileo ha qualcosa da temere. Chi non vede o non vuol vedere, prima o poi vedrà.

In questi stessi giorni, forse su suggerimento del saggio padre tedesco, Galileo incontra in maniera molto riservata il cardinale Roberto Bellarmino, il membro più influente della Congregazione del Sant'Uffizio, l'uomo che è, come rileva Ludovico Geymonat, il più autorevole rappresentante dell'ortodossia cattolica e il nume tutelare dello spirito della Controriforma. Galileo lo conosce personalmente fin dai tempi di Venezia. E sa bene che è stato lui, Roberto Bellarmino, l'uomo che ha fatto condannare Giordano Bruno e che da anni sta contrastando Paolo Sarpi. Immaginiamo con quanta tensione sia andato all'incontro. Ma non sappiamo cosa i due si siano detti. Anni dopo, nel 1615, monsignor Piero Dini sosterrà che Bellarmino gli ha confidato che tema del colloquio non sono state solo le nuove scoperte – che il membro della Congregazione del Sant'Uffizio non mette in dubbio, anche perché le ha osservate direttamente al telescopio – ma si è parlato anche delle loro implicazioni e, in particolare, dell'interpretazione delle Scritture alla luce di quei nuovi fatti.

Se ne può dedurre che il cardinal Roberto Bellarmino manifesti a Galileo la percezione che la nuova astronomia ponga dei problemi non solo scientifici e filosofici, ma anche teologici. Sta di fatto che il

19 aprile Bellarmino prende carta e penna e scrive a Cristoforo Clavio e ai gesuiti esperti del Collegio Romano:

> Molto Rev.di Padri,
> So che le RR. VV. hanno notitia delle nuove osservationi celesti di un valente mathematico per mezo d'un instrumento chiamato cannone overo ochiale; et ancor io ho visto, per mezo dell'istesso instrumento, alcune cose molto maravigliose intorno alla luna et a Venere. Però desidero mi facciano piacere di dirmi sinceramente il parer loro intorno alle cose sequenti:
> Prima, se approvano la moltitudine delle stelle fisse, invisibili con il solo ochio naturale, et inparticolare della Via Lattea et delle nebulose, che siano congerie di minutissime stelle;
> 2°, che Saturno non sia una semplice stella, ma tre stelle congionte insieme;
> 3°, che la stella di Venere habbia le mutationi di figure, crescendo e scemando come la luna;
> 4°, che la luna habbia la superficie aspera et ineguale;
> 5°, che intorno al pianeta di Giove discorrino quattro stelle mobili, et di movimenti fra loro differenti et velocissimi.
> Questo desidero sapere, perchè ne sento parlare variamente; et le RR. VV., come essercitate nelle scienze mathematiche, facilmente mi sapranno dire se queste nuove inventioni siano ben fondate, o pure siano apparenti et non vere. Et se gli piace, potranno mettere la risposta in questo istesso foglio. [XI, 68]

I matematici del Collegio Romano – Cristoforo Clavio, Christoph Grienberger, Odo van Maelcote e Paolo Lembo – rispondono a stretto giro alla richiesta del cardinale e già il 24 aprile gli fanno recapitare una lettera in cui affermano:

> Responderemmo in questa carta conforme al commandamento di V. S. Ill.ma intorno alle varie apparenze che si vedono nel cielo con l'occhiale, et con lo stesso ordine delle proposte che V. S. Ill.ma fa.

Alla prima, è vero cha appaiono moltissime stelle mirando con l'occhiale nelle nuvolose del Cancro e Pleiadi; ma nella Via Lattea non è
così certo che tutta consti di minute stelle, et pare più presto che siano
parti più dense continuate, benché non si può negare che non ci siano
ancora nella Via Lattea molte stelle minute. È vero che, per quel che
si vede nelle nuvolose del Cancro et Pleiadi, si può congetturare probabilmente che ancora nella Via Lattea sia grandissima moltitudine
di stelle, le quali non si ponno discernere per essere troppo minute.

Alla 2a, habbiamo osservato che Saturno non è tondo, come si vede
Giove e Marte, ma di figura ovata et oblonga in questo modo; se bene
non habbiam visto le due stellette di qua et di là tanto staccate da
quella di mezzo, che possiamo dire essere stelle distinte.

Alla 3a, è verissimo che Venere si scema et cresce come la luna: et ha-
vendola noi vista quasi piena, quando era vespertina, habbiamo osservato che a puoco a puoco andava mancando la parte illuminata,
che sempre guardava il sole, diventando tutta via più cornicolata; et
osservatala poi matutina, dopo la congiontione col sole, l'habbiamo
veduta cornicolata con la parte illuminata verso il sole. Et hora va
sempre crescendo secondo il lume, et mancando secondo il diametro
visuale.

Alla 4a, non si può negare la grande inequità della luna; ma pare al P.
Clavio più probabile che non sia la superficie inequale, ma più presto che il corpo lunare non sia denso uniformemente et che abbia
parti più dense et più rare, come sono le macchie ordinarie, che si vedono con la vista naturale. Altri pensano, essere veramente inequale
la superficie; ma infin hora noi non habbiamo intorno a questo tanta
certezza, che lo possiamo affermare indubitamente.

Alla 5a, si veggono intorno a Giove quattro stelle, che velocissimamente si movono hora tutte verso levante, hora tutte verso ponente,
et quando parte verso levante, et quando parte verso ponente, in linea
quasi retta: le quali non possono essere stelle fisse, poiché hanno moto
velocissimo e diversissimo dalle stelle fisse, et sempre mutano le distanze fra di loro et Giove.

Questo è quanto ci occorre in risposta alle domande di V. S. Ill.ma:

alla quale facendo humilissima riverenza, preghiamo dal Signor compiuta felicità. [XI, 72]

I matematici del Collegio Romano, dunque, confermano puntualmente tutti i fatti osservati. Ma non dicono una parola sulla loro interpretazione.

Il 22 aprile, intanto, Galileo è ricevuto dal Papa, Paolo V. L'incontro riempie di soddisfazione il toscano che, quel medesimo giorno scrive a Salviati:

> Io sono stato favorito da molti di questi Illustrissimi Sigg. Cardinali, Prelati e diversi Principi, li quali hanno voluto vedere le mie osservazioni e sono tutti restati appagati, sì come all'incontro io nel vedere le loro meraviglie di statue, pitture, ornamenti di stanze, palazzi, giardini ec. Questa mattina sono stato a baciare il piede a Sua Santità, presentato dall'Illustrissimo ed Eccellentissimo Sig. Ambasciator nostro, il quale mi ha detto che io sono stato straordinariamente favorito, poiché Sua Beatitudine non comportò, che io dicessi pure una parola in ginocchioni. [...] Circa al mio particolare, tutti gl'intendenti sono a segno, e in particolare i Padri Gesuiti. [XI, 69]

Gli intendimenti riguardano, probabilmente, anche la visione copernicana dei cieli. Nel corso del suo soggiorno romano Galileo ne discute apertamente. E non solo con gli amici dell'Accademia dei Lincei, che si professano copernicani e lo nominano socio il 25 aprile.

I Lincei e la "pittura filosofica"

Galileo annette grande importanza a questo riconoscimento laico. Sia perché la scienza, sostiene, non si regge sulla "tenue fortuna" del singolo scienziato, ma ha bisogno di istituzioni pubbliche e private, sia perché occorre "erigere accademie" per l'"istruzione degli uomini". Galileo sembra, dunque, avvertire chiaramente che la scienza è impresa di una comunità di uomini che hanno valori comuni e istituzioni di riferimento [Greco, 2009a]. E che la comunità scientifica ha bisogno di diffondere le sue conoscenze anche fuori dai suoi ambiti, nella società – una società di uomini istruiti – se vuole che si affermino. Sta di fatto che a partire dal 1613 tutte le sue opere avranno sul frontespizio la sua firma con la qualifica di Accademico Linceo o anche solo di Linceo. E che l'Accademia potrà contare su due doni di Galileo, un telescopio e poi un microscopio, così preziosi da indurre Joannes van Heeck a sostenere che il toscano ha "a lincei occhi gionto sì avventurosi occhiali".

Non gioca certo un ruolo secondario, nella sintonia tra Galileo e l'Accademia dei Lincei, il comune interesse per l'arte. E, in particolare, l'idea che hanno Cesi e la sua cerchia della necessità di una "pittura filosofica": ovvero di una pittura che faccia la sua parte nella produzione e diffusione della conoscenza dei fenomeni naturali [Tongiorgi, 2009a].

Intanto Federico Cesi mostra a Galileo una collezione di (500, dirà Galileo) tavole di piante del Nuovo Mondo che possiede a casa sua e che sono state realizzate per un libro, *Tesoro messicano*, che l'Accademia dei Lincei intende pubblicare. Ma quel che più conta è che, nel suo viaggio romano, Galileo incontra gli artisti che ruotano intorno all'Accademia dei Lincei, oltre che il suo amico Ludovico Cardi e il grande mecenate del Caravaggio, il cardinale Francesco del Monte. Tra di loro ci sono il fiorentino Orazio Gentileschi e la figlia, Artemisia. Gentileschi, che è fratello di Aurelio Lomi, ha maturato uno stile contaminato sia dal manierismo toscano che dal naturalismo di Caravaggio. Artemisia, allora molto giovane, si affermerà a sua volta come valente pittrice.

Il viaggio di Galileo a Roma è, dunque, anche un viaggio nell'avanguardia artistica del suo tempo.

Ma ritorniamo al rapporto tra Galileo, le sue novità astronomiche, le interpretazioni cosmologiche e quell'altra peculiarissima accademia che è il Collegio Romano. Lo scienziato toscano può cogliere con soddisfazione i ripetuti riconoscimenti sulla realtà e novità delle sue osservazioni da parte di Clavio e degli altri gesuiti matematici e astronomi. Eppure, malgrado quelle pubbliche dichiarazioni, gli abili matematici e astronomi gesuiti sono inevitabilmente in rotta di collisione con Galileo [Beltràn Mari, 2011]. I fatti sono fatti e i gesuiti del

Collegio, come rileva Michele Camerota, non possono non riconoscerli. Ma le interpretazioni di quei fatti, beh, quelle sono tutt'altra cosa. Neppure i bravissimi matematici e astronomi del Collegio Romano possono abbandonare l'idea della centralità della Terra, perché non possono mettere in discussione l'interpretazione delle Scritture. Alcuni tra loro tenteranno di adeguare i fatti al *systemate mundi* della teologia, dandone magari un'interpretazione tychoniana: tutti i pianeti ruotano intorno al Sole. Ma il Sole ruota intorno alla Terra, che resta immobile, al centro dell'universo: come vogliono le Scritture. Altri semplicemente non si pronunciano. Ma inizia a essere chiaro che Galileo e i gesuiti non solo perseguono "programmi di ricerca" alternativi e in competizione, ma rispondono a esigenze molto diverse se non divergenti, "in quanto espressione di modelli culturali affatto antitetici" [Camerota, 2004].

In ogni caso inizia a diventare chiaro a tutti che il terreno è scivoloso. Lo testimoniano tre diverse circostanze. In ciascuna delle quali tra i protagonisti c'è il cardinal Roberto Bellarmino, il più autorevole esponente del Sant'Uffizio.

La prima si verifica nella seduta del 17 maggio, quando la Congregazione della sacra romana e universale Inquisizione, di cui Bellarmino è consultore, decreta di esaminare se, nel processo intentato contro Cesare Cremonini nel 1608, sia stata fatta menzione anche di Galileo. Il toscano a Roma sta mietendo successi. Ma proprio quei successi suscitano anche sospetti e invidie. Così Galileo si trova pericolosamente al centro delle attenzioni dell'Inquisizione, anche se nulla accade e nulla trapela.

La seconda circostanza è la lettera con cui Bellarmino chiede ai matematici e agli astronomi del Collegio Romano di pronunciarsi in merito alle novità galileiane.

La terza circostanza è il richiamo ai suoi – a tutti i suoi, siano essi teologi o matematici – che il Generale dell'Ordine della Compagnia di Gesù, padre Claudio Acquaviva, dirama il 24 maggio 1611: preservate in ogni caso l'"uniformità e solidità" della dottrina. E la dottrina dei gesuiti è quella di Aristotele.

Paolo Gualdo, da Padova, deve aver sentore dei pericoli in cui Galileo – con il suo progetto di convertire la Chiesa facendole accettare una nuova immagine, copernicana, del mondo – si va infilando. E il 6 maggio gli scrive e quasi lo ammonisce:

> Che la terra giri, sinhora non ho trovato né filosofo né astrologo che si voglia sottoscrivere all'opinione di V. S., e molto meno lo vorrano fare i theologi: pensi adunque bene, prima che asseverantemente publichi questa sua opinione per vera, poiché molte cose si possono dire permodo di disputa, che non è bene asseverarle per vere, massime quando s'ha l'opinione universale di tutti contra, imbibita, si può dire, *ab orbe condito*. Perdonami V. S., perchè il gran zelo ch'io ho della sua reputatione mi fa parlare in questo modo. A me par che gloria s'habbia acquistata con l'osservanza nella luna, ne i quattro Pianeti, e cose simili, senza pigliar a diffendere cosa tanto contraria all'intelligenza e capacità de gli huomini, essendo pochissimi quelli che sappiano che cosa voglia dire l'osservanza de' segni et aspetti celesti. [XI, 78]

Insomma, dice a Galileo l'amico Paolo, rivendica la scoperta dei fatti. Che è in sé cosa grandissima e ne avrai eterna gloria. Ma non lanciarti nella loro interpretazione. Che è in sé cosa pericolosissima e da cui potresti ricavarne solo guai.

Ma i pericoli fomentano sotto traccia. In superficie il soggiorno romano di Galileo somiglia sempre più a un vero e proprio trionfo. Il 13 maggio finalmente la manifestazione pubblica più attesa: il Collegio Romano organizza una solenne cerimonia in onore di Galileo. Il gesuita Odo van Maelcote tiene l'*orazione* intitolata *Nuncius Sidereus Collegii Romani*, in cui riconosce ancora una volta la veridicità e la verificabilità delle affermazioni di Galileo, definito uno "fra gli astronomi più celebri e più felici del nostro tempo". Tra le affermazioni veridiche e verificabili è compresa quella secondo cui Venere ruota intorno al Sole. Mentre il gesuita collaboratore di Clavio pronuncia queste parole, si sentono i borbottii dei gesuiti filosofi e dei teologi, meno propensi dei matematici e degli astronomi ad accogliere le novità e più attenti a coglierne la portata eversiva.

Eppure Odo van Maelcote, come già nella lettera a Bellarmino, è ben attento a non lanciarsi nelle interpretazioni filosofiche e men che meno teologiche delle sue affermazioni. Si limita a riferire i fatti osservati con i propri occhi. La conferenza del gesuita suona in apparenza come la vittoria definitiva di Galileo. Ma un osservatore attento avrebbe percepito i limiti di quella vittoria: quasi avesse ascoltato i consigli di Paolo Gualdo, il Collegio Romano, almeno nei sui componenti matematici e astronomi, accetta i fatti osservati, ma non è affatto disponibile a seguirlo nell'interpretazione copernicana di quei fatti.

Galileo è un osservatore attento. E, a differenza di altri, non parlerà mai del pubblico riconoscimento che gli è stato fatto col *Nuncius Sidereus Collegii Romani*. Meno attento deve essere l'amico cardinale Francesco Maria del Monte, che il 31 maggio così commenta il soggiorno romano di Galileo nella lettera che invia al Granduca Cosimo II:

> Il Galileo, ne' giorni che è stato in Roma, ha dato di sé molta sodisfatione, e credo che anche esso l'habbia ricevuta, poi che ha hauto occasione di mostrare sì bene le sue inventioni, che sono state stimate da tutti li valent'huomini e periti di questa città non solo verissime e realissime, ma ancora maravigliosissime; e se noi fussimo hora in quella Republica Romana antica, credo certo che gli sarebbe stata eretta una statua in Campidoglio, per honorare l'eccellenza del suo valore. Mi è parso debito mio accompagnare il suo ritorno con questa lettera e far testimonianza a V. A. S. di quanto di sopra, assicurandomi che ella sia per sentirne gusto, per la benignia volontà che tiene verso i suoi sudditi e valent'huomini, come è il Galilei. [XI, 95]

Il 4 giugno 1611 il primario filosofo e matematico del Granducato di Toscana lascia Roma e inizia il viaggio di ritorno nella sua Firenze. Molti, Galileo incluso, hanno l'impressione che il soggiorno romano si sia risolto in un grande successo. Tutti, Galileo per primo, avranno modo di verificare che non è esattamente così.

24. Convertire la Chiesa

L'analisi del viaggio romano come di un "trionfo" è forse affrettata. Ed è subito rivista. Quando lascia la città eterna, Galileo sente di aver avuto un grande successo, ma avverte anche che quel successo non è poi stato così completo. Certo ha ragione quando sostiene che nessuno, tra quelli che a Roma sanno di matematica e di astronomia, ha messo in dubbio le sue scoperte. Ma gli è anche chiaro che nessuno, nella città dei papi, è diventato copernicano. Nessuno contesta i fatti nuovi. Ma nessuno, alla luce di quei fatti, vuole mettere in discussione la visione del mondo che emerge dalle Scritture. Galileo percepisce che questo rifiuto porterà, primo o poi, a uno scontro. Così, dopo il suo ritorno a Firenze, il 4 giugno 1611, il toscano decide di rilanciare e inaugura una nuova stagione della sua vita intellettuale. La stagione caratterizzata da quello che Ludovico Geymonat ha definito l'"ardito progetto": "convertire la Chiesa alla causa della scienza" [Geymonat, 1969].

È un progetto davvero ambizioso e anche molto pericoloso. Ma che non interferisce più di tanto né sulla sua attività scientifica in senso stretto né sulla sua dimensione di "artista rinascimentale".

Ma facciamo parlare i fatti. E i fatti incombono. Già a luglio troviamo Galileo impegnato su quello che potremmo definire il "fronte interno": un'aspra polemica, che si protrarrà per un paio di anni, con un gruppo di aristotelici fiorentini e pisani. Si tratta di intellettuali che nel granducato sono molto noti e anche molto potenti. Devono essere anche molto sicuri di sé, se non esitano a scendere in campo contro la grande star del piccolo stato. Molti biografi di Galileo sostengono che a muoverli sia anche l'invidia: per la fama, l'influenza a corte e persino per lo stipendio del nuovo venuto. Ma è anche vero che ci sono questioni di fondo: Galileo mette apertamente in discussione le fondamenta della loro visione del mondo e, dunque, di ciò che li legittima nel loro ruolo di docenti e di consiglieri del principe. E sarebbe ingenuo pensare che essi possano accettare tutto questo senza reagire.

La battaglia sul "fronte interno" inizia subito, con una sorta di discussione a tavola, nel mese di luglio nella villa Le Selve che Filippo Salviati possiede sulle colline che da Lastra a Signa dominano la valle dell'Arno e dove Galileo si ritira quando sta male e deve curarsi.

La discussione sembra lontana dai punti critici, filosofici e religiosi. Riguarda i corpi solidi: la loro condensazione, la loro rarefazione. Oltre a Galileo vi partecipano due illustri professori di Pisa, Giorgio Coresio e Vincenzo di Grazia, di stretta osservanza aristotelica. Ben presto il discorso scivola, è il caso di dirlo, sul ghiaccio: perché galleggia nell'acqua liquida? Non è forse vero che la forma solida di una sostanza è più condensata e, quindi, più pesante della forma liquida? Subito vengono evocate e messe a confronto la fisica di Aristotele e quella di Archimede.

A queste domande, sostengono Giorgio Coresio e Vincenzo di Grazia, ha già risposto Aristotele: il ghiaccio galleggia sull'acqua liquida a causa della sua forma. E no, risponde Galileo, a queste domande ha già risposto Archimede: possono galleggiare solo corpi che hanno una densità inferiore all'acqua liquida.

Ma, ribattono i due aristotelici, il ghiaccio è acqua condensata, dunque deve essere più pesante dell'acqua liquida. Ne consegue che può galleggiare solo a causa della forma che assume.

Niente affatto, risponde Galileo: il ghiaccio, pur essendo solido, è più rarefatto dell'acqua liquida, ha un peso specifico minore e solo per questo galleggia sempre, indipendentemente dalla sua forma.

La *querelle* non si ferma né a luglio né a Lastra a Signa. Tuttavia assume una dimensione polemica importante solo quando, venuto a conoscenza del contenzioso, decide di intervenire Ludovico delle Colombe. L'aristotelico influente con cui Galileo, come sappiamo, si è già più volte scontrato e che ora, ne è convinto, riuscirà finalmente a far fare una brutta figura al presuntuoso primario matematico e filosofo del granduca. Voglio chiedere a Galileo di spiegarmi perché, va dicendo in pubblico Ludovico delle Colombe, una sfera o un cilindro di ebano posti in acqua affondano, mentre una sottile lamella dello stesso materiale galleggia. L'ebano è ebano sempre. E allora è chiaro che nel galleggiamento non c'entra il peso specifico, ma, appunto, la forma. Come ha scritto Aristotele.

La sfida è lanciata. Ed entrambi, Galileo e Ludovico delle Colombe, sostengono di volerla risolvere in pubblico, con una dimostrazione empirica. I due si danno appuntamento più volte per portare a termine la sfida. E più volte si sottraggono. A un certo punto interviene il granduca in persona. Chiama Galileo e lo ammonisce: non voglio che il mio primario matematico e filosofo si esponga in questo modo. Questi spettacoli pubblici che andate annunciando tu e Ludovico sono sconvenienti. Inoltre, per un motivo o per l'altro tu, Galileo, potresti uscirne sconfitto, portando discredito alla corte del granduca. Per cui invito te e il tuo contendente a "mettere in carte" le vostre rispettive ragioni.

Galileo ubbidisce, con convinzione. E inizia a scrivere immediatamente, già nell'estate 1611, un trattato che sarà pubblicato nella primavera successiva, nel 1612: il *Discorso intorno alle cose che stanno su l'acqua o che in quella si muovono*. Con il suo nuovo libro Galileo fornisce una spiegazione delle sue affermazioni, solidamente agganciata alla teoria dell'idrostatica di Archimede, e dimostra la fragilità delle argomentazioni degli aristotelici. Il libro ha grande successo, tant'è che ne viene stampata a tambur battente una seconda edizione.

Ma, ancor prima che il libro esca, alla fine di settembre o all'inizio di ottobre, lo scienziato toscano ha avuto modo di confrontarsi in pubblico con gli aristotelici: in particolare con un professore venuto apposta da Pisa, e addirittura a corte, nel corso di una sorta di "cena scientifica", cui partecipano non solo il granduca – che ha cambiato idea rispetto al confronto pubblico – e i suoi familiari e i dignitari, ma anche due cardinali molto influenti: Maffeo Barberini e Ferdinando Gonzaga.

Galileo dimostra che un oggetto di ebano, qualsiasi sia la sua forma, affonda. Anche una sottile lamella, spinta sott'acqua, non riemerge ma va a riposare sul fondo. Il contrario di quanto fa il ghiaccio, qualsiasi sia la sua forma e anche se spinto sul fondo di una bacinella, torna in alto a galleggiare.

La dimostrazione empirica a corte si risolve, ancora una volta, in un trionfo per Galileo. Tutti hanno modo di verificare con i propri occhi (e con le proprie mani) quello che sostiene il primario matematico e filosofo. Il cardinale Maffeo Barberini si convince e difende apertamente la tesi di Galileo: non è la forma la causa del galleggiamento dei solidi.

Il cardinale Ferdinando Gonzaga, invece, preferisce non credere ai propri occhi e sposa il punto di vista degli aristotelici. Cosicché Galileo ha modo di verificare, a sua volta, che non bastano la forza delle "certe dimostrazioni" e neppure quella delle "sensate esperienze" per rimuovere i pregiudizi, anche nelle persone più colte. Anche nelle persone che guidano la Chiesa.

Sebbene la discussione pubblica si sia risolta in un'ennesima vittoria per lo scienziato, finisce per inasprire gli animi e far inviperire viepiù i peripatetici del granducato: ma chi crede di essere, questo Galileo? Insomma, la polemica non si placa. Al contrario, monta.

Intanto a rilanciarla è Galileo stesso, quando pubblica, nella primavera 1612, il suo *Discorso*. Lo scienziato si premura di inviarne copia non solo a Cosimo II che gliel'ha ordinata, ma anche a un bel po' di altre persone influenti. Incluso il cardinale Maffeo Barberini che, il 5 giugno 1612, lo ringrazia sentitamente:

M'è pervenuto il trattato composto da V. S. sopra le differenze che nacquero mentre ero costì nella questione filosofica, e con molto piacere l'andrò vedendo, sì per confermarmi dell'opinione che havevo simile alla sua, come per amirare questa con l'altre opere del suo rarissimo ingegno. Ho v[eduto] quello che V. S. m'ha scritto dell'osservatione fatta da lei delle macchie scortesi nel sole, e la distintione che si contiene nelle figure mandatemi, et la conclusione ch'ella ne cava; et non mancherò di pigliar occasione da ritrarne il parere de gl'intelligenti di questa città per avvisarglielo. [...] Fra tanto la ringratio particolarmente ch'ella si compiaccia di comunicarmi le cose sue, da me stimate quanto richiede il suo valore, et le ne resto obligatissimo, pregandola a continuare, dandomi occasione di mostrarle il mio affetto verso di lei, alla quale prego da Dio ogni felicità. [XI, 264]

Chi avrebbe mai detto che, di lì a qualche anno Maffeo Barberini ...

Un'altra copia, forse per prudenza, Galileo la invia al cardinale Roberto Bellarmino. Quasi a dirgli: guardi, Eccellenza, che la filosofia naturale di Aristotele non regge più da nessuna parte, che è tutta da rivedere e che Santa Romana Chiesa deve porsi all'avanguardia e non subire questa ineludibile riforma.

Ma, come abbiamo detto, la polemica, lungi dal risolversi, s'inasprisce. E non a causa, almeno per ora, delle reazioni della Chiesa, quanto per quelle dei filosofi peripatetici, discepoli evidentemente poco conseguenti del più grande logico di tutti i tempi. Ecco, infatti, che a stretto giro, nel luglio 1612, Arturo Pannocchieschi d'Elci pubblica a Pisa, con lo pseudonimo di Accademico Incognito, un trattatello in difesa della fisica aristotelica intitolato *Considerazioni del Sig. Galileo Galilei intorno alle cose che stanno in su l'acqua o che in quella si muovono*. E a settembre esce un nuovo trattato contro la tesi galileiana, intitolato *Operetta intorno al galleggiare dei corpi solidi*, a firma di Giorgio Coresio. È evidente che nella città che lo ha visto nascere, Pisa, e nell'università che lo ha visto per la prima volta insegnare e che tuttora lo annovera tra le sue fila, lo Studio Pisano, il filosofo naturale ormai più noto d'Europa non solo non è ben visto, ma è apertamente attaccato. E al massimo livello. Giorgio Coresio è, infatti, il prestigioso lettore di greco dello Studio. E Arturo Pannocchieschi d'Elci ne è addirittura il Provveditore.

Essere colpito in faccia e nello stomaco da un proprio collega e addirittura dal proprio rettore, anche per un uomo dalle spalle ormai forti come Galileo, non è questione da prender sotto gamba. Chiunque sarebbe indotto alla prudenza. Ma Galileo non è di questo avviso. Non è di questo carattere. Occorre reagire, sostiene. Così, con il suo fedele amico e collaboratore, Benedetto Castelli, redige una puntigliosa raccolta degli *Errori più manifesti* contenuti nell'*Operetta* di Coresio. Il lavoro è pronto alla fine dell'estate del 1613, ma non verrà pubblicato. Anche perché, intanto, altri sono scesi in campo contro Galileo. E con molta veemenza. Ludovico delle Colombe, in primo luogo, che a Firenze, alla fine del 1612, pubblica un *Discorso apologetico d'intorno al Discorso di Galileo Galilei*. E poi Vincenzo Di Grazia, che nel maggio 1613 a Pisa pubblica le sue *Considerazioni sopra 'l Discorso di Galileo Galilei*.

È un vero e proprio fuoco di fila. Un nugolo di qualificati e potenti intellettuali del granducato spara a palle incatenate contro il primario matematico e filosofo di Cosimo, indifferenti alla "forza dei fatti" e legati alla "forza delle carte".

I potenti gruppi che si vanno organizzando nelle due principali città del granducato di Toscana contro Galileo irritano Ludovico Cardi da Cigoli, che il primo febbraio 1613 scrive all'amico, deridendo quella "lega del Pippione" che raduna gente per cui si fa notte prima di sera. Il pittore attacca in particolare il Colombaccio (Ludovico delle Colombe) di cui, dice, non si sa se sia più sfacciato o più ignorante. Ma lasciamogli la parola:

> Mi fu mostro il libro stampato del Cheplero delle sue lettere, con molto onore di V. S.; per lo che mi parrebbe, per fare crepare la lega del Pippione, che cotesti librai ne avessero, acciò che non potessero voltare ochio che non vi percotessero dentro. Per la legga et capo del quale, mi è sovenuto una impresa: et questa è un cammino senza sfogo della sua gola, nel quale facendovi fuoco, il fumo per quella non trovando esito, tornasse indreto e riempiesse la propia abitazione, nella quale si ragunano. Gente a chui si fa notte inanzi sera. Ho letto ancora mezzo il Colombaccio, di quello suo Discorso contro a V. S., nel quale non so se si mostr[i] d'essere più sfacciato che ignorante; dove mi sono molto maravigliato, che i superiori lo comportino si

sia lasciato stampare. Lui si vede che tutto fa per entrare in dozina; et io vorrei, per farlo arrabbiare, non ne ragionar mai. [XI, 388]

Insomma, caro Galileo, ascolta il tuo vecchio amico Ludovico: lascia perdere la polemica con questa gente. Non ti crucciar di loro, ma guarda e passa.

Ma Galileo non ha intenzione di guardare e passare. Al contrario vuole infierire. Può contare sulla forza dell'evidenza per risolvere, una volta per tutte, la questione con questa gente. Così decide di rispondere alla "legha del Pippione" con una nuova opera – *Risposta alle opposizioni del S. Lodovico delle Colombe e del S. Vincenzio di Grazia contro al Trattato del Sig. Galileo delle cose che stanno in su l'acqua* – che vede la luce nella primavera del 1615. Il libro è firmato da Benedetto Castelli. Ma è chiaro a tutti che è stato scritto, almeno per larga parte, da Galileo in persona. In ogni caso contiene tutta la *vis polemica* di cui è capace il nostro e una considerazione che gli è cara e propria: non è possibile confrontarsi su questioni di filosofia naturale con chi non sa nulla di matematica e non argomenta in termini matematici.

Il libro di Castelli/Galileo non pone fine alla polemica perché, come vedremo tra poco, essa, la polemica, entra in un'altra fase. In tutt'altra fase.

Ma torniamo ora all'anno 1611 e al mese di giugno, quando Galileo torna a Firenze dopo i successi romani. Non passa un mese che il primario filosofo e matematico del granducato non si trovi coinvolto nella discussione sulle cose che galleggiano sull'acqua. E non passano cinque mesi che, tra novembre e dicembre, non si trovi schierato su un secondo fronte polemico, sulle macchie che costellano la superficie del Sole. E non già con un gruppo di peripatetici che leggono il libro della natura senza conoscerne il linguaggio matematico, ma – come nota Michele Camerota – con "un matematico e astronomo competente e capace: il gesuita tedesco Christoph Scheiner" [Camerota, 2004].

Con tre lettere datate rispettivamente 12 novembre, 19 e 26 dicembre 1611 indirizzate a Mark Welser, banchiere e membro del senato della città di Augsburg, con lo pseudonimo di *Apelles latens post tabulum* (Apelle che si nasconde dietro la tela), padre Scheiner, docente di matematica e di lingua ebraica presso l'Università di Ingolstadt, afferma di aver scoperto dei "fenomeni nuovi e pressoché incredibili": osservata al cannocchiale, la superficie del Sole risulta costellata di macchie scure [XI, 196].

Welser ha vissuto a lungo e fin da giovanissimo a Roma, prima di diventare duumviro ad Augsburg. Tuttora è in corrispondenza con molti studiosi della Compagnia di Gesù, tra cui padre Clavio e, appunto, Christoph Scheiner. Ora quest'ultimo gli scrive – trincerandosi, per ordine dei suoi superiori, sotto uno pseudonimo – che ha osservato un nuovo e inatteso fenomeno celeste e che non si tratta di un artefatto. Ma di una realtà. Anche se è una realtà tutta da interpretare. Cosa sono quelle macchie che si osservano quando si punta il cannocchiale verso il Sole?

Ci sono solo due possibilità, sostiene il gesuita: o le macchie sono "nel Sole" e la loro natura è tutta da verificare, oppure si tratta di pianetini che si trovano tra la Terra e il Sole e che ruotano intorno alla stella. Io penso, sostiene Apelle/Scheiner, che si tratti di pianetini, anche perché essi non compaiono alla vista con regolarità.

La novità resa pubblica dal gesuita Apelle fa ben presto il giro d'Europa e giunge anche in Italia. Non passa, infatti, neppure una settimana dalla prima lettera, che Welser avvisa il linceo Johannes Faber a Roma. Il linceo a metà dicembre avvisa a sua volta Galileo. Il quale, però, sa già tutto o quasi. Perché è stato messo sull'avviso da Paolo Gualdo. Il poeta e segretario del compianto Gian Vincenzo Pinelli informa Galileo che "in Germania erano di quelli che incominciavano a mirare anco nel sole", addirittura l'11 novembre, il giorno prima che Scheiner invii a Welser la prima lettera [XI, 193].

Anche in questo caso il ritmo dei fatti è incalzante. E le notizie circolano per l'Europa con una rapidità che ha pochi precedenti. Nei primissimi giorni del 1612, Mark Welser fa stampare, a firma Apelle, le tre lettere di Scheiner con il titolo *Tres epistolae de maculis solaribus* e il 6 gennaio ne invia una copia a Galileo, chiedendogli cosa ne pensa.

Il duumviro di Augsburg sa, infatti, che il toscano ha fatto vedere quelle strane macchie a molti studiosi e prelati nel corso del suo viaggio romano.

Il primario matematico e filosofo del granduca di Toscana non reagisce subito, ma si prende il suo tempo e risponde a Welser a sua volta con tre missive, inviate rispettivamente il 4 maggio, il 14 agosto e l'1 dicembre 1612. Nell'ultima fa in tempo a commentare anche un nuovo scritto, *De maculis solaribus et stellis circa Iovem erranti bus accuratior disquisitio*, che Apelle ha pubblicato nel mese di settembre.

Le tre lettere di Galileo sono, a loro volta, pubblicate dall'Accademia dei Lincei nel marzo 1613, in un libretto intitolato *Istoria e dimostrazioni intorno alle macchie solari e loro accidenti*. Già nella prima lettera con cui risponde alla richiesta di Welser – quella del maggio 1612 – il toscano afferma che sta osservando il fenomeno "da 18 mesi in qua". Dunque l'annuncio dell'esistenza di macchie nel Sole non gli è giunto affatto nuovo. Galileo le avrebbe individuate per la prima volta, stando a quanto afferma, a Firenze alla fine del 1610. Ma alcune testimonianze riportano che le aveva già notate mesi prima, a Padova, e le aveva fatte vedere, tra gli altri, a Paolo Sarpi, Fulgenzio Micanzio e allo stesso Paolo Gualdo.

Ma l'*Istoria* non è importante solo per la rivendicazione della priorità della scoperta. Bensì anche per gli strumenti con cui Galileo ha effettuato i suoi studi e con cui ne comunica i risultati. Ancora una volta, infatti, ha fatto ricorso alle sue doti di disegnatore per seguire e documentare la dinamica di quegli oggetti, la cui posizione e natura sono tutte da interpretare. Il metodo è un nuovo, equilibrato impasto di doti tecniche e artistiche. Guardare il Sole direttamente col cannocchiale, come si sa, non è possibile. Occorrono degli accorgimenti. Per realizzare osservazioni comode e prolungate Galileo fa sì che l'immagine del Sole venga proiettata su un foglio di carta posto in posizione perpendicolare rispetto all'asse del cannocchiale. Lui osserva comodamente quel foglio su cui è proiettata l'immagine del Sole e misura così con precisione la posizione, la forma, la durata e gli spostamenti nel tempo delle macchie. Nel medesimo tempo può disegnare tutto, realizzando così una serie di veri e propri fotogrammi.

È anche grazie a questa tecnica che Galileo può verificare sia che le macchie sono sulla superficie del Sole sia che la stella ruota intorno al proprio asse. Il giorno solare, calcola, dura circa 27 giorni terrestri (oggi sappiamo che il periodo di rotazione sinodico del Sole è, appunto, di 27,28 giorni).

Sebbene riconosca che Apelle ne ha dato per primo pubblica notizia, che a Londra Thomas Harriot ha osservato le macchie già nel dicembre 1610 e che a Wittenberg, in Germania, dal giugno 1611 circola il libro, *De maculis in sole*, con cui Johann Fabricius racconta le proprie osservazioni, e sebbene Galileo stesso abbia già fatto riferimento alle proprie osservazioni sulle macchie nel *Discorso intorno alle cose che stanno in su l'acqua*, è nell'*Istoria* che il toscano rivendica a sé la priorità della scoperta e, soprattutto, sostiene che esse sono, inequivocabilmente, "nel Sole".

L'Istoria e dimostrazioni intorno alle macchie solari e loro accidenti è dedicata a Filippo Salviati. Il libro è pubblicato dall'Accademia dei Lincei. Ed è aperto dal linceo Francesco Stelluti con una poesia, una vera e propria ode a Galileo, ove tra l'altro si attribuisce al toscano la priorità della scoperta delle macchie solari [V, 72]:

L' apportator del giorno anch' ei comparte
Prodigo il lume a te, ch'il fura intanto
Del suo bel volto a la più chiara parte.

Così di macchie asperso il puro manto
Tu primier ce l'additi; e con tal arte
Fregi d' immortai luce il tuo gran vanto.

Nella prefazione in prosa, un altro linceo, Angelo de Filiis, rafforza l'attribuzione, testimoniando che Galileo ha fatto vedere le macchie solari anche a Roma, in un'affollata osservazione nei giardini del Quirinale, alla presenza del cardinal Bandini.

Christoph Scheiner continuerà a sostenere le sue ragioni e a negare quelle di Galileo. Sosterrà infatti che mai, nel corso del suo soggiorno a Roma, il matematico toscano ha fatto vedere ad alcuno le macchie solari. Ma sarà smentito da molti testimoni, tra cui non solo gli amici di Galileo, come de Filiis e Ludovico Cardi, ma anche da gesuiti suoi confratelli, come Odo van Maelcote e Paul Guldin. Quanto all'*Istoria*, nel redigerla Galileo si avvale anche di un vero e proprio corredo di tavole, proponendo di nuovo uno strettissimo rapporto tra la parola e l'immagine nel moderno discorso scientifico [Tongiorgi, 2009]. Ma questa volta a realizzare le immagini non concorre solo Galileo, con la sua arte da disegnatore, ma anche un gruppo di pittori di professione: Domenico Passignano, Sigismondo Coccapani e Cosimino, nipote e aiuto del Cigoli. Ma è soprattutto lui, Ludovico Cardi, a intervenire, a interpretare e a disegnare, come testimonia la lettera inviata a Galileo il 23 marzo 1612, in cui il pittore annuncia di possedere finalmente un cannocchiale e...

Non credo avere scritto a V. S. come io ò uno ochiale, et è assai buono, tanto che veggo da Santa Maria Maggiore l'orivolo di S.o Pietro, la lancetta dello orivolo, ma i numeri del'ore non così distinte et intelligibile come vedevo con il suo; però se mi à da dare qualche avertenza di più squisitezza, me ne avisi. La luna la veggo benissimo, e nel dintorno, pur di verso la parte luminosa, qualche inegualità: le stelle di Giove me le mostra benissimo; Saturno non lo conoscho, nè Venere non l'ò provata. [...] Le machie del sole, con il vetro bianco piccolo non potevo fissar l'ochio, che mi lagrimava; ma poi cor un vetro verde grosso, et perchè è incavato, come il biancho, ve ne pongo sopra uno altro piano, similmente verde, di maniera che non mi dà fastidio niente attutte l'ore il guardarlo: et per la commodità a Santa Maria Maggiore ò fatto queste 26 osservazioni incluse. Sopra le quali poi che gli altri pittori incogniti e cogniti ànno detto il loro parere, mi fia lecito ancora a me il dirlo, che siano nel sole, come bruscholi dentro una caraffa, che vagando per quella si acostino ora alla circonferenza et si faccino visibili, et ora si incentrino et così si vadino spegniendo...
[XI, 239]

Ed ecco i disegni del Cigoli:

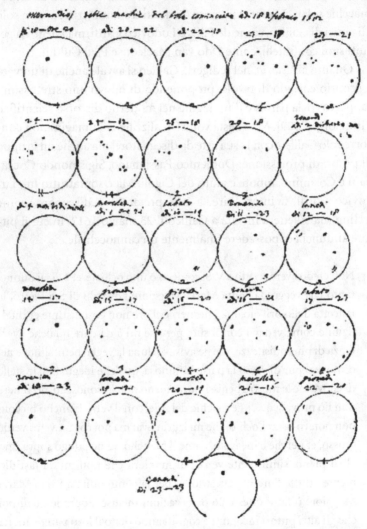

Anche Galileo, come abbiamo detto, elabora i suoi disegni. Finalmente i due amici possono lavorare al medesimo progetto. Entrambi consegnano le loro immagini a Federico Cesi affinché possa confrontarle e scegliere.

Galileo è ben felice di riconoscere l'aiuto del "famosissimo Pittore, ed Architetto". Ma, come abbiamo detto, il confronto è allargato al contributo anche degli altri artisti. Cosicché costituisce un'esperienza unica: Galileo cerca in questo modo di "individuare una tecnica e un sistema di rappresentazione astronomica frutto di un metodo sperimentale che [ha] richiesto una assidua applicazione e fatiche troppo ardue in rapporto degli esiti ottenuti". L'esito non lo soddisfa e lo induce a ripensare la metodologia adottata. È questa l'ultima volta che il "disegnatore dei cieli" utilizza le immagini e la collaborazione con pittori a fini scientifici [Tongiorgi, 2009].

In realtà non è semplice raffigurare le macchie. Perché, a differenza delle immagini che riguardano la Luna o le fasi di Venere, le macchie solari sono forme evanescenti, che nascono, si spostano velocemente, si modificano e poi scompaiono, per ricomparire in altra posizione e forma. Per esempio, Galileo si accorge che le macchie ai bordi appaiono più chiare che al centro del Sole. Ma non è semplice tradurre questa apparente differenza di intensità in un'incisione precisa. Cosicché Federico Cesi affida il compito al tedesco Matthäus Greuter, grande incisore, che le realizza sotto la supervisione attenta di Ludovico Cardi.

Quando l'*Istoria* viene pubblicata, tutti possono ammirare l'antiporta col ritratto di Galileo in abiti da dottore. Probabilmente l'immagine riprende un ritratto perduto di Ludovico Cardi [Tongiorgi, 2009].

Nell'*Istoria* c'è, certo, l'impronta dell'abile disegnatore. Ma ancor di più dello scrittore scientifico. Che ha ben presente che le parole hanno un valore convenzionale (il nome non è la cosa, potremmo dire), ma anche l'esigenza del rigore (perché il nome aiuta a capire la cosa) [Geymonat, 1969]. Nello specifico: Scheiner sostiene che le macchie solari sono sciami di astri e che si possono chiamare stelle.

Galileo, al contrario, sostiene:

Io poi metto tanto poca difficoltà sopra i nomi, anzi pur so che è in arbitrio di ciascheduno di imporgli a modo loro, che non farei caso a chiamarle stelle ... Ma saranno queste stelle solari differenti dalle altre [V, 72].

Si possono anche chiamare stelle, ma il nome è inadeguato. Se proprio si devono adeguare i nomi ai fenomeni noti, allora è meglio "agguagliare" le macchie solari non alle stelle, ma "alle nostre nugole o ai fumi". Nota Andrea Battistini:

> Nel periodo in cui era più vivo il problema del comunicare e del diffondere il proprio metodo oltre che i risultati delle proprie ricerche, Galileo [pone] in primo piano le questioni linguistiche e terminologiche, battendosi per una prosa chiara, distinta, precisa. [Battistini, 1989]

Di più. A Scheiner che si rammaricherà di non poter leggere l'*Istoria*, perché scritta in italiano, Galileo risponde indirettamente con una lettera a Paolo Gualdo del giugno 1612, in cui sostiene: "Io l'ho scritta vulgare perchè ho bisogno che ogni persona la possi leggere" [XI, 271]. Galileo avverte la necessità che tutti conoscano la verità. In modo che i potenti avversari non abbiano a vincere. Ma c'è in lui anche un bisogno pedagogico:

> La ragione che mi muove, è il vedere, che mandandosi per gli Studii indifferentemente i giovani per farsi medici, filosofi etc., sì come molti si applicano a tali professioni essendovi inettissimi, così altri, che sariano atti, restano occupati o nelle cure familiari o in altre occupazioni aliene dalla litteratura, li quali poi, benchè, come dice Ruzzante, forniti d'un bon snaturale, tutta via, non potendo vedere le cose scritte in baos, si vanno persuadendo che in que' slibrazzon ghe suppie de gran noelle de luorica e de filuorica, e conse purassè che strapasse in elto purassè; et io voglio ch'e' vegghino che la natura, sì come gl'ha dati gl'occhi per veder l'opere sue così bene come a i filuorichi, gli ha anco dato il cervello da poterle intendere e capire [XI, 271].

Tutti devono poter leggere. Ma tutti – anche coloro che non hanno potuto studiare il latino ma, a prescindere dalla classe sociale, sono di intelletto fino – devono poter osservare con i propri occhi e interpretare con il proprio cervello. Perché le cose della natura possono essere intese e comprese dalla ragione umana. Questo passo, a tratti in pavano stretto e con un chiaro richiamo al Ruzzante, è una sorta di inno alla "democratizzazione del sapere".

Sia come sia, il nuovo libro consente a Galileo diverse operazioni, compreso ricordare le scoperte realizzate dopo la pubblicazione del *Sidereus* e sostenere che in cielo non tutti i fenomeni sono ciclici e regolari. Per esempio Saturno, sostiene il toscano, sembra aver perduto le sue orecchie. Il che significa che l'apparizione degli strani oggetti ai lati del pianeta è periodica ma, appunto, non regolare.

Il riferimento alle caduche orecchie di Saturno suona quasi come un preludio al tema che intende toccare. O, se volete, alla polemica che intende innescare: quella sulla posizione e sulla natura delle macchie solari. Ne aveva già accennato nel *Discorso*, ma ora ne discute in maniera più dettagliata: non si tratta di pianetini che orbitano intorno al Sole, ma di vere e proprie macchie che costellano la superficie della nostra stella e che, come l'intera superficie, seguono il Sole nel suo movimento di rotazione intorno al proprio asse. Un movimento che, per il principio di inerzia, è del tutto naturale.

Le macchie, sostiene Galileo, si generano, modificano la propria forma e si dissolvono continuamente. Anche per questo non possono essere pianetini. Si comportano, piuttosto, come le nuvole nell'atmosfera terrestre.

La nuova scoperta e la sua interpretazione si risolvono, dunque, in una formidabile picconata all'idea dell'immutabilità e incorruttibilità dei cieli. Come scrive il 12 maggio 1612 a Federico Cesi: penso che questa novità sia "il funerale o più tosto l'estremo et ultimo giuditio della pseudofilosofia" [XI, 247].

Ma la perfezione cosmica è alla base, in particolare, della cosmologia di Aristotele. Cosicché Galileo vorrebbe conoscere il parere dei peripatetici, proprio perché, come ribadisce il 2 giugno 1612 all'amico cardinale Maffeo Barberini: "la novità ha la forza di un giudizio definitivo sulla loro filosofia" [XI, 254].

Certo, gli aristotelici reagiranno. Perché se hanno accertato e accettato, spesso *obtorto collo*, la presenza in cielo di oggetti fino a ieri sconosciuti che non orbitano intorno alla Terra, ora risulterà davvero problematico metabolizzare l'idea che persino il Sole è luogo di imperfezioni e corruttibilità. Ma la novità non comporta solo un giudizio definitivo sulla filosofia di Aristotele, bensì anche e soprattutto sulla filosofia su cui si regge la visione cristiana dei cieli. C'è da aspettarsi e mettere in conto, dunque, reazioni da parte dei teologi, dei filosofi e anche degli astronomi di Santa Romana Chiesa. E infatti ecco che Ludovico Cardi e Federico Cesi ragguagliano Galileo: i matematici e gli astronomi del Collegio Romano rifiutano la tua interpretazione delle macchie. Come il loro confratello Scheiner, sostengono invece che sono "stelle minutissime, che congionte in folta schiera si veggono, [mentre] separate non possono distinguersi" [XI, 323].

Dunque i gesuiti a Roma, posti di fronte a un fatto che rischia di risolversi in un funerale per la cosmologia accreditata dalla teologia cattolica, lo accettano, ma ne danno un'interpretazione diversa rispetto a Galileo. D'altra parte Bellarmino era stato chiaro: una cosa sono i fatti, un'altra la loro interpretazione.

Ed è chiaro, altresì, che si sta aprendo una partita decisiva tra il toscano e la Chiesa di Roma. E che in questa partita i più stimabili matematici e astronomi cattolici non sono dalla sua parte. Galileo ne prende atto, e nel marzo 1613, nell'*Istoria*, riconosce come sia difficile, anche per i dotti, sradicare il pregiudizio, perché: "l'educatione è troppo potente in tutte le cose, poi che vediamo che l'esser nodrito in una imaginata opinione cagiona tal ostinatione, che la verità lucente non può rimuoverla" [V, 72]. È in questi mesi di polemica, dunque, che Galileo matura il suo ardito progetto: forzare "l'educatione", rimuovere l'"ostinatione" e far accettare la "verità lucente" alla Chiesa, convertendola alla scienza. Prima che sia troppo tardi.

Quale sia questa "verità lucente" emerge, come rileva Michele Camerota, per la prima volta in modo chiaro proprio nella *Istoria*:

Eliocentrismo e moto terrestre, corruttibilità e fluidità dei cieli, principio di inerzia e relatività, nuova concezione del moto: tutti questi elementi fanno emergere una originale, integrale immagine del mondo [… e mette] per la prima volta, in netta evidenza un aspetto cruciale della scienza galileiana: il pieno riconoscimento della intrinseca unità di tutti i fenomeni dell'universo. [Camerota, 2004]

Quello che Galileo descrive e intende far accettare non è altro che il cosmo così come lo intendevano i filosofi ionici: il tutto armoniosamente ordinato. Governato dalle medesime leggi e del tutto comprensibile alla ragione dell'uomo.

25. La teoria della scultura

Per tutta l'estate del 1611 Ludovico Cardi è impegnato con la nuova astronomia di Galileo. Anzi, con Galileo. Infatti, mentre dipinge la Luna del *Sidereus* sotto la cupola di Santa Maria Maggiore, stabilisce una fitta corrispondenza col suo amico scienziato sulle macchie solari, dandogli notizia di come il cavalier Passignano le abbia non solo osservate, ma viste mutare nel corso di un solo giorno. Il cavalier Passignano, scrive Cigoli, mi ha fornito gli schizzi delle posizioni delle macchie.

Una collaborazione, questa con i pittori, che è destinata a intensificarsi nei mesi successivi. Nel 1613, infatti, Galileo entra a far parte dell'Accademia fiorentina delle Arti del Disegno. E qui stringe rapporti diretti proprio con Domenico Passignano, oltre che con Cristoforo Allori, Jacopo Chimenti detto l'Empoli, Tiberio Titi, Sigismondo e Giovanni Coccapani. Qui incontra di nuovo Artemisia Gentileschi, trasferitasi da Roma, appunto, a Firenze.

Cosimo II ha commissionato alla pittrice la *Giuditta che decapita Oloferne*. Artemisia, che è già stata colpita dai chiaroscuri lunari di Galileo, trasferisce questa attenzione nella nuova opera. Ma non si limita a questo. La pittrice sembra introiettare ed esprimere tutta la scienza di Galileo. Gli zampilli di sangue che sgorgano dalla gola di Oloferne, per esempio, sembrano seguire proprio le traiettorie delle parabole calcolate da Galileo. Mentre in un'altra opera, *Betsabea al bagno*, che Ferdinando II collocherà a Palazzo Pitti, Artemisia sembra alludere alle fasi lunari "nell'armonioso concatenarsi delle quattro figure femminili, con la serva negra che chiude la scena a indicare il novilunio" [Tongiorgi, 2009a].

Ma ciò che ha attirato l'interesse di Erwin Panofsky, pare su stimolo di Albert Einstein, è la risposta di Galileo alla domanda che Ludovico Cardi da Cigoli gli rivolge nei primi mesi del 1612: forniscimi argomenti contro due piccoli personaggi che sostengono che la scultura è superiore alla pittura, perché essendo "a rilievo" offre un'immagine delle cose più vicina alla realtà.

Galileo risponde a Cigoli il 26 giugno con una lunga missiva, che molti non considerano autentica. Ma su cui Panofsky fonda buona parte della sua tesi che Galileo è, anche, un critico d'arte [Panofsky, 1956].

È sbagliato sostenere, sostiene (il presunto) Galileo che la scultura è un'arte più mirabile della pittura perché è a tre dimensioni invece che a due. Perché la scultura è a rilievo e la pittura è piatta. Si potrebbe dire, al contrario, che la pittura è arte superiore alla scultura perché è capace di dare profondità (la prospettiva) e di far vedere in tre dimensioni, pur disponendo per farlo solo di un piano. "Mi dichiaro. Intendesi per pittura quella facoltà che col chiaro e con lo scuro imita la natura" [XI, 281]. I pittori, avendo a disposizione un piano su due dimensioni, sono obbligati a frequentare l'arte del chiaro e dello scuro. Ma altrettanto deve fare lo scultore, se vuole proporre un'opera d'arte e non una sorta di rilievo piatto. Spiega Galileo: "Ora le sculture tanto avranno rilevo, quanto saranno in una parte colorate di chiaro et in un'altra di scuro" [XI, 281]. Insomma, lo scultore per essere bravo deve essere anche un bravo pittore (non è vero il contrario). Forse Galileo pensa a Michelangelo Buonarroti, grandissimo scultore ma anche grandissimo pittore. Ma, sia come sia, nella sua "teoria della scultura" Galileo non rinuncia a un approccio da scienziato. E immagina un esperimento mentale: illuminiamo un oggetto in tre dimensioni. Se con la nostra illuminazione faremo in modo che anche il chiaro ci appaia scuro o, al contrario, che le parti in ombra ci appaiano chiare, noi perderemo la sensazione del rilievo e osserveremo un oggetto privo di rilievo e di forma. Di un oggetto piatto.

Ora osserviamo un quadro. Galileo magari pensa a un quadro del Caravaggio. O, per amicizia e ammirazione, a un quadro dello stesso Cigoli. Ebbene, in quell'oggetto piatto noi osserveremo la profondità, la prospettiva.

Quanto è da stimarsi più mirabile la pittura, se, non avendo ella rilevo alcuno, ci mostra rilevare quanto la scultura! Ma che dico io quanto la scultura? Mille volte più; atteso che non le sarà impossibile rappresentare nel medesimo piano non solo il rilevo d'una figura, che importa un braccio o due, ma ci rappresenterà la lontananza d'un paese, et una distesa di mare di molte e molte miglia. [XI, 281]

Il bravo pittore deve essere capace di andare oltre il vincolo dello spazio a due dimensioni per restituirci la percezione di uno spazio a tre dimensioni.

Gli ingenui risponderebbero, sostiene Galileo, che basta toccare con le mani un quadro e una scultura per rilevare l'inganno. Al tatto la pittura ritorna quello che fisicamente è, piatta, mentre la scultura è in rilievo. Ma questo è un argomento debole, perché sia la pittura che la scultura sono fatte per essere viste, non per essere toccate.

C'è poi chi sostiene che, in ogni caso, nel rappresentare un oggetto, la scultura è più vicina alla natura, è più naturale, perché ce lo propone nelle sue dimensioni reali, che sono tre, e non in una forma che sembra quella naturale.

Ma anche la scultura ricorre all'abile inganno per rendere non banale gli oggetti che propone.

Di quel rilevo che inganna la vista, ne è così partecipe la pittura come la scultura, anzi più; poiché nella pittura, oltre al chiaro et allo scuro, che sono, per così dirlo, il rilevo visibile della scultura, vi ha ella i colori naturalissimi, de' quali la scultura manca. [XI, 281]

La scultura va vista, dunque. Proprio come la pittura. Ma è innegabile che si offre anche al tatto. Ciò non la rende forse più naturale? "Chi crederà che uno, toccando una statua, si creda che quella sia un uomo vivo?" [XI, 281]. La domanda di Galileo è più profonda di quanto non appaia a prima vista. Infatti prosegue:

È ben ridotto a cattivo partito quello scultore, che non avendo saputo ingannar la vista, ricorre a voler mostrare l'eccellenza sua col voler ingannare il tatto, non si accorgendo che non solamente è sottoposto a tal sentimento il rilevato e il depresso (che sono il rilievo della statua), ma ancora il molle e il duro, il caldo e 'l freddo, il delicato e l'aspro, il grave e 'l leggiero, tutt'indizi dell'inganno della statua. [XI, 281]

D'altra parte, sostiene Galileo, della statua di un uomo noi non apprezziamo la lunghezza e la larghezza. Perché la profondità, ovvero quello che sta dentro un corpo, noi non lo vediamo. Anche di una statua noi non vediamo che una superficie. Pertanto anche nella scultura: "Conosciamo dunque la profondità, non come oggetto della vista per sè et assolutamente, ma per accidente e rispetto al chiaro et allo scuro. E tutto questo è nella pittura non meno che nella scultura" [XI, 281]. Ma qui sta la differenza. "Alla scultura il chiaro e lo scuro lo dà da per sè la natura, ed alla pittura lo dà l'arte: adunque anche per questa ragione si rende più ammirabile un'eccellente pittura di una eccellente scultura" [XI, 281]. L'arte dell'imitare la natura nasce dal fatto che: "quanto più i mezzi, co' quali si imita, son lontani dalle cose da imitarsi, tanto più l'imitazione è maravigliosa" [XI, 281]. Ecco, quindi, che (il presunto) Galileo nella sua lettera/saggio al Cigoli propone una serie di analogie con altre arti. Gli antichi non ammiravano di più il mimo che sapeva raccontare una storia senza parole, che non gli attori che usavano la parola? E poi, riprendendo il tema caro al padre Vincenzio, della musica che sa suscitare emozioni, chiede: non è forse più apprezzato il musico che sa esprimere in note e canto i dolori e la passione di un amante, piuttosto di una persona che piange? E non apprezzeremmo ancora di più il musicista che riuscisse a commuoverci solo con le note senza far uso del canto?

E dunque, non è più meravigliosa la pittura che ci fa vedere il rilievo nel suo contrario, il piano, piuttosto che la scultura che ci fa vedere il rilievo con il rilievo?

C'è ancora un argomento che usano i fan della scultura. Una statua è eterna (o quasi). Un quadro è facilmente deteriorabile. Ma in questo caso è eterno il marmo, non l'arte di chi lo utilizza.

Ancora una differenza: "La scultura imita più il naturale tangibile, e la pittura più il visibile; perocché, oltre alla figura, che è comune con la scultura, la pittura aggiugne i colori, proprio oggetto della vista" [XI, 281]. Infine una considerazione che è del filosofo naturale, oltre che del critico d'arte. La differenza tra la realtà, che è una e una sola, e le infinite modalità con cui questa realtà unica viene percepita da noi uomini.

> Gli scultori copiano sempre, et i pittori no; e quelli imitano le cose com'elle sono, e questi com'elle appariscono: ma perchè le cose sono in un modo solo, et appariscono in infiniti, e' vien perciò sommamente accresciuta la difficultà per giugnere all'eccellenza della sua arte. Di qui è che sommamente più ammirabile è l'eccellenza nella pittura, che nella scultura. [XI, 281]

Verrebbe da dire che compito dello scienziato è tentare di rappresentare la realtà nella sua essenza. Compito dell'artista è proporre la realtà negli infiniti modi in cui appare ed è percepita.

Insomma, per Galileo la questione è risolta. La pittura è un'arte molto più raffinata della scultura. Tuttavia l'invito al suo amico pittore è questo:

> Ma io però la consiglierei a non s'inoltrar più con essi in questa contesa, parendomi ch'ella stia meglio per esercizio di spirito e d'ingegno fra quei che non professino nè l'una nè l'altra di queste due veramente ammirabili arti, quando in eccellenza sono praticate; poichè oramai V. S. nella propria s'è resa così degna di gloria con le sue tele, quanto il nostro divino Michelagnolo co' suoi marmi. [XI, 281]

Questa lettera è un breve (non brevissimo), ma denso saggio teorico. Galileo certo offre molte ragioni per sostenere la tesi della superiorità della pittura. Ma sottolinea come con entrambe si può raggiungere l'eccellenza. E lui, il Cigoli, ha raggiunto come pittore la medesima eccellenza che Michelangelo ha raggiunto come scultore.

Il giudizio sarà anche venato dall'antico e forte sentimento di amicizia che Galileo ha per Ludovico Cardi. Ma quel suo amico è comunque il maggiore pittore fiorentino del suo tempo [Panofsky, 1956].

Sia come sia, Galileo conclude la sua lettera facendo riferimento al lavoro comune sulle macchie solari: "E qui cordialissimamente le b[acio] l[e]. m., e la prego a continuarmi il suo amore, e l'osservazioni ancora delle macchie" [XI, 281].

Nelle *Opere* che riuniscono l'intera pubblicistica di Galileo, l'autenticità di questa lettera, raccolta come copia, è proposta in forma dubitativa. Erwin Panofsky, invece, la considera autentica. Anzi, sostiene, la sua autenticità "deve" essere accettata. La sua fiducia si fonda su molte ragioni, una delle quali è che parti della lettera sono state scritte senza dubbio dalla mano di Galileo. Certo essa ci offre una conferma delle capacità del toscano, come critico d'arte. Ma, di queste capacità, non ne è la sola testimonianza. Né l'ultima.

Sia come sia, la conversazione con il Cigoli è destinata presto a interrompersi. Di lì a un anno, nel giugno 1613, Ludovico Cardi muore. Per Galileo è un grande dolore. Viene a mancare un grande amico. Ma, per il "disegnatore dei cieli" viene a mancare anche un interlocutore privilegiato. Anzi il "pittore filosofico" per eccellenza. Forse non è un caso se da questo momento in poi nell'opera di Galileo cessa quell'interazione tra testo e immagine, così pregnante sia nel *Sidereus Nuncius* che nell'*Istoria e dimostrazioni intorno alle macchie solari*.

David Freedberg parlerà di "failure of pictures", di vero e proprio fallimento, collasso o bocciatura dell'immagine nella scienza galileiana [Freedberg, 2002]. Tuttavia Galileo non abbandona affatto l'interesse né per la pittura né per gli artisti [Tongiorgi, 2009a]. La verità è che, da questo momento e per almeno venti anni, il suo interesse sarà giocoforza catturato non da nuove ricerche e descrizioni dei cieli, ma dalla interpretazione di ciò che ha già visto. E non solo in termini scientifici.

Quando, due decenni dopo, tornerà alla ricerca astronomica pura, i suoi occhi saranno troppo mal messi per poter ancora osservare direttamente e direttamente disegnare.

Non passa un anno che, nella primavera del 1614, muore Filippo Salviati. Il cuore di Galileo subisce una nuova, tremenda ferita.

26. Non si può vietar a gli uomini guardar verso il cielo. Le lettere copernicane

Scrive Ludovico Geymonat:

> Tutti i dati a nostre mani (lettere, testimonianze e così via) dimostrano che l'interesse di Galileo si stava ormai spostando dalla pura ricerca scientifica a un'azione di propaganda. Più trascorrevano gli anni, e più egli si convinceva che una cosa sopra tutte era in quel momento necessaria: diffondere fra strati sempre più larghi la fede nel copernicanesimo, far sorgere, attraverso di esso, lo spirito scientifico moderno nel maggior numero possibile di persone. Questo spirito propagandistico […] diventerà la nota dominante di alcune celebri lettere (non pubblicate, ma fatte circolare fra amici), in cui il nostro cercherà di dimostrare l'accordabilità della teoria copernicana con il dogma cattolico. [Geymonat, 1969]

Si tratta di quattro lettere – le cosiddette lettere teologiche o, per dirla con Antonio Favaro, copernicane – scritte tra la fine del 1613 e la fine del 1615. Quattro lettere che inaugurano un nuovo genere nell'opera letteraria, appunto, di Galileo.

Ma lasciamo ancora una volta parlare i fatti. E i fatti ci dicono che mentre i conflitti sulle cose che stanno sull'acqua e sulle macchie che stanno sul Sole non si sono ancora risolti, ecco che si apre un terzo fronte. Quello decisivo, nella vicenda di Galileo: il fronte teologico.

In realtà più che un'inaugurazione – perché Galileo stesso lo aveva già aperto, il fronte teologico, quando, all'indomani della pubblicazione del *Sidereus Nuncius*, si era ripromesso di "convertire la Chiesa" e di farle accettare non solo "i fatti" in cui si è imbattuta la "scienza nuova", ma anche la loro interpretazione – si tratta di un'improvvisa e imprevista accelerazione. Perché la Chiesa reagisce allo stimolo. Purtroppo, non nel senso auspicato da Galileo. Roma non solo non accetta la sua interpretazione dei fatti, ma la considera sacrilega. E addirittura considera eretico quel suo proponimento di "convertire" la Chiesa a riconoscere il primato della scienza sulla teologia in fatto di filosofia della natura.

Niccolò Lorini, il goffo dicitore scoperchia il vaso di Pandora

La svolta si ha il 2 novembre 1612, quando il domenicano Niccolò Lorini, predicatore generale dell'Ordine e lettore di Storia Ecclesiastica presso lo Studio di Firenze, in una riunione tra intellettuali tenuta nel monastero di San Matteo si lancia in una filippica contro il sistema proposto da Copernico e propagandato da Galileo, sostenendo che è in aperto contrasto con le Sacre Scritture.

Sì è proprio lui, il domenicano Niccolò Lorini, che con la sua minuscola invettiva scoperchia il vaso di Pandora da cui fugge un velenoso spirito.

Galileo, infatti, si arrabbia per quel "goffo dicitore" che gli arringa contro, addirittura in casa, nella sua Firenze, e senza nulla sapere di astronomia. Tutti in città la percepiscono quella fiera rabbia del primario matematico e filosofo di corte. Fatto è che tre giorni dopo Niccolò Lorini si affretta a prendere carta e penna e a scrivere a Galileo per rassicurarlo: le mie parole contro l'"opinione di quel'Ipernico, o come si chiami" non sono un attacco a te, Galileo: sono solo parole di scarso interesse, pronunciate "per non parere un ceppo morto" in un discorso iniziato da altri [XI, 349]. Il rapido dietrofront del frate, che per iscritto dimostra la propria ignoranza e anche una certa codardia, sembrerebbe aver ridimensionato una vicenda tutto sommato minore. Eppure lo spirito, col suo carico di veleno, è ormai uscito dal vaso e infetta l'aria. Ecco, infatti, che già si muovono Ludovico delle Colombe e tutta la sua Lega. Galileo ne deve avere una qualche sensazione se, due mesi dopo, all'inizio del mese di gennaio 1613, scrive a Cesi:

> È stato in Firenze un goffo dicitore, che si è rimesso a detestar la mobilità della terra; ma questo buon huomo ha tanta pratica sopra l'au-

tor di questa dottrina, che è lo nomina l'Ipernico. Hor veda V. E. dove
e da chi viene trabalzata la povera filosofia. [XI, 375]

È vero che Galileo dileggia il domenicano e, nella medesima lettera,
sostiene che si burla anche di tutta la Lega delle Colombe che sta di
nuovo lavorando contro di lui. Ma è anche vero che l'amico pittore,
Ludovico Cardi, lo aveva messo sull'avviso un anno prima, con una
lettera del 16 dicembre 1611, su certe riunioni piuttosto pericolose
che si tenevano addirittura in casa dell'Arcivescovo di Firenze, Alessandro Marzimedici:

> Da un mio amico, et è un galante Padre et molto affezionato a V. S.,
> mi vien detto che una certa sciera di malotichi et invidiosi della virtù
> et dei meriti di V. S. si ragunano e fanno testa in casa lo Arcivescovo,
> et come arrabbiati vanno cercando se vi possono apuntare in cosa al-
> cuna sopra il moto della terra od altro, et che uno di quelli pregò un
> predicatore che lo dovesse dire im pergamo che V. S. dicesse cose stra-
> vaganti; dal qual Padre scorto la malvagità di colui, li rispose come
> conveniva a buono cristiano et buon religioso. Ora gliene scrivo, acciò
> apra gli ochi a tanta invidia e malignità di così fatti malefici, parte dei
> quale avete dei loro scritti satirici et ignoranti; però mi intendete a
> un di presso quali si siano. [XI, 202]

È dunque da tempo che a Firenze un gruppo di religiosi e di intellettuali tra i più conservatori discute come aprire il fonte teologico contro la scienza nuova. E come la breccia migliore per penetrare nella
cittadella della libera scienza e raderla al suolo appaia quella dell'ormai pubblica presa di posizione di Galileo a favore del sistema copernicano. E si indichi proprio in un sermone da pronunciare
all'altare il segnale d'inizio delle operazioni in grande stile.

Insomma, è da tempo che cova la congiura.

Della partita deve far parte attiva anche Ludovico delle Colombe,
che probabilmente frequenta la casa dell'arcivescovo cui aveva dedicato il libro sulle comete del 1604. D'altra parte è proprio delle Co-

lombe che nel suo ultimo libro, *Contro il moto della Terra*, pubblicato a cavallo tra il 1610 e il 1611, sostiene esplicitamente che il sistema copernicano va contro i "buoni fondamenti della Scrittura".

La tesi dell'aristotelico nemico di Galileo è che sulla centralità e immobilità della Terra le Scritture parlano chiaro. E che, quando le Scritture sono chiare, occorre intenderle alla lettera: "perché tutti i teologi [...] dicon, che quando la Scrittura si può intender secondo la lettera, mai si dee interpretare altramente" [III, I, 251].

La questione del contrasto tra sistema copernicano e Scritture è antica: in fondo, lo stesso Copernico ha esitato fino all'ultimo a pubblicare il suo *De Revolutionibus* perché temeva l'attacco dei teologi. E Andrea Osiander, nella prefazione al libro, si è affrettato ad avvertire il lettore che quelle di Copernico sono solo ipotesi matematiche, che nulla hanno a che fare con la realtà, meritandosi per questo le ire di Giordano Bruno, che lo definì "asino ignorante e presuntuoso".

Per il Nolano il modello eliocentrico di Copernico non è un artificio matematico, è la rappresentazione fedele della realtà. La Terra davvero si muove e il Sole davvero se ne sta fermo al centro del suo sistema planetario.

Il tema dalla inconciliabilità vera o presunta tra modello eliocentrico e Scritture è sollevato anche da Giovanni Battista Agucchi, uno studioso che di Galileo è amico e interlocutore. D'altra parte, come abbiamo visto, lo stesso Galileo ha chiesto lumi sull'argomento al cardinale Carlo Conti. È dunque scontato che ora intenda andare fino in fondo alla questione, accettando la sfida teologica e cercando di dimostrare che il Dio dei cristiani nulla ha da temere se la scienza scopre che è la Terra a ruotare intorno al Sole e non viceversa.

Tanto più che, nel novembre 1613, Benedetto Castelli, divenuto intanto professore di matematica a Pisa, lo informa che il Provveditore dello Studio, Arturo Pannocchieschi d'Elci, gli ha vietato di parlare a lezione del moto della terra. Il rettore dello Studio pisano è, con Galileo, la più alta autorità culturale del granducato. E non solo critica, ma addirittura censura le idee del primario filosofo e matematico del granduca.

A ciò si aggiunge il fatto che in un libro di ottica pubblicato proprio in questi mesi, il rettore del collegio di Anversa, François d'Aguilon, rende noto il nome dell'uomo che si cela dietro lo pseudonimo di Apelle nella rivendicazione della scoperta delle macchie solari e nella loro interpretazione: si tratta di Christopher Scheiner. Un gesuita. E i gesuiti non scrivono se non c'è un consenso interno alla Compagnia. Dunque, anche gli amici gesuiti del Collegio Romano rifiutano la sua interpretazione del fenomeno delle macchie solari e della corruttibilità dei cieli?

Ed ecco infine la goccia che fa traboccare il vaso. Il 14 dicembre 1613, Benedetto Castelli scrive da Pisa al suo maestro:

Giovedì mattina fui alla tavola de' Padroni, et interrogato dal Gran Duca della scola, li diedi conto minuto d'ogni cosa, e mostrò restare molto sodisfatto. Mi dimandò se io havevo occhiale: gli dissi di sì, e con questo entrai a dire della osservazione de' Pianeti Medicei fatta a punto la notte passata, e Madama Ser.ma volse sapere la positura loro, e quivi si cominciò a dire che veramente bisognava che queste fossero reali e non inganni dell'istrumento, e ne fu dall'AA. loro interrogato il S.r Boscaglia, quale rispose che veramente non si potevano negare; e con questa occasione io soggionsi quel tanto che io seppi e potetti dire della inventione mirabile di V. S. e stabilimento de' moti di detti Pianeti. Vi era a tavola il Sig.r D. Antonio quale mi faceva una faccia tanto gioconda e maestosa, che mostrava segno manifesto di compiacersi nel dir mio. Finalmente, dopo molte e molte cose, tutte passate solennemente, si finì la tavola et io mi partii; et a pena uscito di Palazzo, mi sopragionse il portier di Madama Ser.ma, quale mi richiamò in dietro. Ma avanti che io dica quel che seguì, V. S. deve prima sapere che alla tavola il Boscaglia susurrò un pezzo all'orecchie di Madama, e concedendo per vere tutte le novità celesti ritrovate da V. S., disse che solo il moto della terra haveva dell'incredibile e non poteva essere, massime che la Sacra Scrittura era manifestamente contraria a questa sentenza. Hora tornando al proposito, entro in camera di S. A., dove si ritrovava il G. D., Madama e l'Arciduchessa, il Sig.r D. Antonio e D. Paolo Giordano, et il D. Boscaglia; e quivi Madama cominciò, dopo alcune interrogazioni dell'esser mio, a argomentarmi contro con la Sacra Scrittura: e così con questa occasione io, dopo haver fatte le debite proteste, cominciai a far da teologo con tanta riputazione e maestà, che V. S. haverebbe hauto gusto singolare di sentire. Il S.r D. Antonio m'aiutava, e mi diede animo tale, che con tutto che la maestà dell'AA. loro fosse bastante a sbigottirmi, mi diportai da paladino; et il Gran Duca e l'Archiduchessa erano dalla mia, et il Sig.r D. Paolo Giordano entrò in mia diffesa con un passo della Sacra Scrittura molto a proposito. Restava solo Madama Ser.ma, che mi contradiceva, ma con tal maniera che io giudicai che lo facesse per sentirmi. Il Sig.r Boscaglia si restava senza dir altro. [XI, 496]

È tutto chiaro, ormai: la questione teologica è giunta a lambire la corte del granduca. Bisogna intervenire. Al più presto. Tanto più che la granduchessa madre, che pure lo ha sempre protetto, è molto attenta all'ortodossia religiosa. Da amica potrebbe trasformarsi, per motivi religiosi, in nemica della scienza. E dello stesso primario filosofo e matematico di corte.

Dopo la lettera, Benedetto Castelli incarica Niccolò Arrighetti, un letterato amico di Galileo che si sta spostando da Pisa a Firenze per partecipare ai lavori dell'Accademia della Crusca, di fare a voce un resoconto più dettagliato dell'"avvenimento insolito" che lo ha visto protagonista [Festa, 2007].

Arrighetti ragguaglia il primario matematico e filosofo il 20 dicembre.

La lettera a Castelli

E il primario matematico e filosofo decide a tambur battente che è ora di prendere di nuovo carta e penna. E il giorno dopo, il 21 dicembre 1613, scrive una lunga lettera, indirizzata formalmente all'amico Benedetto Castelli, ma tutt'altro che privata. È una "lettera teologica". La prima di quattro.

Si tratta di una comunicazione pubblica a forma epistolare. E la scelta del genere letterario non è affatto casuale. Anzi, come nota Andrea Battistini: "Anche questa volta la scelta del genere [è] molto abile" [Battistini, 1989].

Intanto perché la forma è di grande qualità: quella di uno scrittore di razza, capace di attraversarli tutti, i generi letterari, con grande capacità comunicativa.

Poi perché l'argomentare segue gli schemi rigorosi della retorica classica. Anzi, come sostiene Egidio Festa, ha la forma e la forza di una dimostrazione geometrica [Festa, 2007]. Galileo, infatti, prende in esame le varie sfaccettature del tema, analizza le obiezioni degli avversari, le smonta e infine propone la sua tesi come l'unica possibile (come volevasi dimostrare, direbbero i matematici).

La scelta del genere è abile anche per motivi tattici: una lettera può essere infatti divulgata, in diverse copie, senza l'obbligo di una preventiva autorizzazione della Chiesa, come è invece necessario, dopo il Concilio di Trento, per ogni libro a stampa. Dopo il 1558, per ordine di Paolo IV, è stato infatti creato un Indice dei libri proibiti stilato dalla Congregazione della Sacra Romana e Universale Inquisizione, il Sant'Uffizio. A partire dal 1571, per ordine di Pio V, nell'ambito del Sant'Uffizio è nata la Congregazione dell'Indice, che ha il compito, oltre che di aggiornare l'indice dei libri proibiti e accertarsi che esso sia a conoscenza degli Inquisitori locali, anche quello di valutare tutti i libri che ambiscono alla pubblicazione. La Congregazione ha il potere di autorizzare il nuovo libro, di proibirlo o di farlo emendare in alcune parti. La Congregazione è composta da un piccolo numero di cardinali (da tre a cinque) e da un numero molto più elevato di consultori (possono essere decine).

Le lettere che non sono stampate, ma che possono essere riprodotte in numerose copie, sfuggono alla censura preventiva della Congregazione dell'Indice.

La scelta, infine, è abile anche e soprattutto perché quel modo di scrivere conferisce alle tesi di Galileo "un carattere apparentemente privato, non ufficiale e poco impegnativo, essendo per di più scritto in italiano, quasi che fosse il prolungamento di una conversazione amichevole con cui animare il dopopranzo" [Battistini, 1989]. Inoltre si offre alla possibilità di essere più e più volte ritoccata. Quasi fosse il *post* di un *blog* aperto e continuamente aggiornato su una moderna pagina di internet.

La lettera a Castelli è molto lunga, ma anche molto netta e chiara [V, 264].

Un'espressione delle capacità dello scrittore. Galileo è un autore molto flessibile. Capace come nessuno di adattare la scrittura alla situazione contingente e agli obiettivi che si pone. In questo caso deve trattarsi di uno scritto rigoroso, sia perché riguarda questioni molto delicate (e pericolose), sia perché è volto a convincere in maniera informale e veloce la granduchessa. Ma non solo e non soprattutto. L'esordio di Galileo nel campo dei rapporti tra scienza e teologia deve sembrare una risposta diretta a Cristina, però il suo obiettivo principale è raggiungere un pubblico ben più ampio e molto differenziato: teologi e scienziati, politici e intellettuali. Gente comune.

Tutto deve essere e apparire oltremodo preciso in punta non solo di filosofia, ma anche di teologia. E tutto deve essere, anche e soprattutto, comprensibile a tutti.

Galileo risolve questi problemi niente affatto banali scegliendo di rispondere alle varie domande che la cattolicissima Cristina ha posto a Benedetto Castelli.

1. Certo, le Sacre Scritture non possono né mentire né contenere errori. Tuttavia chi le legge e le interpreta può sbagliare, travisando il significato delle sacre parole. Le Sacre Scritture infatti non vanno interpretate sempre alla lettera. Perché Dio ha una sua sofisticata strategia di comunicazione: le ha pensate e le utilizza, le sacre parole, per un volgo che non sempre è capace di comprenderne la verità espressa con un linguaggio diretto ed esplicito. Per superare "l'incapacità del volgo" c'è bisogno di rappresentare la verità con un linguaggio indiretto, ricco di metafore, allusivo, immaginifico. Come rileva Egidio Festa, Galileo non lo cita, ma è evidente che ha in mente i versetti dell'amato e ben conosciuto Dante [*Paradiso*, IV, 43-45].

Per questo la Scrittura condiscende
a vostra facultate e piedi e mano
attribuisce a Dio, ed altro intende

Se interpretassimo le Scritture in senso letterale, sostiene Galileo, dovremmo attribuire a Dio piedi e mani e occhi. È chiaro che Dio non ha le sembianze di un uomo. Ma nella Scritture si presenta così per poter essere compreso – anzi, immaginato – dal volgo. Nelle Scritture molte sono le proposizioni che, come quella messa in evidenza da Dante, hanno un senso diverso da quello letterale. Perché nella scelta delle parole, Dio ha tenuto sempre conto della "incapacità del volgo" [Festa, 2007]. Tocca infatti ai "saggi espositori", i teologi – scrive Galileo – la corretta interpretazione, ovvero far emergere la verità nascosta:

Per quei pochi che meritano d'esser separati dalla plebe, è necessario che i saggi espositori produchino i veri sensi [V, 264].

2. In particolare, non è lecito "portar la Scrittura Sacra in dispute di conclusioni naturali". Qui entra in gioco la natura stessa. Beninteso, in fatto di filosofia della natura, sia le Scritture sia la natura contengono la verità, perché entrambe promanano dal "Verbo divino". Ma le prime, le Scritture, devono adattarsi alle capacità di comprensione della gente comune, mentre la natura segue inesorabilmente le sue proprie leggi. Il linguaggio biblico e il linguaggio della natura sono, dunque, nettamente distinti e hanno due diverse finalità. Il linguaggio delle Scritture può concedersi l'ambiguità, perché la sua prima finalità è farsi comprendere da tutti gli uomini. Il linguaggio della natura è assolutamente diretto e rigoroso, perché non ha altra finalità che far andare il mondo. È per questo che "nelle dispute naturali" le Scritture devono essere riserbate "nell'ultimo luogo". Le acquisizioni scientifiche non possono perciò venire invalidate dal ricorso a passi della Bibbia che paiono giungere a conclusioni contrastanti.

Essendo la natura inesorabile e immutabile e nulla curante che le sue recondite ragioni e modi d'operare sieno o non sieno esposti alla capacità de gli uomini, per lo che ella non trasgredisce mai i termini delle leggi imposteli; pare che quello de gli effetti naturali che o la sensata esperienza ci pone innanzi a gli occhi o le necessarie dimostrazioni ci concludono, non debba in conto alcuno esser revocato in dubbio per luoghi della Scrittura ch'avesser nelle parole diverso sembiante, poi che non ogni detto della Scrittura è legato a obblighi così severi com'ogni effetto di natura [V, 264].

In fatto di filosofia della natura, la verità portata alla luce dalla scienza è di ordine superiore a quella che possiamo leggere direttamente nelle Sacre Scritture.

3. L'astronomia e le altre scienze della natura, delle quali pochissimo si parla nella Bibbia, vanno indagate dunque in modo autonomo: Dio ci ha dato infatti la possibilità di intendere il suo Verbo fatto natura attraverso i sensi e la ragione. Ci ha dato la possibilità di leggere direttamente il libro della natura. In questo passaggio Galileo sostiene, come un filosofo ionico, la "potenza della ragione", capace di accedere direttamente alla comprensione del cosmo, al tutto armoniosamente ordinato.

4. Quanto del passo biblico invocato da Cristina di Lorena contro Copernico, quello del Libro di Giosuè che riferisce di Dio che ferma il Sole per prolungare il giorno e favorire così la vittoria degli Israeliti sugli Amorrei:

io dico che questo luogo ci mostra manifestamente la falsità e impossibilità del mondano sistema Aristotelico e Tolemaico, e all'incontro benissimo s'accomoda co 'l Copernicano [V, 264].

Il motivo è semplice. Giosuè ferma il Sole per allungare la giornata e consentire la vittoria del popolo di Dio. Ma nel sistema tolemaico l'unico moto autonomo del Sole è quello annuo, perché quello diurno è regolato dal primo mobile. Giosuè ordina al Sole di fermarsi, non al primo mobile e dunque all'insieme delle sfere celesti. Ma fermare il Sole nel suo moto annuo avrebbe comportato un accorciamento e non un allungamento della giornata. Questo, sostiene Galileo con una punta di ironia, dovrebbe essere noto a chi sa anche un minimo di astronomia. Nel sistema copernicano, invece, il Sole ha un unico movimento: quello intorno al proprio asse. Fermare il Sole nel moto intorno al proprio asse (la cui esistenza è stata dimostrata con la scoperta delle macchie solari) avrebbe comportato il blocco di tutti i pianeti, Terra compresa, e, dunque, l'allungamento della giornata.

Anche a volerli interpretare in maniera strettamente letterale, si avventura Galileo, i versetti della Bibbia trovano rispondenza più nelle tesi copernicane che nella dottrina tolemaica.

Già al suo esordio sui temi tra scienza e teologia, in questa *Lettera a Castelli*, Galileo propone un riassetto del potere intellettuale (e non solo) nell'ambito della Chiesa della Controriforma. Un riassetto che prevede una separazione netta tra le due discipline. Da un lato le questioni *de Fide*, che riguardano la fede, dall'altra quelle del *de rerum natura*, che riguardano la natura. La teologia si occupi di come "si vadia in cielo", si occupi della "salute dell'anima" e si occupi delle Scritture quando le Scritture parlano della "salute dell'anima". La scienza è invece l'unica titolata a dire come "vadia il cielo", perché è l'unica in grado di decifrare il grande libro della natura scritto da Dio. La Bibbia non è un testo scientifico e non è compulsando tra le sue righe che possiamo capire come funziona la natura. La scienza non ha bisogno di essere corroborata da null'altro che dalla sua logica interna. Non ha bisogno di trovare un riscontro nelle Scritture.

La *Lettera a Castelli* è stata, a ragione, considerata come un manifesto della libera scienza. Un vero e proprio trattato sul rapporto tra scienza e Scritture. Che, se vuol essere corretto, deve contemplare la reciproca indipendenza. Come ha notato giustamente Mauro Pesce, Galileo non è affatto un concordista [Pesce, 2000]. Non vuole raccordare la verità scientifica con la verità delle Scritture. Anzi, è proprio il rifiuto del concordismo che costituisce il cuore della sua proposta.

Una proposta affatto lucida e innovativa. Nessuno, finora, su questo tema aveva argomentato in maniera così chiara. Neanche Agostino, cui Galileo si ispira. Ciò non toglie che neppure Galileo rinunci all'esegesi biblica e a leggere nel racconto del libro di Giosuè una conferma del modello copernicano. Si tratta, come ha giustamente rilevato Mauro Pesce, di "un espediente tattico che contraddice la sua linea teorica" [Pesce, 2000]. Si tratta di una contraddizione. Di una pericolosa contraddizione.

Si può discutere se Galileo sia un corretto esegeta della Scritture (e in questo caso lo è). Ma è certo che molto più tardi, circa quattrocento anni dopo, un papa, Giovanni Paolo II, sosterrà che è un teologo migliore dei suoi critici.

Ma intanto il guaio è che Galileo scrive quando la Chiesa, dopo il Concilio di Trento, proibisce a chiunque non sia autorizzato esplicitamente una qualsivoglia interpretazione delle Scritture. E Galileo con questa lettera proprio questo va facendo, sosterranno i suoi nemici: interpretare le Scritture senza esserne autorizzato. In aperta violazione di un ordine superiore.

E tuttavia c'è di più. Nessuno finora aveva osato proporre una riduzione degli ambiti di competenza della teologia, che è considerata in sé regina di tutte le discipline. Una condizione rafforzata dalla Controriforma, perché permette un controllo centralizzato delle idee. La proposta di Galileo, dunque, non ha solo una valenza intellettuale. Riguarda anche il potere contingente. Il potere contingente dei teologi. Il primario matematico e filosofo del granducato vuole sottrarre l'indagine scientifica al dominio ecclesiastico. Vuole conferire alla ricerca scientifica totale autonomia e libertà. Ma i teologi non sono affatto disponibili a veder limitata né la loro primazia ideologica, né il loro potere reale.

E poiché la questione riguarda anche l'influenza culturale e il rapporto di potere tra filosofi peripatetici e filosofi naturali nelle università, ecco come contro Galileo si saldi la "strana alleanza" tra i custodi del pensiero di Aristotele e i custodi dell'ortodossia religiosa.

Ma lasciamo da parte le interpretazioni e ritorniamo ai fatti. E i fatti ci dicono, ancora una volta, che il testo diretto a Castelli non è e non resta una lettera privata, ma è e diventa subito un testo pubblico. Che molti leggono. D'altra parte è lo stesso Benedetto Castelli, in evidente accordo con Galileo, a copiarla e a diffonderla, perché, appunto, sia letta da molti.

I fatti ci dicono anche che in questi mesi Galileo è malato. E che le sue sofferenze sono aggravate nella primavera 1614 dalla notizia che il 22 marzo, a Barcellona, a soli 32 anni è morto Filippo Salviati. Il giovane, dotto e carissimo amico, accademico sia della Crusca sia dei Lincei, nella cui villa a Lastra a Signa pochi mesi prima Galileo aveva scritto l'*Istoria e dimostrazioni intorno alle macchie solari*. La morte di Salviati segna Galileo. E, come vedremo, Filippo ritornerà come figura di riferimento nelle sue opere.

Tommaso Caccini e i colombacci

Ma intanto la *Lettera a Castelli* sta alimentando un fuoco che per un anno cova sotto la cenere per poi emergere scoppiettante il 21 dicembre 1614, quando un altro frate domenicano, Tommaso Caccini, sale sul pulpito di Santa Maria Novella, a Firenze, e pronuncia un violento sermone – a nome, sostiene, di tutti i padri domenicani di Firenze – contro quei nemici della religione che sono i matematici e, in particolare, i "galileisti". Andrebbero cacciati tutti e da tutti gli stati, questi eretici, tuona il frate.

Pare che Caccini riprenda un passo del Vangelo di Luca per gridare, a effetto: "Viri Galilaei, quid statis aspicientes in caelum?": uomini di Galilea, galileiani, cosa state guardando in cielo?

Certo fra' Tommaso non è nuovo a intemerate del genere. Ne ha pronunciata un'altra a Bologna e ha dovuto vedersela con le guardie. Il fatto è, come testimonia il fratello Matteo, che Caccini è stato imbeccato da Ludovico delle Colombe.

Non per questo il fatto è meno grave. Anzi. Potrebbe rivelarsi un guaio serio e coinvolgere il domenicano in questioni più grandi di lui. Se ne accorge proprio il fratello del frate, Matteo Caccini, che il 15 gennaio 1615 gli scrive: "Ma che leggerezza è la vostra, lasciarvi metter su, da piccione o da coglione, a certi colombi! Che havete gl'impicci d'altri? Et che concetto resterà di voi al mondo et alla vostra religione?" [XVIII, 418].

E se ne accorge ancor prima Galileo, che il 29 dicembre 1614 scrive a Federico Cesi per avere un consiglio su come comportarsi. Anche perché Cosimo II è malato ... e le protezioni a corte non sono scontate.

Contro questi "nimici del sapere [...] perfidi e rabiosi", scrive Cesi, è bene reagire, ma solo denunciando l'attacco ai matematici, senza accennare ai temi cosmologici. Meglio "schivar affatto il parlar di Copernico" [XII, 100]. È in discussione l'interpretazione delle Scritture. Per questo potrebbero drizzarsi le orecchie di qualcuno, lì al Sant'Uffizio. E se interviene il Sant'Uffizio si potrebbe mettere male. Per l'Inquisizione, infatti: "il prohibire o suspendere è cosa facilissima, e si fa *etiam in dubio*" [XII, 100]. Insomma, anche solo nel dubbio, il Sant'Uffizio potrebbe metterti e metterci la mordacchia.

> Quant'all'opinione di Copernico – scrive Cesi, quanto mai prudente e allarmato – Bellarmino istesso, ch'è de' capi nelle congregatione di queste cose, m'ha detto che l'ha per heretica, e che il moto della terra, senza dubio alcuno, è contro la Scrittura: dimodo che V. S. veda. Io sempre son stato in dubio, che consultandosi nella Congregation dell'Indice, a tempo suo, di Copernico, lo farebbe prohibire, nè giovarebbe dir altro. [XII, 100]

Sagge parole e preveggenti, quelle del principe Federico. Solo che le pietre si sono messe in moto e la valanga è ormai inarrestabile. Il 7 febbraio 1615 ecco che ritorna Niccolò Lorini e non per pronunciare parole di cui dirsi poi pentito, ma per denunciare esplicitamente al cardinale Paolo Camillo Sfrondati, Prefetto della Congregazione dell'Indice, i "galileisti": "huomini da bene e buon cristiani, ma un poco saccenti e duretti nelle loro opinioni", infatti sono seguaci di Copernico e vanno sostenendo che "la terra si muove et il cielo sta fermo" [XIX, 297]. Per corroborare la sua denuncia, Lorini allega una "vera copia" della lettera di Galileo a Castelli, che è ormai diffusa e propone a tutti un'opinione contraria alla Scrittura.

La lettera mandata a Roma contiene delle differenze per molti versi cruciali rispetto all'originale inviata a Castelli. Ma non è un libro stampato. E, dunque, non ricade sotto la giurisdizione del Prefetto della Congregazione dell'Indice. Viene quindi trasmessa a Giovanni Garcia Millini, Segretario del Sant'Uffizio, che la fa valutare da un esperto. Sebbene l'esperto noti delle parole, nel testo, non proprio corrette, riconosce che il testo non si allontana dall'insegnamento della Chiesa cattolica. In ogni caso l'8 marzo 1615 il cardinale Millini scrive all'arcivescovo di Pisa, Franco Bonciani, chiedendogli che venga recuperata e gli venga inviata la *Lettera a Castelli* originaria.

Bonciani si rivolge a Benedetto Castelli che, a sua volta, si rivolge a Galileo. Ma Galileo non risponde. Bonciani dunque se ne lava le mani e prega il Segretario del Sant'Uffizio di "farsela dare dallo stesso Galileo".

Due lettere al cardinale Dini

Il 16 febbraio Galileo si fa vivo e invia al cardinale Piero Dini il "testo autentico" della *Lettera a Castelli*, temendo che quella inviata dal Lorini possa essere stata "inavvertitamente" trascritta male. Il cardinale amico di Galileo non è membro del Sant'Uffizio, ma è pur sempre un uomo di Curia e di giustizia, essendo relatore delle cause che si tengono presso il Supremo Tribunale della Segnatura Apostolica. Il tribunale non si occupa di questioni teologiche, ma di diritto canonico e amministrativo. Inoltre Piero Dini è l'unico a sapere dell'incontro che Galileo ha avuto con Bellarmino nel viaggio romano del 1611.

La lettera di Galileo a Monsignor Dini che accompagna la versione autentica della *Lettera a Castelli* ha, a sua volta, una grande rilevanza. E viene, giustamente, considerata la seconda delle "lettere teologiche" di Galileo. Nella missiva, lo scienziato ribadisce:

> con quanta circospezione bisogni andar intorno a quelle conclusioni naturali che non son de Fide, alle quali possono arrivare l'esperienze e

le dimostrazioni necessarie, e quanto perniciosa cosa sarebbe l'asserir come dottrina risoluta nelle Sacre Scritture alcuna proposizione della quale una volta si potesse avere dimostrazione in contrario. [XII, 111]

Non vedono, i cattolici miei nemici, quanto pernicioso possa essere per la Chiesa di Roma affidarsi a una interpretazione rigida delle Scritture sui fatti della natura che può essere in ogni momento clamorosamente smentita dall'evidenza empirica e dalle spiegazioni teoriche? Non vedono che, contrapponendosi alla scienza, è la Chiesa quella che rischia di perdere di più?

E che senso ha, poi, evocare l'eresia di un cattolico, Niccolò Copernico, che ha scritto un libro 70 anni fa approvato e mai riprovato dalle autorità ecclesiastiche?

Galileo, infine, prega l'amico cardinale Dini di far leggere l'autentica *Lettera a Castelli* al padre Christoph Grienberger, "mio grandissimo amico e padrone" che, dopo la morte di padre Clavio, avvenuta il 12 febbraio 1612, detiene la cattedra di matematica al Collegio Romano, perché "il più presentaneo rimedio sia il battere alli Padri Gesuiti, come quelli che sanno assai sopra le comuni lettere de' frati" [XII, 111].

Galileo è convinto di poter contrastare gli attacchi degli ignoranti domenicani di Firenze anche attraverso l'appoggio scientifico dei dotti gesuiti del Collegio Romano.

Inoltre Galileo chiede a Dini di far leggere la *Lettera a Castelli* anche, e soprattutto, al cardinale Roberto Bellarmino: "al quale questi padri Domenicani si son lasciati intendere di voler far capo, con isperanza di far, per lo meno, dannar il libro di Copernico e la sua oppinione e dottrina" [XII, 111]. Come giustamente rileva Michele Camerota, Galileo ha dunque ben chiaro: che la *Lettera a Castelli* costituisce un pericolo; che la posta in gioco è ormai diventata altissima, la condanna di Copernico e del suo sistema; che il pallino della partita sta per passare nelle mani di Roberto Bellarmino. Il più grande teologo vivente. L'interprete intransigente dell'ortodossia cattolica. L'uomo che in punta di teologia ha portato al rogo Giordano Bruno, una dozzina di anni prima. L'uomo che sempre in punta di teologia contrasta l'amico Paolo Sarpi, colpevole di rivendicare l'autonomia del suo pensiero e della sua Venezia.

Piero Dini fa eseguire diverse copie della *Lettera a Castelli* e ne consegna copia a Christoph Grienberger, a Luca Valerio e, ovviamente, a Roberto Bellarmino. Il 7 marzo Piero Dini riferisce con una lettera a Galileo che Bellarmino gli ha confidato di non ritenere che il tema del moto della Terra possa essere oggetto di censura, tuttavia consiglia prudenza. Basta riconoscere che il modello di Copernico è, per l'appunto, un modello matematico: non rappresenta la realtà, serve solo per "salvare i fenomeni".

Inoltre Dini ha incontrato Grienberger e sa che i gesuiti del Sacro Collegio non oppongono nulla in fatto di scienza alla lettera di Galileo. Tuttavia non hanno intenzione di seguire il toscano lungo la strada della sfida ai teologi. Prima devono venire le dimostrazioni inconfutabili, poi eventualmente l'esegesi delle scritture. Grienberger ha fatto capire a Dini di non aver affatto apprezzato il fatto che oltre la metà della *Lettera a Castelli* sia dedicata all'interpretazione della Scritture e al rapporto tra scienza e teologia.

Anche Maffeo Barberini, tramite il suo collaboratore Giovanni Ciampoli, non si mostra preoccupato: "Quelle grandissime orribilità sicuramente non vanno attorno, non trovando fin qui prelati o cardinali, di quei pure che sogliono sapere sì fatte materie, che ne habbia muover parola". Tuttavia anche il cardinale Barberini consiglia prudenza. Meglio non andare oltre "i limiti fisici o matematici, perché il dichiarare le Scritture pretendono i theologi che tocchi a loro" [XII, 113].

Analogo il consiglio di un altro cardinale amico, Francesco Maria del Monte: Galileo parli pure del sistema copernicano, ma

senza entrare nelle Scritture, le interpretazioni delle quali vogliono che sia riservata ai professori di teologia approvati con pubblica autorità ... ma che altrimenti difficilmente si ammetterebbero dichiarazioni di Scrittura, benché ingegnose, quando dissentissero tanto dalla comune opinione dei Padri. [XII, 125]

Galileo ha ben presente che, seguendo i consigli dei tre cardinali e di altri ancora, non avrebbe davvero nulla da temere. Ma lui non cerca una nicchia nella cosmologia e nella teologia cattolica ove ripararsi. Lui vuole "convertire la Chiesa". Dunque il 23 marzo scrive una nuova lettera al cardinale Piero Dini – oggi classificata come terza "lettera teologica" – dove precisa che i suoi accusatori vogliono proibire Copernico, mentre

> io non fo altro che esclamare che si esamini la sua dottrina e si ponderino le sue ragioni da persone cattolichissime ed intendentissime, che si rincontrino le sue posizioni con l'esperienze sensate, e che in somma non si danni se prima non si trova falso, se è vero che una proposizione non possa insieme esser vera ed erronea. [V, 297]

Le esperienze sensate parlano chiaro:

> E di tutte queste cose e d'altre simili in gran numero ce n'hanno data sensata esperienza gli ultimi scoprimenti: tal che il voler ammettere la mobilità della Terra solo con quella concessione e probabilità che si ricevono gli eccentrici e gli epicicli, è un ammetterla per sicurissima, verissima e irrefragabile. [V, 297]

Ma c'è chi non solo non accetta questa verità sicurissima, verissima e irrefrangibile. Vuole che io non ne parli.

Galileo si sfoga con Dini e lancia come un urlo: "mi vien serrata la bocca" [XII, 145].

L'urlo non è solo uno sfogo. È la lucida analisi di una verità inaccettabile: qui si vuol giungere a dichiarare eretica l'ipotesi copernicana:

> mi vien serrata la bocca et ordinato ch'io non entri in Scritture; che è quanto a dire, il libro del Copernico, ammesso da S.ta Chiesa, contiene in sé eresie, e si permette a chiunque per tale lo vuol predicare il poterlo fare, e si vieta a chi volesse mostrare che è non contraria alle Scritture l'entrare in questa materia. [XII, 145]

Così nella nuova lettera a Dini, Galileo ribadisce il suo pensiero su quale deve essere il rapporto tra la nuova visione dell'universo che emerge attraverso le "sensate esperienze". L'ipotesi copernicana non è e non può essere ridotta a un artificio matematico. Al contrario è una visione che ambisce a essere pienamente "realista": a dire come va effettivamente il cielo. E questa ambizione realista di Copernico, sostiene Galileo, è oggi pienamente corroborata dalle mie "sensate esperienze".

Anche per questo non è da prendere sul serio il modello di Brahe che, esso sì, è un mero artifizio matematico lontano dalla realtà.

Ma Galileo va oltre l'affermazione dell'autonomia della filosofia naturale. Rileva anche come, di fronte alla capacità della scienza di leggere direttamente il libro della natura, possono e devono essere interpretate le Scritture.

Ne dà esempio soffermandosi a lungo sul *Salmo 18*, in cui si parla del Sole come di un gigante che si accinge a percorrere il cielo da un estremo all'altro. Ma quel *Salmo 18* è stato ampiamente commentato da Roberto Bellarmino in un libro ripubblicato nel 1612.

Galileo considera il dotto e potente cardinale Bellarmino se non un vero amico, certo una persona che sta dalla sua parte. Eppure non esita a sfidarlo. E sul suo campo, quello della esegesi biblica, commentando il *Salmo 18* in maniera affatto diversa. In maniera sfrontatamente diversa: in senso copernicano. Nella lettera a Dini, Galileo sostiene che, anche se non è esperto di Sacre Scritture, può interpretarne umilmente il contenuto astronomico, perché Dio può servirsi anche di menti umili in questo (e non necessariamente di teologi). Insomma, le Scritture non sono monopolio assoluto dei teologi. Quando parlano di come va il mondo naturale, possono essere lette anche da menti più semplici di quelle dei teologi. Dalle menti, per esempio, dei filosofi naturali, che con le loro sensate esperienze e le loro certe dimostrazioni possono bene interpretarle. Ebbene, anche nelle Scritture, a leggerle bene, si guarda ai cieli nel modo di Copernico e non nel modo di Aristotele e Tolomeo.

Galileo sa che la sua è una posizione molto pericolosa e comunque non conclusiva. Che egli non è un esegeta professionista e che sfidare i teologi sul loro stesso campo può esporlo al ridicolo e forse a qualcos'altro. Per cui prega il cardinale Dini di non rendere pubblica questa sua nuova missiva.

Anche nelle lettere a Dini, dunque, Galileo non solo riafferma l'autonomia della scienza in fatto di filosofia della natura, ma si lancia in una vera e propria esegesi della Bibbia. Dimostrando, una volta ancora, che le sue conoscenze non si limitano alla matematica e fisica, ma spaziano a tutto campo. In questo caso molto pericolosamente. Perché il campo dell'esegesi biblica gli è proibito.

Lui lo sa. Per questo prega Dini di non divulgare quelle lettere.

Il guaio è che il 6 gennaio 1615 il monaco carmelitano di origini calabresi Paolo Antonio Foscarini pubblica una sua *Lettera sopra l'opinione de' Pitagorici e del Copernico della mobilità della Terra e stabilità del Sole*, in cui interpreta i passi biblici in apparente contraddizione con il sistema copernicano e cerca di dimostrare che, al contrario, vanno interpretati diversamente dalla vulgata tolemaica.

La posizione di Foscarini è molto diversa da quella di Galileo in due punti fondamentali. Il teologo carmelitano è un concordista: cerca l'accordo tra verità rivelata (le Scritture) e verità rilevata (la scienza). Sostiene solo che questo accordo si realizza intorno alla cosmografia copernicana, invece che in quella aristotelico-tolemaica.

Foscarini si distingue da Galileo in un altro punto: sul realismo. Diversamente da quanto sostiene lo scienziato toscano nelle lettere a Dini, il teologo calabrese non attribuisce al modello copernicano una valenza "realista". Sostiene che tutti i modelli umani sono un'approssimazione più o meno vicina della realtà. Ma non sono la verità sul mondo. Solo che il sistema Copernico è, appunto, più vicino sia alla realtà sia alle Scritture. Che Copernicanesimo e Scritture concordino.

Galileo apprezza molto il libro di Foscarini. E così pure Benedetto Castelli, anche se rileva alcuni errori di astronomia nello scritto.

Ma non è certo per questo che Foscarini deve temere.

La condizione di pericolo in cui si stanno cacciando Foscarini e Galileo è avvertita da Giovanni Ciampoli, poeta, allievo di Galileo a

Padova e fedele collaboratore del cardinale Maffeo Barberini. Guarda, scrive Ciampoli allo scienziato toscano il 21 marzo, che il libro del padre carmelitano rischia di essere sospeso dalla Congregazione del Santo Spirito che si riunirà da qui a un mese perché il carmelitano ha voluto "entrare nelle Scritture".

Gli eventi a questo punto diventano incalzanti. Il 20 marzo, il giorno prima della lettera di Ciampoli, Tommaso Caccini si reca di persona al cospetto del Commissario generale del Sant'Uffizio, Michelangelo Seghezzi, per sostenere non solo che Galileo propone una cosmologia in contrasto con le Scritture, ma che molti suoi discepoli – secondo quanto detto dal confratello Ferdinando Ximenes, reggente di Santa Maria Novella a Firenze – vanno in giro sostenendo che Dio non è sostanza ma accidente; che Dio è sensitivo "perché in lui sono sensi divinali"; che i miracoli fatti dai santi non sono veri miracoli. È vero che queste accuse non sono rivolte a Galileo, ma a persone che gli sono vicine e su cui ha influenza. Ma è anche vero che Galileo è uso frequentare nemici della Chiesa di Roma: non è forse amico di Paolo Sarpi a Venezia? E non è forse accademico dei Lincei e in corrispondenza con tanti tedeschi degeneri (allusione a Kepler)?

Il 2 aprile il Sant'Uffizio dispone che la deposizione di Caccini sia inviata all'Inquisitore di Firenze perché indaghi.

Proprio in quei giorni Foscarini viene a conoscenza che un anonimo consultore è stato incaricato dalla Congregazione dell'Indice di fornire un giudizio sulla correttezza dottrinale della sua *Lettera* e il giudizio è stato negativo: molti passi dell'opera sono in contrasto con le Scritture.

Foscarini, allora, tenta una mossa disperata. Scrive al cardinale Roberto Bellarmino ribadendo che sono i censori a sbagliare: il modello copernicano è più vicino al reale contenuto della Scritture del modello aristotelico-tolemaico. Insomma, sfida i teologi più ortodossi di Santa Romana Chiesa e si affida al giudizio del Sant'Uffizio.

A questo punto Bellarmino interviene in maniera, per così dire, ufficiale. E il 12 aprile 1615 scrive in maniera chiara e perentoria a nuora (Foscarini) perché anche suocera (Galileo) intenda:

1° Dico che mi pare che V. P. et il Sig.r Galileo facciano prudente-
mente a contentarsi di parlare ex suppositione e non assolutamente,
come io ho sempre creduto che habbia parlato il Copernico. Perchè
il dire, che supposto che la terra si muova et il sole stia fermo si sal-
vano tutte l'apparenze meglio che con porre gli eccentrici et epicicli,
è benissimo detto, e non ha pericolo nessuno; e questo basta al ma-
thematico: ma volere affermare che realmente il sole stia nel centro
del mondo, e solo si rivolti in sé stesso senza correre dall'oriente al-
l'occidente, e che la terra stia nel 3° cielo e giri con somma velocità intorno al sole, è cosa molto pericolosa non solo d'irritare tutti i filosofi
e theologi scholastici, ma anco di nuocere alla Santa Fede con rendere false le Scritture Sante [...]
2° Dico che, come lei sa, il Concilio prohibisce esporre le Scritture
contra il commune consenso de' Santi Padri; [...]
3° Dico che quando ci fusse vera demostratione che il sole stia nel
centro del mondo e la terra nel 3° cielo, e che il sole non circonda la
terra, ma la terra circonda il sole, allhora bisogneria andar con molta
consideratione in esplicare le Scritture che paiono contrarie, e più
tosto dire che non l'intendiamo, che dire che sia falso quello che si dimostra. Ma io non crederò che ci sia tal dimostratione, fin che non
mi sia mostrata: nè è l'istesso dimostrare che supposto ch'il sole stia
nel centro e la terra nel cielo, si salvino le apparenze, e dimostrare che
in verità il sole stia nel centro e la terra nel cielo; perchè la prima dimostrazione credo che ci possa essere, ma della 2ª ho grandissimo
dubbio, et in caso di dubbio non si dee lasciare la Scrittura Santa,
esposta da' Santi Padri. [...]
E questo basti per hora. [XII, 135]

Dalla lettera traspaiono tutte le capacità di argomentare del lucidissimo
cardinale. Io non dico che l'ipotesi copernicana sia sbagliata. Dico solo
che finora non è dimostrata. E che aderire ora a questa vostra concezione può nuocere alla Chiesa mettendo in forse le Sacre Scritture.

Bellarmino pensa, come John Donne, che le proposte della nuova
astronomia mettano in pericolo non solo la fede e la teologia, ma la

stessa idea di etica pubblica, di ordine, di civiltà. Certo, se sarà dimostrata per certa la novità copernicana allora non i matematici e gli scienziati, ma chi ne ha l'autorità, ovvero i teologi di Santa Romana Chiesa, metterà mano a una migliore interpretazione delle Scritture. Ma fino ad allora, cari Foscarini e Galilei, è l'attuale interpretazione delle Scritture che deve essere accettata per vera. In ogni caso non tocca a voi la loro esegesi. Accontentatevi di sostenere che quella copernicana è un'ipotesi che salva le apparenze meglio di altre e non dite altro.

E questo per ora basti.

Ovvero: questo è un ordine.

Ed è un ordine inusitato. È, infatti, la prima volta che l'autorità religiosa di Roma censura ufficialmente un'ipotesi astronomica. Il modello copernicano non è mai stato censurato, nonostante siano ormai passati 70 anni dalla pubblicazione del *De Revolutionibus*. Il motivo del ritardo è evidente. Finché l'ipotesi circola tra pochi dotti non fa male a nessuno. Ma quando circola tra le grandi masse, con i libri e di bocca in bocca per mezzo della fama di Galileo, quando tutti con un cannocchiale possono vedere come in cielo stanno le cose, allora tutto cambia. Il pericolo diventa evidente.

Molto si è discusso sull'epistemologia di Bellarmino. Alcuni la considerano acuta: perché neppure la scienza in fatto di filosofia naturale può parlare di verità, di certezza assoluta. La scienza può ambire solo a un modo economico – al modo più economico – di salvare le apparenze e, dunque, di spiegare i fatti noti. In realtà, è vero che l'ipotesi copernicana è, appunto, l'ipotesi scientifica più economica disponibile per spiegare i fatti noti della nuova astronomia. Ma non è la verità assoluta.

Questa constatazione renderebbe fondata l'epistemologia di Bellarmino.

Ma è una constatazione che non regge. È del tutto sbagliato considerare quella di Roberto Bellarmino una lezione di epistemologia impartita a Galileo. Tanto meno una buona lezione. Intanto perché, anche nella moderna epistemologia (nelle correnti realiste della moderna epistemologia), l'ipotesi più economica è considerata quella che, almeno in termini di probabilità, è più vicina alla realtà. Inoltre, come rileva Michele Camerota, Bellarmino è convinto che la verità dei cieli sia semplicemente inaccessibile all'uomo. Per cui la scienza nulla può dire oggi e nulla potrà mai dire domani, sulla realtà delle cose.

Bellarmino inoltre propone anche tesi che sono difficili da accettare per uno scienziato. Che nelle Scritture è contenuta la verità anche in fatto di filosofia naturale. Che l'interpretazione autentica delle Scritture è appannaggio esclusivo di pochi esegeti scelti dalla Chiesa. E che la loro interpretazione è la verità, fino a prova contraria. Una prova decisiva che, peraltro, nessuno scienziato potrà mai apportare.

In altri termini, secondo Bellarmino, se c'è qualcuno che può dire "come vada il cielo" sono i teologi e non certo i filosofi naturali.

Non è questo, esattamente, un buon discorso sul metodo scientifico.

Certo è un discorso diverso da quello di Galileo, secondo cui in tema di filosofia naturale la verità colta dalla scienza con "sensate esperienze" e "certe dimostrazioni" è di ordine superiore a quella, tutta da interpretare, contenuta nelle Scritture.

Galileo legge la lettera di Bellarmino a Foscarini e, come è suo solito, la postilla punto per punto. Elaborando una serie di appunti che costituiscono in buona parte le *Considerazioni sopra l'opinione copernicana*. In questi appunti Galileo riconosce che quella copernicana è ancora un'ipotesi da dimostrare, anche se corroborata da tanti indizi da renderla molto verosimile: oggi diremmo che è un'ipotesi scientifica che salva i fenomeni meglio di ogni altra e che è falsificabile in termini popperiani. Per cui qualunque scienziato dovrebbe accettarla come la nuova teoria dei cieli.

Ma Galileo nota anche che i fatti, le "sensate esperienze", hanno dimostrato che l'altra ipotesi, quella di Tolomeo e di Aristotele, è del tutto falsa. Per dirla in termini popperiani, lui, Galileo, ha falsificato la teoria di Aristotele e Tolomeo, che è definitivamente screditata.

Galileo è pronto ad accettare la sfida e ad andare a Roma per dimostrare, con la parola e con lo scritto, le sue ragioni. Nel tentativo di far accettare alla Chiesa l'idea che, in fatto di filosofia naturale, debbano essere gli uomini di scienza, con argomenti e fatti, e non i teologi a esprimersi sulla base di un mal posto autoritarismo.

Ma da Roma gli vengono seri inviti alla prudenza. Federico Cesi, già a fine marzo, lo invita ad accontentarsi del punto guadagnato con Bellarmino: poter parlare dell'ipotesi copernicana come matematico. E a metà maggio il cardinale Piero Dini lo ammonisce:

> per adesso non è tempo di voler con dimostrationi disingannare i giudici, ma sì bene è tempo di tacere e di fortificarsi con buone e fondate ragioni, sì per la Scrittura come per le mathematiche, et a suo tempo darle fuora con maggior sodisfatione: e non sarà se non bene che V. S. dia l'ultima mano a quella scrittura che mi dice haver abbozzata, se la sua sanità glielo comporta.

La lettera a Cristina

La scrittura cui fa riferimento Dini è la lettera *Alla serenissima Madama, la Granduchessa madre, Galileo Galilei,* più nota come la *Lettera a Cristina di Lorena* [V, 307]. Galileo vi ha lavorato a lungo, scrivendola e riscrivendola, per poi renderla pubblica alla fine del successivo mese di giugno.

La *Lettera a Cristina di Lorena* è considerata la quarta e la più completa delle "lettere teologiche". In questa nuova missiva Galileo riprende le tesi e lo stile argomentativo della *Lettera a Castelli.* Ma le estende ampiamente, ricorrendo anche a parole, idee, immagini proposte nelle lettere a Dini e negli altri lavori di questi mesi.

Ne vien fuori un'opera su cui i giudizi sono unanimi. Secondo Mauro Pesce "in essa l'autore si [esprime] con una lucidità che raramente ritroviamo in altri" [Pesce, 2000]. Secondo James Reston:

> La lettera alla granduchessa Cristina mostra un Galileo al culmine del suo coraggio. Si tratta di un documento brillante e appassionato, una superba dissertazione di altissimo valore morale e di grande eloquenza [Reston, 2005].

Un'opera in cui anche lo stile letterario conta. Uno stile che Andrea Battistini definisce aulico e ricco di metafore barocche [Battistini, 1989].

La *Lettera* si apre con un'ampia introduzione, dove trova spazio un deciso attacco a coloro che sono

> risoluti a tentar di far da scudo alle fallacie de' loro discorsi col manto di simulata religione e con l'autorità delle Scritture Sacre, applicate da loro, con poca intelligenza, alla confutazione di ragioni né intese né sentite. [V, 307]

Segue poi una parte dove Galileo propone come ridefinire il rapporto tra scienza e teologia. Tra verità rivelata e verità rilevata. Tra linguaggio delle Scritture e linguaggio della natura.

In primo luogo riprende l'argomento già utilizzato nella *Lettera a Castelli*, riconoscendo, da buon cattolico, che certo le Sacre Scritture non possono né mentire né errare. Ma ribadendo che Dio intende con le Scritture parlare agli uomini e, per farsi comprendere, si esprime con un linguaggio metaforico. Per cui le Scritture vanno interpretate. Esponendosi all'umana fallacia. Insomma, l'interpretazione può essere sbagliata.

Tuttavia Galileo aggiunge un ulteriore elemento. Un elemento coraggioso e decisivo, per il prosieguo del suo discorso, perché definisce i limiti di autorità della teologia. Le Scritture hanno autorità assoluta solo su: "quegli articoli e proposizioni, che, superando ogni umano discorso, non [possono] per altra scienza né per altro mezzo farcisi credibili" [V, 307]. Dunque i teologi non hanno autorità su tutto lo scibile umano, ma solo su quell'ambito che riguarda la salvezza dell'anima e non può essere compreso con altra scienza. Mai nessuno, in ambito cattolico, aveva osato tanto. Soprattutto dopo il Concilio di Trento.

Nessun dubbio che sui problemi *de Fide*, a far emergere la verità contenuta nelle Scritture debbano essere i teologi. Ma "nelle dispute di problemi naturali non si dovrebbe cominciare dalle autorità di luoghi delle Scritture, ma dalle sensate esperienze e dalle dimostrazioni necessarie" [V, 307]. Il campo d'autorità è così definito. La teologia e l'esegesi si occupano della salvezza delle anime, la scienza si occupa della natura.

Galileo poi parla del ruolo della scienza. Cita Agostino. E Benito Pereyra, che ha appena pubblicato *In Genesim* dove il gesuita ribadisce sia che le conoscenze naturali non sono necessarie per la salvezza, sia che le Scritture non hanno alcun un interesse specifico a occuparsi di conoscenze naturali.

La scienza non ha nulla a che fare con la salute dell'anima. Ma è anche vero, come sostiene Agostino, che le Scritture che si occupano della salute dell'anima non possono contrastare la verità dimostrata. Cosicché chiunque a una prova certa e manifesta oppone l'autorità della Scritture, dimostra di non averle comprese. Perché alla prova certa e manifesta oppone non la verità delle Scritture, ma la sua propria verità.

Galileo insiste: la verità sulle questioni naturali emersa attraverso le sensate esperienze e le dimostrazioni necessarie non può essere in alcun modo contestata sulla base delle parole delle Scritture, anche se sono ispirate dallo Spirito Santo. Perché, sostiene Galileo citando il cardinale Cesare Baronio: "l'intenzione delle Spirito Santo essere d'insegnarci come si vadia al cielo, e non come vadia il cielo" [V, 307]. Le Scritture nulla di conclusivo possono, dunque, dirci in fatto di filosofia della natura. È invece vero il contrario: "venuti in certezza di alcune conclusioni naturali, doviamo servircene per mezi accomodatissimi alla vera esposizione di esse Scritture" [V, 307]. La verità dimostrata dalla scienza può obbligare a rivedere, con grande delicatezza, certe interpretazioni della Sacre Scritture. Non esiste, infatti, una doppia verità. Natura e Scritture non possono contraddirsi. Per cui, una volta che la scienza ha dimostrato come funzionano le cose in natura e la dimostrazione è in contrasto con un'interpretazione delle Scritture, è questa interpretazione che deve essere rivista in modo che la verità rivelata non confligga con la verità rilevata. Galileo, dunque, sfida i teologi e sostiene che la scienza nuova comporta una rinnovata e complessa esegesi delle Scritture.

Infine, Galileo si lancia in un'argomentata spiegazione di cosa sia la scienza, "dottrina dimostrativa" e come si distingua non solo dall'esegesi biblica, ma anche dalle altre "discipline opinabili". Per il toscano, la scienza è una forma di conoscenza oggettiva. Che prescinde dalle intenzioni, dalle idee religiose e politiche, persino dalle qualità morali degli uomini che la praticano. "Io vorrei pregar questi prudentissimi Padri, che volessero con ogni diligenza considerare la differenza che è tra le dottrine opinabili e le dimostrative" [V, 307]. La scienza studia le leggi di natura. E la natura segue leggi necessarie, incurante del fatto che gli uomini le comprendano o meno. Certo, grazie alla ragione, l'uomo può scoprire le leggi di natura. Ma resta il fatto che queste leggi non sono opinabili. Se ne ricava che una tesi scientifica non vale l'altra. Se una tesi è vera, l'altra che vi si oppone è falsa. È questa condizione di oggettività non opinabile che rende quella scientifica un'impresa diversa da altre forme della cultura umana. Perché "non è in potestà de' professori delle scienze demostrative il mutar l'opinioni a voglia loro" [V, 307].

Non esiste, dunque, una scienza cattolica e una protestante. Una scienza che può essere accomodata a questa o a quella religione. La natura si propone a tutti nel medesimo modo. Dunque, faccia attenzione la Chiesa o chiunque l'altro voglia imporre una visione scientifica, perché:

gran differenza è tra il comandare a un matematico o a un filosofo e 'l disporre un mercante o un legista, e che non con, l'istessa facilità si possono mutare le conclusioni dimostrate circa le cose della natura e del cielo, che le opinioni circa a quello che sia lecito o no in un contratto, in un censo, in un cambio. [V, 307]

Le parole di Galileo sono un ammonimento alla Chiesa: la scienza non può che essere libera e trasparente. Per questo non è possibile accettare quello che qualcuno ha definito "il nicodemismo" di Bellarmino: ovvero che gli scienziati fingano in pubblico di credere alla filosofia naturale proposta dai teologi e utilizzino nell'ambito di una comunità di eletti, gli scienziati, una filosofia naturale diversa. Non è possibile una doppia verità. Non è possibile dichiararsi aristotelico-tolemaici in pubblico e agire in privato da copernicani. Perché la natura se ne ride di queste alchimie. Il libro della natura è spalancato davanti a tutti. E la verità che contiene è una e una sola. Ed emerge con una forza che non è contenibile.

Non c'è, dunque, alternativa al dibattito pubblico sulla scienza. E non c'è altra possibilità che quella di respingere i tentativi di egemonia religiosa, tanto più se proposti da una "simulata religione".

Nella terza parte della sua lunga *Lettera*, Galileo affronta il tema copernicano in maniera specifica. Non manca di qualche imprecisione: sostiene, per esempio, che Copernico ha scritto il *De Revolutionibus* su commissione del papa, il che non è vero. Ma ricorda che il libro del polacco è stato inviato a Roma e non ha mai avuto opposizioni ecclesiastiche.

Non manca di qualche contraddizione concordista: evoca infatti una lunga serie di autorità teologiche che, a suo dire, sono a favore della tesi eliocentrica: Agostino, Girolamo, Tertulliano, Tommaso, Dionigi l'Areopagita.

Ma soprattutto ribadisce che la tesi copernicana è una verità dimostrata e che rappresenta la realtà dei cieli. Anche se poi lancia una proposta che può essere accettata anche da chi, nella Chiesa, non ne è convinto: lasciamo aperta la questione. Lasciamo che il dibattito scientifico sia libero e pubblico. Non commettete l'errore di tentare di mettere le brache alla scienza, perché "Non si può vietar a gli uomini guardar verso il cielo" [V, 307].

Scrive Ludovico Geymonat:

La via d'uscita da tutte queste difficoltà viene indicata, dal nostro, nel riconoscimento dell'esistenza di due linguaggi tra loro radicalmente diversi: quello ordinario, con tutte le sue imprecisioni e incoerenze, e quello scientifico, rigoroso ed esattissimo [...] In conclusione: la verità è una, ma i linguaggi per esprimerla sono due. [Geymonat, 1969]

Galileo ribadisce che Dio nelle Scritture ha usato un linguaggio comune per farsi capire dal volgo. E che le Scritture, dunque, vanno interpretate. Ma lo stesso Dio ha scritto il "libro della natura" nel linguaggio della scienza, rigoroso ed esattissimo. Ci può essere divergenza tra chi interpreta il discorso delle Scritture e chi, semplicemente, legge il libro della natura. Ma poiché la verità è una, non c'è dubbio su chi debba cedere il passo: chi interpreta le Scritture, non chi legge il libro della natura. Perché l'interpretazione è umana ed è soggetta a errore.

La semplicità del discorso di Galileo è sconcertante. E giustamente Geymonat si chiede come abbiano fatto le autorità religiose cattoliche a non accettarla.

Un motivo, forse, c'è. La semplicità sconcertante della posizione teologica di Galileo deriva sia dalla sua profonda conoscenza della filosofia, naturale e non, sia dalla sua conoscenza, non meno profonda, della letteratura e delle arti. Galileo sa che esistono diversi linguaggi per esprimere un'unica verità. C'è quello visivo dei pittori, c'è quello metaforico dei poeti e degli scrittori, c'è quello rigoroso ed esattissimo dei filosofi naturali. Li conosce, questi linguaggi, perché li frequenta tutti. Perché è filosofo naturale e scrittore e poeta e musicista e disegnatore e critico d'arte. Sa che con tutti questi linguaggi si può parlare della Luna o del ghiaccio solido che galleggia sull'acqua liquida: ovvero di verità che sono uniche. Ma sa anche che ciascun linguaggio lo farà a suo modo. Perché l'obiettivo di chi usa un determinato linguaggio è diverso dall'obiettivo di chi ne usa un altro. Sa, tuttavia, che c'è una gerarchia tra questi linguaggi in fatto di rigore ed esattezza sulle questioni di filosofia naturale. E in testa alla scala gerarchica c'è il linguaggio della scienza.

In definitiva, difficilmente Galileo avrebbe potuto proporre con semplicità sconcertante la teoria dei due linguaggi se non fosse stato egli stesso scrittore, critico della letteratura, disegnatore, critico d'arte, musicista.

Eppure, alcuni sostengono che Galileo, con le lettere teologiche, avrebbe invaso il campo altrui. Si sarebbe fatto teologo, consegnando ai suoi nemici un motivo solido per attaccarlo. Anche perché non avrebbe avuto prove scientifiche definitive a sostegno dell'ipotesi copernicana.

In realtà il modello di Copernico è il modo più economico per spiegare i fatti conosciuti da Galileo ed è, dunque, la migliore teoria scientifica disponibile. Certo, Galileo, come ricorda Stillman Drake, non sostiene di avere fatti certi e inconfutabili a favore del modello copernicano [Drake, 1981]. Ma nessuno scienziato ha mai fatti certi e inconfutabili. La verità scientifica è sempre la spiegazione più economica. È dunque provvisoria, mai assoluta.

Inoltre non è possibile giustificare i teologi e i filosofi che contestano l'ipotesi copernicana. Perché essi, a maggior ragione, non hanno alcun "fatto" – o, almeno, hanno molti meno fatti – su cui poggiare la teoria geocentrica, se non un principio d'autorità – l'*ipse dixit* – inaccettabile sul piano scientifico. .

La *Lettera a Cristina* viene completata nel giugno 1615. Ma Galileo conosce ormai la deposizione di Caccini e le accuse nei suoi confronti. Per cui non la pubblica, ma la fa circolare come al solito a mo' di manoscritto. Anche se si dichiara disposto ad andare a Roma per spiegare "in voce e in scrittura" quali sono le sue intenzioni.

Nel mese di maggio scrive di nuovo all'amico cardinale Dini:

Il modo, per me speditissimo e sicurissimo, per provare che la posizion Copernicana non è contraria alla Scrittura, sarebbe il mostrar con mille prove che ella è vera, e che la contraria non può in modo alcuno sussistere; onde non potendo 2 veritati contrariarsi, è necessario che quella e le Scritture sieno concordissime. Ma come ho io a poter far ciò e come non sarà ogni mia fatica vana, se quei Peripatetici, che doverebbono esser persuasi, si mostrano incapaci anco delle più semplici e facili ragioni, et a l'incontro si vedon loro far grandissimo fondamento sopra proposizioni di nissuna efficacia? Tutta via non despererei anco di superar questa difficoltà, quando io fussi in luogo di potermi valer della lingua in cambio della penna: e se mai mi redurrò in stato di sanità, sì che io possa trasferirmi costà, lo farò, con speranza almanco di mostrare qual sia l'affetto mio circa S.ta Chiesa, e il zelo che io ho che in questo punto non sia, per gli stimoli di infiniti maligni e nulla intendenti di queste materie, presa qualche resoluzione non totalmente buona, qual sarebbe il dichiarare che il Copernico non tenesse vera la mobilità della terra in rei natura, ma che solo, come astronomo, la pigliasse per ipotesi accomodata al render ragioni dell'apparenze, ben che in sè stessa falsa, e che per ciò si ammettesse l'usarla come tale e proibir il crederla vera, che sarebbe appunto un dichiararsi di non haver letto questo libro, sì come in quella mia altra scrittura ho scritto più diffusamente. [XII, 145]

27. Gli vien serrata la bocca

Mentre la vicenda intellettuale tocca un apice con la diffusione della *Lettera a Cristina*, la vicenda giudiziaria, sia pure in sordina, non si ferma. Tornato a Firenze e rintracciato da Lelio Marzari, l'Inquisitore fiorentino, padre Ferdinando Ximenes viene finalmente interrogato il 13 novembre 1615. Non conosco Galileo, dice, ma so che va sostenendo che la Terra si muove e che questo è contrario alla vera teologia e filosofia. È vero, però, che ho discusso con alcuni suoi "scolari" e che li ho sentiti pronunciare una serie di eresie: per esempio, che Dio è accidente e non sostanza, o che l'universo è composto di quantità discrete separate dal vuoto.

Quest'ultimo riferimento riguarda l'ipotesi atomistica della materia, fatta propria da Galileo ma invisa ai gesuiti del Collegio Romano, secondo cui gli atomi non esistono e la diffusione della materia nel cosmo è continua, senza vuoti. Forse i domenicani di Firenze, poco avvezzi alla filosofia naturale, non se ne rendono neppure conto, ma hanno individuato un altro punto di divergenza tra Galileo e i matematici della Compagnia di Gesù.

Ma ritorniamo all'interrogatorio di padre Ferdinando. Non posso dire, sostiene ancora, se nel corso della nostra discussione gli "scolari" di Galileo abbiano proposto tesi proprie o riferissero il pensiero del loro maestro. Anche se, chiosa il padre, io propendo per la seconda ipotesi.

Ecco dunque che l'Inquisitore fiorentino si ritrova un testimone prezioso, Ferdinando Ximenes, priore domenicano di Santa Maria Novella, che conferma in buona sostanza le accuse di un confratello, il domenicano Tommaso Caccini. L'autorevole testimone ribadisce anche che, tra quegli "scolari" che hanno pronunciato eresie, c'è Giannozzo Attavanti. Il giovane pievano della chiesa di Sant'Ippolito di

Castelfiorentino ha parlato delle opinioni di Galileo, ma – lo scagiona Ximenes – so che non le condivide.

Attavanti è immediatamente convocato dall'Inquisitore e interrogato il 14 novembre. Smentisce tutto. Compreso il fatto di essere uno "scolaro" di Galileo. Non ho mai parlato di Galileo con Ximenes. Ho solo avuto, con padre Ferdinando, una discussione sulla natura di Dio, ma con l'unico fine di istruirmi. Abbiamo parlato della *disputa* di San Tommaso *Contra Gentiles*. La conversazione è stata solo origliata e certo mal interpretata da Tommaso Caccini.

"Conosci Galileo?", gli chiede l'Inquisitore. "Hai mai parlato con lui?". Sì conosco e talvolta ho parlato con il primario matematico e filosofo di corte, risponde il giovane prete, ma solo a proposito di alcune lettere pubblicate a Roma sulle macchie solari in cui Galileo difende il modello copernicano. In ogni caso mai gli ho sentito esprimere una qualche parola che possa "ripugnare" alle Sacre Scritture.

I verbali degli interrogatori a Ximenes e Attavanti giungono a Roma il 21 novembre. Vengono lette. Ma nessuno pensa che le accuse di Caccini e Ximenes abbiano un qualche valore. Tuttavia, in una nota del 25 novembre, l'assessore del Sant'Uffizio dispone che venga esaminato quanto Galileo ha scritto sulle macchie solari.

L'istruttoria è coperta da segreto. Ma qualcosa trapela. E in Galileo cresce l'ansia. Teme di essere trascinato davanti all'Inquisizione e, dunque, accelera i preparativi per un nuovo viaggio alla volta di Roma. Sicuro non solo di poter facilmente difendersi dalla accuse, ma anche di poter convincere le autorità ecclesiastiche ad assumere una posizione quanto meno aperta sulla questione copernicana.

D'altra parte è lo stesso cardinale Piero Dini che, nel maggio 1615, lo invita a tornare a Roma, dicendosi a sua volta sicuro che "se a Dio piacessi che lei potessi venir qua fra qualche tempo, son sicuro che darebbe gran sodisfatione a tutti, perchè intendo che molti Gesuiti in segreto sono della medesima opinione, ancorché taccino" [XII, 143].

Il nuovo viaggio romano avviene solo a fine anno, ma con l'autorizzazione e sotto la premurosa protezione di Cosimo II. Non è una frase di circostanza. Il 28 novembre, infatti, il granduca scrive quat-

tro lettere per preparare la missione di Galileo: a Francesco Maria del
Monte, a Paolo Giordano Orsini, ad Alessandro Orsini e all'ambasciatore del granducato, Piero Guicciardini:

> Il Galilei matematico ci ha chiesto licenza di venir a Roma, parendo-
> gli necessaria la presenza sua per giustificarsi da alcune opposizioni
> fatteli da' suoi emuli intorno alle opere che egli ha mandato fuora, et
> spera di haver a render buon conto di sé. [XII, 160]

L'ambasciàtore toscano a Roma, Piero Guicciardini, ha conosciuto
Galileo in occasione del precedente viaggio. E si mostra molto preoccupato. Sa che il personaggio è ingovernabile. E questo non gli piace
né poco né punto. Guicciardini presagisce che Galileo non voglia affatto giustificarsi, bensì attaccare. E sa anche che il clima a Roma è
mutato, in peggio. Pensa che sia la strategia di Galileo, ovvero portare la Chiesa a riconoscere l'autonomia della scienza, sia la tattica,
mettere i paletti allo strapotere dei teologi, siano destinate a sconfitta
certa. E che la sconfitta del primario matematico e filosofo avrebbe
conseguenze serie anche nei rapporti tra il Vaticano e il Granducato.
Per questo vorrebbe che Galileo se ne stesse in silenzio a Firenze. Così
prende carta e penna e scrive senza mezzi termini a Curzio Picchena,
il Segretario di Stato del Granducato di Toscana:

> Sento che vien qua il Galilei [...] Io non so se sia mutato di dottrina
> o d'humore: so bene che alcuni frati di San Domenico, che han gran
> parte nel Santo Offizio, et altri, gli hanno male animo addosso; et
> questo non è paese da venire a disputare della luna, né da volere, nel
> secolo che corre, sostenere né portarci dottrine nuove. [XII, 163]

Guicciardini sarà pure animato da un eccesso di zelo, nutrirà pure
un'istintiva diffidenza per questi intellettuali che parlano della luna
ma non tengono in conto le ragion di stato, e certo non ha in particolare simpatia Galileo. Ma non è l'unico a preoccuparsi. Lo stesso
Cosimo chiede al cardinale Francesco Maria del Monte di proteggerlo

"per il giusto" e "particolarmente in haver l'occhio che egli sia udito da persone intelligenti et discrete et che non diano orecchie a persecuzioni appassionate e maligne". Cosimo si dice sicuro delle ragioni di Galileo, ma mette le mani avanti, sottolineando che lui mai si sognerebbe di "protegere qualsivoglia persona che pretendesse ricoprire col mio favore qualche difetto, massimamente di religione o d'integrità di vita" [XII, 160].

Galileo giunge a Roma il 10 dicembre 1615. Come quattro anni prima, inizia un giro dei palazzi romani nella convinzione che saprà convincere tutti. E magari far emergere dal riserbo coloro che sono già convinti (magari qualche timoroso matematico gesuita).

I primi dispacci che lo scienziato invia a Firenze sono improntati all'ottimismo. Non sembrano infondati. Come scrive Antonio Quarenghi, ambasciatore del duca di Modena a Roma:

> Abbiam qua il Galileo, che spesso in ragunanze d'uomini d'intelletto curioso fa discorsi stupendi intorno all'opinione del Copernico, da lui creduta per vera, che 'l sole stia nel centro del mondo, e la terra e 'l resto delli elementi e del cielo con moto perpetuo lo vadano circondando. [XII, 168]

Galileo cerca di parlare con più persone che sia possibile. Intanto per dimostrare che le accuse dei domenicani fiorentini sono infondate e gli accusatori privi di ogni credibilità.

Sa certamente che ci sono frati che "non sogliono voler perdere" [XII, 114]. Ed è pronto a reagire alle loro reazioni. Ma non si avvede che, dietro quei frati, c'è una parte della dirigenza della Chiesa che, per dirla con Ludovico Geymonat, ha "paura di un rinnovamento sostanziale e profondo" [Geymonat, 1969].

Forse Galileo è ingannato dalla frequentazione con tante alte autorità ecclesiali – come il cardinale Francesco Maria del Monte o il cardinale Maffeo Barberini o il cardinale Piero Dini – che sono colte e aperte al nuovo. Ma non si avvede che sono una minoranza. Che i gesuiti del Collegio Romano non sono parte di questa minoranza. E che comunque, se posti di fronte a una scelta definitiva, anche quelle autorità bendisposte e persino amiche non sceglierebbero il nuovo.

La verità è che Guicciardini ha ragione: a Roma il clima è cambiato. E di conseguenza la nuova missione si compie in una condizione affatto diversa rispetto a quella del 1611. La questione copernicana sta diventando motivo di lotta tra due fazioni della Chiesa. Una lotta che oppone i reazionari più duri, che negano ogni apertura alla modernità, al gruppo più aperto, che vuole che la Chiesa invece aderisca in qualche modo ai tempi moderni. In questa lotta dura, anche i matematici e gli astronomi gesuiti saranno chiamati a schierarsi. E vedremo presto quale sarà la loro scelta. Ma intanto il pensiero di Galileo assurge a questione centrale della contesa.

Il Discorso sul flusso e reflusso del mare

L'8 gennaio 1616 il matematico e filosofo di corte rende pubblico il *Discorso sul flusso e reflusso del mare*, sotto forma di lettera indirizzata al giovanissimo (ha appena 23 anni) cardinale Alessandro Orsini [V, 373]. La causa prima del flusso e riflusso del mare, sostiene Galileo, non è da ricercarsi nell'enfiagione (rigonfiamento) dovuta all'influenza della Luna, come sostengono gli aristotelici, ma nel moto della Terra che subisce accelerazioni e decelerazioni dovute alla combinazione del moto diurno e del moto annuale di rivoluzione intorno al Sole.

Per spiegare cosa intende, col solito approccio divulgativo, Galileo propone a esempio il comportamento dell'acqua in una barca. Se ne sta quieta e piatta se la barca è ferma o si muove di moto uniforme. Ma resta dietro e si solleva a poppa se la barca inizia a muoversi improvvisamente con forte velocità. Al contrario va avanti e si solleva a prua se la barca improvvisamente si arena.

L'acqua degli oceani si comporta come quella nella barca. Se ne starebbe quieta e piatta se la Terra non si muovesse. Ma si solleva e si abbassa quando il pianeta subisce un'accelerazione o una decelerazione a causa del combinato disposto dei suoi due diversi moti, diurno e annuale.

Le maree, dunque, sono la prova che la Terra si muove.

La tesi di Galileo è analoga a quella proposta dal suo amico, Paolo Sarpi. È probabile che i due ne abbiano parlato a lungo negli anni di Padova. Nella lettera a Orsini, Galileo allude a una macchina che avrebbe costruito, ma di cui non abbiamo traccia, che riproduce il moto diurno e annuo della Terra. E che dimostra come il pianeta subisca accelerazioni e decelerazioni. Leggere, tanto che noi non avvertiamo. Ma tali da far spostare le acque, proprio come succede in una barca.

Dopo Isaac Newton, noi attribuiamo le maree all'attrazione gravitazionale della Luna. Dunque Galileo avrebbe avuto torto. Che abbia torto lo pensa anche Kepler, che attribuisce le maree all'influenza della Luna. E che non ci siano prove sufficienti a suffragare l'ipotesi galileiana devono pensarlo anche gli amici lincei, compresi Federico Cesi e Francesco Stelluti, che sull'argomento preferiscono tacere. Mentre proprio un linceo, Luca Valerio, segnala che con la sua teoria delle maree Galileo dimostra di non considerare il modello copernicano come un'ipotesi bensì come una realtà di fatto. E inizia un'attività così esplicitamente diretta contro il socio toscano da spingere l'Accademia dei Lincei a sospenderlo, per aver tradito il principio di libertà della ricerca "sulle cose naturali".

Eppure, come spiega Michele Camerota, Galileo ha almeno in parte ragione. Secondo i calcoli dell'astronomo e storico della scienza Pierre Souffrin, infatti, le maree sarebbero il frutto di due cause rilevanti: il duplice moto della Terra e l'attrazione gravitazionale della Luna. La seconda causa produce effetti più rilevanti, ma non annulla la realtà della prima. Souffrin, inoltre, ha ricostruito la macchina di Galileo. E ha verificato che essa produce effetti mareali. Dunque Galileo avrebbe avuto, almeno in parte, ragione. E avrebbe avanzato la sua teoria sia con "dimostrazioni necessarie" sia con "sensate esperienze".

Il "salutifero editto"

Tuttavia, all'inizio del 1616, il principale obiettivo di Galileo non è cercare di spiegare il fenomeno delle maree, ma spiegarsi coi membri del Sant'Uffizio. Non ci riesce. Non direttamente, almeno. Tuttavia stabilisce un dialogo tramite terze persone, tra cui il cardinale Alessandro Orsini, che deve la precoce porpora a Cosimo II, e lo stesso cardinale Carlo de' Medici, che di Cosimo è il fratello. La mediazione va a buon fine. Al Sant'Uffizio ci sarà qualcuno ad ascoltarlo.

Nel frattempo lo scienziato incassa, non senza soddisfazione, la richiesta di un'udienza da parte del suo acerrimo nemico: Tommaso Caccini. L'incontro avviene il 5 febbraio 1616. Dura ben quattro ore. Il frate domenicano cerca di spiegarsi, afferma che la disputa non è partita da lui. Che lui è disponibile a dare ogni soddisfazione a Galileo. Poi la discussione scivola sulla liceità dell'ipotesi copernicana. Caccini non si mostra affatto convinto. Galileo ne deduce che quello del domenicano è un falso pentimento. Ma pensa anche che la semplice richiesta di colloquio, per quanto malfidata, è indicativa: le accuse dei domenicani non hanno sortito l'effetto voluto.

Il giorno dopo, 6 febbraio, Galileo scrive e assicura Picchena che:

il mio negozio esser del tutto terminato in quella parte che riguarda l'individuo della persona mia; il che da tutti quelli eminentissimi personaggi che maneggiano queste materie mi è stato libera et apertamente significato, assicurandomi la determinazione essere stata di haver toccato con mano non meno la candidezza et integrità mia, che la diabolica malignità et iniqua volontà de' miei persecutori: sì che, per quanto appartiene a questo punto, io potrei ogni volta tornarmene a casa mia. [XII, 181]

I miei guai personali sono terminati, con mia grande soddisfazione. Tuttavia c'è da portare a termine il mio progetto. Un progetto che travalica la mia persona, ma chiama in causa i rapporti tra scienza e religione. Se, dunque, Galileo non ritorna a Firenze è perché si sente impegnato a difendere la teoria copernicana, della quale "hora si va discorrendo [XII, 181].

Ma perchè alla causa mia viene annesso un capo che concerne non più alla persona mia che all'università di tutti quelli che da 80 anni in qua, o con opere stampate o con scritture private o con ragionamenti pubblici e predicazioni o anco in discorsi particolari, havessero aderito o aderissero a certa dottrina et opinione non ignota a V. S. Ill.ma, sopra la determinazione della quale hora si va discorrendo per poterne deliberare quello che sarà giusto et ottimo; io, come quello che posso per avventura esserci di qualche aiuto per quella parte che depende dalla cognizione della verità che ci vien sumministrata dalle scienze professate da me, non posso nè devo trascurare quell'aiuto che dalla mia coscienza, come cristiano zelante e cattolico, mi vien sumministrato. Il qual negozio mi tiene occupato assai; pur volentieri tollero ogni fatica, essendo indirizzata a fine giusto e religioso, e tanto più quanto veggo di non affaticarmi senza profitto in un negozio reso difficilissimo dalle impressioni fatte per lungo tempo da persone interessate per qualche proprio disegno, le quali impressioni bisogna andar risolvendo e removendo con tempo lungo, e non repentinamente. [XII, 181]

Il granduca esprime tutta la sua soddisfazione per come si sono messe le cose. E non intima al suo primario matematico e filosofo di tornare a casa. Ma, forse, non ha ben chiaro quale sia e che portata abbia il progetto in cui Galileo si sente ancora impegnato.

Intanto lo scienziato lima le *Considerazioni sopra l'opinione copernicana*. Ribadendo ciò che ha scritto in precedenza: Copernico non considerava affatto il suo sistema un artificio matematico, ma "ha tenuto per verissima la stabilità del Sole e la mobilità della Terra" [V, 349].

Purtroppo questa tesi non trova d'accordo né il Papa, Paolo V, né il cardinale Bellarmino. Beninteso, l'uno e l'altro non credono alle accuse di Caccini e Ximenes e non vogliono infierire sullo scienziato. Tutt'altro. Vogliono preservarlo da ogni forma di punizione. Tuttavia concordano una linea comune. Censura. Galileo deve tacere su questi argomenti. Infatti, come fulmine a ciel sereno, Guicciardini scrive al suo duca: "fece sua santità chiamare a sé Bellarmino, et discorso sopra questo fatto, fermarono che questa opinione del Galileo fusse erronea et heretica" [XII, 190].

I fatti che portano Paolo V e Bellarmino alla inattesa (almeno da Galileo) decisione sono questi. Il 19 febbraio i consultori teologici del

Sant'Uffizio iniziano a esaminare i due concetti cardine del sistema copernicano: la tesi che il Sole è immobile al centro del mondo e la tesi che la Terra non è né immobile né al centro del mondo, ma ruota su se stessa e intorno al Sole.

Il 24 febbraio undici *Patres Theologi* emettono la sentenza: il sistema di Copernico è inconciliabile con le Sacre Scritture. In particolare, la tesi che il Sole è il centro del mondo deve essere considerata formalmente eretica, mentre quella che la Terra si muova deve essere considerata formalmente erronea.

Il giudizio, così severo, riguarda l'ipotesi copernicana. Ma tutti sanno che coinvolge direttamente Galileo. Quel giorno stesso infatti Paolo V convoca Bellarmino, che è membro sia del Sant'Uffizio sia della Congregazione dell'Indice, e insieme, come abbiamo detto, decidono il da farsi. Cosa, lo illustra il giorno dopo, 25 febbraio, il cardinale Giovanni Garcia Millini al Sant'Uffizio: il Papa, appresa la sentenza degli undici *Patres Theologi* relativa alle "proposizioni del matematico Galileo", ha disposto che il cardinale Bellarmino convochi lo scienziato e lo inviti ad abbandonare la sua teoria. Nel caso Galileo si rifiuti, il padre commissario del Sant'Uffizio dovrà convocare anche un notaio e almeno due testimoni per proibirgli formalmente di insegnare, diffondere o difendere il sistema copernicano. Se, infine, Galileo rifiuterà quest'ordine, dovrà essere arrestato.

In definitiva, da questo momento l'ipotesi copernicana viene ufficialmente riconosciuta come contraria alle Sacre Scritture e chi professa l'eliocentrismo diventa *ipso facto* eretico.

Il 26 febbraio Bellarmino convoca nella propria residenza Galileo e, alla presenza del domenicano Michelangelo Seghezzi, Padre Commissario del Sant'Uffizio, pronuncia quello che il toscano definirà, con evidente ironia, il "salutifero editto", con cui gli è fatto ordine di abbandonare la dottrina copernicana. Galileo non ha il tempo di reagire ed ecco che Michelangelo Seghezzi ingiunge e ordina:

> nel nome del papa e di tutta la Congregazione del Sant'Uffizio [...]
> di abbandonare totalmente la predetta opinione, secondo cui il Sole

sia al centro del mondo e la Terra si muova, e, per l'avvenire, di non tenerla, insegnarla o difenderla in qualunque modo, a voce o per iscritto, altrimenti, si procederà contro di lui nel Sant'Uffizio. [citato in Camerota, 2004]

La minuta che contiene quest'ordine – la cui veridicità è stata da alcuni contestata, ma che è ormai considerata autentica – non è firmata, contro ogni regola, né da Galileo, né dal notaio, né dai testimoni. In ogni caso si conclude con l'affermazione: "A tale precetto Galileo acconsentì e promise di obbedire".

Il successivo primo marzo, in una seduta tenuta ancora una volta in casa Bellarmino, la Congregazione dell'Indice delibera, pare con l'opposizione di Maffeo Barberini, di proibire la *Lettera sopra l'opinione de' pitagorici e del Copernico* di Paolo Antonio Foscarini e di sospendere fino a correzione il *De Revolutionibus* di Copernico e i *Commentari in Job* del teologo spagnolo Diego de Zuñiga, reo di aver interpretato in senso copernicano un passo di Giobbe.

Vengono inoltre proibiti tutti gli altri libri che insegnano la medesima dottrina copernicana. Ma non si fa alcun riferimento esplicito né a Galileo né alle sue opere. Probabilmente Bellarmino, autorizzato da Paolo V, vuole impedire una presa di posizione forte nei confronti di Galileo e degli astronomi, che possono considerarsi liberi di seguire il modello copernicano se lo riconoscono non per vero ma per utile.

Lo stesso libro di Copernico è parzialmente salvo, per via di quella premessa di Osiander secondo cui l'ipotesi eliocentrica deve essere considerata, per l'appunto, un'ipotesi matematica che salva i fenomeni e non la descrizione della realtà dei cieli.

Il successivo 3 marzo, il cardinale Bellarmino riferisce al Sant'Uffizio che, secondo le disposizioni della Santa Congregazione, ha ammonito Galileo ad abbandonare l'opinione che ha finora sostenuto (che il Sole è immobile al centro del mondo, mentre la Terra si muove) e che lo scienziato subito "ha accondisceso". Bellarmino non menziona alcun ordine ad astenersi dall'insegnare e diffondere il copernicanesimo che, come voleva il papa, doveva essere impartito solo se Galileo avesse mostrato resistenza.

La questione ha una validità legale, come vedremo.

Il 5 marzo viene pubblicato il decreto della Congregazione dell'Indice, in cui l'ipotesi copernicana viene condannata come falsa e contraria alle scritture, ma non come eretica.

Il giorno dopo, 6 marzo, Galileo si arrampica arditamente sugli specchi e, in una lettera inviata a Curzio Picchena, afferma che il decreto costituisce una sconfitta per i suoi accusatori perché da un lato lui non ha avuto alcuna conseguenza, e dall'altro l'ipotesi copernicana non è stata dichiarata eretica, ma solo contraria alle scritture: anche il *De Revolutionibus* non è stato proibito, dovrà essere solo corretto. L'unico salato prezzo lo paga Padre Carmelitano, Foscarini.

Ora, è vero che Galileo non è citato nella sentenza e nessuna sua opera, neppure l'*Istoria delle macchie solari*, viene proibita (e sì che proprio questo libro ha innescato il processo). Ma è evidente che anche se non lo si cita – perché famoso e pur sempre primario matematico e filosofo del cattolicissimo Granducato di Toscana – è a lui che la sentenza è rivolta.

Il 12 marzo Galileo insiste e scrive ancora a Picchena, consolandosi col fatto che le correzioni al *De Revolutionibus* costituiscono poca cosa.

Né sarà toccato altro che un luogo della prefazione a Papa Paolo 3°, dove egli accennava la sua opinione non contrariare alle Scritture, e si rimoveranno alcune parole nel fine del cap. X del primo libro, dove egli, dopo haver dichiarato la disposizione del suo sistema, scrive: Tanta nimirum est divina haec Optimi Maximi fabrica. [XII, 194]

Inoltre, per quanto riguarda se stesso:

Ieri fui a baciare il piede a S. S.tà, con la quale passeggiando ragionai per 3/4 d'hora con benignissima audienza. Prima gli feci reverenza in nome delle Ser.me Alt.ze nostre Signore; la quale ricevuta benignamente, con altrettanta benignità hebbi ordine di rimandarla. Raccontai a S. S.tà la cagione della mia venuta qua; e dicendogli come, nel licenziarmi da loro A. S.me, rinunziai ad ogni favore che da quelle mi fosse potuto venire, mentre si trattava di religione o d'integrità di vita e di costumi, fu con molte e replicate lodi approvata la mia resoluzione. Feci constare a S. S.tà la malignità de' miei persecutori et alcune delle loro false calunnie; e qui mi rispose che altrettanto era da lui stata conosciuta l'integrità mia e la sincerità di mente: e finalmente, mostrandomi io di restar con qualche inquiete per dubbio di havere ad esser sempre perseguitato dall'implacabile malignità, mi consolò con dirmi che io vivessi con l'animo riposato, perchè restavo in tal concetto appresso S. S.tà e tutta la Congregazione, che non si darebbe leggiermente orecchio a i calunniatori, e che vivente lui io potevo esser sicuro; et avanti che io partissi, molte volte mi replicò d'esser molto ben disposto a mostrarmi anco con effetti in tutte le occasione la sua buona inclinazione a favorirmi. [XII, 194]

I suoi vecchi nemici fanno circolare voci malevoli e velenose secondo cui Galileo è stato costretto all'abiura. Queste voci corrono non solo a Roma e a Firenze, ma vengono raccolte anche a Pisa da Benedetto Castelli e a Venezia da Gianfrancesco Sagredo.

Galileo, non essendo indagato e non essendo stato costretto ad alcuna abiura, le vuole stroncare. Così chiede a Bellarmino se può smentirle. Il 26 maggio 1616 il cardinale Roberto Bellarmino rilascia al matematico toscano una certificazione in cui, ancora una volta, non viene esplicitato alcun ordine, viene escluso che egli abbia abiurato e si rende noto che a Galileo è stato comunicato che l'ipotesi copernicana è contraria alle Scritture e quindi non si può "né difendere né tenere".

Noi Roberto cardinale Bellarmino, havendo inteso che il Sig.or Galileo Galilei sia calunniato o imputato di havere abiurato in mano nostra, et anco di essere stato per ciò penitenziato di penitenzie salutari, et essendo ricercati della verità, diciamo che il suddetto Sig.or Galileo non ha abiurato in mano nostra né di altri qua in Roma, né meno in altro luogo che noi sappiamo, alcuna sua opinione o dottrina, né manco ha ricevuto penitenzie salutari né d'altra sorte, ma solo gli è stata denunziata la dichiarazione fatta da N.ro Sig.ore et publicata dalla Sacra Congregazione dell'Indice, nella quale si contiene che la dottrina attribuita al Copernico, che la terra si muova intorno al sole e che il sole stia nel centro del mondo senza muoversi da oriente ad occidente, sia contraria alle Sacre Scritture, e però non si possa difendere né tenere. Et in fede di ciò habbiamo scritta e sottoscritta la presente di nostra propria mano, questo dì 26 di maggio 1616.

Il medesimo di sopra, Roberto Card.le Bellarmino. [XIX, 248]

Galileo acquisisce l'ordine. E vuole ancora illudersi. E stringe tra le mani due lettere di due cardinali, Francesco Maria del Monte e Alessandro Orsini, che attestano come ancora una volta il primario filosofo e matematico abbia goduto di "somma reputazione" presso il Sant'Uffizio, mostratosi lieto di conoscerne "più intimamente le virtù".

Ma la verità è che questa volta Galileo è stato sconfitto a Roma. E se la persona ha goduto di un precario rispetto, il suo progetto è stato completamente distrutto. Non solo non è riuscito a convertirla, ma ha determinato una decisa accelerazione della Chiesa in direzione contraria alla libera scienza.

Picchena ne è consapevole e lo invita finalmente a "quietarsi", a non insistere nella disputa cosmologica e a tornare a Firenze. Galileo vorrebbe restare ancora nella città dei papi, convinto di poter mietere ancora qualche successo. Ma infine deve cedere alle pressioni del preoccupato granduca e il 4 giugno 1616 lascia Roma.

Sconfitto. Ma non piegato.

28. Tre comete e un saggiatore

Sostiene Ludovico Geymonat: "Il processo del 1616 [costituisce] per Galileo una grave sconfitta, che lo [costringe] a rivedere alcune linee assai importanti del suo programma di conciliazione fra la Chiesa cattolica e il copernicanesimo" [Geymonat, 1969].

Sostiene Michele Camerota: il "salutifero editto" romano segna una svolta, perché "impone un drastico arresto alla campagna di rinnovamento scientifico e culturale promossa da Galileo" [Camerota, 2004].

Quando parte da Roma e si avvia lungo la strada del ritorno a Firenze, Galileo deve, dunque, fare i conti non con una, ma con una serie di sconfitte molto pesanti. Che lasciano libera la sua persona, ma ridisegnano il rapporto tra la scienza e la società in Italia e in tutta Europa.

Il suo "ardito progetto" è uscito semplicemente distrutto dalla prova con i teologi. Non solo la Chiesa di Roma non ha preso nelle sue mani la bandiera del nuovo, ma l'ha platealmente strappata. La politica di censura che hanno imposto il papa e il Sant'Uffizio ha effetti che vanno ben oltre Roma e Firenze. Il rifiuto della scienza nuova modifica gli equilibri culturali e, in prospettiva, tecnologici e quindi economici in un intero continente. L'Italia e, più in generale, le regioni cattoliche cessano di essere un traino e diventano un peso in quel processo di sviluppo scientifico che in pochi anni farà della piccola Europa il centro del mondo. Il motore di questo sviluppo si sposta dalle terre sottomontane, l'Italia, a quelle sopramontane, l'Europa centrale e settentrionale.

Una catastrofe, per Galileo.

Una catastrofe, per l'Italia.

Inoltre la stessa comunità scientifica transnazionale, che come un tenue ordito si va tessendo nel Vecchio Continente, esce lacerata dalla prova. Quel progetto "teologico" che Galileo propone, infatti, non trova per nulla d'accordo la gran parte degli scienziati laici. A iniziare da Johannes Kepler, che lo considera inutile e addirittura imprudente: meglio limitarsi a parlare di Copernico e del suo modello in una cerchia ristretta di esperti, evitando il dibattito pubblico. L'astronomo tedesco, copernicano convinto, rimprovera a Galileo la sua "pericolosa idea": aprire la scienza alla società [Greco, 2009].

> Alcuni, per il loro imprudente contegno – scriverà con insolita durezza e acidità il tedesco nel 1619, nel suo *Harmonices Mundi* – l'hanno portato a tal punto che la lettura dell'opera di Copernico, assolutamente libera per ottant'anni, è ora proibita almeno finché non sia corretta. [Kepler, 1997]

Kepler non è solo, ma dà voce a coloro che, nella nascente comunità scientifica europea, pensano che sia possibile – anzi, che sia auspicabile – garantire la libertà di ricerca e di comunicazione assumendo un basso profilo nel dibattito pubblico. Assumendo quell'atteggiamento di dissimulazione ideologica che Giovanni Calvino ha bollato come nicodemismo.

Galileo ha proposto e continuerà a proporre una strategia affatto diversa, se non opposta. La scienza sarà libera se diventa un valore condiviso dall'intera società. A partire dalla sua componente religiosa. Per questo ha cercato interlocutori a Roma. Molti ne ha trovati. Anche potenti. Ma, per sua disgrazia, ha trovato molti più oppositori. Anche potentissimi.

La Chiesa, semplicemente, non è pronta.

Lo dimostra la reazione alla sua proposta dei due ordini religiosi più influenti: i gesuiti e i domenicani. Ordini affatto diversi, per cultura e visione del mondo. Ordini che sono spesso in conflitto tra loro. Ma che si ritrovano inopinatamente alleati nel far fronte comune contro l'"ardito progetto" di Galileo.

I gesuiti vantano, come abbiamo visto, grandi uomini di scienza. Matematici e astronomi che hanno compreso pienamente le novità prodotte da Galileo. All'indomani del "salutifero editto" autorevoli membri del Collegio Romano, come Christoph Grienberger o Paul Guldin, si sono detti dispiaciuti per quanto è occorso allo scienziato toscano. Ma i gesuiti vantano tuttavia tra le loro fila anche grandi e influenti teologi. Per cui, in genere, in questi anni di profondi sconvolgimenti intellettuali, l'atteggiamento dei gesuiti matematici e astronomi è quello di conciliare le novità della scienza con quella filosofia aristotelica, che nella sua forma scolastica è espressione di un ordine antico e superiore della Chiesa. In soldoni: i gesuiti che sanno di matematica e astronomia non intendono rivendicare l'autonomia della scienza ed entrare in conflitto con i loro (potenti) confratelli che sanno di teologia. Quello dei gesuiti è, in questi anni, un colto e sofisticato progetto conservatore. O, se si vuole, una sofisticata forma di nicodemismo.

I domenicani, invece, hanno un progetto semplicemente reazionario. Loro sono, semplicemente, contrari al nuovo. Anche perché non lo comprendono. "Non a caso – sottolinea Ludovico Geymonat – i primi più ignoranti e più astiosi avversari di Galileo apparterranno proprio a quest'Ordine" [Geymonat, 1969].

Ebbene, le posizioni tra i due ordini si rovesceranno inopinatamente tra il 1616 e il 1633. Se nel primo processo, quello conclusosi nel 1616 con il "salutifero editto", i nemici giurati di Galileo sono domenicani, in genere di scarsa cultura, nel secondo processo, quello che si concluderà nel 1633, saranno gesuiti, in genere di raffinata cultura.

Il fatto è che il nodo – l'inconciliabilità tra la visione del mondo della nuova scienza e la visione scolastica – è infine venuto al pettine. E loro, i gesuiti, non vogliono, perché non sanno, scioglierlo. Così anche i migliori matematici e astronomi del Collegio Romano si piegano alla visione dei teologi, che tra i gesuiti sono il gruppo di gran lunga più potente. E da amici si trasformano in nemici, tra i più pericolosi, di Galileo.

Ma stiamo correndo troppo. È ora di restituire la parola ai fatti. E i fatti ci dicono che, tornato a Firenze, Galileo si rifugia nella villa Segni che ha comprato a Bellosguardo e si concentra soprattutto sulla sistemazione della famiglia: delle due figlie, Virginia e Livia, e del figlio Vincenzio.

Virginia e Livia, come sappiamo, sono figlie illegittime – "nate di fornicatione", come è riportato nell'atto di nascita – e come tali non possono certo aspirare a un buon partito. Galileo pensa che per loro la soluzione migliore sia la vita monastica. Che diventino suore. Cosicché ha da tempo chiesto e nel 1613, grazie al cardinale Francesco del Monte, ha finalmente ottenuto che siano accolte nel monastero di San Matteo, ad Arcetri.

Le due ragazze – Virginia nel 1616 e Livia nell'anno successivo, il 1617 – raggiungono l'età giusta, 16 anni, e possono prendere il velo. Virginia con sincera convinzione diventa suor Maria Celeste. Livia, subendo e mai accettando la decisione paterna, diventa suor Arcangela. Diversa è la sorte del figlio maschio. Nel 1619 Galileo chiede e ottiene dal granduca di legittimare "Vincenzio, di età di anni 11 in circa, acquistato di donna soluta, oggi morta, né mai maritata".

In questi anni Galileo non si muove dalla sua Firenze. Tranne che nel maggio e nel giugno 1618, quando compie un pellegrinaggio a Loreto e poi si sposta a Urbino, presso il duca Francesco Maria della Rovere.

Non è che in questi anni se ne stia con le mani in mano, come vedremo. Ma per ora sembra (e ribadiamo sembra) aver scelto la strategia del silenzio sulle questioni più spinose: il modello copernicano e i rapporti tra scienza e teologia. Tace anche quando, nel 1620, lo raggiunge la notizia che il *De Revolutionibus* emendato è stato, finalmente, pubblicato.

Intanto per due anni, tra il fatidico 1616 e il 1618, lo scienziato è impegnato sul fronte tecnologico, che per lui è del tutto consueto e che mai ha abbandonato. In questi anni porta avanti, infatti, una lunga trattativa con i sovrani di Spagna per la messa a punto di un sistema di calcolo della longitudine a bordo di una nave in movimento grazie al cannocchiale e a nuovi punti di riferimento in cielo: le quattro lune di Giove.

A questo scopo Galileo realizza un nuovo strumento, in svariate versioni: un giovilabio di ottone, per dirla con Stillman Drake, che nella sua struttura di base somiglia a un elmo con su montati due cannocchiali, cui per questo dà il nome di "celatone" o anche di "celata" [Drake, 2009]. Nella grossa partita che oggi chiameremmo di sviluppo e commercio *hi-tech* sono coinvolti in molti. Da Benedetto Castelli, che accetta di sperimentare il cannocchiale modificato in mare aperto e se la deve vedere con una brutta burrasca, al granduca Cosimo II, che spinge, per svariati motivi – economici e di immagine, ma anche per consolare e risarcire l'umiliazione romana del suo primario matematico e filosofo – affinché il re di Spagna acquisti la nuova tecnologia. Ma la trattativa non va in porto.

La verità, come una poesia

Nel maggio 1618 Galileo invia una versione del "celatone" all'arciduca Leopoldo d'Austria. Ed ecco che ne approfitta per tenere alta la soglia dell'attenzione sui temi che lo hanno portato alla catastrofe del 1616. Oltre al nuovo strumento – ovvero, alla nuova versione del cannocchiale – pensa bene di spedire all'arciduca una copia del *Discorso sul flusso e reflusso del mare* e della *Istoria e dimostrazioni intorno alle macchie solari*. A dimostrazione che non solo le sue idee sul moto della Terra non sono affatto cambiate dopo l'ingiunzione di Bellarmino, ma che egli non ha paura nel riproporle, sia pure in maniera indiretta. Anche perché non vuole che altri, nei paesi liberi, si approprino della primazia dell'idea, non potendo egli pubblicare il *Discorso*.

Hora, perchè io so quanto convenga ubidire e credere alle determinazioni de i superiori, come quelli che sono scorti da più alte cognizzioni alle quali la bassezza del mio ingegno per sé stesso non arriva, reputo questa presente scrittura che gli mando, come quella che è fondata sopra la mobilità della terra overo che è uno degli argumenti fisici che io producevo in confermazione di essa mobilità, la reputo, dico, come una poesia overo un sogno, e per tale la riceva l'A. V. Tuttavia, perchè anco i poeti apprezzano tal volta alcuna delle loro fantasie, io parimente fo qualche stima di questa mia vanità: e già che mi ritrovavo haverla scritta e lasciata vedere da esso Sig.r Cardinale sopranominato e da alcuni altri pochi, ne ho poi lasciate andare alcune

copie in mano di altri Signori grandi; e questo, acciò che in ogni evento
che altri forse, separato dalla nostra Chiesa, volesse attribuirsi questo
mio capriccio, come di molte altre mie invenzioni mi è accaduto, possi
restare la testimonianza di persone maggiori di ogni eccezzione, come
io ero stato il primo a sognare questa chimera. [XII, 304]

Quanta l'ironia, quasi sprezzante, in questa lettera che Galileo spedisce a Leopoldo il 23 maggio 1618! Visto che mi impediscono di ritenere la mobilità della Terra un argomento fisico, ebbene la riterrò una
poesia. Un sogno.

A proposito di poesia e di arte, in questi mesi Galileo si occupa
attivamente sia di letteratura che di pittura. Come mostra una lettera
che il giorno 1 ottobre 1618 gli scrive Virginio Cesarini, un giovane
duca che ha frequentato i collegi gesuiti e che, dopo aver ascoltato
Galileo a Roma tra il 1615 e il 1616, ne ha abbracciato il pensiero fino
al punto da essere cooptato nell'Accademia dei Lincei:

> Narro a V. S. qual sia stata la conditione mia, sì perchè so ch'ella gode
> che gli amici suoi le siano rivali nell'amore della scienza [...]. Non
> vengo però a riferire specialmente in che mi sia affaticato, perchè, s'ella
> havrà curiosità di saperlo, dal S.r Giovanni nostro collega lo saprà: le
> accenno solo che, se negli studii di lettere humane e particolarmente
> di poesia (ne' quali il S.r Ciampoli et io havemo qualche pensiero di
> novità non affatto disprezzabile) mi accorgerò d'haver fatto qualche
> profitto, il far commemoratione in essi di lei sarrà mia principalissima
> impresa, e le prometto che nel frontespicio delle mie fabriche poetiche
> risplenderà per ornamento mio il suo nome. [XII, 323]

In definitiva, è a Galileo che per avere un giudizio autorevole e un riconoscimento spendibile si rivolgono due giovani che vivono a Roma,
che amano la scienza e che sono impegnati soprattutto in poesia: lo
stesso Virginio Cesarini e il già citato Giovanni Ciampoli. I due sono
membri dell'Accademia dei Lincei, appartengono al mondo ecclesiastico e sono vicini ad Agostino Mascardi, considerato un grande in-

tellettuale neostoico. Cesarini e Ciampoli propongono un tipo di poesia che va annoverata nel filone noto come "classicismo barocco". In pratica rifiutano i modelli italiani e ripropongono i modelli della poesia greca e latina: "a conferma – scrive Andrea Battistini – di una nuova sensibilità che [reagisce] all'intellettualismo manieristico con un patetico sublime in cui l'erudizione si [fonde] con l'elegia" [Battistini, 1989].

Non abbiamo le risposte di Galileo a Cesarini e Ciampoli. Sono andate, purtroppo, perdute. Ma è certo che i due si rivolgono al toscano non solo in quanto grande scienziato e autorità intellettuale che insegna ai giovani "una certa logica più sicura, i cui sillogismi, fondati o su le naturali esperienze o su le dimostrationi mathematiche, non meno aprono l'intelletto alla cognitione della verità", ma in quanto critico d'arte e di letteratura. "Dal giuditio suo il S.r Ciampoli et io siamo per ricevere particolare norma e regola a gli intelletti nostri" [XII, 323].

Cesarini naturalmente sa che Galileo ama e conosce la poesia italiana – Dante, Petrarca, Ariosto – ma vuole che almeno prenda in considerazione l'ipotesi di un ritorno al classicismo. Così lo implora: "favoriscami, in virtù dell'amicitia comune di ascoltare alcuni de' componimenti del S.r Ciampoli, ornati delle novità e vaghezze greche ch'io ho accennate" [XII, 323]. Ascolti e poi proponga la sua analisi critica o almeno sospenda il giudizio, accettando di riconoscere le novità:

> e sì come ella ne' studii di mathematica e filosofia ha con tanta felicità tentato et arrivato a cose nuove, finché apieno sarà raguagliato de' nostri pensieri dal S.r Ciampoli, sospenda il suo giuditio dalla inclinatione verso i poeti antichi lirici toscani, e non attribuisca tanto alla veneratione dell'antichità, che l'arbitrio resti corotto dalla falsa grazia delle opinioni vulgari. [XII, 323]

Cesarini insiste sull'analogia tra il portato rivoluzionario della ricerca poetica sua e di Ciampoli e quello della ricerca scientifica di Galileo:

Attribuisca, di grazia, V. S. alla chiarezza del suo ingegno questo pregio non affatto vulgare, di non haver disprezzato la musa argiva del S.r Giovanni adottata nell'Italia, e degnisi di sospettare che forsi, non altrimente ch'ella in Aristotele et in Tolomeo ha scoperti molti mancamenti, così anco qualche altro ingegno habbia potuto riconoscere l'imperfettioni de' poeti toscani che fin ora havevano scritto" [XII, 323].

Giovanni Ciampoli, assicura Cesarini, la ragguaglierà in maniera più approfondita sulla nostra proposta poetica.

Non conosciamo, come abbiamo detto, la risposta di Galileo. Ma sappiamo quanto scrive Cesarini due mesi dopo, l'1 dicembre:

Ricevei la gratissima sua in risposta della mia lettera, e con molto e singolare mio piacere intesi l'approbatione ch'ella fa delle compositioni del S.r Ciampoli, da cui so che la testimonianza favorevole dell'ingegno di V. S. è anteposta a qualunque publica lode ch'egli ottenesse. [XII, 330]

Ciampoli sta ancora volando per la gioia.

Dibattito sulla pittura, con Gianfrancesco Sagredo
Intanto Galileo intensifica anche il suo scambio epistolare con Gianfrancesco Sagredo. Focalizzandolo soprattutto su un tema: la pittura. Purtroppo anche di questo carteggio abbiamo solo una parte: le lettere di Sagredo. Non abbiamo, invece, la loro versione speculare, quelle di Galileo. Da questo solo punto di osservazione apprendiamo che il nobile veneziano è impegnato negli studi di termometria, in ricerche sulla calamita e sulla propagazione del suono. Che è anche impegnato nella collezione di strumenti scientifici e oggetti curiosi, come è di moda in questi tempi in cui in tutta Europa si diffondono le Wunderkammer, le camere delle meraviglie [Greco, 2006]. Ma soprattutto è impegnato, Gianfrancesco Sagredo, nella collezione di dipinti.

Anche Galileo deve avere una buona collezione di quadri. C'è chi dice che possieda, tra gli altri, anche l'*Abramo che serve messa agli an-*

geli di Jacopo Vignali. Sta di fatto che un argomento ricorrente del carteggio tra lo scienziato e l'amico veneziano negli anni dopo il "salutifero editto" è la pittura. L'occasione sono i rispettivi ritratti che Galileo e Gianfrancesco intendono scambiarsi. Ma spesso i due amici entrano nel merito della critica artistica. Discutono, per esempio, sull'autenticità del ciclo delle *Quattro stagioni* che un noto pittore, Gerolamo Bassano, ha venduto attribuendole al padre, Jacopo, anche lui rinomato pittore. Il quadro è stato giudicato un falso da esperti d'arte a Firenze. Ma Sagredo è convinto che sia autentico, come garantiscono sia il figlio del pittore sia gli esperti d'arte veneziani. E, in una lettera del luglio 1618, ironizza sul fatto che "cotesti Academici della pittura", lì a Firenze, li abbiano "sì mal conosciuti" da considerarli falsi [XII, 312].

I Bassano sono una famiglia di pittori. Il loro reale cognome è Del Ponte. Ma essendo nati a Bassano del Grappa, sono noti con il nome della loro città. Jacopo Bassano è effettivamente l'autore delle *Quattro stagioni*. Gerolamo, che le ha vendute, è il terzo figlio di Jacopo, ed è anch'egli pittore. Mentre il ritratto di cui parla a Galileo, Sagredo lo ha ordinato a un fratello di Gerolamo, Leandro. Un giovane seguace del Tintoretto, dotato di genio artistico e con uno stile di vita assolutamente *bohemien*.

L'ordine è il preludio sia di un periodo di passione per la pittura, che in questi mesi Gianfrancesco inaugura, avendo come interlocutore Galileo, sia di un periodo di consuetudine che Sagredo instaura con i fratelli Bassano.

Il lettore ci perdonerà se ora apriremo una lunga parentesi su queste interlocuzioni multiple di Gianfrancesco Sagredo. Ma la parentesi è illuminante per due motivi. In primo luogo perché dimostra che, lungi dall'essersi ritirato a vita privata dopo il "salutifero editto", Galileo continua a coltivare tutti i suoi interessi culturali. E poi perché dimostra che, tra questi interessi, quello per l'arte figurativa resta vivissimo.

Ma torniamo a Sagredo e ai suoi rapporti con i Bassano. Gustosa è la ricostruzione, in una lettera del 13 ottobre 1618, di una lunga vacanza che Gianfrancesco ha trascorso con Leandro e compagni, nel tentativo di farsi ritrarre con la fidanzata:

Sono stato fuori – scrive a Galileo – queste passate settimane a piacere col Cavaliere Bassano, una sua sgualdrinotta, un suo bufone magro et una mia putella, con mezo il suo parentado. Ho portato meco tutti i canoni per farne una scielta et accommodamento generale, et al Cavalliere ho fatto portare i suoi peneli, spatole, colori. Io non ho havuto tempo di attendere alli canoni neanco per un'hora, perchè dicendo il Cavaliere di voler star allegramente, ha bisognato secondare tutti li suoi humori fernetichi. Voleva ritrare la casa, le teze, la cantina, la stala, i cavalli, tutti i frutti et ammali che vedeva; ma infine a fatica ho fatto abbozzare la putta e fare la mia testa, un piato di tartufi, un altro di persichi. [XII, 324]

Ma prima ancora, l'8 agosto 1618, Sagredo informa Galileo che sta usando il cannocchiale, di quelli "corti buoni", per studiare la pittura. Gianfrancesco spiega di aver apportato un piccolo miglioramento: ho "aggionto alcun canone all'ultimo vetro, che lo copri dal lume, si vede molto più chiaro et distinto" [XII, 315]. Ha dunque allungato il tubo, in modo da proteggere l'obiettivo (l'ultimo vetro) dalla luce. In questo modo si vede più chiaro.

Poi ha puntato il cannocchiale verso un quadro e lo ha osservato punto per punto, con grande definizione di dettaglio:

Nel veder con li corti le pitture, ho scoperto mirabil effetto, trovando che quelli che imitano il naturale, inganano l'occhio in modo che rappresentano il vivo maravigliosamente; et essendovi alcun lume od ombra affettata et superflua, se nel resto la pittura è buona, pare questo un neo o simili, postavi per accidente. In conclusione parmi che con questo occhiale s'accreschino parimente li diffetti e le perfettioni delle pitture. [XII, 315]

È questo di Gianfrancesco Sagredo forse il primo esempio di uso della tecnologia ottica più avanzata nella storia della critica dell'arte. E non solo.

Scrive infatti il gaudente Sagredo:

Ho osservato ancora che i riflessi del vetro concavo impediscono alcune volte la vista, et particolarmente in casa rimirandosi alcun quadro di pittura, quando il detto vetro è vicino a qualche finestra o altro lume, il quale eclissato o con mano o con capello od altro, si radoppia la vista. Di più, sicome le pitture accrescono la loro qualità vedute con questi occhiali corti, così ancora succede alli corpi veri: le donne, riguardate con essi in buon sito poco lontane, appaiono molto più vaghe et belle. [XII, 315]

E, infine, aggiunge divertito: "Et mi sarà caro che sopra questi particolari mi scrivi l'esperienze che le reusciranno" [XII, 315]. E non si capisce se l'invito complice a Galileo a ripetere le esperienze riguardi l'osservazione delle pitture o delle belle donne o di entrambe.

Il 27 ottobre Sagredo scrive una nuova lettera a Galileo, chiudendola con un nuovo riferimento alla pittura:

Quanto prima il Bassano habbia fornito il mio ritrato, lo manderò a V. S. Ecc.ma con una copia per lei, che però sarà fatta di mano del fratello del Cavalier et ritocata da lui; et ella mi farà gratia (perdonandomi se la proposta è usuratica) mandarmi il suo ritrato, fatto per mano di alcuno de' suoi più famosi pittori, sichè al gusto che riceverò vedendo la sua imagine s'aggiongi anco quello che sentirò per la belezza della pittura. [XII, 326]

Insomma, Gianfrancesco annuncia che farà completare il proprio ritratto da Leandro Bassano e lo farà copiare dal fratello Girolamo. La copia sarà immediatamente spedita a Firenze. Sagredo chiede a Galileo di fare altrettanto: si faccia fare un ritratto da uno dei più famosi pittori fiorentini e lo spedisca a Venezia.

E subito dopo, il 3 novembre, eccolo, quasi esasperato, prodursi in una nuova lettera: "Sollecito il mio ritratto dal Bassano; ma egli lavora sì poco, et è da tanti altri importunato, che convengo haver la patienza di Giob" [XII, 326]. L'amico Leandro lavora poco e ha così tanti committenti e ha così tante bizzarrie che l'ambito ritratto di Gianfrancesco stenta a materializzarsi. Insomma, col Bassano ci vuole la pazienza di Giòbbe.

Poi aggiunge:

> Io non so se ella penerà tanto ad haver il suo da cotesti pittori, tra' quali intendo esservene uno, chiamato il Bronzino, molto famoso, del quale non ho veduto alcun'opera. Se il suo valore consiste nella diligenza, io ne sono poco curioso; ma se nella naturalità et similitudine, ne vederei alcuna molto volentieri, per chiarirmi se arrivi a questi del Cavaliere et degl'altri Bassani. [XII, 326]

Il cavaliere è Leandro e gli altri Bassani sono Jacopo e Girolamo. Quanto al Bronzino, come rileva Mariapiera Marenzana, di personaggi noti con questo nome, nella storia dell'arte fiorentina, ce ne sono tanti [Marenzana, 2010]. Quello cui si riferisce Sagredo non può essere il più famoso, Agnolo di Cosimo, perché è morto nel 1572. Né può essere un altro Bronzino non meno noto, Alessandro Allori, il maestro del Cigoli, perché anche lui è morto, nel 1607. Sagredo si riferisce evidentemente a Cristofano Allori, anche lui detto il Bronzino, che di Alessandro è figlio e che di Ludovico Cardi detto il Cigoli è discepolo. Un pittore che Galileo, dunque, conosce molto bene.

Basterebbe questo solo riferimento a confermare come lo scienziato toscano, anche in questo periodo, continui a essere in contatto strettissimo con la comunità artistica della sua città.

Intanto il ritratto promesso da Leandro Bassano tarda a venire. Nel marzo del 1619 Gianfrancesco Sagredo ragguaglia Galileo: il pittore è stato preso a martellate da una sua fidanzata ...

> Il povero Cavalier Bassano ha queste settimane passate corsa gran borasca di impazzire per martello datogli da una sua ribaldella serva da letto et da cucina; et per sospetto che la sciagurata ha havuto che io inanimassi il pover'huomo a scacciarla, mi ha posto ella finalmente in gran diffidenza con l'istesso Bassano, il quale però mi va prolungando il finire il mio ritratto e diverse opere principiate per conto

mio. Tuttavia ha condotta assai bene la mia testa, la quale desidero mandar quanto prima a V. S. Ecc.ma per haver poi maggior ardire a farle instanza per la sua. [XII, 348]

Il povero Leandro è vittima della sua vita disordinata. E Gianfrancesco, che di quella vita deve essere complice, è vittima della diffidenza della "ribaldella", la fidanzata del Bassano.

Sagredo intanto ha avuto modo di vedere un dipinto di Cristofano Allori. E insiste per entrare in possesso di qualche opera del pittore:

Ho veduto un S. Francesco di mano del Bronzino, et m'è riuscito opera diligente, vaga et ben intesa oltre quanto io credeva. Intenderei volentieri se fosse possibile havere per honesto prezzo alcun'opera del suo, non dico da farsi, per non entrare in un labirinto, ma delle già fatte, sia rittrato od altro, ma cosa naturale et bella, et se fosse anco possibile haverne alcuna da copiare, poiché il S.r Girolamo Bassano sarebbe suficientissimo a questo effetto et vi lavorarebbe dì e notte per farmi servitio. [XII, 348]

Il 30 marzo Sagredo può annunciare: "Il Cavaliere Bassano ha finalmente, tra la mal'hora et mal punto, fornita la testa del mio ritratto" [XII, 349]. Ma quanto a finire l'opera ... "Temo grandemente che ne' vestimenti debba stentarmi, perchè non sono punto in gratia della sua dama, la quale sa che ho fatti cativi uffitii contro di lei". Gianfrancesco teme di essere sempre più inviso alla fidanzata del pittore e che la ragazza farà di tutto per impedire che il dipinto sia completato. Ma c'è una soluzione. Si rivolgerà al fratello di Leandro, Girolamo, che è bravo non solo a copiare. Sarà lui a completare l'opera e poi a copiare l'esemplare che Sagredo invierà a Firenze: "Andavo pensando, per haverlo presto, farne far una copia al S.r Gerolimo suo fratello, et mandarglielo subito in abito consulare, simile ad uno che esso M. Gerolimo fece già sett'anni, che non mi spiace" [XII, 349].

Nel corso della loro recente comunicazione epistolare, i due amici, Gianfrancesco e Galileo, si scambiano consigli su svariati pittori e sulle loro opere. Oltre ai Bassano e ad Allori, citano Giovanni Conta-rini, Alessandro Varotari, detto il Padovanino, e la sorella Chiara.

Così Sagredo chiude la sua lettera del 30 marzo: "Avanti parti il pittore ch'ella mi scrive [non sappiamo chi sia, *nda*], procurerò co-noscerlo et abboccarmi con lui, acciò possi riferirle il mio desiderio circa le pitture, dalle quali già un anno in qua prendo inestimabile dilettatione" [XII, 349].

Sagredo è appassionato di pittura almeno quanto Galileo. Cosic-ché l'11 maggio scrive ancora, sicuro di non annoiare l'amico toscano:

Ho fatta pausa alquante settimane di scrivere a V. S. Ecc.ma, perchè pur volevo alle mie lettere aggionger il ritratto promesso. In conclu-sione l'ammartellato Cavalliere non vi ha voluto attendere, ma di bi-zaria mi ha dipinte due Note, in parangone, assai belle: una è già del tutto fornita, et è stata veduta e comendata dal Varotari; l'altra è a buon termine. [XII, 353]

Insomma, l'ammartellato Leandro si è messo a fare altro (dipingere la Notte in due diversi quadri). Cosicché

vedendolo impiegato in opera molto desiderata da me, ho dato a co-piare la testa già fornita al Sig. Gerolimo suo fratello, il quale ha fatto assai bene l'habito che io portava in Soria, che ha alquanto del nuovo et del maestoso; nè credo sia in tutto per spiacerle, et l'haverà questa prossima posta. [XII, 353].

Il ritratto, con l'abito che Sagredo indossava quando era in Siria, sarà finalmente ultimato. Intanto l'interesse per la pittura non scema: "Col Varotari ho fatta una buona amicitia, et già ho fatto che la sua sorella fornisca un ritratto di certa mia amica, che ha una faccia assai gentile. Il S.r Gerolimo Bassano ne ha formata di quella una Diana, che può scorrere" [XII, 353].

Ma l'attenzione è ancora su Firenze e i suoi artisti: "Ancorché non si possi sperare alcuna cosa del Bronzino", conclude dispiaciuto [XII, 353].

Il 24 maggio una nuova lettera, in cui annuncia che, finalmente:

> M. Girolamo, fratello del Cavalliero, ha fornito di copiare il mio ritratto; ma perchè egli s'ha voluto più tosto accostarsi ad un altro, già fatto da lui, che a quello del fratello, non ho voluto mandarlo hoggi a V. S. Ecc.ma: ma senza nessun falo lo invierò, accommodato, hoggi otto.

Poi gli parla del Varatori e della sorella.

> Il Varotari era qui presente quando ho ricevuto l'ultime di V. S. Ecc.ma. Mi ha detto, esser involto in gran impedimenti, che non permettono per adesso la sua partenza per costà, et non tener a memoria quali siano li due ritratti che ella desidera siano copiati dal Cl.mo Contarini, raccordandosi di un solo: però aspetta avviso da lei, per poterla quanto prima servire.

È evidente che Alessandro Varatori, studioso di Tiziano, deve copiare per conto di Galileo alcuni quadri in possesso del nobile veneziano Giovanni Contarini. Sagredo, però, avvisa: "Egli qui è in assai buon credito, si fa pagar molto più del Caval.r Bassano, et professa esser gran studioso di Titiano" [XII, 353].

Anche la sorella è brava pittrice: "Ha una sorella che non dipinge male, et mi sono valuto di lei in fornire et vestire certo ritratto di una assai gentil figliuola. Discorre egli assai fondatamente della profession sua, et mi dà sodisfattione" [XII, 353].

Gli ordinativi per Bassano non sono finiti. "Il Sig. Zaccaria mio fratello, a gran fatica persuaso da me, s'è finalmente contentato di lasciarsi ritrar in quadro *cum tota familia*" [XII, 355]. Il guaio è che: "Il Caval. Bassano, come apunto mi scrive, è ottimo per far ritratti, ma però nelle inventioni et ne' gesti alquanto rustico" [XII, 355]. Ci vuole qualcuno più creativo:

> Vorrei perciò (desiderando io far far un bellissimo quadro) havere alcun huomo di spirito et ingegnoso, che l'aiutasse nella inventione.

Io penserei che si facesse una Madonna, alla quale paresse che S. Gerardo Sagredo raccommandasse la sua famiglia, mostrando mio fratello, la moglie, sei figli maschi, che vivono, et una femina, oltre cinque altri maschi et un'altra femina morti, che si potriano forse rapresentare come angioletti che soprastassero alli figli vivi. [XII, 355]

Ma, a parte l'apologia della famiglia, Sagredo chiede qualità e naturalismo:

I ritratti tutti vorrei fossero alla grandezza naturale, et che il quadro in altezza non eccedesse tre braccia e mezzo, al più quattro a cotesta misura, che credo cali poco dalla nostra; et ho voluto communicar con V. S. Ecc.ma questo mio desiderio, acciò, se potesse, col suo raccordo et col mezo di alcuno di cotesti suoi pittori, mi favorisse di qualche schizzetto, non dico di testamento, come fece il Berlinzone, ma di un quadro. [XII, 355]

Insomma, Sagredo chiede a Galileo di intercedere presso i suoi amici pittori fiorentini per fargli avere un qualche schizzetto dell'opera.

Il 7 giungo ecco un nuovo aggiornamento.

Al Varotari ho fatto l'ambasciata di V. S.; et prima che io ricevessi le sue lettere, feci moto del desiderio suo al S.r Contarini, il quale mi disse che sapeva benissimo quali fossero li due quadri, offerendoli, sempre che il Varotari voglia attendervi. Hor esso Varotari s'escusa di non poter andar a casa del S.r Contarini se non con grande incommodo, onde procurerò che gli siano dati i quadri a casa. [XII, 358]

Alessandro Varatori è bravo, ma si comporta come un divo piuttosto bizzoso. Infatti, prosegue Sagredo: "Questo pittore è in qualche credito; egli però si stima un secondo Titiano, et si fa pagar le opere sue di gran lunga più del Cav.r Bassano" [XII, 358].

Leandro ha un altro carattere: "in alcune costellationi è molto trattabile" [XII, 358]. Purtroppo si trova in guai seri a causa della solita vita. E della solita fidanzata:

> hora si trova in grande imbarazzo per cagione della sua donna, per la quale è occorso in casa un fatto d'arme col S.r Gerolimo suo fratello. Si sono adoperati legni, sassi, pugnali, spade et arme d'aste, et sono intervenuti al conflitto servitori, massare, puttane, li giovani pittori, et anco certi della vicinanza: non ci son però state ferite. Si sono fatti tra loro commandamenti penali dell'Avogaria; volevano dar querelle et far cose grande; onde la passata settimana ho havuto fatica concluder tregua tra loro, nè vi è stato tempo da dipingere, et a fatica hoggi ho havuto la copia del mio rittrato molto fresca, che con qualche pericolo si potrà mandar con queste. [XII, 358]

La scena non ci fornisce solo uno spaccato della vita a Venezia in ambiente artistico. Ma chiama in causa proprio il ritratto di Sagredo. Scrive, infatti, il nobile veneziano:

> La questione, per mio senso, è stata cagione che il fratello non ha voluto imitare perfettamente l'originale del Cavalier, il quale però mi ha promesso far la testa in rame, acciò V. S. l'habbia di sua mano, et, come egli dice, sommigliante a me. [XII, 358]

I fratelli sono giunti in contrasto per motivi di creatività e originalità. Girolamo non accetta di copiare Leandro. E la fidanzata di quest'ultimo ritorna piuttosto ribaldella.

Sagredo informa che, malgrado tutto, Leandro ha continuato a lavorare, e bene, ai dipinti che gli premono di più, quelli sulla notte:

> Del Cavalier ho havuti due quadri in paragone, per mio giuditio molto belli et artificiosi. Sono ambedue rappresentanti notte, con chiari et oscuri che rendono molta vaghezza: li scuri non son dipinti, ma la pietra scoperta supplisce, onde non credo che ne sia dipinta o coperta da' colori una terza parte. L'artifitio è grande, nè può esser

fatta quest'opera se non da maestro molto sicuro, perchè il paragone, lievemente tocco da' colori, non si lascia più nettare; et il Varottari, tutto che si stimi grandemente, mi ha confessato esser la fattura così difficile, che non ha manco voluto mettersi alla prova. Voglio procurare fargli far alcuna cosa anco per V. S., perchè non so se costì s'usi simile fattura. [XII, 358]

Sempre nel mese di giugno Sagredo informa Galileo: "Ho veduta una testa fatta di mano di cotesto Bronzino, la quale parmi che trappassi di gran lunga li moderni et antiqui pittori". L'arte di Cristofano Allori gli piace, per cui aggiunge: "onde sono venuto in un estremo desiderio di havere alcuna cosa del suo, et più volontieri un ritrato od altra cosa alla grandezza naturale che in forma picciola, poiché io apprezzo nella pittura la naturalità" [XII, 360].

Sui suoi gusti artistici Sagredo ritornerà in una lettera a novembre:

Da Roma mi vengono promesse copie meravigliose di pitture rarissime. Sto aspettandole con desiderio. Se costì vi fossero copiatori buoni, et si potessero haver buoni originali, spenderei volentieri una cinquantina di scudi, cavando io un singolarissimo gusto dalle belle pitture: et belle intendo quelle che son fresche, moderne, vaghe et naturali, sì che ingannino l'occhio, lasciando le affumicate, antiche, artificiose, malinconiche et originali a gli altri più belli ingegni di me. [XII, 389]

Sagredo condivide, dunque, con Galileo la medesima passione per la pittura naturalistica: "la quale mi dà anco sodisfattione maggiore quando sia uguale più tosto che di misura proportionata alla cosa dipinta" [XII, 360]. Insomma, vuole dal Bronzino un ritratto dell'amico, in proporzione 1:1. E, a differenza di Galileo, Sagredo non bada a spese: "et quanto al prezzo, tanta è la mia curiosità che voglio non haver cura al risparmio". Infine, se proprio il Bronzino non volesse dipingere un altro ritratto e: "caso che non si possi haver un pezzo autentico, mi contenterò di alcuna buona copia" [XII, 360].

Ma ritorniamo a giugno. Il 22 di quel mese, un nuovo aggiornamento. "Qui fa gran caldo, et credo il S.r Contarini essere in villa: quanto prima io lo vedi, gli farò instanza che dia li quadri a casa a copiare al Varotari; altrimenti anderà la cosa in lunga, nè per hora si vederà la fine" [XII, 360].

Sagredo ha avuto modo di vedere come lavora Allori. E ha molto apprezzato. "Ho veduta una testa fatta di mano di cotesto Bronzino, la quale parmi che trappassi di gran lunga li moderni et antiqui pittori" [XII, 360]. È per questo che

> sono venuto in un estremo desiderio di havere alcuna cosa del suo, et più volontieri un ritrato od altra cosa alla grandezza naturale che in forma picciola, poiché io apprezzo nella pittura la naturalità, la quale mi dà anco sodisfattione maggiore quando sia uguale più tosto che di misura proportionata alla cosa dipinta: et quanto al prezzo, tanta è la mia curiosità che voglio non haver cura al risparmio. Caso che non si possi haver un pezzo autentico, mi contenterò di alcuna buona copia. [XII, 360]

Intanto Galileo a Firenze si è dato da fare e ha trovato almeno un pittore disponibile a proporre uno schizzo per il quadro della famiglia Sagredo. Scrive, infatti, Gianfrancesco: "Ho ricevuto anco lo schizzetto, et la ringrazio, stando ad aspettare gl'altri. Credo che V. S. Ecc.ma haverà fin hora havuto il ritratto che le mandai, et sto con desiderio attendendo il suo" [XII, 360].

Ai primi di luglio Sagredo riceve, tutte insieme, tre lettere di Galileo. Lo scienziato ha avuto il ritratto di Gianfrancesco, lo ha visto e ora si congratula con l'amico per la buona cera che mostra nel dipinto. Sagredo ringrazia per i complimenti e anche per un nuovo schizzetto ricevuto. Inoltre scrive di Allori, di cui apprezza sempre più il valore:

> Del Bronzino ho veduto due sole opere, le quali nella naturalezza del collorito avantano certamente tutte le antiche e moderne vedute sin

hora da me, sì come nel rimanente non ho saputo avertire nissun errore, come faccio in quelle di ogni altro. Se sarà possibile haver alcuna copia di qualche sua opera, mi contento spendere ogni dinaro, et ne restarò a V. S. Ecc.ma obligatissimo. [XII, 364]

Il 12 luglio nuova lettera e nuovi ringraziamenti, per il bellissimo quadro che Galileo gli ha mandato, probabilmente il lavoro su pietra che lo scienziato gli aveva promesso [Marenzana, 2010]:

Ho ricevuto il bellissimo quadro inviatomi da V. S. Ecc.ma col mezo del S.r Ressidente, et sicome per la relatione havuta dalle sue lettere io stavo con grande aspettatione attendendolo, così, vedutolo, ha pienamente corrisposto al concetto formato di lui, et tutti questi antiquarii l'hanno essaltato pel più bello di quanti n'habbino veduti. Onde quanta sia la mia obligatione verso V. S. Ecc.ma, lascio che ella stessa lo comprendi, senza che mi estendi in parole [XII, 365].

Lo scambio di consigli e di proposte si intensifica. Sagredo chiede un duplice aiuto a Galileo:

V. S. Ecc.ma mi scrisse che mi haverebbe provisto di alcuni pezzetti della stessa pietra, per aiutarli con colori. Non osai accettar l'offerta, dubbitando esserle troppo molesto et abusar la sua gentilezza, e tanto più che non sapevo chi mi potesse servire nella pittura; ma essendomi capitato certo Fiamengo assai sufficiente, ho voluto mandar una sua operetta per mostra a V. S. Ecc.ma, acciò mi consigli se porta la spesa affaticarla in trovar pietre per farle dipinger a costui: protestandole però che intendo rimborsarla della spesa che farà; altrimenti non occorre che me le mandi, perché certamente gliele rimanderei, restando abastanza favorito di questo grande pezzo che mi ha mandato. [XII, 365]

Per un mese Sagredo non riceve lettera alcuna da Galileo e ne è allarmato. Per cui gli scrive l'8 agosto:

Doppo la ricevuta dell'esquisitissimo quadro mandatomi da V. S. Ecc.ma, io le scrissi la ricevuta, accennandole in parte la mia grandissima obligatione, et insieme le inviai una piccola pietra, machiata dalla natura et aiutata dall'arte con alcuni colori et figurine. [XII, 375]

Per tre mesi lo scambio epistolare si interrompe. Sagredo riprende a scrivere il 15 novembre, giustificandosi a causa dei molti impegni che ha avuto. Poi, ritorna al tema più caro: la pittura.

Delle pietre io la ringratio sommamente, et parendole, potrà consegnarle al Sig. Ressidente, già che il Varottari ha diferito la sua venuta, veramente con mio disgusto, perchè l'ho eccitato sempre a venire, et sempre ancora gli ho fatte le ambasciate di V. S. Ecc.ma. [XII, 389]

Il Varotari continua, dunque, a fare le bizze. Ma quel che più conta, non si mostra nei fatti così bravo come sostiene a parole:

Ho veduto la Scapigliata in copia, et l'originale ancora, nè in vero mi è piacciuta nè l'una nè l'altra. Ho fatto che egli mi copii certo ritratto di un fraticello fatto dal Bronzino; et veramente s'è egli luntanato in modo dall'essemplare, che ho convenuto accrescere di molto il concetto c'havevo del Bronzino" [XII, 389].

Leandro Bassani è pittore di tutt'altra vaglia: "Però, volendo anco esperimentar il Caval.ro Bassano, gli ho portato l'uno co l'altro, et in un'hora egli l'ha in modo ridotto, che dico e dirò sempre ch'egli sia vero maestro del dipingere" [XII, 389]. Il suo guaio è che non mantiene la parola data: "sicome altrettanto tedioso nel finire l'opere principiate; il che è stato cagione che non habbia mandato mai a V. S. Ecc.ma quei pezzi che disegnavo, perchè volendone far far una copia, egli mi va di palo in frasca" [XII, 389].

Gli interessi artistici di Sagredo sono sempre più ampi:

Da Roma mi vengono promesse copie meravigliose di pitture rarissime. Sto aspettandole con desiderio. Se costì vi fossero copiatori
buoni, et si potessero haver buoni originali, spenderei volentieri una
cinquantina di scudi, cavando io un singolarissimo gusto dalle belle
pitture: et belle intendo quelle che son fresche, moderne, vaghe et naturali, sì che ingannino l'occhio, lasciando le affumicate, antiche, artificiose, malinconiche et originali a gli altri più belli ingegni di me"
[XII, 389].

Il 21 dicembre 1619 Sagredo spedisce la sua ultima lettera (almeno la
sua ultima lettera tra quelle a noi pervenute) a Galileo. L'argomento
principale è sempre la pittura.

Al Varottari io voleva dar sodisfattione della Scapigliata: ma sicome
egli usa modestia nel dire con V. S. Ecc.ma, et come non tiene conto,
negando di far dimanda alcuna, così all'incontro io so che pretende
molto più del Bassano dell'opere sue. Ho essaminato un suo giovane,
mostrando voler il suo consiglio, e m'ha voluto persuadere a dargli
venti ducati o almeno quindici; il che non ho voluto fare, se prima
non ho aviso da V. S. Ecc.ma, parendomi che se il Bassano fa un ritratto per dieci scudi, possi questo contentarsi di dieci ducati. [XII,
392]

Poi conclude: "Io sono alquanto impedito: non posso esser più lungo;
le baccio la mano" [XII, 392].

Non sappiamo cosa a fine dicembre impedisca al nobile veneziano
persino di scrivere. Certo è che meno di tre mesi dopo, il 5 marzo
1620, Gianfrancesco Sagredo muore all'improvviso. Per una malattia,
probabilmente, alle vie respiratorie. Galileo è distrutto dalla notizia,
come comprende Zaccaria Sagredo ricevendo le sue lettere. Purtroppo anche queste sono andate perdute. Lo stesso Zaccaria, nel successivo mese di luglio, invia a Galileo la lista dei quadri appartenuti a
Gianfrancesco tra i quali le nature morte, 5 paesetti diversi, 5 quadri
di uccelli e un quadretto di pietra naturale che mostra una città.

Tre comete e una polemica, con i gesuiti

Mentre contratta con il re di Spagna nel tentativo di vendere il suo ultimo ritrovato tecnologico e intrattiene questa fitta corrispondenza con
l'amico Sagredo centrata soprattutto sulla pittura, Galileo non dimentica la sua ricerca né trattiene, più di tanto, il suo carattere. Creando le
premesse per la pubblicazione di un nuovo capolavoro letterario.

Nel mese di agosto 1619, infatti, apre una polemica, inedita, con i
matematici gesuiti del Collegio Romano. Con loro, lo abbiamo visto,
ha sempre vantato buoni rapporti. Consacrati dal legame con padre
Clavio e rafforzati nel viaggio romano del 1611. Anche se, dopo le vicende del 1616, Galileo ha maturato un certo risentimento nei loro
confronti. Non lo hanno affatto difeso. Di più. I gesuiti del Collegio
Romano hanno rinunciato a prendere atto delle evidenze – dei fenomeni osservabili – e non hanno fatto proprio l'unico modello credi-
bile in grado di salvarli: il modello copernicano. Così, nel tentativo
ormai insostenibile di salvare i fenomeni e, insieme, la Scritture,
hanno abbracciato il modello di Tycho Brahe. Che, per quanto improbabile – il modello, lo ricordiamo, ribadisce la "conversione" del
Sole e della Luna intorno alla Terra, ma ammette la "conversione"
degli altri pianeti intorno al Sole – consente loro di accettare le novità
astronomiche senza contraddire le Scritture e senza rinunciare al-
l'imperativo di Bellarmino dell'immobilità e centralità della Terra.

Ma queste sono riflessioni e risentimenti che Galileo matura nel
suo intimo. L'occasione per la polemica pubblica che determinerà la
svolta definitiva tra Galileo e i gesuiti del Collegio Romano è data dalla
comparsa in cielo di tre comete che, dall'agosto 1618 al gennaio 1619,
attirano l'attenzione di astronomi e cittadini comuni in tutta Europa.

Il continente vive una brutta stagione. È appena iniziata la "guerra
dei trent'anni", che ridurrà allo stremo l'intera Europa. La gente alza
gli occhi al cielo in attesa di buoni auspici. E quelle tre comete …

Insomma, tutti al di qua e al di là delle Alpi attendono che Galileo intervenga e spieghi. E lo scienziato lascia circolare la voce. Senza
però darle corpo. Inutilmente Leopoldo d'Austria viene a Firenze di
persona per esortare Galileo a una pubblica uscita.

A Roma, intanto, batte tutti sul tempo Orazio Grassi da Savona, gesuita e autorevole matematico del Collegio Romano, che tiene una conferenza sul fenomeno cosmico e poi, a inizio marzo, pubblica un libello, *Disputatio astronomica de tribus cometis anni MDCXVIII*, in cui sostiene che le comete non brillano di luce propria, ma riflettono la luce del Sole, proprio come sostiene Aristotele. Ma nega, al contrario dello Stagirita, che le comete siano fenomeni sublunari [VI, 21]. Si tratta, sostiene il gesuita savonese, di corpi celesti situati ben oltre la Luna. Ormai l'idea di un universo ristretto di Aristotele e Tolomeo è stata abbandonata, mentre quella di un cosmo popolato da nuovi e innumerevoli corpi viene diffusamente accettata.

Ma Orazio Grassi va ben oltre l'analisi qualitativa del fenomeno. Punta tutto e, sostiene, solo sulla matematica. Grazie a una serie di osservazioni realizzate da gesuiti in ogni parte d'Italia e d'Europa, calcola con precisione la parallasse delle comete, ovvero come i tre corpi si spostano rispetto a punti di riferimento (per esempio, le stelle fisse) con una posizione nota. Dai suoi calcoli, Orazio Grassi ricava che le comete sono collocate tra la Luna e il Sole e che si muovono descrivendo un'orbita intorno alla stella. Proprio come quella descritta dai pianeti nel modello di Tycho Brahe.

Tuttavia commette alcuni errori. Sostiene, per esempio, che la lontananza delle comete è ricavabile dal fatto che, osservate al cannocchiale, le loro dimensioni aumentano di poco. E poiché, scrive: "qualunque oggetto, visto con questo strumento, apparirà maggiore che a occhio nudo, secondo la legge che tanto minore è l'ingrandimento tanto maggiore è la distanza dall'occhio" [VI, 21]. Inoltre menziona le scoperte astronomiche degli ultimi dieci anni, senza concedere il minimo riconoscimento allo scopritore. Che non nomina mai. Anzi, Grassi sembra accusare Galileo, sia pure velatamente, di ignorare i principi dell'ottica.

Galileo è malato – per molti mesi in questi anni soffre di artrite ed è costretto a letto, come ha più volte rilevato Sagredo nelle sue lettere – e non può osservare direttamente le tre comete. Tuttavia lo scienziato ne segue i movimenti nel cielo in maniera indiretta, attraverso i resoconti che ne fanno i suoi amici e collaboratori.

E sulla base di questi resoconti decide di ribattere a Orazio Grassi. Non direttamente, però. Ma per il tramite di uno dei suoi discepoli che sta studiando il fenomeno astronomico: Mario Guiducci.

Galileo fa in modo che il giovane dapprima tenga una comunicazione all'Accademia Fiorentina e poi pubblichi un resoconto scientifico sulle osservazioni e sulle loro implicazioni: il *Discorso delle comete*. Il nome di Galileo non compare sul frontespizio del libro, che risulta firmato dal solo Guiducci. Ma tutti pensano, non allontanandosi dalla verità, che il resoconto sia stato pensato e ampiamente scritto dal maestro, Galileo.

Sia come sia, il *Discorso delle comete* critica non solo la spiegazione aristotelica, ma attacca in maniera persino brusca l'interpretazione tychoniana del fenomeno proposta da Grassi, perché "vanissima e falsa" [VI, 37]. Né il libro si limita a questo. Bensì prende di mira la stessa Compagnia di Gesù, sia perché accredita un'opera che contiene valutazioni errate dell'ingrandimento dei corpi celesti mediante il cannocchiale – contrariamente a quanto afferma il gesuita padre Grassi, sostengono, il cannocchiale ingrandisce tutti gli oggetti cosmici, gli oggetti vicini come le stelle lontane, nella medesima proporzione – sia perché accredita il modello di Tycho Brahe. Infine gli autori del libretto "fanno le bucce" anche all'impostazione con cui Orazio Grassi ha realizzato i suoi calcoli.

Nella loro *vis polemica*, Galileo e Guiducci non si accorgono di cadere in contraddizione. Da un lato invocano le misure della parallasse per criticare Aristotele e l'ipotesi che le comete siano esalazioni che si formano nello spazio sublunare. E dall'altro criticano Grassi sostenendo che le misure della parallasse sono esatte quando riguardano oggetti "veri, reali, uni et immobili", ma non lo sono quando riguardano fenomeni che "sono sole apparenze, riflessioni di lumi, immagini". Per Galileo e Guiducci le comete non sono oggetti reali e solidi, ma, appunto, "sole apparenze". Effetti ottici, come gli arcobaleni: creati dalla luce del sole quando attraversa vapori esalati dalla Terra. A differenza degli arcobaleni, sostengono, le comete sono esalazioni terrestri che risalgono nel cielo più lontano, ben oltre la Luna, "negli immensi spazi dell'universo", sempre illuminati dalla luce del Sole.

Certo queste esalazioni si spostano nel cielo verso nord, ma è difficile immaginare che viaggino lungo una linea retta. Lo spostamento misurato da padre Grassi, concludono Guiducci e Galileo, è apparente. È determinato da altre cause.

Oggi sappiamo che non è così. Che le comete non sono frutto di esalazioni terrestri, sono oggetti cosmici reali e anche solidi. Dunque la teoria delle comete di Galileo è errata. E sebbene, per le conoscenze del tempo, sia un'ipotesi plausibile ed economica, è anche vero che non è suffragata da una serie sufficiente di fatti noti. È un'ipotesi che, nello stile metodologico di Galileo, risulta alquanto forzata.

Sia chiaro, il *Discorso delle comete* è un'altra opera in cui la logica dello scienziato e lo stile del letterato si fondono e raggiungono vette tutt'altro che disprezzabili. E infatti vengono apprezzate anche dai contemporanei. Come il 12 luglio 1619 si affretta a scrivere da Roma l'amico Giovanni Ciampoli: "Io lo lessi tutto subito con avidità; poi tornai a studiarlo con diligenza, e l'ho riletto più volte, sì che hora mai poco ne manca che non lo so tutto alla mente. Di qui V. S. potrà immaginarsi quanto mi sia piaciuto" [XII, 364].

Ciampoli non è il solo a entusiasmarsi: "Assolutamente il discorso è parso mirabile, et a me miracoloso: roba nova, propositioni paradosse al vulgo filosofico, probate con tanta evidenza, in chi non desterà maraviglia?" [XII, 364].

Il libro è dunque apprezzato da molti, ma non da tutti, come riferisce lo stesso Ciampoli:

> Poi che ella mi domanda liberamente, le dirò bene una cosa che qua non è finita di piacere, et è quel volerla pigliare col Collegio Romano, nel quale si è fatto publicamente professione di honorar tanto V. S. I Giesuiti se ne tengono molto offesi, e si preparano alle risposte [XII, 364].

In realtà tutta le vicenda irrita i gesuiti del Collegio Romano, a iniziare a Christopher Grienberger. Ma come, sostiene in una lettera a Riccardo de Burgo, noi lo abbiamo trattato sempre bene e ora lui ci attacca in questa maniera?

In realtà, l'attacco di Galileo ai matematici del Collegio Romano è tanto duro quanto diplomaticamente poco opportuno. Ma, almeno in un tratto coglie il punto: non potendo definirsi copernicani e non potendo più sostenere il modello tolemaico, i gesuiti propongono l'improbabile modello di Tycho.

Dunque i vecchi amici, i gesuiti astronomi e matematici del Collegio Romano, hanno letto e se la sono legata al dito. Preparando risposte ...

La prima è quella dello stesso Orazio Grassi, che già a ottobre pubblica a Perugia un nuovo testo, il *Libra astronomica ac philosophica*, con lo pseudonimo di Lotario Sarsi Sigensano, anagramma di Oratio Grassi Salonensi.

Il 18 ottobre Grassi consegna una copia del suo libro a Giovanni Ciampoli, che a sua volta la invia a Galileo. Il saggio alterna proposizioni scientifiche fondate ad altre del tutto ingenue. Ma il suo segno è, per dirla con Michele Camerota, il livore. Una rabbia furiosa e a stento controllata [Camerota, 2004]. Un testo "cattivo" che, scrive Ciampoli, Grassi e i gesuiti "vogliono che si sappia esser opera loro" [XII 390].

D'altra parte fin dal frontespizio l'intento è esplicito. Tradotto in italiano, il titolo per intero del libro suona così: *Bilancia astronomica e filosofica con la quale sono esaminate da Lotario Sarsi Sigensano le opinioni intorno alle comete di Galileo Galilei, esposte da Mario Guiducci nell'Accademia fiorentina* [VI, 110].

Dunque il *Discorso delle comete* viene attribuito senza infingimenti a Galileo e sono le tesi di Galileo in esso contenute che verranno pesate con la precisione di una bilancia. Ma sul piatto della *Libra*, nel nuovo atto di quello che Andrea Battistini ha definito il "duello barocco" tra la maschera di Grassi (Sarsi) e la maschera di Galileo (Guiducci), pesa sistematicamente e velenosamente un solo elemento: il copernicanesimo.

Il movimento descritto dalle comete dello scorso anno, sostiene Grassi, può essere spiegato in un solo modo: ammettendo che esse orbitano intorno al Sole descrivendo una traiettoria circolare, del tutto congruente col modello di Tycho. Perché Galileo e Guiducci si arrabbiano se diciamo questo? Matematica alla mano, l'unica altra spiegazione possibile implica "l'ipotesi recentemente condannata": il moto circolare della Terra. Ipotesi che "non è in alcun modo consentita a noi cattolici". Per cui sono certo che coloro che hanno scritto il *Discorso delle comete* si sbagliano. E da buoni cattolici ammetteranno l'errore: il moto delle comete "non può" essere rettilineo. Perché solo in un sistema copernicano potrebbe essere tale. Ma "per i Cattolici la Terra non si muove" [VI, 110].

Lo dicono le Scritture.

Galileo annota a margine delle copia del libro di Grassi in suo possesso:

qui si fa allusione senza ragione o a Tolomeo o a Copernico; ma né l'uno né l'altro hanno costruito una teoria per salvare il fenomeno delle comete [VI, 110].

Sulla questione delle comete non c'è ragione di tirare in ballo il sistema mondo. Ma non è così. Galileo si sbaglia. E che non sia così lo dimostra il fatto che nella questione interviene anche Johannes Kepler, con un altro libro pubblicato nel 1619, *De cometis libellis tres*. Il grande astronomo tedesco – proprio come Galileo – sostiene che il moto delle comete è rettilineo e che appare circolare solo a causa della moto della Terra. Dunque l'apparizione in cielo delle comete, lungi dall'essere la tomba del copernicanesimo come affermano i gesuiti, costituisce una nuova e clamorosa conferma della teoria eliocentrica. E, per esser chiari, conclude: "Addio Tolomeo: sotto la guida di Copernico ritorno ad Aristarco" [citato in Camerota, 2004].

Il tema del sistema mondo, dunque, è di nuovo ineludibile. E infatti, a dispetto di Galileo, la tesi di Orazio Grassi è pubblicamente difesa da un altro gesuita, Niccolò Cabeo, professore di filosofia e matematica nei collegi dell'Ordine di Parma e di Genova.

È ormai chiaro che c'è una sfida aperta tra lo scienziato toscano e i gesuiti. E che questi ultimi non esitano a mettere, è il caso di dirlo, sul piatto della bilancia non solo argomenti scientifici, ma anche la più pericolosa delle accuse: la disobbedienza al papa e al Sant'Uffizio.

Ed è chiaro che il "duello barocco" non può finire così. Occorre che Galileo risponda agli attacchi.

Per la verità all'inizio lo scienziato toscano non vuole credere che quel libro così livoroso sia opera di Grassi e sia sostenuto dai dotti gesuiti del Collegio Romano. Ma il 6 dicembre Giovanni Ciampoli lo mette sull'avviso: "Dalla ultima lettera che V. S. mi scrive, veggo ch'ella non può indursi a credere che il P. Grassi sia l'autore della *Libra astronomica;* ma io torno a confermarle di nuovo che S. R. e li Padri Giesuiti vogliono che si sappia esser opera loro" [XII, 390].

E se l'autore del *Libra* ha ancora qualche ritegno nel portare a fondo l'attacco a Galileo, gli altri no: "Il P. Grassi tratta di V. S. con molto più riserbo che non fanno molti altri Padri, a' quali è fatto molto familiare il vocabolo di *annihilare*". Attenzione Galileo, scrive l'amico poeta, perché i gesuiti ti vogliono annichilare [XII, 390].

Bisogna reagire. Ma non è facile, perché, come scrive Andrea Battistini: "occorre trovare il tono giusto, scegliere il genere letterario più appropriato" [Battistini, 1989].

La prima idea è quella di continuare il duello tra maschere. Per motivi tattici. E perché, come nota Galileo: "l'essersi il Sarsi mascherato gli è di gran pregiudizio, perché alle maschere, quando anco fosser principi, si può tirar le meluzze e i torsi" [VI, 199]. Ma soprattutto per motivi strategici: perché si può ben prendere di mira la maschera Sarsi, tirandole contro meluzze e torsi, fingendo di non mancare assolutamente di rispetto alla Compagnia di Gesù.

Ecco, dunque, che Galileo si arrende all'evidenza e annuncia la sua risposta. Malgrado Federico Cesi e molti suoi amici dell'Accademia dei Lincei lo invitino a soprassedere. Il poeta linceo Francesco Stelluti consiglia che a rispondere alla maschera Lotario Sarsi sia Mario Guiducci: "perché non è conveniente che un maestro la pigli con un discepolo, come si finge il detto Grassi" [XIII, 14]. Inoltre anche il tono, appunto, deve essere misurato: perché non vorrei mai nominare né detto Padre Grassi né meno il Collegio del Giesù, fingendo di pigliarla solo con quel discepolo, perché altrimenti sarìa un non mai finire, pigliandola con quei Padri, quali, essendo tanti, dariano da fare a un mondo intiero, e poi, sebbene hanno il torto, vorranno non haverlo. [XIII, 14]

Ma Mario Guiducci questa volta si ritrae: negando ogni possibilità che egli presti il suo nome a una replica di Galileo. Il giovane preferisce intervenire in prima persona e in maniera rispettosa nei confronti dei gesuiti. E, infatti, nel giugno 1620 pubblica a Firenze una *Lettera al M.R.P. Tarquinio Galluzzi della Compagnia di Gesù*, che, per dirla con Geymonat, è "assai misurata e piena di ossequi" [Geymonat, 1969]. Tarquinio Galluzzi è un altro gesuita del Collegio Romano. A lui Guiducci si rivolge lamentando sì il comportamento di Grassi, il cui *Libra* è zeppo di "imposture" e "scortesie", ma anche ribadendo il suo ruolo nel *Discorso sulle comete*: sono stato come Platone, che ha riportato per iscritto il pensiero di Socrate (Galileo).

Non è che Guiducci prenda le distanze. Il suo è un intervento concordato con Galileo e i Lincei. In attesa che il maestro, ancora una volta malato, intervenga direttamente.

Sulle modalità dell'intervento, molto dibattuta nell'Accademia di Cesi, passa, infine, la "linea" di Francesco Stelluti, il linceo amante della poesia: Galileo formulerà la risposta in maniera equilibrata e in forma di lettera all'altro poeta linceo, Virginio Cesarini.

Il duca Cesarini, amico di Giovanni Ciampoli, è appena entrato nell'Accademia dei Lincei, ha frequentato i gesuiti ed è ben introdotto sia presso il cardinale Roberto Bellarmino sia presso il cardinale Maffeo Barberini. È dunque l'interlocutore (fittizio) più adatto. Ora Galileo può prendere carta e penna.

Mai scrittura di una lettera fu più lunga e faticosa. Il toscano la tira per le lunghe. E non solo per via dell'artrite e degli altri malanni, ma anche perché sa che la questione è davvero delicata. Intanto perché a Roma, il 17 settembre 1621, muore Roberto Bellarmino: protagonista e testimone diretto dei fatti del 1616. Ma anche e soprattutto perché a complicare la situazione sette mesi prima, il 28 febbraio 1621, è giunta la notizia della morte Cosimo II, il granduca e gran protettore di Galileo. Gli succede il giovanissimo Ferdinando II, che ha soli 11 anni ed è sotto la tutela della madre, Maria Maddalena d'Austria, e della nonna, la cattolicissima Cristina di Lorena. Anche a Firenze le spalle sono un po' meno coperte.

Sta di fatto che la lettera a Virginio Cesarini, ovvero il libro, è ultimato nel dicembre 1621. Il manoscritto viene letto con avidità dei membri dell'Accademia dei Lincei. Tutti ne sono entusiasti. Confermano che il libro sarà pubblicato a spese dell'Accademia e già pensano a una traduzione in latino, per farlo leggere "al di là dei monti".

Anche se, proprio Virginio Cesarini scrive: "Non vi ha dubbio ch'avremo contradizzioni" [XIII, 84]. Orazio Grassi e tutti i gesuiti reagiranno. Insisteranno sul copernicanesimo, sul contrasto con le Scritture, sul "salutifero editto". Ma, aggiunge il poeta linceo: "ho speranza sicura che le supereremo [...] Non ostante, dico, questa scomunica fulminata con tanta eloquenza" [XIII, 84].

Ma la pubblicazione procede con lentezza. La versione finale del manoscritto giunge a Roma perché venga stampata solo nel mese di ottobre 1622 con un titolo inatteso: *Il saggiatore.*

Il saggiatore è una bilancia: e, dunque, Galileo risponde in maniera diretta al *Libra* (la bilancia) di Lotario Sarsi. Ma il saggiatore non è una bilancia qualsiasi, bensì uno strumento di altissima precisione. Usata, appunto, dai saggiatori di oro. E anche questa è una risposta a Sarsi (Grassi). Tu pretendi di pesare l'astronomia e la filosofia con una bilancia rozza e imprecisa. Io uso uno strumento di ben altra qualità.

Passano cinque mesi prima che, nel febbraio 1623, *Il saggiatore* ottenga l'*imprimatur* delle autorità ecclesiastiche, a opera del domenicano Niccolò Riccardi, che scrive, anche lui entusiasta:

Ho letto per ordine del Reverendissimo P. Maestro del Sacro Palazzo quest'opera del Saggiatore; ed oltre ch'io non ci trovo *cosa veruna disdicevole* a' buoni costumi nè che si dilunghi dalla verità sopranaturale di nostra fede, ci ho avvertite *tante belle considerazioni appartenenti* alla filosofia nostrale, ch' io non credo che il *nostro secolo sia per glo-riarsi ne' futuri di erede solamente* delle fatiche de' passati filosofi, ma d' inventore di molti secreti della natura che eglino non poterono sco-prire, mercé della sottile e soda speculazione dell' autore [VI, 199].

Poco prima, il 12 gennaio, Virginio Cesarini annunzia a Galileo la de-cisione dell'Accademia dei Lincei di pubblicare *Il saggiatore*, nono-stante la "potenza degli avversari" [XIII, 84]. I gesuiti del Collegio Romano ne hanno avuto notizia e chiedono di vedere il manoscritto. Ma Cesarini rifiuta. Tanto più che ora il libro ha ricevuto il via libera ufficiale. E tuttavia passano ancora otto mesi prima che il testo venga finalmente stampato, alla fine dell'ottobre 1623.

Tra i primi ad acquistarlo c'è Orazio Grassi che, schiumante di rabbia, promette immediata risposta. Come previsto da Virginio Ce-sarini i gesuiti sono pronti a rendere pubbliche le loro "contraddi-zioni".

Intanto la polemica è stata tenuta in caldo da un altro paio di libri: uno di Giovan Battista Stelluti e l'altro di Tommaso Campanella.

Giovan Battista è il fratello del linceo Francesco Stelluti, e nel giu-gno del 1622 pubblica lo *Scandaglio sopra la Libra astronomica e filoso-fica*, dedicato a Mario Guiducci. Il libro è un'aperta sfida a Lotario Sarsi.

Tommaso Campanella è il noto teologo domenicano ancora in carcere a Napoli che, sempre nel 1622, riesce a pubblicare a Franco-forte un'*Apologia pro Galileo*, in cui afferma sia che il modello coper-nicano e le Scritture sono compatibili, sia che la libertà della scienza è un bene assoluto, che non può essere limitato neppure in nome della teologia e/o della filosofia aristotelica.

Molti a Roma mordono il freno, ma non vedono l'ora di scendere in campo contro Galileo e i suoi amici. Ma intanto il clima è cam-biato. Nell'estate 1623 avviene un fatto del tutto imprevisto.

Un papa amico
L'8 luglio muore papa Gregorio XV, al secolo Alessandro Ludovisi. E il 6 agosto viene eletto pontefice il giovane (ha 55 anni) cardinale fio-

rentino, amico di Galileo, Maffeo Barberini, che assume il nome di Urbano VIII.

Che sia (e appaia come) un papa progressista lo rivela il fatto che la sua elezione è stata favorita dai cardinali filofrancesi, l'ala meno radicale della Chiesa della Controriforma.

Che sia un papa in grado di aprire la Chiesa della Controriforma alle scienze e alle arti, lo rivela il fatto che è considerato da molti artisti e filosofi cattolici una sorta di uomo della Provvidenza.

Che sia, infine, amico di Galileo lo testimonia Giovanni Ciampoli, quando scrive che il nuovo papa parla dello scienziato "con quell'affetto che ricercano le sue heroiche qualità" [XIII, 62]. D'altra parte, come abbiamo visto, Galileo conosce bene Maffeo Barberini. Gli ha recato visita in occasione del viaggio romano del 1611. Lo ha rivisto nell'ottobre di quel medesimo anno, quando il cardinale Barberini, tornato in visita a Firenze, ha assistito alla dimostrazione galileiana sul galleggiamento dei corpi, rimanendone convinto. E ancora Galileo ricorda che persino nel fatidico 1616, il cardinale Barberini non si è tirato indietro ma si è speso in prima persona sia per difendere il primario matematico e filosofo del Granducato di Toscana sia per cercare di impedire che la teoria di Copernico venisse proibita come "contraria alla Fede".

Non desta certo meraviglia, dunque, il fatto che Francesco Stelluti, manifesti a Galileo tutta la sua gioia e tutte le sue aspettative: "La creatione [...] del nuovo Pontefice ci ha tutti rallegrati, essendo di quel valore e di quella bontà che V. S. sa benissimo, et fautore particolare de' letterati, onde siamo per havere un mecenate supremo" [XIII, 97].

C'è, netta, la sensazione che una nuova stagione si sia aperta per Galileo e i galileiani. E che non si tratti solo di una sensazione lo dimostra il fatto che almeno tre lincei entrano nello staff del nuovo pontefice: Giovanni Ciampoli resta Segretario dei Brevi ai prìncipi, con l'incarico appunto di scrivere le lettere più delicate alle autorità politiche e religiose, e inoltre viene nominato cameriere segreto di Urbano VIII; Virginio Cesarini diventa maestro di camera (il maggiordomo) del papa; mentre Cassiano Dal Pozzo diventa maestro di camera del cardinale Francesco Barberini, giovane nipote di papa Maffeo.

Inoltre Giovanni Battista Rinuccini, accademico della Crusca a Firenze e cameriere di Gregorio XV, resta nell'*entourage* del nuovo papa e sarà presto nominato arcivescovo di Fermo.

Urbano VIII tiene fede alle aspettative e si circonda subito di grandi intèllettuali. Iniziano così a frequentare il Vaticano architetti e scultori, come Gian Lorenzo Bernini, e poeti come Giovan Battista Marino. Il papa invita uno dei collaboratori più stretti di Galileo, Benedetto Castelli, a trasferirsi a Roma in qualità di esperto di idraulica e per prendersi cura dell'educazione del nipote, Taddeo Barberini. Castelli giungerà a Roma nel marzo 1626 e, su pressione di Urbano, diventerà anche docente di matematica presso l'università romana. Ma a suscitare addirittura scalpore e a dimostrare che c'è aria nuova in Vaticano è il fatto che Tommaso Campanella sia non solo liberato dal suo carcere napoletano, ma invitato a Roma e ammesso di frequente alla presenza del Pontefice.

D'altra parte è noto che Maffeo Barberini sia, per dirla con Michele Camerota, "uomo colto e raffinato. Dotato di un non spregevole talento poetico". Anche Isodoro del Lungo, ricorda Camerota, lo giudica "letterato tutt'altro che volgare, specialmente come poetante in latino, in un latino nutrito di vigorose eleganze" [Camerota, 2004].

E, in effetti, nel 1606 Maffeo Barberini ha pubblicato alcuni carmi di un certo valore. E più di recente, nel 1620, ha dato alle stampe a Parigi i *Poemata*. Tra i vari componimenti in versi ve n'è uno, intitolato *Adulatio perniciosa*, dove il cardinale saluta con entusiasmo tutte le scoperte di Galileo: le lune di Giove, le orecchie di Saturno, le macchie del Sole.

Di più. Maffeo Barberini ha inviato una copia dei suoi *Poemata* a Galileo, in segno di "affetto" e come "piccola dimostrazione della volontà grande che le porto". E Galileo ha risposto ringraziando il cardinale per "il favore […] inaspettatissimo" di cui si dice onorato e ha espresso l'"ardente desiderio" di poterlo servire in qualche modo [Barberini, 1640].

Insomma, come avere dubbi che a Roma si sia insediato un "papa amico"?

È per questo che i Lincei decidono di rinviare ancora di qualche settimana la pubblicazione de *Il saggiatore*, per poterlo dedicare al nuovo pontefice. A scriverla, la dedica, è proprio Virginio Cesarini, il poeta linceo divenuto maestro di camera di Urbano VIII. L'ammiratore di Galileo invoca e un po' assicura la "benignissima protezione" del papa di cui è il collaboratore più fidato.

A suggello di un'amicizia ritenuta fortissima, l'1 ottobre 1623 l'Accademia dei Lincei coopta tra i propri membri il nipote del papa, Francesco Barberini, che il giorno dopo, 2 ottobre, viene nominato cardinale dallo zio pontefice.

È per tutto questo che Galileo progetta un nuovo viaggio a Roma, per "baciare il piede a S.S.tà". Di più, il 9 ottobre scrive a Federico Cesi che vede nella nuova stagione un'occasione da non perdere per ritornare a scrivere.

Io raggiro nella mente cose di qualche momento per la republica litteraria, le quali se non si effettuano in questa mirabil congiuntura, non occorre, almeno per quello che si aspetta per la parte mia, sperar d'incontrarne mai più una simile. I particolari che in simil materia harei bisogno di communicar con V. E. son tanti, che sarebbe impossibile a mettergli in carta. [XIII, 108]

Federico Cesi conferma, il papa ti aspetta:

"La venuta è necessaria, e sarà molto gradita da S. S.tà, quale mi dimandò se V. S. veniva et quando; et io le risposi che credevo che a lei paresse un'hora mill'anni, et aggiunsi quello mi parve a proposito della divotione di V. S. verso di lui, e che presto le haverei portato un suo libro: insomma mostrò d'amarla e stimarla più che mai" [XIII, 113].

Prima ancora di Federico Cesi e appena due giorni dopo l'elezione di Maffeo Barberini, il 10 agosto, ad Arcetri, suor Maria Celeste scrive per augurare all'amato padre, Galileo, un buon viaggio a Roma. E per consigliargli: di scrivere una "bellissima lettera" al papa, per salutare la sua elezione.

Papà Galileo segue il consiglio. E il 19 settembre scrive al cardinale Francesco Barberini del desiderio di vedere suo zio, l'amico papa, perchè:

> vivrò felicissimo, ravvivandosi la speranza, già del tutto sepolta, di esser per veder richiamate dal loro lungo esilio le più peregrine lettere; e morirò contento, essendomi trovato vivo al più glorioso successo del più amato e reverito padrone che io avessi al mondo, sì che altra pari allegrezza né sperare né desiderar potrei. [XIII, 105]

Come scrive Geymonat, giustificata o no che sia la fiducia che Galileo ripone in Urbano VIII, è chiaro che lo scienziato intende riprendere il suo "ardito progetto", che ormai gli appare solo politico e culturale, non più teologico. Galileo sembra aver abbandonato l'idea di trovare il miglior punto di equilibrio tra la scienza e le Sacre Scritture. Ora si pone solo il problema di come far sì che la Chiesa non ostacoli la scienza. Che, insomma, in area cattolica ci sia piena libertà di ricerca.

Il toscano è convinto che le conoscenze scientifiche si sarebbero imposte comunque in virtù di una loro forza intrinseca: l'evidenza. Ma sa anche che il progresso della nuova scienza sarà tanto più rapido quanto più gli scienziati cattolici avranno la possibilità di partecipare all'impresa. L'Italia e la Chiesa stessa avrebbero tratto vantaggio da questa totale apertura alla scienza.

Il saggiatore

Questo messaggio viene affidato al libro che finalmente esce dalla stamperia il 20 ottobre 1623 con un lungo titolo: *Il saggiatore, nel quale con bilancia squisita e giusta si ponderano le cose contenute nella Libra Astronomica e Filosofica di Lotario Sarsi Sigensano. Scritto in forma di lettera all'Illustrissimo e Reverendissimo Monsign. D. Virginio Cesarini.*

Come rileva Ludovico Geymonat, si tratta di uno "stupendo capolavoro di letteratura polemica", oltre che di un'"affascinante opera di propaganda culturale, di rottura dei vecchi metodi" [Geymonat, 1969]. Tutto è ben studiato.

A iniziare dal titolo, il cui significato è spiegato dallo stesso Galileo:

> ho voluta intitolare col nome di Saggiatore, trattenendomi dentro la medesima metafora presa dal Sarsi. Ma perché m'è paruto che, nel ponderare egli le proposizioni del signor Guiducci, si sia servito d'una stadera un poco troppo grossa, io ho voluto servirmi d'una bilancia da saggiatori, che sono così esatte che tirano a meno d'un sessantesimo di grano. [VI, 199]

Il saggiatore è sia l'uomo che pesa i metalli nobili, sia la bilancia che egli utilizza. Che per precisione e raffinatezza è incomparabilmente superiore alla libra (la bilancia) scelta come metafora da Lotario Sarsi (Orazio Grassi) che, sostiene Galileo, è rozza e grossolana come una stadera.

Il frontespizio, inciso da Francesco Villamena, artista nato ad Assisi e seguace di Agostino Carracci, è un'architettura imponente, dove campeggiano le figure allegoriche della Filosofia Naturale e della Matematica. Sul basamento ci sono il "logo" dei Lincei e il cannocchiale. Si ha tuttavia notizia di un altro frontespizio, perduto, probabilmente disegnato a mano dallo stesso Galileo.

Sull'antiporta figura il ritratto di Galileo, firmato dal medesimo Villamena, che è la replica di quello stampato nella *Istoria e dimostrazioni*.

La lettera a Cesarini, poeta linceo, è molto lunga. Si apre con la dedica "Alla santità di N. S. Papa Urbano Ottavo", firmata dagli "umilissimi e obbligatissimi servi", gli Accademici Lincei. Al papa amico: "Portiamo, per saggio della nostra divozione e per tributo della nostra vera servitù, *Il saggiatore* del nostro Galilei, del Fiorentino scopritore non di nuove terre, ma di non più vedute parti del cielo" [VI, 199].

L'Accademia di Federico Cesi si è assunta anche l'onere delle spese ed è, più che lo sponsor, il vero e proprio editore del libro.

Seguono, a firma di Galileo, una prefazione e 53 diversi capitoli. Ciascun capitolo si apre con la riproduzione integrale di una parte e di una tesi del saggio di Lotario Sarsi, in latino, e con il commento, in italiano, di Galileo. Un artificio retorico ben studiato. Dove la ripetitività esprime la durezza e l'incisività dell'attacco che il primario filosofo e matematico muove al malcapitato Sarsi.

Non sempre, certo, la sistematicità dell'azione paga da un punto di vista della leggibilità. In alcuni punti, infatti, il libro risulta ridondante e, dunque, un po' noioso. Ma in altre parti "risulta, sia in forza della mirabile qualità letteraria dell'espressione che della singolare novità e valore delle considerazioni sviluppatevi, straordinariamente piacevole ed incisivo" [Camerota, 2004].

Il saggiatore è un lungo commento. Un'espressione alta di comunicazione in polemica. È, per dirla ancora con Geymonat: "un'affascinante opera di propaganda culturale, di rottura di vecchi schemi, di aperta denuncia dello spirito di compromesso che si nascondeva sotto la falsa modernità della dialettica dei gesuiti" [Geymonat, 1969].

Lo stile polemico è un sapiente ordito di logica, chiara e lineare, e di ironia, efficace e pungente. Che talvolta sfocia in un pericoloso sarcasmo. Come quando, dall'inizio, l'autore lancia una stilettata ai teologi che, otto anni prima, hanno cercato di zittirlo rivendicando a sé stessi il monopolio assoluto dell'interpretazione delle Scritture. Ora, spiega Galileo, non parlerò di teologia, ma solo di "inferiori dottrine":

Ma perché io potrei grandemente ingannarmi nel penetrare il vero sentimento di materie che di troppo grand'intervallo trapassano la debolezza del mio ingegno, lasciando cotali determinazioni alla prudenza de' maestri in divinità, anderò semplicemente discorrendo tra queste inferiori dottrine, con protesto d'esser sempre apparecchiato ad ogni decreto de' superiori, non ostante qualsivoglia dimostrazione ed esperimento che paresse essere in contrario. [VI, 199]

Visto che il mio contributo non è stato apprezzato, lascio ai "maestri in divinità" riformulare il rapporto tra scienza e religione, in virtù di un ruolo superiore ed esclusivo che essi assegnano a se stessi. Io mi adeguerò alle loro sentenze, anche quando le certe dimostrazioni e le sensate esperienze dovessero mostrare l'esatto contrario. Come dire: cercate di vincere per decreto, in virtù della vostra forza, non della vostra capacità di convinzione.

Non mancano colpi diretti in maniera ancora più specifica ai nuovi nemici, i gesuiti, i mastini dell'ortodossia, che sembrano tramare, silenziosi, nell'ombra. Galileo li sfida:

> trovandomi astretto da questo inaspettato e tanto insolito modo di trattare, vengo a romper la mia già stabilita risoluzione di non mi far più vedere in publico coi miei scritti; e procurando giusta mia possa che almeno sconosciuta non resti la disconvenienza di questo fatto, spero d'aver a fare uscir voglia ad alcuno di molestare (come si dice) il mastino che dorme, e voler briga con chi si tace. [VI, 199]

Volete combattere, voi gesuiti, ben sapendo che ho le mani legate. Anzi, che ho la bocca serrata. Vigliacchi!

L'accusa è pesante. E certo non del tutto infondata. Ma non bisogna pensare che *Il saggiatore* sia un'aperta e lunga filippica contro la Compagnia di Gesù in quanto tale. È piuttosto una polemica, molto più sottile, contro il modo di argomentare – la "falsa dialettica", nella definizione di Geymonat – dei gesuiti. Compresi quelli del Collegio.

Ma bisogna dire che questi attacchi abbastanza espliciti ai gesuiti, gli ex amici da cui si sente aggredito e quindi tradito, sono anche, tutto sommato, abbastanza rari.

I protagonisti, nel bene e nel male, del libro, sono pochi. Nel corso della lettera Galileo si rivolge direttamente solo all'amico Virginio Cesarini e all'avversario Lotario Sarsi. Mentre viene evocato continuamente un terzo personaggio, il "signor Mario", ovvero Guiducci. Più raramente viene chiamato in campo lo stesso Orazio Grassi, quale maestro (quasi sempre, ma non sempre) incompreso di Lotario Sarsi. È entro queste quattro sponde che si consuma il gioco, retorico, tra la logica e l'ironia del saggiatore.

Il mio libro, spiega subito Galileo, è una risposta a "Lottario Sarsi, persona del tutto incognita". Mette così le mani avanti nei confronti di Orazio Grassi, che è invece persona ben nota. Ma la risposta è tagliente, persino feroce. Lotario Sarsi non è che la maschera di Orazio Grassi. Cosicché l'accusa di incapacità al padre gesuita matematico del Collegio Romano è fin troppo evidente. Anzi, proprio perché condotta con ironia e a tratti sarcasmo, è persino più irridente.

Come quando rimprovera a Sarsi, (immaginario) allievo di Grassi, di "non aver penetrato l'artificio grande del suo Maestro" per via di quell'oceano di errori, matematici e fisici, contenuti nel *Libra*. Nel suo saggio Sarsi cita continuamente il Maestro, richiamandone l'autorità, anche quando sostiene tesi discutibili. Ma Sarsi è Grassi e, dunque, il gesuita cita in continuazione se stesso come fonte autorevole. Così Galileo può spiegare, visibilmente divertito: "Or vedete quali errori in logica voi immeritamente addossate al vostro Maestro: dico immeritamente, perché son vostri, e non suoi" [VI, 199]. Ma poiché tutti sanno che Sarsi è Grassi, ne discende che Galileo gioca come il gatto col topo, usa e sa di usare una maschera per cimentarsi (magistralmente) in un gioco pericoloso (e non solo per il topo): accusare un matematico eminente del Collegio Romano di saper nulla di astronomia e di avere le idee confuse persino nella sua stessa materia, la scienza dei numeri.

Il libro è un capolavoro del genere letterario "in polemica". E tuttavia non è solo un libro polemico. Vuole essere ed è anche un libro divulgativo. Galileo vuole farsi capire. E per farlo ricorre, con sapienza e sistematicità, agli attrezzi del poeta e dello scrittore: le immagini e le metafore.

Ecco, per esempio, un'immagine intrisa d'ironia. Per spiegare a Sarsi che il moto in sé non produce calore, come pensavano gli antichi, Galileo fa riferimento "al tempo che i Babilonii cocevan l'uova". E invita Sarsi a fare altrettanto: prova a farti un uovo sodo mettendolo in una fionda e ruotando vorticosamente su te stesso:

Ecco, per esempio, una metafora, anch'essa intrisa d'ironia.
Il Sarsi era entrato in umore di scrivere in contradizzione alla scrit-

tura del signor Mario: gli è stato forza attaccarsi, come noi sogliamo dire, alle funi del cielo. [VI, 199]

Sarsi (Grassi) si attacca a funi che non hanno sostegno.

Ma se c'è un elemento davvero specifico de *Il saggiatore*, questo, lo ripetiamo, è la maschera. Il giocare a un gioco palesemente, sfacciatamente finto. Attaccare Sarsi che tutti sanno essere in realtà Grassi. Questo gioco è più che una trovata letteraria. È, come scrive Andrea Battistini, uno stratagemma. "Lo stratagemma più adatto in un secolo in cui l'arte dello scrivere [è] costantemente minacciata da forme di persecuzione che [costringono] la verità ad apparire sul teatro del mondo dietro quinte sovrapposte" [Battistini, 1989].

In ogni epoca in cui opera la censura, gli scrittori ricorrono a stratagemmi per eluderla. Ma Galileo non è solo uno scrittore, è un grande e raffinato scrittore. È anche un critico letterario, capace di esplicitare il gioco. Di giocare scopertamente con la retorica della maschera che egli stesso usa:

> m'avvisi che questo nome, non mai più sentito nel mondo, di Lotario Sarsi serva per maschera di chi che sia che voglia starsene sconosciuto, non mi starò, come ha fatto esso Sarsi, a imbrigar in altro per voler levar questa maschera, non mi parendo né azzione punto imitabile, né che possa in alcuna cosa porgere aiuto o favore alla mia scrittura. [VI, 199]

Guardate che questo è un gioco, avvisa Galileo nella sua metanalisi. So bene che Sarsi è una maschera. E so bene chi si cela, dietro la maschera. Ma io non voglio toglierla, la maschera a Sarsi. Voglio accettare il gioco. Voglio giocare con la maschera Sarsi. Voglio giocare come il gatto col topo.

E il gioco si fa duro.

Come quando Galileo definisce Lotario Sarsi un "astronomico e filosofico scorpione". Perfido. E bugiardo, perché inventa le cose: "Ben è vero che per aprirsi la strada a poter riuscire a toccarmi non so che di Copernico, egli avrebbe avuto bisogno che le vi fussero state scritte; onde, in difetto, l'ha volute supplir del suo" [VI, 199]. Perfido, bugiardo, ma soprattutto maldestro, perché inventa cose che non si reggono in piedi: "sì che il chiamar ora in paragon di Ticone, Tolomeo e Copernico, i quali non trattaron mai d'ipotesi attenenti a comete, non veggo che ci abbia luogo opportuno" [VI, 199]. La maschera Sarsi vuole parlare di comete e tira in ballo Tycho, Tolomeo e Copernico. Da autentico scorpione, perché chiamare me, Galileo oggetto del "salutifero editto" a parlare di Copernico, è cercare di mettermi coscientemente in una condizione di pericolo. Ma da scorpione maldestro, perché Copernico (e Tolomeo) con le comete c'entrano né poco né punto.

E, sempre nell'ambito del gioco mascherato, ecco i riferimenti diretti a Orazio Grassi, tanto evidenti quanto irridenti: "sì che in cotal particolare altrettanto viene egli da noi essaltato, quanto dal suo discepolo abbassato" [VI, 199]. Caro Grassi, io ti esalto come grande matematico, mentre Sarsi (ovvero te stesso), chiamandoti a testimone e autore di sciagurate argomentazioni, riduce la tua statura intellettuale.

E ancora, più sfacciatamente:

> e tengo per fermo che il detto Padre non abbia mai né dette né pensate né vedute scritte dal Sarsi tali fantasie, troppo lontane per ogni rispetto dalle dottrine che si apprendono nel Collegio dove il P. Grassi è professore, come spero di far chiaramente conoscere. [VI, 199]

Il saggiatore, lo ripetiamo, è un capolavoro della letteratura polemica, in cui Galileo dimostra senza infingimenti che intende togliere molti dei sassolini che negli ultimi anni si sono venuti accumulando nelle sue scarpe. Un libro che prende di mira Orazio Grassi, emblema di tutti coloro che negli ultimi anni si sono trincerati dietro il potere religioso per attaccarlo. Persone che non solo non si sono lasciate convincere da quanto "confermato e concluso con geometriche dimostrazioni", ma che hanno rinunciato a credere persino in ciò che vedono: "né mancaron di quelli che, solo per contradir a' miei detti, non si curarono di recar in dubbio quanto fu veduto a lor piacimento e riveduto più volte da gli occhi loro" [VI, 199]. È contro questi reazionari, che hanno agito e agiscono come scorpioni, che Galileo scrive. Tuttavia, lo ripetiamo, *Il saggiatore* è anche un'opera che intende comunicare scienza. E, dunque, qual è il suo obiettivo scientifico?

In prima battuta lo potremmo considerare un libro sulle comete. E, in effetti, Galileo chiosa punto per punto la teoria e la descrizione della fenomenologia delle comete di Lotario Sarsi (Orazio Grassi).

Entra, in particolare, nel merito della questione della parallasse, "la ragione della paralasse non vale nelle pure apparenze, ma val ben ne gli oggetti reali" [VI, 199].

Critica puntigliosamente i marchiani errori che Sarsi (Grassi) commette quando parla dell'ingrandimento prodotto dal telescopio. In questo caso Galileo ha ragione piena. Sarsi (Grassi) sostiene che il cannocchiale ha, come dire, ingrandimenti differenziali. Ovvero il tasso di ingrandimento degli oggetti dipende dalla distanza.

Galileo ha facile gioco nel sostenere che questo, semplicemente, non è vero. Il cannocchiale ingrandisce nelle medesime proporzioni tutti gli oggetti, a prescindere dalla loro distanza.

Galileo affronta inoltre il problema del rapporto tra moto e calore, dimostrando che quest'ultimo non viene prodotto con il semplice movimento dei corpi, ma dall'attrito che essi incontrano.

Poi introduce il discorso sugli accidenti primari e secondari, quelli che più tardi saranno chiamate qualità primarie e secondarie della materia. Gli accidenti primari sono quelli misurabili e oggettivi, perché appartengono ai corpi stessi. I secondari, gli accidenti sensibili, sono determinati solo dai nostri sensi. Sono accidenti primari la forma, il peso, il numero, la collocazione nello spazio e il moto di un corpo. Ovvero le proprietà geometriche e meccaniche. Queste sono proprietà reali dei corpi. Ma non sono reali altri accidenti, quelli sperimentati coi sensi, come il sapore, l'odore, il colore, il suono. Perché "se i sensi non ci fussero scorta" noi non li sentiremmo. Questi accidenti secondari "non ànno veramente altra esistenza che in noi, e fuor di noi non sono altro che nomi" [VI, 199].

Rimosso "l'animal vivente", gli accidenti secondari si rivelano per quello che sono: "puri nomi".

> Ma che ne' corpi esterni, per eccitare in noi i sapori, gli odori e i suoni, si richiegga altro che grandezze, figure, moltitudini e movimenti tardi o veloci, io non lo credo; e stimo che, tolti via gli orecchi le lingue e i nasi, restino bene le figure i numeri e i moti, ma non già gli odori nè i sapori nè i suoni, li quali fuor dell'animal vivente non credo che sieno altro che nomi, come a punto altro che nome non è il solletico e la titillazione, rimosse all'ascelle e la pelle intorno al naso. [VI, 199]

Ridurre a "puri nomi" caratteri che sono invece considerati sostanziali dalla filosofia aristotelica e dalla stessa teologia è un passaggio niente affatto banale. Comporta un cambio di paradigma. Su cui Galileo insiste:

> Per lo che vo io pensando che questi sapori, odori, colori, etc., per la parte del suggetto nel quale ci par che riseggano, non sieno altro che puri nomi, ma tengano solamente lor residenza nel corpo sensitivo, sì che rimosso l'animale, sieno levate ed annichilate tutte queste qualità; tuttavolta però che noi, sì come gli abbiamo imposti nomi particolari e differenti da quelli de gli altri primi e reali accidenti, volessimo credere ch'esse ancora fussero veramente e realmente da quelli diverse. [VI, 199]

La discussione sugli accidenti primari e secondari porta Galileo a definire la sua teoria della materia. Costituita, a suo dire, da atomi elementari. O, come li chiama lui, da "particelle minime".

Sono queste "particelle minime" e invisibili che, interagendo col nostro corpo, provocano le sensazioni di caldo e di freddo, ci fanno sentire sapori e odori e suoni, ci fanno vedere i colori.

La teoria è questa. La materia è costituita da queste "particelle minime", che hanno natura diversa. Il modo in cui si combinano tra loro determina la natura dei corpi macroscopici.

Questi ultimi, a loro volta, si "sciolgono" continuamente liberando le loro particelle minime. Quelle più pesanti dell'aria tendono a scendere, quelle più leggere a salire. In questo loro movimento raggiungono il nostro corpo e noi ne abbiamo varie esperienze sensibili, come il gusto e l'olfatto. Ma lasciamo la parola a Galileo:

Quei minimi che scendono, ricevuti sopra la parte superiore della lingua, penetrando, mescolati colla sua umidità, la sua sostanza, arrecano i sapori, soavi o ingrati, secondo la diversità de' toccamenti delle diverse figure d'essi minimi, e secondo che sono pochi o molti, più o men veloci; gli altri, che accendono, entrando per le narici, vanno a ferire in alcune mammillule che sono lo strumento dell'odorato, e quivi parimente son ricevuti i lor toccamenti e passaggi con nostro gusto o noia, secondo che le lor figure son queste o quelle, ed i lor movimenti, lenti o veloci, ed essi minimi, pochi o molti. E ben si veggono providamente disposti, quanto al sito, la lingua e i canali del naso: quella, distesa di sotto per ricevere l'incursioni che scendono; e questi, accommodati per quelle che salgono: e forse all'eccitar i sapori si accommodano con certa analogia i fluidi che per aria discendono, ed a gli odori gl'ignei che ascendono. [VI, 199]

Anche la sensazione di caldo è un accidente secondario provocato dai "minimi ignei":

Inclino assai a credere che il calore sia di questo genere, e che quelle materie che in noi producono e fanno sentire il caldo, le quali noi chiamiamo con nome generale *fuoco*, siano una moltitudine di corpicelli minimi, in tal e tal modo figurati, mossi con tanta e tanta velocità; li quali, incontrando il nostro corpo, lo penetrino con la lor somma sottilità, e che il lor toccamento, fatto nel lor passaggio per la nostra sostanza e sentito da noi, sia l'affezzione che noi chiamiamo *caldo*, grato o molesto secondo la moltitudine e velocità minore o maggiore d'essi minimi che ci vanno pungendo e penetrando [VI, 199].

Quella di Galileo è una vera e propria teoria atomica della materia. Qualcuno potrebbe intravedervi persino il concetto di molecola. Il toscano sostiene infatti che i minimi ancora divisibili viaggiano a velocità finita e provocano un po' tutte le sensazioni. Ma quando nella loro divisione raggiungono il limite della indivisibilità (quando le particelle minime diventano veri e propri atomi) allora viaggiano a velocità infinita e generano la luce.

Ma non attribuiamogli la paternità di teorico della moderna struttura chimica della materia. Restiamo al fatto che Galileo è un convinto atomista.

Il che gli crea non pochi conflitti. Anticipiamo una reazione, dello stesso padre Grassi. Che di lì a poco sosterrà che *Il saggiatore* è in contrasto con il dogma cattolico della transustanziazione. E anticipiamo una tesi sostenuta dallo storico Pietro Redondi, secondo cui proprio l'atomismo avrebbe sancito la totale e irrimediabile rottura con la Chiesa di Roma [Redondi, 2009].

Ma fermiamoci qui, perché non è né nelle nostre intenzioni né nelle nostre possibilità sciogliere i nodi controversi della vicenda galileiana. Noi siamo interessati a rappresentare l'artista, non lo scienziato e il suo conflitto con la Chiesa. Anche se ben comprendiamo che non è possibile penetrare la dimensione artistica di Galileo senza tenere nel debito conto la sua attività scientifica e i suoi conflitti religiosi.

Torniamo, dunque, allo scrittore che ne *Il saggiatore* affronta anche i temi fondanti dell'epistemologia. Sostenendo, per esempio, che la scienza non è democratica e le sue verità non si definiscono a maggioranza. Nella scienza contano le aquile rare e solitarie, piuttosto che gli storni che si muovono in gruppo:

> Forse crede il Sarsi, che de' buoni filosofi se ne trovino le squadre intere dentro ogni recinto di mura? Io, signor Sarsi, credo che volino come l'aquile, e non come gli storni. È ben vero che quelle, perché son rare, poco si veggono e meno si sentono, e questi, che volano a stormi, dovunque si posano, empiendo il ciel di strida e di rumori, metton sozzopra il mondo. Ma pur fussero i veri filosofi come l'aquile, e non

più tosto come la fenice. Signor Sarsi, infinita è la turba de gli sciocchi, cioè di quelli che non sanno nulla; assai son quelli che sanno pochissimo di filosofia; pochi son quelli che ne sanno qualche piccola cosetta; pochissimi quelli che ne sanno qualche particella; un solo Dio è quello che la sa tutta. [VI, 199]

Nell'impresa scientifica non contano mode e maggioranze. "Il giudicar dunque dell'opinioni d'alcuno in materia di filosofia dal numero de i seguaci, lo tengo poco sicuro" [VI, 199]. E non si ha ragione solo perché si ha il potere di emanare editti.

Il tema della democrazia della scienza è affatto delicato. Perché da un lato il sapere scientifico è universalista e non si fonda sull'autorità. Ma dall'altro le sue verità non sono stabilite attraverso il voto, a maggioranza appunto.

Questo tema ritorna quando Galileo smonta la "moda" decisa a tavolino dai gesuiti sul *systema mundi*: aderire al modello di Tycho Brahe, sostiene il toscano, non serve né a salvare i fenomeni né ad allontanare i cattolici "dall'errore" e a illuminarli nella "loro cecità", come ha potuto fare "una più sovrana sapienza", ovvero la Congregazione dell'Indice.

Ed è presente anche nelle argomentazioni con cui smonta la teoria delle comete di Sarsi. Va detto, a questo proposito, che *Il saggiatore* è stato scritto anche per confutare la teoria delle comete di Grassi. Ma – come hanno sottolineato i grandi commentatori dell'opera di Galileo, da Leonard Olschki a Sebastiano Timpanaro, da Ferdinando Flora a Ludovico Geymonat – non è certo la teoria delle comete né l'intento principale di Galileo né il motivo principale che rende il libro interessante.

Anche perché ci troviamo di fronte a un caso strano, ma non raro, nella storia della scienza: da una parte Sarsi (Grassi), che "difende una tesi più vicina al vero con argomenti spesso libreschi", e dall'altra Galileo: "che suggerisce un'ipotesi erronea, e la sostiene con mente di scienziato che indaga dal vivo il 'gran libro della natura', per scoprirne le leggi: e non può appagarsi di insufficienti e confuse argomentazioni" [Flora, 1977].

Il libro è una difesa della "vera" logica. Quella che fa riferimento alle sensate esperienze e alle matematiche dimostrazioni.

La novità della nuova scienza è che la verità può essere colta da tutti (in questo senso è democratica), attraverso sensate esperienze: "tuttavia ciò esser vero e manifesto al senso, ho dimostrato io, e fattolo con perfetto telescopio toccar con mano a chiunque l'ha voluto vedere" [VI, 199]. Ma le sensate esperienze devono essere ben interpretate mediante matematiche dimostrazioni. A iniziare dalle geometriche dimostrazioni. Perché "i contradire alla geometria è un negare scopertamente la verità" [VI, 199].

Attenzione, però. Perché la geometria è uno strumento potente, ma bisogna saperlo utilizzare, caro il mio Sarsi (Grassi), perché: "ridursi alla severità di geometriche dimostrazioni è troppo pericoloso cimento per chi non le sa ben maneggiare" [VI, 199]. In questo la scienza non è democratica.

L'arte del saggiatore

Ma sul valore scientifico e filosofico ed epistemico de *Il saggiatore* esiste una sterminata letteratura, cui non vogliamo aggiungere nulla di più. Conviene invece soffermarsi sui riferimenti letterari e artistici che il libro contiene, perché testimoniano della cultura senza barriere di Galileo.

Iniziamo dalla musica. Perché in questo nuovo libro il toscano riprende temi, quello delle consonanze o dell'armonia, di cui abbiamo già parlato a proposito delle vicende che lo hanno coinvolto con il padre Vincenzio, e di cui torneremo a parlare di qui a qualche pagina.

Il saggiatore ci offre un interludio tra il passato e il futuro, a dimostrazione che Galileo non ha dimenticato il tema musicale.

Io domando al Sarsi, onde avvenga che le canne dell'organo non suonan tutte all'unisono, ma altre rendono il tuono più grave ed altre meno? Dirà egli forse, ciò derivare perch'elle sieno di materie diverse? certo no, essendo tutte di piombo: ma suonano diverse note perché sono di diverse grandezze, e quanto alla materia, ella non ha parte alcuna nella forma del suono: perché si faran canne, altre di legno, altre

di stagno, altre di piombo, altre d'argento ed altre di carta, e soneran
tutte l'unisono; il che avverrà quando le loro lunghezze e larghezze
sieno eguali: ed all'incontro coll'istessa materia in numero, cioè colle
medesime quattro libre di piombo, figurandolo or in maggiore or in
minor vaso, ne formerò diverse note: sì che, per quanto appartiene al
produr suono, diversi sono gli strumenti che ànno diversa grandezza,
e non quelli che ànno diversa materia. [VI, 199]

Galileo ben conosce l'organo e spiega a Sarsi la funzione che hanno,
nella produzione dei suoni, la materia, la grandezza e la lunghezza
delle canne. La materia non ha alcuna influenza, la frequenza e la potenza del suono dipendono solo dalla forma delle canne: dalla loro
grandezza e dalla loro lunghezza.

Ma anche l'arpa e il liuto hanno da insegnarci qualcosa.

Le corde dell'arpe, ben che sieno tutte della medesima materia, ren-
don suoni differenti, perché sono di diverse lunghezze: ma quel che
fanno molte di queste, lo fa una sola nel liuto, mentre che col tasteg-
giare si cava il suono ora da tutta ora da una parte, ch'è l'istesso che
allungarla e scorciarla, ed in somma trasmutarla, per quanto appartiene alla produzzion del suono, in corde differenti. [VI, 199]

Poi un paragone imprevisto, quello con la canna della gola. Con la fisiologia del suono: "e l'istesso si può dire della canna della gola, la
qual, col variar lunghezza e larghezza, accommodandosi a formar
varie voci, può senza errore dirsi ch'ella diventi canne diverse" [VI,
199]. La gola funziona dunque proprio come un organo o un liuto. E
funziona come un organo o un liuto, proprio perché la produzione
del suono non dipende dalla materia. Ma dalla geometria. Dalla lunghezza e larghezza delle canne.

Cosicché le stesse note, spiega Galileo, si possono ottenere con
strumenti diversi. E per spiegarlo, da gran narratore, inventa storie.
Storie in cui dimostra l'omologia tra la formazione dei suoni e del-
l'armonia musicale con strumenti inanimati e la formazione dei suoni

e dell'armonia musicale da parte di esseri viventi. A iniziare dagli uccelli, principi del canto. Galileo racconta così di un pastorello ...

> trovò un pastorello, che soffiando in certo legno forato e movendo le dita sopra il legno, ora serrando ed ora aprendo certi fori che vi erano, ne traeva quelle diverse voci, simili a quelle d'un uccello, ma con maniera diversissima. [VI, 199]

E ancora, la storia di un fanciullo ...

> trovò un fanciullo che andava con un archetto, ch'ei teneva nella man destra, segando alcuni nervi tesi sopra certo legno concavo, e con la sinistra sosteneva lo strumento e vi andava sopra movendo le dita, e senz'altro fiato ne traeva voci diverse e molto soavi. [VI, 199]

Questi brevi interludi sono sufficienti a comprendere quanto Galileo domini non tanto la teoria dei suoni e dell'armonia musicale, ma la loro ricerca pratica. Di come sia padrone degli strumenti che generano suoni armonici. Di come sia padrone della ricerca sperimentale dell'armonia. Strumenti ed esperimenti che ha conosciuto e a lungo frequentato con il padre. E che hanno contribuito a trasformare la musica da scienza matematica in scienza fisica, conservandone per intero la natura artistica.

Il saggiatore offre meno spazio alle arti figurative. È infatti illustrato solo con disegni e schemi geometrici, non con figure. L'uso dell'immagine è dunque moderato. Mentre numerosi sono i riferimenti letterari.

Galileo cita Dante. Evoca il poeta che ha definito la scienza "il pane degli angeli" quando, a un certo punto, spiega a Sarsi che la cometa cui fa riferimento non è comparsa nel segno della Bilancia (Libra), ma in quella dello Scorpione. E che la maschera di Grassi bene avrebbe fatto a intitolare il suo libro in altro modo:

> Adunque molto più proporzionatamente, ed anco più veridicamente, se riguarderemo la sua scrittura stessa, l'avrebbe egli potuta intito-

lare L'astronomico e filosofico scorpione, costellazione dal nostro so-
vran poeta Dante chiamata
"figura del freddo animale
che colla coda percuote la gente"
e veramente non vi mancano punture contro di me, e tanto più gravi
di quelle degli scorpioni, quanto questi, come amici dell'uomo, non
feriscono se prima non vengono offesi e provocati, e quello morde
me che mai né pur col pensiero non lo molestai. Ma mia ventura, che
so l'antidoto e rimedio presentaneo a cotali punture! Infragnerò dunque e stropiccerò l'istesso scorpione sopra le ferite, onde il veleno ri-
sorbito dal proprio cadavero lasci me libero e sano. [VI, 199]

Cita Seneca, il filosofo e letterato (e politico) latino a proposito della
sua personale ricerca della verità "non dovrebbe il Sarsi riprendermi
se con Seneca desidero la vera costituzion dell'universo" [VI, 199].

La citazione di Seneca, come tutte le altre, non è affatto casuale. Seneca sostiene che è la ragione a distinguere l'uomo dagli altri animali.
Ed è con la ragione che l'uomo può comprendere l'universo che lo
circonda. E che, infine, le verità raccolte dalla ragione non solo possono, ma devono essere comunicate con chiarezza e semplicità.

Viene poi il turno di Virgilio, citato nell'ambito della sua lunga
discussione sul moto:

Lascio star di dire che la freccia e la palla accompagnate dall'aria ardente doverebbono, la notte in particolare, mostrar nel lor viaggio
una strada risplendente, come quella d'un razo, giusto nella maniera
che scrive Virgilio della freccia di Aceste, che segnò il suo cammino
colle fiamme. [VI, 199]

Ma, ovviamente, non può mancare Ariosto. Il poeta che, con Dante, è il
preferito di Galileo. Le citazioni del poeta emiliano sono molte. Una cade
quando Galileo parla del diverso uso che si può fare di un medesimo
strumento. Per esempio di un'ancora "e così l'àncora fu la medesima, ma
diversamente usurpata dal piloto per dar fondo, e da Orlando per pren-

der balene" [VI, 199]. Ariosto torna utile quando Galileo ha bisogno di creare un'immagine. L'immagine di un mondo che ti crolla addosso e tu resti lì, incredulo e inebetito "lasciando l'inimico come attonito ed insensato, e qual restò Ruggiero allo sparir d'Angelica" [VI, 199].

I versi di Ariosto vengono usati per proporre un patto nella discussione. Un patto che, a dire il vero, Galileo non esita a violare:

> Tuttavia voglio che (come dice il gran Poeta)
> Tra noi per gentilezza si contenda,
> e considerar quanta sia l'energia delle vostre prove. [VI, 199]

La violazione del patto proposto a Sarsi non riguarda l'analisi critica dei suoi fallaci argomenti, ma la gentilezza. Che spesso Galileo sostituisce con un sarcasmo sprezzante.

E ancora Ariosto, l'"argutissimo Poeta", torna utile per ricostruire un clima":

> E qui mi fa il Sarsi sovvenire del detto di quell'argutissimo Poeta:
> "Per la spada d'Orlando, che non ànno
> e forse non son anco per avere,
> queste mazzate da ciechi si danno".
> [VI, 199]

Infine, una citazione del poeta sul tema della credibilità delle fonti:

> Sentite il Poeta a niun altro inferiore, nell'incontro di Ruggiero con Mandricardo e nel fracassamento delle lor lance:
> "I tronchi sino al ciel ne sono ascesi;
> scrive Turpin, verace in questo loco,
> che due o tre giù ne tornaro accesi,
> ch'eran saliti alla sfera del foco".
> E forse che il grand'Ariosto non leva ogni causa di dubitar di cotal verità, mentr'ei la fortifica coll'attestazione di Turpino? il quale ognun sa quanto sia veridico e quanto bisogni credergli. [VI, 199]

Anche Sarsi, nella sua *Libra*, cita i poeti e scrittori. Ma, sostiene Galileo, il fatto è che lui li cita a sproposito:

> Parmi, oltre a ciò, di scorgere nel Sarsi ferma credenza, che nel filosofare sia necessario appoggiarsi all'opinioni di qualche celebre autore, sì che la mente nostra, quando non si maritasse col discorso d'un altro, ne dovesse in tutto rimanere sterile ed infeconda; e forse stima che la filosofia sia un libro e una fantasia d'un uomo, come l'Iliade e l'Orlando furioso, libri ne' quali la meno importante cosa è che quello che vi è scritto sia vero. [VI, 199]

Galileo non evoca solo i poeti. Ma la poesia stessa, per dire a Sarsi che bisogna distinguere tra le necessarie bugie della poesia e le necessarie verità delle proposizioni scritte nel libro della natura:

> la natura non si diletta di poesie… proposizion verissima, ben che il Sarsi mostri di non la credere, e finga di non conoscer o la natura o la poesia, e di non sapere che alla poesia sono in maniera necessarie le favole e finzioni, che senza quelle non può essere; le quali bugie son poi tanto abborrite dalla natura, che non meno impossibil cosa è il ritrovarvene pur una, che il trovar tenebre nella luce. [VI, 199]

La natura non dice bugie. Al contrario della poesia, che le bugie le deve dire. E tuttavia scienza e poesia non sono affatto in contrasto. Usano, tuttavia, linguaggi diversi. Ma non una diversa intelligenza:

> Voi contrastate coll'autorità di molti poeti all'esperienze che noi produciamo. Io vi rispondo e dico, che se quei poeti fussero presenti alle nostre esperienze, muterebbono opinione, e senza veruna repugnanza direbbono d'avere scritto iperbolicamente o confesserebbono d'essersi ingannati. Ma già che non è possibile d'aver presenti i poeti, i quali dico che cederebbono alle nostre esperienze, ma ben abbiamo alle mani arcieri e scagliatori, provate voi se, coll'addur loro queste tante autorità, vi succede d'avvalorargli in guisa, che le frecce ed i

piombi tirati da loro s'abbrucino e liquefacciano per aria; e così vi chiarirete quanta sia la forza dell'umane autorità sopra gli effetti della natura, sorda ed inessorabile a i nostri vani desiderii. [VI, 199]

Ed ecco a seguire, dopo un'abile preparazione, il brano che da solo definisce un capolavoro:

Signor Sarsi, la cosa non istà così. La filosofia è scritta in questo grandissimo libro che continuamente ci sta aperto innanzi a gli occhi (io dico l'universo), ma non si può intendere se prima non s'impara a intender la lingua, e conoscer i caratteri, ne' quali è scritto. Egli è scritto in lingua matematica, e i caratteri son triangoli, cerchi, ed altre figure geometriche, senza i quali mezi è impossibile a intenderne umanamente parola; senza questi è un aggirarsi vanamente per un oscuro laberinto. [VI, 199]

Un brano – tra i più citati nella storia della letteratura scientifica di tutti i tempi – che fissa per sempre una delle grandi metafore della scienza: quella che vuole la natura simile a un libro scritto in lingua matematica. Un libro che può essere letto dall'uomo, purché si appropri del linguaggio matematico .

Molto si è discusso intorno a questa grande metafora. Intanto nel Collegio Romano, a opera dei gesuiti. Che non devono averla apprezzata più di tanto. Perché loro, i gesuiti, amano attribuire alla logica più che alla matematica il ruolo decisivo negli studi di filosofia naturale. Ma anche e soprattutto perché con questa metafora Galileo invade ancora una volta il campo dei teologi. Il toscano afferma che Dio ha scelto la lingua matematica (anzi, per la precisione, la lingua geometrica) per scrivere il libro della natura. Ma per i teologi ciò non è affatto scontato. Non è affatto detto, dicono, che la natura sia un libro. Non è affatto detto che anche se creata a mo' di libro, sia sempre leggibile dall'uomo. Non è affatto detto che, se pure la natura fosse un libro leggibile, possa essere letto in linea di principio da tutti gli uomini. Se anche fosse un libro, la natura potrebbe (dovrebbe) essere letta solo da persone sapienti a ciò autorizzate.

Della metafora si è discusso anche in altra sede. Alexander Koyré legge in questo brano la vena platonica di Galileo. E poiché questo libro segna, almeno da un punto di vista epistemologico, una pietra miliare all'origine della nuova fisica, Koyré ne conclude che "l'avvento della fisica classica è – visto dall'alto – un ritorno a Platone" [Koyré, 1957].

Ludovico Geymonat contesta con una certa vivacità questa lettura platonica di Galileo. Il filosofo della scienza italiano considera Galileo un seguace di Archimede. La matematica è uno strumento utile per conoscere il mondo, ma non è l'essenza del mondo.

Ma stiamo andando oltre il nostro mandato. Ricordiamo solo che Galileo propone una conoscenza del mondo fisico in cui gli strumenti matematici aiutano a raggiungere la più alta precisione possibile. E ricordiamo anche che, con *Il saggiatore*, il più grande scrittore nella storia della letteratura italiana ci fornisce una plastica dimostrazione delle sue ineguagliate capacità.

Le reazioni

Il libro, come è ovvio, suscita immediate e forti reazioni. Orazio Grassi se ne procura immediatamente una copia e la sua prima reazione, pare, sia stata quella di schiumare rabbia. La seconda reazione è più meditata. Ma non meno arrabbiata. Nel 1626, infatti, pubblica, sempre a nome di Lotario Sarsi, la sua meditata risposta al veleno, con il titolo di *Ratio ponderum librae et simbellae*. In apparenza la risposta è pacata. Ma l'accusa è, appunto, velenosa come quella dello scorpione. Il Concilio di Trento – ricorda Sarsi (Grassi) – ha affermato che nell'eucarestia cambia la sostanza, mentre le qualità esterne dell'ostia (il colore, il sapore) restano immutate. Se cambiano gli accidenti primari, dovrebbero cambiare anche gli accidenti sensibili. Galileo invece riduce a "puri nomi" queste qualità. E così Sarsi (Grassi) chiosa: "sarebbe, allora necessario un perpetuo miracolo per conservare puri nomi?" [VI, 375]. Non sta Galileo sfidando il dogma della transustanziazione?

La tesi non è molto pertinente. Ma dimostra come, al di là delle diatribe personali, una parte della cultura cattolica, anche scientifica, veda ormai in Galileo un nemico. Un nemico della fede.

Galileo rispolvera le sue doti poetiche e postilla con due versi il libro di Orazio Grassi.

> Simula il viso pace, ma vendetta
> Chiama il cor dentro, e ad altro non attende.
> [VI, 375]

Secondo Pietro Redondi, l'accusa di eresia eucaristica paventata da Grassi circolerà negli ambienti vaticani e farà breccia anche nella mente del papa amico, trasformandola così in una minaccia gravissima per Galileo. Minaccia che avrebbe potuto portare al rogo il filosofo naturale più noto dell'intero continente europeo. E il processo che di lì a dieci anni subirà, sarà un modo per salvarlo da questa accusa ben più grave.

La tesi di Pietro Redondi non è condivisa da altri studiosi della vicenda galileiana. Ma ci fornisce la misura del ginepraio di guai in cui Galileo, suo malgrado, ormai si ritrova.

29. Il capolavoro censurato

Nel libro poi ci sono da considerare, come per corpo di delitto, le cose seguenti:

1. Aver posto l'imprimatur di Roma senz'ordine, e senza participar la publicazione con chi si dice aver sottoscritto.

2. Aver posto la prefazione con carattere distinto, e resala inutile come alienata dal corpo dell'opera, et aver posto la medicina del fine in bocca di un sciocco, et in parte che né anche si trova se non con difficoltà, approvata poi dall'altro interlocutore freddamente, e con accennar solamente e non distinguer il bene che mostra dire di mala voglia.

3. Mancarsi nell'opera molte volte e recedere dall'hipotesi, o asserendo assolutamente la mobilità della terra e stabilità del sole, o qualificando gli argomenti su che la fonda per dimostrativi e necessarii, o trattando la parte negativa per impossibile.

4. Tratta la cosa come non decisa, e come che si aspetti e non si presupponga la definizione.

5. Lo strapazzo de gl'autori contrarii e di chi più si serve Santa Chiesa.

6. Asserirsi e dichiararsi male qualche uguaglianza, nel comprendere le cose geometriche, tra l'intelletto umano e divino.

7. Dar per argomento di verità che passino i tolemaici ai copernicani, e non e contra.

8. Aver mal ridotto l'esistente flusso e reflusso del mare nella stabilità del sole e mobilità della terra, non esistenti. Tutte le quali cose si potrebbono emendare, se si giudicasse esser qualche utilità nel libro, del quale gli si dovesse far questa grazia.

Il 23 settembre 1632 il relatore della Congregazione del Sant'Uffizio dà lettura dei capi d'imputazione contro il *Dialogo sui due massimi si-*

stemi del mondo. Da quegli otto capi di accusa discende, scontata, la proposta di condanna: quel capolavoro, tra i principali della letteratura scientifica di ogni tempo, deve essere censurato.

È l'inatteso epilogo dell'"ardito progetto" che Galileo aveva ripreso e pensava ormai di poter portare a termine con l'elezione del papa amico. Cosa è successo tra l'8 agosto 1623, data dell'elezione del papa amico, e il 23 settembre 1632, data della richiesta di condanna di Galileo e del suo libro? Cosa ha trasformato la rinnovata e fondata speranza nella più clamorosa e drammatica disillusione?

Per rispondere a queste domande dobbiamo tornare indietro, appunto, all'estate del 1623 e al viaggio verso Roma che Galileo intende intraprende per rendere omaggio a Maffei Barberini, l'autore della *Adulatio perniciosa*, che è appena salito al soglio di Pietro con il nome di Urbano VIII.

Il quarto viaggio romano

Galileo non parte subito per la città eterna. Lascia passare l'inverno, per ragioni di salute. Intanto incassa il primo dividendo del pontificato amico: Urbano VIII ha apprezzato molto che lo scienziato toscano gli abbia dedicato *Il saggiatore*. E molte voci sostengono che ne apprezzi anche il contenuto: pare che se lo faccia leggere a tavola di sera, durante la cena, e ne tragga gran diletto. Per i contenuti, certo. Ma anche per quello stile polemico che mette alla berlina i gesuiti. Che sono sì ministri della Chiesa colti e raffinati, ma sono assurti ad animatori, i più strenui, dello spirito della Controriforma. Uno spirito che papa Barberini vuole ora attenuare. E il progetto passa anche attraverso un ridimensionamento dell'influenza culturale dei seguaci di Ignazio di Loyola. L'eco delle sonore risate con cui nelle stanze vaticane Maffeo Barberini sottolinea i passaggi più pungenti che *Il saggiatore* dedica a Lotario Sarsi (Orazio Grassi) e, più indirettamente, ma non meno veementemente, ai gesuiti, deve risuonare quanto mai sgradito alle orecchie dai padri della Compagnia di Gesù. E ne inasprisce gli animi.

Tanto più perché al Collegio Romano avvertono che non è finita qui. Che a Galileo potrà essere consentito, anzi, richiesto, di conti-

nuare. E, infatti, il 4 novembre 1623 Giovanni Ciampoli scrive allo
scienziato toscano:

> Qua si desidera sommamente qualche altra nuovità dell'ingegno suo;
> onde se ella si isolvesse a fare stampare quei concetti che le restano fin
> hora nella mente, mi rendo sicuro che arriverebbero gratissimi anco
> a N. Signore, il quale non resta di ammirare l'eminenza sua in tutte
> le cose e di conservarle intera l'affettione portatale per i tempi passati.
> V. S. non privi il mondo de' suoi parti, mentre ha tempo a poterli ren-
> der palesi.

Uno dei collaboratori più stretti del papa invita, dunque, lo scienziato toscano a scrivere una nuova opera. Anzi a scrivere finalmente
l'opera di cui parla da decenni sul sistema del mondo. L'opera è stata
bloccata dal "salutifero editto" del 1616. Ma ora il pontefice assicura
che non solo non la impedirà o che la accoglierà con favore, ma che
addirittura la desidera. Anche perché sarà arricchita dalle nuove considerazioni sul "flusso e riflusso delle maree".

È dunque con queste condizioni al contorno e con piena fiducia
che il primo aprile 1624 Galileo lascia Firenze per raggiungere, due
giorni dopo, Perugia. Per due settimane, tra l'8 e il 22 aprile, si trattiene ad Acquasparta, presso l'amico Federico Cesi. Con il presidente
dell'Accademia dei Lincei e con il poeta Francesco Stelluti mettono a
punto la strategia per trasformare il quarto viaggio romano in un
nuovo successo.

Durante i brevi ozi di Acquasparta, narra Stelluti, Galileo non dimentica certo di essere un filosofo naturale e realizza un esperimento,
in barca, sulle acque del lago di Piediluco. Mentre l'imbarcazione
scorre velocemente sulle acque, Galileo si fa dare la chiave della camera di Stelluti e improvvisamente la lancia in aria. Il poeta linceo
teme di averla perduta, ma la chiave cade sulla barca, esattamente nel
posto tra Stelluti e Galileo, dove era stata lanciata. Lo stesso Stelluti,
quasi dieci anni dopo, spiegherà il perché in una lettera inviata a una
persona che ci resta ignota: la chiave "haveva del moto della barca ac-

quistato l'altro d'andare col movimento di essa e seguitarla come fece".

Secondo Lino Conti, che ha trovato questa missiva di Stelluti datata 8 gennaio 1633, quello sul lago di Piediluco sarebbe "il battesimo sperimentale del principio di relatività galileiano" [Conti, 1990]. Molti storici invitano alla prudenza: Stelluti, in fondo, è un poeta e la sua testimonianza potrebbe essere, come dire, una rivisitazione letteraria della realtà. Ma è certo che Galileo, anche in seguito, sosterrà di aver fatto una diretta esperienza del principio di inerzia, per dare sostanza empirica alle sue riflessioni intorno al moto della Terra (un sistema di riferimento, che come la barca sul lago, è in movimento) e della caduta dei gravi sulla Terra. Nulla vieta che abbia voluto ripetere l'esperimento alla presenza del poeta.

Proprio mentre sono ad Acquasparta i tre lincei sono raggiunti dalla notizia della morte di Virginio Cesarini, avvenuta il giorno in cui Galileo aveva lasciato Firenze: il primo di aprile.

Il soggiorno di Acquasparta si chiude, dunque, in tristezza. Si parte per Roma. Il 23 aprile 1624 lo scienziato toscano giunge nella città eterna, ospite di Mario Guiducci. Il giorno dopo, 24 aprile, è già a colloquio col papa amico, Urbano VIII. Il dialogo, cordialissimo, dura una buona oretta. Ancora un giorno ed ecco Galileo recar visita al "cardinale nipote", Francesco Barberini. Poi, benché provato nel fisico, il nostro si immerge nel solito *tourbillon* di incontri e relazioni.

Non diamo troppo retta alle parole con cui il 27 aprile ragguaglia Curzio Picchena:

> L'altro tempo lo vo spendendo in varie visite, le quali in ultima conclusione mi fanno toccar con mano che io son vecchio, e che il corteggiare è mestiero da giovani, li quali, per la robustezza del corpo e per l'allettamento delle speranze, son potenti a tollerar simili fatiche; onde io, per tali mancamenti, desidero ritornare alla mia quiete, e lo farò quanto prima. [XIII, 140]

Galileo, che ha ormai sessant'anni, ama più che mai corteggiare i potenti e nuota nell'oceano della vita romana di relazioni con la gagliardia oltre che con l'entusiasmo di sempre. Anzi, con maggior foga per la consapevolezza del "brevissimo tempo" che "ancora gli avanza".

D'altronde tutti a Roma lo richiedono perché tutti continuano ad attendersi da lui novità. E Galileo, certo, non delude le attese. Ne ha infatti portata con sé un'altra capace ancora di stupire e suscitare meraviglia: un "occhialino" per guardare "le cose minime", cui Johannes Faber attribuirà il nome di microscopio.

Come era successo per il cannocchiale, i prototipi del nuovo strumento che consente di ingrandire "le cose minime" erano stati messi a punto in Olanda, già alla fine del Cinquecento. Ma, proprio come è successo con il cannocchiale, Galileo perfeziona "l'occhialino" e lo rende uno strumento scientifico. E, come scrive Lucia Tongiorgi Tomasi, ancora una volta la messa a punto del nuovo strumento ha preteso "la collaborazione tra artista e scienziato" [Tongiorgi, 2009a].

Perché l'artista come lo scienziato apprezza la definizione del dettaglio. Ma solo l'artista sa riportare fedelmente su carta ciò che l'occhio delle scienziato vede al microscopio. Insomma, l'antica capacità del disegnatore si rivela oltremodo utile. E molti possono vedere gli schizzi dell'artista e scienziato toscano, dove sono riprodotti i dettagli più riposti della "cose minime".

Galileo fa conoscere il microscopio e vedere i suoi schizzi, primi fra tutti, ai membri dell'Accademia dei Lincei. Nel maggio 1624 Giovanni Faber informa Federico Cesi:

> Sono stato hier sera col Sig.r Galilei nostro, che habita vicino alla Madalena. Ha dato un bellissimo ochialino al Sig. Card. di Zoller per il Duca di Baviera. Io ho visto una mosca che il Sig.r Galileo stesso mi ha fatto vedere: sono restato attonito, et ho detto al Sig.r Galileo che esso è un altro Creatore, atteso che fa apparire cose che finhora non si sapeva che fossero state create. [XIII, 143]

Il microscopio, come il telescopio, fa vedere cose mai viste prima. Ma il microscopio richiede un'operazione visiva diversa e non meramente speculare a quella associata al telescopio. E l'effetto meraviglia il suo stesso inventore. Così, il 23 settembre 1624, Galileo scrive a Federico Cesi:

> Invio a V.E. un occhialino per veder da vicino le cose minime, del quale spero che ella sia per prendersi gusto e trattenimento non piccolo, chè così accade a me ... Io ho contemplato moltissimi animalucci con infinita ammirazione: tra i quali la pulce è orribilissima, la zanzara e la tignuola sono bellissimi ... Insomma ci è da contemplare inifinitamente la grandezza della natura, e quanto sottilmente ella lavora, e con quanta indicibil diligenza. [XIII, 167]

I lincei non si limitano alla meraviglia, che è grandissima, ma, con entusiasmo, iniziano a usare il nuovo strumento per studi sistematici. Lo stesso Federico Cesi è impegnato in un'analisi morfologica di essenze vegetali, sulla base della quale redige il *Plantes et flores*, chiamando a dipingerlo tra il 1623 e il 1628, alcuni pittori, tra cui Vincenzo Leonardi.

Dall'entusiasmo dei lincei per il nuovo strumento nasce un progetto specifico di ricerca che si conclude con la pubblicazione dell'*Apiarium*, un testo sulla vita delle api pubblicato nei primi giorni del 1626 e redatto dallo stesso Federico Cesi. L'*Apiarium* avrebbe dovuto essere il primo capitolo della grande enciclopedia, il *Theatrum Totius Naturae*, che l'Accademia dei Lincei ha intenzione di realizzare.

Oltre che dalla curiosità scientifica il progetto degli accademici è motivato anche dal desiderio di rafforzare l'amicizia con Urbano VIII. Le api, infatti, sono al centro dello stemma gentilizio della famiglia Barberini. E i Lincei, tra la fine del 1625 e l'inizio del 1626, donano al papa, oltre al testo di Cesi, due diverse tavole che costituiscono la prima rappresentazione di immagini osservate al microscopio: la prima e la più bella è la *Melissographia*, incisa a bulino da Matthäus Greuter, dove sono riprodotte tre api (per richiamare i tre imenotteri dello stemma dei Barberini) e alcuni loro dettagli anatomici (le zampe, il pungiglione, gli occhi, la bocca) sulla base delle osservazioni al microscopio eseguite da Francesco Stelluti; la seconda è il già citato *Apiarium*. Entrambe vengono molto apprezzate dal papa.

Ma torniamo a Galileo e al suo soggiorno romano. Oltre a meravigliare cardinali e studiosi con quello che Johannes Faber proporrà di chiamare microscopio, lo scienziato toscano tesse relazioni. Non senza fatica. Ma dovuta non tanto al peso dell'età quanto a qualche frustrazione.

Tra gli altri incontra anche Niccolò Riccardi, il domenicano che aveva dato l'imprimatur definitivo a *Il saggiatore*. Benché non sia affatto copernicano e abbia una visione miracolistica di come "vadia il cielo", Riccardi – che molti chiamano "padre mostro" a causa di una bellezza fisica non propriamente pronunciata – tiene chiara la distinzione tra scienza e fede. Sostenendo che la descrizione dei cieli è questione scientifica. E tenendo "ben ferma opinione che questa non sia materia di fede, né che convenga in modo alcuno impegnarci le Scritture" [XIII, 147].

Galileo stringe amicizia con vari cardinali, tra cui il tedesco Friedrich Eutel von Zollern, il quale si dichiara intenzionato a proporre la revisione del bando delle tesi copernicane. Il cardinale ne parla direttamente con il papa. E Urbano VIII si mostra disposto a parlarne.

Questa è l'impressione che il 6 giugno Galileo trasmette a Federico Cesi:

> Fu da S. Santità risposto come Santa Chiesa non l'havea dannata né era per dannarla per heretica, ma solo per temeraria, ma che non era da temere che alcuno fosse mai per dimostrarla necessariamente vera. [XIII, 146]

L'ipotesi copernicana, dunque, non è eretica. Il papa sostiene che non è contro la fede cristiana. È semplicemente temeraria, perché in contrasto con l'interpretazione delle Scritture. Una posizione, quella di Urbano, molto diversa da quella espressa dal Sant'Uffizio otto anni prima, secondo cui la tesi del moto terrestre è erronea rispetto alla fede, mentre la tesi della centralità e immutabilità del Sole è "formalmente eretica".

E, tuttavia, c'è un ma. Maffeo Barberini si dice certo, infatti, che nessuno potrà mai asserire che la temeraria ma non erronea né tantomeno eretica ipotesi copernicana sia vera, semplicemente perché – come tutte le altre ipotesi sulla realtà fisica del mondo – non è in alcun modo dimostrabile.

L'epistemologia del papa amico è nota da tempo a Galileo, fin dai colloqui che i due hanno avuto tra il 1615 e il 1616. Gli uomini come Tolomeo o Copernico, spiegava Maffeo Barberini, cercano di "salvare i fenomeni" della natura. Ovvero di offrire una spiegazione economica di ciò che osservano. Ma, sosteneva il futuro papa, questa spiegazione economica non è detto che sia la realtà dei fenomeni. Dio è tanto potente quanto sapiente. Ed è assolutamente libero. Dunque può e sa disporre le cose in una forma diversa da quella attinta dalla scienza.

In altri termini, è questa la tesi che diventerà nota come "l'argomento di Urbano VIII", la scienza è un sistema efficiente di descrizione della natura. Ma nulla può dire sulla effettiva realtà della natura. Il sistema copernicano potrà pure affermarsi come quello che meglio di ogni altro "salva le apparenze". Ma nessuna prova potrà mai essere decisiva per dimostrare come realmente "vadia il cielo". Dio non può essere vincolato alle leggi elaborate dalla "fantasia particolare" dei filosofi naturali.

Possiamo solo immaginare le parole che il papa amico rivolge allo scienziato toscano. Saranno state, più o meno queste: "Neppure tu, geniale Galileo, puoi suggerire a Dio con quale sistema far andare il cielo. Egli può sceglierne liberamente uno tra gli infiniti possibili".

Sappiamo, invece, per certa qual è la posizione che Galileo espone, di nuovo, a papa Urbano VIII. Ed è una posizione affatto diversa: "Noi non cerchiamo quello che Iddio poteva fare, ma quello che Egli ha fatto" [VII, 3]. Tra le infinite possibilità a sua disposizione, Dio ne ha scelta una.

E ciò che ha concretamente fatto noi uomini lo possiamo verificare sia con sensate esperienze sia scoprendo le leggi certe e immutabili che governano l'universo. Leggi scritte in lingua matematica e attingibili alla ragione umana.

Quello che noi leggiamo nel libro della natura ci dice come va "realmente" l'universo.

Sia lo scienziato sia l'amico papa si accorgono che le rispettive epistemologie sono molto diverse. Quella di Galileo è la posizione tipica della filosofia ionica, che riconosce la "potenza della ragione" e la capacità dell'uomo di leggere il libro della natura, di scoprire la realtà delle cose. Quella di Urbano VIII è una posizione scettica: la ragione umana può dare una sua interpretazione efficiente sulla realtà del mondo. Ma non può dire nulla sulla realtà effettiva del mondo, perché questa realtà la conosce solo Dio.

Le due visioni del mondo sono dunque affatto diverse. Addirittura opposte. E possono portare al conflitto più insanabile. Anche se i due amici per ora non se ne accorgono. O, almeno, mostrano di non accorgersene nel corso dei sei diversi incontri in meno di 45 giorni, in pratica uno a settimana, che hanno in quella primavera romana del 1624.

L'ultimo dei quali avviene il 7 giugno. Poi l'11 o forse il 12 giugno lo scienziato lascia Roma e torna a Firenze. Reca con sé un messaggio del pontefice, redatto da Giovanni Ciampoli, destinato al nuovo granduca, Ferdinando II, in cui Urbano VIII esalta ancora una volta le doti e le scoperte di Galileo:

> Abbracciamo ora con affetto paterno un grande uomo, la cui fama rifulge in cielo e si diffonde per tutta la terra. Abbiamo infatti riconosciuto in lui non solo la gloria letteraria, ma anche lo zelo religioso, ed egli brilla in quelle arti con cui facilmente ci si guadagna la benevolenza del pontefice. [XIII, 147]

Segni premonitori

Mentre Galileo lascia Roma, l'11 giugno, Urbano VIII condanna uno dei poeti che più hanno cantato e continuano a cantare lo scienziato toscano: Giovanni Battista Marino. Il napoletano è di gran lunga il massimo esponente di quel gruppo di persone che propone una nuova forma, barocca, di poesia che non a caso prende il nome di marinismo. Maffeo Barberini non la ama, quella poesia. Lui è un classicista. E non digerisce affatto quella autonomia dell'arte e quel diritto al "disimpegno" che i marinisti rivendicano. Per tutto questo Urbano VIII non tiene in gran conto Giovanni Battista Marino. Già nel 1614, quando era ancora cardinale, Maffeo Barberini era stato molto polemico con Marino, definito "grandissimo ignorante e malcreato" per aver scritto il sonetto *Obelischi pomposi a l'ossa alzâro*. Ora che è diventato papa e che intende "impegnare" l'arte, la letteratura e, dunque, la poesia, nel suo progetto politico e culturale di rilancio della cattolicità, non perde un secondo e condanna per lasciva l'*Adone*: il grande poema in cui un intero canto, il X, è dedicato a Galileo e al suo occhiale.

In quello stesso mese di giugno viene sottoposto agli arresti, a Castel Sant'Angelo, il cardinale Marcantonio De Dominis, ex-gesuita, arcivescovo di Spalato e studioso di scienza. Aveva insegnato matematica all'università di Padova e studiato la rifrazione ottica col cannocchiale di Galileo. Accusato di eresia, aveva abiurato e dopo diverse peripezie era tornato a Roma e reintegrato nelle sue funzioni cardinalizie. Mentre è a Roma scrive un piccolo trattato, di 70 pagine, per metà dedicate alla forma della Terra e per l'altra metà alle maree. Il trattato s'intitola *Euripes, seu de fluxu et refluxu maris sententia* e De Dominis vi sostiene che le maree sono causate dall'attrazione gravitazionale della Luna [Russo, 2003].

Galileo legge il trattato e non lo apprezza affatto. Ma i guai, per il vulcanico cardinale, non vengono certo dallo scienziato toscano, bensì dal fatto che entra in conflitto con Urbano VIII. E non per motivi scientifici. Accusato di nuovo di eresia e in vista del processo è, appunto, arrestato e condotto a Castel Sant'Angelo. Papa Barberini gli concede tuttavia molti riguardi: il prigioniero ha a disposizione un appartamento e due servitori. Riguardi che invece non gli concede l'Inquisitore. Alla fine di un interrogatorio, l'8 settembre, il cardinale muore. A Roma anche le mura lo sussurrano: è stato avvelenato. Per togliere ogni dubbio, Urbano VIII ordina un'autopsia e chiama anche il linceo Johannes Faber a effettuarla. Faber narra la vicenda in una lettera a Galileo, sostenendo che nulla fa pensare che il cardinale sia morto per avvelenamento.

Ma, sebbene il cardinale sia defunto, il processo continua. Si conclude come in un moderno film dell'orrore: la sentenza viene pronunciata il 20 dicembre in Santa Maria sopra Minerva alla presenza della bara. Il cardinale Marcantonio De Dominis viene condannato non solo alla *damnatio memoriae*, ma, sebbene già morto e sepolto, anche al rogo. L'indomani la sua salma viene riesumata, trascinata per le strade di Roma e bruciata a Campo de' Fiori.

Insieme a tutte le sue opere, *Euripes* compreso.

Il trattamento subìto dal povero Marcantonio De Dominis è un altro campanello d'allarme, osceno peraltro. Come può quel papa colto e progressista aver così brutalmente maltrattato il poeta Marino e addirittura il cadavere del cardinale De Dominis?

Lettera a Ingoli

L'11 o il 12 giugno, comunque, Galileo parte da Roma alla volta di Firenze contento per essere stato ben trattato e persino coccolato: Urbano gli ha promesso una pensione per il figlio Vincenzio. Eppure non nasconde la sua frustrazione. Sa che lo scopo principale della nuova missione romana è fallito. Sa di non essere riuscito a convincere l'amico papa a modificare le posizioni della Chiesa sull'ipotesi copernicana. Ma non si dà per vinto. Tanto che già qualche mese dopo, nell'aprile 1625, progetta un nuovo viaggio a Roma.

Intanto si mette al lavoro per realizzare l'opera che aveva progettato quindici anni prima lasciando Padova. Quella in cui vuole proporre il suo *systema mundi*, come annunziato nel *Sidereus Nuncius*. Proprio l'ultimo viaggio a Roma e le discussioni avute sia con Urbano VIII sia con il cardinale Zollern lo hanno convinto che ora si può. E lo rafforzano nella convinzione i premurosi incoraggiamenti di molti amici letterati e filosofi naturali, da Giovanni Ciampoli a Mario Guiducci.

Galileo pensa concretamente di riprendere il progetto per il suo grande libro già quando, a metà giugno, entra a Firenze. Ma subito si lascia distrarre. Forse nel tentativo di forzare il papa, amico ma riottoso, ad assumere un atteggiamento più coraggioso sul tema copernicano. Sta di fatto che, per tutta l'estate e fino a settembre, lavora alla risposta da dare a Francesco Ingoli, che nel 1616 ha scritto a mo' di lettera un testo, il *De situ et quiete Terrae disputatio*, per attaccare esplicitamente il modello copernicano. Ingoli aveva indirizzato la sua lettera direttamente a Galileo, proponendo 20 diversi argomenti a favore della centralità della Terra, quattro dei quali a carattere teologico.

Francesco Ingoli non è un astronomo qualsiasi che aderisce al modello di Tycho Brahe. È il primo segretario della Congregazione di Propaganda Fide. Esperto anche di diritto canonico. Il *De Revolutionibus* di Copernico è stato emendato proprio sulla base di un suo testo, il *De emendatione sex librorum Nicolai Copernici De revolutionibus*. Certo la lettera che gli ha indirizzato è del 1616, risale a otto anni prima. Ma ora una risposta, pensa Galileo, non solo è finalmente possibile, visto che sul soglio di Pietro c'è il papa amico, ma è necessaria. E persino utile: può essere la leva per rinnovare il dibattito a Roma, portando la Chiesa di Urbano VIII a rivedere le posizioni assunte ai tempi di Bellarmino.

Sì, lo consiglia Mario Guiducci in una lettera del 21 giugno, rispondi a Ingoli. Parla a nuora (il segretario della Congregazione di Propaganda Fide) perché suocera (il papa) intenda. Ma non prendere in esame gli aspetti teologici. Concentrati solo e unicamente sui problemi fisici e matematici. Va bene che il papa ti è amico, ma a Roma molti non aspettano altro che un tuo passo falso.

Tutti i lincei sono sulla medesima posizione: stai alla larga dalla teologia e "non rinvangare questa lite supita".

E, in realtà, nella sua risposta a Ingoli, peraltro pacata e priva di quella *vis polemica* che caratterizza *Il saggiatore*, Galileo si limita a trattare il problema copernicano in termini puramente astronomici e filosofici. Anche se in maniera mirabile. Il toscano vi propone, tra l'altro: l'enunciazione del principio di inerzia, ricorrendo all'immagine della nave che si muove di moto uniforme; un'argomentata discussione sui sistemi a molti centri di gravità; un'altra argomentata discussione su chi, tra il Sole e la Terra, sia l'oggetto cosmico "più crasso".

Ingoli sostiene che la Terra è "più crassa" del Sole e dunque è inevitabile che sia il centro di gravità dell'universo.

Galileo sostiene che non abbiamo prove empiriche sufficienti per stabilire chi sia "più crasso" tra il Sole e la Terra. Ma, ove dovessimo dar retta ad Aristotele, secondo cui il Sole è costituito di materia incorruttibile, allora dovremmo ipotizzare che il Sole dove essere costituito di materia come l'oro o il diamante, e dunque dovrebbe essere "più crasso" della Terra.

Quanto al centro di gravità cosmico, Galileo risponde che l'universo non ne ha uno assoluto, perché nel cosmo ciascun oggetto – il Sole, la Luna, i pianeti e la Terra stessa – hanno propri centri di gravità. E, dunque, il sistema planetario è un sistema a molti centri.

Infine, propone, il suo principio di inerzia e spiega perché la caduta dei gravi sulla Terra lungo una linea perpendicolare non dimostra affatto che la Terra è ferma. Per la dimostrazione usa un'immagine – l'immagine della nave – descritta con un passo di rara bellezza letteraria:

Riserratevi con qualche amico nella maggiore stanza che sia sotto coverta di alcun gran navilio, e quivi fate d'aver mosche, farfalle e simili animaletti volanti; siavi anco un gran vaso d'acqua, e dentrovi de' pescetti; sospendasi anco in alto qualche secchiello, che a goccia a goccia vadia versando dell'acqua in un altro vaso di angusta bocca, che sia posto a basso: e stando ferma la nave, osservate diligentemente come quelli animaletti volanti con pari velocità vanno verso tutte le parti della stanza; i pesci si vedranno andar notando indifferentemente per tutti i versi; le stille cadenti entreranno tutte nel vaso sottoposto; e voi, gettando all'amico alcuna cosa, non più gagliardamente la dovrete gettare verso quella parte che verso questa, quando le lontananze sieno eguali; e saltando voi, come si dice, a piè giunti, eguali spazii passerete verso tutte le parti. Osservate che avrete diligentemente tutte queste cose, benché niun dubbio ci sia che mentre il vassello sta fermo non debbano succeder così, fate muover la nave con quanta si voglia velocità; ché (pur che il moto sia uniforme e non fluttuante in qua e in là) voi non riconoscerete una minima mutazione in tutti li nominati effetti, né da alcuno di quelli potrete comprender se la nave cammina o pure sta ferma: voi saltando passerete nel tavolato i medesimi spazii che prima, né, perché la nave si muova velocissimamente, farete maggior salti verso la poppa che verso la prua, benché, nel tempo che voi state in aria, il tavolato sottopostovi scorra verso la parte contraria al vostro salto; e gettando alcuna cosa al compagno, non con più forza bisognerà tirarla, per arrivarlo, se egli sarà verso la prua e voi verso poppa, che se voi fuste situati per l'opposito; le gocciole cadranno come prima nel vaso inferiore, senza caderne pur una verso poppa, benché, mentre la gocciola è per aria, la nave scorra molti palmi; i pesci nella lor acqua non con più fatica noteranno verso la precedente che verso la sussequente parte del vaso, ma con pari agevolezza verranno al cibo posto su qualsivoglia luogo dell'orlo del vaso; e finalmente le farfalle e le mosche continueranno i lor voli indifferentemente verso tutte le parti, né mai accaderà che si riduchino verso la parete che riguarda la poppa, quasi che fussero stracche in tener dietro al veloce corso della nave, dalla quale per lungo tempo, trattenendosi per aria, saranno state separate; e se abbruciando alcuna lagrima d'incenso si farà un poco di fumo, vedrassi ascender in alto ed a guisa di nugoletta trattenervisi, e indifferentemente muoversi non più verso questa che quella parte. [VI, 503]

Questo è quello che potete verificare. Questa è la sensata esperienza. Ma perché succede questo? Perché le condizioni in una nave in quiete sono le medesime che in una nave che si muove di moto uniforme, con velocità grande a piacere ma costante, senza fluttuazioni di qua e di là?

Di tutta questa corrispondenza d'effetti ne è cagione l'esser il moto della nave comune a tutte le cose contenute in essa ed all'aria ancora, che per ciò dissi io che si stesse sotto coverta; ché quando si stesse di sopra e nell'aria aperta e non seguace del corso della nave, differenze più e men notabili si vedrebbero in alcuni de gli effetti nominati: e non è dubbio che il fumo resterebbe in dietro, quanto l'aria stessa; le mosche parimente e le farfalle, impedite dall'aria, non potrebber seguir il moto della nave, quando da essa per spazio assai notabile si separassero; ma trattenendovisi vicine, perché la nave stessa, come di fabbrica anfrattuosa, porta seco parte dell'aria sua prossima, senza intoppo o fatica seguirebbon la nave, e per simil cagione veggiamo tal volta, nel correr la posta, le mosche importune e i tafani seguir i cavalli, volandogli ora in questa ed ora in quella parte del corpo; ma nelle gocciole cadenti pochissima sarebbe la differenza, e ne i salti e ne i proietti gravi, del tutto impercettibile. [...]

E se voi di tutti questi effetti mi domanderete la cagione, vi risponderò per ora: "Perchè il moto universale della nave, essendo comunicato all'aria ed a tutte quelle cose che in essa vengono contenute, e non essendo contrario alla naturale inclinazione di quelle, in loro indelebilmente si conserva"; altra volta poi ne sentirete risposte particolari e diffusamente spiegate. [VI, 503]

Queste stesse immagini e queste medesime spiegazioni saranno presto riprese in un'altra opera destinata a diventare celeberrima. Un'opera, per così dire, di attacco. Pienamente copernicana.

La lettera a Ingoli è, invece, più un fuoco di sbarramento che un assalto lancia in resta. Galileo si limita a rispondere a Ingoli punto per punto. Riassumendo in questo modo tutte le ragioni per cui le critiche al modello copernicano sono sbagliate. Ma rimanda di fatto a una successiva pubblicazione, al grande libro sul *systema mundi* appunto, l'esposizione di tutte le ragioni a favore dell'ipotesi copernicana.

Galileo fa molta attenzione a ribadire di voler assolutamente rispettare l'editto del 1616. Sostenendo in maniera esplicita che non ha intenzione alcuna di affrontare la questione nei suoi aspetti teologici. Anche se lascia trasparire che è solo per motivi religiosi e non per intima convinzione che considera quella di Copernico una teoria erronea. E che in ogni caso, ribadisce con orgoglio, non è certo per "difetto di discorso naturale", o per "non aver vedute quante ragioni, esperienze, osservazioni e dimostrazioni si abbiano vedute" gli studiosi protestanti, che i cattolici rifiutano il copernicanesimo. Insomma, non è che noi cattolici non sappiamo le cose. È che dobbiamo rispetto delle Sacre Scritture.

Resta implicita, eppure evidentissima, la considerazione che meglio farebbero i cattolici a non "impegnare le Scritture" nelle faccende astronomiche, come va sostenendo anche Niccolò Riccardi, e a non opporsi ai progressi ineluttabili della scienza. Non fosse altro per non lasciarne ai protestanti il monopolio.

Ma forse è meglio leggerlo direttamente, il pensiero di Galileo:

> A confusione degli eretici, tra i quali sento quelli di maggior grido esser tutti dell'opinione di Copernico, ho pensiero di trattar quest'argomento assai diffusamente, e mostrar loro che noi Cattolici, non per difetto di discorso naturale, o per non aver vedute quante ragioni, esperienze, osservazioni e dimostrazioni si abbiano vedute loro, restiamo nell'antica certezza insegnataci da' sacri autori, ma per la reverenza che portiamo alle scritture de i nostri Padri e per il zelo della religione e della nostra fede, si che quando loro abbino vedute tutte le loro ragioni astronomiche e naturali benissimo intese da noi, anzi, di più, altre ancora di maggior forza assai delle prodotte fin qui, al più potranno tassarci per uomini costanti nella nostra oppinione, ma non già per ciechi o per ignoranti dell' umane discipline: cosa che finalmente non deve importare a un vero cristiano cattolico; dico, che un eretico si rida di lui perch'egli anteponga la riverenza e la fede che si deve agli autori sacri, a quante ragioni ed esperienze hanno tutti gli astronomi e filosofi insieme. Aggiugnerassi a questo un altro benefizio per noi, che sarà il comprendere quanto poco altri si deva confidare negli umani discorsi e nell'umana sapienza, e quanto perciò noi siamo obbligati alle scienze superiori, le quali sole son potenti a disottenebrar la cecità della nostra mente ed ad insegnarci quelle discipline alle quali per nostre esperienze o ragioni giammai non arriveremmo. [VI, 503]

Le ultime righe sono un riconoscimento all'argomento di Urbano VIII. Ma traspare in maniera, ancora una volta, chiara che è un riconoscimento espresso più per obbedienza e convenienza che per intima convinzione. Perché, sembra dire Galileo, se non ci fossero le Scritture a negarla, la superiorità (e, dunque, il realismo) dell'ipotesi copernicana risulterebbe evidente. E risulterebbe evidente ai cattolici, prima ancora che agli altri, grazie proprio alle scoperte che un cattolico, Galileo, ha realizzato.

Come nota Ludovico Geymonat, il carattere paradossale di questa posizione è anche un richiamo alla Chiesa di Roma [Geymonat, 1969]. Fino a quando noi cattolici potremo nascondere l'evidenza dietro le Sacre Scritture?

La domanda, formulata in maniera implicita, è evidentemente rivolta a Urbano VIII, nella convinzione che l'argomento non possa risultargli del tutto indifferente. Non è Maffeo Barberini una mente aperta al nuovo? E una mente aperta non può non comprendere, sostiene ancora Galileo nella lettera a Ingoli, che: "la natura, Signor mio, si burla delle costituzioni e decreti de i principi, degl'imperatori e dei monarchi, a richiesta de i quali ella non muterebbe un iota delle leggi e statuti suoi" [VI, 503]. La natura, sembra dire, si burla anche delle costituzioni dei teologi e dei papi, a richiesta dei quali non muterebbe uno iota delle sue leggi e dei suoi statuti. Chi si oppone alla scienza è destinato a perdere. Possono i cattolici regalare questo vantaggio ai protestanti?

La domanda, indiretta ma chiara, è tanto più incisiva perché Urbano va sempre più impegnandosi in una guerra su scala continentale destinata a durare trent'anni (dal 1618 al 1648) e che, in questa prima fase, è una guerra tra cattolici e protestanti.

Inoltre l'attività scientifica in Europa è andata intensificandosi. Come scrive Enrico Bellone: il clima culturale nel continente è diventato assai più ricco [Bellone, 1990]. Ed è diventato assai più ricco soprattutto nei paesi protestanti.

Nel 1619 Johannes Kepler pubblica l'*Harmonices mundi*. Un libro in cui, tra l'altro, l'astronomo tedesco espone la terza legge sul moto dei pianeti e ripropone il rapporto tra armonia musicale e armonia cosmica. E da cui traspare un grande orgoglio: quello di aver realizzato un'opera che sente di portata epocale: "Il dado è tratto. Ho scritto il mio libro [che] potrà aspettare per cento anni colui che lo leggerà. Non ha forse Dio aspettato per seimila anni colui che contemplasse l'operato suo?" [Kepler, 1997].

L'anno dopo, nel 1620, Francis Bacon pubblica, a Londra, il *Novum organum*, nel quale il filosofo e politico britannico spiega i cambiamenti, grandi e positivi, che la nuova scienza sta apportando alla cultura occidentale.

Nel 1628 un altro inglese, William Harvey, già studente a Padova, pubblicherà l'*Exercitatio anatomica de motu cordis et sanguinis animalium*, con cui spiega come funziona il sistema circolatorio e, di fatto, inaugura la moderna ricerca medica.

Sono tre esempi di quanto succede nell'Europa protestante. Mentre nell'Europa cattolica non mancano gli ingegni, ma sono ostacolati se non repressi. Non è solo una sensazione di Galileo. Nel 1630, nella cattolica Francia, René Descartes renderà noto a Marin Mersenne che sta scrivendo un libro, *Le Monde*, di grande portata. Un libro che sarà terminato nel 1633, ma che non sarà stampato per timore. Descartes teme che nella cattolica Francia possa succedergli qualcosa di analogo a quanto, nel 1632, è successo a Galileo.

Ma non precorriamo i tempi. E torniamo all'artista toscano e alla sua lettera a Francesco Ingoli. Una lettera molto impegnativa. Lo scienziato toscano se ne rende ben conto. E si premura di farla circolare in ambienti abbastanza ristretti. Mi raccomando, scrive a uno dei destinatari, non farla vedere ad alcun altro. Forse insospettito sia dal fatto che padre Orazio Grassi sta chiedendo di averne copia, sia che a Roma è arrivato Christoph Scheiner, il quale con gran rumore va sostenendo in giro che sta per pubblicare un libro che non farà affatto piacere a Galileo. I gesuiti sono, dunque, sul sentiero di guerra?

La nuova lettera di Galileo non sarà mai inviata – o, almeno, non se ne ha notizia – a Francesco Ingoli. Tuttavia, attraverso Giovanni Ciampoli, giunge certamente a Urbano VIII. Il vero destinatario [Geymonat, 1969].

Non è chiaro se il papa la legga integralmente. Ma sta di fatto che l'accoglienza, nelle stanze del Vaticano e negli ambienti ristretti in cui circola, non è per nulla sfavorevole. Galileo ne trae così la convinzione che è finalmente possibile riproporre il suo "ardito progetto". Sia pure nella versione modificata. Più politica, che teologica. Il toscano non è più interessato a conciliare la scienza con le Sacre Scritture. Che lo facciano pure i teologi. È interessato a che la Chiesa di Roma non ponga più ostacolo alla libertà di ricerca scientifica. Qualsiasi sia l'esito di questa ricerca.

Un tentativo di Dialogo sul flusso e riflusso del mare

Con la ripresa del programma culturale, ecco che ritorna l'antico progetto editoriale, il libro sul sistema del mondo. D'altra parte già in chiusura della lettera a Francesco Ingoli, Galileo ha annunciato che presto pubblicherà un *Discorso sul flusso e reflusso del mare*.

Lo scienziato pensa di scrivere un libro che riprenda di nuovo il problema delle maree, perché lì ritiene ci sia la prova che la Terra si muove. E vuole utilizzare un genere letterario diverso da quello de *Il saggiatore*. Un genere che faccia comprendere il suo pensiero a tutti. In cui il padre, Vincenzio, era maestro. E in cui egli stesso si è più volte cimentato con successo: il dialogo.

E dunque alla fine del 1624 Galileo inizia a lavorare, come scriverà un anno dopo a Elia Diodati, ad:

alcuni Dialoghi intorno al flusso e reflusso del mare dove però diffusamente saranno trattati i due sistemi Tolemaico e Copernicano, atteso che la causa di tale accidente vien da me riferita a' moti attribuiti alla terra. [XIII, 226]

Lavora con buona lena al nuovo progetto per oltre un anno e mezzo e annuncia che risponderà anche ai rilievi che Kepler ha mosso a *Il saggiatore* nel suo *Hyperaspites* del 1625. Ma alla fine del 1626 il lavoro subisce un rallentamento. Anzi un vero e proprio blocco. Tanto che nel luglio 1627 Giovanni Ciampoli lamenta come il "corso de' suoi Dialoghi si muova con lentezza" [XIII, 293]. E nel marzo 1628 Niccolò Aggiunti, che ha sostituito Castelli sulla cattedra di matematica a Pisa, chiede se ha rimesso mano all'opera "ingiustamente abbandonata" [XIII, 322].

Il fatto è che in questi mesi Galileo è malato. Molto seriamente. Qualcuno teme, addirittura, per la sua vita. E inoltre deve ospitare a casa sua la famiglia del fratello Michelangelo, che ancora una volta versa in gravi difficoltà economiche. Il musicista è tornato da Monaco nel 1627. Ha una moglie, sette figli e le tasche completamente vuote. Ancora una volta Galileo si accolla il mantenimento della famiglia del fratello. Una generosità che non gli viene riconosciuta. Fatto è che Michelangelo se ne torna a Monaco nel febbraio 1628: prima da solo, poi richiamando a sé la famiglia e rimproverando Galileo di non averla accudita a sufficienza.

Lo scienziato è scosso da quelle ingiuste accuse. E chissà se si sentirà ripagato quando, nel gennaio 1631, poco prima di morire, Michelangelo gli chiede perdono. E di nuovo gli chiede di prendersi cura della moglie e dei figli.

Ma non c'è solo la famiglia di Michelangelo a distrarlo. Galileo deve provvedere ai figli della sorella Virginia, morta nel 1623 dopo essere stata abbandonata dal marito, Benedetto Landucci. Deve provvedere al futuro di suo figlio, Vincenzio, che si laurea in legge presso lo Studio di Pisa nel giugno 1628 e poi, nel gennaio 1629, convola a nozze con Sestilia Bocchineri, sorella di Alessandra e di Geri, addetto alla Segreteria del Granduca.

Il matrimonio di Vincenzio non è ben accolto dalle sue due sorelle. Virginia (Suor Celeste) in particolare è gelosa: teme che l'amore del padre venga rivolto verso la famiglia di Vincenzio. Ma l'ombra viene presto allontanata. Nel 1631 Galileo prende in affitto una villa ad Arcetri, *Il gioiello*, per stare più vicino al convento di San Matteo e alle figlie che vi sono ospitate. Con Livia (suor Arcangela) i rapporti non sono strettissimi. O, almeno, noi non ne abbiamo notizia. La donna non ha mai accettato la sua condizione monacale. Inoltre non gode di buona salute. Non è improbabile che rimproveri qualcosa all'illustre genitore. Ma di lei sappiamo solo indirettamente, tramite le lettere che la sorella Virginia (Suor Celeste) invia regolarmente al padre [Sobel, 1999].

Virginia ha invece accettato con serenità la sua condizione e vive con gioia e orgoglio all'ombra di quel genitore famoso, cercando di conservare un rapporto ricco e intenso. Un'intenzione che è anche quella di Galileo, anche se non sempre espressa con regolarità. Sta di fatto che, ora che ha preso casa ad Arcetri, lo scienziato frequenta Virginia e, presumibilmente, Livia molto più che in passato. Con Suor Celeste prepara marmellate e medicinali. Per il convento Galileo mobilita molte delle sue capacità artistiche. Scrive, per esempio, brevi commedie e si aspetta che le monache le rappresentino quando lui si reca a visitarle. Si ha notizia anche di una sinfonia per organo composta da Galileo e da suonare la domenica [Reston, 2005].

Intanto il primario matematico e filosofo del Granducato di Toscana deve sbrigare la noiose faccende burocratiche per ottenere finalmente la cittadinanza fiorentina, che gli viene concessa dal Granduca il 3 dicembre 1628.

Ultimo ma non ultimo, nel giugno 1629 Galileo entra, per così dire, in politica: viene abilitato a far parte del Consiglio di Firenze, in cui siederà effettivamente solo l'anno successivo. Nel novembre 1631 il granduca lo nomina nel Consiglio dei Dugento, una sorta di parlamento del granducato.

Per quanto impegnative, tutte queste incombenze non giustificano l'"ingiusto abbandono" della scrittura del *Dialogo*. Forse c'è dell'altro. Forse Galileo non si sente ancora sicuro. Non certo dei suoi argomenti, quanto dell'accoglienza che riceveranno a Roma. Ma alla fine ogni dubbio è fugato. Negli ultimi giorni di ottobre del 1629 il primario filosofo e matematico annuncia ai suoi amici di aver ripreso a scrivere, che conta di finire l'opera quanto prima e di volerla immediatamente pubblicare. L'opera, annuncia a Elia Diodati, sarà assai grande e ricca di novità. E parlerò solo delle maree, ma proporrò un'"amplissima conformazione del sistema di Copernico".

Una prima versione del *Dialogo* circola tra i suoi collaboratori e amici nei primi giorni del nuovo anno, il 1630. Accolta col solito entusiasmo. L'Accademia dei Lincei si offre di pubblicarla, come è già avvenuto con *Il saggiatore*. Per ora si tratta di bozze, su cui Galileo continua a lavorare, rivedendole in continuazione, sebbene abbia detto a Federico Cesi che l'opera è compiuta e che ha bisogno solo di una bella introduzione. Intanto inizia a preparare una nuova trasferta romana, per far stampare il libro nella città sede del papato. Benedetto Castelli prende contatto sia con Francesco Barberini, il "cardinal nipote", cui illustra il pensiero di Galileo sulle maree, chiara prova del moto della Terra, sia con Niccolò Riccardi, da poco divenuto Maestro di Sacro Palazzo, succedendo a Niccolò Ridolfi. In questa veste Riccardi – padre Mostro – sovrintende alla produzione e alla vendita dei libri nello stato pontificio.

Benedetto Castelli insiste: è il momento giusto per tornare a Roma. E riferisce a Galileo: Federico Cesi ha consultato Tommaso Campanella, che vede spesso il papa. E il filosofo calabrese gli ha riferito che, a proposito del decreto del 1616 contro l'ipotesi copernicana, Urbano VIII ha detto: "Non fu mai nostra intenzione; e se fosse toccato a noi, non si sarebbe fatto quel decreto" [XIV, 67].

È dunque ancora una volta con ottimismo che, il 29 aprile 1630, Galileo parte per Roma, dove giunge con il suo manoscritto il successivo 3 maggio. Prende dimora a Villa Medici, sul Pincio, ospite del nuovo ambasciatore toscano, Francesco Niccolini. Col quale instaura un rapporto non solo cordiale, ma addirittura amicale.

Di lì a qualche giorno, il 17 o il 18 maggio, viene ricevuto in "lunga udienza" da Urbano VIII. Incontro come al solito cordiale, ma non risolutivo.

L'indomani, per sfortuna di Galileo, intervengono anche i giornalisti. In particolare Antonio Badelli che il 19 maggio 1630 scrive su uno dei suoi *Avvisi*, un prototipo, scritto a mano, di gazzetta:

> Qui si trova il Galileo, ch'è famoso matematico et astrologo, che tenta di stampare un libro nel quale impugna molte opinioni che sono sostenute dalli Giesuiti. Egli si è lasciato intendere che D. Anna partorirà un figliuolo maschio, che alla fine di Giugno haremo la pace in Italia, e che poco dopo morirà D. Thadeo et il Papa. [citato in Festa, 2007]

Galileo che annuncia l'imminente morte del papa amico? È pura invenzione. Ma è una voce fastidiosa. E pericolosa. Anche perché il 24 maggio, grazie a un monaco vallombrosano, Orazio Morandi, di cui è vecchio amico, Galileo incontra nel monastero di santa Prassede Lodovico Corbusio, che è stato Inquisitore a Firenze, e Raffaello Visconti, collaboratore del vecchio Maestro di Sacro Palazzo, Niccolò Ridolfi. Lo scopo dell'incontro è chiaro: si vuole accelerare l'iter per l'*imprimatur*.

Il guaio è che Orazio Morandi pratica l'astrologia, ha previsto la morte prossima di papa Barberini e ha avuto su questo tema uno scambio epistolare con Raffaello Visconti. Il papa non ama affatto questi presagi e, di conseguenza, è molto arrabbiato. Non solo per motivi scaramantici, ma perché è in corso a Roma un duro confronto tra due partiti, quello francese che lo appoggia e quello spagnolo che di Urbano VIII è nemico. Insomma, quelle voci sono destabilizzanti e vanno zittite. Di lì a qualche settimana, nel luglio 1630, papa Barberini ordina di allontanare da Roma Raffaello Visconti e di mandare in galera Orazio Morandi (che morirà in carcere il mese successivo). E nel 1631 emanerà una Bolla, la *Inscrutabilis*, che prevede pene durissime per chiunque elabori pronostici sulla vita del papa e dei suoi familiari.

Gli amici di Galileo iniziano a temere. Il poeta Michelangelo Buonarroti consulta il "cardinal nipote", che tuttavia gli risponde: non preoccupatevi, io e mio zio, il papa, siamo i migliori amici di Galileo e sappiamo che mai lo scienziato fiorentino farebbe e penserebbe simili sciocchezze.

Intanto proprio Raffaello Visconti è ufficialmente incaricato dal Maestro di Sacro Palazzo di leggere il *Dialogo* e verificare se ci siano le condizioni per la pubblicazione. Raffaello Visconti legge il manoscritto e consiglia alcune modifiche sostanziali. A questo punto interviene il Maestro di Sacro Palazzo in persona, Niccolò Riccardi, e rileva che Galileo nel libro non propone il modello di Copernico come "pura hipotesi matematica", ma come un modello assolutamente vero. Occorre che Galileo apporti questa modifica. Per il resto, si proceda pure.

E infatti a metà giugno Raffaello Visconti comunica che il libro è piaciuto al Maestro di Sacro Palazzo, che ci sono modifiche di lieve entità da apportare e che, una volta effettuate, il libro potrà essere pubblicato. Domani si discuterà con il papa in persona del frontespizio.

E l'indomani Urbano oppone solo una considerazione. Il flusso e reflusso del mare, sì, insomma, le maree, non costituiscono una prova evidente del moto della Terra. Dunque non diamogli troppa importanza. E, di conseguenza, cambiamo il titolo. Galileo non si oppone e chiede che il Maestro di Sacro Palazzo, Niccolò Riccardi, licenzi "foglio per foglio" il manoscritto e rilasci l'*imprimatur* per poter pubblicare il libro a Roma.

Quando, il 26 giugno 1630, Galileo lascia la città è convinto sia che il suo libro ha superato ogni scoglio sia che il papa continua a essergli grande e affezionato amico.

Tira e molla sul Dialogo

Ma nel corso dell'estate Galileo cambia idea. Non intende più pubblicare il libro a Roma, bensì a Firenze. Come scrive Michele Camerota, i motivi di questa decisione sono diversi. Intanto è scoppiata una nuova epidemia di peste e i viaggi sono difficoltosi oltre che pericolosi. Poi vuole evitare altre eventuali richieste di modifica. Infine il primo agosto 1630 Francesco Stelluti gli comunica "con man tremante e con occhi pieni di lacrime" che, "per una febre acuta", è morto Federico Cesi, l'amico fondatore dell'Accademia dei Lincei che a Roma avrebbe dovuto curare la pubblicazione del libro [XIV, 99].

La morte del principe è una perdita incommensurabile per tutti i lincei. Sul piano umano, in primo luogo. Ma anche sul piano organizzativo ed economico. L'Accademia dei Lincei non ha fondi propri e ha molti debiti. Senza la garanzia del principe Cesi, non avrà più i necessari prestiti. Il segretario, Francesco Stelluti, lo scrive chiaramente a Galileo: se il cardinal nipote, Francesco Barberini, "non abbraccia questa impresa, vedo la nostra Accademia andare in rovina: e bisogna pensare a un nuovo principe e ad altri ordini" [XIV, 99].

In queste condizioni, stampare a Roma è arduo. Una difficoltà colta anche da Benedetto Castelli e da altri amici. E le difficoltà non sono solo economiche. Il 24 agosto Castelli scrive a Galileo che ce ne sono altre, che non "vuole mettere in carta ora". Qualcosa si intuisce. Qualcuno molto in alto – forse il papa stesso – ha ancora da obiettare sul testo. Lo stesso Castelli, tuttavia, scrive che Niccolò Riccardi sollecita l'invio del manoscritto definitivo a Roma, in modo da poter rivedere "alcune coselle nel proemio e dentro l'opera stessa" [XIV, 117]. Sottolineando che, adempiuta quest'ultima formalità, il libro potrà essere stampato anche a Firenze.

Ma intanto Galileo ha avviato l'iter per la stampa nel granducato. Chiede e ottiene l'appoggio del granduca, il giovanissimo Ferdinando II. E poiché nutre qualche sospetto su Roma, chiede e ottiene anche l'*imprimatur* dalle autorità religiose fiorentine: Pietro Niccolini, Vicario Generale, e Clemente Egidi, Inquisitore Generale. È l'11 settembre 1630. Il giorno successivo riceve la licenza di pubblicare da parte del Revisore Granducale per la stampa dei libri, Niccolò dell'Antella.

È chiaro che si è aperto un inopportuno braccio di ferro con padre Niccolò Riccardi, il quale non vede affatto di buon occhio il tentativo di Galileo di pubblicare il libro a Firenze invece che a Roma.

E infatti Galileo sente di dover scrivere al Padre Mostro per dirgli che, a causa della pestilenza, è troppo pericoloso inviare a Roma l'intero, corposo manoscritto. Potrebbe andare perduto. Gli invierà solo la prefazione e la chiusura. Mentre il resto dell'opera potrebbe essere controllata a Firenze da una persona di fiducia del Maestro di Sacro Palazzo.

Niccolò Riccardi è ben disposto con Galileo e non cerca lo scontro. Risponde, dunque, che è d'accordo. E che a Firenze a rivedere l'opera sarà un suo confratello domenicano, Ignazio Del Nente. Ma a rivedere il manoscritto a Firenze è Giacinto Stefani, il provinciale fiorentino dei Domenicani. Che legge il *Dialogo* con grande rapidità, ma con estrema cura. Disponendo che vengano apportate solo alcune modifiche ... linguistiche (c'è sempre qualche burocrate che presume di saper scrivere meglio di uno scrittore, anche del più grande scrittore nella storia della letteratura italiana).

A Roma, intanto, Niccolò Riccardi la tira per le lunghe e si prende un bel po' di tempo per leggere la prefazione e la conclusione del libro. Troppo, per non innervosire Galileo. Che fa intervenire il granduca e, per suo tramite, l'ambasciatore. Interpellato da Niccolini, siamo ormai nel marzo del 1631, Riccardi risponde di non aver affatto gradito che la revisione del testo sia stata affidata a Stefani invece che alla persona da lui indicata. Ma che la questione si risolverà presto nel migliore dei modi.

E, in effetti, il 19 aprile l'ambasciatore Niccolini può comunicare di aver ottenuto il permesso da Riccardi, a patto che il Maestro di Sacro Palazzo possa allegare al libro "un certo ordine o dichiaratione per suo discarico" [XIV, 194]. E che nel titolo non compaia alcun riferimento al flusso e riflusso delle mare. Perché, spiega: "La verità è che queste opinioni qua non piacciono, in particolare a' superiori" [XIV, 194].

Chi sono i superiori cui non vanno a genio le opinioni di Galileo? Beh, confessa Riccardi a Niccolini, è lo stesso papa. Che ormai da riformista si è trasformato in conservatore.

In ogni caso Riccardi si premura e invia direttamente a Firenze le norme per la pubblicazione. Scrive anche all'Inquisitore di Firenze, ribadendo non solo che nel titolo non "si proponga del flusso e del reflusso", ma anche che Galileo può certo parlare di "matematica considerazione della posizione copernicana intorno al moto della Terra", può ben dire che il modello salva le apparenze meglio del modello tolemaico, e tuttavia "non mai si conceda la verità assoluta [...] a questa opinione" [XIV, 206].

Va da sé che queste norme non piacciono a Galileo, che tuttavia le accetta. Così il 24 maggio 1631 il Maestro di Sacro Palazzo scrive all'Inquisitore di Firenze, Clemente Egidi, affidandogli l'incarico di deliberare in merito alla licenza di stampa del *Dialogo*. Ricordando ancora una volta che, per volontà del papa, particolare attenzione sia posta alla necessità che emerga con chiarezza che il modello copernicano è solo un'ipotesi matematica. La scienza e, più in generale, la ragione umana nulla possono dire sulla realtà delle cose, non possono raggiungere la verità assoluta, neppure sul mondo naturale. Urbano VIII vuole che le sue tesi sull'onnipotenza divina che può disporre a piacimento e imperscrutabilmente dell'universo, impedendo di conseguenza agli uomini di elaborare modelli scientifici realisti, siano messe bene in evidenza. Si badi bene che il sistema copernicano non risulti in alcun modo privilegiato rispetto all'altro sistema del mondo.

Ma il tira e molla non è finito. Nel corso dell'estate Riccardi torna più volte sulla questione. Suggerendo ritocchi e cambiamenti al libro. La verità è che non vuole assumersi responsabilità. Teme che il papa non gradisca alcuni contenuti. Ma non se la sente neppure di imporsi per autorità a Galileo. Sta di fatto che il 19 luglio Riccardi si decide e invia una prefazione, *Avviso al discreto lettore*, da aggiungere al libro. Galileo potrà modificarla nella forma, ma – specifica il Padre Mostro – non nei contenuti. Inoltre ricorda che, alla fine del libro, Galileo dovrà chiudere con l'"argomento di Urbano VIII", ben illustrandolo.

Galileo accetta. Ma ormai non ne può più. Ha già dovuto subire il cambiamento del titolo: "non ho potuto nel titolo del libro ottenere di nominare il flusso e reflusso del mare, ancorché questo sia l'argomento principale che tratto nell'opera" [XIV, 225]. Ora gli viene imposta un'improbabile prefazione, che deve essere rivista e poi riapprovata. A essere insopportabile è questo continuo rimando dei tempi … Questo tira e molla, appunto.

È così, sfiancato, ai primi di luglio rompe ogni ulteriore indugio e – incoraggiato dal pieno appoggio del giovane granduca, il diciannovenne Ferdinando II – manda alle stampe a Firenze il libro senza attendere l'ultima versione del proemio rivista da Riccardi.

Ma anche la stampa, presso il tipografo Giovan Battista Landini, procede lenta. Arriva novembre e non è ancora ultimata.

Intanto…

Intanto Galileo riceve da Paolo Giordano Orsini una copia di un nuovo libro che il gesuita Christoph Scheiner ha pubblicato a giugno, la *Rosa ursina*. Il volume contiene un duro attacco a Galileo e la rivendicazione della scoperta delle macchie solari. Lo scienziato toscano è arrabbiato. Castelli, addirittura, indignato: suggerisce di scrivere al Generale della Compagnia di Gesù affinché non permetta "che eschino fuori simili sciagurataggini, una delle quali sola è atta a infamare il nome" dei gesuiti [XIV, 232]. Bonaventura Cavalieri consiglia di allegare al *Dialogo* quattro pagine che confutino le accuse di Christoph Scheiner.

Galileo segue, invece, il consiglio di Giovanni Ciampoli e decide di non rispondere. Ma si lamenta della faccenda con Paolo Giordano Orsini, alla cui famiglia il libro del gesuita tedesco è dedicato. Orsini consiglia a sua volta Galileo di lasciar perdere, rivelandogli che anch'egli ha rotto i rapporti con l'"assai indiscreto" Scheiner.

Tuttavia la *Rosa ursina* è, per dirla con Michele Camerota, un gran libro di scienza. Che contiene importanti studi sulle macchie solari e sulla rotazione annua dei poli dell'asse solare attorno alla perpendicolare al piano dell'eclittica. Moto che Galileo discute nella Terza Giornata del *Dialogo*. In breve, Galileo provvede ad ampliare questa parte del libro, aggiungendo particolari che tengono conto dello scritto di Scheiner e di osservazioni effettuate dopo il settembre 1631.

Dialogo sui massimi sistemi

La confezione del libro di Galileo continua a procedere con lentezza. Ma il 21 febbraio 1632 il *Dialogo di Galileo Galilei linceo, dove ne i congressi di quattro giornate si discorre sopra i due massimi sistemi del mondo, tolemaico e copernicano* è finalmente stampato presso la Tipografia dei Tre Pesci di Giovan Battista Landini. Con i permessi delle autorità politiche e delle autorità religiose (l'inquisitore generale e il suo vicario generale) di Firenze, ma anche con i permessi del vice gerente di Roma e del Maestro di Sacro Palazzo.

L'indomani l'autore, Galileo Galilei, Linceo, Matematico Straordinario dello Studio di Pisa e Filosofo e Matematico primario del Serenissimo Gr.Duca di Toscana, lo presenta, appunto, al Serenissimo Gr.Duca di Toscana e alla sua corte.

Nei giorni successivi le prime copie del libro partono per ogni angolo d'Europa. Le reazioni degli amici sono entusiaste. Benedetto Castelli, Fulgenzio Micanzio, Alfonso Antonini ne cantano senza riserva le lodi.

Pierre Gassendi ne apprezza l'approccio epistemologico:

È meraviglioso che, mentre la sagacia umana non può compiere progressi ulteriori, vi è in te un tale candore d'animo, da riconoscere schiettamente la debolezza della nostra natura. Per quanto, infatti, le

tue congetture siano le più verosimili, rimangono tuttavia per te pur
sempre delle congetture, e, a differenza dei filosofi volgari, non inganni né ti fai ingannare. [XIV, 331]

Tommaso Campanella ne apprezza il portato culturale: "Queste novità di verità antiche, di novi mondi, nove stelle, novi sistemi, son
principio di secol novo. Faccia presto Chi guida il tutto: noi per la
particella nostra assecondamo. Amen" [XIV, 289].

Il *Dialogo* si apre con una dedica al granduca, Ferdinando II. Al
suo datore di lavoro e protettore, Galileo spiega che il libro metterà a
confronto i "due massimi sistemi del mondo", quello di Copernico e
quello di Tolomeo. Una scelta di per sé significativa, perché esclude a
priori e non degna di considerazione alcuna il terzo sistema, quello
ormai sposato dai gesuiti del Sacro Collegio: il sistema di Tycho.

Segue poi l'*Avviso al discreto lettore*. La prefazione è stata concor-
data col Maestro di Sacro Palazzo, Niccolò Riccardi, che l'ha scritta per
larga parte. Eppure l'*Avviso* non è privo di una certa ironia, se non –
almeno agli occhi di un malizioso – di vero e proprio sarcasmo. A iniziare dall'attacco: "Si promulgò a gli anni passati in Roma un salutifero
editto, che, per ovviare a' pericolosi scandoli dell'età presente, imponeva opportuno silenzio all'opinione Pittagorica della mobilità della
Terra" [VII, 3]. Galileo, dunque, non solo indica l'oggetto del contendere: la mobilità della Terra. Non solo fa esplicito riferimento alla censura subita nel 1616 che ha messo a tacere l'ipotesi copernicana (e di
Pitagora e di Aristarco). Ma addirittura vi inneggia: definendola un
"salutifero editto". E poi, non pago, continua, dichiarando non di
averla subita, quella censura, ma di averla addirittura ispirata:

> Non mancò chi temerariamente asserì, quel decreto essere stato parto
> non di giudizioso esame, ma di passione troppo poco informata, e si
> udirono querele che consultori totalmente inesperti delle osservazioni
> astronomiche non dovevano con proibizione repentina tarpar l'ale a
> gl'intelletti speculativi. Non poté tacer il mio zelo in udir la temerità
> di sì fatti lamenti. Giudicai, come pienamente instrutto di quella pru-

dentissima determinazione, comparir publicamente nel teatro del mondo, come testimonio di sincera verità. Mi trovai allora presente in Roma; ebbi non solo udienze, ma ancora applausi de i più eminenti prelati di quella Corte; né senza qualche mia antecedente informazione seguì poi la publicazione di quel decreto. [VII, 3]

Queste parole sembrano mostrare un tale, sia pur ricercato, eccesso di zelo nell'ottemperare all'ordine del Padre Mostro e dello stesso Urbano VIII di non porsi in conflitto con Santa Romana Chiesa sul tema, decisivo, del realismo delle ipotesi sui massimi sistemi del mondo, da sembrare ironiche, se non propriamente sarcastiche.

Certo, ha ragione Pio Paschini quando sostiene che l'*Avviso al discreto lettore* dettato da Niccolò Riccardi a Galileo somiglia alla prefazione di Andreas Osiander al *De revolutionibus* di Copernico [Paschini, 1965]. Ma è anche vero che nell'*Avviso* di Galileo qualcuno può a giusto titolo intravedere qualcosa che nella prefazione di Osiander non c'è affatto: il velo di una sottile ironia. Che a tratti somiglia a un nuvolone denso di sarcasmo e foriero di tempesta.

Certo, ha ragione Michele Camerota quando invita giustamente a non discettare sulle intenzioni di questo testo che è stato imposto ed è caratterizzato da "indeterminatezza autoriale", perché è "impossibile stabilire con esattezza quanto scaturisse dalla penna di Galileo e quanto invece si debba agli scrupoli di Riccardi" [Camerota, 2004].

E potrebbe avere ragione anche un altro dei grandi biografi di Galileo, Stillman Drake, quando sostiene che non è necessario leggere ironia, sarcasmo o addirittura sarcasmo intriso di ipocrisia nelle parole dell'*Avviso* [Drake, 2009]. Perché potrebbe essere autentica intenzione dello scienziato toscano quella di far sapere che conosce l'editto del 1616 e non vuole, in nessun modo, opporvisi. Non solo perché è legge e va rispettata. Ma perché è una giusta legge, che impedisce la stura a infinite e nuove e non controllate interpretazioni delle Scritture.

Ma è davvero una tesi molto forte, quella di Drake. Probabilmente, almeno in questo frangente, lo storico americano sottostima le autentiche intenzioni, il carattere orgoglioso e l'abilità letteraria di Galileo.

L'ironia e, a tratti, il sarcasmo che si colgono nell'*Avviso* non sono letture aposteriori. Bensì il segno di una rivolta. D'altra parte non sarà proprio Urbano VIII a definire "raggiri" l'apparente obbedienza dietro cui Galileo nasconde una sostanziale rivolta? E non è proprio dalla bocca di Simplicio, uno dei protagonisti del *Dialogo*, che emerge la consapevolezza di questa sostanziale e profonda ribellione? "Questo modo di filosofare tende alla sovversion di tutta la filosofia naturale, ed al disordinare e mettere in conquasso il cielo e la Terra e tutto l'universo" [VII, 3]. Sta di fatto che nel *Dialogo* c'è un'evidente asimmetria tra la fiducia posta nel sistema copernicano e quella posta nel sistema tolemaico. Ma questa asimmetria tra i due sistemi del mondo è evidente non solo nel corpo del libro, bensì già nell'*Avviso al discreto lettore*. Nei passaggi immediatamente successivi di questa prefazione appiccicata con sapienza al testo originale, Galileo annuncia i contenuti dell'opera e spiega che prenderà in considerazione il sistema copernicano come "pura ipotesi matematica". E lo prenderà in considerazione non per affermare che è assolutamente superiore all'ipotesi di Tolomeo della "fermezza della Terra", ma per mostrare come alcuni dei sostenitori del sistema tolemaico usino argomenti poco fondati, sulla base di "quattro principi mal intesi".

Quanto poi al corpo del *Dialogo* la mancanza di simmetria è più che evidente. Galileo non prende in considerazione il sistema di Tolomeo, sia pure come mera ipotesi matematica, e non illustra gli argomenti poco fondati dei sostenitori dell'ipotesi tolemaica. Né parla degli argomenti poco fondati utilizzati dai copernicani nel criticare il sistema di Tolomeo: semplicemente perché non pensa che i copernicani usino argomenti poco fondati per criticare il sistema di Tolomeo.

Poi, sempre nell'*Avviso*, sostiene, con orgoglio e malcelata frustrazione:

Spero che da queste considerazioni il mondo conoscerà, che se altre nazioni hanno navigato più, noi non abbiamo speculato meno, e che il rimettersi ad asserir la fermezza della Terra, e prender il contrario solamente per capriccio matematico, non nasce da aver contezza di quant'altri ci abbia pensato, ma, quanto altro non fusse, da quelle ragioni che la pietà, la religione, il conoscimento della divina onnipotenza, e la coscienza della debolezza dell'ingegno umano, ci somministrano. [VII, 3]

A volerlo leggere tra le righe, i maligni (vedendo probabilmente il giusto) potrebbero interpretare queste parole più o meno così: la Terra si muove, io l'ho dimostrato per primo, nessuno più di me in terra cattolica come in terra protestante sa "come vadia il cielo", ma non lo posso dire solo perché la pietà, la religione, il conoscimento delle divina onnipotenza, la coscienza della debolezza dell'ingegno umano e un'autorità superiore ma per nulla convincente me lo impediscono.

Se l'interpretazione dei maligni fosse giusta – e probabilmente lo è – Galileo, con straordinaria abilità letteraria, trasforma un'imposizione del censore in una denuncia di censura. E lo fa in maniera così intelligente da (pensare di) non poter essere formalmente accusato, ma anche in maniera così chiara da non poter evitare l'irritazione del suo censore.

Poi l'*Avviso* continua, spiegando la struttura del libro: "Tre capi principali si tratteranno" [VII, 3].

Nel primo, spiega Galileo, cercherò di dimostrare come non ci siano ancora "esperienze fattibili", qui sul nostro pianeta, in grado di dimostrare né che la Terra è in quiete, come previsto nel sistema di Tolomeo, né che la Terra si muove, come previsto nel sistema di Copernico.

Il secondo "capo principale" sarà dedicato all'astronomia. E qui verificheremo come l'ipotesi copernicana salva i fenomeni molto meglio dell'ipotesi tolemaica. Ma attenzione, sostiene sempre con malcelata ironia, perché la vittoria del sistema di Copernico si consuma per "facilità d'astronomia, non per necessità di natura". Insomma, il cielo va chiaramente come Copernico ha ipotizzato e io ho, in definitiva, provato. Ma fingiamo di credere che potrebbe anche andare in maniera diversa.

Nel terzo capo "proporrò una fantasia ingegnosa": che le maree siano il frutto del movimento della Terra. Il "flusso e reflusso del mare", dice Galileo, costituiscono la prova provata che la Terra si muove e Copernico ha ragione. Ma noi, a causa dei vincoli religiosi, non possiamo dirlo. Dunque facciamo finta che non sia vero e riduciamo la sensata esperienza e la certa dimostrazione al rango di "fantasia", sia pure ingegnosa.

Infine, nel suo *Avviso al discreto lettore*, tratteggia le figure dei tre protagonisti del *Dialogo*. Uno è il suo caro amico fiorentino, compagno di mille giornate di studio e di mille serate passate in allegria, morto nel 1614, poco più che trentenne, a cui Galileo ha già dedicato le *Istoria*: "Filippo Salviati, nel quale il minore splendore era la chiarezza del sangue e la magnificenza delle ricchezze; sublime intelletto, che di niuna delizia più avidamente si nutriva, che di speculazioni esquisite" [VII, 3]. Nel *Dialogo* Filippo Salviati è chiamato a rappresentare le opinioni di Galileo, con un metodo che è stato, giustamente, definito socratico.

Il secondo personaggio è Gianfrancesco Sagredo, il caro amico veneziano "illustrissimo di nascita, acutissimo d'ingegno", morto nel 1620. Galileo si è premurato di chiedere al fratello, Zaccaria Sagredo, il permesso di includere Gianfrancesco tra i protagonisti del *Dialogo*. Il permesso è stato accordato. E così il nobile Sagredo avrà non solo il compito di ospitare gli altri due interlocutori nel suo splendido palazzo a Venezia, la città marinara dove si sperimenta ogni giorno il flusso e reflusso del mare, ma anche il compito di stimolare la discussione, di chiosarla e commentarla, sviluppando e chiarendo gli argomenti di Salviati e Simplicio. E ha anche e, forse, soprattutto il compito di far pendere con vivacità e intelligenza la bilancia del giudizio chiaramente da una parte: quella del sistema copernicano. E infatti Gianfrancesco Sagredo, partito da una posizione di neutralità, finirà per convincersi delle buone argomentazioni di Salviati (Galileo).

Il terzo personaggio è il già citato Simplicio, chiamato da Galileo a rappresentare le opinioni degli aristotelici. Il nome sembra indicare che non si tratti di una persona reale, bensì di una pura invenzione letteraria. Il personaggio che interpreta lo stereotipo dei filosofi "in libris". Di dotti che non sanno e/o non vogliono leggere il libro della natura.

In realtà Galileo dichiara di averlo scelto, questo nome, per la chiara assonanza con quello di Simplicius, un commentatore di Aristotele vissuto nel VI secolo dopo Cristo, verso cui – dichiara lo scienziato toscano – nutro un "soverchio affetto". Tuttavia quel nome potrebbe essere una maschera dietro cui Galileo ha nascosto non solo una persona reale, ma anche in vita. Un contemporaneo. Una persona cui vuole bene. Alcuni sostengono che quella persona reale e in vita sia l'amico Cesare Cremonini. Altri sostengono, addirittura, che sia Maffeo Barberini, il papa – appunto – amico verso cui nutre "soverchio affetto". Ma sbagliano. Intanto perché Urbano VIII non è un aristotelico. Poi perché non muove quel tipo di obiezioni al sistema copernicano. E infine perché Galileo non è un autolesionista. Ha scritto il *Dialogo* perché spera di convincerlo, il papa amico. Non per irritarlo, prendendosi pericolosamente beffe di lui.

Insomma, Simplicio non è Maffeo Barberini.

Ma, allora, chi è Simplicio? Mariapiera Marenzana sostiene, con argomenti convincenti, che quel nome e quel personaggio sono la maschera dietro cui si cela un aristotelico che Galileo conosce bene e con cui è in corrispondenza: Fortunio Liceti, professore di filosofia presso lo Studio di Padova dal 1609, dopo essere stato professore di logica e filosofia a Pisa [Marenzana, 2010].

Liceti ha pubblicato molte opere, anche di filosofia naturale. Alcune riguardano proprio l'astronomia, con riferimenti specifici alle comete. Opere che sono state commentate con molta severità dagli amici e collaboratori di Galileo. Ma mai da Galileo in persona. Con Liceti lo scienziato toscano ha avuto rapporti anche di amicizia e continua ad avere un discreto scambio epistolare. Dalle lettere che Liceti invia a Galileo traspare un certo modo di ragionare. Da filosofo "in libris", certo. Rigido e scolastico. Poco addentro alla matematica e, quindi, alla filosofia naturale. Ma dotto e niente affatto stupido.

Il modo di ragionare che è quello di Simplicio, appunto.

E, infatti, nel *Dialogo* l'aristotelico non assume le vesti del "sempliciotto". Non è, come qualcuno ha sostenuto, il Calandrino di Giovanni Boccaccio. Non sempre almeno. Spesso si presenta come una persona attenta e dotata di una certa non banale capacità di argomentare. Simplicio è capace anche di modificare i suoi giudizi. Di andare oltre alcuni suoi pregiudizi. Tuttavia, è chiaro fin dall'inizio, per quanto dotta, articolata e a tratti ben argomentata, la logica di Simplicio è quella perdente.

Sia come sia, Galileo immagina che i tre – Salviati, Sagredo e Simplicio – si radunino per quattro giornate nel palazzo dei Sagredo a Venezia per discutere dei due massimi sistemi del mondo, appunto, quello di Copernico e quello di Tolomeo. In ciascuna giornata i tre affrontano un tema principale, lasciando ampio spazio alle digressioni. Tanto che il *Dialogo* risulta ricchissimo di argomenti, difficili persino da riassumere. Ma il cuore del contendere resta la mobilità della Terra.

Anche se vediamo come Galileo sviluppa il discorso, dopo aver dovuto riposizionare e posporre e annacquare la prova che egli ritiene nuova e regina: la causa del flusso e del riflusso del mare.

Giornata prima. È una giornata, per così dire, propedeutica al discorso sui sue massimi sistemi. È costruita da Galileo soprattutto per "ricollocare la Terra in cielo" e proporre un quadro unitario del mondo fisico, criticando la distinzione aristotelica tra regione celeste, ingenerabile e incorruttibile, eternamente uguale a se stessa, e regione terrestre, dove c'è generazione e corruzione. Dove c'è mutamento.

Filippo Salviati occupa questa prima giornata con la sua critica radicale all'intero sistema del mondo di Aristotele, centrato su questa asimmetria tra cielo e Terra. E inizia soffermandosi in particolare sul concetto di perfezione. E, in particolare, a quel portato di perfezione che aristotelici e pitagorici attribuiscono ad alcuni numeri come il tre. Questa presunta perfezione matematica, spiega Salviati, è puramente astratta e non ha alcuna capacità normativa nel mondo fisico. E nelle sue argomentazioni sembra di risentire la voce, polemica, del padre di Galileo, Vincenzio, contro Gioseffo Zarlino e i pitagorici, che cercano la perfezione della musica negli astratti rapporti tra numeri invece che sulle sensate esperienze dell'orecchio.

E sono proprio le sensate esperienze – la comparse delle stelle *novae* e, soprattutto, le osservazioni delle macchie solari effettuate col cannocchiale – che Salviati richiama come prove che falsificano (c'è un'eco popperiana nel suo argomentare) l'idea di ingenerabilità e incorruttibilità del cielo sopra la Luna di Aristotele.

Grazie al cannocchiale, incalza Salviati, ora si può filosofare sul cielo in maniera molto più profonda di quanto non si potesse fare al tempo di Aristotele. Oggi sappiamo ciò che Aristotele non poteva provare con sensate esperienze. Sappiamo, perché lo abbiamo visto coi nostri occhi potenziati dal cannocchiale, che non è più proponibile la distinzione tra "le due fisiche", quella del mondo sopra la Luna e quella del mondo sotto la Luna. L'universo è fatto ovunque della medesima pasta. Ovunque è generabile e corruttibile. Ovunque è ricco e mutabile.

È poi anche curioso, sostiene Salviati, ritenere come fa Aristotele che perfetto è quel luogo dove non accade e non può accadere nulla – un autentico deserto – e che invece è imperfetto quel luogo, in realtà pieno di vita, dove tutto cambia continuamente. Necessariamente.

Gran parte della prima giornata è dedicata al moto, in tutte le sue forme, in tutte le sue correlazioni. Galileo ne approfitta per riproporre le sue considerazioni aggiornate sui movimenti rettilinei e quelli circolari, sull'accelerazione, sui moti lungo un piano inclinato, sul moto inerziale, sull'omologia tra quiete e moto a velocità costante.

Galileo ne approfitta anche per rendere pubblica la sua (ipotesi di) cosmogonia. La sua idea sull'origine dell'ordine (copernicano) del mondo. Dio ha creato i pianeti, sostiene, tutti nel medesimo luogo e subito dopo ha dato loro "l'inclinazione di muoversi, discendendo verso il centro": il Sole. Questo moto sarebbe stato rettilineo e accelerato. Una volta raggiunto il loro posto, i pianeti avrebbero assunto un moto circolare con velocità uniforme. Un moto atto a conservare l'ordine.

Ci sono poi le pagine e i dialoghi dedicati alla Luna. Salviati sottolinea come sia un'ulteriore falsificazione della cosmologia aristotelica, quella sostanziale omologia che noi possiamo, col cannocchiale, finalmente "vedere" tra il globo lunare e il globo terrestre.

Ne approfitta anche per proporre un esercizio – una sorta di esperimento mentale – che è anche una formidabile immagine letteraria, con una vena ariostesca: prova a immaginare, dice Salviati a Simplicio, come vedrebbe la Terra un ipotetico osservatore dalla Luna. Non gli apparirebbe molto dissimile da come appare a noi il satellite naturale.

Oggi sappiamo che l'umanità dovrà attendere altri 337 anni prima che qualcuno – Neil Armstrong e Edwin "Buzz" Aldrin, per la precisione – sbarchi sulla Luna e possa fare quell'esperienza.

La nuova scienza sta portando novità così profonde, così sovversive, nell'immagine che l'uomo ha dell'universo da suscitare le paure di Simplicio proprio come, venti anni prima, le novità del *Sidereus* avevano suscitato le paure di John Donne.

Eppure queste novità sono una dimostrazione di quella potenza della ragione che Urbano VIII nega e che Galileo sottolinea in uno dei passaggi più belli della letteratura scientifica e filosofica di ogni tempo. Un autentico cantico alla ragione umana e alla scienza:

> Convien ricorrere a una distinzione filosofica, dicendo che l'intendere si può pigliare in due modi, cioè intensive, o vero extensive: e che extensive, cioè quanto alla moltitudine degli intelligibili, che sono infiniti, l'intender umano è come nullo, quando bene egli intendesse mille proposizioni, perché mille rispetto all'infinità è come un zero; ma pigliando l'intendere intensive, in quanto cotal termine importa intensivamente, cioè perfettamente, alcuna proposizione, dico che l'intelletto umano ne intende alcune così perfettamente, e ne ha così assoluta certezza, quanto se n'abbia l'intessa natura; e tali sono le scienze matematiche pure, cioè la geometria e l'aritmetica, delle quali l'intelletto divino ne sa bene infinite proposizioni di più, perché le sa tutte, ma di quelle poche intese dall'intelletto umano credo che la cognizione agguagli la divina nella certezza obiettiva, poiché arriva a comprenderne la necessità, sopra la quale non par che possa esser sicurezza maggiore. [VII, 3]

L'universo è una composizione di infiniti intelligibili. Dio li conosce tutti. L'uomo ne può catturare solo alcuni, ma in maniera così perfetta da uguagliare, "intensive", la stessa conoscenza divina. Altro che impossibilità di dire cose sensate sull'universo reale. L'uomo può intendere alcune proposizioni intorno alla realtà dell'universo con la medesima certezza assoluta che ne ha la natura (e Dio stesso).

Giornata seconda. È una giornata dedicata in maniera specifica al moto della Terra. Nel corso della quale Salviati si impegna, in particolare, nella decostruzione di tutte le obiezioni all'ipotesi del moto diurno del nostro pianeta in modo che essa resti la più economica per "salvare i fenomeni". Il dialogo nel corso di questa seconda giornata a palazzo Sagredo è tuttavia molto più articolato. I punti focali sono almeno quattro: la rotazione della Terra intorno al proprio asse, la relatività del moto, la caduta dei gravi e l'inerzia.

Per quanto riguarda il moto diurno della Terra, Galileo invoca un principio di economia che ancora oggi guida gli uomini di scienza: la natura ama fare le cose nel modo più semplice possibile. È molto più probabile, pertanto, che la piccola Terra compia un intero ciclo diurno ruotando in 24 ore intorno al proprio asse, piuttosto che il cielo intero con le stelle fisse ruoti intorno alla Terra in una sola giornata. Immaginate, sostiene Salviati, con quale velocità nel sistema tolemaico dovrebbe muoversi l'immensa sfera delle stelle fisse per tornare, in sole 24 ore, nella posizione iniziale.

Di grande interesse è il dialogo sulla gravità.

Spiega Salviati:

> quello che fa muover la Terra è una cosa simile a quella per la quale si muove Marte, Giove, e che e' crede che si muova anco la sfera stellata; e se egli mi assicurerà chi sia il movente di uno di questi mobili, io mi obbligo a sapergli dire chi fa muover la Terra. Ma più, io voglio far l'istesso s'ei mi sa insegnare chi muova le parti della Terra in giù. [VII, 3]

Interviene Simplicio: "La causa di quest'effetto è notissima, e ciaschedun sa che è la gravità" [VII, 3]. Risponde Salviati:

> Voi errate, signor Simplicio; voi dovevi dire che ciaschedun sa ch'ella si chiama gravità. Ma io non vi domando del nome, ma

dell'essenza della cosa: della quale essenza voi non sapete punto più di quello che voi sappiate dell'essenza del movente le stelle in giro, eccettuatone il nome, che a questa è stato posto e fatto familiare e domestico per la frequente esperienza che mille volte il giorno ne veggiamo; ma non è che realmente noi intendiamo più, che principio o che virtù sia quella che muove la pietra in giù, di quel che noi sappiamo chi la muova in su, separata dal proiciente, o chi muova la Luna in giro. [VII, 3]

Le precisazioni di Salviati costringono il lettore e il filosofo naturale a un bagno di umiltà: della gravità noi abbiamo in ogni istante sensate esperienze. Ne conosciamo il nome. Ma non la causa. Non sappiamo cosa "muove la pietra in giù".

Tuttavia, quasi anticipando l'unificazione della fisica dei moti celesti e dei moti terrestri operata da Isaac Newton alla fine del secolo, Galileo ipotizza che ciò che fa muovere la Terra e le parti della Terra in giù è la medesima forza che fa muovere i pianeti e le stelle. Oggi noi la continuiamo a chiamare gravità questa forza, ne abbiamo un'idea quantitativa e la consideriamo una delle quattro forze fondamentali della natura.

Contro l'ipotesi che la Terra abbia un moto diurno Simplicio propone la "tesi del sasso" di Aristotele e Tolomeo, ripresa da Tycho Brahe. Se la Terra ruotasse intorno al proprio asse, un sasso lanciato in aria con una traiettoria perfettamente perpendicolare alla superficie della Terra non dovrebbe cadere ai piedi del lanciatore, ma molto distante. A questa obiezione Galileo oppone il principio d'inerzia e l'esperimento mentale della nave. E lo fa, in pratica, con le medesime parole utilizzate nella lettera a Ingoli. Proponendo una concezione del "moto" come "stato" e l'omologia ontologica, sì insomma l'equivalenza, tra moto e quiete. Ma in questa seconda giornata nel *Dialogo* c'è di più: come nota Enrico Bellone, Galileo introduce con grande chiarezza la distinzione tra moto uniforme (quiete o a velocità costante) e moto accelerato [Bellone, 1998]. Sta di fatto, spiega Salviati, che in virtù del principio d'inerzia noi non possiamo stabilire se la Terra sta ferma o si muove di moto uniforme intorno al proprio asse. Dunque il sasso che cade ai piedi del lanciatore non ci dice nulla sul moto diurno della Terra.

La corretta interpretazione di quella universale esperienza sensibile che è la caduta dei gravi induce Salviati a riflettere sul ruolo dello scienziato. La filosofia naturale non è solo una serie di "sensate esperienze" e neppure l'elaborazione di "certe dimostrazioni". L'esperimento e la matematica sono necessari, ma non sufficienti. Occorre che chi li adopera, lo scienziato, ne sappia fare buon uso. Spiega Salviati:

> quando il filosofo geometra vuol riconoscere in concreto gli effetti dimostrati in astratto, bisogna che difalchi gli impedimenti della materia; che se ciò saprà fare, io vi assicuro che le cose si riscontreranno non meno aggiustatamente che i computi aritmetici. Gli errori dunque non consistono né nell'astratto né nel concreto, né nella geometria o nella fisica, ma nel calcolatore, che non sa fare i conti giusti. [VII, 3]

Giornata terza. Inizia con un imprevisto. Denso di significato, letterario e filosofico. Simplicio arriva a palazzo Sagredo con un'ora di ritardo, perché la sua gondola si è arenata a causa del reflusso del mare. Ed è proprio Simplicio a far notare che l'acqua che si è ritirata è poi tornata indietro "senza intervallo alcuno di tempo". L'aristotelico si imbatte, dunque, in un fenomeno naturale non previsto dai libri. E lo riconosce.

Guarda caso il fenomeno è proprio la novità che Galileo vuole introdurre per provare in maniera definitiva che la Terra si muove. Molti pensano che questa scena teatrale, con il peripatetico Simplicio che si arena a causa del flusso e riflusso del mare, sia una metafora: è la filosofia di Aristotele che "resta a secco" di fronte al fenomeno delle maree.

La scena è certamente degna di quella "commedia filosofica" che è, per dirla con Tommaso Campanella, il *Dialogo*. Ma si trova in una posizione strana: perché proprio alla terza giornata? La scena starebbe molto meglio all'inizio del *Dialogo*. Dove, sostiene Maria Luisa Altieri Biagi, probabilmente Galileo l'ha prevista in origine [Altieri,

2007]. Sarebbe stata spostata alla terza giornata solo dopo che Niccolò Riccardi, il Padre Mostro, su indicazione del papa, ha imposto di non mettere in evidenza il tema delle maree.

Sta di fatto che questa terza giornata è dedicata all'astronomia e al moto annuale della Terra. E Salviati si impegna a dimostrare come il sistema copernicano, con la Terra che gira intorno al Sole, salva in maniera più economica i fenomeni che vediamo nel cielo. Salviati spiega, per esempio, che le stelle *novae*, come quelle apparse nei cieli nel 1572 e nel 1604, non stanno nello spazio sublunare. Sono mutamenti nello spazio sopra la Luna. In aperto contrasto con la teoria aristotelica dell'ingenerabilità e incorruttibilità di quegli spazi.

In questa giornata Salviati parla anche della Terra come un'enorme calamita e della "filosofia magnetica" di William Gilbert. Ma il discorso punta soprattutto sulla "nuova astronomia" che è emersa dalle osservazioni con il cannocchiale. Una "nuova astronomia" da cui non è più possibile escludere la fisica del moto.

Ancora una volta Salviati demolisce le obiezioni opposte alla tesi copernicana del moto annuo della Terra. Gli aristotelici sostengono, per esempio, che la grandezza e l'altezza delle stelle fisse non cambiano nel corso dell'anno e che, dunque, la Terra non si muove. Salviati risponde, come ha fatto più volte, che questo dipende solo dall'enormità dello spazio. L'orbita terrestre è piccola rispetto alla grandezza dello spazio cosmico. Cosicché il panorama delle stelle fisse osservato in estate o in inverno, da posizioni opposte della piccola orbita terrestre, appare il medesimo.

Il discorso scivola poi sul tema dell'universo: qual è il suo centro, quale la sua grandezza? Salviati è prudente: non possiamo dire se l'universo è finito o infinito. Né quale sia la sua forma. Ma, sostiene, ammettiamo pure, "per non moltiplicare le dispute", che sia finito e sferico. Ebbene, anche in questo caso non si può privilegiare uno rispetto all'altro dei due massimi sistemi del mondo. La forma e grandezza dell'universo non sono decisivi per decidere chi, tra Tolomeo e Copernico, abbia ragione. Quanto al centro dell'universo, il discorso è diverso: il sistema copernicano (tutto ruota intorno al Sole) è più semplice di quello arzigogolato di Tolomeo. Salva i fenomeni con maggiore economicità. Dunque, in virtù di quel principio di semplicità che è stato già evocato in precedenza, è più probabile. Inoltre il sistema di Copernico è corroborato dagli studi delle macchie solari (rotazione del Sole intorno al proprio asse e asse inclinato del Sole) che l'Accademico linceo (Galileo) ha maturato di recente, nel 1629. E che ora espone per bocca di Salviati.

Chi si fermasse alla lettura di queste prime tre giornate non avrebbe dubbi: il *Dialogo* è un libro copernicano. Come conferma esplicitamente Salviati quando dice: "Sono in Tolomeo le infermità, e nel Copernico i medicamenti loro" [VII, 3].

Giornata quarta. Tuttavia finora quella copernicana emerge come l'ipotesi più economica, ma non si fonda ancora su "sensate esperienze" cruciali. È nella giornata quarta che Galileo tira fuori l'asso dalla manica (o, almeno, quello che lui considera tale): il flusso e riflusso del mare. Salviati parla finalmente delle maree. L'argomento su cui Galileo lavora da molti anni, forse addirittura da quattro decenni, che ha sviluppato nel *Discorso sul flusso e reflusso del mare* del 1616 e che ha più volte esposto al papa amico.

Urbano VIII non lo ritiene affatto risolutivo. Ma, anzi, ancora controverso. E ha invitato Galileo se non a censurarlo certo a ridimensionarlo. Ora Galileo lo propone come prova indipendente e finale del moto della Terra. Anzi, dei moti della Terra: frutto dell'accelerazione che il pianeta subisce a causa del combinato disposto del moto diurno e del moto annuale.

La Terra si muove nel cielo come una barca che subisce improvvise accelerazioni e decelerazioni. Per cui l'acqua, proprio come sul fondo di una barca, si muove per inerzia ora verso prua ora verso poppa. Causando le maree. Che, dunque, sono la prova provata del moto della "nave Terra".

La tesi è forte. Eppure in questa giornata, a differenza di quanto ha fatto nelle precedenti, Salviati non propone le basi matematiche della sua ipotesi. Non calcola gli effetti del moto composto dalla rotazione e dalla traslazione della Terra.

La teoria delle maree si fonda pertanto su un ragionamento di tipo analogico – la Terra come una barca, appunto – non come il frutto di sensate esperienze e di analisi matematica dei dati. Salviati non dice neppure di averli, quei dati matematici. E sì che in precedenza aveva affermato di poter calcolare il moto prima rettilineo e poi circolare dei pianeti dalla loro origine fino alla collocazione attuale.

Tutto questo basta a molti critici per far loro sostenere che Galileo non ha mai calcolato gli effetti mareali del moto diurno e del moto annuale della Terra. E la prova è che quei calcoli avrebbero dimostrato che si tratta di un errore. Le maree, proprio come sosteneva il povero arcivescovo Marco Antonio de Dominis, sono causate dall'attrazione gravitazionale della Luna. Attrazione che Galileo ritiene niente affatto dimostrata, se non una spiegazione magica.

Oggi noi sappiamo che le maree sono un fenomeno dovuto soprattutto alla forza di gravità esercitata dalla Luna sulla Terra. Già: soprattutto, ma non solo. In realtà il moto diurno e annuale del nostro pianeta ha piccoli effetti mareali del tipo di quelli previsti di Galileo.

Dunque il toscano non è in errore. Semplicemente non prende in considerazione la causa principale delle maree. Cosicché è lecito ritenere che lui li abbia i dati matematici per suffragare la sua ipotesi. Ma non li può mettere in campo a causa della censura di Riccardi e del papa.

Lui propone – deve proporre – la prova delle maree come: "fantasia, la quale molto agevolmente potrei ammetter per una vanissima chimera e per un solennissimo paradosso" [VII, 3]. Non può certo portare solidi dati a sostegno di una mera "fantasia". Può però dare fondo alle sue doti letterarie e mostrare – senza dirlo esplicitamente – di credere che il rapporto tra le maree e il moto combinato della Terra è tutt'altro che una fantasia.

La natura, spiega Salviati sostenuto da Sagredo, ha voluto che i movimenti presunti della Terra trovassero conferma con una prova indipendente, quella del flusso e riflusso del mare. O in *rei veritate*, cioè nella realtà delle cose, oppure per prendersi gioco "dei nostri ghiribizzi".

La giornata quarta e il libro si concludono con una presa di posizione abbastanza chiara. Sagredo riassume i contenuti delle quattro giornate e, sostiene: abbiamo tre prove indipendenti del moto della Terra.

> Aviamo dunque da i discorsi di questi 4 giorni grandi attestazioni a favor del sistema Copernicano; tra le quali queste tre, prese, la prima, dalle stazioni e retrogradazioni de i pianeti e da i loro accostamenti e allontanamenti dalla Terra, la seconda dalla revoluzion del Sole in se stesso e da quello che nelle sue macchie si osserva, la terza da i flussi e reflussi del mare, si mostrano assai concludenti. [VII, 3]

Salviati non ha dubbi non solo su quale sia il *systema mundi* superiore, ma anche quello "vero":

> qual sia l'ordine solamente de i corpi mondani e la integrale struttura delle parti dell'universo da noi conosciute, è stata dubbia sino al tempo del Copernico, il quale ci ha finalmente additata la vera costituzione ed il vero sistema secondo il quale esse parti sono ordinate; sì che noi siamo certi che Mercurio, Venere e gli altri pianeti si volgono intorno al Sole, e che la Luna si volge intorno alla Terra. [VII, 3]

E qui sembra chiudersi *Il Dialogo*.

Ma, a questo punto, entra in campo Simplicio con un atteggiamento e con poche battute da protagonista assoluto. L'aristotelico si mostra abbastanza convinto dalle prove a favore del sistema copernicano. Ivi inclusa la prova delle maree. Ma rifiuta l'interpretazione in *rei veritate* evocando l'argomento di Urbano VIII: le maree potrebbero essere un miracolo, voluto dalla onnipotenza imperscrutabile di Dio.

> Quanto poi a i discorsi avuti, ed in particolare in quest'ultimo intorno alla ragione del flusso e reflusso del mare, io veramente non ne resto interamente capace; ma per quella qual si sia assai tenue idea che me ne son formata, confesso, il vostro pensiero parermi bene più ingegnoso di quanti altri io me n'abbia sentiti, ma non però lo stimo verace e concludente: anzi, ritenendo sempre avanti a gli occhi della

mente una saldissima dottrina, che già da persona dottissima ed eminentissima appresi ed alla quale è forza quietarsi, so che amendue voi, interrogati se Iddio con la Sua infinita potenza e sapienza poteva conferire all'elemento dell'acqua il reciproco movimento, che in esso scorgiamo, in altro modo che co 'l far muovere il vaso contenente, so, dico, che risponderete, avere egli potuto e saputo ciò fare in molti modi, ed anco dall'intelletto nostro inescogitabili. Onde io immediatamente vi concludo che, stante questo, soverchia arditezza sarebbe se altri volesse limitare e coartare la divina potenza e sapienza ad una sua fantasia particolare. [VII, 3]

La tesi dell'origine miracolosa delle maree è antica ed è stata condivisa da molti pensatori cristiani nel corso dei secoli, dimentichi della spiegazione – l'attrazione lunare – che ne era stata data dagli scienziati ellenisti [Russo, 2003; Granada, 2008].

L'origine miracolosa delle maree è condivisa soprattutto da Urbano VIII. Che considera proprio l'impossibilità di spiegare il fenomeno una prova provata, empirica, dell'intervento nell'universo del suo Dio capriccioso.

E ora Galileo lo sfida proprio su quel punto. Su quella prova empirica. Affidando a Salviati il compito di lanciare il guanto: ma allora perché non potrebbe essere un miracolo anche la mobilità della Terra?

Adunque, signor Simplicio, già che per fare il flusso e reflusso del mare ci è bisogno d'introdurre il miracolo, facciamo miracolosamente muover la Terra, al moto della quale si muova poi naturalmente il mare: e questa operazione sarà anco tanto più semplice, e dirò naturale. [VII, 3]

La risposta di Salviati propone, ancora una volta, un uso strumentale dell'"argomento di Urbano VIII". Chissà se Galileo è consapevole che questo uso strumentale potrebbe irritare il papa amico.

Certo è che, per ottemperare all'ordine pontificio, fa ricorso, ancora una volta, a una soluzione letteraria in cui non è difficile scorgere la solita velata ironia. Ecco come Salviati risolve il problema:

Mirabile e veramente angelica dottrina: alla quale molto concordemente risponde quell'altra, pur divina, la quale, mentre ci concede il disputare intorno alla costituzione del mondo, ci soggiugne (forse acciò
che l'esercizio delle menti umane non si tronchi o anneghittisca) che
non siamo per ritrovare l'opera fabbricata dalle Sue mani. Vaglia dunque l'esercizio permessoci ed ordinatoci da Dio per riconoscere e tanto
maggiormente ammirare la grandezza Sua, quanto meno ci troviamo
idonei a penetrare i profondi abissi della Sua infinita sapienza. [VII, 3]

Tutto questo sembra dar ragione a Ludovico Geymonat: il fatto che
lo proponga alla fine del suo *Dialogo* non basta "

a convincerci che Galileo abbia davvero preso sul serio l'argomento del
papa; si potrebbe anzi sostenere che l'abbia preso ancor meno sul serio
degli argomenti aristotelico-tolemaici. All'analisi di questi ultimi [ven-
gono] infatti dedicate pagine e pagine del *Dialogo*, mentre all'argomento
di Urbano VIII [viene] riservata la funzione di *deus ex machina* che risolve tutto senza però convincere a fondo nessuno. [Geymonat, 1969]

Insomma, quella di papa Urbano è una dottrina mirabile e angelica.
Ma ce n'è un'altra. E quest'altra dottrina è altrettanto mirabile, perché Dio "ci concede di disputare intorno alla costituzione del mondo".
Certo Galileo concede che, nella sua ricerca, l'uomo non può sperare
di "ritrovare l'opera fabbricata" dalle mani di Dio. Ovvero che nulla
può dire sulla realtà del mondo. Ma è evidente al lettore discreto ma
malizioso che il toscano finge. A questo lettore Galileo spiega che
l'uomo può cogliere la verità sul mondo naturale, sia pure in maniera
"intensive". E che questa agguaglia la verità posseduta da Dio.

Salviati, nella prima giornata, lo spiega chiaramente: l'uomo può
comprendere qual è la realtà del mondo senza porre limite all'onnipotenza di Dio:

Io non ho detto, né ardirei di dire, che alla natura e a Dio fusse impossibile il conferir quella velocità, che voi dite, immediatamente; ma

dirò bene che de facto la natura non lo fa; talché il farlo verrebbe ad esser operazione fuora del corso naturale e però miracolosa. [VII, 3]

È fuor di dubbio che Dio può fare ciò che vuole. E nulla gli è impedito. Ma noi filosofi naturali siamo interessati non a ciò che avrebbe potuto fare, ma a ciò che ha fatto. Le leggi della natura sono state definite da Dio. E ora sono uniche e immutabili.

Di più. La ragione umana può "leggere il libro della natura" che è scritto nel linguaggio immutabile della matematica.

Poi, quasi a voler respingere le accuse di orgoglio smodato, Salviati continua:

Queste son proposizioni comuni e lontane da ogni ombra di temerità o d'ardire e che punto non detraggono di maestà alla divina sapienza, sì come niente diminuisce la Sua onnipotenza il dire che Iddio non può fare che il fatto non sia fatto. [VII, 3]

Insomma, l'argomento scettico di Urbano VIII è lontano anni luce dal modo realista di pensare la filosofia naturale di Galileo. E questa lontananza abissale traspare per intero dalle pagine del *Dialogo*.

Un'opera letteraria

Molti biografi e critici sostengono che quella di Galileo sui massimi sistemi del mondo non è un'opera scientifica. "Il *Dialogo* – scrive per esempio Alexander Koyré – non è un libro di astronomia e neanche di fisica. È, innanzi tutto un libro di critica; un'opera di polemica e di battaglia; è al medesimo tempo un'opera pedagogica, un'opera filosofica; ed è infine un'opera di storia: 'la storia dello spirito di Galileo'" [Koyré, 1957].

In realtà, sostengono molti, il *Dialogo* non è solo un'opera scientifica, filosofica e pedagogica. È soprattutto un'opera letteraria.

Hanno ragione. Il *Dialogo* è soprattutto una grande opera letteraria a contenuto scientifico.

Scritta con passione da un signore anziano – quando sfoglia le prime copie de *Il Dialogo* Galileo ha 68 anni ed è piuttosto malato –

che sa di esserlo e che vive l'angoscia della "rapacità" del tempo e della vita che "si consuma". Che vuole sfuggire alla trappola del tempo proponendo in maniera completa il suo pensiero, sia esso edito o inedito.

Per questo il *Dialogo* è una sorta di enciclopedia che, per un'abbondante metà, ripropone studi e lavori precedenti. Interi passi sono presi, quasi senza cambiamenti, dalla *Lettera a Ingoli* o dal *Discorso del flusso e riflusso del mare*. Molti brani evocano le pagine de *Il saggiatore*, molti concetti affondano le proprie radici negli scritti giovanili sul moto.

Ma quest'opera enciclopedica e riassuntiva è stata scritta non solo per recuperare il tempo perduto, ma anche per realizzare un nuovo progetto. Un duplice nuovo progetto.

In primo luogo trasmettere a tutti, ma in principal modo alle persone colte e influenti – non a caso i due personaggi esplicitamente nominati sono nobili che hanno avuto una non banale influenza culturale e politica a Firenze come a Venezia – non solo la visione della "nuova scienza" sulla "costituzione del mondo", ma anche la visione in sé della "nuova scienza". Della sua potenza cognitiva. Del suo bisogno di libertà.

Il secondo progetto è far capire al papa amico e alle autorità cattoliche in generale che, appunto, non c'è più tempo. Che è venuto il momento per la Chiesa di Roma di riconoscerla quella potenza cognitiva e di riconoscerlo quel bisogno di libertà.

È da questi bisogni e da questi progetti che sortisce una grande opera di divulgazione (ma è meglio dire di comunicazione della scienza) e una grande opera letteraria *tout court*. Una delle più grandi opere di quello che Italo Calvino considera il più grande scrittore nella storia della letteratura italiana.

Il giudizio su il *Dialogo* è unanime, ma non omogeneo. Francesco De Sanctis, per esempio, ammira certo la scrittura di Galileo, ma paragona questa sua opera a un bel lago, piuttosto stagnante, invece che a un fiume che corre via veloce. Vincenzo Gioberti e Giacomo Leopardi la paragonano a una scultura. Giuseppe Parini ne ammira l'equilibrio.

In realtà è Bonaventura Cavalieri il primo a cogliere, già nel marzo del 1632, il valore letterario del capolavoro di Galileo:

> Hora lo viddi, anzi lo devorai, per dir così, con gli occhi; et invero sento in me, in più volte ch'ho ripreso la lettura di quello, l'effetto che mi ricordo havere esperimentato nel leggere il Furioso, che dovunque io dia principio a leggere, non posso ritrovarne il fine: così appunto mi è accaduto ne' suoi Dialogi. [XIV, 263]

Più di recente, Enrico Bellone ha scritto che il *Dialogo* costituisce uno "dei migliori testi letterari della prima metà del Seicento" [Bellone, 1990]. E Ludovico Geymonat che è "uno dei più mirabili capolavori della letteratura scientifico-filosofica di tutti i tempi" [Geymonat, 1969].

Un giudizio condiviso e persino esteso da molti critici contemporanei. Per la sua costruzione sintattica, scrive per esempio Maria Luisa Altieri Biagi: "l'opera di Galileo non è soltanto alle radici del pensiero scientifico moderno, ma è anche alla base della nostra storia linguistica" [Altieri, 2007].

Insomma, oggi noi italiani scriviamo come scriviamo perché siamo figli dello scrittore Galileo.

Certo, sottolinea Altieri Biagi, tra noi e Galileo c'è stato Alessandro Manzoni. Ma anche Manzoni ha fatto riferimento alla scrittura del Cinquecento e del Seicento. Siamo due volte figli di Galileo, dunque.

Il *Dialogo*, lo abbiamo detto, è un'opera enciclopedica. Ma è un'enciclopedia costruita non in maniera lineare e sequenziale. Bensì a intarsio. Nel corso delle quattro giornate, mille parentesi sono aperte e chiuse, mentre fluisce il discorso principale. In questo senso è un'opera pienamente barocca.

L'intarsio, tuttavia, non è omogeneamente diffuso. Anzi, è piuttosto asimmetrico. Massimo nella giornata prima, resta notevole nella seconda e nella terza, diventa quasi nullo nella quarta, quando Galileo affronta il tema che considera principale, quello delle maree.

Ma quello che caratterizza di più quest'opera letteraria di Galileo è, come recita il titolo, il dialogo. Perché Galileo ha scelto di esporre il suo pensiero attraverso una discussione a tre voci?

Le ragioni possono essere molte. Alcune hanno una valenza filosofica. L'epistemologia di Galileo rifiuta l'impostazione e, dunque, l'esposizione lineare e senza obiezioni del docente che parla *ex cathedra* e del manuale. Lui ama il confronto. Il suo stile è improntato al dialogo. Il suo modo di conoscere e di diffondere la conoscenza si fonda sul confronto delle idee. Il dialogo è il luogo del dubbio socratico. E il dubbio socratico è tra i fondamenti della nuova scienza. Scrive Andrea Battistini:

> Se Galileo voleva mettere di fronte due modi di pensare antagonisti, quello tradizionale e quello moderno, la preferenza per il dialogo non è solo e tanto un'estrinseca scelta letteraria e formale, quanto e soprattutto il modo migliore e più congruente per valorizzare il criterio euristico della nuova scienza, che al pari del dialogo non procede secondo schemi rigidi. [Battistini, 1989]

Il *Dialogo* è un'opera, per dirla ancora con Koyré, rivolta al "valentuomo", non al collega esperto. Il "valentuomo" è una persona non esperta che bisogna convincere, ma non opprimere. Di qui la forma del dialogo, il tono leggero della conversazione, le mille digressioni, l'apparente disordine, l'ambientazione (nei saloni di un palazzo dell'aristocrazia).

Il fatto che il dialogo si svolga in italiano e sia comprensibile a tutti, rende ancora più pericolosa l'operazione di Galileo. Tutti possono rendersi conto della forza delle sue affermazioni. Così il toscano rompe il sacro patto scritto (dettato) dai teologi, secondo cui la filosofia naturale può operare finché resta sottomessa alla teologia.

Eppure altre ragioni per la scelta del dialogo hanno una valenza squisitamente letteraria. Appartengono a una ricca tradizione che Galileo, critico letterario, ben conosce. Il genere è stato frequentato da Coluccio Salutati (XIV secolo), da Leonardo Bruni (tra il XIV e il XV secolo) e, più di recente, nel XVI secolo da tanti altri: tra cui Giordano Bruno. Il maestro del suo maestro, Niccolò Tartaglia, lo ha utilizzato proprio per comunicare scienza. Ma il riferimento più forte e immediato Galileo lo ha, soprattutto, nel padre, Vincenzio, che con il suo *Dialogo della musica antica et della moderna* ha gettato le basi per una rivoluzione in musica del tutto paragonabile a quella che lui, Galileo, vuole portare a compimento in fisica.

D'altra parte lo stesso Galileo il genere lo ha già frequentato. In età giovanile, quando nel *Dialogo* del *De motu* aveva fatto discorrere due personaggi immaginari, Alexander e Dominicus: un maestro e il suo discepolo. E non aveva forse utilizzato il medesimo genere in età più matura quando aveva affidato al *Dialogo di Cecco de' Ronchitti da Brugine* il compito di proporre le sue visioni astronomiche *in perpuosito de la Stella Nuova*?

Ma a ben vedere anche i vari discorsi e le varie lettere che ha scritto prima e soprattutto dopo il *Sidereus Nuncius* hanno un carattere, più o meno marcato, di dialogo. E cos'è *Il saggiatore* se non un dialogo, sia pure a distanza e polemico, con Lotario Sarsi (Orazio Grassi)?

Insomma, il dialogo è un genere letterario che Galileo conosce benissimo e in tutte le sue sfaccettature. Sa dunque che gli può consentire di giocare come il gatto col topo con il "salutifero editto", rispettandolo nella forma e contestandolo nella sostanza. Il medesimo gioco su cui ha costruito *Il saggiatore*.

Il genere del dialogo, in una cornice che è teatralizzata, non serve, infatti, a dissimulare. Serve a raggiungere i lettori acculturati ma non tecnici con argomenti filosofici forti. Catturandoli con l'esposizione di un conflitto delle idee vero e intenso. Perché, come scrive Enrico Bellone, il *Dialogo* è "nello stesso tempo, un'opera di divulgazione e un campo di battaglia" [Bellone, 1990].

Galileo, critico della letteratura e della comunicazione della scienza, non solo ha ben presente la differenza fra un trattato scritto in una forma ben strutturata ma anonima e un dialogo teatralizzato in cui la forma è (sembra essere) non strutturata mentre i personaggi, ben caratterizzati, danno corpo e anima a tesi differenti.

L'artista toscano sa tutto questo e ne teorizza esplicitamente l'uso. Dice, infatti, Salviati:

> Le digressioni fatte sin qui non son talmente aliene dalla materia che si tratta, che si possan chiamar totalmente separate da quella; oltreché dependono i ragionamenti da quelle cose che si vanno destando per la fantasia non a un solo, ma a tre, che anco, di più, discorriamo per nostro gusto, né siamo obligati a quella strettezza che sarebbe uno che ex professo trattasse metodicamente una materia, con intenzione anco di publicarla. Non voglio che il nostro poema si astringa tanto a quella unità, che non ci lasci campo aperto per gli episodii, per l'introduzion de' quali dovrà bastarci ogni piccolo attaccamento, e quasi che noi ci fussimo radunati a contar favole, quella sia lecito dire a me, che mi farà sovvenir il sentir la vostra. [VII, 3]

A differenza del *Dialogo* tra Alexander e Dominicus, scritto oltre quarant'anni prima, il *Dialogo sopra i due massimi sistemi del mondo* ha una valenza letteraria autentica. I tre personaggi non sono affatto stereotipi. Sono uomini. Che pensano e si emozionano. Che cambiano nel tempo pensiero e sentimento. Tutti e tre hanno i caratteri di personaggi storicamente vissuti. Tutti e tre, nota Andrea Battistini, hanno le caratteristiche di Galileo. Quando Salviati dice a Sagredo che "Gran differenza sia tra 'l mio lento filosofare e il vostro velocissimo discorso" [VII, 3], coglie non solo i caratteri di Filippo Salviati, la riflessività e il "lento filosofare", e i caratteri di Gianfrancesco Sagredo, l'irruenza e il "velocissimo discorso", ma anche due caratteri presenti entrambi in Galileo. E anche quella logica sottile e quella grande attenzione al pensiero dei grandi del passato, manifestata dal non banale Simplicio, non sono forse, almeno in parte, modi di essere e di agire di Galileo?

La scelta del genere dialogo serve per mettere in campo tutto questo e altro ancora. Si tratta di una scelta, dunque, profonda e ben meditata. Filosofica e letteraria. Multiforme. Il dialogo nel *Dialogo* si propone infatti sia come strumento di riflessione sia come strumento *tout court* (strumento a maggior gloria del sistema copernicano) sia come pura ricerca estetica.

Una ricerca che non è fine a se stessa, ma a sua volta finalizzata a una maggiore facilità di lettura. Non a caso l'intarsio dei contenuti si arricchisce di elementi strutturali come i marginalia, le frasi ai margini del corpo dello scritto che servono, appunto, per rendere più facile la lettura.

L'arte del Dialogo

Il *Dialogo* non è solo un capolavoro letterario, tra i maggiori dell'artista toscano. È anche il luogo, l'ennesimo, dove Galileo propone le arti e la critica dell'arte.

Intanto ha valore artistico il frontespizio: un'incisione firmata da Stefano Della Bella, un fiorentino di appena venti anni ma di belle speranze. Il giovane colloca sotto i pianeti medicei i tre filosofi protagonisti del *Dialogo*: Aristotele, Tolomeo e Copernico. Conferendo a quest'ultimo le sembianze di Galileo. Tanto per essere chiari.

Inoltre nel *Dialogo* Galileo parla anche di arte. Per esempio, il discorso sulla varietà dell'universo e sull'ingegno umano lo porta, alla fine della giornata prima, a lasciare l'impronta del suo essere non solo filosofo naturale e matematico, ma anche artista e critico d'arte, musicista e letterato. Intanto come prova dell'ingegno umano egli cita, quasi a voler mostrare la pluralità dei suoi interessi, i successi conseguiti in tutte le arti: la pittura e la scultura, la musica, la poesia e la letteratura in prosa, l'architettura. E anche la navigazione.

Non a caso è Sagredo, l'amico con cui ha condiviso tutti questi interessi artistici, a tenere questo piccolo discorso sulle arti:

> Io son molte volte andato meco medesimo considerando [...] quanto grande sia l'acutezza dell'ingegno umano; e mentre io discorro per tante e tanto maravigliose invenzioni trovate da gli uomini, sì nelle arti come nelle lettere, e poi fo reflessione sopra il saper mio, tanto lontano dal potersi promettere non solo di ritrovarne alcuna di nuovo, ma anco di apprendere delle già ritrovate, confuso dallo stu-

pore ed afflitto dalla disperazione, mi reputo poco meno che infelice. [VII, 3]

Sagredo ricorda la scultura e la pittura. E la creatività dei grandi scultori e dei grandi pittori:

> S'io guardo alcuna statua delle eccellenti, dico a me medesimo: "E quando sapresti levare il soverchio da un pezzo di marmo, e scoprire sì bella figura che vi era nascosa? quando mescolare e distendere sopra una tela o parete colori diversi, e con essi rappresentare tutti gli oggetti visibili, come un Michelagnolo, un Raffaello, un Tiziano?". [VII, 3]

Continua con la musica:

> S'io guardo quel che hanno ritrovato gli uomini nel compartir gl'intervalli musici, nello stabilir precetti e regole per potergli maneggiar con diletto mirabile dell'udito, quando potrò io finir di stupire? Che dirò de i tanti e sí diversi strumenti? [VII, 3]

È poi la volta della letteratura: "La lettura de i poeti eccellenti di qual meraviglia riempie chi attentamente considera l'invenzion de' concetti e la spiegatura loro?" [VII, 3]. Infine delle altre arti "Che diremo dell'architettura? che dell'arte navigatoria?" [VII, 3].

Per poi concludere, col piglio dell'antropologo culturale, in una vera apologia dell'alfabeto e della comunicazione scritta:

> Ma sopra tutte le invenzioni stupende, qual eminenza di mente fu quella di colui che s'immaginò di trovar modo di comunicare i suoi più reconditi pensieri a qualsivoglia altra persona, benché distante per lunghissimo intervallo di luogo e di tempo? parlare con quelli che son nell'Indie, parlare a quelli che non sono ancora nati né saranno se non di qua a mille e dieci mila anni? e con qual facilità? con i vari accozzamenti di venti caratteruzzi sopra una carta. Sia questo il sigillo di tutte le ammirande invenzioni umane, e la chiusa de' nostri ragionamenti di questo giorno. [VII, 3]

La creatività artistica ha analogia con la creatività scientifica: in entrambe l'esperienza diretta e indefessa costituisce un elemento prioritario. Come sostiene Salviati: "la poesia s'impara dalla continua lettura de' poeti; il dipignere s'apprende col continuo disegnare e dipignere" [VII, 3].

Considerazioni che, come nota Lucia Tongiorgi Tomasi, rimandano allo sperimentalismo di Brunelleschi e, più in generale, all'esercizio pratico nelle botteghe che hanno entrambi caratterizzato la straordinaria vita artistica a Firenze nell'età Rinascimentale [Tongiorgi, 2009a].

Ma l'arte non si limita a entrare nel *Dialogo*. È una sua dimensione. Consideriamo, per esempio, quella teatrale. Come il padre Vincenzio era stato un magistrale interprete del teatro in musica, così Galileo si propone come magistrale interprete del teatro in scienza. E in filosofia.

Colloca i tre personaggi nello scenario veneziano di palazzo Sagredo, un "palcoscenico barocco del mondo come teatro" [Battistini, 1989].

La rappresentazione si concretizza in tempi perfetti e frasi ben scandite. "Tutto si fonde e si compone, nell'esecuzione filata; ma le singole frasi giungono attese all'orecchio, che quasi sempre riesce ad anticipare la linea melodica" [Altieri, 2007].

Il *Dialogo* è rappresentato anche come una melodia. Come teatro in musica, appunto.

Infine la caratterizzazione forte, la maschera di Salviati, Sagredo e Simplicio. Non stereotipata, ma esibita. Per esempio da Salviati, che dice "solo a guisa di comico mi immaschero da Copernico in queste rappresentazioni nostre" [VII, 3].

I tre parlano lingue diverse. E Galileo è davvero bravo – una bravura tipica del grande scrittore – a far parlar loro lingue diverse. Che sottintendono processi mentali e forme del pensiero diversi: complessi in Salviati, ricchi e colti in Sagredo, spesso elementari e quasi sempre rigide in Simplicio. Spesso, appunto, ma non sempre. Perché anche quelli di Simplicio sono processi mentali e forme di pensiero che cambiano col proseguire della narrazione. Anzi, della commedia filosofica, come è stata giustamente definita da Tommaso Campanella.

Commedia in cui l'ironia – il riso – è parte decisiva. È critica filosofica. Contro il metodo scolastico fondato sull'autorità che non ammette critica, Galileo fa ricorso, per dirla con Andrea Battistini "all'arma straniante ed eversiva del riso" [Battistini, 1989].

Palcoscenico, rappresentazione, maschera: la cornice teatrale è componente ricercata ed essenziale del *Dialogo*. Perché, come spiega Andrea Battistini, vale

> tanto a intrattenere piacevolmente i lettori che non [sono] scienziati di professione, quanto a lasciare un'impressione di gioco e di finzione disimpegnata, come quando fin dal prologo si [sceglie] la "strada artifiziosa", ossia fittizia, di "rappresentare" (ecco un altro termine scenico) la superiorità della dottrina copernicana. [Battistini, 1989]

La censura

Il *Dialogo* non fa in tempo a uscire dalla tipografia di Landini che già qualcuno va dicendo che è più pericoloso della predicazione di Lutero. E forse ha ragione!

Sta di fatto che la pubblicazione di quella "comedia filosofica" è come una bomba, sia pure con un effetto leggermente ritardato. Perché, dopo pochi mesi di incubazione, innesca una reazione a catena sempre più veloce, che si conclude nel modo meno atteso da Galileo: l'abiura. La sua abiura.

Ma procediamo con ordine. Il libro consegnato da Landini a Galileo è inviato, fresco di stampa, in ogni parte d'Europa. Generando le più disparate reazioni. C'è chi lo celebra per quel che è: un capolavoro. C'è chi lo accusa di essere quel che non è: un atto intenzionale di sovversione della cattolica religione.

A Roma, per la verità, il *Dialogo* giunge con un certo ritardo. Le prime due copie arrivano solo a fine maggio 1632. Poi un amico di Galileo, Filippo Magalotti, ne porta con sé sei copie e ne consegna una ciascuna al Padre Mostro, Niccolò Riccardi, al cardinale linceo Francesco Barberini, a Giovanni Ciampoli e a Tommaso Campanella, al consultore del Sant'Uffizio, Lodovico Serristori, al gesuita Leone Santi. Le reazioni romane sono in genere positive. Ma quelle dei nemici di Galileo non si fanno attendere, a iniziare da quella di Christoph Scheiner. E sono tanto subdole quanto determinate: quel libro contraddice le Sacre Scritture e Galileo non ha rispettato gli ordini delle autorità cattoliche. Entrambi, l'autore e la sua opera, devono essere censurati. In realtà sono un po' tutti i gesuiti che, come dirà Niccolò Riccardi a Filippo Magalotti, "deono sotto mano lavorar gagliardissimamente perché l'opera sia prohibita" [XIV, 289]. E quelle voci raggiungono il papa, Urbano VIII, che da parte sua ha non pochi motivi di risentimento.

Il guaio, per Galileo, è che il papa vive un periodo di straordinaria tensione. L'8 marzo 1632 il cardinale Gaspare Borgia, in pieno concistoro, lo ha apertamente attaccato, accusandolo di non difendere a sufficienza le nazioni cattoliche coinvolte in quella che sarà chiamata la "guerra dei trent'anni". Borgia, che difende gli interessi della cattolicissima Spagna, reitera le sue accuse tre giorni dopo in una riunione dell'Inquisizione.

Un cardinale che attacca pubblicamente il papa: non si è mai visto. E ciò accade mentre Gustavo Adolfo di Svezia sta occupando mezz'Europa e minaccia la cattolica Baviera.

Urbano VIII è scosso e forse intimorito dall'inedita situazione. Sa – pensa – di non poter muovere un dito contro il potente cardinale. Sa – pensa – di dover difendere e di dover mostrare di difendere la cattolicità. Sa – pensa – di essere al centro di un possibile complotto. A tutto ciò risponde con due mosse: da un lato inizia a praticare una politica più vicina alla Spagna; dall'altro inizia ad allontanare molte delle persone che gli sono vicine o perché sospette di partecipare al complotto o perché, semplicemente, colpevoli di portare avanti una linea non più sostenibile. Sono in molti a fare le spese di questo furioso repulisti: cardinali, come Roberto Ubaldini e Ludovico Ludovisi; membri del suo staff, come Giovanni Ciampoli, che presto sarà costretto a lasciare il suo incarico in curia e ad andare, come governatore, a Montalto nelle Marche; il vertice stesso del Sant'Uffizio.

È nel pieno di questa tempesta politica e psicologica che Urbano legge il *Dialogo* e ne resta amareggiato. Chiama Riccardi a rapporto. Come hai potuto dare l'imprimatur a questo libro? Il Padre Mostro cerca, con successo, di lavarsene le mani, sostenendo che il testo è stato modificato in alcune parti senza autorizzazione e soprattutto che non contiene i due o tre argomenti voluti dal papa e su cui lui ha insistito. O, almeno, quegli argomenti non sono esposti come il papa avrebbe voluto e lui ordinato. Inoltre, riconosce Riccardi, i gesuiti stanno chiedendo a gran voce che il libro sia proibito. Anche perché, insinuano, l'argomento del papa è stato messo in bocca a uno sciocco.

Urbano si infuria. Ma Ciampoli mi aveva assicurato … Galileo mi aveva assicurato … Sono stato raggirato da queste persone che credevo amiche. Me la pagheranno.

E infatti a novembre Giovanni Ciampoli andrà via da Roma, esiliato nelle Marche. Quanto al *Dialogo*, occorre fermarne la diffusione in attesa di una decisione. Quel capolavoro va censurato! Lo vogliono i gesuiti. Lo vuole il papa, non più amico.

Che le copie già stampate vengano ritirate.

È l'inizio di una rapida reazione a catena.

Il 25 luglio 1632 Niccolò Riccardi scrive a Clemente Egidi, l'Inquisitore di Firenze:

> È pervenuto in queste bande il libro del S.r Galilei, e ci sono molte cose che non piacciono, per le quali vogliono in ogni modo i Padroni che si accommodi. In tanto è ordine di N. S.re (ancorché non s' ha a spendere se non il nome mio) che il libro si trattenga, e non passi costì, senza che di qui si mandi quello che s'ha a correggere, né meno si mandi fuori. [Riccardi, 1632]

Il N. S.re che non vuole apparire come censore è, ovviamente, Urbano VIII. Il papa. Il Padrone. Riccardi sostiene che ad amareggiare il pontefice è soprattutto il proemio, inserito senza previa verifica, e il fatto che il suo argomento venga messo in bocca a Simplicio.

Il Maestro di Sacro Palazzo chiede dunque ufficialmente che la diffusione venga bloccata e il libro ritirato. Inoltre chiede se quell'immagine coi tre delfini presente sul frontespizio sia lo stemma dello stampatore oppure sia stata apposta da Galileo. La domanda non è priva di malizia. Quei tre delfini vogliono forse alludere ai tre parenti (il fratello Antonio, il nipote Francesco, il cognato Lorenzo Magalotti) che papa Urbano VIII ha nominato cardinali, cosa di cui si fa un gran parlare? Galileo si è voluto forse fare sarcastico megafono di quelle voci?

È facile provare, all'Inquisitore di Firenze, che i tre delfini sono lo stemma del tipografo. Ma quelle domande testimoniano del clima di paranoia in cui vivono ormai il papa Barberini e il suo entourage. E se quello è il clima a Roma, allora anche a Firenze occorre stare attenti.

L'onda monta sempre più. Lo testimonia Tommaso Campanella, con la famosa e già citata lettera del 5 agosto in cui loda il *Dialogo*, che ha appena finito di leggere, sostenendo non solo che: "Queste novità di verità antiche, di novi mondi, nove stelle, novi sistemi, nove nationi etc., son principio di secol novo". Ma anche con l'auspicio che il papa se ne renda conto: "Faccia presto Chi guida il tutto: noi per la particella nostra assecondamo. Amen" [XIV, 288].

Ma nelle medesima lettera Tommaso Campanella sostiene che: "Io difendo contra tutti come questo libro è in favor del decreto *contra motum Telluris*". Dunque nei sacri palazzi di Roma c'è chi va sostenendo che il *Dialogo* contravviene al decreto del 1616 che impedisce la pubblicazione di testi a favore del moto della Terra.

È questo il periodo in cui il filosofo e teologo di Stilo cerca di stringere un rapporto finalmente solido con Galileo, che ha incontrato a Roma nella primavera del 1630. Fra l'aprile 1631 e l'ottobre 1632, Campanella invia sei lettere al toscano e tutte riguardano il *Dialogo* e i suoi tempestosi effetti. Nelle prime due Campanella manifesta una certa amarezza: ma come, hai inviato il libro a molti e non me, che pure ti ho dedicato un'*Apologia*? "E si ricordi ch'il mio scritto solo è stampato in sua difesa e non quei d'altri" [XIV, 197]. Nell'agosto 1632, Campanella riceve finalmente una copia del *Dialogo*, la legge e rinnova tutta la propria ammirazione per quella straordinaria "comedia filosofica". Poi informa Galileo del clima che va montando a Roma:

"Con gran disgusto mio ho sentito che si fa congregazione di theologi irati a proibire i *Dialoghi* di Vostra Signoria" [XIV, 288]. Lo avvisa che è stata creata una commissione che sta indagando. Nella commissione "non ci entra persona che sappia di matematica e di cose recondite". E infine commenta: "Dubito di violenza di gente che non sa" [XIV, 288].

Tuttavia Campanella ribadisce che il papa non è informato e non può pensare a proibire il libro. E gli suggerisce di far richiedere dal granduca che vengano nominati nella commissione teologica che deve valutare il *Dialogo* anche Benedetto Castelli ed egli stesso: "e se non la vinceremo, mi tenga per bestia" [XIV, 288]. La proposta di Campanella viene respinta seccamente da Riccardi, dal momento che Campanella "ha fatto opera quasi simile proibita, e non può difendere lui reo" [XIV, 389].

L'ambasciatore del granduca chiederà invece che dalla commissione vengano chiamate a far parte persone neutrali. Sortendo risultati analoghi.

Ma riprendiamo la lineare cronologia degli eventi. Il 7 agosto Filippo Magalotti, che ha raccolto gli ordini e le confessioni di Riccardi, consiglia a Galileo di cercare di stemperarlo, quel clima di sospetto, cercando di far intervenire l'ambasciatore del Granducato e il cardinal nipote, Francesco Barberini, che continua a essere un suo amico.

Il 15 agosto l'ambasciatore toscano a Roma, Francesco Niccolini, avverte il segretario del Granducato, Andrea Cioli, che il papa ha disposto l'istituzione di una commissione – una "Congregazione di persone" – per verificare se il *Dialogo* contravvenga agli ordini di Santa Romana Chiesa. Ne fanno parte teologi. Ma anche matematici, come Scipione Chiaromonti, che tuttavia è "parimente poco amico dell'opinioni del Sig.r Galileo" [XIV, 292]. Chiaromonti ha scritto più volte contro l'ipotesi del moto della Terra. E Galileo ha espresso più volte le sue critiche agli scritti di Chiaromonti.

Il 21 agosto Tommaso Campanella scrive allo scienziato toscano la già citata lettera: "Con gran disgusto mio ho sentito che si fa Congregatione di theologi irati a prohibire i Dialoghi". Attento, Galileo, perché non è una commissione equilibrata. Fai intervenire il Granduca, che chieda al papa di nominare in commissione anche un teologo, me stesso, e un matematico, come Benedetto Castelli, in modo che la tua causa possa essere difesa.

La nomina della commissione è anche un atto politico. In fondo le autorità fiorentine, religiose e civili, hanno dato il via libera al *Dialogo*. E possono essere coinvolte. In gioco è il rapporto tra il Vaticano e il Granducato.

Per questo il 24 agosto, dopo un lungo colloquio con Galileo, il segretario di stato, Andrea Cioli, chiede all'ambasciatore a Roma, Francesco Niccolini, di far presente in Vaticano che il granduca Ferdinando II ha molto a cuore Galileo. E di farsi dire con precisione quali sono tutte le "censure e opposizioni" che vengono mosse al *Dialogo*: perché il primario filosofo e matematico è disposto a nuovi emendamenti. Galileo non intende in alcun modo opporsi alla volontà del papa. Ricorda però alle autorità vaticane che, comunque, il *Dialogo* ha avuto tutte le autorizzazioni necessarie. Non solo a Firenze, ma anche a Roma.

Il 5 settembre Niccolini scrive a Firenze che ha visto direttamente il papa e lo ha trovato così arrabbiato che non poteva "esser peggio volto verso il povero nostro S. r. Galilei" [XIV, 301]. Le parole con cui l'ambasciatore riferisce dell'incontro sono sbigottite:

> Mentre si ragionava di quelle fastidiose materie del S.to Offizio, proroppe S. S.tà in molta collera, et all'improviso mi disse ch'anche il nostro Galilei haveva ardito d'entrar dove non doveva, et in materie le più gravi e le più pericolose che a questi tempi si potesser suscitare. [XIV, 301]

Niccolini ha provato a replicare: il *Dialogo* è stato letto e approvato dai suoi ministri. Ma la notazione non ha altro risultato che fa arrabbiare ancora di più Urbano VIII:

> Mi rispose con la medesima escandescenza, che egli et il Ciampoli l'havevano aggirata, et ch'il Ciampoli in particolare haveva ardito di dirli ch'il S.r Galilei voleva far tutto quel che S. S.tà comandava et che

ogni cosa stava bene, et che questo era quanto si haveva saputo, sen-
z'haver mai visto o letto l'opera; dolendosi del Ciampoli e del Maestro del Sacro Palazzo, se ben di quest'ultimo disse ch'era stato
aggirato anche lui col cavarli di mano con belle parole la sottoscrit-
tione del libro, e dategliene poi dell'altre per stamparlo in Firenze,
senza punto osservar la forma data all'Inquisitore e col mettervi il
nome del medesimo Maestro del Sacro Palazzo, che non ha che fare
nelle stampe di fuori. [XIV, 301]

Il papa, continua Niccolini, ha continuato a criticare violentemente
Galileo, ha in pratica ammonito anche il granduca a non prenderne
le difese, sostenendo che nella questione "non ci s'impegni e vada adagio" e ha, infine annunciato:

d'haver decretata una Congregazione di teologi e d'altre persone ver-
sate in diverse scienze, gravi e di santa mente, ch'a parola per parola
vanno pesando ogni minuzia, perchè si trattava della più perversa
materia che si potesse mai haver alle mani [...] che la dottrina era
perversa in estremo grado. [XIV, 301]

L'opera di Niccolini in questi giorni è davvero indefessa. Prende atto
che il papa non ha la minima intenzione di nominare Tommaso
Campanella e Benedetto Castelli nella Congregazione. Chiede che
ogni censura o rilievo al *Dialogo* vengano messi per iscritto e inviati
a Firenze, in modo che Galileo le possa adeguatamente valutare.

Tuttavia si rende conto che la questione ha preso un piega davvero
brutta. Per cui consiglia a Cioli di intavolare una trattativa diplomatica, dolce e cauta, non con il papa direttamente, perché è appunto,
infuriato, ma per il tramite del nipote, il cardinale linceo Francesco
Barberini. Ne ha parlato con Riccardi. E il Padre Mostro concorda.

Ma l'11 settembre ecco che da Roma parte alla volta di Firenze
una nuova nota. E non contiene certo buone nuove. Niccolini riferisce di un ulteriore colloquio con Niccolò Riccardi. Il Maestro di Sacro
Palazzo gli ha ribadito che Galileo ha gravi colpe, perché non ha ri-

spettato "il modo e l'ordine" delle sue prescrizioni, che ha fatto appena un accenno all'argomento di Urbano e in maniera non accettabile. Che è stata nominata la Congregazione del Sant'Uffizio che dovrà rileggere, parola per parola, il *Dialogo*. Che da questa Congregazione sono assolutamente esclusi Campanella e Castelli. Che la Congregazione è composta da soli tre membri: lo stesso Niccolò Riccardi, Maestro di Sacro Palazzo, dal teologo del papa, Agostino Oregio, e dal gesuita Melchiorre Inchofer.

Niccolini si dichiara soddisfatto: i tre danno garanzia di imparzialità. I fatti gli daranno torto. Inchofer è un convinto anticopernicano e Oregio sostiene che anche in materia astronomica, quanto più ci si attiene alla Sacre Scritture, tanto più ci si avvicina alla verità.

Ma non è questo, ormai, il punto cruciale.

Riccardi gli ha infatti comunicato che è stato

trovato ne' libri del S.to Offizio, che circ'a 12 anni sono, essendosi sentito che il S.r Galilei haveva questa opinione e la seminava in Fiorenza, e che per questo essendo fatto venir a Roma, li fu prohibito, in nome del Papa e del S.to Offizio, dal S.r Card.l Bellarmino il poter tener questa opinione, e che questa sola è bastante per rovinarlo affatto. [XIV, 304]

È in questo momento, dunque, che fa irruzione sulla scena quella versione del "salutifero editto" con cui Bellarmino imponeva a Galileo di non parlare del sistema copernicano.

Questo nuovo elemento cambia radicalmente i termini della questione, almeno in punta di diritto. Perché Galileo non è più accusato di aver ingannato il papa e di proporre tesi pericolose, ma di aver contravvenuto a un ordine di 16 (non 12) anni prima.

Questo nuovo capo di accusa, che compromette ulteriormente la posizione di Galileo, non deve dispiacere affatto né a Niccolò Riccardi, perché sminuisce il suo ruolo e le sue responsabilità per aver dato in ogni caso l'imprimatur al *Dialogo*, né allo stesso papa, perché nel processo cui ormai inevitabilmente sarà sottoposto lo scienziato più famoso d'Europa, Urbano VIII non figurerebbe più come il persecutore, ma solo come il papa sotto il cui pontificato per motivi contingenti si è scoperta la disobbedienza di Galileo.

Il 15 settembre una nuova accelerazione. Il papa manda uno dei suoi segretari, Pietro Benessi, a Villa Medici per informare Francesco Niccolini che Riccardi, Oregio e Inchofer hanno deciso che, a causa dei possibili capi d'imputazione, la vicenda non può non passare nelle mani della Santa Inquisizione. Il papa sostiene che Galileo "è entrato in un gran ginepreto", che ha preteso di inoltrarsi in "materie fastidiose e pericolose", e che il *Dialogo* è opera "perniciosa". Niccolini chiede chi saranno i componenti della Congregazione della Santa Inquisizione con competenze scientifiche. Benessi fa i nomi, tra gli altri, dei cardinali Guido Bentivoglio e Fabrizio Verospi. Poi consiglia di riferire a Galileo di muoversi con molta cautela.

Niccolini invia questa rapporto a Firenze il 18 settembre. In quel medesimo giorno Niccolò Riccardi invia a sua volta una missiva nella città toscana per chiedere all'Inquisitore di Firenze di inviargli l'originale a penna e a stampa del *Dialogo*.

La situazione precipita.

Il 23 settembre ecco la relazione finale dell'inchiesta affidata da Urbano VIII alla Congregazione del Sant'Uffizio. I capi di accusa sono diversi: "aver posto l'*imprimatur* di Roma senz'ordine"; aver posto la prefazione di Riccardi in maniera non solo separata, ma in modo tale che risultasse del tutto avulsa del resto del libro; di "aver posto la medicina del fine in bocca di uno sciocco" (dove la medicina del fine è l'argomento di Urbano VIII) e lo sciocco Simplicio; di aver affermato la mobilità della Terra; di aver strapazzato i critici del modello copernicano; di aver eguagliato, nel comprendere le cose geometriche, l'intelligenza umana a quella divina; di aver proposto le maree come prova della mobilità della Terra.

Come scrive Michele Camerota, il papa richiama:

ora, in modo drastico e risoluto, la censura anticopernicana, la stessa misura di cui, solo otto anni prima, aveva stemperato la valenza, affermando che, quanto alla dottrina eliocentrica, Santa Chiesa non l'havea dannata né era per dannarla per heretica, ma solo per temeraria. [Camerota, 2004]

Anche se il papa e la Congregazione del Sant'Uffizio sembrano lasciare una via d'uscita – tutti questi errori "si potrebbono emendare, se si giudicasse esser qualche utilità nel libro, del quale gli si dovesse far questa grazia" – è ormai certo: Galileo sarà sottoposto a giudizio dal sacro tribunale dell'Inquisizione. Anche perché, aggiungono i commissari del Sant'Uffizio, Galileo non ha rispettato il precetto del 1616. Di questa imputazione deve rispondere. E non è un'imputazione emendabile.

Due giorni dopo, il 25 settembre, il cardinale Antonio Barberini, il fratello del papa, comunica a Clemente Egidi, Inquisitore di Firenze, che in quella medesima riunione della Congregazione del Sant'Uffizio tenuta in presenza di Urbano VIII è stato deciso di chiamare Galileo a Roma, perché venga a rendere conto di quanto ha scritto nel suo libro e a rispondere dei capi d'accusa. La notifica deve essere fatta allo scienziato in presenza di almeno due testimoni e del notaio. Ma non gli si devono spiegare i motivi della convocazione. Galileo deve essere a Roma a disposizione del Sant'Uffizio entro il mese di ottobre.

Il 2 ottobre sembra accendersi una luce di speranza. Benedetto Castelli rivela di aver parlato con Ippolito Maria Lanci, uno dei commissari del Sant'Uffizio, e di avergli detto di non avere scrupoli nel ritenere che sia la Terra a muoversi e a ruotare intorno al Sole. E Lanci gli avrebbe risposto che certo il movimento della Terra non è oggetto di fede e che la questione non può essere risolta semplicemente appellandosi all'autorità delle Scritture. Ne consegue, pensa Castelli, che Galileo non può essere accusato di eresia. Inoltre Niccolò Riccardi si sarebbe detto disponibile a una dilazione dei tempi della venuta di Galileo a Roma. Insomma, Castelli è ottimista.

Il 6 ottobre Galileo comunica ad Andrea Cioli di aver ricevuto la notifica, con l'intimazione a recarsi a Roma. È sgomento. È, come spiega egli stesso, confuso. Chiede consigli. Chiede aiuto.

Trovomi in gran confusione per una intimazione statami fatta 3 giorni sono dal Padre Inquisitore, di ordine della Sacra Congregazione del S.to Offizio di Roma, di dovermi per tutto il presente mese presentare là a quel Tribunale, dove mi sarà significato quanto io debba fare. Ora, conoscendo l'importanza del negozio, e 'l debito di farne consapevole il Ser.mo Padrone, et il bisogno di consiglio et indirizzo di quanto io debba in ciò fare, ho resoluto di venir costà quanto prima, per proporre all'A. S.ma quei partiti e provisioni, de i quali più di uno mi passano per la fantasia, per i quali io possa nel medesimo tempo mostrarmi, quale io sono, obedientissimo e zelantissimo di S.ta Chiesa, et anco desideroso di cautelarmi, quanto sia possibile, contro alle persecuzioni di ingiuste suggestioni, che possano immeritamente havermi concitato contro la mente, per altro santissima, de i superiori. [XIV, 316]

Promette di andare a Roma di lì a poco. Ma tergiversa. Ha paura. Forse gli viene in mente Giordano Bruno. Forse gli tornano alla mente Marcantonio De Dominis, Campo de' Fiori e i suoi roghi. Fatto è che il 13 ottobre prende carta e penna e scrive al cardinal nipote, il linceo Francesco Barberini, una lunga lettera, per protestare la sua innocenza e la sua obbedienza.

È, ancora una volta, una lettera di rara efficacia letteraria. Che, a ragione, Egidio Festa definisce straziante [Festa, 2007].

Perlochè non posso negare, l'intimazione fattami ultimamente d'ordine della Sacra Congregazione del S. Offizio, di dovermi presentare dentro al termine del presente mese avanti a quello eccelso Tribunale, essermi di grandissima afflizzione. [XIV, 319]

L'umiliazione subìta è tale che Galileo passa in rassegna la sua vita e quasi maledice il giorno in cui ha deciso di dedicarsi alla scienza.

Mentre meco medesimo vo considerando, i frutti di tutti i miei studi e fatiche di tanti anni, le quali havevano per l'addietro portato per l'orecchie de i litterati con fama non in tutto oscura il mio nome, essermi ora convertiti in gravi note della mia reputazione, con dare attacco a i miei emoli d'insurger contro a gl'amici miei, serrando lor la bocca non pure alle mie lodi ma alle scuse ancora, con l'opporgli l'havere io finalmente meritato d'esser citato al Tribunale del Santo Offizio, atto che non si vede eseguire se non sopra i gravemente delinquenti. Questo in modo mi affligge, che mi fa detestare tutto 'l tempo già da me consumato in quella sorte di studii, per i quali io ambiva e sperava di potermi alquanto separare dal trito e popolar sentiero de gli studiosi; e con l'indurmi pentimento d'havere esposto al mondo parte de i miei componimenti, m'invoglia a supprimere e condannare al fuoco quelli che mi restano in mano, saziando interamente la brama de i miei nimici, a i quali i miei pensieri son tanto molesti. [XIV, 319]

Ma è solo un momento di depressione. Non rinnegherà mai più la sua scelta di vita. Intanto chiede all'amico cardinale, nipote del papa una volta amico, come fare ad allontanare da sé l'amaro calice romano. Non è possibile essere interrogato a Firenze? L'età e le malattie rendono pericoloso spostarsi. Ma ove ciò non fosse possibile, se a Roma fossero insensibili alle mie condizioni:

per ultima conclusione, quando nè la grave età, nè le molte corporali indisposizioni, nè afflizzion di mente, nè la lunghezza di un viaggio per i presenti sospetti travagliosissimo, siano giudicate da cotesto sacro et eccelso Tribunale scuse bastanti ad impetrar dispensa o proroga alcuna, io mi porrò in viaggio, anteponendo l'ubbidire al vivere. [XIV, 319]

Galileo si dice dunque disposto ad anteporre l'ubbidire al vivere. A venire a Roma, anche a costo di morire per o addirittura durante il viaggio. C'è, forse, una sottolineatura melodrammatica in queste frasi. Ma le parole del più grande e famoso uomo di scienza europeo che implora di non essere sottoposto a queste afflizioni del corpo e della mente è, per l'appunto, straziante.

Poche ore prima anche Michelangelo Buonarroti interviene presso Francesco Barberini chiedendo che sia concesso a Galileo di evitare il viaggio romano e di risolvere la vicenda a Firenze. Invano Fulgenzio Micanzio consiglia di assumere una posizione accomodante e obbediente: fa quello che ti dicono e vedrai che al più ti diranno di rivedere la tua posizione realista sul modello di Copernico.

Galileo e Michelangelo non sanno che anche l'atteggiamento del cardinal nipote è ormai cambiato. Già il 25 settembre il linceo Francesco Barberini aveva scritto al nunzio del papa a Firenze, Giorgio Bolognetti, per informarlo della vicenda giudiziaria e per ordinargli di bloccare l'ulteriore diffusione del *Dialogo*.

L'attento ambasciatore toscano a Roma, Francesco Niccolini, è infatti perplesso sulla opportunità di consegnare la lettera a Francesco Barberini. Chiedere che la vicenda venga chiusa a Firenze, sostiene, potrebbe irritare il papa e il Sant'Uffizio. Tergiversa per qualche giorno. Ma, infine, consegna la missiva al cardinal nipote.

E la risposta del linceo cardinale e nipote, spiega Niccolini in una lettera inviata a Firenze il 6 novembre è: ti resto amico, ma ormai la cosa è nella mani del Sant'Uffizio. Non posso intervenire.

In quel medesimo giorno, il 6 novembre, i membri della Congregazione del Sant'Uffizio terminano la lettura del *Dialogo*.

L'11 novembre si tiene una riunione della Congregazione del Sant'Uffizio con il papa, presente il nipote Francesco Barberini. Urbano VIII rigetta l'istanza di proroga avanzata da Niccolini e ordina che l'inquisitore di Firenze faccia rispettare i tempi della convocazione di Galileo.

Il 13 novembre, l'ambasciatore Francesco Niccolini riferisce di un nuovo colloquio avuto con Urbano VIII, nel corso del quale il papa ha mostrato di aver letto la lettera al nipote Francesco. Ma ha ribadito che ormai non si può evitare che Galileo venga a Roma. È malato? Può sempre viaggiare in maniera comoda, sdraiato su una lettiga e anche riducendo i tempi della quarantena. Guardi, ambasciatore – ha continuato il papa – che Galileo mi deve molto: perché ho evitato che venisse accusato di difendere la teoria copernicana. Non ce l'abbia con me. E non mi contraddica.

In quegli stessi giorni Giovanni Ciampoli è mandato via da Roma. Ma Galileo non si rassegna e cerca ancora di allontanare l'amaro calice romano. Il 18 novembre Andrea Cioli prega ancora una volta Francesco Niccolini di insistere per una proroga.

Il 21 novembre Niccolini riferisce direttamente a Galileo che la proroga non è stata accordata. L'unica concessione: sia l'Inquisitore di Firenze, Clemente Egidi, a concordare la data della partenza. E Clemente Egidi la concede di fatto la proroga a Galileo: che parta in capo a un mese. Il 9 dicembre la Congregazione del Sant'Uffizio prende atto della data scelta da Egidi, ma ordina che non si vada oltre: che l'Inquisitore fiorentino faccia rispettare, in ogni modo e qualunque fossero le circostanze, i tempi della convocazione.

Ma la salute di Galileo precipita. Il 16 dicembre lo scienziato è costretto a letto. Il giorno dopo, il 17 dicembre, presenta una sorta di certificato firmato da tre medici, in cui si afferma che Galileo presenta un "polso intermittente di tre o quattro battute" e che soffre di vertigini, di melanconia ipocondriaca, debolezza di stomaco, vigilie, dolori vaganti per il corpo, di "un'hernia carnosa grave con allentatura del peritoneo" e che, in definitiva, è in "pericolo evidente della vita". Il viaggio potrebbe essere mortale. A Roma il nuovo tentativo di proroga non viene preso affatto bene. Le autorità religiose si sentono sfidate, quasi irrise. La vicenda può subire un'accelerazione molto pericolosa. Tanto che persino Benedetto Castelli e Francesco Niccolini chiedono a Galileo di non insistere. Un'ulteriore richiesta di proroga avrebbe compromesso ciò che resta del rapporto col papa una volta amico.

Il 25 dicembre Castelli scrive a Galileo, invitandolo a partire. Guarda che a Roma, sostiene con un accesso di ottimismo, non possono accusarti di nulla. Lo stesso giorno anche Niccolini gli scrive: guarda che anche se hai un certificato firmato da tre medici, non ti serve a nulla se non lasci Firenze.

Il 30 dicembre la Congregazione del Sant'Uffizio si riunisce di nuovo alla presenza di Urbano VIII. Il papa è più che mai infuriato. Ritiene che Galileo ancora una volta lo stia prendendo in giro. Che la sua sia una finta malattia. E ordina di avvertire l'inquisitore di Firenze che il Sant'Uffizio ed egli stesso non possono tollerare questa manfrina e che invierà da Roma una commissione, con propri medici, per accertare le reali condizioni dello scienziato. Se i medici pontifici dovessero accertare che Galileo è in grado di muoversi, l'ordine è di tradurlo in stato di detenzione e in catene a Roma. Nel caso Galileo risultasse davvero malato, invece, si attenderà la sua guarigione e poi lo si tradurrà comunque in catene a Roma.

E sarà condannato comunque a pagare le spese della causa, infierisce il fratello del papa, Antonio Barberini, in una lettera che invia il primo gennaio 1633 a Clemente Egidi, precisando che il Sant'Uffizio "ha molto male inteso" che Galileo non abbia "prontamente ubbidito al precetto fattogli di venire a Roma"; e che se avesse continuato a tergiversare sarebbe stato trasferito "legato anche con ferri" nelle carceri romane del Sant'Uffizio.

Ormai non ci sono davvero più margini. L'8 gennaio 1633 Clemente Egidi comunica che Galileo è pronto a venire a Roma. La decisione è presa con gran sollievo dal Granduca, Ferdinando II.

Il 15 gennaio Galileo scrive a Elia Diodati:

> Hora sono in procinto d'andare a Roma, chiamato dal Santo Officio, il quale ha già sospeso il mio Dialogo; e da buona parte intendo, i Padri Giesuiti haver fatto impressioni in teste principalissime che tal libro è esecrando e più pernicioso per Santa Chiesa che le scritture di Lutero e di Calvino; e per ciò tengo per fermo che sarà proibito. [XV, 16]

Il toscano dunque crede che causa di tutte le sue disgrazie siano i gesuiti e che, comunque, il peggio che gli capiterà sarà la censura del *Dialogo*.

Quel medesimo giorno fa testamento.

Poi, il 20 gennaio, nelle giornate più fredde dell'inverno, parte per Roma. Fornito di una "buona lettiga" e del permesso di alloggiare presso l'ambasciata Toscana. Andrea Cioli, segretario di stato del Granducato, prega l'ambasciatore Niccolini di fornirgli anche qualche lume di consolazione, con dirgli almeno che venga allegramente, ché non sarà messo in prigione [cosicché] si diminuirebbe in noi il timore che habbiamo della sua salute, perché la verità dev'essere ch'egli è partito col male addosso. [XV, 21]

Galileo è prossimo, ormai, a compiere 69 anni. E il "male addosso" che si porta è nel corpo – come hanno certificato i tre medici e contrariamente a quanto credono a Roma il suo stato di salute fisica non è affatto buono – oltre che nell'animo. Chi avrebbe mai immaginato che lo scienziato più famoso d'Europa, l'uomo che ha scoperto un nuovo cielo ed è (e si sente) principio, per dirla con Campanella, di "secolo novo", sarebbe stato costretto ad andare di fatto prigioniero a Roma per subire un processo alle sue idee?

Per la quarantena Galileo si ferma a Ponte a Centina, presso Acquapendente, dal 23 gennaio al 10 febbraio. In una casa scomoda e con un vitto ridotto al minimo. L'11 febbraio riparte e la sera del 13 entra a Roma, a disposizione del Sant'Uffizio.

Accolto con gran calore a villa Medici da Francesco Niccolini e dalla moglie, Caterina Riccardi, parente del Padre Mostro, segretario di Sacro Palazzo, e nell'ottimistica attesa che l'umiliante vicenda si risolva senza danno. Almeno senza danno tangibile (messa all'indice del libro, carcere o addirittura tortura). Sensazione rafforzata dalle visite che immediatamente riceve sia dal vecchio assessore del Sant'Uffizio, Alessandro Boccabella, sia dal nuovo assessore, Pietro Paolo Febei (non riesce invece a vedere Vincenzo Maculano, il commissario del Sant'Uffizio). La sensazione viene rafforzata anche dall'incontro di vari membri del Sant'Uffizio che certificano la "sincerissima" devozione di Galileo all'autorità cattolica.

In realtà il consultore Lodovico Serristori e gli altri zelanti inquisitori sono andati a visitare Galileo per sondare la sua strategia di difesa. Galileo è di fatto agli arresti domiciliari. Lo stesso Francesco Barberini suggerisce che non esca dall'ambasciata, anzi dai suoi appartamenti. E non si capisce bene se si tratti di un consiglio o di un ordine da parte del cardinale, nipote del papa.

L'appartamento di Galileo presso l'ambasciata del Granducato è naturalmente molto bello e molto comodo. Ma la forzata clausura aggrava i problemi di salute dell'anziano primario filosofo e matematico toscano. Per fortuna l'uomo viene accudito al meglio e con sincera amicizia dall'ambasciatore e dalla moglie.

Un'amicizia espressa a tutto campo. Niccolini, infatti, intensifica la sua già vasta attività diplomatica. Chiede udienza e incontra ancora il papa. Chiede informazione sui tempi del processo. Tutto ciò che l'ambasciatore ottiene è l'ennesima reiterazione di tutti i rimproveri che il papa muove a Galileo. Lo scienziato, sostiene Urbano, ha compiuto una "ciampolata". E ora ne deve rispondere. Quanto alla durata del processo, Maffeo Barberini sostiene di non poterla valutare.

Galileo, intanto, appronta la sua difesa. Il 23 febbraio scrive a Geri Bocchineri e gli rivela che ha chiaro come il principale capo d'imputazione, da cui discendono tutti gli altri, è di aver disatteso il precetto del febbraio 1616. E che da questa accusa potrà facilmente difendersi. Niccolini stesso rivela che Galileo non ricorda di essere stato ammonito a non parlare del copernicanesimo. Ma solo a non "tenere e difendere" l'eliocentrismo.

Lo scienziato toscano è convinto di poter dimostrare che ha solo parlato del sistema copernicano, ma che in nessun modo lo ha tenuto per verità. Insomma, ancora una volta è ottimista. E l'ottimismo è alimentato dal silenzio che a Roma sembra avvolgere la vicenda.

Niccolini è più realista. Lui saggia ogni giorno gli umori in Vaticano. E non s'illude: "Quand'anche qui restassero appagati delle sue risposte, non vorranno apparir d'haver nè meno fatta una carriera, doppo una apparenza così pubblica d'haverlo fatto venir a Roma" [XV, 42]. Insomma, se i sacri palazzi tacciono è perché il Sant'Uffizio sta approntando nei minimi dettagli un processo che, è fin troppo chiaro, sarà clamoroso, perché intentato contro il più famoso scienziato d'Europa.

Il 13 marzo l'infaticabile Niccolini riferisce di un nuovo incontro col papa. Abbiamo parlato, scrive, dell'"argomento di Urbano VIII" e dei colloqui che il pontefice ha avuto su questo punto con Galileo e

Ciampoli: "V'è un argumento – sostiene Maffeo Barberini – al quale non hanno mai saputo rispondere, che è quello che Iddio è omnipotente e può far ogni cosa; se è omnipotente, perchè vogliamo necessitarlo?" [XV, 51]. Il povero Niccolini non sa come cavarsela:

> Io dicevo di non saper parlare di queste materie, ma di parermi d'haver udito dire al medesimo Signor Galilei, prima, che egli non teneva per vera l'opinione del moto della terra, ma che sì come Iddio poteva far il mondo in mille modi, così non si poteva negar nè meno che non l'havessi possuto far anche in questo.

E immediatamente Urbano s'infiamma e: "riscaldandosi mi rispose che non si doveva impor necessità a Dio benedetto". Niccolini cerca la ritirata:

> et io, vedendolo entrare in escandescenza, non volsi mettermi a disputar di quel che non sapevo et apportarle disgusto con pregiuditio del Sig.r Galilei; ma soggiunsi che egli in somma era qui per ubbidire, per cancellare o retrattare tutto quel che le potesse esser rimostrato esser servitio della religione. [XV, 51]

Il 9 aprile Niccolini scrive a Cioli: ho parlato con Galileo e gli ho espresso come stanno le cose. Quali sono le accuse e i pericoli che corre. "Egli nondimeno pretende di difender molto bene le sue opinioni" [XV, 63]. Vorrebbe dare battaglia. "Ma io l'ho esortato, a fine di finirla più presto, di non si curare di sostenerle, e di sottomettersi a quel che vegga che possin desiderare ch'egli creda o tenga in quel particolare della mobilità della terra" [XV, 63]. Galileo infine capisce. Il tempo della discussione, anche da posizioni di debolezza ma in punto di ragione, è finito. Non c'è più da dialogare. Ha vinto la forza bruta. Ha vinto il potere. E si arrende, amareggiato, all'evidenza. "Egli se n'è estremamente afflitto; e quanto a me l'ho visto da hieri in qua così calato, ch'io dubito grandemente della sua vita" [XV, 65].

Anche il Sant'Uffizio, finalmente, è pronto.

Il 12 aprile Galileo, malato e depresso, viene trasferito nei palazzi del supremo tribunale ecclesiastico. E alla presenza del Commissario della Congregazione, Vincenzo Maculano, e del Procuratore Fiscale, Carlo Sinceri, rilascia le prime dichiarazioni. Riguardano il 1616. Sono venuto a Roma, sostiene Galileo, in quell'anno per sapere come rapportarmi all'ipotesi di Copernico [XX, XXIV].

Il signore cardinale Bellarmino mi significò la detta opinione del Copernico potersi tener ex suppositione, sì come esso Copernico l'haveva tenuta; et Sua Eminenza sapeva ch'io la tenevo ex suppositione, cioè nella maniera che tiene il Copernico come da una risposta del medesimo signor cardinale, fatta ad una lettera del padre maestro Paolo Antonio Foscarino, Provinciale dei Carmelitani.

Galileo sostiene di aver convenuto con Bellarmino di prendere, come fa lo stesso Copernico (in realtà come fa Osiander), l'ipotesi eliocentrica *ex supposizione*. Una tesi contro cui, in realtà, Galileo si è battuto a lungo.

Ma l'accusa dei commissari non si concentra sul piano epistemologico, bensì sul piano strettamente giuridico: hai o no ubbidito al precetto di Bellarmino?

Galileo risponde:

Del mese di febraro 1616, il signor cardinale Bellarmino mi disse che, per essere l'opinione del Copernico, assolutamente presa, cotrariante alle Scritture Sacre, non si poteva né tenere né difendere, ma che ex supposizione si poteva pigliar e servirsene. In conformità di che tengo una fede dell'istesso sig. cardinale Bellarmino, fatta del mese di maggio ai 26 del 1616 , nella quale dice che l'opinione del Copernico non si può tener né difendere per essere contro le Scritture Sacre, della quale fede ne presento la copia; et è questa. [XX, XXIV]

Il toscano presenta la copia della dichiarazione di Bellarmino che attesta come Galileo non abbia compiuto alcuna abiura mentre egli, cardinale Bellarmino, gli prescrive di non "tenere e difendere" la teoria di Copernico, che tuttavia può essere presentata come mera ipotesi matematica. Mai, sostiene dunque Galileo, mi è stato fatto divieto di presentarla in questa veste.

Maculano incalza: c'era qualcun altro a questo incontro? Ti è stato notificato qualche altro precetto? Ti è stato detto di non insegnare e diffondere la teoria copernicana?

Galileo non nega che potrebbe esserci stato qualcun altro all'incontro. Ma nega che gli si stata notificato qualche altro precetto.

A questo punto il Sant'Uffizio scopre le sue carte. E mostra a Galileo un altro documento, redatto nel 1616 da Michelangelo Seghezzi, l'allora segretario generale della Santa Inquisizione. In quel documento c'è scritto che a Galileo è fatto obbligo non solo di non difendere, ma anche di non parlare in alcun modo dell'ipotesi copernicana.

Ma questo precetto non mi è stato mai notificato, ribatte Galileo. Anche da un punto di vista giuridico il toscano ha ragione. Quel documento, se pure autentico, non è stato redatto in presenza del notaio e di testimoni. Non è stato sottoscritto da me. Che valore può mai avere? L'unico precetto che mi è stato reso noto è quello di Bellarmino. E io ho qui l'originale. La differenza tra l'ammonizione di Bellarmino (non tenere per vero il modello copernicano) e il precetto di Seghezzi (non parlare in nessun modo del modello copernicano) è molto grande.

Se passasse la veridicità e validità al precetto Seghezzi, la posizione di Galileo peggiorerebbe vistosamente. Tanto più che il Sant'Uffizio non possiede l'ammonimento di Bellarmino e non ne conosce neppure l'esistenza.

Tuttavia i commissari non affermano la falsità del documento presentato da Galileo. Anzi lo assumono come ulteriore prova a suo carico: guarda che non hai ottemperato neanche al precetto di Bellarmino, perché nel *Dialogo* non solo parli, ma mostri di "tenere e difendere" l'ipotesi copernicana. Inoltre è colpa grave anche il fatto che non hai mai riferito a Riccardi, Maestro di Sacro Palazzo, l'esistenza dell'ingiunzione di Bellarmino.

Galileo si sente messo all'angolo. E cerca di arrampicarsi sugli specchi. Nel *Dialogo*, sostiene, non solo non tengo e non difendo l'ipotesi di Copernico, ma cerco addirittura di dimostrarne l'infondatezza.

Inutile dire che questa difesa non convince i santi inquisitori.

Al termine di questo primo interrogatorio, a Galileo viene negato di tornare a Villa Medici e gli è imposto di restare in Vaticano, nelle stanze del Sant'Uffizio. In un vero e proprio stato di prigionia, sebbene dorata: il toscano non è sbattuto in carcere, ma ha a disposizione tre stanze, parte di quelle dove abita il Fiscale, e la possibilità di passeggiare per gli ampi corridoi del sacro palazzo.

Il passo successivo del processo riguarda i contenuti specifici del *Dialogo*. Il tribunale nomina una commissione incaricata di valutare il testo. Ne fanno parte Melchior Inchofer, Agostino Oregio e Pasquale Zaccaligo. Il 17 aprile la commissione raggiunge il suo unanime convincimento: il libro di Galileo difende e insegna il modello copernicano. Dalla lettura del *Dialogo* emerge che l'autore è *vehementer suspectum* di *firma adhaesio*, fortemente sospetto di una convinta adesione al modello eliocentrico.

Il rapporto viene presentato al tribunale del Sant'Uffizio il 21 aprile.

Il giorno dopo, il 22 aprile, il Commissario del Sant'Uffizio, Vincenzo Maculano, scrive a Francesco Barberini: risulta evidente che nel *Dialogo* "si difenda e s'insegni l'opinione riprovata, e dannata dalla Chiesa, et però che l'autore si renda sospetto anco di tenerla".

Il 27 aprile lo stesso Maculano scrive di nuovo a Francesco Barberini per dirgli come la situazione si va facendo molto difficile. Perché Galileo nega l'evidenza. Si ostina a dire che lui non difende il copernicanesimo e nega "quello che manifestamente apparisce nel libro da lui composto". Questa negazione dell'evidenza richiede "la necessità di maggiore rigore nella giustizia e di riguardo minore a gli rispetti che si hanno in questo negotio" [XV, 83].

Galileo è malato. E questo è riconosciuto anche dal tribunale dell'Inquisizione. Ma sta sbagliando la strategia difensiva. Afferma addirittura l'insostenibile: che il *Dialogo* sia anticopernicano. E questo negare l'evidenza offre una carta insperata agli accusatori e inasprisce il tribunale. Tanto da riverberare la possibilità dell'uso della tortura per "haverne verità", ovvero per estorcere a Galileo l'ammissione di colpevolezza.

Ma sottoporre a tortura una persona anziana, lo scienziato più noto in Europa e tuttora primario matematico e filosofo del Granduca di Toscana, non è uno scherzo. Nemmeno per la Santa Inquisizione. Maculano chiede e (non senza resistenze) ottiene dal tribunale del Sant'Uffizio di trattare la questione con Galileo in via extragiudiziale. Ovvero di convincerlo in privato "a fine di renderlo capace dell'error suo e redurlo a termine, quando lo conosca, di confessarlo" [XV, 84].

Nei giorni di fine aprile Maculano parla con Galileo in sede extragiudiziale, insomma in privato. E lo convince. Il 26 aprile, il giorno prima di scrivere la lettera a Francesco Barberini, Maculano riceve la promessa da Galileo che confesserà l'errore. Lo scienziato chiede solo un po' di tempo per rileggere il *Dialogo* e riorganizzare la sua confessione. Il 30 aprile Galileo compare davanti al tribunale e ammette:

> Havendo fatto riflessione [...]et havendolo minutissimamente considerato, e giungendomi per il lungo disuso quasi come scrittura nuova e di altro auttore, liberamente confesso ch'ella mi si rappresentò in più luoghi distesa in tal forma, che il lettore, non consapevole dell'intrinseco mio, harebbe havuto cagione di formarsi concetto che gli argomenti portati per la parte falsa, e ch'io intendevo di confutar, fussero in tal guisa pronunciati, che più tosto per la loro efficacia fussero potenti a stringer, che facili ad esser sciolti - e due in particolare, presi uno dalle macchie solari e l'altro dal flusso e riflusso del mare, vengono veramente con attributi di forti e di gagliardi avalorati alle orecchie del lettore più di quello che pareva convenirsi ad uno che li tenesse per inconcludenti e che li volesse confutare, come pur io internamente e veramente per non concludenti e per confutabili li stimavo e stimo [XX, XXIV].

Insomma, ho sbagliato a scrivere. Volevo confutare la falsa ipotesi di Copernico e, invece, ora mi accorgo di dar l'impressione di avvalorarla.

È un'ambiguità che nasce anche dal genere letterario, il dialogo:

> E per iscusa di me stesso appresso me medesimo d'esser incorso in un errore tanto alieno dalla mia intentione, non mi appagando interamente col dire che nel recitare gli argomenti della parte avversa, quando s'intende di volergli confutar, si debbono portar, e massime scrivendo in dialogo, nella più stretta maniera, e non pagliargli a disavantaggio dell'avversario, non mi appagando, dico, di tal scusa, ricorrevo a quella della natural compiacenza che ciascheduno ha delle proprie sottigliezze, e del mostrarsi più arguto del commune de gli huomini in trovare, anco per le propositioni false, ingegnosi et apparenti discorsi di probabilità. Con tutto questo, ancorché con Cicerone avidior sim gloria quam safis iso sit, se io havessi a scriver adesso le medesime ragioni, non è dubbio eh' io le snerverei in maniera, eh' elle non potrebbero fare apparente mostra di quella forza, della quale essentialmente e realmente sono prive. E stato dunque l'error mio, e 'l confesso, di una vana ambitione e di una pura ignoranza et inavertenza. [XX, XXIV]

Ho sbagliato. Sono stato, come scriveva Cicerone, più avido di gloria di quanto sarebbe stato necessario. E ora voglio rimediare:

> E per maggior confirmatione del non haver io né tenuta, né tener, per vera la detta opinione della mobilità della terra e stabilità del sole, sono accinto a farne maggior dimostratione, se mi sarà concesso: e l'occasione c'è opportunissima, atteso che nel libro già publicato sono concordi gl'interlocutori di doversi dopo certo tempo trovar insieme per discorrer sopra diversi problemi naturali, separati dalla materia ne i loro congressi trattata; onde, dovend'io soggiunger una due altre giornate, prometto di ripigliar gli argomenti già recati a favore della detta opinione falsa e dannata, e confutargli in quel più efficace modo che mi verrà da Dio sumministrato. [XX, XXIV]

Galileo dunque ammette quanto il tribunale vuole che ammetta. Inoltre si rende disponibile a rivedere il libro. Ad aggiungere un'altra giornata o due per bilanciare gli argomenti e dare il giusto risalto al sistema di Tolomeo e all'argomento di Urbano VIII. Cosicché, con il consenso del papa, Maculano gli concede di tornare a Villa Medici, sia pure in stato di detenzione, in pratica agli arresti domiciliari formali, in attesa della sentenza.

L'opportunità di emendare il *Dialogo* non gli è concessa. La verità è che tutti a Roma temono le sue capacità letterarie. Con la sua abilità di scrittura quell'uomo può trasformare una difesa in un attacco. Un ravvedimento in un nuovo affronto.

Meglio lasciar perdere.

Il 10 maggio il tribunale del Sant'Uffizio lo convoca e gli concede otto giorni per approntare la propria difesa, anche con una memoria scritta. Galileo dice di averla già pronta e la consegna insieme all'originale del certificato di Bellarmino.

Nella memoria Galileo afferma: ho scritto il *Dialogo* sulla base dell'ingiunzione del cardinale Roberto Bellarmino, che non mi proibiva di "tenere, difendere e insegnare in qualsiasi modo" la teoria di Copernico. Ho richiesto e avuto tutti gli imprimatur del caso. Per cui affermo di non aver "scientemente e volontariamente trasgredito" il precetto che mi è stato imposto e che i "mancamenti" contenuti nel *Dialogo* non sono dovuti a una "palliata e men che sincera intenzione", ma a una "vana ambizione e compiacimento di comparire arguto oltre al comune dei popolari scrittori" [XX, XXIV]. La memoria si conclude con un invito a considerare lo stato di salute di un vecchio di ormai 70 anni.

Galileo fa certamente atto di sottomissione. Ma ancora una volta cerca di arrampicarsi sugli specchi e nega proprio quello che i giudici vogliono: l'ammissione di aver mal agito in maniera consapevole sia per aver scientemente proposto la verità del modello copernicano sia per aver trasgredito il precetto del 1616.

Ma Galileo sembra non rendersi conto del nodo giunto al pettine e non ancora sciolto. E ancora una volta pecca di ottimismo, esce dall'incontro con i suoi giudici convinto di aver tutto risolto. E infatti inizia a organizzare il viaggio di ritorno, con sosta a Siena per evitare l'epidemia di peste che intanto è scoppiata a Firenze. Il cardinale Ascanio Piccolomini lo invita a soggiornare presso di lui nella città oggi famosa per il suo palio.

Passano molti giorni senza che dal tribunale trapeli qualcosa in merito alla sentenza. Intanto un anonimo estensore compila un *sommarium* ufficiale dell'intera vicenda, dal 1615 fino agli eventi più recenti, distorcendo spesso – e alcuni sostengono deliberatamente – i fatti. Lo sconosciuto scrivano attribuisce, per esempio, direttamente a Bellarmino il precetto di Seghezzi. Ed è sulla base di questo *sommarium* che infine il tribunale del Sant'Uffizio assume le sue decisioni, il 16 giugno in una riunione cui partecipano il papa e molti cardinali. Urbano VIII sostiene che l'ipotesi copernicana è "erronea e contraria alla Sacre Scritture dettate *ex ore Dei*", dalla voce di Dio. E, dunque, eretica. È in questo momento – e solo in questo momento – che l'opinione copernicana viene riconosciuta formalmente eretica. Ed è eretica perché la verità, anche in tema di filosofia naturale, è nelle Sacre Scritture. Inoltre, sostiene papa Urbano, Galileo ha "contravvenuto agli ordini che teneva sin dell'anno 1616". Deve dunque pagarne pubblicamente pena con la detenzione, sia pure una detenzione attenta alla sua età, alle sue condizioni di salute e anche al suo prestigio personale. Ordina pertanto che Galileo debba pronunciarsi di fronte all'assemblea plenaria del Sant'Uffizio e in maniera definitiva "sopra l'intenzione" e, qualora non abiuri le posizioni espresse nel libro, venga sottoposto a tortura. Ottenuta in qualsiasi modo l'abiura, Galileo dovrà essere condannato comunque alla detenzione, in una misura stabilita dalla Congregazione del Sant'Uffizio. Inoltre gli sarà proibito per sempre di parlare intorno alla mobilità della Terra e alla stabilità del Sole. In caso contrario sarà colpevole di ricaduta nell'eresia. Infine il *Dialogo* deve essere proibito. Copia della sentenza deve essere inviata a tutti i nunzi e a tutti gli inquisitori, in particolar modo a quello di Firenze, che devono darne lettura al maggior numero possibile di matematici.

Il 21 giugno Galileo viene convocato dal tribunale del Sant'Uffizio. Gli vengono poste alcune, secche domande. Hai aderito in passato alla teoria di Copernico? Galileo ha ormai compreso e risponde am-

mettendo di aver tenuto in passato per disputabili le opinioni di Tolomeo e Copernico, ma che ora tiene per "verissima e indubitata l'opinione di Tolomeo".

Ma nel *Dialogo* mostri il contrario, gli viene contestato. Galileo risponde che la sua scrittura è andata oltre le sue intenzioni. Che l'argomento della onnipotenza di Dio, caro a Urbano VIII, è l'unica guida
possibile nella descrizione dei cieli. E che comunque lui non ha mai
"tenuto dopo la determinazione delli superiori la dannata opinione".
Galileo dunque definisce "dannata" l'opinione di Copernico. Ma
il tribunale incalza: tu l'hai proposta per vera nel *Dialogo* e lo devi riconoscere, altrimenti potresti essere sottoposto a tortura. Ma Galileo
insiste, forse anche indispettito "non ho tenuta questa opinione dopo
la determinazione fatta, come ho detto" [XX, XXIV].

L'interrogatorio si chiude e gli viene fatto firmare il verbale.

L'indomani, il 22 giugno 1633, Galileo Galilei viene condotto in
groppa a un mulo e a torso nudo per mezza città fino alla grande sala
del convento domenicano di Santa Maria sopra Minerva al cospetto
del Sant'Uffizio in seduta plenaria per la lettura della sentenza. Nulla
gli fa presagire ciò che sente: "Essendo che tu, Galileo fig.lo del q.m.
Vinc.o Galilei, Fiorentino, dell'età tua d'anni 70" hai commesso tutte
le colpe che ti sono contestate, ma avendole tu "cattolicamente" riconosciute e confessate, sentenziamo "che tu, Galileo ti sei reso ... veementemente sospetto d'eresia" perché hai

tenuto e creduto dottrina falsa e contraria alle Sacre e divine Scritture,
ch'il sole sia centro della terra e che non si muova da oriente ad occidente, e che la terra si muova e non sia centro del mondo, e che si
possa tener e difendere per probabile un'opinione dopo esser stata
dichiarata e diffinita per contraria alla Sacra Scrittura.

Potremmo finirla qui. Ma:

acciocché questo tuo grave e pernicioso errore e transgressione non
resti del tutto impunito, e sii più cauto nell'avvenire e essempio al-

l'altri che si astenghino da simili delitti, ordiniamo che per publico editto sia proibito il libro de' Dialoghi di Galileo Galilei.

Inoltre:

Ti condaniamo al carcere formale in questo S.o Off.o ad arbitrio nostro; e per penitenze salutari t'imponiamo che per tre anni a venire dichi una volta la settimana li sette Salmi penitenziali: riservando a noi facoltà di moderare, mutare, o levar in tutto o parte, le sodette pene e penitenze. [XX, XXIV]

Il tribunale del Sant'Uffizio è composto da dieci cardinali, compresi il fratello Antonio e il nipote Francesco di papa Urbano. Solo sette appongono la firma. Gli altri tre, fra cui Francesco Barberini, no. Non si sa se perché dissidenti e/o assenti.

Galileo è solo sospettato d'eresia, sia pure veementemente. E l'abiura è la pena inflitta per questa fattispecie giuridica. Dunque Galileo deve immediatamente abiurare.

Lo scienziato ne legge il testo. Ad alta voce. E, probabilmente, a capo chino.

Io, Galileo, figlio del q. Vinc. Galileo di Fiorenza, dell'età mia d'anni 70, constituto personalmente in giudizio, e inginocchiato davanti a Voi Emin.mi e Rev.mi Cardinali, in tutta la Republica Cristiana contro l'eretica pravità generali Inquisitori; avendo davanti gl'occhi miei li sacrosanti Vangeli, quali tocco con le proprie mani, giuro che ho sempre creduto, credo adesso, e con l'aiuto di Dio crederò per l'avvenire, tutto quello che tiene predica e insegna la S. Cattolica e Apostolica Chiesa. Ma perché da questo S. Off.o, per aver io, dopo essermi stato con precetto dall'istesso giuridicamente intimato che omninamente dovessi lasciar la falsa opinione che il Sole sia centro del mondo e che non si muova, e che la Terra non sia centro del mondo e che si muova, e che non potessi tenere, difendere né insegnare in qualsivoglia modo, né in voce né in scritto, la detta falsa dottrina, e dopo d'essermi notificato che detta dottrina è contraria alla Sacra Scrittura, scritto e dato alle stampe un libro nel quale tratto l'istessa dottrina già dannata e apporto ragioni con molta efficacia a favor di essa, senza apportar alcuna soluzione, sono stato giudicato veementemente sospetto di eresia, cioè d'aver tenuto e creduto che il Sole sia centro del mondo e immobile e che la Terra non sia centro e che si muova.

Pertanto volendo io levar dalla mente delle Eminenze Vostre e d'ogni fedel Cristiano questa veemente suspizione, giustamente di me conceputa, con cuor sincero e fede non finta abiuro, maledico e detesto i suddetti errori e eresie, e generalmente ogni e qualunque altro errore, eresia e setta contraria alla Santa Chiesa; e giuro che per l'avvenire non dirò mai più né asserirò, in voce o in scritto, cose tali per le quali si possa ver di me simil sospizione; ma se conoscerò alcun eretico o che sia sospetto di eresia lo denunziarò a questo S. Offizio, ovvero all'Inquisitore o Ordinario del luogo, dove mi trovarò.

Giuro anco e prometto d'adempiere e osservare intieramente tutte le penitenze che mi sono state o mi saranno da questo S. Off.o imposte; e contravenendo ad alcuna delle dette mie promesse e giuramenti, il che Dio non voglia, mi sottometto a tutte le pene e castighi che sono da' sacri canoni e altre costituzioni generali e particolari contro simili delinquenti imposte e promulgate. Cosí Dio m'aiuti e questi suoi santi Vangeli, che tocco con le proprie mani.

Io Galileo Galilei soddetto ho abiurato, giurato, promesso e mi sono obligato come sopra; e in fede del vero di mia propria mano ho sottoscritto la presente cedola di mia abiurazione e recitata di parola in parola, in Roma, nel convento della Minerva, questo dí 22 Giugno 1633.

Io Galileo Galilei ho abiurato come di sopra, mano propria. [XX, XXIV]

Si conclude cosí, con una pesantissima sconfitta, il tentativo di Galileo di convertire la Chiesa di Roma alla nuova cosmologia. La leggenda vuole che il toscano, vinto ma niente affatto convinto, si accommiati dai suoi giudici mormorando: "eppur si muove".

Il 23 giugno il tribunale autorizza Galileo a dimorare presso villa Medici, tenendola a mo' di prigione. A fine mese lo scienziato chiede di poter trasferire il luogo della prigionia da Roma a Firenze.

Il 6 luglio, autorizzato dal tribunale, Galileo lascia Roma per Siena, dove giunge il 9 luglio, ospite dell'arcivescovo Ascanio Piccolomini.

Il 12 luglio l'Inquisitore fiorentino, obbedendo al papa, legge il dispositivo della sentenza davanti a una cinquantina di matematici e filosofi del Granducato.

30. Voglia di vivere

La Chiesa ha vinto. E non vuole infierire. Il giorno dopo l'abiura, il carcere viene commutato in quelli che noi oggi chiameremmo arresti domiciliari, con obbligo di residenza presso l'ambasciata del Granducato di Toscana, a villa Medici.

Il 2 luglio 1633 suor Maria Celeste, al secolo Virginia Galilei, avvertita di tutta la vicenda da Geri Bocchineri, scrive a Galileo per fargli sentire tutta la sua affettuosa, filiale vicinanza:

> Molto Ill.re et Amatiss.mo Sig.r Padre, Tanto quanto mi è arrivato improvviso et inaspettato il nuovo travaglio di V. S., tanto maggiormente mi ha trafitta l'anima di estremo dolore il sentire la risoluzione che finalmente si è presa, tanto sopra il libro quanto nella persona di V. S. [XV, 133]

Suor Maria Celeste non si limita a consolarlo. Ma lo invita ad accettare la sua nuova condizione e ad agire di conseguenza. Ovvero, a non reagire. A calmarsi, finalmente:

> Carissimo S.r Padre, adesso è il tempo di prevalersi più che mai di quella prudenza che gl'ha concessa il Signor Iddio, sostenendo questi colpi con quella fortezza di animo, che la religione, proffessione et età sua ricercano. E già che ella per molte esperienze può haver piena cognizione della fallacia e instabilità di tutte le cose di questo mondaccio, non dovrà far molto caso di queste burasche, anzi sperar che presto siano per quietarsi, e cangiarsi in altrettanta sua soddisfazione. [XV, 133]

Virginia nella vicenda drammatica del padre riesce a trovare motivo di ottimismo in piccole cose. E anche in cose che poi tanto piccole non sono. "Dico quel tanto che mi somministra il desiderio, e che mi pare che ne prometta la clemenza che S. Santità ha dimostrata in verso di V. S., in haver destinato per la sua carcere luogo così delizioso" [XV, 133].

Suor Maria Celeste non sa che due giorni prima, il 30 giugno, Urbano VIII ha concesso a Galileo di lasciare Roma per Siena, dove – sempre in formale stato di detenzione – sarà ospite presso il palazzo, certo non meno delizioso di villa Medici, dell'arcivescovo Ascanio Piccolomini. Un antico e sincero amico dello scienziato.

Il 6 luglio Galileo lascia Roma. Lancia un ultimo sguardo alla città che lo ha umiliato e che ha umiliato la verità. Non la vedrà mai più. Né mai avrebbe immaginato di doverla lasciare in questo modo.

Giunge a Siena tre giorni dopo, il 9 luglio, fiaccato, come usa dire, nel corpo e nello spirito. Certo intenzionato a non reagire. Ma per nulla intenzionato a non agire. Ha 70 anni. Ha subìto una sconfitta epocale. Ma ha ancora progetti per il futuro. Ha ancora voglia di vivere. Ha ancora voglia di scrivere.

A palazzo Piccolomini Galileo si riprende sia nel corpo sia, soprattutto, nello spirito. L'arcivescovo, con autentico affetto, fa in modo che lo scienziato non si senta affatto in prigione. Si conoscono da tempo. Fin da quando Galileo veniva da Padova a Firenze per insegnare matematica e fisica al giovane granduca, Cosimo II. Ascanio frequentava la corte, essendo a sua volta giovane virgulto di una famiglia, i Piccolomini appunto, di antica nobiltà. Una famiglia che aveva dato almeno un papa alla cristianità, Pio II, al secolo Enea Silvio, che aveva regnato dal trono di Pietro tra il 1458 e il 1464.

In realtà c'era stato anche un altro membro della famiglia che era diventato pontefice massimo a Roma: Francesco Nanni Todeschini Piccolomini, il figlio della sorella di Enea Silvio. Proprio in quanto nipote del papa, gli era stato concesso di conservare il cognome della madre, Laudomia Piccolomini, accanto a quello del padre, Nanno Todeschini. Ma si trattò di un pontificato effimero. Francesco Nanni viene eletto papa il 22 settembre 1503. Si insedia il successivo 8 ottobre e muore solo dieci giorni dopo, il 18 ottobre. Qualcuno insinua che sia stato avvelenato su mandato di Pandolfo Petrucci, il potente moderatore di Siena, che in città non ha nemici perché, come ha scritto Niccolò Machiavelli, lui i nemici li ha solo "morti o riconciliati".

Insomma la famiglia Piccolomini è una famiglia potente, ricca e colta. E Ascanio frequenta fin da giovane la corte fiorentina di Cosimo II e assiste spesso, ma anche volentieri, alle lezioni di Galileo. Il rapporto si rinsalda negli anni e ha ormai assunto i caratteri della sincera amicizia. Inoltre Ascanio ha rapporti di parentela con i Barberini. Cosicché, quando Maffeo diventa papa, lui si fa prete per essere subito nominato arcivescovo di Siena.

Ha dunque tutte le carte in regola per proporsi ed essere accettato come ospite dell'illustre condannato.

Il quale può, certo, avere per carcere luoghi così deliziosi, come rileva l'affettuosa Virginia, ma per esplicita disposizione del tribunale dell'Inquisizione, in quei luoghi deliziosi, come gli ricorda Francesco Niccolini, ha obbligo di "starvi con ritiratezza e senza ammettervi molte persone insieme a discorsi nè a magniare, per levar ogn'ombra che ella faccia, per così dire, accademia o tratti di quelle cose che le posson tornare in pregiudizio" [XV, 278].

Per la verità, l'ammonimento del fedele ambasciatore è del dicembre 1633 e riguarda la dimora di Galileo a Firenze. Ma il precetto dell'Inquisizione varrebbe anche per Siena e per palazzo Piccolomini. L'arcivescovo Ascanio, tuttavia, può ben concedersi – e concedere al suo protetto – piccole deroghe. Così fa arrivare da Firenze delle lenti perché Galileo possa costruire un cannocchiale e, insieme, possano osservare il cielo. Ma, soprattutto, organizza nel suo palazzo un circuito così ricco e vivace di persone – amici e discepoli di Galileo, preti, matematici, filosofi naturali e musicisti – da riuscire a bandire la noia e riempire il sontuoso carcere di allegria: spesso, infatti, ci si ritrova intorno al tavolo imbandito e con dell'ottimo vino. Tuttavia il divertimento è un mezzo. L'attività culturale il fine. Insomma palazzo Piccolomini diventa ben presto una scuola di liberi dibattiti scientifici [Geymonat, 1969].

Le premure di Ascanio Piccolomini sortiscono l'effetto voluto. In capo a poche settimane la depressione di Galileo scompare e lo scienziato ritorna all'usuale intensità di vita.

In primo luogo intensifica gli scambi epistolari con la figlia primo-genita, Virginia, Suor Maria Celeste, che lo colma di premure e di consigli e gli annuncia di aver fatto portare via da casa, a Firenze, tutte le carte e i manoscritti per tema di una perquisizione dell'Inquisizione.

A palazzo Piccolomini il prigioniero Galileo conosce un professore di filosofia che insegna a Siena, Alessandro Marsili, la cui curiosità induce lo scienziato a riprendere gli interessi per la meccanica e al moto. E così a settembre Galileo è già lì a progettare un nuovo libro e a elaborare le bozze di quello che diventerà un altro straordinario capolavoro, i *Discorsi e dimostrazioni matematiche intorno a due nuove scienze*. Il libro che era stato preannunciato in chiusura del *Dialogo*, quando Salviati aveva promesso: "Contentatevi per ora ch'io v'abbia rimossa l'incredulità, ma la scienza aspettatela un'altra volta, cioè quando vedrete le cose dimostrate dal nostro Accademico intorno a i moti locali" [VII, 3]. E Sagredo aveva riaffermato: "Starò con estrema avidità aspettando gli elementi della nuova scienza del nostro Accademico intorno a i moti locali, naturale e violento" [VII, 3]. Il nuovo libro cui pensa Galileo non affronterà i temi teologici. E neppure quelli cosmologici. Sarà la naturale continuazione del *Dialogo*. Anche se sarà soprattutto un libro scientifico. Anzi, il capolavoro scientifico di Galileo Galilei.

Già in questa fase e su suggerimento di Piccolomini il libro assume la forma di un nuovo dialogo fra i tre protagonisti del *Dialogo*: Salviati, Sagredo e Simplicio. L'arcivescovo avanza l'idea che questa volta la conversazione, che riguarderà materie lontane dalla teologia, si svolga a Siena, a palazzo Piccolomini, e che Simplicio sia un personaggio assolutamente positivo, che rappresenti in maniera riconoscibile il suo ospite, Ascanio Piccolomini.

Il progetto ritempra lo scienziato. E che Galileo sia davvero tornato in forma, lo dimostra la polemica sul vuoto che ingaggia con un prete senese, Francesco Pelagi. L'illustre carcerato reagisce con tale veemenza alle affermazioni del malcapitato, da indurre Ascanio Piccolomini a non invitare più il prete a palazzo. Ma che la veemenza non sia frutto di mera irritabilità, bensì di ritrovata vitalità lo dimostrano le domande che continuamente Galileo rivolge al suo amico e discepolo, Mario Guiducci, intorno al getto della campane. Preludio agli studi sulla resistenza dei materiali di cui intende parlare nella nuova opera.

Guiducci si dice felice per la "fecondità che trova nel filosofare circa alle meccaniche, e che sia con l'altre sue opere per riuscire volume maggiore del libro infausto de' Dialoghi" [XV, 240]. Il nuovo libro, spiega Guiducci, dimostrerà che Galileo "non s'era talmente ingolfato, come molti hanno detto, nella considerazione del sistema Copernicano, che non avesse altrettanto e più filosofato intorno ad altre materie, lasciate sino a ora illibate dagli altri ingegni" [XV, 240].

Che Galileo sia tornato in forma e non ascolti affatto l'invito alla prudenza della figlia lo dimostra infine il fatto che lo scienziato incarcerato fa giungere a Parigi una copia del *Dialogo* in modo che l'opera sia tradotta in latino (da Mathias Bernegger) e diffusa in tutta Europa.

Tanto attivismo non passa inosservato. Una denuncia anonima giunge a Roma: guardate che a Siena il signor Galileo ha ripreso a insegnare. E, inoltre, ha circuito Piccolomini, che lo ospita in lussuose stanze del suo palazzo e lo dipinge come l'uomo più prestigioso al mondo. Ma cosa dirà la gente se un eretico è proposto da un arcivescovo come il più grande degli uomini?

La nube è minacciosa, ma non genera alcuna tempesta.

Nell'esilio senese Galileo, come rileva Michele Camerota, non coltiva "solo gli studi di fisica e meccanica. Restano, infatti, tracce di una ripresa della sua vena poetica, attestata da due lettere dell'agosto, in cui fa cenno ad una canzone inviata a Giovan Francesco Tolomei e da questi letta alla Accademia degli Umoristi in Roma" [Camerota, 2004].

Il 7 agosto, infatti, Tolomei gli scrive:

> Non poteva venire a tempo più a proposito la composizione mandatami da V. S. che il primo giorno d'Agosto, mentre io m'inviavo verso l'Accademia a un banchetto dove intervennero 25 Accademici, che con gusto indicibile sentirno più volte quel bel componimento, del quale alcuni ne volsero pigliar copia per studiarlo meglio, se bene mi dicono che, havendoci fatto molto studio, fino adesso l'intendono manco di prima. [XV, 173]

E il giorno precedente Benedetto Millini scrive:

> Esso m'ha fatta vedere una canzone manoscritta, fatta alla Pindarica (dirò ancor io come usano diversi, ma degnissimi, moderni): l'ho letta con mio grandissimo gusto, come soglio leggere tante belle compositioni che manda fuori ogni giorno la nostra Italia. [XV, 169]

Galileo scrive, dunque, canzoni e poesie.

In realtà palazzo Piccolomini è frequentato (anche) da poeti. Tra loro il francese Marc-Antoine Girard de Saint-Amant, venuto apposta per conoscere Galileo. Lo trova, dirà, a colloquio con l'arcivescovo. I due amici dibattono di problemi matematici in una stanza tappezzata di sete, tra mobili bellissimi e un'infinità di testi scientifici. Entrambi, lo scienziato e l'arcivescovo, sono figure imponenti. Rese tali anche dalla loro grandezza intellettuale. E così, scrive Saint-Amant : "Non potei fare a meno di ammirare quei due uomini venerabili".

Non manca, Galileo, di continuare a interessarsi di arti figurative. E di fornire stimoli alle arti figurative. Nel 1633 il gesuita Giovanni Battista Ferrari include nel suo *De florum cultura* una tavola con tre semi della "rosa cinese", l'ibisco, analizzati al microscopio. Nello stesso testo compare un'incisione di un vaso di fiori firmata da Anna Maria Vaiana, un'artista fiorentina che abita a Roma ed è molto apprezzata da Galileo, come dimostrano una serie di lettere scambiate negli anni che vanno dal 1630 al 1638 tra Galileo, la pittrice, Michelangelo Buonarroti e altri.

Vive, dunque, Galileo a Siena.

E tuttavia vuole tornare a Firenze al più presto, già in estate. Niccolini consiglia di attendere. Non è facile ottenere un nuovo "trattamento di favore". Finalmente il primo dicembre il papa, scrive Niccolini, autorizza

> che se ne potesse andar a habitare alla sua villa fuori di Firenze e quivi trattenersi sino a nuovo ordine, ma però senza far accademie, ridotti di gente, magnamenti o altre simili dimostrattioni di poca riverenza, perchè in effetto havend'egli ancora bisogno dell'intera grazia, è ne-

cessario di procurarsela con la pazìenza e col starsene ritirato, più tosto che con la troppa libertà irritar il Papa e la Congregatione.

Insomma, a Roma colgono l'occasione per porre fine, senza intoppi e con piena soddisfazione dello stesso Galileo, al pericoloso cenacolo senese, e gli consentono di tornare a Firenze. Purché se ne stia buono. Abbia una vita molto ritirata. Veda poca gente e possibilmente nessun discepolo, in modo che la scuola galileiana vada completamente dissolta. Che Galileo conduca pure la sua vita da prigioniero a Firenze, ma in una maniera affatto diversa rispetto a quella vissuta nei sei mesi da prigioniero a Siena.

In effetti, nella sua città Galileo può riprendere una vita quasi normale, presso la sua villa di Arcetri. Può finalmente abbracciare la figlia Virginia e, probabilmente, anche Livia. Tutto sommato è, o almeno si mostra, grato e obbediente. Il 17 dicembre scrive a Francesco Barberini per ringraziarlo. E pochi giorni dopo riceve la visita del granduca, Ferdinando II. Ma ad Arcetri l'Inquisizione tiene sotto stretta sorveglianza il prigioniero, che tale resta, assicurandosi che rispetti in maniera rigorosa tutte le prescrizioni della sentenza di condanna.

Il nostro vive, dunque, in un sostanziale isolamento. Chi lo vuole vedere deve essere autorizzato. E la misura vale soprattutto per i suoi discepoli. Quando Benedetto Castelli, che pure è un padre benedettino, la chiede, l'autorizzazione, gli viene sì concessa, ma a patto che sia presente all'incontro anche un altro padre, inquisitore.

Nel febbraio il papa respinge persino la richiesta, avanzata da Galileo, di scendere da Arcetri a Firenze per potersi curare meglio. E impone all'inquisitore fiorentino di notificare al prigioniero il divieto di proporre ulteriori simili istanze, pena la traduzione in carcere. La notifica gli viene fatta a marzo. In condizioni molto particolari, che Galileo stesso racconta a Elia Diodati nel luglio 1634. La figlia è gravemente malata e lui ne ha molta pena.

La quale fu raddoppiata da un altro sinistro incontro; che fu che, ritornandomene io dal convento a casa mia in compagnia del medico, che veniva dalla visita di detta mia figliuola inferma poco prima che spirasse, mi veniva dicendo il caso esser del tutto disperato, e che non avrebbe passato il seguente giorno, sì come seguii quando, arrivato a casa, trovai il Vicario dell'Inquisitore che era venuto a intimarmi d'ordine del Santo Offizio di Roma venuto all'Inquisitore con lettere del Signor Cardinale Barberino, ch'io dovessi desistere dal far dimandar più grazia della licenza di poter tornarmene a Firenze, altrimenti che mi arebbono fatto tornar là, alle carceri vere del Santo Offizio. E questa fu la risposta che fu data al memoriale che il Signor Ambasciator di Toscana, dopo nove mesi del mio essilio, aveva presentato al detto Tribunale: dalla qual risposta mi par che assai probabilmente si possa conietturare, la mia presente carcere non esser per terminarsi se non in quella commune, angustissima e diuturna. [XVI, 94]

Ma queste pene sono nulla di fronte al dolore che prova il 2 aprile 1634, quando a soli trentatré anni, come ha scritto nella lettera a Diodati, Suor Maria Celeste, l'amatissima figlia Virginia, muore. Ecco come Galileo ricorda l'evento nella lettera all'amico del luglio 1634:

Qui mi andavo trattenendo assai quietamente con le visite frequenti di un monasterio prossimo, dove avevo due figliuole monache, da me molto amate e in particolare la maggiore, donna di esquisito ingegno, singolar bontà e a me affezzionatissima. Questa, per radunanza di umori melanconici fatta nella mia assenza, da lei creduta travagliosa, finalmente incorsa in una precipitosa disenteria, in sei giorni si morì essendo di età di trentatré anni, lasciando me in una estrema afflizzione. [XVI, 94]

Al dolore dell'anima per la morte della figlia si aggiunge il dolore del corpo per i malanni che ritornano. E tutto questo gli rende, per la seconda volta, insopportabile la vita. Come scrive, il 27 aprile, a Geri Bocchineri:

L'ernia è tornata maggior che prima, il polso fatto interciso con pal-
pitazione di cuore; una tristizia e melanconia immensa, inappetenza
estrema, odioso a me stesso, et insomma mi sento continuamente
chiamare dalla mia diletta figlia. [XVI, 67]

Nei mesi successivi Galileo vive in uno stato di sostanziale solitudine.
Mai, nella sua vita, è stato così isolato. Può vedere poca gente, pochissimi discepoli e neppure gli altri due figli, Livia (Suor Arcangela)
col suo carattere duro, reso più acido da una condizione, quella monacale, che ritiene ingiusta e che non ha mai accettato, e Vincenzio,
forse schiacciato dalla figura paterna, riescono a riempire il vuoto lasciato da Virginia.

Lo consola la poesia. Il figlio Vincenzio ricorda come in questi
anni Galileo reciti a memoria una quantità senza fine di versi, soprattutto quelli dell'*Orlando furioso*, il suo poema preferito.

La mente lavora. Ma le condizioni del corpo si aggravano sempre
più. Tanto da spingere gli amici a cercare di ottenere un miglioramento delle condizioni del prigioniero. Il 5 dicembre 1634 Nicholas
Fabri de Peiresc lo chiede con forza a Francesco Barberini. Ma il cardinal nipote, pur promettendo di interessarsi della vicenda, si mostra
piuttosto freddo. Riferirò al papa. Ma si ricordi, dice al francese, che
sono membro della Congregazione del Sant'Uffizio.

Peiresc insiste. Guardi, cardinale, che ciò che è stato inferto da
papa Barberini a Galileo "correrebbe gran rischio d'essere interpretato
e forzi comparato un giorno alla persecuzione della persona et sapienza di Socrate nella sua patria"[XVI, 165].

Ma neppure il richiamo al giudizio della storia basta. La condizioni non mutano. E Galileo si convince di dover vivere la prigionia
di Arcetri per quello che è: "il mio continuato carcere ed esilio dalla
città" [XVIII, 229].

Ma, come abbiamo detto, anche nel continuato carcere il suo cervello non smette di funzionare. Anche perché non mancano certo gli
stimoli. Nel dicembre del 1633, per esempio, Galileo ha notizia di un
abruzzese che insegna a Venezia, Antonio Rocco, e che ha appena

pubblicato le sue *Esercitazioni filosofiche* con l'esplicito obiettivo di contestare l'impianto antiaristotelico del *Dialogo* di Galileo. Ma quella di Rocco non è che l'ultima provocazione. A giugno del 1633, Scipione Chiaramonti, insegnante di filosofia presso lo Studio Pisano, ha pubblicato la sua *Difesa al suo Antiticone e libro delle tre nuove stelle dall'oppositioni dell'Autore de' Due massimi Sistemi Tolemaico e Copernicano*. Per estremo paradosso – per estrema ingiuria – questo libro, dalla chiare intenzioni, esce presso la medesima tipografia, quella di Giovan Battista Landini, che ha stampato il *Dialogo*.

E ancor prima, nell'agosto 1632, era uscito il libro di un altro docente a Pisa, il francese Claude Bérigard. È scritto in latino, ma dal titolo il contenuto risulta abbastanza chiaro a tutti: *Dubitationes in Dialogum Galilaei Galilaei*. Di fronte a questi attacchi, lo scienziato toscano decide di non reagire. Non pubblicamente almeno. Anche se in diverse lettere, anche dopo la morte di Virginia, e soprattutto al margine del testo chiosa con la solita *vis polemica* gli argomenti e la figura stessa di Antonio Rocco, definito di volta in volta "animalaccio", "pezzo di bue", "balordone".

In queste lettere espone la convinzione, sempre più forte, che causa delle sue disgrazie siano i gesuiti. In principal modo Christoph Scheiner e Orazio Grassi. Ma anche Christoph Grienberger, il matematico che ha preso il posto di Clavio alla guida del Collegio Romano, gli è stato tutt'altro che amico.

Ecco cose dice a Elia Diodati, nella lettera del 25 luglio 1634:

> Da questo e da altri accidenti, che troppo lungo sarebbe a scrivergli si vede che la rabia de' miei potentissimi persecutori si va continuamente inasprendo. Li quali finalmente hanno voluto per sé stessi manifestarmisi, atteso che, ritrovandosi uno mio amico caro circa due mesi fa in Roma a ragionamento col Padre Cristoforo Grembergero, giesuita, Matematico di quel Collegio, venuti sopra i fatti miei, disse il giesuita all'amico queste parole formali: Se il Galileo si avesse saputo mantenere l'affetto dei Padri di questo Collegio, viverebbe glorioso al mondo e non sarebbe stato nulla delle sue disgrazie, e arebbe potuto

scrivere ad arbitrio suo d'ogni materia, dico anco di moti di terra, etc.: si che Vostra Signoria vede che non è questa né quella opinione quello che mi ha fatto e fa la guerra, ma l'essere in disgrazia dei gesuiti. [XVI, 93]

La convinzione di Galileo non è del tutto fondata. I motivi delle sue disgrazie risiedono più nella personalità di Urbano VIII, il papa una volta amico. Tuttavia la gran parte dei gesuiti del Collegio non gli è certo amica. E, in ogni caso, la percezione di inimicizia non è solo di Galileo, ma di tutti i suoi collaboratori. Fulgenzio Micanzio, per esempio, denuncia la loro "sfacciata persecuzione". Micanzio è un padre servita, biografo di Paolo Sarpi – ha scritto la *Vita del padre Paolo* –, ha un sincero trasporto per la scienza e una grande ammirazione per Galileo. Lo scambio epistolare tra i due, in questi anni, è di grande consolazione per il prigioniero di Arcetri.

E, in una lettera dell'ottobre 1634 scrive che questa persecuzione non avrà esito, perché: "se' i Gesuiti farano articolo di fede l'immobilità della terra, s'assicurino pure che tutti li professori di astronomia hanno d'essere heretici. La Copernicana dal suo libro [il *Dialogo*] ha preso tanto lume, che vi balzano dentro tutti chi lo leggono" [XVI, 116].

Insomma, la verità alla fine trionferà.

Intanto, però, occorre prendere atto delle sconfitte *pro tempore*. È proprio Fulgenzio Micanzio che, nel marzo 1635, informa il maestro prigioniero ad Arcetri che l'Inquisizione si è fatta di nuovo viva e ha fatto divieto di pubblicazione di ogni opera di Galileo Galilei.

Pieno di amarezza, così scrive Galileo a Nicholas Fabri de Peiresc il 16 marzo 1635:

L'haver scoperte molte fallacie nelle dottrine già per molti secoli frequentate nelle scuole, e parte di esse comunicate e parte anco da pubblicarsi, ha suscitato negl'animi di quelli che soli vogliono essere stimati sapienti tale sdegno, che, sendo sagacissimi e potenti, hanno saputo e potuto trovar modo di supprimere il trovato e pubblicato e impedir quello che mi restava da mandare alla luce; havendo trovato modo di cavar dal Tribunale Supremo ordine rigorosissimo ai Padri Inquisitori di non licenziare nissuna dell'opere mie: ordine, dico, generalissimo, che comprende omnia edita et edenda. Di questo vengo accertato da Venezia da un amico mio, che era andato per la licenza all'Inquisitore di ristampare un mio trattatello che mandai fuori 20 anni fa intorno alle cose che galleggiano nell'acqua, il che gli fu negato, e mostrato 'l detto ordine; ordine che per ancora a me non è pervenuto, e però è bene che io non mostri saperlo per non mi pregiudicare anche fuor d'Italia. A me convien dunque, Ill.mo Sig.re, non solo tacere alle opposizioni in materia di scienze, ma, quello che più mi grava, succumbere agli scherni, alle mordacità et all'ingiurie de' miei oppositori, che pur non sono in piccol numero. [XVI, 189]

In realtà le opere di Galileo continueranno a essere pubblicate all'estero. Proprio quell'anno, per esempio, Marin Mersenne traduce in francese e mette alle stampe il *Trattato delle macchine* scritto da Galileo negli anni di Padova.

Intanto Galileo continua a coltivare i suoi interessi artistici.

Nella risposta di Nicholas Fabri de Peiresc, il successivo primo aprile, c'è il riferimento a una vecchia conoscenza, Pieter Paul Rubens. Il pittore, scrive de Peiresc, "grand'ammiratore del genio di V. S. Ill.re", è in procinto di fare un viaggio a Liegi per vedere "l'horologio hydraulico" del gesuita Linus (Francis Hall), professore di ebraico e matematica presso il collegio della città [XVI, 197]. Ma è anche in procinto di iniziare il ciclo di dipinti, eseguiti tra il 1636 e il 1638, per la Torre della Prada, a Madrid, in cui, come sostiene Alessandro Tosi:

> l'esplicita dichiarazione di fede galileiana va rintracciata nel *Saturno divora uno dei figli*, con l'inedita proposta iconografica del pianeta "tricorporeo", come anche nel Giove incoronato dai quattro pianeti mediciei che appare nell'*Origine della via Lattea*. [Tosi, 2009]

Il riferimento a Rubens non è casuale. Galileo da Arcetri si tiene informato sugli sviluppi della pittura e sulle fortune dei pittori. È del 9 ottobre 1635, per esempio, una lettera di Artemisia Gentileschi che, in maniera apparentemente curiosa, chiede a Galileo notizia di due dipinti che lei ha mandato al granduca, Ferdinando II, da cui non ha avuto riscontri. La richiesta di intervento per ottenere le informazioni desiderate al prigioniero Galileo non è tuttavia né estemporanea né casuale. La pittrice ricorda infatti un episodio analogo, relativo al "quadro di quella Giudth ch'io diedi al Ser.mo Gran Duca Cosimo gloriosa memoria, del quale se n'era persa la memoria, se non era ravvivata dalla protettione di V. S." [XVI, 258].

A parte l'errore (il quadro è la Giudith), Artemisia ricorda come Galileo in passato abbia provveduto a risolvere un altro caso di smemoratezza granducale. Il che a sua volta dimostra che la pittrice e lo scienziato si conoscono da tempo.

Artemisia è nata a Roma, nel 1593, ed è, come abbiamo già ricordato, figlia di un pittore fiorentino, Orazio Gentileschi, noto per essere un esponente del cosiddetto caravaggismo romano. Orazio ha un'avviata bottega, dove i figli apprendono l'arte del dipingere. Tra tutti primeggia, per talento creativo, Artemisia. Che giovanissima diventa a sua volta esponente dello stile pittorico che fa capo al Caravaggio. Nel corso del primo decennio del XVII secolo Roma, anche questo lo abbiamo detto, è il luogo privilegiato di stili e di artisti. In questo ambiente Artemisia, protetta dal padre, si forma. Probabilmente la giovane conosce personalmente Michelangelo Merisi da Caravaggio.

Purtroppo per lei si imbatte anche in un altro pittore, il perugino Agostino Tassi, che la insidia e da cui subisce uno stupro. È l'anno 1611. Proprio l'anno in cui Galileo visita Roma, ne frequenta gli ambienti artistici e, probabilmente, conosce la pittrice. Sappiamo infatti per certo che l'anno dopo Galileo mostra a Paolo Giordano Orsini alcuni disegni di piccolo formato che Artemisia ha realizzato sulla base di alcune stampe.

Nel 1616 Artemisia è la prima donna ammessa all'Accademia del Disegno di Firenze, di cui fa parte, dal 1613, anche Galileo. Artemisia si è, infatti, trasferita a Firenze. E, anzi, il padre ha chiesto a Cristina di Lorena di proteggerla quando, nel 1612, Agostino Tassi esce di prigione e si reca nella città toscana. Per accattivarsi le simpatie di Cristina, Orazio Gentileschi le offre un dipinto di Artemisia.

Galileo e Artemisia si incontrano certamente in Accademia. O in altri mille luoghi, visto che entrambi sono stretti amici di Michelangelo Buonarroti. Ma i comuni conoscenti, tutti di ambiente artistico, sono moltissimi e costituiscono una vera e propria rete sociale [Cropper, 2009].

Nel 1620 Artemisia ritorna a Roma e dipinge la *Giuditta che decapita Oloferne*. Un quadro considerato galileiano, non solo e non tanto perché, con ogni probabilità, è l'opera commissionata da Cosimo II di cui fa cenno nella lettera a Galileo. Ma anche e soprattutto perché il sangue che scorre dalla gola di Oloferne segue le traiettorie di quelle parabole che Galileo le ha insegnato a ricostruire con precisione geometrica.

Nel 1630 Artemisia si sposta a Napoli. Ma anche da lontano continua a seguire Galileo. E Galileo lei.

Intanto lo scienziato ha iniziato a frequentare lo studio di Justus Sustermans, il pittore ufficiale della corte granducale che abita non lontano da Arcetri. È successo che Elia Diodati ha chiesto a Galileo di avere un suo ritratto. La richiesta è stata inoltrata a Ferdinando II che ha incaricato Sustermans di realizzarlo.

Il pittore, che è di origini fiamminghe, è piuttosto noto. I suoi ispiratori sono Rubens e Van Dyck. Inoltre abita nei pressi della casa di Galileo, in un punto che lo scienziato può raggiungere senza infrangere il divieto di scendere a Firenze. Dunque si può fare. E così, quasi ogni giorno, tra luglio e settembre del 1634, Galileo scende a piedi verso lo studio di Sustermans. Il pittore gli fa indossare una semplice camicia nera con un colletto bianco e alto, lo sistema in una stanza scura, presso la finestra che fa entrare un po' di luce e lo invita a parlare. Galileo non chiede altro. Il suo volto si illumina, i suoi occhi luccicano. E accendono il buio. E così, per dirla con James Reston, Sustermans coglie "l'uomo universale" [Reston, 2005].

Il suo ritratto (i suoi due ritratti, per la verità) rappresentano ancora oggi l'immagine stessa Galileo.

Intanto ferve l'attività editoriale all'estero. Nella primavera del 1636 esce a Strasburgo, sempre su iniziativa di Diodati e di Bernegger, la versione in latino della *Lettera a Cristina di Lorena*. E a maggio sono in corso le trattative con Elzevier per la pubblicazione delle opere complete.

Con qualche nuovo amico e con l'antica passione Galileo continua i suoi studi. Nel 1637, per esempio, quando conserva ancora un po' di vista, scopre la librazione lunare, ovvero il fenomeno delle piccole oscillazioni apparenti del satellite naturale che ci consentono di osservare una parte della superficie lunare maggiore "della metà della Luna", come aveva scritto nel *Dialogo*.

Lo spirito è saldo. Ma le condizioni della salute fisica di Galileo continuano a peggiorare. La vista si affievolisce. Già nei primi giorni del 1636 le condizioni dell'occhio destro, colpito da una grave infiammazione, diventano critiche. Nel luglio 1636 l'ambasciatore francese a Roma, François de Noailles, cerca di intercedere ancora presso il papa. Urbano si mostra comprensivo. Assicura di credere che Galileo non abbia voluto offenderlo. E gli concede di recarsi a Poggibonsi.

Ed è a Poggibonsi che nell'ottobre Galileo e l'ambasciatore si incontrano.

Nel luglio 1637 Galileo annuncia a Diodati: "la perdita totale del mio occhio destro, che è quello che ha fatto le tante e tante, siami lecito dire, gloriose fatiche" [XVII, 95]. Anche l'altro, però, non va bene. A causa di: "un profluvio di lacrimazione, che di continuo ne piove, mi toglie il poter far niuna, niuna, niuna delle funzioni nelle quali si richieda la vista" [XVII, 95]. Alla fine dell'anno le condizioni della vista si aggravano ulteriormente e Galileo, l'uomo che aveva volto il suo sguardo dove nessun altro prima, l'uomo che aveva letteralmente visto cose mai viste prima, diventa virtualmente cieco.

Il 2 gennaio 1638 annuncia, ancora a Diodati:

le dico che quanto al corpo ero ritornato in assai mediocre costituzione di forze; ma ahimè, Signor mio, il Galileo, vostro caro amico e servitore, è fatto irreparabilmente da un mese in qua del tutto cieco.

Or pensi V. S. in quale afflizzione io mi ritrovo, mentre che vo considerando che quel cielo, quel mondo e quello universo che io con mie
maravigliose osservazioni e chiare dimostrazioni avevo ampliato per
cento e mille volte più del comunemente veduto da' sapienti di tutti
i secoli passati, ora per me s'è sì diminuito e ristretto, ch'e' non è maggiore di quel che occupa la persona mia. La novità dell'accidente non
mi ha dato ancora tempo d'assuefarmi alla pazzienza ed alla tolleranza dell'infortunio, alla quale il progresso del tempo pur mi dovrà
avvezzare. [XVII, 192]

Nelle nuove condizioni Galileo, sollecitato da Castelli che scrive
l'istanza e autorizzato dal granduca, pensa di poter chiedere di nuovo
un allentamento delle restrizioni, anzi la "grazia della liberazione" per
"estremo bisogno di medicarsi".

L'inquisitore fiorentino Giovanni Muzzarelli, insieme a un medico, fa visita a Galileo e accerta che è del tutto cieco e che è "tanto mal
ridotto, che ha più forma di cadavere che di persona vivente" [XVII,
227]. Il 25 febbraio 1638 il Sant'Uffizio accorda a Galileo il permesso
di risiedere nella sua casa a Firenze. Conservando, però, il divieto di
intrattenersi in "conversari pubblici o segreti" e soprattutto di parlare in ogni modo del moto della Terra. Il successivo 29 marzo il San-
t'Uffizio concede a Galileo di seguire la messa domenicale nella chiesa
più vicina a casa, ma a patto di non incontrare alcuna persona.

Non è semplice accedere a casa Galileo. Persino Benedetto Castelli,
nel settembre 1638, deve sottoporsi a un'estenuante trattativa per
poter soggiornare per qualche tempo a casa del maestro. Gli viene
concesso, ancora una volta, di incontrare Galileo solo alla presenza
di una terza persona e col divieto assoluto di parlare d'altro se non "di
cose concernenti all'anima ed alla sua salute".

Non è semplice neppure scrivere di Galileo. A Paganino Gaudenzi,
per esempio, l'inquisitore nega il permesso di definire *clarissimus* lo
scienziato in un libro che vuole pubblicare. E persino il segretario
francese di Francesco Barberini, Jean Jacques Bouchard, deve contenere le espressioni entusiastiche quando, nell'orazione funebre a Ni-

cholas Fabri de Peiresc, ricorda Galileo. L'ossessione di Roma è impedire che il prigioniero continui a fare scuola.

Le condizioni di restrizione sono rigorose. Le paure di Galileo, tante. Nel giugno 1638 lo scienziato toscano rifiuta in via preventiva un dono e il pagamento (da 600 a 1200 scudi) per la concessione di un metodo di calcolo della longitudine in mare che un inviato del governo delle protestanti Provincie Unite dovrebbe portargli. Francesco Barberini, il cardinal nipote, ha autorizzato l'incontro solo nel caso il messo sia cattolico.

Galileo non riceve alcuna visita e rifiuta il dono (una collana).

Urbano VIII e Francesco Barberini apprezzano.

Ma l'atto di obbedienza preventiva non muta né gli animi né le condizioni di fatto. Il papa una volta amico non concederà mai la "liberazione" totale. Galileo morirà prigioniero.

Lo scienziato cerca di far buon viso a cattivo gioco. Di abituarsi alla nuova condizione. Un nugolo di amici e collaboratori – come Dino Peri, nuovo titolare della cattedra di matematica a Pisa, il sacerdote fiorentino Marco Ambrogetti, il geometra Clemente Settimi e il suo giovane assistente, Vincenzo Viviani (ad Arcetri dall'ottobre 1639), Evangelista Torricelli (ad Arcetri dall'ottobre 1641) – nonostante i divieti e gli ostacoli posti da Roma lo aiutano a scrivere. E lo aiutano, anche e forse soprattutto, a riflettere e a rendere più raffinati i suoi pensieri.

Ecco come, in una lettera a Castelli del 3 dicembre 1639, Galileo parla di Viviani, "questo giovane, al presente mio ospite et discepolo". E ne parla benissimo:

> È manifesto pur troppo, Sig. mio Reverendiss., che il dubitare in filosofia è padre dell'inventione, facendo strada allo scoprimento del vero. L'oppositioni fattemi, son già molti mesi, da questo giovane, al presente mio ospite et discepolo, contro a quel principio da me supposto nel mio trattato del moto accelerato, ch'egli con molta applicatione andava allora studiando, mi necessitarono in tal maniera a pensarvi sopra, a fine di persuadergli tal principio per concedibile e vero, che mi

sortì finalmente, con suo e mio gran diletto, d'incontrarne, s'io non erro, la dimostratione concludente, che da me fin ora è stata qui conferita a più d'uno. Di questa egli ne ha fatto adesso un disteso per me, che, trovandomi affatto privo degli occhi, mi sarei forse confuso nelle figure e caratteri che vi bisognano. È scritta in dialogo, come sovvenuta al Salviati, acciò si possa, quando mai si stampassero di nuovo i miei Discorsi e Dimostrationi, inserirla immediatamente doppo lo scolio della seconda propositione del suddetto trattato, a faccie 177 di questa impressione, come teorema essentialissimo allo stabilimento delle scienze del moto da me promosse. [XVIII, 98]

I nuovi amici un po' si dividono i compiti. E condividono i rischi. Tra il mese di giugno 1637 e il mese di gennaio 1639, per esempio, Marco Ambrogetti cura la traduzione in latino de *Il Saggiatore*, delle *Lettere solari* e del *Discorso intorno alle cose che stanno sull'acqua*, che Galileo pensa di far pubblicare in Olanda.

Vincenzo Ranieri, nominato professore di matematica a Pisa a partire dal 1640 – su indicazione di Galileo – ne continua gli studi sulle effemeridi dei pianeti medicei. E si prende carico della diffusione delle opere che Galileo intende far conoscere in tutta Europa.

E non è incarico di poco impegno. Perché la pubblicazione è continua e corposa. Già nel 1634 Marin Mersenne pubblica *Le mecaniche* in francese, che è circolata solo in forma di manoscritto in Italia. E nel 1635 la casa editrice Elzevier pubblica a Strasburgo la traduzione latina del *Dialogo*, con il titolo di *Systema cosmicum* a cura di un docente del locale ginnasio, Mathias Bernegger, che nel 1613 aveva già tradotto *Le operazioni del compasso geometrico e militare*.

A fornire il testo originale è Elia Diodati.

Il *Systema cosmicum* è accompagnato anche da stralci dell'*Astronomia nova*, in cui Kepler parla del contrasto tra teoria copernicana e Sacre Scritture, e dalla traduzione latina della *Lettera sopra l'opinione de' Pitagorici e del Copernico* di Paolo Antonio Foscarini, censurata a Roma nel 1616.

Nel 1936 l'Elzevier pubblica anche la versione latina della *Lettera a Cristina di Lorena.* Ed è in contatto con Galileo per la pubblicazione di tutte le sue opere. Il progetto non andrà in porto. Ma apre la strada alla pubblicazione di un'opera nuova: i *Discorsi e dimostrazioni matematiche intorno a due nuove scienze attinenti alla meccanica e i movimenti locali,* che vengono stampati a Leida nel 1638.

31. I Discorsi e la musica

Nella forma i *Discorsi* – cui Galileo ha lavorato, nel "continuato carcere" di Arcetri, per almeno quattro anni – somigliano al *Dialogo*. Anzi, come abbiamo detto, ne sono la naturale continuazione. I tre personaggi ormai noti – Salviati, Sagredo e Simplicio – si incontrano di nuovo e ricominciano a parlare della nuova scienza, nel corso di quattro diverse giornate. Ma questa volta il discorso non è di tipo divulgativo. È un vero e proprio discorso scientifico su una serie di problemi di fisica che, attraverso la polifonia a tre voci, Galileo affronta con "ragionamenti professionali e dimostrando teoremi" [Bellone, 1998]. I problemi riguardano la fisica del moto e la resistenza dei materiali.

In entrambi i casi Galileo riprende riflessioni che risalgono a molti anni prima. Persino agli anni di Padova. E, come vedremo, persino agli anni giovanili, quelli passati a Firenze col padre a fare musica sperimentale.

E tuttavia il libro – che alcuni considerano "il" capolavoro di Galileo, scienziato – ha un forte carattere innovativo [Bellone, 1990]. Intanto perché affronta il tema del rapporto tra scienza e tecnica. E poi perché, come abbiamo detto, risolve in maniera rigorosa, da scienziato appunto, una serie di problemi scientifici.

Non entreremo nei dettagli di queste soluzioni. Diciamo solo che nelle prime due giornate Galileo affronta – in maniera davvero innovativa, appunto – i temi della struttura della materia e delle grandezze fisiche che variano con continuità. Nella terza a quarta giornata affronta i temi della cinematica: il moto rettilineo uniforme, il moto uniformemente accelerato, la traiettoria parabolica dei proiettili.

È interessante notare il cambio di passo tra le prime due giornate, in cui il genere del dialogo fra i tre personaggi si mantiene egemone, e le seconde, in cui il dialogo è preso a prestito per consentire a Salviati di leggere un vero e proprio trattato sul moto del suo amico Accademico (ovvero Galileo). Un trattato che lo scienziato toscano aveva nella penna da oltre trent'anni.

Nelle prime due giornate, i tre protagonisti dei *Discorsi* affrontano il tema della resistenza dei materiali. Partono da un problema tipico dell'ingegnere: valutare la robustezza strutturale di una macchina. Tema decisivo per valutare, a sua volta, il lavoro che una macchina può fare. Ora due macchine della medesima forma e materia, ma di diverse proporzioni, saranno del tutto simili e avranno capacità di svolgere lavoro del tutto proporzionali alla forma. Le due macchine si differenziano per un'unica caratteristica: la robustezza. La macchina più grande sarà meno robusta. Perché?

La domanda spalanca a un intero universo di questioni di fisica fondamentale: la struttura della materia, la gravità, il vuoto, gli atomi. Non entreremo nei dettagli. Diciamo solo che Galileo dimostra alcuni errori di Aristotele. Non è affatto vero che il moto è impossibile nel vuoto. E non è affatto vero che la velocità con cui cadono i gravi è proporzionale al loro peso. Spiega Salviati di aver realizzato esperimenti sulla caduta dei gravi e di aver constatato che

> tra palle d'oro, di piombo, di rame, di porfido, o di altre materie gravi, quasi del tutto insensibile sarà la disegualità del moto per aria, ché sicuramente una palla d'oro nel fine della scesa di cento braccia non preverrà una di rame di quattro dita. [VIII, 11]

Dall'esperienza empirica ha tratto una legge: "Veduto, dico, questo, cascai in opinione che se si levasse totalmente la resistenza del mezzo, tutte le materie descenderebbero con eguali velocità" [VIII, 11]. È evidente, in queste parole, il ricordo degli studi giovanili. Come è evidente il riferimento ad antichi esperimenti il dialogo, sempre nella prima giornata, intorno al tema delle oscillazioni del pendolo e dell'isocronismo. Ma di questo parleremo, più diffusamente, nel prossimo paragrafo, perché è in questo contesto che Galileo propone la sua "musica sperimentale".

Nella seconda giornata, tema principale dei discorsi fra i tre amici sono le leve, affrontato in termini geometrici rigorosi. Galileo ne approfitta per far riconoscere a Simplicio: "Veramente comincio a comprendere che la logica, benché strumento prestantissimo per regolare il nostro discorso, non arriva, quanto al destar la mente all'invenzione, all'acutezza della geometria" [VIII, 11]. Nella stessa giornata il discorso scivola sulla fisiologia umana e animale. Con riflessioni che possono essere considerate l'inaugurazione di una nuova disciplina, la iatrofisica: ovvero il tentativo di spiegare i fenomeni biologici con le leggi della meccanica.

Ma è nella terza e quarta giornata che Galileo getta le fondamenta di una scienza del moto affatto nuova rispetto a quella antica, scienza che oggi chiamiamo dinamica. In particolare, nella terza giornata il discorso riguarda il moto uniforme, il moto naturalmente accelerato e quello uniformemente accelerato. Galileo fornisce prima le "certe dimostrazioni", ovvero propone uno studio teorico del problema di questi moti affrontato con una logica deduttiva. Poi propone le "sensate esperienze", ovvero le verifiche empiriche che validano la teoria.

Nel proporre la sua teoria sul moto, Galileo parla del concetto di infinito e introduce quello di infinitesimo. Concetti che saranno formalizzati solo più tardi, da Isaac Newton e Gottfried Wilhelm von Leibniz. Cosicché ha ragione Ludovico Geymonat: il coraggio di Galileo

nell'introdurre una definizione di moto che [implica] "infiniti gradi di tardità", e la sua abilità nell'operare correttamente con moti di tale tipo, sono meriti che lo collocano a buon diritto fra i maggiori scienziati della sua epoca. [Geymonat, 1969]

Nella quarta giornata, infine, i *Discorsi* cadono sulla traiettoria dei proiettili e sul principio della composizione dei moti. Nessuno, prima di lui, era riuscito a unificare in un unico quadro concettuale il "moto naturale", come la caduta dei gravi, e il "moto violento", come quello impresso a una palla di piombo da un cannone. Nessuno prima di lui era riuscito a descrivere con una parabola il moto di un proiettile, frutto sia del moto violento sia del moto naturale. Anche in questo caso Galileo utilizza una logica ipotetico-deduttiva. Da alcuni assiomi, ovvero ipotesi date per certe *ex suppositione*, ricava una serie di conseguenze. E di leggi fisiche conseguenti. L'esperienza empirica serve solo per corroborare o falsificare la teoria.

Ora il principio di composizione dei moti è fuori dall'orizzonte aristotelico. Nessuno, tra i seguaci dello stagirita, ha mai pensato e potrebbe mai pensare alla unificazione entro un comune quadro teorico del "moto naturale" e del "moto violento". Cosicché ancora una volta ha ragione Geymonat a parlare, a questo proposito, di "coraggio metodologico" di Galileo.

Il libro si chiude con una *Appendix* in cui Galileo ripropone la soluzione di alcuni teoremi sui centri di gravità dei solidi cui aveva lavorato in età giovanile. Inoltre ha approntato le bozze per una quinta giornata, che sarà pubblicata solo nel 1674 a cura di Viviani, e di una sesta giornata, che sarà pubblicata solo nel 1718.

I *Discorsi* meriterebbero ben altro approfondimento. Per i contenuti intrinseci, perché finalmente consentono all'ultrasettantenne Galileo di rendere pubblici i suoi rivoluzionari lavori sulla meccanica condotti fin dall'età giovanile e che lo propongono come un grande fisico. Come il più grande fisico dell'età moderna. Il cui valore è stato, probabilmente, oscurato dalle straordinarie scoperte dell'astronomo Galileo e dai loro effetti sulla società del Seicento.

Ma il nostro interesse, in questa sede, è l'artista Galileo. Ovvero la composizione di arte e scienza in questo uomo, "principio di secolo novo", che mantiene le sue radici nel "secolo antico" e nell'eclettismo tipico del Rinascimento.

Cosicché non desti sorpresa se in questo capolavoro scientifico che sono i *Discorsi*, faccia capolino la musica.

Ritorno alla musica

L'irruzione, che non è un'intrusione, avviene all'improvviso, verso la fine della giornata prima, quando il discorso si sposta sui pendoli e le loro oscillazioni. È a questo punto che, con uno scarto apparente, interviene Gianfrancesco Sagredo con i sui ricordi:

> Ho da fanciullo osservato, con questi impulsi dati a tempo un uomo solo far sonare una grossissima campana, e nel volerla poi fermare, attaccarsi alla corda quattro e sei altri e tutti esser levati in alto, né poter tanti insieme arrestar quell'impeto che un solo con regolati tratti gli aveva conferito. [VIII, 11]

Sagredo, Salviati e Simplicio stanno parlando, appunto, delle oscillazioni del pendolo. E anche una "grossissima campana" è un pendolo. Ma è un pendolo che produce suono. Un suono che può essere armonico. Musicale. Dell'*atout*, sfacciatamente ingenuo di Sagredo che ricorda le sue impressioni di fanciullo, profitta immediatamente Salviati per: "render la ragione del maraviglioso problema della corda della cetera o del cimbalo, che muove e fa realmente sonare quella non solo che all'unisono gli è concorde, ma anco all'ottava e alla quinta" [VIII, 11]. È con questo *escamotage* da consumato narratore che Galileo apre il lungo capitolo sulla musica, parte non secondaria dei *Discorsi*. E lo apre riprendendo il discorso, appunto, lì dove lo aveva lasciato con il padre, Vincenzio, cinquant'anni prima.

Per tutta la sua vita Galileo, lo abbiamo detto, è totalmente immerso nel mondo della musica. Lui suona e teorizza musica. Il padre, Vincenzio, è ormai riconosciuto come "una delle figure più importanti nella vita musicale del tardo Rinascimento" e ha contribuito "in maniera significativa", come ricorda Giulia Perni, alla rivoluzione che ha portato alla nascita della musica barocca [Perni, 2009]. Il fratello, Michelangelo, è stato compositore e apprezzato liutista a Monaco di Baviera e nelle corti polacche. La figlia, Virginia, la cara suor Maria Celeste, è stata maestra di canto e direttrice di coro. Tuttavia per Galileo la musica non è solo diletto e consuetudine ed esperienza artistica. È anche scienza. È, anche, musica sperimentale. Lo è fin dal tempo delle comuni esperienze con il padre. Esperimenti che risalgono alla fine degli anni '80 del XVI secolo.

E ora, a distanza di mezzo secolo, Galileo sente di dover riprendere il tema. Anche nei suoi contenuti teorici. Perché dimostra, come rileva Gianni Zanarini,

> che i numeri su cui si [fonda] l'armonia pitagorica del mondo sono relativi soltanto ai rapporti tra i valori di alcune grandezze fisiche (le lunghezze delle corde), ma non di altre (le sezioni e le tensioni delle corde). In altre parole, il segreto di quei rapporti semplici va ricercato non in una astratta armonia del mondo, ma nella dimensione fisica del suono, che va indagata con i procedimenti della scienza sperimentale, anziché limitarsi a speculazioni teoriche. [Zanarini, 2009]

E tuttavia questa di Galileo nei *Discorsi* non è la mera riproposta di un tema antico. Ma un deciso passo avanti in un percorso iniziato mezzo secolo prima. In altri termini, Galileo nei *Discorsi* raggiunge un traguardo più avanzato: "inaugurando un'epoca nuova nello studio dei suoni musicali. Egli individua infatti nella frequenza di vibrazione (cioè nel numero di vibrazioni nell'unità di tempo) la grandezza fondamentale della vibrazione delle corde" [Zanarini, 2009].

La discussione parte da un'ennesima analogia: quella tra le vibrazioni di una corda e le oscillazioni di un pendolo. Un fenomeno, quest'ultimo, che Galileo ha iniziato a studiare quando era studente di medicina a Pisa e che ha approfondito negli anni della collaborazione col padre.

Così Salviati lega le oscillazioni del pendolo alle vibrazioni:

> Prima d'ogni altra cosa bisogna avvertire che ciaschedun pendolo ha il tempo delle sue vibrazioni talmente limitato e prefisso, che impossibil cosa è il farlo muover sotto altro periodo che l'unico suo naturale. Prenda pur chi si voglia in mano la corda ond'è attaccato il peso, e tenti quanto gli piace d'accrescergli o scemargli la frequenza delle sue vibrazioni; sarà fatica buttata in vano: ma ben all'incontro ad un pendolo, ancor che grave e posto in quiete, col solo soffiarvi dentro conferiremo noi moto, e moto anche assai grande col reiterare i soffi, ma

sotto 'l tempo che è proprio quel delle sue vibrazioni; che se al primo
soffio l'aremo rimosso dal perpendicolo mezzo dito, aggiugnendogli
il secondo dopo che, sendo ritornato verso noi, comincerebbe la seconda vibrazione, gli conferiremo nuovo moto, e così successivamente
con altri soffi, ma dati a tempo, e non quando il pendolo ci vien incontro (che così gl'impediremmo, e non aiuteremmo, il moto); e seguendo, con molti impulsi gli conferiremo impeto tale, che maggior
forza assai che quella d'un soffio ci bisognerà a cessarlo. [VIII, 11]

È a questo punto che Sagredo evoca l'immagine della "grossissima
campana". Sembra una delle infinite parentesi – fatte anche di immagini, analogie, metafore – che, soprattutto nelle prime due giornate, arricchiscono anche quest'opera di Galileo. Ma, invece, è la
finestra che spalanca al "discorso sulla musica". Un discorso lungo diverse pagine e con almeno due contenuti affatto nuovi.

Salviati, infatti, approfitta della palla lanciatagli da Sagredo per affrontare in termini di vibrazioni fisiche il meraviglioso problema delle
corde della cetera (si tratta della cetra, uno strumento a corde molto
usato in quel tempo) e del cimbalo che trasmettono la loro armonia:

Toccata, la corda comincia e continua le sue vibrazioni per tutto 'l
tempo che si sente durar la sua risonanza: queste vibrazioni fanno
vibrare e tremare l'aria che gli è appresso, i cui tremori e increspamenti si distendono per grande spazio e vanno a urtare in tutte le
corde del medesimo strumento, ed anco di altri vicini. [VIII, 11]

Le vibrazioni delle corde si propagano nell'aria. Anzi per (a causa dell')
aria. L'immagine, dinamica, è bellissima. Una volta toccata, la corda della
cetera vibra. La vibrazione si trasmette all'aria che inizia, a sua volta, a
vibrare e a tremare in piena armonia con la corda. Le vibrazioni armoniche dell'aria con tremori e increspamenti (che oggi chiamiamo, perdendo un po' di poesia, onde sonore) si trasmettono alle altre corde dello
cetera "con il medesimo tremore che la prima tocca". All'unisono. "Ma
anco all'ottava e alla quinta", ovvero con altre frequenze armoniche.

Oggi chiamiamo questo fenomeno "risonanza per simpatia". E lo sappiamo quantificare. Se, per esempio, tocchiamo una corda che ha la sua vibrazione fondamentale in corrispondenza della nota la a 440 Hertz, una corda libera accanto (di opportuna lunghezza) può risuonare all'unisono (alla medesima frequenza di 440 Hertz), all'ottava (in corrispondenza del do a 880 Hertz) o anche alla quinta (un mi a 660 Hertz). In quest'ultimo caso entrambe le note hanno un ipertono comune (il mi a 1320 Hertz), che è terza armonica per il do e seconda armonica per il mi.

Le "risonanze per simpatia", grazie ai tremori e agli increspamenti dell'aria, non si trasmettono all'unisono solo da una corda all'altra della cetera. Ma dalla corda a qualsiasi materiale che vibra e che, vibrando, produce suoni puliti. Galileo sembra così introdurre il concetto di risonanza, il fenomeno fisico che si verifica quando un sistema oscillante, per esempio un bicchiere di vetro sottile, viene sottoposto a una sollecitazione periodica, per esempio a causa dei tremori e delle increspature dell'aria che si producono in armonia con la corda "toccata" di una cetera, che ha una frequenza pari a quella che oggi chiamiamo "oscillazione propria del sistema", ossia alla frequenza di vibrazione caratteristica del bicchiere di vetro sottile.

La spiegazione del fenomeno fisico della risonanza dei pendoli e della stessa risonanza acustica viene attribuita a Christiaan Huygens, l'astronomo e matematico olandese che l'ha formalizzata nel 1665. Ma è Galileo con i *Discorsi* che l'anticipa. Con immagini e parole, tra l'altro, di grande valore letterario.

> Se con l'archetto si toccherà gagliardamente una corda grossa d'una viola, appressandogli un bicchiere di vetro sottile e pulito, quando il tuono della corda sia all'unisono del tuono del bicchiere, questo tremerà e sensatamente risonerà. [VIII, 11]

Galileo parla in maniera così chiara anche perché ha eseguito – e mostra di aver eseguito – "sensate esperienze" del fenomeno. È da queste esperienze empiriche che discende una teoria della consonanza ela-

borata su basi fisiche e non mediante affermazioni metafisiche apriori
[Zanarini, 2009].

Non sappiamo con certezza a quando risalgano questi esperimenti.
Probabilmente sono alcune tra le sensate esperienze con le corde rea-
lizzate col padre Vincenzio. E che ora sono riproposte, per bocca di
Sagredo:

> Tre sono le maniere con le quali noi possiamo inacutire il tuono a
> una corda: l'una è lo scorciarla; l'altra, il tenderla più, o vogliam dir
> tirarla; il terzo è l'assottigliarla. Ritenendo la medesima tiratezza e
> grossezza della corda, se vorremo sentir l'ottava, bisogna scorciarla
> la metà, cioè toccarla tutta, e poi mezza: ma se, ritenendo la medesima
> lunghezza e grossezza, vorremo farla montare all'ottava col tirarla
> più, non basta tirarla il doppio più, ma ci bisogna il quadruplo, sì che
> se prima era tirata dal peso d'una libbra, converrà attaccarvene quat-
> tro per inacutirla all'ottava: e finalmente se, stante la medesima lun-
> ghezza e tiratezza, vorremo una corda che, per esser più sottile, renda
> l'ottava, sarà necessario che ritenga solo la quarta parte della gros-
> sezza dell'altra più grave. E questo che dico dell'ottava, cioè che la sua
> forma presa dalla tensione o dalla grossezza della corda è in dupli-
> cata proporzione di quella che si ha dalla lunghezza, intendasi di tutti
> gli altri intervalli musici. [VIII, 11]

I risultati parlano chiaro: le frequenza con cui vibra una corda non dipende solo dalla sua lunghezza, ma anche dalla tensione (il peso che
la tende) e dal peso della medesima corda. Tuttavia, mentre le vibrazioni e la lunghezza della corda sono in rapporti semplici, il rapporto
tra frequenza e altre grandezze è più complesso. Per far suonare una
corda più alta di un'ottava occorre non raddoppiare, spiega Galileo,
ma quadruplicare il peso che la tende [Camerota, 2004].

Il rapporto semplice tra numeri interi su cui si fonda "l'armonia pitagorica del mondo sono relativi soltanto ai rapporti tra i valori di alcune grandezze fisiche (le lunghezze delle corde), ma non di altre (le
sezioni e le tensioni delle corde)" [Zanarini, 2009]. In altri termini,

"stante queste verissime esperienze", dietro quei rapporti semplici tra numeri interi si cela non un'astratta armonia del mondo, ma una tangibile dimensione fisica del suono. Una dimensione "che va indagata con i procedimenti della scienza sperimentale" e non sulla base di mere "speculazioni teoriche" [Zanarini, 2009].

Occorre ricordare che proprio un anno prima dell'uscita dei *Discorsi*, nel 1637, Marin Mersenne ha pubblicato il suo *Harmonie universelle* in cui ha espresso in maniera quantitativa la legge che lega la frequenza di vibrazione alla lunghezza, alla tensione e alla sezione di una corda. È difficile dire chi abbia influenzato chi. Certo, il libro di Mersenne è stato pubblicato prima. Ma è anche certo che gli esperimenti cui fa riferimento Galileo sono iniziati cinquant'anni prima e che i due sono in continuo contatto epistolare. L'influenza può semplicemente essere stata reciproca [Dardanelli, 2010].

Tra le antiche esperienze c'è quella del bicchiere:

> Il diffondersi poi ampiamente l'increspamento del mezzo intorno al corpo risonante, apertamente si vede nel far sonare il bicchiere, dentro 'l quale sia dell'acqua, fregando il polpastrello del dito sopra l'orlo; imperò che l'acqua contenuta con regolatissimo ordine si vede andar ondeggiando. [VIII, 11]

È un'esperienza che facciamo tutti e che non è una novità neppure nel XVII secolo. Ma Galileo aggiunge:

> Ma perché il numerar le vibrazioni d'una corda, che nel render la voce le fa frequentissime, è del tutto impossibile, sarei restato sempre ambiguo se vero fusse che la corda dell'ottava, più acuta, facesse nel medesimo tempo doppio numero di vibrazioni di quelle della più grave, se le onde permanenti per quanto tempo ci piace, nel far sonare e vibrare il bicchiere, non m'avessero sensatamente mostrato come nell'istesso momento che alcuna volta si sente il tuono saltare all'ottava, si veggono nascere altre onde più minute, le quali con infinita pulitezza tagliano in mezzo ciascuna di quelle prime. [VIII, 11]

Il bicchiere si dimostra un mezzo sperimentale in grado di fornire risultati chiari. Ed è un mezzo che consente di eseguire esperimenti complessi. Se immergiamo il bicchiere pieno di acqua in un vaso assai grande, a sua volta colmo di acqua, può capitare di vedere che gli increspamenti si dividono in due perché si dimezza la loro lunghezza d'onda:

> E meglio ancora si vedrà l'istesso effetto fermando il piede del bicchiere nel fondo di qualche vaso assai largo, nel quale sia dell'acqua sin presso all'orlo del bicchiere; ché parimente, facendolo risonare con la confricazione del dito, si vedranno gl'increspamenti nell'acqua regolatissimi, e con gran velocità spargersi in gran distanza intorno al bicchiere: ed io più volte mi sono incontrato, nel fare al modo detto sonare un bicchiere assai grande e quasi pieno d'acqua, a veder prima le onde nell'acqua con estrema egualità formate, ed accadendo tal volta che 'l tuono del bicchiere salti un'ottava più alto, nell'istesso momento ho visto ciascheduna delle dette onde dividersi in due; accidente che molto chiaramente conclude, la forma dell'ottava esser la dupla. [VIII, 11]

Con i *Discorsi*, dunque, Galileo, assimila le oscillazioni periodiche della corda (le vibrazioni) alla legge del moto armonico del pendolo. E così che, come rileva Giulia Perni, l'artista toscano riforma la scienza dell'armonia: è "così che l'antica scienza del *numero sonoro* [diventa] un capitolo della meccanica dei corpi elastici" [Perni, 2009].

Ma la grande novità concettuale che Galileo propone nei *Discorsi* è quella di legare la fisica del suono alla fisiologia. Di proporre una "biofisica del suono".

La consonanza e la dissonanza, sostiene Galileo, non dipendono solo dalla frequenza delle corde e dal rapporto tra le frequenze di diverse corde, ma anche dal timpano. Ovvero dalla frequenza di vibrazione di quella membrana (il timpano) che abbiamo nel nostro orecchio.

In questo modo Galileo porta un passo più avanti la sfida che il padre Vincenzio aveva lanciato a Pitagora. Il filosofo e matematico dell'antica Grecia sosteneva infatti che l'armonia non sta nell'orecchio dell'uomo che trova gradevole una successione di suoni. L'armonia musicale è qualcosa che non ha nulla a che fare con l'uomo: sta nell'ordine matematico con cui vengono emessi i suoni.

Ora Galileo sostiene che l'armonia musicale non è un ente astratto e non è neppure solo un fenomeno fisico. È, anche, un fenomeno biologico. O, se si vuole, biomeccanico. In altri termini, l'armonia sta anche nell'orecchio dell'uomo che trova gradevole una successione di suoni.

Salviati:

> Dico che non è la ragion prossima ed immediata delle forme de gl'intervalli musici la lunghezza delle corde, non la tensione, non la grossezza, ma sì bene la proporzione de i numeri delle vibrazioni e percosse dell'onde dell'aria che vanno a ferire il timpano del nostro orecchio, il quale esso ancora sotto le medesime misure di tempi vien fatto tremare. [VIII, 11]

Ma perché i suoni risultano talvolta consonanti e altra volta dissonanti?

> Fermato questo punto, potremo per avventura assegnar assai congrua ragione onde avvenga che di essi suoni, differenti di tuono, alcune coppie siano con gran diletto ricevute dal nostro sensorio, altre con minore, ed altre ci feriscano con grandissima molestia; che è il recar la ragione delle consonanze più o men perfette e delle dissonanze. [VIII, 11]

Siamo noi, dunque, giudici assoluti dell'armonia musicale. È, infatti, in base alla frequenza di vibrazione dei nostri timpani che possiamo definire la dissonanza:

> La molestia di queste nascerà, credo io, dalle discordi pulsazioni di due diversi tuoni che sproporzionatamente colpeggiano sopra 'l nostro timpano, e crudissime saranno le dissonanze quando i tempi delle vibrazioni fussero incommensurabili; per una delle quali sarà

quella quando di due corde unisone se ne suoni una con tal parte dell'altra quale è il lato del quadrato del suo diametro: dissonanza simile al tritono o semidiapente [VIII, 11].

Ed è in base alla frequenza di vibrazione dei nostri timpani che possiamo definire la consonanza:

Consonanti, e con diletto ricevute, saranno quelle coppie di suoni che verranno a percuotere con qualche ordine sopra 'l timpano; il qual ordine ricerca, prima, che le percosse fatte dentro all'istesso tempo siano commensurabili di numero, acciò che la cartilagine del timpano non abbia a star in un perpetuo tormento d'inflettersi in due diverse maniere per acconsentire ed ubbidire alle sempre discordi battiture. [VIII, 11]

L'armonia musicale è, dunque, un'esperienza sensibile. Tanto sensibile che non solo si può ascoltare, ma si può anche vedere. Letteralmente:

È forza, poiché veggo che V. S. gusta tanto di queste novellizie, che io gli mostri il modo col quale l'occhio ancora, non pur l'udito, possa recrearsi nel veder i medesimi scherzi che sente l'udito. Sospendete palle di piombo, o altri simili gravi, da tre fili di lunghezze diverse, ma tali che nel tempo che il più lungo fa due vibrazioni, il più corto ne faccia quattro e 'l mezzano tre, il che accaderà quando il più lungo contenga sedici palmi o altre misure, delle quali il mezzano ne contenga nove ed il minore quattro; e rimossi tutti insieme dal perpendicolo e poi lasciatigli andare, si vedrà un intrecciamento vago di essi fili, con incontri varii, ma tali che ad ogni quarta vibrazione del più lungo tutti tre arriveranno al medesimo termine unitamente, e da quello poi si partiranno, reiterando di nuovo l'istesso periodo: la qual mistione di vibrazioni è quella che, fatta dalle corde, rende all'udito l'ottava con la quinta in mezzo. E se con simile disposizione si andranno temperando le lunghezze di altri fili, sì che le vibrazioni loro rispondano a quelle di altri intervalli musici, ma consonanti, si vedranno altri ed altri intrecciamenti, e sempre tali, che in determinati tempi e dopo determinati numeri di vibrazioni tutti i fili (siano tre o siano quattro) si accordano a giugner nell'istesso momento al termine di loro vibrazioni, e di lì a cominciare un altro simil periodo. Ma quando le vibrazioni di due o più fili siano o incommensurabili, sì che mai non ritornino a terminar concordemente determinati numeri di vibrazioni, o se pur, non essendo incommensurabili, vi ritornano dopo lungo tempo e dopo gran numero di vibrazioni, allora la vista si confonde nell'ordine disordinato di sregolata intrecciatura, e l'udito con noia riceve gli appulsi intemperati de i tremori dell'aria, che senza ordine o regola vanno a ferire su 'l timpano. [VIII, 11]

Cerchiamo ora di riassumere. La corda di un liuto o di un qualsiasi strumento musicale è come un pendolo. Ogni corda ha la sua propria frequenza di vibrazione e questa frequenza è la causa sia della produzione sia della percezione di un certo suono. La consonanza tra i suoni di due corde dipende dall'accordo delle loro vibrazioni. Non solo. Dipende "anche – e questa è una novità – dalla risposta dell'orecchio a questo accordo o a questo disaccordo" [Zanarini, 2009]. In definitiva le consonanze dipendono dalle vibrazioni delle corde, dalle vibrazioni dell'aria e dalle vibrazioni del timpano, ovvero dal sistema percettivo dell'uomo.

Nessuno lo aveva mai detto prima, non così chiaramente almeno. Cosicché, anche se le regole della consonanza fossero quelle previste da Pitagora e Zarlino, vale quanto ha sostenuto il padre Vincenzio: le regole della consonanza e della musica in generale vanno ricavate attraverso le sensate esperienze.

Ma, a differenza della sensata esperienza di una palla che scivola lungo un piano inclinato, dove lo scienziato è osservatore neutrale, nelle sensate esperienze della musica lo scienziato e ogni altro uomo sono attori protagonisti.

32. Gli ultimi anni

Quando pubblica i *Discorsi* Galileo ha 74 anni. È vecchio, ammalato, cieco. Prigioniero. Eppure ha ancora voglia di vivere. Di progettare. Intanto nel "continuato carcere" di Arcetri non mancano le visite. Anche illustri. Tra loro c'è quella di Thomas Hobbes, il filosofo della politica inglese che si occupa anche di economia e di geometria. Hobbes vuole conoscere il grande Galileo e nel 1636 si reca ad Arcetri portandogli la notizia che il "fortunato dialogo" è stato tradotto in inglese.

Nell'estate 1638, invece, Galileo riceve la visita di un altro grande intellettuale inglese: il poeta John Milton. Di questo incontro ci resta ben poca altra testimonianza, oltre quella che lo stesso Milton ci offre nell'*Areopagitica, discorso al Parlamento inglese per la libertà di stampa dalla censura*, del 1644. John Milton ricorda di quando è andato in Italia, a Firenze e si è trovato a sedere tra tante persone dotte che lo invidiavano per esser nato in un paese, l'Inghilterra, in cui si può liberamente filosofare. Quei dotti si lamentano perché, al contrario, la scienza in Italia è stata ridotta in uno stato di servitù. Questa è la ragione per cui lo spirito italiano si è spento e perché da qualche anno tutto ciò che si scrive non è che adulazione e banalità. "Fu lì che trovai e recai visita al famoso Galileo, diventato vecchio e prigioniero dell'Inquisizione per aver pensato in astronomia diversamente da quanto pensavano i censori Francescani e Domenicani" [Milton, 1999].

Il discorso di John Milton al Parlamento inglese contiene un errore (i censori non sono i Francescani, semmai i Gesuiti). Ma anche alcune grandi verità che non mancano di una certa attualità.

Galileo Galilei sarà presente in diverse parti del grande poema, *The paradise lost*, che Milton pubblicherà nel 1667. In uno dei suoi versi l'inglese chiama Galileo "l'artista toscano" [Milton, 1999]. La definizione che forse meglio si attaglia al più grande scienziato e al più grande scrittore italiano.

Nel 1639 Galileo riceve ad Arcetri due pittori francesi, Charles Mellin e Nicolas Guillaume Delafleur, che vogliono ritrarlo.

Ma non bisogna pensare che la sua vita si riduca ormai a pubbliche relazioni, ancorché prestigiose. Dopi i *Discorsi*, accolti con entusiasmo dai suoi amici, dentro e fuori l'Italia, Galileo, indomito, già pensa a nuove opere.

Così nel 1640 propone la sua ultima opera scritta, la *Lettera al Principe Leopoldo di Toscana*: una risposta alle critiche di quel Fortunio Liceti (che è forse il Simplicio del *Dialogo* e, un po' cambiato, dei *Discorsi*) che contesta l'interpretazione che della "luce cinerea", la debole luminosità visibile nella parte oscura della Luna falcata, propone il prigioniero di Arcetri. Galileo la attribuisce, fin dai tempi del *Sidereus*, alla riflessione della luce solare a opera della Terra.

Tre anni prima, quando ancora gli occhi non le avevano del tutto tradito, si era impegnato, come abbiamo già ricordato, in un ennesimo studio della Luna. Vedendo, ancora una volta, qualcosa che nessuno aveva mai osservato: non è del tutto vero che la Luna offre alla Terra sempre la medesima faccia. Ecco cosa scrive a Fulgenzio Micanzio il 7 novembre 1637:

> Io ho scoperta una assai maravigliosa osservazione nella faccia della luna, nella quale, ben che da infiniti infinite volte sia stata riguardata, non trovo che sia stata osservata mutazione alcuna, ma che sempre l'istessa faccia nell'istessa veduta a gli occhi nostri si rappresenti; il che trovo io non esser vero, anzi che ella ci va mutando aspetto con tutte tre le possibili variazioni, facendo verso di noi quelle mutazioni che fa uno che esponendo a gli occhi nostri il suo volto in faccia, e come si dice in maestà, lo va mutando in tutte le maniere possibili, cioè volgendolo alquanto ora alla destra et ora alla sinistra, o vero alzandolo et abbassandolo, o finalmente inclinandolo ora verso la destra et ora verso la sinistra spalla. Tutte queste mutazioni si veggono fare nella faccia della luna, e le macchie grandi e antiche, che in quella si scorgono, ci fanno

manifesto e sensato questo ch'io dico. Aggiugnesi di più una seconda maraviglia, et è che queste tre diverse mutazioni hanno tre diversi periodi: imperò che l'una si muta di giorno in giorno, e così viene ad haver il suo periodo diurno; la seconda si va mutando di mese in mese, et ha il suo periodo mestruo; la terza ha il suo periodo annuo, secondo il quale finisce la sua variazione. [XVII, 164]

In realtà nel 1637 Galileo approfondisce lo studio di qualcosa che aveva già notato in passato e a cui ha già accennato nel *Dialogo*. I risultati molto dettagliati dei nuovi studi sono contenuti in una lettera ad Alfonso Antonini del 20 febbraio 1638.

Antonini è l'addetto militare della Repubblica di Venezia a Udine, che si occupa non solo delle sue arti, ma anche di matematica, astronomia e poesia. Galileo gli manda la lettera, come ha fatto spesso in passato, per affermare la priorità di una scoperta. E la data, amaramente, "dalla mia carcere di Arcetri".

La notizia della nuova scoperta si fermerebbe lì, a ulteriore e maggior gloria dell'anziano scienziato, se non ne nascesse una nuova, seppur moderata polemica.

Tutto avviene a opera di Fortunio Liceti, che ha appena pubblicato un libro, *Litheosphorus sive de lapide bononiensi*, sulla cosiddetta "pietra lucifera di Bologna". Si tratta di una pietra fosforescente scoperta sulle colline felsinee tra il 1602 e il 1604 da un ciabattino, Vincenzo Casciarolo. Anche Galileo, come a tanti scienziati dell'epoca, ne ha avuto in mano un campione. A questa pietra, dunque, l'aristotelico Liceti dedica un intero libro.

Ma in uno dei capitoli il filosofo si occupa della Luna e cerca di spiegare le cause della luce cinerea che si vede nella sua parte oscura. In breve, Liceti sostiene che la luce cinerea della Luna è dovuta ai raggi del Sole che illuminano l'etere che circonda il satellite naturale. Inoltre sostiene che la tenue luminescenza che si scorge durante le eclissi lunari è dovuta a un fenomeno simile alla pietra lucifera, contraddicendo Galileo che nel *Sidereus* l'aveva correttamente interpretata come dovuta alla luce riflessa dalla Terra sulla Luna.

Fortunio Liceti, da vecchio amico, invia il libro tra i primi a Galileo, pregandolo di leggerlo e commentarlo. Poiché la medesima richiesta gli viene anche dal granduca, Ferdinando II, ecco che Galileo decide di scrivere la *Lettera al Principe Leopoldo di Toscana*.

Non mancano, soprattutto all'inizio, gli "aculei" polemici. Ma il saggio, pur essendo fermo nei contenuti, risulta piuttosto gentile nella forma. Tanto che Liceti, che ne ha ricevuto, sia pure con un certo ritardo, una copia, chiede di poterla pubblicare insieme alle sue ulteriori osservazioni. Galileo concede il permesso e la *Lettera al Principe Leopoldo di Toscana* viene così pubblicata come appendice al *De Lunae sub oscura luce prope coniunctiones et in eclipsibus observata* che Liceti fa stampare a Udine nel 1642.

Degno epilogo di un rapporto con Simplicio che, come abbiamo visto, è molto più complesso di quanto, in genere, si è detto e scritto.

Il Galileo innamorato

Ma, in questi ultimi anni della sua vita da prigioniero, Galileo non si limita a ricevere ospiti e a scrivere lettere. Ha anche altro a cui pensare. Perché, infine, si innamora. È Alessandra Bocchineri la fortunata che, per dirla con Antonio Banfi, può carezzare "come ultima grazia l'anima di Galileo" [Banfi, 1949].

Alessandra è la sorella di Geri e di Sestilia Bocchineri. Geri è una persona molto vicina a Galileo, un amico e un funzionario del Granducato che fa da tramite, in questi anni, con la corte fiorentina. Sestilia ha invece sposato Vincenzio Galilei ed è dunque nuora di Galileo. Quanto ad Alessandra, è una ragazza di poco più di trent'anni che, tuttavia, ha avuto molte esperienze dolorose nella sua intensa vita. Sposa Lorenzo Nati di Bibbiena e resta ben presto vedova. Sposa in seconde nozze Francesco Rasi di Arezzo e lo segue alla corte dei Gonzaga, a Mantova: ma anche Francesco presto muore e Alessandra si ritrova di nuovo sola. Per di più in una città che non è la sua.

La sfortunata ragazza, tuttavia, non lascia Mantova. Resta nella città dei Gonzaga, passando al servizio di Eleonora Gonzaga, sorella del duca. E quando Eleonora va sposa all'imperatore Ferdinando d'Austria, la segue a Vienna. Qui l'imperatrice le presenta il fiorentino Gianfrancesco Buonamici e così Alessandra, per la terza volta, si sposa.

Nel 1630 la coppia ritorna a Firenze. Il 18 maggio Geri informa della cosa Galileo, che in quel periodo è a Roma:

> Tornò tre giorni sono all'improviso di Germania l'Alessandra, mia sorella, con buona salute, havendo saputo sfuggire in 18 soli giorni di viaggio li mali incontri della guerra et della peste, con maraviglia di chiunche l'ha qui saputo. [XIV, 77]

Quando Galileo torna a Firenze, il figlio Vincenzio gli presenta la giovane e bella cognata. Lo avrete già intuito. È in questo istante che tra Galileo e Alessandra nasce una viva e reciproca simpatia. Anzi, qualcosa di più. Galileo s'innamora.

Ne sortisce, subito, un epistolario fresco e gentile.

Il 28 luglio 1630 Alessandra gli scrive:

> So' rimasta così appagata della gentilissima conversazione di V. S. et tanto affezionata alle sue qualità et meriti, che non saprei tralasciare di quando in quando salutare V. S. et pregarla che si conpiaccia farmi sapere nuove della sua salute et conservare insieme memoria del desiderio che io tengo di essere onorata di alcuno suo comandamento. Sennon fussi che V. S. tiene qua pengni che credo, per l'afetto che V. S. porta loro, la costringnerano a venire a favorire queste nostre parte, averei preso ardire di suppricare V. S. che volessi consolarci cho la sua presenza ne' prossimi giorni del principio di Agosto; ma perchè mi prometto di goderla in ongni modo, mi riserbo ad altra ochasione a riscevere questa grazia, che sarà ancho comune al Sig.re Cavalier mio marito, che aspetto ongni punto torni da' sua poderi di Val di Bisenzo. Et in nome suo saluto V. S., et per fine di tutto core gli bacio le mani et resto stiava alle sue virtù. [XIV, 98]

È un invito piuttosto impegnativo. Che giunge tardi al destinatario. L'8 agosto, mordendosi le mani, Galileo risponde:

Non saprei attribuire ad altro che alla mia mala ventura, che sempre mi traversa le cose più desiderate, un tanto dispendio di tempo quanto si è interposto tra la data della sua cortesissima lettera e 'l ricapito, in distanza non maggiore di 10 miglia; quella fu li 28 di Luglio, e questo li 7 d'Agosto, intervallo di 11 giorni e 11 notti: e quello che più mi travaglia è la contumacia nella quale sarò, per tutto questo tempo, incorso nell'animo di V. S., la quale, sapendo di havermi scritto, dal non veder risposta mi haverà sentenziato per un solenne villano; dove che io, non sapendo, nè anco sperando o pretendendo, un tanto favore, non ho sentito in quei giorni altra afflizzione che quella della sua assenza: ma giuro bene a V. S. che 'l gusto repentino et inaspettato ha più che ricompensata la proroga degl'11 giorni. Voglia Dio che 'l ritorno della mia risposta non sia altrettanto lento, onde il sinistro concetto della mia scortesia faccia tal presa nell'animo di V. S., che malagevolmente possa eradicarsi. [XIV, 101]

Dopo essersi scusato e rammaricato, lo scienziato innamorato scrive teneramente:

Quando intesi in Roma l'eroica resoluzione intrapresa et effettuata da lei, formai tal concetto del suo valore, che nulla più desideravo che di vederla; e credami che questa fu una delle cause primarie che affrettò il mio ritorno, il quale forse harei prolungato qualche mese di più; ma perchè oltre a una semplice vista havevo aggiunta la speranza di poter gustar della sua conversazione, stimando che ella fusse per stanziare in Firenze, giudichi hora V. S. quale io mi ritrovi, defraudato di un tale assegnamento, mentre veggo di presente la sua assenza e temo la continuazione, per quanto ritraggo dalle parole che vo raccogliendo da i suoi intrinseci. Ecco 'l giudizio human come spesso erra. Assai men grave era la sua lontananza di 500 miglia, mentre io non l'haveva di presenza conosciuta, che questa di 10, dopo l'haverla veduta e sentita. [XIV, 101]

Nelle settimane e nei mesi successivi a questi delicati messaggi d'amore, Galileo entra nella bufera che lo porta prima all'abiura e poi al "carcere continuato" di Arcetri. Ma i guai non gli fanno dimenticare la dolce Alessandra. Anche a distanza di anni. Ed ecco, dunque, che, nel maggio 1640, Galileo le scrive (le fa scrivere) di non aver:

bisogno per tener memoria di lei di altro che de' discorsi e ragionamenti che, già tanti anni sono, hebbi con lei nel suo ritorno di Germania; li quali furono di tanto mio gusto, che poi ho hauto sempre desiderio, ma invano, di abboccarmi con lei, poiché sì rare si trovano donne che tanto sensatamente discorrino come ella fa. [XVIII, 153]

Il 27 marzo 1641 Alessandra scrive: "la mia mala fortuna no m'à mai conceso che io possa una volta stare dua ore nella sua conversazione; cosa che mi à aportato senpre grande amaritudine" [XVIII, 246].

Alessandra ricambia il platonico ma intenso sentimento. E vorrebbe parlare a lungo – vorrebbe stare a lungo – con Galileo:

Io delle volte tra me medesima vo stipolando in che maniera io potrei fare a trovare la strada innanzi che io morisi a boccharmi cho V. S. e stare un giorno in sua conversazione, senza dare scandolo ho gelosia a quelle persone che ci ànno divertito da questa voluntà. [XVIII, 246]

Così rompe ogni indugio e lo invita a casa. Ben sapendo che potrebbe suscitare mormorii e persino gelosie:

Se io pensassi che V. S. si trovassi cho buona sanità, e che non gli dessi fastidio il viagiare in caroza, io vorrei mandare le mie cavalle e trovare un carozino acciò V. S. mi favorisi di venire a stare dua giorni da noi, adesso che siamo ne' buoni tenpi. Però la supprico a volermi favorire e darmi risposta, perchè io subito manderò per lei, e potrà venire adagio adagio, e non credo che lei patissi. [XVIII, 246]

E aggiunge, speranzosa: "Io non mi voglio più alongare cho lo scrivere, cho la speranza che io ho che V. S. mi voglia rispondere e scrivere quando io abbia a mandare la caroza: alora direno quello che dice Arno quando e' torna grosso, che porta giù molta roba" [XVIII, 246].

Il 6 aprile Galileo scrive:

> Non potrei a bastanza esprimergli il gusto che hare[i] di potere con ozio non interrotto godere de' suoi ragionamenti, tanto sollevati da i comuni femminili, anzi tali che poco più significanti et accorti potriano aspettarsi da i più periti huomini e pratichi delle cose del mondo. Duolmi che l'invito che ella mi fa non può da me esser ricevuto, non solo per le molte indisposizioni che mi tengono oppresso in questa mia gravissima età, ma perchè son ritenuto ancora in carcere per quelle cause che benissimo son note al molto Ill.re Sig.r Cavaliere, suo marito e mio Signore. [XVIII, 252]

Cara Alessandra, accetterei volentieri. Ma son malato. E, soprattutto, sono prigioniero. Ma non c'è rassegnazione. Anzi, rilancia. Vieni tu a casa mia. Con tuo marito, s'intende:

> Però, deposta questa speranza, facile e spedita maniera sarebbe che ella col Sig.r suo consorte venisse a star quattro giorni in questa villa d'Arcetri che tengo, e che in bellissimo sito e perfettissima aria è collocata. [XVIII, 252]

È molto probabile che l'invito sortisca l'effetto desiderato. E che Alessandra rechi visita a Galileo.

Così i mesi passano più in fretta. E ogni nuovo mese trova un Galileo in condizioni fisiche sempre peggiori. Nel novembre 1641 Pier Francesco Rinuccini informa Leopoldo de' Medici che Galileo è "fermo a letto da dieci giorni in qua con una febbriciattola lenta lenta" e con "un gran dolor di rene" [XVIII, 291]. Ma che è ancora fresco di mente e in grado di dialogare in maniera accesa con i giovani discepoli, Evengelista Torricelli e Vincenzo Viviani.

Il 20 dicembre 1641 Galileo scrive di nuovo ad Alessandra Bocchineri.

Ho ricevuto la gratissima lettera di V. S. molto Ill.re in tempo che mi è stata di molta consolatione, havendomi trovato in letto gravemente indisposto da molte settimane in qua. Rendo cordialissime gratie a V. S. dell'affetto tanto cortese ch'ella dimostra verso la mia persona, e dell'ufficio di condoglienza col quale ella mi visita nelle mie miserie e disgratie. Per adesso non mi occorre di prevalermi di tela: resto bene con accresciute obbligationi alla gentilezza di V. S., la quale si compiace d'invigilare a gl'interessi miei. La prego a condonare questa mia non volontaria brevità alla gravezza del male; e le bacio con affetto cordialissimo le mani, come fo anco al S.r Cav.re suo consorte. [XVIII, 296]

È l'ultima lettera di Galileo.

E, infine, sopraggiunse sorella morte

Il 26 dicembre il medico pisano Giovanni Battista Ruschi gli invia alcuni medicamenti e gli chiede di cos'altro può aver bisogno per alleviare i tormenti della malattia.

C'è davvero poco da fare. Non è che la malattia sia grave. Ma, come dice Benedetto Castelli il primo gennaio 1642, "mi spaventa l'età grave" [XVIII, 297].

E l'età grave fa sentire, infine, il suo peso. "Sopraggiunto da lentissima febbre e da palpitazioni di quore, dopo due mesi di malattia che a poco a poco gli consumava gli spiriti", il più grande scienziato e il più grande scrittore che l'Italia abbia mai avuto muore nella notte tra l'8 e il 9 gennaio [Viviani, 2001].

La mattina del 9 gennaio la salma è traslata da Viviani, Torricelli e dal parroco di San Matteo in Arcetri presso la Basilica di Santa Croce, giù a Firenze. Ospite di un sepolcro pensato come provvisorio. Perché il Granduca Ferdinando intende fargli "un deposito sontuoso, in paragone e dirimpetto a quello di Michelangelo Buonarroti, e che sia per dar il pensiero del modello e del tumulo all'Accademia della Crusca" [Viviani, 2001].

Ma Urbano VIII si oppone. E intima all'ambasciatore toscano, Francesco Niccolini, di non farlo. Galileo non può diventare "punto

d'esempio al mondo" essendo "stato qui al Santo Offitio per una opinione tanto falsa e tanto erronea, con la quale anche ha impressio-
nati molti costà, e dato uno scandalo tanto universale al Cristianesimo
con una dottrina stata dannata" [XVIII, 299].

Galileo fa paura, anche da morto.

Scrive, invece, a tambur battente, Lukas Holste, bibliotecario del
cardinal nipote, Francesco Barberini:

> Oggi poi si è aggiunta anco la nuova della perdita del Signor Galilei,
> che già non riguarda solamente Firenze, ma il mondo universo e tutto
> il secolo nostro, che da questo divin uomo ha ricevuto più splendore
> che quasi da tutto il resto de' filosofi ordinarii. Ora, cessata l'invidia,
> si comincerà a conoscer la sublimità di quell'ingegno, che a tutta la
> posterità servirà per scorta nel ricercare il vero, tanto astruso e sep-
> pellito tra il buio dell'opinioni. [XVIII, 299]

33. L'Enimma

Michele Camerota apre la sua straordinaria biografia di Galileo Galilei con una poesia, *L'Enimma* – intrisa di amara ironia e pubblicata postuma, nel 1643, nella seconda parte di *La Sfinge* di Antonio Malatesti – che lo scienziato e artista toscano ha scritto poco prima di morire [IX, 212]. Quasi a voler lasciare una testimonianza concreta che, ancora all'inizio del Seicento, arte e scienza sono "parti di uno stesso mondo", come scrive Elizabeth Cropper [Cropper, 2009]. E che lui, Galileo, di questo "stesso mondo" ne è un (il più) grande interprete.

Noi, invece, vorremmo usare *L'Enimma* di Galileo per consegnare il testimone.

> L'Enimma
> Ad Antonio Malatesti.
>
> Mostro son'io più strano e più diforme
> Che l'Arpía, la Sirena o la Chimera;
> Nè in terra, in aria, in acqua è alcuna fiera,
> Ch'abbia di membra così varie forme;
>
> Parte a parte non ho che sia conforme,
> Più che s'una sia bianca e l'altra nera;
> Spesso di cacciator dietro ho una schiera,
> Che de' miei piè van rintracciando l'orme.
>
> Nelle tenebre oscure è il mio soggiorno,
> Che se dall'ombre al chiaro lume passo,
> Tosto l'alma da me sen fugge, come
>
> Sen fugge il sogno all'apparir del giorno,
> E le mie membra disunite lasso,
> E l'esser perdo con la vita, e il nome.

Nota dell'autore

Tutti i riferimenti bibliografici sono indicati con il nome del primo autore e l'anno di pubblicazione dell'edizione cui faccio riferimento. Per esempio, [Kepler, 1997] indica l'autore, Johannes Kepler, mentre l'anno, 1997, indica l'edizione inglese dell'Harmonices Mundi, pubblicata da The American Philosophical Society nel 1997, appunto, con il titolo *The Harmony of the World*.

Per quanto riguarda Galileo, faccio riferimento alle Opere di Galileo Galilei curate da G. Barbèra nel 1968 e ora digitalizzate. I riferimenti in numeri romani, in particolare, si riferiscono a uno dei 20 volumi delle opere complete, un eventuale secondo numero romano si riferisce a un capitolo specifico del volume e il numero in caratteri arabi si riferisce alla pagina iniziale del testo cui ci si vuole riferire. Per esempio [XV, 103], significa: Opere di Galileo Galilei, volume XV, pagina 103.

Bibliografia

Agnati A, Torres F (2008) *Artemisia Gentileschi. La pittura della passione* (a cura di). Edizioni Selene, Milano

Altieri Biagi ML (2007) Dialogo sopra i due massimi sistemi di Galileo Galilei. In: Asor Rosa A, *Letteratura italiana*, vol. 8°, Cap VII. Einaudi, Torino

Banfi A (1949) *Galileo Galilei*. Casa Editrice Ambrosiana, Rozzano (Milano)

Barbacci S (2003) Osmosis between science and music during the scientific revolution. *Journal of Science Communication* vol 2, issue 1 http://jcom.sissa.it/archive/02/01/C020101/C020102

Barberini M (1640), *Poemata*. Typographia Regia, Parigi

Baroni M, Fubini E, Petazzi P et al (1999) *Storia della musica*. Einaudi, Torino

Battistini A (1989) *Introduzione a Galilei*. Laterza, Roma/Bari

Battistini A (1993) *Sidereus Nuncius*, Marsilio, Venezia

Bellone E (1990) *Storia della fisica*. UTET, Torino

Bellone E (1998) *Galileo. La vita e le opere di una mente inquieta*. Le Scienze, Roma

Bellone E (2009) *Galileo e l'abisso. Un racconto*. Codice Edizioni, Torino

Bellone E (2010) *Galilei e la scienza moderna*, UTET, Torino

Bellone E (2012) *Galileo, Keplero e la nascita del metodo scientifico*. Gruppo Editoriale L'Espresso, Roma

Beltrán Marí A (2011) *Talento e potere. Storia delle relazioni tra Galileo e la Chiesa cattolica*. Tropea Editore, Milano

Benevolo L (1991) *La cattura dell'infinito*. Laterza, Roma/Bari

Beretta M (2002) *Storia Materiale della scienza*. Bruno Mondadori, Torino

Berni F (1806) *Opere burlesche* (a cura di AM Salvini). Società Tipografica de' Classici Italiani, Milano

Bertola F (2008) *Da Galileo alle stelle.* Biblos, Cittadella (Padova)

Bolzoni L (2009) *Galileo lettore di poesie,* in [Tongiorgi, 2009]

Bredekamp H (2009) *Galilei der Künstler,* 2ª ed. Akademie Verlag, Berlin

Bredekamp H (2009b) I molteplici volti del Sidereus Nuncius. In: Tongiorgi Tomasi L, Tosi A *Il cannocchiale e il pennello. Nuova scienza e nuova arte nell'età di Galileo.* Giunti, Firenze

Bucciantini M (2003) *Galileo e Kepler.* Einaudi, Torino

Bucciantini M, Camerota M, Giudice F (2012) *Il telescopio di Galileo. Una storia europea.* Einaudi, Torino

Calvino I (1967) *Lettera ad Anna Maria Ortese.* Il Corriere della Sera, 24 dicembre 1967, Milano

Calvino I (1993) *Lezioni americane.* Garzanti, Milano

Camerota M (2004) *Galileo Galilei.* Salerno Editrice, Salerno

Camerota M (2008) I nomi e le cose. Galileo Galilei e la nascita della nuova scienza. In: Fontana GL, Molà L (coordinatori) *Il Rinascimento italiano e l'Europa,* vol. V, *Le scienze* (a cura di A Clericuzio e G Ernst con la collaborazione di M Conforti). Angelo Colla Editore, Vicenza

Campanella T (2002) Historiographia. In: Ernst G, *Tommaso Campanella.* Laterza, Roma/Bari

Campi E (2000) *Protestantesimo nei secoli. Fonti e documenti.* Claudiana, Torino

Canguilhem P (2005) Fronimo de Vincenzo Galilei. *Music and Letters* 86:464-466

Caredda B (2008) *Aspetti e momenti del dibattito astronomico nella prima Accademia dei Lincei* (1603-1616). Tesi di dottorato in Storia, Filosofia e Didattica delle Scienze, Università degli Studi di Cagliari

Caretti L (2001) *Ariosto e Tasso.* Einaudi, Torino

Casini C (1994) *Storia della musica.* Rusconi, Milano

Caso R (a cura di) (2011) *Plagio e creatività. Un dialogo tra diritto e altri saperi.* Università degli Studi di Trento, Dipartimento di Scienze Giuridiche, Quaderni del Dipartimento, Trento

Cassirer E (1963) *Storia della filosofia moderna.* Einaudi, Torino

Castelli C (1669) Lettera a Monsignor Giovanni Ciampoli con un discorso sopra la vista. In: *Alcuni opuscoli filosofici del padre abbate D.*

Benedetto Castelli da Brescia. http://www.liberliber.it/biblioteca/licenze

Chappell ML (2009) Il vero senza passione. Proposte su Cigoli e Galileo. In: Tongiorgi Tomasi L, Tosi A *Il cannocchiale e il pennello. Nuova scienza e nuova arte nell'età di Galileo*. Giunti, Firenze

Conti L (1990) Francesco Stelluti, il copernicanesimo dei Lincei e la teoria galileiana delle maree. In: Vinti V (a cura di) *Galileo e Copernico. Alle origini del pensiero scientifico moderno*. Porziuncola, Assisi

Cropper E (2009) *Galileo Galilei e Artemisia Gentileschi tra storia delle idee e microstoria*, in [Tongiorgi, 2009]

Dardanelli E, De Bernardi F (2010) *Vincenzio Galilei, padre di Galileo, e la rivoluzione scientifica nella musica*. http://www.gpeano.org/de-bernardi/files/Vincenzio-Galilei-ovvero-la-rivoluzione-scientifica-nella-musica.pdf

Donne J (1611) *Anatomy of the World*. Nonesuch Press, Londra

Drake S (1977) *Tartaglia's squadra and Galileo's compasso*. Annali dell'Istituto e Museo di Storia della Scienza di Firenze

Drake S (1978) *Galileo at work*. University of Chicago Press, Chicago, USA

Drake S (1980) *Galileo*. Dall'Oglio, Roma

Drake S (1988) *Galileo. Una biografia scientifica*. Il Mulino, Bologna

Drake S (1992) Music and philosophy in early modern science. In: Coelho V *Music and science in the age of Galileo*. Kluwer, Dordrecht

Drake S (2009) *Galileo Galilei pioniere della scienza*. Muzzio, Padova

Dreyer JLE (1980) *Storia dell'astronomia da Talete a Keplero*. Feltrinelli, Milano

Favaro A (1911) *Ascendenti e collaterali di Galileo Galilei*. Archivio Storico Italiano XLVII

Fend M (2008) La teoria musicale: la concezione aritmetica di Gioseffo Zarlino e l'estetica della musica di Vincenzio Galilei. In: Fontana GL, Molà L (coordinatori) *Il Rinascimento italiano e l'Europa*, vol. V, *Le scienze* (a cura di A Clericuzio e G Ernst con la collaborazione di M Conforti). Angelo Colla Editore, Vicenza

Festa E (2007) *Galileo*. Laterza, Roma/Bari

Fiorentino F (1997) *Cesare Cremonini e il Tractatus de paedia*. Milella, Lecci

Flora F (1977) Prefazione. In: Flora F (a cura di) *Galileo Galilei, Il Saggiatore*. Einaudi, Torino

Freedberg D (2002) *The eye of the lynx: Galileo, his friends, and the beginnings of modern natural history*. University of Chicago Press, Chicago

Galilei G (1890-1909) *Le opere* (edizione nazionale diretta da A. Favaro), 20 voll (ristampe 1929-1939, 1964-1966, 1968). Barbèra, Firenze

Galilei V (1581) *Dialogo della musica antica et della moderna*. Marescotti, Firenze

Galilei V (1584) *Fronimo*. Herede di G. Scotto, Firenze

Galilei V (1589) *Discorso particolare intorno all'unisono* (manoscritto)

Galilei V (1589b) *Discorso intorno alle opere di Gioseffo Zarlino et altri importanti particolari attenenti alla musica*. Marescotti, Firenze

Garin E (1993) *Scienza e vita civile nel Rinascimento italiano*, Laterza, Roma/Bari

Gatto R (2008) *Cristoforo Clavio e l'insegnamento delle matematiche nella Compagnia di Gesù*. In: Fontana GL, Molà L (coordinatori) *Il Rinascimento italiano e l'Europa*, vol. V, AAVV *Le scienze* (a cura di A Clericuzio e G Ernst con la collaborazione di M Conforti). Angelo Colla Editore, Vicenza

Geymonat L (1969) *Galileo Galilei*. Einaudi, Torino

Giusti E (1990) Galileo e le leggi del moto. In: Giusti E *Galileo Galilei. Discorsi e dimostrazioni matematiche*. Einaudi, Torino

Gombrich EH (2003) *The Story of Art*. Phaidon, Londra

Gozza P (a cura di) (1988) *La musica nella rivoluzione scientifica del Seicento*. Il Mulino, Bologna

Granada MA, Tessicini D (2008) Cosmologia e nuova astronomia. In: Fontana GL, Molà L (coordinatori) *Il Rinascimento italiano e l'Europa*, vol. V, *Le scienze* (a cura di A Clericuzio e G Ernst con la collaborazione di M Conforti). Angelo Colla Editore, Vicenza

Greco P (2006) *La città della scienza*. Bollati Boringhieri, Torino

Greco P (2009a) *L'idea pericolosa di Galileo. Storia della comunicazione della scienza nel Seicento*. UTET, Torino

Greco P (2009b) *L'astro narrante. La luna nella scienza e nella letteratura italiana.* Springer Verlag, Milano

Guerrini L (2008) Piante e animali del Nuovo Mondo. Federico Cesi e il "tesoro messicano". In: Fontana GL, Molà L (coordinatori) *Il Rinascimento italiano e l'Europa*, vol. V, *Le scienze* (a cura di A Clericuzio e G·Ernst con la collaborazione di M Conforti). Angelo Colla Editore, Vicenza

Huemer F (2009) Il dipinto di Colonia. In: Tongiorgi Tomasi L, Tosi A *Il cannocchiale e il pennello. Nuova scienza e nuova arte nell'età di Galileo.* Giunti, Firenze

Kepler J (1610) *Dissertatio cum Nuncio Sidereo.* Danielis Sedesani, Praga

Kepler J (1962) *Dioptrice.* W. Heffer & Sons, Cambridge

Kepler J (1997) *The harmony of the world* (trad. it. di J Field). The American Philosophical Society, Philadelpia, USA

Koyré A (1957) *Dal mondo chiuso all'universo infinito.* Feltrinelli, Milano

Koyré A (1966) *Etudes galiléennes.* Hermann, Paris (trad. it. a cura di M Torrini, Einaudi, Torino)

Koyré A (1970) *Dal mondo chiuso all'universo infinito.* Feltrinelli, Milano

Leonard Olschki O (1927) *Galilei und seine Zeit.* Max Niemeyer Verlag, Berlin-Zürich-Leipzig

Levi P (1997) *Opere.* Einaudi, Torino

Lombardi E (2011) *Michelangelo Buonarroti il Giovane e i suoi interessi per l'erudizione e l'araldica.* http://www.casabuonarroti.it/it/wp-content/uploads/2012/01/Michelangelo-Buonarroti-il-Giovane.pdf

Magagnati G (1610) *Meditazione poetica sopra i pianeti medicei.* Eredi di Altobello Silicato, Venezia

Maravall JA (1980) *La cultura del Barroco.* Ariel, Barcelona

Marenzana M (2010) *L'omaggio di Galileo.* Chimienti Editore, Vaprio D'Adda (MIlano)

Marino GB (1975) *Adone*, Laterza, Roma/Bari

Mauri A (1606) *Considerazioni sopra alcuni luoghi del Discorso di Lodovico delle Colombe intorno alla stella apparita nel 1604.* Giunti, Firenze

McGinn C (2008) *Shakespeare filosofo.* Fazi, Roma

Milton J (1999) *Paradiso perduto.* Mondadori, Milano

Minazzi F (1994) *Galileo "filosofo geometra"*. Rusconi, Milano

Montaigne M (de) (1895) *Journal du voyage de Michel de Montaigne en Italie par la Suisse et l'Allemagne en 1580 et 1581*. Lapi, Città di Castello (Perugia)

Müller A (1911) *Galileo Galilei: studio storico scientifico*. Bretschneider, Roma

Museo Galileo (2012) *Compasso di Galileo*. http://catalogo.museogalileo.it/approfondimento/CompassoGalileo.html

Mutini C (2004) Dal comico al tragicomico: poesia e prosa. In: Nino Borsellino N, Pedullà W *Storia generale della letteratura italiana*. Motta, Milano

Nelli GB (1793) *Vita e commercio letterario di Galileo Galilei*. Moücke, Firenze

Nicoletti G (2007) Il "grandissimo libro" del Galilei (cap 4 del saggio "Firenze e il Granducato di Toscana"). In: Asor Rosa A *Letteratura italiana*, vol. VIII. Einaudi, Torino

Olschki L (1927) *Galilei und seine Zeit*, Max Niemeyer Verlag, Berlin

Panofsky E (1956) Galileo as a critic of the arts: aesthetic attitude and scientific thought. *Isis* XLVII:1, pp. 3-15

Pascal B (1996) *Pensieri*. San Paolo, Cinisello Balsamo (Milano)

Paschini P (1965) *Vita e opere di Galileo Galilei*. Herder, Roma

Patapievici H-R (2006) *Gli occhi di Beatrice. Com'era davvero il mondo di Dante?* Bruno Mondadori, Milano

Perni G (2009) *I Galilei e la rivoluzione musicale del Seicento*. In: Tongiorgi Tomasi L, Tosi A *Il cannocchiale e il pennello. Nuova scienza e nuova arte nell'età di Galileo*. Giunti, Firenze

Pesce M (2000) *Introduzione*. In: G Galilei *Lettera a Cristina di Lorena* (a cura di F Motta). Marietti, Milano

Peterson MA (2011) *Galileo's muse: Renaissance mathematics and the arts*. Harvard University Press, Marvard

Redondi P (2009) *Galileo eretico*. Laterza, Roma/Bari

Reston J (2005) *Galileo*. Piemme, Casale Monferrato (Torino)

Riccardi N (1632) *Lettera a Clemente Egidii* http://moro.imss.fi.it/lettura/LetturaWEB.DLL?AZIONE=UNITA&TESTO=Eb3&PARAM=1635-582946-51990&VOL=20

Ricci S (2008) *"Una filosofica milizia". L'Accademia dei Lincei e la cultura scientifica a Roma.* In: Fontana GL, Molà L (coordinatori) *Il Rinascimento italiano e l'Europa*, vol. V, *Le scienze* (a cura di A Clericuzio e G Ernst con la collaborazione di M Conforti). Angelo Colla Editore, Vicenza

Riguccio Galluzzi J (1781) *Istoria del granducato di Toscana sotto il governo della Casa Medici.* Gaetano Cambiagi, Firenze

Ronchi V (1958) *Il cannocchiale di Galileo e la scienza del Seicento.* Einaudi-Boringhieri, Torino

Rossi P (1997) *La nascita della scienza moderna in Europa.* Laterza, Roma/Bari

Rossi P (a cura di) (1998) *Storia della scienza moderna e contemporanea.* UTET, Torino

Russo L (1996) *La rivoluzione dimenticata.* Feltrinelli, Milano

Russo L (2003) *Flussi e riflussi.* Feltrinelli, Milano

Sapegno, N (1973) Profilo storico della letteratura italiana, La Nuova Italia, Firenze

Segre M (1993) *Nel segno di Galileo.* Il Mulino, Bologna

Shakespeare W (2000) *Antonio e Cleopatra.* Feltrinelli, Milano

Singer C (1961) Breve storia del pensiero scientifico, Einaudi, Torino

Sobel D (1999) *La figlia di Galileo.* Rizzoli, Milano

Solerti A (1905) *Musica, ballo e drammatica alla Corte Medicea dal 1600 al 1637.* Bemporad & Figlio, Firenze

Stabile G (1971) *Borri Girolamo. Dizionario Biografico degli Italiani.* Treccani, Roma

Tesauro E (1654) *Il cannocchiale aristotelico.* Paolo Baglioni, Venezia

Timpanaro S (1936) Prefazione. In: Galilei G *Opere.* Rizzoli, Milano

Tongiorgi Tomasi L (2009) *Galileo, le arti, gli artisti.* In: Tongiorgi Tomasi L, Tosi A *Il cannocchiale e il pennello. Nuova scienza e nuova arte nell'età di Galileo.* Giunti, Firenze

Tongiorgi Tomasi L, Tosi A (a cura di) *Il cannocchiale e il pennello. Nuova scienza e nuova arte nell'età di Galileo.* Giunti, Firenze

Tosi A (2009) Lune e astri galileiani. In: Tongiorgi Tomasi L, Tosi A *Il cannocchiale e il pennello. Nuova scienza e nuova arte nell'età di Gali-*

leo. Giunti, Firenze

Valéry P (1990) A proposito di "Eurêka". In: Valéry P *Varietà*. SE, Milano

Vedova V (1836) *Storia degli scrittori padovani*. Minerva, Bologna

Vergara Caffarelli R (1992) *Galileo e Pisa*. Lezione galileiana organizzata dall'Istituto di Filosofia, Facoltà di Magistero dell'Università di Cagliari, 11 dicembre 1992. http://www.illaboratoriodigalileogalilei.it/galileo/GALILEO%20E%20PISA.pdf

Vergara Caffarelli R (2009) *Esperienze di Galileo intorno al moto e alla quiete dei corpi nell'acqua*. Giornate di Studi su Galileo, Padova 2-3 ottobre 2009. http://www.illaboratoriodigalileogalilei.it/esperienze%20nell%27acqua.pdf

Verrecchia A (2002) *Giordano Bruno*. Donzelli, Roma

Viviani V (2001) *Racconto istorico della vita del sig. Galileo Galilei* (edizione e note a cura di B Basile). Salerno Edizioni, Salerno

Wohlwill E (1884) Über die Entdeckung des Beharmngsgeseties. *Zeitschrift für Völkerpsychologie und Sprachwissenschaft* XV:70-135

Zanarini G (2009) *Esperimenti armonici e origine della rivoluzione scientifica*. Scienzainrete http://www.scienzainrete.it/contenuto/articolo/Esperimenti-armonici-e-origine-della-rivoluzione-scientifica

Zatti S (2009) La frusta letteraria dello scienziato. *Chroniques Italiennes 58/29 (2/3)* http://chroniquesitaliennes.univ-paris3.fr/PDF/58-59/Zatti.pdf

Zuffi S (2005) *Il Cinquecento*. Mondadori Electa, Milano

i blu – pagine di scienza

Volumi pubblicati

P. Magionami *Quei temerari sulle macchine volanti. Piccola storia del volo e dei suoi avventurosi interpreti*

G.F. Giudice *Odissea nello zeptospazio. Viaggio nella fisica dell'LHC*

P. Greco *L'universo a dondolo. La scienza nell'opera di Gianni Rodari*

C. Ciliberto, R. Lucchetti (a cura di) *Un mondo di idee. La matematica ovunque*

A. Teti *PsychoTech - Il punto di non ritorno. La tecnologia che controlla la mente*

R. Guzzi *La strana storia della luce e del colore*

D. Schiffer *Attraverso il microscopio. Neuroscienze e basi del ragionamento clinico*

L. Castellani, G.A. Fornaro *Teletrasporto. Dalla fantascienza alla realtà*

F. Alinovi *GAME START! Strumenti per comprendere i videogiochi*

M. Ackmann *MERCURY 13. La vera storia di tredici donne e del sogno di volare nello spazio*

R. Di Lorenzo *Cassandra non era un'idiota. Il destino è prevedibile*

A. De Angelis *L'enigma dei raggi cosmici. Le più grandi energie dell'universo*

W. Gatti *Sanità e Web. Come Internet ha cambiato il modo di essere medico e malato in Italia*

J.J. Gómez Cadenas *L'ambientalista nucleare. Alternative al cambiamento climatico*

M. Capaccioli, S. Galano *Arminio Nobile e la misura del cielo ovvero Le disavventure di un astronomo napoletano*

N. Bonifati, G.O. Longo *Homo Immortalis. Una vita (quasi) infinita*

F.V. De Blasio *Aria, acqua, terra e fuoco* - Volume 1. *Terremoti, frane ed eruzioni vulcaniche*

L. Boi *Pensare l'impossibile. Dialogo infinito tra arte e scienza*

E. Laszlo, P.M. Biava (a cura di) *Il senso ritrovato*

F.V. De Blasio *Aria, acqua, terra e fuoco* - Volume 2. *Uragani, alluvioni, tsunami e asteroidi*

J.-F. Dufour *Made by China. Segreti di una conquista industriale*

S.E. Hough *Prevedere l'imprevedibile. La tumultuosa scienza della previsione dei terremoti*

R. Betti, A. Guerraggio, S. Termini (a cura di) *Storie e protagonisti della matematica italiana* per raccontare *20 anni di "Lettera Matematica Pristem"*

A. Lieury *Una memoria d'elefante? Veri trucchi e false astuzie*

C.O. Curceanu *Dai buchi neri all'adroterapia. Un viaggio nella Fisica Moderna*

R. Manzocco *Esseri Umani 2.0. Transumanismo, il pensiero dopo l'uomo*

P. Greco *Galileo l'artista toscano*

Di prossima pubblicazione

M. Gasperini *Gravità, stringhe e particelle. Una escursione nell'ignoto*